OpenCV 4 快速入门

冯 振
郭延宁 ◎著
吕跃勇

人 民 邮 电 出 版 社
北 京

图书在版编目（CIP）数据

OpenCV 4快速入门 / 冯振，郭延宁，吕跃勇著. -- 北京 : 人民邮电出版社，2020.7
ISBN 978-7-115-53478-1

Ⅰ. ①O… Ⅱ. ①冯… ②郭… ③吕… Ⅲ. ①图象处理软件—程序设计 Ⅳ. ①TP391.413

中国版本图书馆CIP数据核字(2020)第033139号

内 容 提 要

本书共 12 章，主要内容包括 OpenCV 4 基础知识，OpenCV 的模块架构，图像存储容器，图像的读取与显示，视频加载与摄像头调用，图像变换，图像金字塔，图像直方图的绘制，图像的模板匹配，图像卷积，图像的边缘检测，腐蚀与膨胀，形状检测，图像分割，特征点检测与匹配，单目和双目视觉，光流法目标跟踪，以及 OpenCV 在机器学习方面的应用等。

本书面向的读者是计算机视觉与图像处理等相关专业的高校师生、企业内转行计算机视觉与图像处理的工作人员、已有图像处理基础并想了解 OpenCV 4 新特性的人员。

◆ 著　　　冯　振　郭延宁　吕跃勇
　责任编辑　张　涛
　责任印制　王　郁　焦志炜
◆ 人民邮电出版社出版发行　　北京市丰台区成寿寺路 11 号
　邮编　100164　　电子邮件　315@ptpress.com.cn
　网址　https://www.ptpress.com.cn
　北京七彩京通数码快印有限公司印刷
◆ 开本：787×1092　1/16
　印张：26.25　　　　2020 年 7 月第 1 版
　字数：723 千字　　　2025 年 1 月北京第 21 次印刷

定价：89.00 元

读者服务热线：(010) 81055410　印装质量热线：(010) 81055316
反盗版热线：(010) 81055315
广告经营许可证：京东市监广登字 20170147 号

前　言

为什么会写这本书

OpenCV 自问世以来，一直以帮助研究人员和开发者提高开发效率为目标，逐渐成为研究计算机视觉人员的首选工具，也成为初学者快速入门计算机视觉最有力的工具之一。熟练掌握 OpenCV 的用法会助力计算机视觉的学习，起到事半功倍的效果。OpenCV 降低了计算机视觉的学习门槛。但是，读者缺少系统的学习资料，尤其是 OpenCV 官方学习文档与对应的版本之间存在着较大的滞后性，使得 OpenCV 版本在更新后的很长一段时间内不利于初学者的学习与使用。

在我写作论文的时候，恰逢 OpenCV 4 版本的更新。在完成论文的后期我使用了 OpenCV 4。在使用过程中，我发现 OpenCV 4 与旧版本的功能有很多不同之处，通过不断地阅读官方英文介绍来适应新版本的变化。在此期间，我有幸结识了贾志刚老师，贾老师的指点帮助我解决了很多问题。我接受贾老师的建议，对学习 OpenCV 4 的整个过程进行总结并加以完善，形成了这本指导初学者学习 OpenCV 4 的教程。

本书内容

本书的定位是一本入门级的 OpenCV 4 教程，主要面向 OpenCV 4 的初学者。书中内容从介绍 OpenCV 4 的安装过程开始，以计算机视觉知识为主线，由浅入深地介绍了 OpenCV 4 在计算机视觉各个领域的应用以及相关函数的使用。

本书分 4 个部分，由 12 章组成，主要内容如下。

第一部分为基础篇，主要介绍 OpenCV 4 的背景和基础知识，以及利用 OpenCV 4 进行文件加载和保存的方法，主要包括如下内容。

- 第 1 章先介绍 OpenCV 的发展过程，OpenCV 4 的主要更新内容、安装过程、环境配置，以及其安装过程中常见问题的解决方案，之后介绍 OpenCV 4 的模块结构，并展示部分源码示例。
- 第 2 章介绍 OpenCV 4 中存储图像的 Mat 容器的使用，以及图像文件、视频文件、XML 文件的加载与保存。

第二部分为进阶篇，主要介绍 OpenCV 4 中与图像基本操作、图像直方图、图像滤波和图像形态学等相关的函数的使用方法，主要包括如下内容。

- 第 3 章介绍图像颜色空间、图像像素处理、图像变换、在图像上绘制几何图形、图像金字塔以及窗口交互操作等。上述这些操作是所有图像处理任务中基本的操作。
- 第 4 章介绍图像直方图的绘制以及图像直方图在实际任务中的应用。此外，该章还介绍图像的模板匹配及其应用。
- 第 5 章介绍图像卷积、噪声的种类与生成、线性滤波、非线性滤波，以及图像的边缘检测等。
- 第 6 章介绍二值图像滤波的知识，讲述像素距离与连通域、腐蚀和膨胀，以及开运算和闭运算等形态学应用。

第三部分为应用篇，介绍的内容更加接近实际的工程应用，主要包括如下内容。

- 第 7 章介绍如何在图像中进行形状检测、轮廓检测、矩的计算、点集拟合，以及二维码检测。

- 第 8 章介绍傅里叶变换、积分图像、图像分割及图像修复等。
- 第 9 章介绍角点检测与绘制，以及多种特征点的检测与匹配。
- 第 10 章介绍相机的成像原理，单目相机和双目相机的标定，以及单目相机的定位。相机模型是计算机视觉中最重要的模型之一。该章的内容是连接图像信息与环境信息的重要纽带。
- 第 11 章介绍如何从视频中跟踪移动的物体，主要方法有差值法、均值迁移法及光流法。

第四部分为提高篇，介绍 OpenCV 4 在机器学习方面的应用，主要包括如下内容。

- 第 12 章首先介绍如何通过 OpenCV 4 实现传统机器学习的 K 均值、K 近邻、决策树、随机森林、支持向量机等，然后介绍如何通过 OpenCV 4 加载深度神经网络模型，实现图像识别、风格迁移等。

作为入门级教程，本书一共介绍了 OpenCV 4 中的近 200 个函数，同时给出了将近 120 个示例程序，用以帮助读者学以致用。

配套资源

本书的配套资源（包括测试数据、源代码、代码运行结果等）托管在 GitHub 上，参见 https://github.com/fengzhenHIT/learnOpenCV4。

强烈建议读者下载配套资源。由于本书采用黑白印刷，部分彩色图像的处理结果不易观察，因此配套资源中会给出本书中所有程序运行结果的彩色图像，方便读者观察最终结果。本书中使用的所有测试数据都放在配套资源中的“data”文件夹内；本书中所有示例程序的代码都放在配套资源中的“代码”文件夹内；本书中所有的彩色图像都放在配套资源中的“程序运行图像”文件夹内。此外，安装 OpenCV 的过程中涉及的文件存放在配套资源中的“3rdparty”文件夹下。

我也在“小白学视觉”微信公众号提供了数据集下载路径。关注此微信公众号，回复“OpenCV 4”，便可以获得下载数据集的链接。如果读者对相关代码有疑问，同样可以通过微信公众号后台留言的方式进行提问，我会尽快回复。我也会通过微信公众号为读者搭建学习和交流的平台。

致谢和声明

本书在漫长的写作过程中得到了许多人的帮助，包括但不限于：

- 贾志刚提供了部分源码和第 11 章的视频素材；
- 陈亚萌提供了第 7 章的图像素材；
- 王春翔为第 9 章中的 SIFT 特征点提供了相关资料。

此外，很多老师、同学、朋友为本书提供了修改意见，他们是胡佳悦、胡佳欣、于天航、龚有敏、张叶青、冉光韬、陈庆康、董晨、李培森、石瑞河、王淼、韩玮帝、陈震、陈晨曦，以及“小白学视觉”公众号的关注者们，在此向他们表示感谢。

此外，感谢实验室的马广富、李传江对我的鼓励和帮助，感谢人民邮电出版社张涛的支持。没有他们的帮助，本书不可能如此顺利地呈现在读者的面前。

本书涉及内容广泛，且作者水平有限，疏漏之处在所难免，欢迎读者指出本书中存在的问题，以便本书在后续重印的时候加以完善。读者可以通过电子邮件、微信公众号等方式与我联系。

我的邮箱是 fengzhenHIT@163.com。

我的微信公众号是小白学视觉（NoobCV）。

OpenCV 的教学视频参见异步社区。

冯振

欢迎来到异步社区

异步社区是人民邮电出版社旗下 IT 专业图书旗舰社区，于 2015 年 8 月上线运营。依托于 20 余年的 IT 专业优质出版资源和编辑策划团队，打造在线学习平台，为作者和读者提供交流互动。

本书视频课程

异步社区特别邀请本书作者录制《从零学习 OpenCV 4》视频课程，课程时长 22 小时，76 个知识要点，与图书内容完美配合，手把手带你从入门到深层应用，提高读者面对新问题的实战能力。

本书读者专享 30 元优惠券，可在异步社区上购买视频课程时使用。

优惠券兑换码：PJDFfgxq（区分大小写），每位用户限使用一次。

优惠码有效期：兑换后 100 天内下单购买有效。

使用方式：扫描下方二维码，点击【立即购买】后，在订单结算页面输入上方优惠券兑换码，即可减免 30 元。

更多人工智能精品视频课程：

- 基于深度学习的通用目标检测；
- Tensorflow 2.0 从入门到精通（大咖讲师手把手带你写代码）；
- 深度学习（387 集 22 小时 9 大模块彻底搞懂深度学习技术）；
- 机器学习（17 大重点模块 295 集 24 小时全面系统讲授）；
- 机器学习的数学基础（53 集/高等数学/线性代数/概率论/数理统计）。

社区里还有什么？

购买图书和电子书

社区上线图书2000余种，电子书近千种，部分新书实现纸书、电子书同步上市。您可以在社区下单购买纸质图书或电子图书，纸质图书直接从人民邮电出版社书库发货，电子书提供epub、mobi、PDF和在线阅读四种格式。社区还独家提供购买纸质书可以同时获取这本书的e读版电子书的服务。

会员制服务

成为异步VIP会员后，可以畅学社区内标有VIP标识的会员商品，包括e读版电子、专栏和精选视频课程。

加入异步

社区网址：www.epubit.com

投稿＆咨询：contact@epubit.com.cn

扫描任意二维码都能找到我们

异步社区

微信公众号

官方微博

业界专家推荐

我认识冯振是从看他的公众号文章开始的，他的每一篇文章都会解释 OpenCV 的技术，给出整洁、简练的代码。从他的文字中可以感受到他对 OpenCV 开发技术的钻研与热爱是深入骨髓的，只有这样的人才会潜心写出一本 OpenCV 4 开发的好书。书中不但剖析了大量 OpenCV 函数调用细节，而且对原理的解释清晰明了，让读者既要知其然又要知其所以然。读斯人书，与良为伴，特此推荐。

OpenCV 开发专家、CSDN 博客专家、51CTO 学院金牌讲师　贾志刚

OpenCV 是在学术界、工业界广泛使用的图形与图像算法库。OpenCV 内容之丰富，是目前开源视觉算法库中罕见的。每年我们都能看到不少关于 OpenCV 的图书，但是随着 OpenCV 版本迭代，部分学习资料已经过时。本书基于 OpenCV 4 版本写作，面向初学者，既涵盖了传统的图形、图像算法，又介绍了机器学习，并配以示例代码，内容丰富，行文通俗，是不可多得的优秀图书。

清华大学自动化系博士　高翔

大数据、人工智能、物联网时代的到来催生了很多的技术变革，像人脸识别、物体检测等新型的应用场景随处可见。本书深入浅出，理论和实践融会贯通，可以让广大技术爱好者快速领略 OpenCV 在计算机视觉领域的魅力。

Python 爱好者社区创始人、数据科学圈知名博主　梁勇

近年来，在入侵检测、特定目标跟踪、人脸识别等领域，OpenCV 可谓大显身手。而以上这些只是其应用的一部分。OpenCV 的应用领域非常广泛，时代等着你我去创造，这一切从学习 OpenCV 开始。

派可数据联合创始人、副总裁　吕品

如今，计算机视觉算法的应用已经渗透到我们生活的方方面面。机器人、无人机、增强现实、虚拟现实，无一不涉及计算机视觉算法。OpenCV 则是计算机视觉领域中的一个宝库，无论你是初学者还是资深研究人员，都可以在其中找到得心应手的“武器”，帮助你在研究的道路上披荆斩棘。作者及其团队在 OpenCV 4.x 推出后，高效地完成了本书的创作。本书中含有较详细的功能模块介绍和使用样例，强烈推荐大家学习。

泡泡机器人创始人　刘富强

目　录

基础篇

进阶篇

应 用 篇

提　高　篇

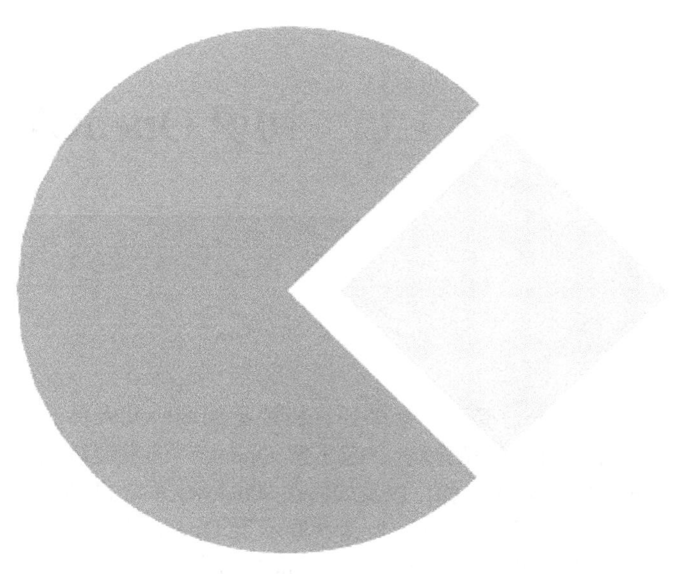

基础篇

第 1 章 初识 OpenCV

OpenCV 是目前最流行的计算机视觉处理库之一，受到了众多计算机视觉领域研究人员的喜爱。本章将带领希望学习计算机视觉和对 OpenCV 感兴趣的读者一起了解 OpenCV 的发展过程、最近更新的 OpenCV 4 版本带来的新内容、OpenCV 的框架结构，以及如何在 Windows 系统和 Ubuntu 系统中安装 OpenCV 基础模块和扩展模块的方法。此外，本章还为读者展示了 OpenCV 中自带的示例程序，以让读者在学习 OpenCV 之前先感受计算机视觉的魅力和 OpenCV 库的强大功能。

1.1 什么是 OpenCV

近年来，"人工智能"是伴随着科技发展的一个重要词汇，全球多个国家提出了本国发展人工智能的规划方案。我国也在大力发展人工智能，全国各大高校纷纷开设人工智能专业。在人工智能领域，数字图像处理与计算机视觉占据着重要的地位，人脸识别、刷脸支付、无人驾驶等我们日常频繁听到的词汇都属于数字图像处理与计算机视觉领域的重要成果。可以说，图像处理与计算机视觉技术与我们的日常生活的关系越来越密切，越来越多的人投身到该技术的学习与研究中。在学习与应用计算机视觉技术的过程中，基本上会接触 OpenCV。本节将介绍 OpenCV 与计算机视觉的联系，以及 OpenCV 自身的发展历程。

1.1.1 OpenCV 与计算机视觉

提及计算机视觉（computer vision），就不得不提起图像处理（image processing）。虽然两者没有明确的界线，但是通常将图像处理理解为计算机视觉的预处理过程。因此，在介绍计算机视觉之前，有必要先介绍图像处理。图像处理一般指数字图像处理（digital image processing），通过数学函数和图像变换等手段对二维数字图像进行分析，获得图像数据潜在信息，通常包括图像压缩，增强和复原，以及匹配、描述和识别 3 个部分，涵盖噪声去除、分割、特征提取等处理方法和技术。

计算机视觉是一门研究如何让机器"看"的科学，即用计算机来模拟人的视觉机理，通过摄像头代替人眼对目标进行识别、跟踪和测量等，通过处理视觉数据获得更深层次的信息。例如，通过三维重建技术对环绕建筑物一周的视频进行分析，在计算机中重构出建筑物 3D 模型；通过放置在车辆上方的摄像头拍摄车辆前方场景，推断车辆能否顺利通过前方区域等决策信息。对于人类来说，通过视觉获取环境信息是一件非常容易的事情，因此有些人会误认为实现计算机视觉也是一件非常容易的事情，但事实却不是这样。计算机视觉是一个逆问题，通过观测到的信息恢复被观测物体或环境的信息，在这个过程中会缺失部分信息，造成信息不全，增加问题的复杂性。例如，通过单个摄像头拍摄场景时，由于失去了距离信息，常会出现图像中"人比楼房高"的现象。因此，对计算机视觉的研究还有很长的路要走。

无论是图像处理还是计算机视觉，都需要在计算机中处理数据，因此研究人员不得不面对一个非常棘手的问题——将自己的研究成果通过代码输入计算机，进行仿真验证，而这个过程会出现重复编写基本功能程序的问题也就是人们常说的“重复造轮子”。为了给研究人员提供“车轮”，英特尔（Intel）公司提出开源计算机视觉库（Open Source Computer Vision Library，OpenCV）的概念，通过在计算机视觉库中包含图像处理与计算机视觉的通用算法，避免重复、无用的工作。因此，OpenCV 应运而生。OpenCV 由一系列 C 语言函数和 C++类构成，除支持使用 C/C++语言进行开发外，还支持 C#、Ruby 等编程语言，并提供了 Python、MATLAB、Java 等编程语言接口，可以在 Linux、Windows、macOS、Android 和 iOS 等系统上运行。OpenCV 的出现，极大地优化了计算机视觉研究人员对算法验证的流程，受到了众多研究者的喜爱。经过 20 年的发展，OpenCV 已经成为计算机视觉领域最重要的研究工具之一。图 1-1 所示是 OpenCV 的官方标识 Logo。

图 1-1　OpenCV 的官方

1.1.2　OpenCV 的发展

OpenCV 于 1999 年由英特尔公司创建。英特尔公司在 OpenCV 创建之初提出了三大目标：

- 为基本的视觉应用提供开放且优化的源代码，以促进视觉研究的发展；
- 通过提供一个通用的构架来传播视觉知识，开发者可以在这个构架上继续开展工作；
- 不要求商业产品继续开源代码。

正是因为这三大目标，使得 OpenCV 能够有效地避免“闭门造车”。同时，开放的源代码具有很好的易读性，并且可以根据需求改写，符合研究人员的实际需求。另外，不要求商业产品开源代码，受到了企业的欢迎，更多的企业乐于将自己的研究成果上传到 OpenCV 库中，使得具有可移植的、性能被优化的代码可以自由获取。因此，OpenCV 一经推出，便受到了众多研究者的欢迎。

OpenCV 第一个预览版本于 2000 年在计算机视觉和模式识别会议（IEEE Conference on Computer Vision and Pattern Recognition，CVPR）上公开，并且后续提供了 5 个测试版本。2000 年 12 月，针对 Linux 平台发布了 OpenCV beta 1 版。经过多年的调试与完善，2006 年发布了支持 Mac OS 平台的 OpenCV 1.0 版，该版本主要通过 C 语言进行使用，对于初学者来说比较困难，同时容易出现内存泄露等问题。针对这些问题，在 2009 年发布了 OpenCV 2.0 版，该版本主要更新内容包括 C++接口、新功能代码，以及对原有代码的优化，此次更新使得 OpenCV 变得更容易使用、更安全。2011 年 8 月，更新到 OpenCV 2.3 版本。2014 年 8 月推出的 OpenCV 3.0 版意味着 OpenCV 进入新的时代。2018 年和 2019 年接连发布 OpenCV 4.0.0（本书后续简称为 OpenCV 4.0）与 OpenCV 4.1.0（本书后续简称为 OpenCV 4.1）两个版本，更新了众多与机器学习相关的功能，标志着 OpenCV 与机器学习联系更加紧密。表 1-1 列出了 OpenCV 重要版本发布的时间节点。

表 1-1　OpenCV 重要版本发行时间

时间	版本
1999 年 1 月	OpenCV alpha 1 版
2000 年 6 月	OpenCV alpha 3 版
2000 年 12 月	OpenCV beta 1 版
2006 年 6 月	OpenCV 1.0 版
2009 年 9 月	OpenCV 2.0 版
2014 年 8 月	OpenCV 3.0 版

续表

时间	版本
2018 年 11 月	OpenCV 4.0 版
2019 年 4 月	OpenCV 4.1.0 版

1.1.3　OpenCV 4 带来了什么

OpenCV 4.0 版本进一步完善了核心接口，并添加了二维码检测器、ONNX 转换格式等新功能。英特尔公司官方给出的新版本的重要更新说明如下。

- 通过 C++ 11 标准建立 OpenCV 4.0，因此要求编译器兼容 C++ 11 标准，所需的 CMake 至少是 3.5.1 版。
- 移除了大量在 OpenCV 1.x 版本中的 C 语言的 API。
- core 模块中的 Persistence（用于存储和加载 XML、YAML 或 JSON 格式的结构化数据）可以用 C++来重新实现，因此在新版本中移除了 C 语言的 API。
- 新增了基于图的高效图像处理流程模块 G-API。
- dnn 模块包括实验用 Vulkan 后端，且支持 ONNX 格式的网络。
- Kinect Fusion 算法已针对 CPU 和 GPU 进行优化。
- objdetect 模块中添加了二维码检测器和解码器。
- DIS（dense optical flow）算法从 opencv_contrib 模块转移到了 video 模块。

在作者准备材料的过程中，英特尔公司恰好推出 OpenCV 4.1 版本。为了保证读者了解最新的更新内容，下面列出 OpenCV 4.1 版本更新的重要内容。

- 优化了 core 和 imgproc 模块中部分较复杂函数的执行时间。
- videoio 模块中添加了 Android Media NDK API。
- 在 opencv_contrib/stereo 模块中实现了密集立体匹配算法。
- 将原图像质量分析模块 quality 添加到了 opencv_contrib/stereo 模块中。
- 增加了手眼标定模型。
- dnn 模块中添加了多个 TensorFlow 中的网络。

综合两个版本的重要更新内容，可以发现 OpenCV 4 的更新主要是去除了一些过时的 C 语言 API，增加了更多图像处理与计算机视觉算法模型，更重要的是，逐步集成深度学习模型，便于使用者更加方便地通过深度学习解决计算机视觉问题。因此，在人工智能的潮流下，计算机视觉领域的研究人员十分有必要了解和学习 OpenCV 4 的使用。

1.2　安装 OpenCV 4

自 OpenCV 1.0 版发布以来，其开发环境配置的步骤几乎没有发生过重大变化，最大的变化是根据不同版本中库文件的名称和数目调整环境配置参数。OpenCV 4.0 和 OpenCV 4.1 两个版本的配置过程几乎完全一致，因此本书开发环境的配置过程以最新的 OpenCV 4.1 版为例。读者在掌握了本节介绍的环境配置方法之后，就可以灵活配置其他版本的开发环境。

1.2.1　在 Windows 系统中安装 OpenCV 4

大多数的学生开发者使用的是 Windows 系统，因此不得不提到微软公司强大的 Visual Studio 集成开发环境（IDE）。Visual Studio 拥有大量不同的版本，而不同版本对于 OpenCV 版本的兼容性也不尽相同。虽然已经发布 Visual Studio 2019，但是目前 OpenCV 4.1 仅支持 Visual Studio 2015 和

Visual Studio 2017 两个版本。因此，对于在 Windows 环境下使用 OpenCV 4.1 版的开发者，需要将 IDE 更新到上述两个版本。Visual Studio 的安装和使用并不是本书的重点，读者可以到微软公司官网下载需要的版本，并按照教程完成安装。作者使用的是 Visual Studio 2015 版。为了减少在运行示例代码过程中的调试时间，将更多的精力用在学习和了解 OpenCV 的算法和代码中，推荐读者在学习本书知识的过程中与作者使用同一版本的 IDE。

在 Windows 环境下安装 OpenCV 主要包含 5 个步骤，分别是下载和安装 OpenCV SDK，配置包含路径，配置库目录，配置链接器和配置环境变量。

1. 下载和安装 OpenCV SDK

OpenCV SDK 的获取非常简单，通过搜索引擎可以直接搜索到 OpenCV 官网，在官网首页中找到“Releases”选项并点击进入，里面会有历史发布的 OpenCV 各个版本，找到 OpenCV 4.1.0 版并进入下载界面，可以发现有多个选项，如图 1-2 所示。其中 Docs 选项链接 OpenCV 的文档库，包含模块组成、函数介绍等内容，文档全部是英文的。Sources 选项是 Ubuntu 等 Linux 系统下的安装包，其安装方式会在后面介绍。GitHub 选项链接到 GitHub 中 OpenCV 4.1.0 版的下载文件，其内容与通过其他选项下载的内容是一致的。Windows 选项、iOS pack 选项和 Android 选项分别对应在 Windows 系统、iOS 系统和 Android 系统下使用的安装包。需要说明的是，OpenCV 4.0 并不支持 Android 环境的开发，OpenCV 4.1 版已经支持 Android 环境的开发。最后一个选项 Release Notes 是最新版本的更新信息。

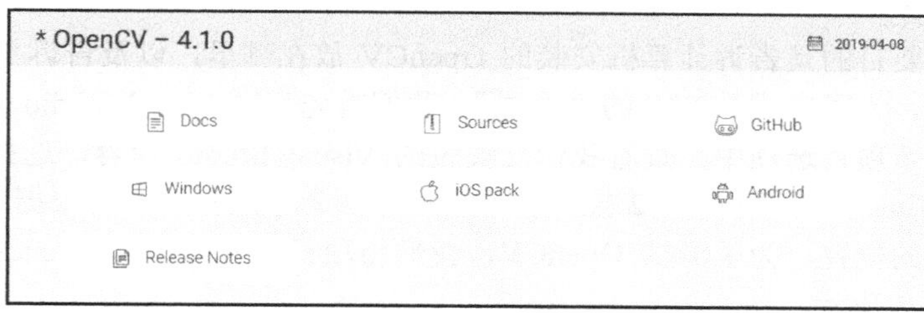

图 1-2 OpenCV 4.1.0 版安装包下载区域

下载完成后得到 opencv-4.1.0-vc14_vc15.exe 文件，便可以开始安装过程。所谓的安装，就是一个解压的过程，可执行文件是一个自解压的程序，双击后便会提示用户选择解压路径，用户根据自己的需求选择路径即可。特别要说明的是，该程序会将所有文件解压在名为 opencv 的文件夹下，因此不需要在选择解压路径中单独新建一个 opencv 文件夹。因为作者的计算机安装了多个版本的 OpenCV，为避免混淆，所以单独创建了一个名为 opencv4 的文件夹，解压到 H:\opencv4。选择好路径后，单击【Extract】按钮，便可以等待解压过程的结束。整个 OpenCV 4.1 的大小约为 1GB，根据计算机的性能不同，等待时间从几十秒到几分钟不等。安装过程如图 1-3 和图 1-4 所示。

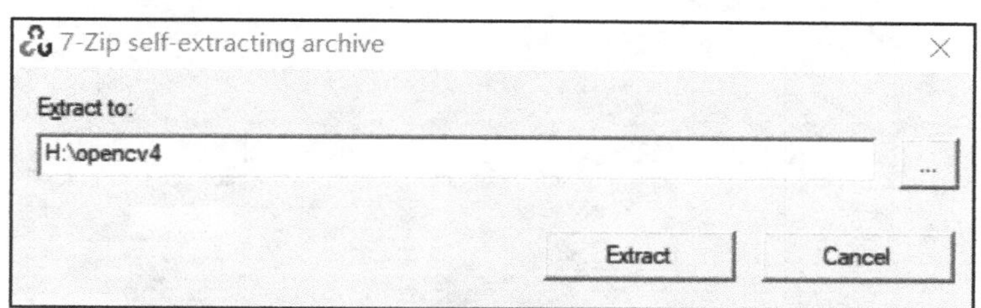

图 1-3 选择提取 OpenCV 路径

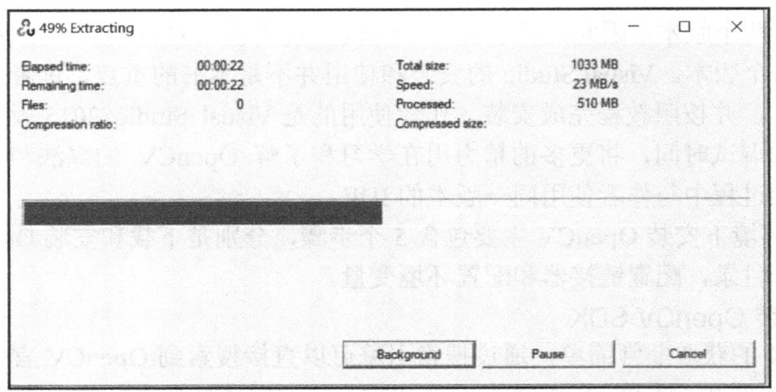

图 1-4　等待解压过程

解压结束后，到之前选择的路径下查看是否多了一个名为 opencv 的文件夹，该文件夹内含有 build 和 sources 两个子文件夹，如果没有，说明解压错误，建议删除后重新解压。build 文件夹是主要的 OpenCV 相关文件，里面含有头文件与库文件等重要信息，接下来的环境配置工作都将围绕其展开。sources 文件夹里放置的是源码以及例程和图片，其中的部分内容后续会有相关的介绍。如果要减少占用硬盘空间，原则上可以删除 sources 文件夹，但是这里并不推荐这样做，毕竟大多数情况下计算机的硬盘空间是充足的。

2. 配置包含路径

配置环境的主要目的是告诉计算机安装的 OpenCV 放在哪里，以及告诉 IDE 应该去哪里寻找头文件与库文件。为了完成与 IDE 的“沟通”，我们首先启动 Visual Studio 2015，创建一个新的项目。在弹出的新项目选项中，查看我们已安装的 Visual Studio 内容，选择 Visual C++中的 Win32 选项，在 Win32 项目和 Win32 控制台应用程序两者中选择后者。根据我们的需求修改项目名称，选择存放的位置。为了测试 OpenCV，我们将项目名称修改为 opencv4_test，并存放在 F:\opencv\，如图 1-5 所示。

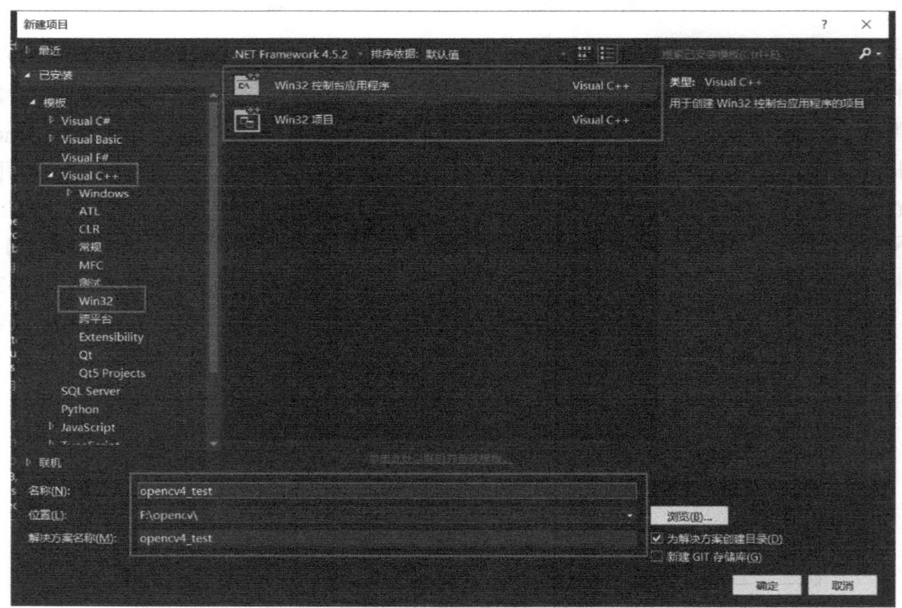

图 1-5　创建 Win32 控制台应用程序界面

完成项目名称填写后，单击【确定】按钮，会跳转到 Win32 应用程序向导。这里需要修改“附加选项”：选择“空项目”，取消勾选“安全开发生命周期（SDL）检查”选项，单击【完成】按钮，完成空项目的创建，如图 1-6 所示。

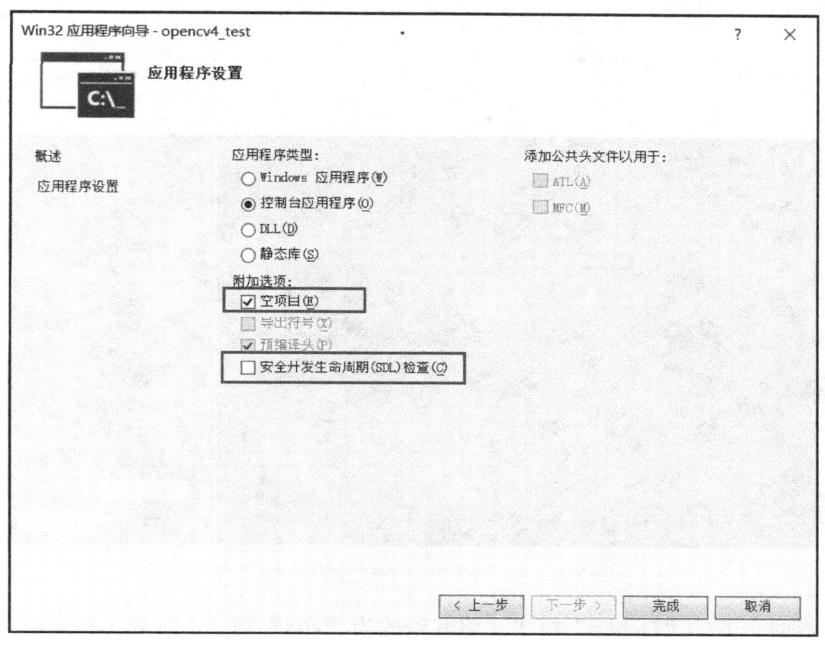

图 1-6　应用程序向导

完成创建后，在界面的右侧会发现“解决方案资源管理器”。打开 opencv4_test 项目左边的小三角，可以看到“外部依赖项”“头文件”“源文件”及“资源文件”4 个文件夹，如图 1-7 所示。接下来我们需要在“源文件”里添加项目的 cpp 文件，用于编写程序。首先，右键单击【源文件】并选择【新建项】，然后在弹出的页面选择“C++文件（.cpp）”并修改文件名称，这里我们将其命名为 main.cpp 文件，最后单击【添加】按钮完成空白源文件的创建，如图 1-8 所示。

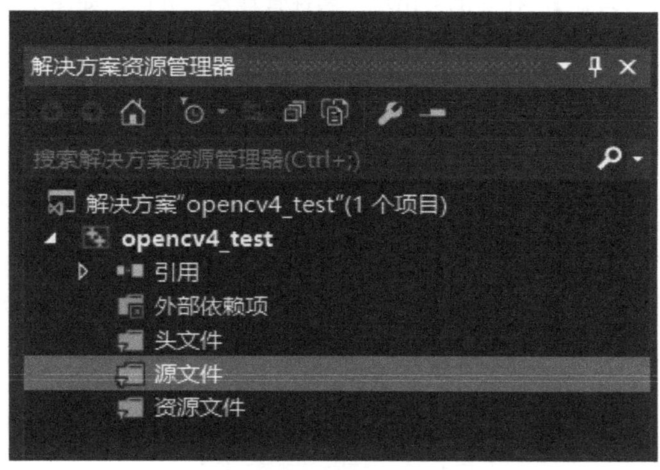

图 1-7　空项目的解决方案资源管理器

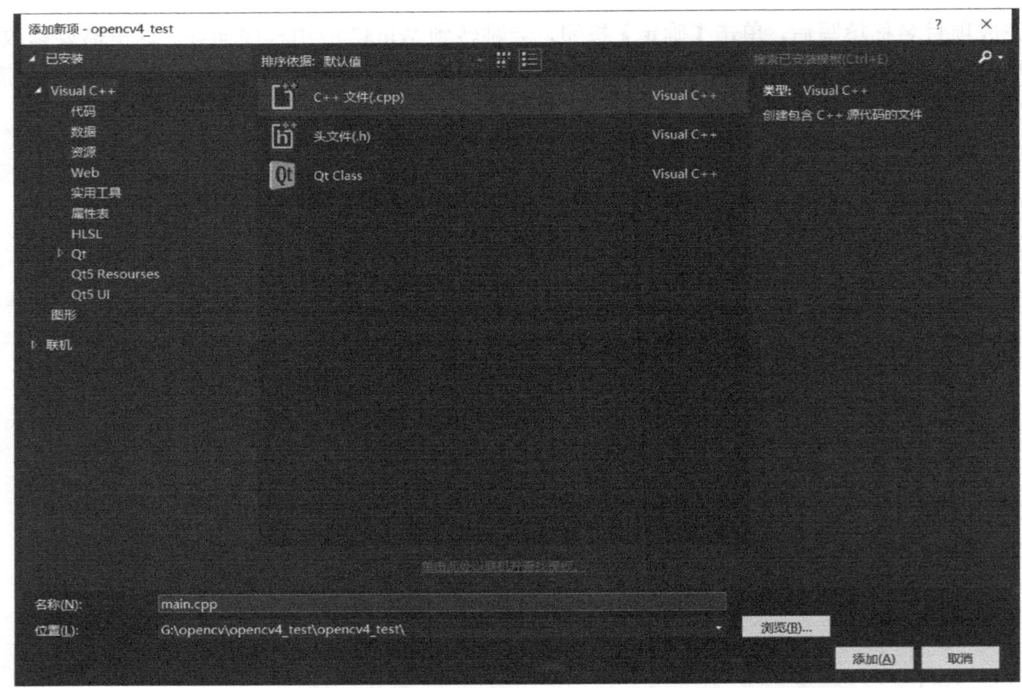

图 1-8 向“源文件”中添加空白 cpp 文件

然后修改界面上方的“Debug”模式，将其修改为“x64”模式，如图 1-9 所示。

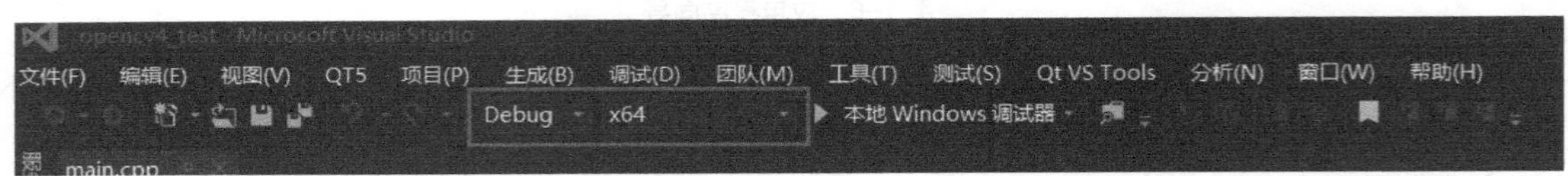

图 1-9 修改 Debug 模式为 x64

在完成空项目的创建之后，就可以正式开始包含路径的配置。依次单击界面上方的【视图】→【其他窗口】→【属性管理器】，在右侧会出现“属性管理器”界面，如图 1-10 所示。

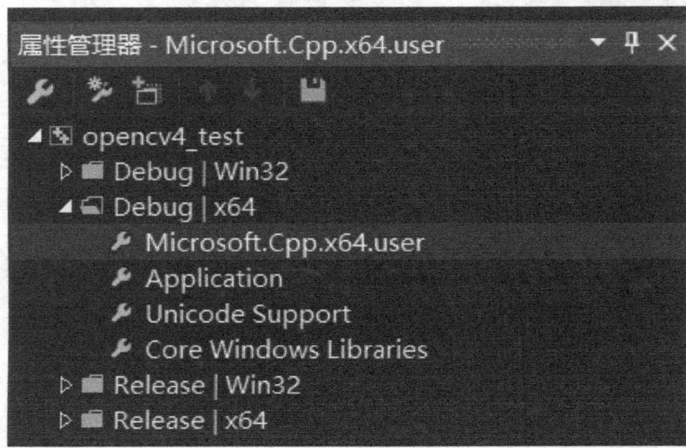

图 1-10 “属性管理器”界面

打开“Debug | x64”前方的小三角形，双击【Microsoft.Cpp.x64.user】打开属性页，如图 1-11 所示。

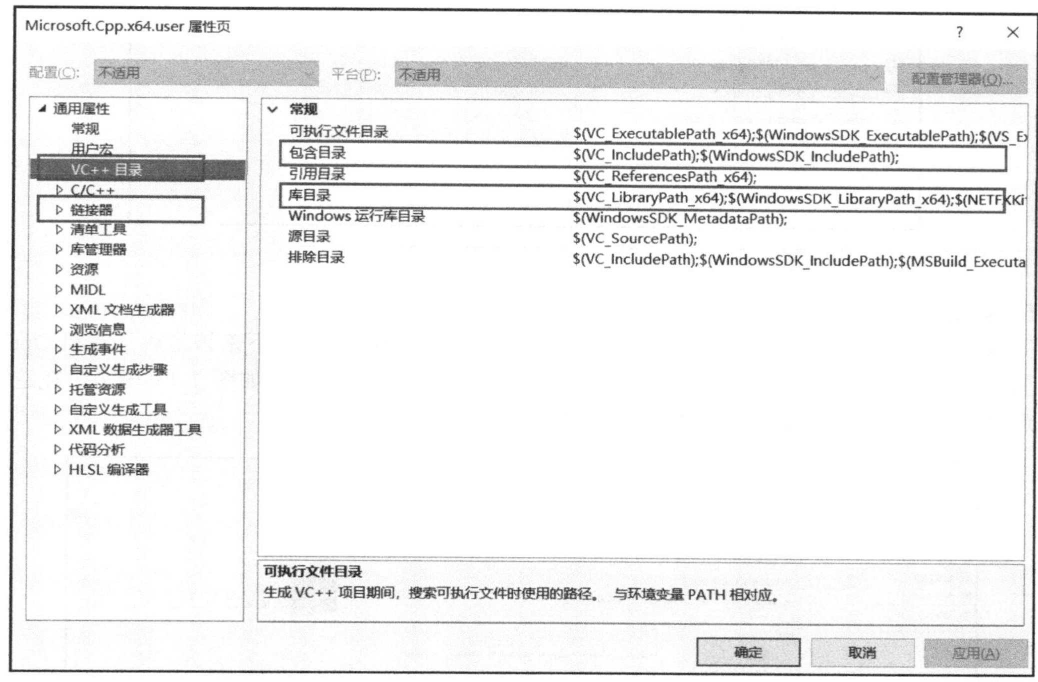

图 1–11　属性页

属性页的“VC++目录”的“包含目录”和“库目录”，以及“链接器”中的“附加依赖项”，便是我们需要修改的地方。在“包含目录”里添加如下两个文件路径：

- H:\opencv4\opencv\build\include
- H:\opencv4\opencv\build\include\opencv2

重点需要留意一下，不同于之前的版本，这里“包含目录”里只有两个文件，取消了原来的…\include\opencv 路径。这是因为在…\include\文件夹里只有一个 opencv2 文件夹，OpenCV 4.1 将两个文件夹合并在了一起。添加完成两个路径后，便完成了包含路径的配置工作。

3. 配置库目录

库目录的配置过程与包含路径的配置过程相似，只需要找到对应的目录路径。作者的配置路径如下：

H:\opencv4\opencv\build\x64\vc14\lib

需要说明的是，…\vc14\指的是在 Visual Studio 2015 中使用，如果使用的是 Visual Studio 2017，就需要选择…\vc15\。这里如果选择错误，就会造成版本不兼容的问题，出现配置失败等一系列现象，因此，读者一定要根据自己的实际情况进行选择。

4. 配置链接器

链接器的配置应该是 OpenCV 4.1 最大的改变。为了方便开发者使用，节省配置时间，它简化了库文件中的 lib 文件数目。打开库目录路径，可以看到 lib 文件数目只有两个，如图 1-12 所示。这两个文件的名字很像，区别就是一个后面含有“d”，而另一个不含有。不含有“d”的文件是在 Release 模式下使用的，配置该模式的时候才使用。含有“d”的文件是在 Debug 模式下使用的，由于我们现在是在 Debug 模式下，因此选择此文件。打开链接器左侧的三角形图标，在“输入”项中的“附加依赖项”添加 opencv_world410d.lib，完成链接器的配置。

名称	修改日期	类型	大小
opencv_world410.lib	2019/4/8 15:35	Object File Library	2,345 KB
opencv_world410d.lib	2019/4/8 15:27	Object File Library	2,420 KB
OpenCVConfig.cmake	2019/4/8 15:17	CMAKE 文件	14 KB
OpenCVConfig-version.cmake	2019/4/8 15:17	CMAKE 文件	1 KB
OpenCVModules.cmake	2019/4/8 15:17	CMAKE 文件	4 KB
OpenCVModules-debug.cmake	2019/4/8 15:17	CMAKE 文件	1 KB
OpenCVModules-release.cmake	2019/4/8 15:17	CMAKE 文件	1 KB

图 1-12　库文件中的 lib 文件

5. 配置环境变量

完成了告诉 Visual Studio 2015 去哪里寻找 OpenCV 的工作之后，接下来该告诉计算机 OpenCV 在哪里。右键单击“我的电脑”，并选择【属性】，打开“系统”界面，如图 1-13 所示，在这一界面中选择【高级系统设置】，进入“系统属性”界面。

图 1-13　“系统”界面

在“系统属性”界面内单击【环境变量】按钮，并在新跳转出的页面中的“系统变量”部分找到“Path”变量，如图 1-14 所示，在其后面添加如下路径：

H:\opencv4\opencv\build\x64\vc14\bin

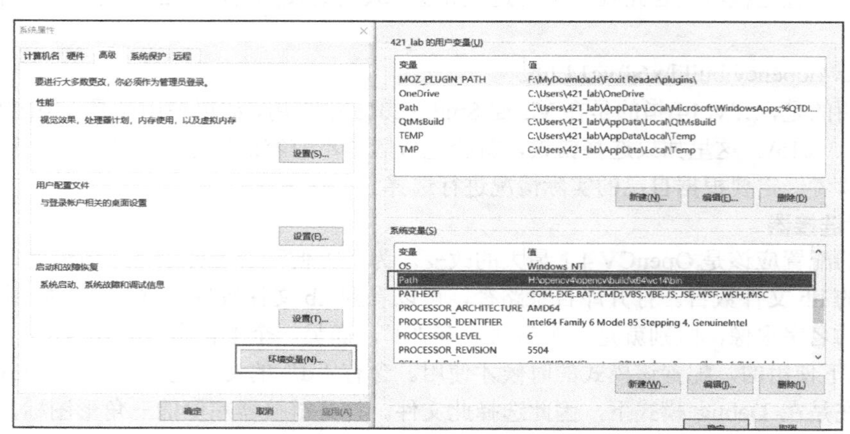

图 1-14　系统环境变量配置界面

这里要注意，我们在用户变量和系统变量里都会发现“Path”变量。理论上两者只需要配置一个就可以，由于一台计算机上可能拥有多个用户，因此建议在系统变量里添加路径。同时，由于可能前期配置过其他的变量，因此在添加 OpenCV 变量的同时，不要将之前的配置内容删除，而要使用分号将不同的路径分开，以避免对其他环境产生影响。

6. 验证配置结果

完成所有的配置过程后，需要通过程序验证配置是否成功。但是在此之前需要说明的是，配置流程没有顺序要求，即可以先完成 Visual Studio 的配置再完成计算机环境变量的配置，也可以反过来进行。不过，按照本书的流程进行配置，在配置完成后需要重启 Visual Studio 才可以在程序中加载 OpenCV 的头文件。

我们在前面创建的 main 源文件中输入代码清单 1-1 中的程序，该程序的主要目的是读取一个图像并显示该图像，其原理在后面的章节中会详细介绍，现在读者只需要输入代码，构建解决方案，运行程序验证环境配置是否成功。

代码清单 1-1　install_test.cpp 测试 OpenCV 4.1 是否安装成功

```
#include <opencv2\opencv.hpp>  //加载 OpenCV 4.1 头文件
#include <iostream>

using namespace std;
using namespace cv;  //OpenCV 的命名空间

int main()
{
    Mat img;  //声明一个保存图像的类
    img = imread("G:/opencv/lena.png");  //读取图像，根据图片所在位置填写路径即可
    if (img.empty())  //判断图像文件是否存在
    {
        cout << "请确认图像文件名称是否正确" << endl;
        return -1;
    }
    imshow("test", img);  //显示图像
    waitKey(0);  //等待键盘输入
    return 0;  //程序结束
}
```

运行上述程序，可以得到图 1-15 所示的结果，这证明 OpenCV 环境配置成功，可以开启 OpenCV 的学习之路了。

图 1-15　测试程序运行结果

1.2.2　Image Watch 插件的使用

“工欲善其事，必先利其器。”要想能够又快又好地写出一个完整的程序，除必备的 IDE 以外，还需要一些插件来辅助编程与调试。我们在平时编写比较大的程序时，往往很难一次就成功输出希望的结果，这种情况下就需要对程序进行分步调试。在调试过程中，我们希望能够看到变量存储的数据，但是 Visual Studio 并不能很好地查看图像类型的数据，调试者多数情况下会选择输出整个图像数据查看结果是否正确，这样做非常不方便。本小节将介绍一个在调试程序过程中可以可视化输出图像数据的插件：Image Watch。

Image Watch 插件是一个免费的 Visual Studio 插件，可以在网上检索并下载，另外，存放本书代码资源的 GitHub 上也提供了该插件的下载方式。在其下载完成后，直接双击便可完成软件的安装。此时重启 Visual Studio，就可以在【视图】→【其他窗口】中看到 Image Watch 的按钮，证明加载插件成功。

为了介绍该插件的作用，要在代码清单 1-1 所示程序的第 16 行之前添加一行代码“Mat img1;”，并在显示图像的代码行处打上断点，重新构建解决方案，单击【调试】→【开始调试】。此时我们可以发现程序停在了断点行处，并且没有执行该行代码，因此没有图片显示出来。此时打开 Image Watch 插件，可以看到图 1-16 所示的页面。通过这个页面我们可以看到变量 img 已经读取到了图像，每个图像的数据类型、图像通道数与像素尺寸都可以直观地进行查看。点击变量可以在右侧看到数据的详细信息，同时可以通过鼠标滚轮实现图片的放大和缩小，直到看到每个像素中的数值，将鼠标放置在像素中可以得到像素坐标，形式为：(列数，行数)。

图 1-16　Image Watch 查看图像类型数据

1.2.3　在 Ubuntu 系统中安装 OpenCV 4

虽然本书中的代码主要在 Windows 系统运行，但由于一些读者在使用 Ubuntu 系统学习计算机视觉，因此本小节将介绍如何在 Ubuntu 系统中安装 OpenCV 4.1。如果你只是在 Windows 系统中使用 OpenCV 4.1，那么可以跳过本小节内容。对于 Ubuntu 版本，这里不做过多介绍，感兴趣的读者可以自行查询相关内容。由于作者使用的是 Ubuntu 16.04，因此下面将介绍如何在该系统中安装 OpenCV 4.1。在 Ubuntu 14.04 或者 Ubuntu 18.04 上安装 OpenCV 4.0 的方法和步骤与此是相似的。

1. 安装 OpenCV 4.1 需要的依赖项

由于 OpenCV 4.1 需要 CMake 3.5.1 版，因此需要保证计算机中安装的 CMake 编译器是 3.5.1 及以上版本。可以通过代码清单 1-2 中的命令安装最新版 CMake。

代码清单 1-2　安装最新版 CMake 的命令

```
sudo apt-get update
```

```
sudo apt-get upgrade
sudo apt-get install build-essential cmake
```

其中安装 update 和 upgrade 分别是更新软件源和查看是否有软件需要更新，这两个命令一般是在安装系统后初次下载软件，或者更换软件源之后执行，读者可以根据实际情况不输入该命令。安装的 build-essential 是 Linux 系统中常用的一些编译工具，cmake 会直接安装最新版 CMake 编译器。

OpenCV 4.1 的使用需要很多的依赖项，例如图片编码库、视频编码库等。不过这些依赖项是针对某些特定功能的，即使某些功能的依赖项没有安装，也不会影响 OpenCV 4.1 的编译与使用，只是在使用特定功能时会出现问题。因此，在不确定某些功能以后是否会用到时，建议将常用的依赖项都安装。可以通过代码清单 1-3 中的命令进行安装。

代码清单 1-3　安装 OpenCV 依赖项

```
sudo apt-get install libavcodec-dev libavformat-dev libswscale-dev libv4l-dev libxvidcore-dev libx264-dev libatlas-base-dev gfortran libgtk2.0-dev libjpeg-dev libpng-dev
```

如果需要结合 Python 使用 OpenCV 4.1，则需要安装 Python 开发库。如果没有安装，则无法生成 Python 的链接。Python 开发库有 Python 2.7 和 Python 3.5 两个版本，如果能确定不使用某一版本，可以不用安装对应版本的开发库。可以通过代码清单 1-4 中的命令进行安装。

代码清单 1-4　安装 Python 依赖

```
sudo apt-get install python2.7-dev python3.5-dev
```

2. 编译和安装 OpenCV 4.1

安装完成所有依赖项之后，就可以进行 OpenCV 4.1 的编译与安装。由于 Ubuntu 系统中需要通过编译安装 OpenCV，因此需要在图 1-2 中 OpenCV 4.1 版安装包下载区域中选择 Sources 选项，下载用于 Ubuntu 系统安装的 OpenCV 4.1 文件，下载后解压到待安装路径。待安装路径读者可以根据个人喜好自由设置，为了安装方便，作者将 OpenCV 4.1 解压在根目录下，并命名为 opencv4.1。

> **提示**　这个路径在后续编译时需要使用，建议放置在根目录或者第二层文件夹等比较浅的路径中，命名也尽量简洁。

利用“Ctrl+Alt+T”组合按键唤起终端，通过终端进入 opencv4.1 文件夹中，并创建名为 build 的文件夹（见代码清单 1-5），之后进入该文件夹中，准备进行编译和安装。这一系列操作可以通过代码清单 1-5 中的命令实现。

代码清单 1-5　在 opencv4.1 文件夹中创建 build 文件命令

```
cd opencv4.1
mkdir build
cd build
```

代码中的 cd 是打开或进入某个文件夹的命令，后面接需要打开的文件夹。mkdir 是创建文件夹的命令，后面接需要创建的文件夹的名字。创建一个新文件夹的目的是在接下来编译的时候将编译出的中间文件都生成在这个新的文件夹中，这样做不会因为编译过程中生成的文件将原文件夹中的内容变得混乱，这种方式在 Ubuntu 系统中非常常见。

接下来开始编译工作，编译安装命令如代码清单 1-6 所示。

代码清单 1-6　编译 OpenCV 命令

```
1.  cmake -D CMAKE_BUILD_TYPE=RELEASE -D CMAKE_INSTALL_PREFIX=/usr/local ..
2.  sudo make -j4
3.  sudo make install
```

命令中的 CMAKE_BUILD_TYPE 是编译的模式参数，CMAKE_INSTALL_PREFIX 是安装路径参数。这些参数都可以默认，但是当安装多个版本的 OpenCV 时，设置不同的安装路径将变得十分有必要。第 1 行命令的最后一定不要忘记有一个“..”指令，其含义是告诉编译器将要编译的文件是来自上一层文件夹中的 CMakeList.txt 文件。第 2 行命令是完成最终的编译，“-j4”的意思是启用 4 个线程同时进行编译，读者可以根据自己计算机的性能自主选择。例如，启用 8 个线程可表示为“-j8”，只用单线程，可以默认。之后将会是一个等待编译完成的过程。编译完成后，用代码清单 1-6 中第 3 行代码安装 OpenCV 4.1。

3. 环境配置

安装 OpenCV 4.1 之后还需要通过配置环境告诉系统安装的 OpenCV 4.1 在哪里，按照如下步骤操作即可完成环境配置，所有的命令在代码清单 1-7 中给出。

代码清单 1-7　Ubuntu 系统中配置 OpenCV 4.1 环境

```
1.  sudo gedit /etc/ld.so.conf.d/opencv.conf
2.  sudo ldconfig
3.  sudo gedit /etc/bash.bashrc
4.  PKG_CONFIG_PATH=$PKG_CONFIG_PATH:/usr/local/lib/pkgconfig
5.  export PKG_CONFIG_PATH
6.  source /etc/bash.bashrc
7.  sudo updatedb
```

首先，执行代码清单 1-7 中的第 1 行命令，可能会打开一个空白的文件，但无论是否为空白文件，都需要在文件的末尾添加路径“/usr/local/lib”。这里添加内容与我们编译时设置的路径有关，如果安装路径变化，那么这里添加的内容也要随之改变。保存文件并退出后，运行代码清单 1-7，并通过第 2 行命令使配置路径生效。

接下来需要配置 bash，代码清单 1-7 中第 3 行命令用于打开 bash.bashrc 文件。在打开的文件末尾加上 OpenCV 4.1 的安装路径，代码清单 1-7 中第 4 行和第 5 行用以实现这个功能。这里需要重点说明的是，文件路径需要与设置的安装路径相对应。保存输入内容后，通过代码清单 1-7 中第 6 行和第 7 行命令更新系统的配置环境，最终完成 OpenCV 4.1 的安装。

4. 验证 OpenCV 4.1 是否安装成功

通过上述过程安装 OpenCV 4.1 后，需要验证是否安装成功，以及能否通过程序调用 OpenCV 4.1 函数库中的函数。首先我们需要创建一个文件夹，在文件夹中创建 CMakeList.txt 和 main.cpp 两个文件，并在文件夹中复制一张名为 apple.jpg 的图片。

CMakeList.txt 文件中的内容如代码清单 1-8 所示。

代码清单 1-8　测试工程中的 CMakeList.txt 程序

```
cmake_minimum_required(VERSION 2.6)
#创建工程
project(testopencv)
#C++版本为 11
set(CMAKE_CXX_FLAGS "-std=c++11")

find_package(OpenCV 4.1 REQUIRED)  #找 OpenCV 4.1 安装路径
include_directories(${OpenCV_INCLUDE_DIRS})  #加载 OpenCV 4.1 的头文件

```

```
add_executable(testopencv main.cpp)    #将程序生成可执行文件
target_link_libraries(testopencv ${OpenCV_LIBS})  #链接 lib 文件到可执行文件中
```

注意　由于 OpenCV 4.1 库是基于 C++ 11 标准编写的，因此必须在 CMakeList.txt 文件中声明 set(CMAKE_CXX_FLAGS "-std=c++11")。

在 main.cpp 文件中输入代码清单 1-9 所示的程序。

代码清单 1-9　install_test.cpp 测试工程中主函数代码

```
#include <iostream>
#include <opencv2/opencv.hpp>

using namespace std;
using namespace cv;  //声明使用 OpenCV 4.1 的命名空间

int main(int agrc, char** agrv){
  Mat img=imread("apple.jpg");
  imshow("test",img);
  waitKey(0);
  return 0;
}
```

程序内容与功能前文已经介绍，这里不再赘述。通过终端进入文件夹，用代码清单 1-10 中的命令编译代码，生成可执行文件。

代码清单 1-10　编译项目命令

```
cmake .
make
```

注意　这里需要注意，编译当前路径文件时，cmake 后面只有一个“.”。

执行命令后文件夹中会多出很多文件，其中会有一个名为 testopencv 的可执行文件，运行该文件，如果得到图 1-17 所示的结果，即证明安装 OpenCV 4.1 成功。

图 1-17　运行程序后显示的 apple.jpg 图片

1.2.4　opencv_contrib 扩展模块的安装

安装完基础模块后，已经可以满足大多数初学者的正常使用需求。然而，有很多非常实用的功能并没有被集成在基础模块中，而是被放在了 opencv_contrib 扩展模块中，例如人脸识别、生物视觉、特征点提取等众多非常强大的功能。扩展模块是对基础模块的补充，由于某些算法具有专利保护，无法放在基础模块中，而这部分算法却是学习图像处理常用的算法，例如，大名鼎鼎的有专利保护的 SIFT 特征点提取算法就在这个扩展模块中。虽然有专利保护，但是使用 OpenCV 的开发者依然可以免费用于非商业用途。本小节将为读者介绍如何在 Windows 和 Ubuntu 系统中安装 opencv_contrib 扩展模块。

首先需要在 GitHub 上获取与自己的 OpenCV 版本相匹配的 opencv_contrib 安装包，为节省读者寻找安装包的时间，本书资源的 3rdparty 文件夹中提供了 opencv_contrib 4.0 和 4.1 两个版本的安装包。读者可以在下载安装包后，将安装包解压到先前的 opencv 文件夹内，以备后续的安装使用。

1. 在 Windows 系统中安装扩展模块

在 Windows 系统中安装 opencv_contrib 扩展模块需要用到 CMake 编译器，在 CMake 官网下载.msi 安装包，双击安装包可以直接完成安装任务。本书使用的是 CMake 3.7.0 版，这里需要注意，由于 OpenCV 版本更新速度慢于 CMake，因此不推荐使用过高版本的 CMake 编译器，只要满足 OpenCV 4.1 要求的最低版本即可，因此，为了减少编译过程中的错误，建议读者与作者使用同版本的 CMake。打开安装好的 CMake 软件，可以看到图 1-18 所示的页面。我们需要选择 OpenCV 源码所在地址和编译文件的输出地址。源码放在了“…\opencv\sources”文件夹中，为了与 OpenCV 原有文件区分，在“…\opencv”中创建一个名为 newbuild 的文件夹用于存放编译输出文件。

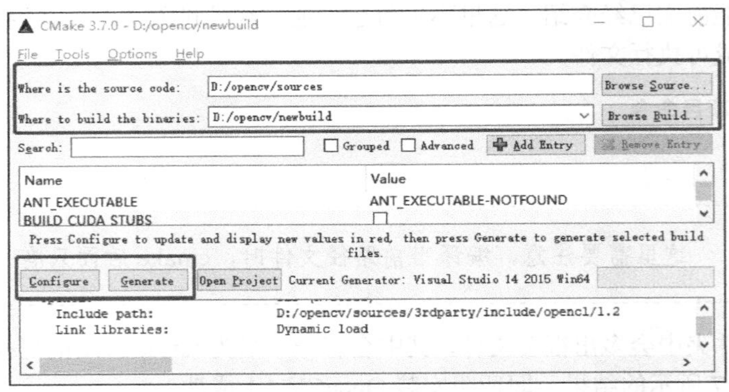

图 1-18　CMake 编译界面

之后通过单击【Configure】按钮，选择将源码编译成与 Visual Studio 版本相对应的项目工程文件。作者安装的是 Visual Studio 2015，同时希望使用 64 位的 OpenCV，因此选择“Visual Studio 14 2015 Win64”选项，同时选择本地编辑器“Use default native compilers”。选择配置的操作界面如图 1-19 所示。

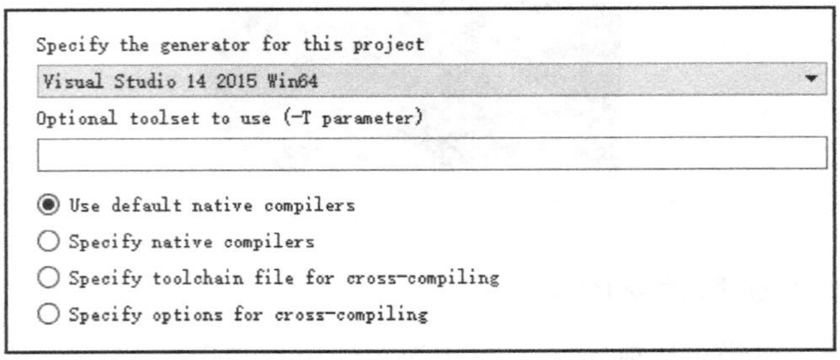

Specify the generator for this project

Visual Studio 14 2015 Win64

Optional toolset to use (-T parameter)

- Use default native compilers
- Specify native compilers
- Specify toolchain file for cross-compiling
- Specify options for cross-compiling

图 1-19　配置 Visual Studio 版本与编译工程的位数

之后再次单击【Configure】开始构建，出现“Configuring done”说明构建成功。在 CMake 界面会出现很多变量，如图 1-20 所示。首先找到“BUILD_opencv_world”和“OPENCV_ ENABLE_NONFREE”两个变量，在变量后面的方框内打上“√”。前一个变量的含义是生成一个大的.lib 文件，在配置链接器时只有一个 opencv_world410d.lib 文件。后一个变量的含义是在编译成功后可以使用具有专利保护的算法，如果该变量不被选中，就不能使用包括 SIFT 算法在内的具有专利保护的算法，之后找到 OPENCV_EXTRA_ MODULES_PATH 变量，该变量的含义是告诉编译器扩展模块的源码在哪里，选择我们刚才下载的 opencv_contrib 安装包里的 modules 文件夹。如果这个变量为空，在编译过程中也不会报错，只是只安装了 OpenCV 的基础版而已。

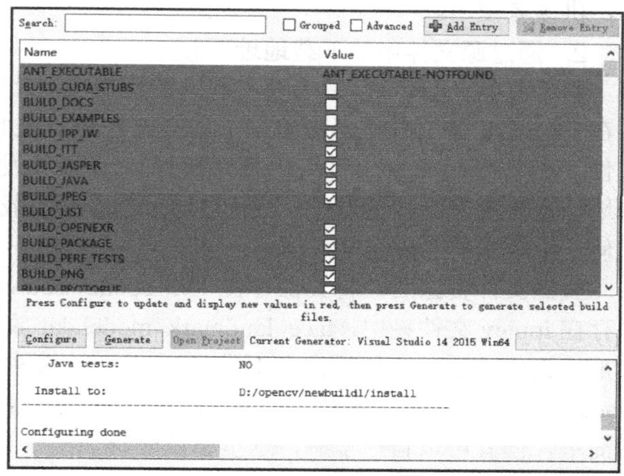

图 1-20 Configuring done 后的 CMake 界面

再次单击【Configure】，直到所有的红色变量变成白色，之后单击【Generate】开始编译。编译成功后会在 newbuild 文件夹中生成许多文件，找到 OpenCV.sln 文件，用 Visual Studio 2015 打开该文件并重新生成解决方案，这个过程会比较漫长。经过漫长时间的等待，在资源管理器中找到 CMakeTargets 中的 INSTALL 文件，右键选择“仅用于项目”中的“仅生成 INSTALL”，会在 newbuild 文件夹中生成一个名为 install 的文件夹，用来环境配置的所有文件都存放在这个文件夹中。按照前面介绍的配置 OpenCV 环境的方式配置即可。

> **提示** 编译后的 newbuild 文件夹非常大，会有几 GB，但是除 install 文件夹最重要外，绝大多数文件是“垃圾”文件，如果觉得硬盘存储空间有限，可以选择性地删除一些文件。

2. 在 Ubuntu 系统中安装扩展模块

在 Ubuntu 系统中安装扩展模块比较容易，只需要修改代码清单 1-6 中的 cmake 命令，添加上扩展安装包的路径即可，具体内容在代码清单 1-11 中给出，其余步骤与安装 OpenCV 基础模块没有区别。

代码清单 1-11 编译 OpenCV 命令

```
cmake -D CMAKE_BUILD_TYPE=RELEASE -D CMAKE_INSTALL_PREFIX=/usr/local OPENCV_EXTRA_
MODULES_PATH=../opencv_contrib/modules ..
```

1.2.5 安装过程中常见问题的解决方案

在编译 OpenCV 源码过程中，程序会自动下载一些文件，但由于网络连接、网速限制等原因，可能会出现部分文件下载失败的情况。对于常见的 ippicv.zip 与 face_landmark_model.dat 两个文件下载失败的问题，下面提供两种解决思路。

1. 寻找网络资源

直接检索两个文件的全名。对于比较老的 OpenCV 版本，可能会有很多可供下载的资源；对于较新的版本，本书资源的 3rdparty 文件夹中提供了对应 OpenCV 4.0 和 OpenCV 4.1 两个版本的文件，供读者使用。

2. 通过源文件中的下载地址下载

由于部分 OpenCV 版本使用的人数较少，因此网上可能没有相应的资源，不过也没关系，其实在 OpenCV 源文件中已经给出了这些文件的下载地址。打开源文件中的 CMakeDownloadLog.txt 文件（可以在 opencv 文件夹中搜索找到），就能够发现里面包含没有下载成功的文件的下载地址，将地址直接复制到浏览器中，就可以通过浏览器下载。在作者有限的经验中，目前这种方法适用于任何一个版本的 OpenCV。

找到文件资源后，将其保存在“…\opencv\sources\.cache”路径下的文件夹中，其中 ippicv.zip 保存在 ippicv 文件夹中，face_landmark_model.dat 放置在 data 文件夹中。需要注意的是，文件的命名形式也十分重要，如果命名不满足 OpenCV 要求的“MD5 码+文件名”形式，例如“MD5 码+face_landmark_model.dat”，在编译的时候程序仍然会重新下载文件。关于 MD5 码的查看方式非常简单，读者可以自行了解，这里不做介绍。

> **提示**　“.cache”文件夹是一个隐藏文件夹，找到它需要打开隐藏的项目。

1.3 了解 OpenCV 的模块架构

为了更全面地了解 OpenCV，首先要了解 OpenCV 的整体模块架构，对每个模块的功能有一个初步认识，以便在后续的学习中知道每个功能函数出自哪个模块，在原有功能的基础上进行调整与改进。本节将带读者了解 OpenCV 4.1 的模块架构，介绍每个模块的主要功能。

打开 OpenCV 4.1 的文件夹，在“...\opencv\build\include”文件夹中只有一个名为 opencv2 的文件夹。这里需要再次重点说明，在 OpenCV 4 之前的版本中，该文件夹下有 opencv 和 opencv2 两个文件夹，而在 OpenCV 4 中将两者整合成了 opencv2 这一个文件夹。打开 opencv2 文件夹就可以看到 OpenCV 4.1 的模块架构，如图 1-21 所示。

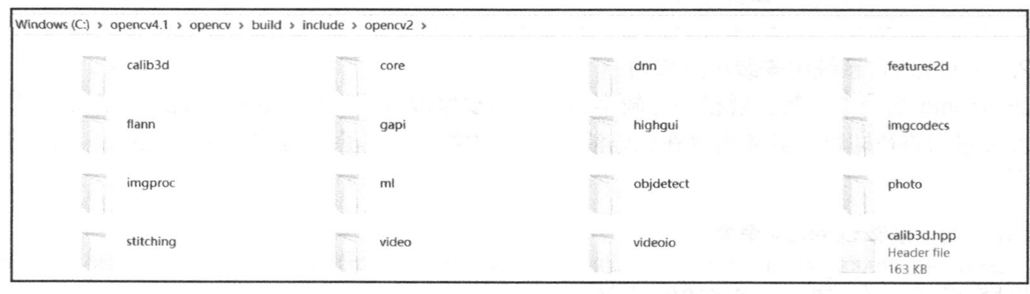

图 1-21　OpenCV 4.1 的模块架构

这些模块有的经过多个版本的更新已较为完善，包含了较多的功能；有的模块还在发展过程中，包含的功能相对较少。下面按照文件夹的顺序介绍模块的功能。

- calib3d——这个模块名称是由 calibration（校准）和 3D 两个术语的缩写组合而成的，顾名思议，这个模块主要包含相机标定与立体视觉等功能，例如物体位姿估计、三维重建、摄像头标定等。
- core——核心功能模块。这个模块主要包含 OpenCV 库的基础结构以及基本操作，例如 OpenCV 基本数据结构、绘图函数、数组操作相关函数、动态数据结构等。

- dnn——深度学习模块。这个模块是 OpenCV 4 版的一个特色，其主要包括构建神经网络、加载序列化网络模型等。但是这一模块目前仅适用于正向传递计算（测试网络），原则上不支持反向计算（训练网络）。
- features2d——这个模块名称是由 features（特征）和 2D 两个术语的缩写组合而成的，其功能主要为处理图像特征点，例如特征检测、描述与匹配等。
- flann——这个模块名称是 Fast Library for Approximate Nearest Neighbors（快速近似最近邻库）的缩写。这个模块是高维的近似近邻快速搜索算法库，主要包含快速近似近邻搜索与聚类等。
- gapi——这个模块是 OpenCV 4.0 中新增加的模块，旨在加速常规的图像处理。与其他模块相比，这个模块主要充当框架，而不是某些特定的计算机视觉算法。
- highgui——高层 GUI，包含创建和操作显示图像的窗口、处理鼠标事件以及键盘命令、提供图形交互可视化界面等。
- imgcodecs——图像文件读取与保存模块，主要用于图像文件读取与保存。
- imgproc——这个模块名称是由 image（图像）和 process（处理）两个单词的缩写组合而成的，是重要的图像处理模块，主要包括图像滤波、几何变换、直方图、特征检测与目标检测等。
- ml——机器学习模块，主要为统计分类、回归和数据聚类等。
- objdetect——目标检测模块，主要用于图像目标检测，例如检测 Haar 特征。
- photo——计算摄影模块，主要包含图像修复和去噪等。
- stitching——图像拼接模块，主要包含特征点寻找与匹配图像、估计旋转、自动校准、接缝估计等图像拼接过程的相关内容。
- video——视频分析模块，主要包含运动估计、背景分离、对象跟踪等视频处理相关内容。
- videoio——视频输入/输出模块，主要用于读取/写入视频或者图像序列。

通过对 OpenCV 4.1 的模块构架的上述介绍，相信读者已经对 OpenCV 4.1 整体架构有了一定的了解。其实，简单来说，OpenCV 就是将众多图像处理模块集成在一起的软件开发工具包（Software Development Kit，SDK），其自身并不复杂，读者通过学习就可以轻松掌握其使用方式。

1.4 源码示例程序展示

在 OpenCV 4.1 源码中包含了许多示例程序，这些程序保存在“...\opencv\sources\smaples”文件夹中，涉及范围从图像处理到视频处理，从传统图像处理到基于机器学习的图像处理，凝聚了很多开发人员的心血，有很多展示性、实用性很强的程序。本节结合 OpenCV 4.1 自身新增加的功能以及与本书内容的相关性，选取 5 个常见并且功能实用的示例程序，通过讲解示例程序的调试与使用过程，展示 OpenCV 的强大功能与迷人之处。本节介绍的每一个示例读者都可以在学完本书之后根据学习内容从无到有地搭建实现。

1.4.1 配置示例程序运行环境

与自己编写程序一样，在运行 OpenCV 提供的示例程序时，需要配置示例程序运行环境。首先，将源代码通过编译生成可执行文件（.exe 文件），之后根据程序调试说明输入需要的指令，完成程序的调用。本小节将分别介绍在 Windows 系统和 Ubuntu 系统中配置示例程序运行环境的方法。

1. 在 Windows 系统中配置示例程序运行环境

在 Windows 系统下的环境配置，我们继续基于 Visual Studio 2015 来实现。首先找到希望运行的示例源码所在的位置，由于我们使用 C++语言，因此源码都会在“...\samples\cpp\”文件夹中。为了便于阅读，OpenCV 中源码的命名方式要求尽可能通过文件名了解程序的功能，因此通过文件名就可以对源码功能有大致的了解，便于我们选择感兴趣的例程。接下来将感兴趣的源码文件加载到 Visual Studio 解决方案中的源文件里。实现的方式与上文创建新项目相同，选择加载“现有项”便可以将源码文件加载到当前方案中的源文件里，之后依次单击【生成】→【重新生成解决方案】完成对程序的创建工作。

当我们面对一个陌生的程序，不知道应该输入什么参数时，可以通过查看程序文档来了解程序的使用方式。在 OpenCV 的所有示例程序中，几乎都含有一个名为 help()的函数用来输出函数功能介绍以及如何执行程序说明。我们在程序中找到 help()函数，例如，代码清单 1-12 中是 edge.cpp 文件中的 help()函数的内容。

代码清单 1-12　edge.cpp 文件中的 help()函数

```
static void help(){
printf("\nThis sample demonstrates Canny edge detection\n"
"Call:\n"
      "    /.edge [image_name -- Default is fruits.jpg]\n\n");
}
```

根据函数中的说明，通过“可执行程序+图片名”的方式调用该程序。该程序的特殊之处在于，当没有输入图片名称时，会默认调用 fruits.jpg 图片。但是有很多程序没有默认参数，因此，在调用其他程序时，如果没有按照要求输入足够的参数，就会出现程序无法运行的问题。针对启动程序时输入参数的问题，下面就介绍通过 DOS 操作环境和 Visual Studio 软件两种方式完成参数输入。

我们平时使用 Windows 系统时很少使用 DOS 操作环境，但是在 Ubuntu 系统下却经常使用。在 Windows 系统下，首先通过“Windows+R”组合按键唤醒“运行界面”，之后输入“cmd”命令便可以进入 DOS 操作环境。在 DOS 环境下，希望运行一个程序时，需要进入程序的当前目录中。根据上文环境的配置过程，我们将.exe 文件生成在 G:\opencv\opencv4_test\x64\Debug 文件夹内。在 DOS 界面，输入“G:”进入 G 盘中，接着输入“cd opencv\opencv4_test\x64\Debug”便进入目标文件夹内。按照“可执行程序+图片名”的格式就能实现对程序的调用。需要说明的是，由于我们之前创建文件时项目名字为 opencv4_test，因此生成的.exe 文件的名字也是 opencv4_test，此处读者需要根据自己创建的项目名字灵活变动。整个程序调用的过程如图 1-22 所示。

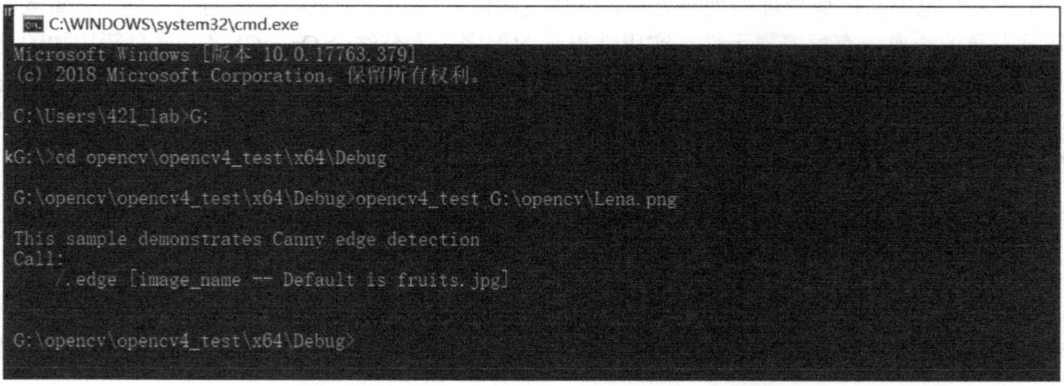

```
C:\WINDOWS\system32\cmd.exe
Microsoft Windows [版本 10.0.17763.379]
(c) 2018 Microsoft Corporation。保留所有权利。

C:\Users\421_lab>G:

G:\>cd opencv\opencv4_test\x64\Debug

G:\opencv\opencv4_test\x64\Debug>opencv4_test G:\opencv\Lena.png

This sample demonstrates Canny edge detection
Call:
    /.edge [image_name -- Default is fruits.jpg]


G:\opencv\opencv4_test\x64\Debug>
```

图 1-22　DOS 操作环境下执行程序的过程

虽然上面的方法烦琐，但却是在任何系统下都通用的方案。接下来就介绍如何通过 Visual Studio 实现执行程序时候的参数输入。回顾我们配置环境的过程，在 Debug 属性页内有个“调试”选项，如图 1-23 所示，在其中的“命令参数”内添加除.exe 文件以外的其他参数，我们输入的是 G:\opencv\Lena.png。单击【确定】按钮后，便完成了输入参数的添加。

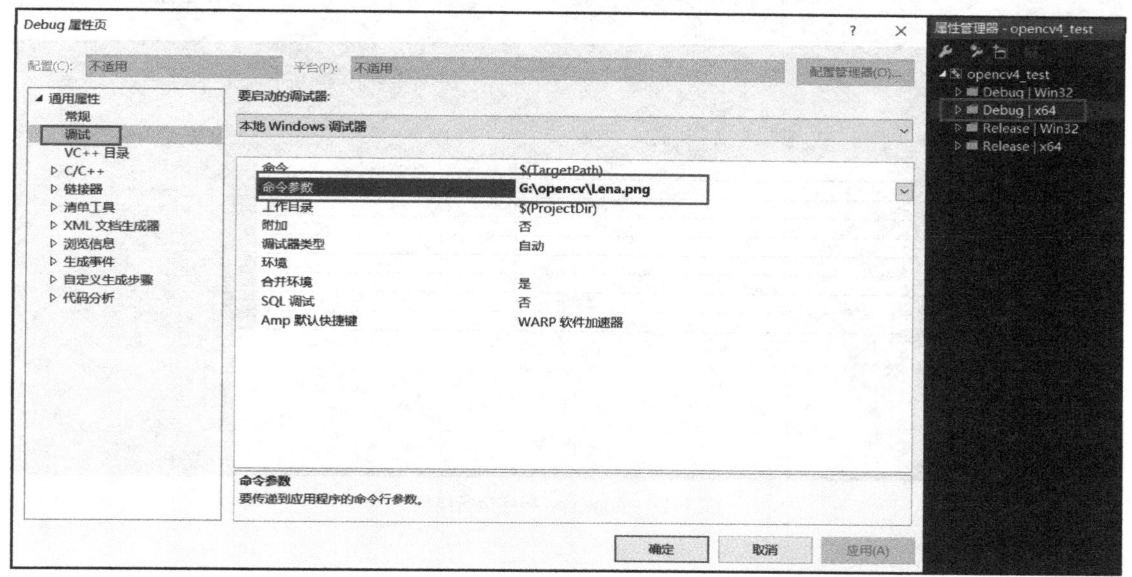

图 1-23 Visual Studio 内添加输入参数

2. 在 Ubuntu 系统中编译示例程序源文件

在 Ubuntu 系统中如何通过终端调用可执行文件在前面已经介绍过，这里主要介绍如何在 Ubuntu 系统中生成可执行文件。在 OpenCV 4.1 的 samples 文件夹中有很多源码程序以及配套的 CMakeList.txt 文件，因此只需要编译这些文件即可生成源程序的可执行文件。与安装 OpenCV 4.1 的步骤相似，首先创建一个 build 文件夹，进入文件夹编译上一层文件夹中的所有文件，所使用的命令如代码清单 1-10 所示，将其中的“.”替换成“..”。编译完成后，build 文件夹中会出现很多以 example_cpp_开头的可执行文件，证明编译成功。最后根据每个程序的启动说明，启动相应的可执行文件即可。

1.4.2 边缘检测 edge

首先介绍的是一个关于 Canny 边缘检测的示例程序，这个程序会生成两种不同算法的边缘提取 UI 界面，每个界面上方都有一个滑动条，通过拖曳可实现不同条件的边缘提取结果。该示例的文件名为 edge.cpp，在“...\sources\samples\cpp\”文件夹中。

打开源代码文件，可以看到代码清单 1-12 中给出的 help()函数。

这段代码前面已经解释过，这里不再解释。输入执行程序所需要的参数后，直接运行程序会出现两个界面，如图 1-24 所示。根据界面上的文字内容可知，其分别是使用 Sobel 和 Scharr 方法实现的边缘检测，并且可以通过拖曳界面上方的滑动条实现不同的边缘检测效果。

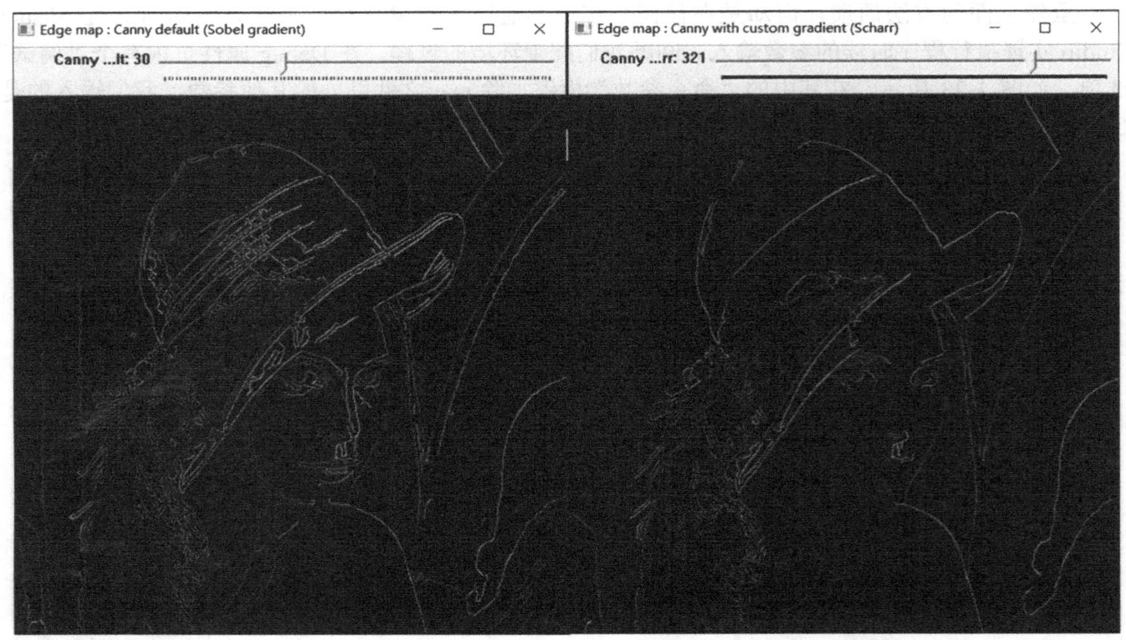

图 1-24　edge.cpp 程序运行结果

1.4.3　K 聚类 kmeans

OpenCV 内部包含了许多与机器学习相关的算法，kmeans 示例是利用可视化的界面实现 K 聚类算法，通过随机生成一些散点（虽然是随机的，但是为了良好地展示效果，生成随机点的过程是一个伪随机过程），利用 K 聚类算法将散点判定为不同的群体，并确定每个群体的中心点位置。该示例在“…\sources\samples\cpp”文件夹中，名为 kmeans.cpp。

打开源代码文件，可以看到代码清单 1-13 中给出的 help()函数。

代码清单 1-13　kmeans.cpp 文件中的 help()函数

```
static void help(){
cout << "\nThis program demonstrates kmeans clustering.\n"
"It generates an image with random points, then assigns a random number of cluster\n"
"centers and uses kmeans to move those cluster centers to their representitive
location\n"
"Call\n"
"./kmeans\n" << endl;
}
```

上述代码除介绍程序的功能外，"./kmeans\n"也说明执行该程序并不需要额外的参数输入，因此直接执行程序就可以得到运行结果。运行结果除随机点的分类结果外，还给出了这些随机点的紧凑系数，按“空格”键会再次生成随机点并进行分类，直到按“Q”键退出程序。图 1-25 展示的是 4 次运行的结果。

提示

由于是随机生成的散点，每次运行结果都不会相同，因此读者运行产生的结果可能会与书中不同。

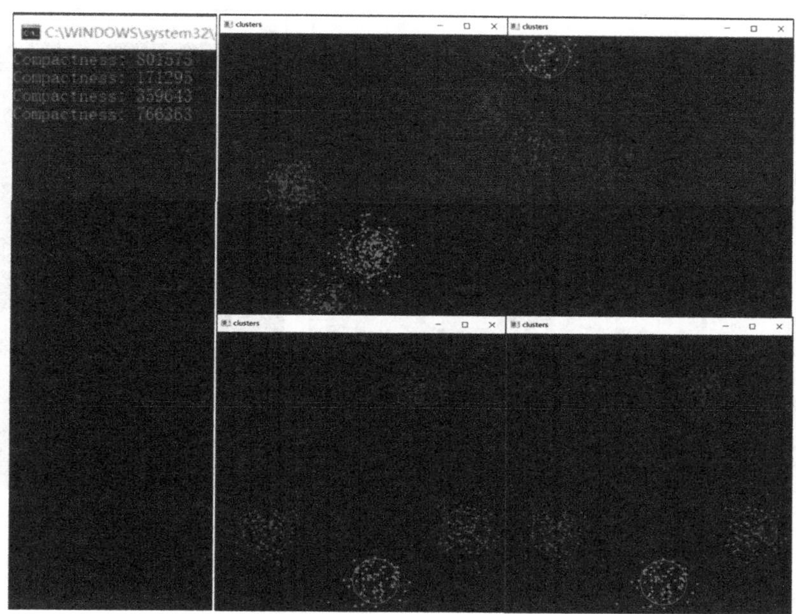

图 1-25 kmeans 运行 4 次的结果

1.4.4 二维码识别 qrcode

二维码在我们日常生活中随处可见，通过二维码加好友、支付、传递信息等十分普遍，而作为一个与时俱进的开源计算机视觉库，OpenCV 4 中也集成了二维码的识别与解析 API，并且提供一个示例程序，让使用者更直观地了解 OpenCV 新版本中的二维码检测与识别功能。二维码识别的示例程序在“...\sources\samples\cpp”文件夹中，名为 qrcode.cpp。这个源文件比较特殊，代码中没有 help()函数，但是在文件的开始给出了程序的使用方法，如代码清单 1-14 所示。

代码清单 1-14 qrcode.cpp 文件中对使用方法的描述

```
{
  …
"{i in  |  | input  path to file for detect (with parameter - show image, otherwise -
camera)}"
  …
}
```

这段代码表明程序可以识别图片中的二维码或者通过摄像头拍摄到的二维码。当输入“i”这个参数时，后面如果加上图片的路径，便是识别图片中的二维码，否则就通过调用摄像头识别拍摄到的二维码。这里我们调用摄像头实现二维码的识别，因此在执行程序时不需要输入额外参数。

因为 OpenCV 4 中新加入二维码相关函数，所以整个程序执行的速度会比较慢，当没有识别出二维码时，每秒可以处理 8 帧左右的数据；当识别到二维码时，只有每秒 1 帧的识别速度，不过相信在后续的版本更新中运行速度会有所提高。图 1-26 展示了识别二维码的结果，该程序在识别二维码的同时会将二维码的 4 个顶点以不同颜色标出，同时用紫色的矩形将二维码框选出来，并输出二维码中的内容。

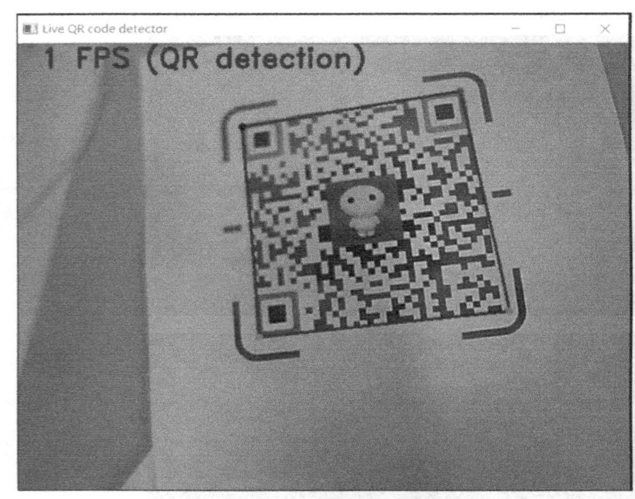

a）成功识别二维码

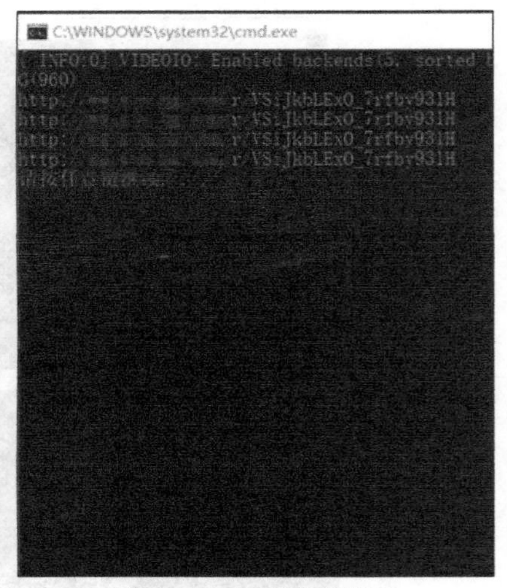

b）输出二维码中的信息

图 1-26　qrcode.cpp 程序的运行结果

1.4.5　相机使用 video_capture_starter

在处理某些问题时，经常需要通过摄像头直接拍照获取图像。为了方便用户使用，OpenCV 里提供了调用摄像头获取某一帧图像的示例程序。该程序可以启动摄像头，将拍摄的图像实时显示在界面中，并通过键盘“空格”键控制保存某一帧需要的图片。不仅如此，该程序也可以加载视频文件，从中截取某一帧画面以图像格式保存。当然，在处理每一帧图像之后，可以利用该程序将其恢复成视频文件。该示例程序在“...\sources\samples\cpp”文件夹中，名为 video_capture_starter.cpp。打开源代码文件，找到程序中的 help()函数，由于函数中的内容比较多，因此在代码清单 1-15 中只列出了与执行程序需要的输入参数相关的几行代码，感兴趣的读者可以到源文件中查看完整内容。

代码清单 1-15　video_capture_starter.cpp 文件中的 help()函数的部分代码

```
void help (char** av){
  …
cout<<"\tTo capture from a camera pass the device number. To find the device number,\
      try ls /dev/video*" << endl
    <<"\texample: " << av[0] << " 0" << endl
    << "\tYou may also pass a video file instead of a device number" << endl
    << "\texample: " << av[0] << " video.avi" << endl
    << "\tYou can also pass the path to an image sequence and\
       OpenCV will treat the sequence just like a video." << endl
    <<"\texample: " << av[0] << " right%%02d.jpg" << endl;
  …
}
```

这段代码中介绍了以下 3 种功能的使用方式。

- 使用摄像头模式：由于计算机可能会安装多个摄像头，因此使用摄像头时需要输入摄像头的编号，默认情况安装的第一个摄像头编号为 0，当然也可以默认输入参数启动该模式。
- 读取视频模式：该模式要求输入需要读取视频的文件名。
- 图像生成视频模式：该模式要求输入一系列图片，这些图片需要保存在同一个路径下，并且命名符合“前缀+数字”的格式，在调用时使用“前缀%02d+文件格式”的形式输入参数，其中“%02d”的意思是“两位整数”的意思。f001.png 需要通过“前缀%03d+文件格式”形式输入参数加载。根据输入要求，先调用摄像头拍摄 5 张图片，之后通过程序将这 5 张图片以视频的形式显示，其运行过程与结果如图 1-27 和图 1-28 所示。

图 1-27 调用摄像头拍摄 5 张图片与程序输出

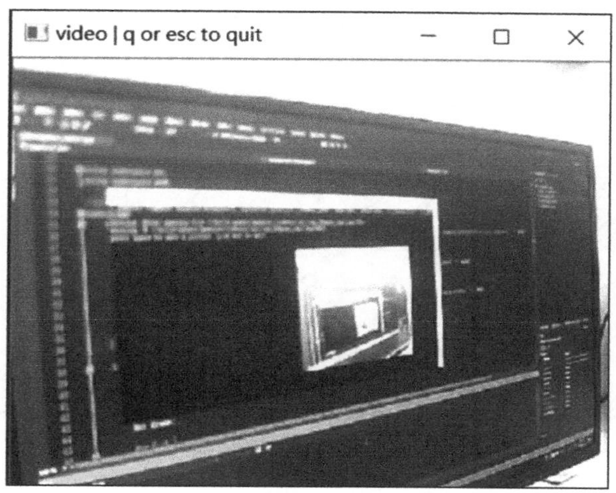

图 1-28 5 张拍摄图像生成的视频的截图

1.4.6 视频物体跟踪 camshiftdemo

最后介绍的示例程序是利用摄像头跟踪选定物体的程序。该程序通过启动摄像头拍摄数据，在图片的显示界面中可以通过鼠标选择跟踪区域，实现对选择区域中物体的跟踪，并且会生成选中区域的直方图。该示例程序在“...\sources\samples\cpp”文件夹中，名为 camshiftdemo.cpp。

打开源代码文件，可以看到代码清单 1-16 中给出的 help()函数。

代码清单 1-16 camshiftdemo.cpp 文件中的 help()函数

```
static void help (){
cout<<"\nThis is a demo that shows mean-shift based tracking\n"
"You select a color objects such as your face and it tracks it.\n"
"This reads from video camera (0 by default, or the camera number the user enters\n"
     "Usage: \n"
     "   ./camshiftdemo [camera number]\n";
}
```

这段代码对程序的功能和使用方式进行了简短的说明，推荐使用者选择颜色丰富的区域用于跟踪。本程序在启动时输入摄像头的序号可以直接启动摄像头拍摄图像，如果不输入任何参数，那么程序会默认启动序号为 0 的摄像头。因此，在启动本程序时，可以直接启动程序而不输入任何参数。

我们启动程序后，在摄像头视野中放置一个矿泉水瓶，通过鼠标选取瓶盖作为跟踪目标，选中区域周围会出现红色的圆形。移动瓶子，观察红色圆形跟踪瓶盖情况，图 1-29 展示的是选择瓶盖区域的直方图，图 1-30 展示的是目标跟踪过程的 3 张截图。

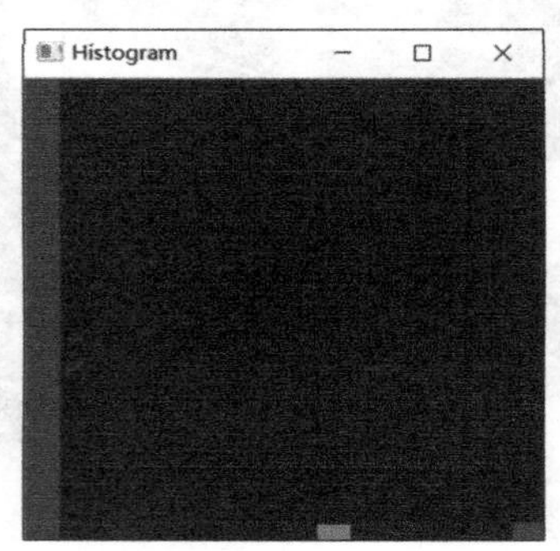

图 1-29　选择跟踪目标区域的直方图

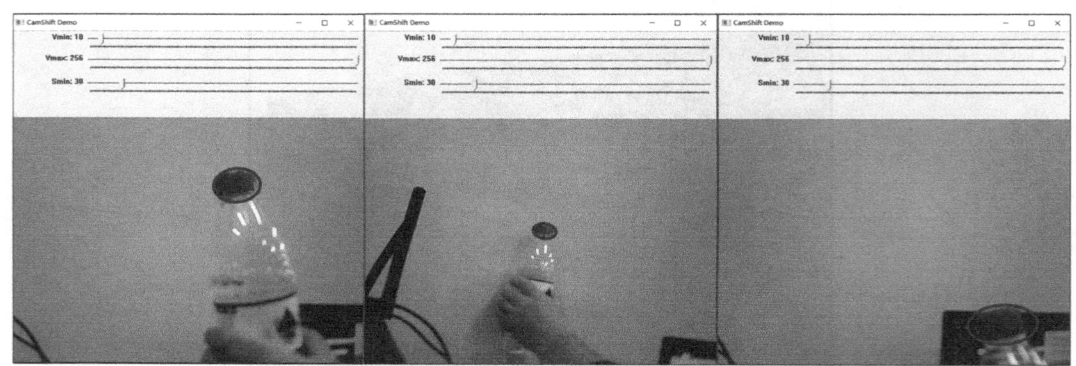

图 1-30　目标跟踪过程

1.5 本章小结

本章不但介绍了 OpenCV 的发展历史和 OpenCV 4 版本新增加的内容，而且介绍了在 Windows 系统和 Ubuntu 系统中如何下载、安装和配置 OpenCV 4.1 的基础模块和扩展模块，之后介绍了在安装过程中常见问题的解决办法。此外，本章还介绍了 Visual Studio 编译器在调试过程中查看图像的 Image Watch 插件的安装和使用。接下来，为了让读者对 OpenCV 整体结构有所了解，还介绍了 OpenCV 4.1 的模块构架。本章的最后介绍了 OpenCV 4.1 中的多个经典示例程序。相信通过本章的学习，读者对 OpenCV 有了更多的了解，并产生了更高的学习兴趣。

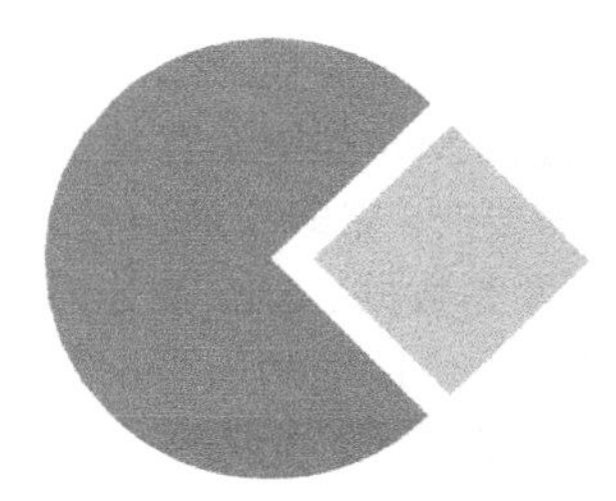

第 2 章　数据载入、显示与保存

要对一张图像进行处理，首先需要获得这张图片。在日常生活中我们可以通过相机、手机等方式获得一张相片，并以某种格式存放在硬盘空间中。同样，一个处理图像的程序也需要通过某种方式获取图像，同时以某种类型存放在某个容器内，并通过某种形式展示给用户。因此，本章将介绍图像数据的载入、存储及输出，包括图像与视频的读取、图像存储容器的创建与使用，以及将处理后的结果以图片或者视频形式存储等。

2.1 图像存储容器

与我们平时看到的图像存在巨大的差异，数字图像在计算机中是以矩阵形式存储的，矩阵中的每一个元素都描述一定的图像信息，如亮度、颜色等，如图 2-1 所示。数字图像处理就是通过一系列操作从矩阵数据中提取更深层次信息的过程，因此学习图像处理首先需要学会如何操作这些矩阵信息。接触过 C++编程的读者都知道，字符串在程序中以 string 类型保存，整数以 int 类型保存，同样，OpenCV 提供了一个 Mat 类用于存储矩阵数据。本节将详细讲解 Mat 的操作方式以及其支持的运算，通过学习可以在程序中灵活使用 Mat 类型变量。

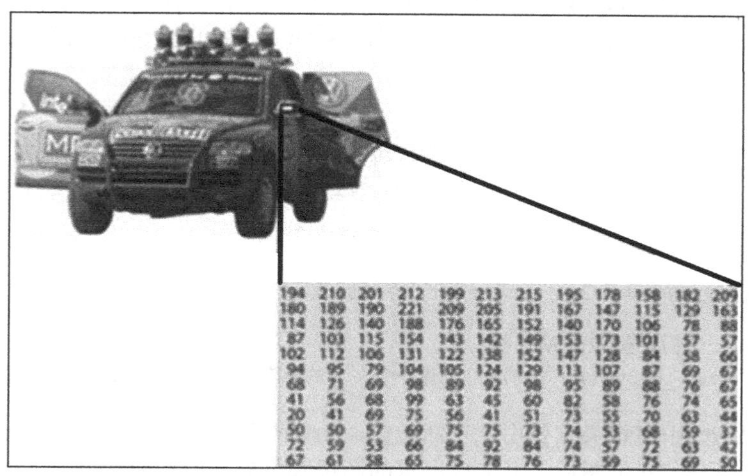

图 2-1　数字图像在计算机中的矩阵存储形式

2.1.1　Mat 类介绍

其实在最早的 OpenCV 1.0 版中，图像是使用名为 IplImage 的 C 语言结构体进行存储的，因此在很多比较老的 OpenCV 版本教程中常会看到其身影。但是，使用 IplImage 类型存在需要用户手动释放内存的缺点，如果程序结束后存在没有释放内存的 IplImage 变量，就会造成内存泄漏的问题。值得高兴的是，随着 OpenCV 版本的更新，OpenCV 引入了 C++接口，提供 Mat 类用于存储数据，利用自动内存管理技术很好地解决了内存自动释放的问题，当变量不再需要时，立即释放内存。

Mat 类用来保存矩阵类型的数据信息，包括向量、矩阵、灰度或彩色图像等数据。Mat 类分为矩阵头和指向存储数据的矩阵指针两部分。矩阵头中包含矩阵的尺寸、存储方法、地址和引用次数等。矩阵头的大小是一个常数，不会随着矩阵尺寸的大小而改变。在绝大多数情况下，矩阵头大小远小于矩阵中数据量的大小，因此图像复制和传递过程中主要的开销是存放矩阵数据。为了解决这个问题，在 OpenCV 中复制和传递图像时，只是复制了矩阵头和指向存储数据的指针，因此，在创建 Mat 类时，可以先创建矩阵头后赋值数据，其方法如代码清单 2-1 所示。

代码清单 2-1　创建 Mat 类

```
cv::Mat a;  //创建一个名为 a 的矩阵头
a = cv::imread( "test.jpg" );  //向 a 中赋值图像数据，矩阵指针指向像素数据
cv::Mat b=a;  //复制矩阵头，并命名为 b
```

上面的代码首先创建了一个名为 a 的矩阵头，之后读入一张图像并将 a 中的矩阵指针指向该图像的像素数据，最后将 a 矩阵头中的内容复制到 b 矩阵头中。虽然 a、b 有各自的矩阵头，但是其矩阵指针指向的是同一个矩阵数据，通过任意一个矩阵头修改矩阵中的数据，另一个矩阵头指向的数据会跟着发生改变。但是，当删除 a 变量时，b 变量并不会指向一个空数据，只有当两个变量都删除后，才会释放矩阵数据。因为矩阵头中引用次数标记了引用某个矩阵数据的次数，只有当矩阵数据引用次数为 0 的时候才会释放矩阵数据。

> **提示**　采用引用次数来释放存储内容是 C++中常见的方式，用这种方式可以避免仍有某个变量引用数据时将这个数据删除造成程序崩溃的问题，同时极大地缩减程序运行时所占用的内存。

接下来讲解 Mat 类里可以存储的数据类型。根据官方给出的 Mat 类继承关系图，如图 2-2 所示，我们发现 Mat 类可以存储的数据类型包含 double、float、uchar、unsigned char，以及自定义的模板等。

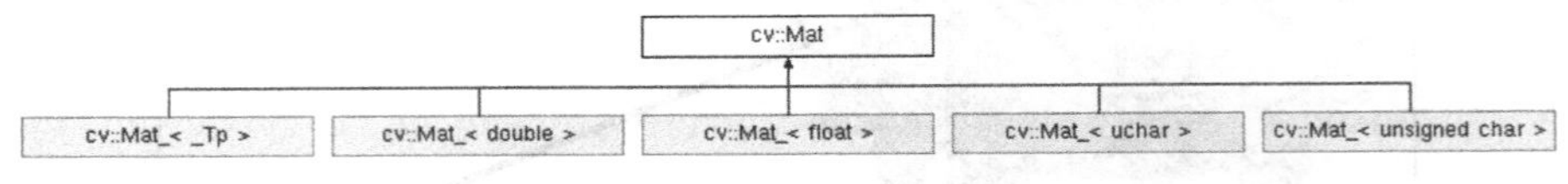

图 2-2　Mat 类继承关系图

我们可以通过代码清单 2-2 的方式声明一个存放指定类型的 Mat 类变量。

代码清单 2-2　声明一个指定类型的 Mat 类

```
cv::Mat A = Mat_<double>(3,3);//创建一个 3*3 的矩阵用于存放 double 类型数据
```

由于 OpenCV 提出 Mat 类主要用于存储图像，而像素值的最大值又决定了图像的质量，如果用 8 位无符号整数存储 16 位图像，会造成严重的图像颜色失真或造成数据错误。而由于不同位数的编译器对数据长度定义不同，为了避免在不同环境下因变量位数长度不同而造成程序执行问题，OpenCV 根据数值变量存储位数长度定义了数据类型。表 2-1 中列出了 OpenCV 中的数据类型与取值范围。

表 2-1 OpenCV 中的数据类型与取值范围

数据类型	具体类型	取值范围
CV_8U	8 位无符号整数	0～255
CV_8S	8 位符号整数	−128～127
CV_16U	16 位无符号整数	0～65 535
CV_16S	16 位符号整数	−32 768～32 767
CV_32S	32 位符号整数	−2 147 483 648～2 147 483 647
CV_32F	32 位浮点整数	-FLT_MAX～FLT_MAX, INF, NAN
CV_64F	64 位浮点整数	-DBL_MAX～DBL_MAX, INF, NAN

仅有数据类型是不够的，还需要定义图像数据的通道（Channel）数，例如灰度图像数据是单通道数据，彩色图像数据是 3 通道或者 4 通道数据。因此，针对这个情况，OpenCV 还定义了通道数标识，C1、C2、C3、C4 分别表示单通道、双通道、3 通道和 4 通道。因为每一种数据类型都存在多个通道的情况，所以将数据类型与通道数表示结合便得到了 OpenCV 中对图像数据类型的完整定义，例如 CV_8UC1 表示的是 8 位单通道数据，用于表示 8 位灰度图，而 CV_8UC3 表示的是 8 位 3 通道数据，用于表示 8 位彩色图。我们可以通过代码清单 2-3 的方式创建一个声明通道数和数据类型的 Mat 类。

代码清单 2-3 通过 OpenCV 数据类型创建 Mat 类

```
cv::Mat a(640,480,CV_8UC3) //创建一个 640*480 的 3 通道矩阵用于存放彩色图像
cv::Mat a(3,3,CV_8UC1)     //创建一个 3*3 的 8 位无符号整数的单通道矩阵
cv::Mat a(3,3,CV_8U)       //创建单通道矩阵，C1 标识可以省略
```

注意

虽然在 64 位编辑器里，uchar 和 CV_8U 都表示 8 位无符号整数，但是两者有严格的定义，CV_8U 只能用在 Mat 类内部的方法。如果用 Mat_<CV_8U>(3,3) 和 Mat a(3,3,uchar)，就会提示创建错误。

2.1.2 Mat 类构造与赋值

前一小节已经介绍了 3 种构造 Mat 类变量的方法，但是后两种没有给变量初始化赋值，本小节将重点介绍如何灵活地构造并赋值 Mat 类变量。根据 OpenCV 的源码定义，关于 Mat 类的构造方式共有 20 余种，然而，在平时一些简单的应用程序中，很多复杂的构造方式并没有太多的用武之地，因此本书重点讲解作者在学习和做项目中常用的构造与赋值方式。

1. Mat 类的构造

（1）利用默认构造函数（见代码清单 2-4）

代码清单 2-4 默认构造函数使用方式

```
cv::Mat::Mat();
```

通过代码清单 2-4，利用默认构造函数构造了一个 Mat 类，这种构造方式不需要输入任何的参数，在后续给变量赋值的时候会自动判断矩阵的类型与大小，实现灵活的存储，常用于存储读取的图像数据和某个函数运算的输出结果。

（2）根据输入矩阵尺寸和类型构造（见代码清单 2-5）

代码清单 2-5　利用矩阵尺寸和类型参数构造 Mat 类

```
cv::Mat::Mat( int  rows,
              int  cols,
              int  type
              )
```

- rows：构造矩阵的行数。
- cols：矩阵的列数。
- type：矩阵中存储的数据类型。此处，除 CV_8UC1、CV_64FC4 等从 1 到 4 通道以外，还提供了更多通道的参数，通过 CV_8UC(*n*)中的 *n* 来构建多通道矩阵，其中 *n* 最大可以取到 512。

这种构造方法我们在前文中也见过，通过输入矩阵的行、列，以及存储数据类型，实现构造。这种定义方式清晰、直观，易于阅读，常用在明确需要存储数据尺寸和数据类型的情况下，例如相机的内参矩阵、物体的旋转矩阵等。利用输入矩阵尺寸和数据类型构造 Mat 类的方法存在一种变形，通过将行和列组成一个 Size()结构进行赋值，代码清单 2-6 中给出了这种构造方法的原型。

代码清单 2-6　用 Size()结构构造 Mat 类

```
cv::Mat::Mat(Size  size(),
                 int  type
                 )
```

- size：二维数组变量尺寸，通过 Size(cols, rows)进行赋值。
- type：与代码清单 2-5 中的参数一致。

利用这种方式构造 Mat 类时要格外注意，在 Size()结构里，矩阵的行和列的顺序与代码清单 2-5 中的方法相反，使用 Size()时（见代码清单 2-7），列在前、行在后。如果不注意，虽然同样会构造成功 Mat 类，但是当我们需要查看某个元素时，我们并不知道行与列颠倒，就可能会出现数组越界的错误。使用该种方法构造函数如下。

代码清单 2-7　用 Size()结构构造 Mat 示例

```
cv::Mat a(Size(480, 640), CV_8UC1);  //构造一个行为 640、列为 480 的单通道矩阵
cv::Mat b(Size(480, 640), CV_32FC3); //构造一个行为 640、列为 480 的 3 通道矩阵
```

（3）利用已有矩阵构造（见代码清单 2-8）

代码清单 2-8　利用已有矩阵构造 Mat 类

```
cv::Mat::Mat( const Mat &  m);
```

- m：已经构建完成的 Mat 类矩阵数据。

这种构造方式非常简单，可以构造出与已有 Mat 类变量存储内容一样的变量。注意，这种构造方式只是复制了 Mat 类的矩阵头，矩阵指针指向的是同一个地址，因此，如果通过某一个 Mat 类变量修改了矩阵中的数据，那么另一个变量中的数据也会发生改变。

提示　如果希望复制两个一模一样的 Mat 类而彼此之间不会受影响，那么可以使用 m=a.clone()实现。

如果需要构造的矩阵尺寸比已有矩阵小，并且存储的是已有矩阵的子内容，那么可以用代码清单 2-9 中的方法进行构建。

代码清单 2-9　构造已有 Mat 类的子类

```
cv::Mat::Mat(const Mat &  m,
                 const Range &  rowRange,
```

```
                const Range &  colRange = Range::all()
                )
```

- m：已经构建完成的 Mat 类矩阵数据。
- rowRange：在已有矩阵中需要截取的行数范围，是一个 Range 变量，例如从第 2 行到第 5 行可以表示为 Range(2,5)。
- colRange：在已有矩阵中需要截取的列数范围，是一个 Range 变量，例如从第 2 列到第 5 列可以表示为 Range(2,5)，当不输入任何值时，表示所有列都会被截取。

这种方式主要用于在原图中截图使用。不过需要注意的是，通过这种方式构造的 Mat 类与已有 Mat 类享有共同的数据，即如果两个 Mat 类中有一个数据发生更改，那么另一个也会随之更改。使用该种方法构造 Mat 类如代码清单 2-10 所示。

代码清单 2-10　在原 Mat 中截取子 Mat 类

```
cv::Mat b(a, Range(2,5), Range(2,5)); //从 a 中截取部分数据构造 b
cv::Mat c(a, Range(2,5)); //默认最后一个参数构造 c
```

2. Mat 类的赋值

构建完成 Mat 类后，变量里并没有数据，需要将数据赋值给它。针对不同情况，OpenCV 4.1 提供了多种赋值方式，下面介绍如何给 Mat 类变量赋值。

（1）构造时赋值（见代码清单 2-11）

代码清单 2-11　在构造时赋值的方法

```
cv::Mat::Mat(int  rows,
             int  cols,
             int  type,
             const Scalar &  s
             )
```

- rows：矩阵的行数。
- cols：矩阵的列数。
- type：存储数据的类型。
- s：给矩阵中每个像素赋值的参数变量，例如 Scalar(0, 0, 255)。

该种方式是在构造的同时进行赋值（见代码清单 2-12），将每个元素要赋予的值放入 Scalar 结构中即可。这里需要注意的是，用此方法会将图像中的每个元素赋予相同的数值，例如 Scalar(0, 0, 255)会将每个像素的 3 个通道值分别赋为 0、0、255。我们可以使用如下的形式构造一个已赋值的 Mat 类。

代码清单 2-12　在构造时赋值示例

```
cv::Mat a(2, 2, CV_8UC3, cv::Scalar(0,0,255));//创建一个 3 通道矩阵，每个像素都是 0，0，255
cv::Mat b(2, 2, CV_8UC2, cv::Scalar(0,255));  //创建一个 2 通道矩阵，每个像素都是 0，255
cv::Mat c(2, 2, CV_8UC1, cv::Scalar(255));    //创建一个单通道矩阵，每个像素都是 255
```

我们在程序 return 语句之前加上断点进行调试，用 Image Watch 查看每一个 Mat 类变量里的数据，结果如图 2-3 所示，证明已成功构造矩阵并赋值。

> **提示**　Scalar 结构中变量的个数一定要与定义中的通道数相对应。如果 Scalar 结构中变量的个数大于通道数，则位置在大于通道数之后的数值将不会被读取，例如执行 a(2, 2, CV_8UC2, Scalar(0,0,255))后，每个像素值都将是（0,0），而 255 不会被读取；如果 Scalar 结构中变量的个数小于通道数，则会以 0 补充。

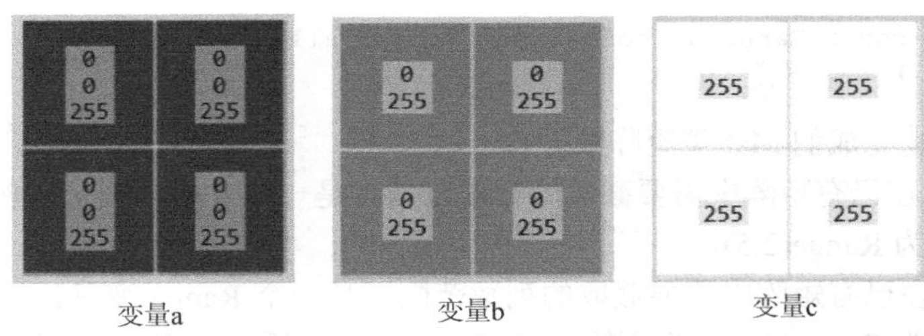

图 2-3　使用 Scalar 结构给 Mat 类赋值结果

（2）枚举法赋值

这种赋值方式是将矩阵中所有的元素一一列举，并用数据流的形式赋值给 Mat 类。具体赋值形式如代码清单 2-13 所示。

代码清单 2-13　利用枚举法赋值示例

```
1.  cv::Mat a = (cv::Mat_<int>(3, 3) << 1, 2, 3, 4, 5, 6, 7, 8, 9);
2.  cv::Mat b = (cv::Mat_<double>(2, 3) << 1.0, 2.1, 3.2, 4.0, 5.1, 6.2);
```

上面第一行代码创建了一个 3×3 的矩阵，矩阵中存放的是 1～9 的 9 个整数，先将矩阵中的第一行存满，之后再存入第二行、第三行，即 1、2、3 存放在矩阵 ***a*** 的第一行，4、5、6 存放在矩阵 ***a*** 的第二行，7、8、9 存放在矩阵 ***a*** 的第三行。第二行代码创建了一个 2×3 的矩阵，其存放方式与矩阵 ***a*** 相同。

提示　在采用枚举法时，输入的数据个数一定要与矩阵元素个数相同，例如，在代码清单 2-13 中第一行代码只输入 1～8 共 8 个数时，赋值过程会出现报错，因此本方法常用在矩阵数据比较少的情况下。

（3）循环法赋值

与通过枚举法赋值方法相似，循环法赋值也是对矩阵中的每一个元素进行赋值，但是可以不在声明变量的时候进行赋值，而且可以对矩阵中的任意部分进行赋值。具体赋值形式如代码清单 2-14 所示。

代码清单 2-14　利用循环法赋值示例

```
1.  cv::Mat c = cv::Mat_<int>(3, 3);   //定义一个 3*3 的矩阵
2.  for (int i = 0; i < c.rows; i++)   //矩阵行数循环
3.  {
4.      for (int j = 0; j < c.cols; j++)   //矩阵列数循环
5.      {
6.          c.at<int>(i, j) = i+j;
7.      }
8.  }
```

上面代码同样创建了一个 3×3 的矩阵，通过 for 循环的方式，对矩阵中的每一个元素进行赋值。需要注意的是，在给矩阵每个元素赋值的时候，赋值函数中声明的变量类型要与矩阵定义时的变量类型相同，即代码清单 2-14 中第 1 行和第 6 行中变量类型要相同，如果第 6 行代码改成 c.at<double>(i, j)，程序就会报错，无法赋值。

（4）类方法赋值

在 Mat 类里，提供了可以快速赋值的方法，可以初始化指定的矩阵。例如，生成单位矩阵、对角矩阵、所有元素都为 0 或者 1 的矩阵等。具体使用方法如代码清单 2-15 所示。

代码清单 2-15 利用类方法赋值示例

```
cv::Mat a = cv::Mat::eye(3, 3, CV_8UC1);
cv::Mat b = (cv::Mat_<int>(1, 3) << 1, 2, 3);
cv::Mat c = cv::Mat::diag(b);
cv::Mat d = cv::Mat::ones(3, 3, CV_8UC1);
cv::Mat e = cv::Mat::zeros(4, 2, CV_8UC3);
```

上面代码中的每个函数的作用及参数的含义介绍如下。

- eye()：构建一个单位矩阵，前两个参数为矩阵的行数和列数，第三个参数为矩阵存放的数据类型与通道数。如果行和列不相等，则在矩阵的 (1,1)，(2,2)，(3,3)等主对角位置处为 1。
- diag()：构建对角矩阵，其参数必须是 Mat 类型的一维变量，用来存放对角元素的数值。
- ones()：构建一个全为 1 的矩阵，参数含义与 eye()相同。
- zeros()：构建一个全为 0 的矩阵，参数含义与 eye()相同。

（5）利用数组进行赋值

这种方法与枚举法类似，但是该方法可以根据需求改变 Mat 类矩阵的通道数，可以看作枚举法的拓展，在代码清单 2-16 中给出了这种方法的赋值形式。

代码清单 2-16 利用数组进行赋值示例

```
float a[8] = { 5,6,7,8,1,2,3,4 };
cv::Mat b = cv::Mat(2, 2, CV_32FC2, a);
cv::Mat c = cv::Mat(2, 4, CV_32FC1, a);
```

这种赋值方式首先将需要存入 Mat 类中的变量存入一个数组中，之后通过设置 Mat 类矩阵的尺寸和通道数将数组变量拆分成矩阵，这种拆分方式可以自由定义矩阵的通道数。当矩阵中的元素数目大于数组中的数据时，将用−1.073 741 8e+08 填充赋值给矩阵；当矩阵中元素的数目小于数组中的数据时，将矩阵赋值完成后，数组中剩余数据将不再赋值。由数组赋值给矩阵的过程是首先将矩阵中第一个元素的所有通道依次赋值，之后再赋值下一个元素。为了更好地体会这个过程，我们将定义的 ***b*** 和 ***c*** 矩阵在图 2-4 中给出。

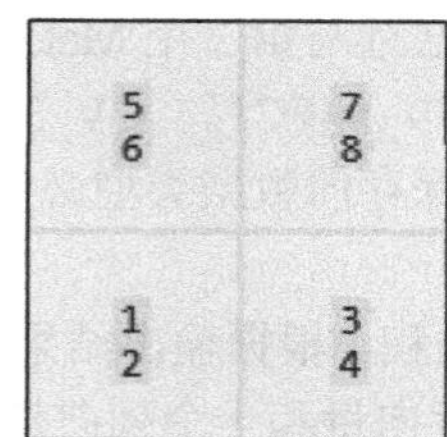

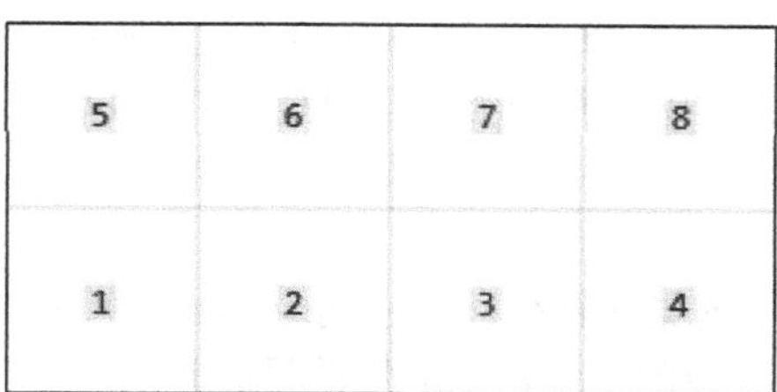

图 2-4 矩阵 ***b*** 和 ***c*** 中存储的数据

2.1.3 Mat 类支持的运算

在处理数据时，需要对数据进行加减乘除运算，例如对图像进行滤波、增强等操作都需要对像素级别进行加减乘除运算。为了方便运算，Mat 类变量支持矩阵的加减乘除运算，即我们在使用 Mat 类变量时，将其看作普通的矩阵即可，例如 Mat 类变量与常数相乘遵循矩阵与常数相乘的运算法则。Mat 类与常数运算时，可以直接通过加减乘除符号实现。代码清单 2-17 中给出了 Mat 类变量与常数进行加减乘除运算的示例程序。

代码清单 2-17 Mat 类的加减乘除运算

```
cv::Mat a = (cv::Mat_<int>(3, 3) << 1, 2, 3, 4, 5, 6, 7, 8, 9);
cv::Mat b = (cv::Mat_<int>(3, 3) << 1, 2, 3, 4, 5, 6, 7, 8, 9);
cv::Mat c = (cv::Mat_<double>(3, 3) << 1.0, 2.1, 3.2, 4.0, 5.1, 6.2, 2, 2, 2);
```

```
cv::Mat d = (cv::Mat_<double>(3, 3) << 1.0, 2.1, 3.2, 4.0, 5.1, 6.2, 2, 2, 2);
cv::Mat e, f, g, h, i;
e = a + b;
f = c - d;
g = 2 * a;
h = d / 2.0;
i = a - 1;
```

这里需要注意的是，当两个 Mat 类变量进行加减运算时，必须保证两个矩阵中的数据类型是相同的，即两个分别保存 int 和 double 数据类型的 Mat 类变量不能进行加减运算。与常规的乘除法不同之处在于，常数与 Mat 类变量运算结果的数据类型保留 Mat 类变量的数据类型，例如，double 类型的常数与 int 类型的 Mat 类变量运算，最后结果仍然为 int 类型。在代码清单 2-17 的最后一行代码中，Mat 类变量减去一个常数，表示的含义是 Mat 类变量中的每一个元素都要减去这个常数。

在对图像进行卷积运算时，需要两个矩阵进行乘法运算，OpenCV 不但提供了两个 Mat 类矩阵的乘法运算，而且定义了两个矩阵的内积和对应位的乘法运算。代码清单 2-18 中给出了两个 Mat 类矩阵的乘法的代码实现。

代码清单 2-18　两个 Mat 类矩阵的乘法运算

```
1.  cv::Mat j, m;
2.  double k;
3.  j = c*d;
4.  k = a.dot(b);
5.  m = a.mul(b);
```

代码清单 2-18 中矩阵定义和赋值与代码清单 2-17 中相同。在代码中定义了两个 Mat 类变量和一个 double 变量，分别实现了两个 Mat 类矩阵的乘法、内积和对应位乘法。第 3 行代码的“*”运算符表示两个矩阵的数学乘积，例如存在两个矩阵 $\boldsymbol{A}_{3\times3}$ 和 $\boldsymbol{B}_{3\times3}$，“*”运算结果为矩阵 $\boldsymbol{C}_{3\times3}$，$\boldsymbol{C}_{3\times3}$ 中的每一个元素表示为：

$$c_{ij} = a_{i1}b_{1j} + a_{i2}b_{2j} + a_{i3}b_{3j} \tag{2-1}$$

需要注意的是，“*”运算要求第一个 Mat 类矩阵的列数必须与第二个 Mat 类矩阵的行数相同，而且该运算要求 Mat 类中的数据类型必须是 CV_32FC1、CV_64FC1、CV_32FC2、CV_64FC2 这 4 种中的一种，也就是对于一个二维的 Mat 类矩阵，其保存的数据类型必须是 float 类型或者 double 类型。

代码清单 2-18 中的第 4 行代码表示两个 Mat 类矩阵的内积。根据输出结果可以知道 dot()方法结果是一个 double 类型的变量，该运算的目的是求取一个行向量和一个列向量点乘，例如存在两个向量 $\boldsymbol{D} = [d_1 \quad d_2 \quad d_3]$ 和 $\boldsymbol{E} = [e_1 \quad e_2 \quad e_3]^{\mathrm{T}}$，经过 dot()方法运算的结果为：

$$f = d_1e_1 + d_2e_2 + d_3e_3 \tag{2-2}$$

需要注意的是，输入的两个 Mat 类矩阵必须具有相同的元素数目，但是无论输入的两个 Mat 类矩阵的维数是多少，都会将两个 Mat 类矩阵扩展成一个行向量和一个列向量，因此“.dot”运算的结果永远是一个 double 类型的变量。

代码清单 2-18 中的第 5 行代码表示两个 Mat 类矩阵对应位的乘积。根据输出结果可以知道 mul()方法运算结果同样是一个 Mat 类矩阵。对于两个矩阵 $\boldsymbol{A}_{3\times3}$ 和 $\boldsymbol{B}_{3\times3}$，经过 mul()方法运算的结果 $\boldsymbol{C}_{3\times3}$ 中每一个元素都可以表示为：

$$c_{ij} = a_{ij}b_{ij} \tag{2-3}$$

需要注意的是，不同于前两种乘法运算，参与 mul()方法运算的两个 Mat 类矩阵中保存的数据在保证相同的前提下，可以是任何一种类型，并且默认的输出数据类型与两个 Mat 类矩阵保持一致。在图像处理领域，常用的数据类型是 CV_8U，其范围是 0～255，当两个比较大的整数相乘时，就会产生结果溢出的现象，输出结果为 255，因此，在使用 mul()方法时，需要防止出现数据溢出的问题。

2.1.4 Mat 类元素的读取

对于 Mat 类矩阵的读取与更改，我们已经在矩阵的循环赋值中介绍过如何用 at 方法对矩阵的每一位进行赋值，这只是 OpenCV 提供的多种读取矩阵元素方式中的一种，本小节将详细介绍如何读取 Mat 类矩阵中的元素，并对其数值进行修改。在学习如何读取 Mat 类矩阵元素之前，首先需要知道 Mat 类变量在计算机中是如何存储的。多通道的 Mat 类矩阵类似于三维数据，而计算机的存储空间是一个二维空间，因此 Mat 类矩阵在计算机中存储时是将三维数据变成二维数据，先存储第一个元素每个通道的数据，之后再存储第二个元素每个通道的数据。每一行的元素都按照这种方式进行存储，因此，如果我们找到了每个元素的起始位置，那么可以找到这个元素中每个通道的数据。图 2-5 展示了一个三通道矩阵的存储方式，其中连续的蓝色、绿色和红色方块分别代表每个元素的 3 个通道。

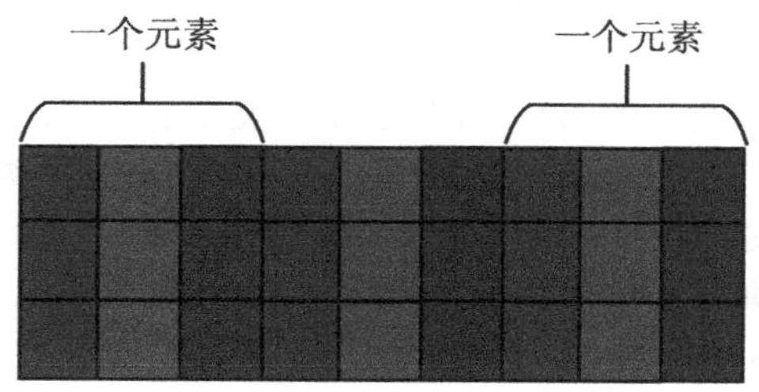

图 2-5 三通道 3×3 矩阵存储方式

在了解了 Mat 类变量的存储方式之后，我们来看 Mat 类具有的属性。表 2-2 中列出了 Mat 类矩阵常用的属性，同时详细地介绍了每种属性的作用。

表 2-2 Mat 类矩阵常用的属性

属性	作用
cols	矩阵的列数
rows	矩阵的行数
step	以字节为单位的矩阵的有效宽度
elemSize()	每个元素的字节数
total()	矩阵中元素的个数
channels()	矩阵的通道数

这些属性之间互相组合可以得到多数 Mat 类矩阵的属性，例如 step 属性与 cols 属性组合，可以求出每个元素所占据的字节数，再与 channels()属性结合，就可以知道每个通道的字节数，进而知道矩阵中存储的数据量的类型。下面通过一个例子具体说明每个属性的用处：用 Mat (3, 4, CV_32FC3)定义一个矩阵，这时通道数 channels()为 3；列数 cols 为 4；行数 rows 为 3；矩阵中元素的个数为 3×4，结果为 12；每个元素的字节数为 32/8×channels()，本例最后结果为 12；以字节为单位的有效长度 step 为 elemSize()×cols，本例结果为 48。

常用的 Mat 类矩阵的元素读取方式包括通过 at 方法进行读取、通过指针 ptr 进行读取、通过迭代器进行读取、通过矩阵元素的地址定位方式进行读取。下面将详细介绍这 4 种读取方式。

1. 通过 at 方法读取 Mat 类矩阵中的元素

通过 at 方法读取矩阵元素分为针对单通道的读取方法和针对多通道的读取方法，在代码清单 2-19 中给出了通过 at 方法读取单通道矩阵元素的代码。

代码清单 2-19　at 方法读取 Mat 类单通道矩阵元素

```
cv::Mat a = (cv::Mat_<uchar>(3, 3) << 1, 2, 3, 4, 5, 6, 7, 8, 9);
int value = (int)a.at<uchar>(0, 0);
```

通过 at 方法读取元素需要在后面跟上“<数据类型>”，如果此处的数据类型与矩阵定义时的数据类型不相同，就会出现因数据类型不匹配而产生的报错信息。该方法以坐标的形式给出需要读取的元素坐标（行数，列数）。需要说明的是，如果矩阵定义的是 uchar 类型的数据，那么在需要输入数据的时候，需要强制转换成 int 类型的数据进行输出，否则输出的结果并不是整数。

由于单通道图像是一个二维矩阵，因此在 at 方法的最后给出二维平面坐标即可访问对应位置元素。而多通道矩阵每一个元素坐标处都是多个数据，因此引入一个变量用于表示同一元素的多个数据。在 OpenCV 中，针对三通道矩阵，定义了 cv::Vec3b、cv::Vec3s、cv::Vec3w、cv::Vec3d、cv::Vec3f、cv::Vec3i 共 6 种类型用于表示同一个元素的 3 个通道数据。通过这 6 种数据类型可以总结出其命名规则，其中的数字表示通道的个数，最后一位是数据类型的缩写，b 是 uchar 类型的缩写、s 是 short 类型的缩写、w 是 ushort 类型的缩写、d 是 double 类型的缩写、f 是 float 类型的缩写、i 是 int 类型的缩写。当然，OpenCV 也为二通道和四通道定义了对应的变量类型，其命名方式也遵循这个命名规则，例如二通道和四通道的 uchar 类型分别用 cv::Vec2b 和 cv::Vec4b 表示。代码清单 2-20 中给出了通过 at 方法读取多通道矩阵的实现代码。

代码清单 2-20　at 方法读取 Mat 类多通道矩阵元素

```
cv::Mat b(3, 4, CV_8UC3, cv::Scalar(0, 0, 1));
cv::Vec3b vc3 = b.at<cv::Vec3b>(0, 0);
int first = (int)vc3.val[0];
int second = (int)vc3.val[1];
int third = (int)vc3.val[2];
```

在使用多通道变量类型时，同样需要注意 at 方法中数据变量类型与矩阵的数据变量类型相对应，并且 cv::Vec3b 类型在输入每个通道数据时需要将其变量类型强制转换成 int 类型。不过，如果将 at 方法读取出的数据直接赋值给 cv::Vec3i 类型变量，就不需要在输出每个通道数据时进行数据类型的强制转换。

2. 通过指针 ptr 读取 Mat 类矩阵中的元素

前面我们分析过 Mat 类矩阵在内存中的存放方式，矩阵中每一行中的每个元素都是挨着存放的，如果找到每一行元素的起始地址位置，那么读取矩阵中每一行不同位置的元素时将指针在起始位置向后移动若干位即可。在代码清单 2-21 中，给出了通过指针 ptr 读取 Mat 类矩阵元素的代码实现。

代码清单 2-21　指针 ptr 读取 Mat 类矩阵元素

```
cv::Mat b(3, 4, CV_8UC3, cv::Scalar(0, 0, 1));
for (int i = 0; i < b.rows; i++)
{
    uchar* ptr = b.ptr<uchar>(i);
    for (int j = 0; j < b.cols*b.channels(); j++)
    {
        cout << (int)ptr[j] << endl;
    }
}
```

在程序里，首先有一个大循环用来控制矩阵中每一行，之后定义一个 uchar 类型的指针 ptr，在定义时需要声明 Mat 类矩阵的变量类型，并在定义最后用小括号声明指针指向 Mat 类矩阵的哪一行。第二个循环控制用于输出矩阵中每一行所有通道的数据。根据图 2-5 中所示的存储形式，每一行中存储的数据数量为列数与通道数的乘积，即指针可以向后移动 cols×channels()−1 位，如第 7 行代码所示，指针向后移动的位数在中括号给出。程序中给出了循环遍历 Mat 类矩阵中的每一个数据的方法，当我们能够确定需要访问的数据时，可以直接通过给出行数和指针后移的位数进行访问，例如，当读取第 2 行数据中第 3 个数据时，可以用 a.ptr<uchar>(1)[2]的形式来直接访问。

3. 通过迭代器访问 Mat 类矩阵中的元素

Mat 类变量同时也是一个容器变量，因此，Mat 类变量拥有迭代器，用于访问 Mat 类变量中的数据，通过迭代器可以实现对矩阵中每一个元素的遍历，代码实现在代码清单 2-22 中给出。

代码清单 2-22 指针 ptr 读取 Mat 类矩阵元素

```
cv::MatIterator_<uchar> it = a.begin<uchar>();
cv::MatIterator_<uchar> it_end = a.end<uchar>();
for (int i = 0; it != it_end; it++)
{
    cout << (int)(*it) << " ";
    if ((++i% a.cols) == 0)
    {
        cout << endl;
    }
}
```

Mat 类的迭代器变量类型是 cv::MatIterator_< >，在定义时同样需要在尖括号中声明数据的变量类型。Mat 类迭代器的起始是 Mat.begin< >()，结束是 Mat.end< >()，与其他迭代器用法相同，通过“++”运算实现指针位置向下迭代，数据的读取方式是先读取第一个元素的每一个通道，之后再读取第二个元素的每一个通道，直到最后一个元素的最后一个通道。

4. 通过矩阵元素的地址定位方式访问元素

前面 3 种读取元素的方式都需要知道 Mat 类矩阵存储数据的类型，而且在认知上，我们更希望能够通过声明“第×行第×列第×通道”的方式来读取某个通道内的数据，代码清单 2-23 中给出的就是这种读取数据的方式。

代码清单 2-23 通过矩阵元素的地址定位方式访问元素

```
(int)(*(b.data + b.step[0] * row + b.step[1] * col + channel));
```

代码中 row 变量的含义是某个数据所在元素的行数，col 变量的含义是某个数据所在元素的列数，channel 变量的含义是某个数据所在元素的通道数。这种方式与我们通过指针读取数据的形式类似，都是通过将首个数据的地址指针移动若干位后指向需要读取的数据，只不过这种方式可以通过直接给出行、列和通道数进行读取，不需要用户再计算某个数据在这行数据存储空间中的位置。

2.2 图像的读取与显示

我们已经在测试 OpenCV 4.1 是否安装成功时介绍过图像读取与显示的相关程序，在那个例程里我们读取了一张图像，并且将其显示出来。图像的种类非常多，包括彩色图像、灰度图像、16 位深度图、32 位深度图等，例程里只给出了一种图像的常见读取方式，本节中将详细介绍图像读取和显示的相关功能。

2.2.1 图像读取函数 imread

我们在前面已经介绍过了图像读取函数 imread()的调用方式（见代码清单 1-1），这里我们给出函数的原型（见代码清单 2-24）。

代码清单 2-24　imread()函数的原型

```
cv::Mat cv::imread(const String &  filename,
                   int  flags=IMREAD_COLOR
                   )
```

- filename：需要读取图像的文件名称，包含图像地址、名称和图像文件扩展名。
- flags：读取图像形式的标志，如将彩色图像按照灰度图读取，默认参数是按照彩色图像格式读取，可选参数在表 2-3 中给出。

函数用于读取指定的图像并将其返回给一个 Mat 类变量，当图像文件不存在、破损或者格式不受支持时，则无法读取图像，此时函数返回一个空矩阵，因此可以通过返回矩阵的 data 属性是否为空或者 empty()函数是否为真来判断是否成功读取图像，如果读取图像失败，那么 data 属性返回值为 0，empty()函数返回值为 1。函数能够读取多种格式的图像文件，但是，在不同操作系统中，由于使用的编解码器不同，因此在某个系统中能够读取的图像文件可能在其他系统中就无法读取。无论在哪个系统中，BMP 文件和 DIB 文件都是始终可以读取的。在 Windows 和 macOS 系统中，默认情况下使用 OpenCV 自带的编解码器（libjpeg、libpng、libtiff 和 libjasper），因此可以读取 JPEG（jpg、jpeg、jpe）、PNG、TIFF（tiff、tif）文件，在 Linux 系统中，需要自行安装这些编解码器，安装后同样可以读取这些类型的文件。不过需要说明的是，该函数能否读取文件数据与扩展名无关，而是通过文件的内容确定图像的类型，例如，在将一个扩展名由 png 修改成 exe 时，该函数一样可以读取该图像，但是将扩展名 exe 改成 png，该函数不能加载该文件。

该函数第一个参数以字符串形式给出待读取图像的地址，第二个参数是设置读取图像的形式，默认的参数是以彩色图的形式读取，针对不同需求可以更改参数，在 OpenCV 4.1 中给出了 13 种模式读取图像的形式，总结起来分别是以原样式读取、灰度图读取、彩色图读取、多位数读取、在读取时将图像缩小一定尺寸等形式，具体可选择的参数及作用见表 2-3。这里需要指出的是，将彩色图像转成灰度图通过编解码器内部转换，可能会与 OpenCV 程序中将彩色图像转成灰度图的结果存在差异。这些标志参数在功能不冲突的前提下可以同时声明多个，不同参数之间用“|”隔开。

表 2-3　imread()函数读取图像形式参数

标志参数	简记	作用
IMREAD_UNCHANGED	−1	按照图像原样读取，保留 Alpha 通道（第 4 通道）
IMREAD_GRAYSCALE	0	将图像转成单通道灰度图像后读取
IMREAD_COLOR	1	将图像转换成 3 通道 BGR 彩色图像
IMREAD_ANYDEPTH	2	保留原图像的 16 位、32 位深度，不声明该参数则转成 8 位读取
IMREAD_ANYCOLOR	4	以任何可能的颜色读取图像
IMREAD_LOAD_GDAL	8	使用 gdal 驱动程序加载图像
IMREAD_REDUCED_GRAYSCALE_2	16	将图像转成单通道灰度图像，尺寸缩小 1/2。可以更改最后一位数字实现缩小 1/4（最后一位改为 4）和 1/8（最后一位改为 8）
IMREAD_REDUCED_COLOR_2	17	将图像转成 3 通道彩色图像，尺寸缩小 1/2。可以更改最后一位数字实现缩小 1/4（最后一位改为 4）和 1/8（最后一位改为 8）
IMREAD_IGNORE_ORIENTATION	128	不以 EXIF 的方向旋转图像

注意

在默认情况下，读取图像的像素数目必须小于 2^{30}，这个要求在绝大多数图像处理领域是不受影响的，但是卫星遥感图像、超高分辨率图像的像素数目可能会超过这个阈值。可以通过修改系统变量中的 OPENCV_IO_MAX_IMAGE_PIXELS 参数调整能够读取的最大像素数目。

2.2.2 图像窗口函数 namedWindow

在我们之前的程序中并没有介绍过窗口函数，因为在显示图像时如果没有主动定义图像窗口，程序会自动生成一个窗口用于显示图像，然而有时需要在显示图像之前对图像窗口进行操作，例如添加滑动条，此时就需要提前创建图像窗口。代码清单 2-25 中给出了创建窗口函数的原型。

代码清单 2-25 namedWindow()函数的原型

```
void cv::namedWindow(const String & winname,
                     int  flags = WINDOW_AUTOSIZE
                     )
```

- winname：窗口名称，用作窗口的标识符。
- flags：窗口属性设置标志。

该函数会创建一个窗口变量，用于显示图像和滑动条，通过窗口的名称引用该窗口，如果在创建窗口时已经存在具有相同名称的窗口，则该函数不会执行任何操作。创建一个窗口需要占用部分内存资源，因此，通过该函数创建窗口后，在不需要窗口时需要关闭窗口来释放内存资源。OpenCV 提供了两个关闭窗口资源的函数，分别是 cv::destroyWindow()函数和 cv :: destroyAllWindows()。通过名称我们可以知道，前一个函数是用于关闭一个指定名称的窗口，即在括号内输入窗口名称的字符串即可将对应窗口关闭；后一个函数是关闭程序中所有的窗口，一般用于程序的最后。不过事实上，在一个简单的程序里，我们并不需要调用这些函数，因为程序退出时会自动关闭应用程序的所有资源和窗口。虽然不主动释放窗口也会在程序结束时释放窗口资源，但是 OpenCV 4.0 版在结束时会报出没有释放窗口的错误，而 OpenCV 4.1 版则不会报错。

该函数的第一个参数是声明窗口的名称，用于窗口的唯一识别。第二个参数是声明窗口的属性，主要用于设置窗口的大小是否可调、显示的图像是否填充满窗口等，具体可选择的参数及含义在表 2-4 中给出，默认情况下，函数加载的标志参数为“WINDOW_AUTOSIZE | WINDOW_KEEPRATIO | WINDOW_GUI_EXPANDED”。

表 2-4 namedWindow()函数窗口属性标志参数

标志参数	简记	作用
WINDOW_NORMAL	0x00000000	显示图像后，允许用户随意调整窗口大小
WINDOW_AUTOSIZE	0x00000001	根据图像大小显示窗口，不允许用户调整大小
WINDOW_OPENGL	0x00001000	创建窗口的时候会支持 OpenGL
WINDOW_FULLSCREEN	1	全屏显示窗口
WINDOW_FREERATIO	0x00000100	调整图像尺寸以充满窗口
WINDOW_KEEPRATIO	0x00000000	保持图像的比例
WINDOW_GUI_EXPANDED	0x00000000	创建的窗口允许添加工具栏和状态栏
WINDOW_GUI_NORMAL	0x00000010	创建没有状态栏和工具栏的窗口

2.2.3 图像显示函数 imshow

我们在前面已经介绍过了图像显示函数 imshow()的调用方式，这里我们给出函数的原型（见代码清单 2-26）。

代码清单 2-26 imshow()函数的原型

```
void cv::imshow(const String & winname,
                InputArray  mat
                )
```

- winname：要显示图像的窗口的名字，用字符串形式赋值。
- mat：要显示的图像矩阵。

该函数会在指定的窗口中显示图像。如果在此函数之前没有创建同名的图像窗口，就会以 WINDOW_AUTOSIZE 标志创建一个窗口，显示图像的原始大小；如果创建了图像窗口，那么会缩放图像以适应窗口属性。该函数会根据图像的深度将其缩放，具体缩放规则如下。

- 如果图像是 8 位无符号类型，那么按照原样显示。
- 如果图像是 16 位无符号类型或者 32 位整数类型，那么会将像素除以 256，将范围由[0,255×256]映射到[0,255]。
- 如果图像是 32 位或 64 位浮点类型，那么将像素乘以 255，即将范围由[0,1]映射到[0,255]。

函数中第一个参数为图像显示窗口的名称，第二个参数是需要显示的图像 Mat 类矩阵。这里需要特殊说明的是，我们看到第二个参数并不是常见的 Mat 类，而是 InputArray，这个是 OpenCV 定义的一个类型声明引用，用作输入参数的标识，我们在遇到它时可以认为是需要输入一个 Mat 类数据。同样，OpenCV 对输出也定义了 OutputArray 类型，我们同样可以认为是输出一个 Mat 类数据。

> **注意** 此函数运行后会继续执行后面程序。如果后面程序执行完直接退出，那么显示的图像有可能闪一下就消失，因此在需要显示图像的程序中，往往会在 imshow()函数后跟有 cv::waitKey()函数，用于将程序暂停一段时间。waitKey()函数是以毫秒计的等待时长，如果参数默认或者为“0”，那么表示等待用户按键结束该函数。

2.3 视频加载与摄像头调用

前面已经介绍了如何通过程序读取图像数据，本节将介绍 OpenCV 中为读取视频文件和调用摄像头而设计的 VideoCapture 类。

2.3.1 视频数据的读取

虽然视频文件是由多张图片组成的，但 imread()函数并不能直接读取视频文件，需要由专门的视频读取函数进行视频读取，并将每一帧图像保存到 Mat 类矩阵中。代码清单 2-27 中给出了 VideoCapture 类在读取视频文件时的构造方式。

代码清单 2-27 读取视频文件 VideoCapture 类构造函数

```
cv :: VideoCapture :: VideoCapture(); //默认构造函数
cv :: VideoCapture :: VideoCapture(const String& filename,
                                   int apiPreference =CAP_ANY
                                   )
```

- filename：读取的视频文件或者图像序列名称。

- apiPreference：读取数据时设置的属性，例如编码格式、是否调用 OpenNI 等。

该函数是构造一个能够读取与处理视频文件的视频流。代码清单 2-27 中的第一行是 VideoCapture 类的默认构造函数，只是声明了一个能够读取视频数据的类，具体读取什么视频文件，需要在使用时通过 open()函数指出，例如 cap.open("1.avi")是 VideoCapture 类变量 cap 读取 1.avi 视频文件。

第二种构造函数在给出声明变量的同时也将视频数据赋值给变量。可以读取的文件种类包括视频文件（例如 video.avi）、图像序列或者视频流的 URL。其中读取图像序列需要将多个图像的名称统一为“前缀+数字”的形式，通过“前缀+%02d”的形式调用，例如，在某个文件夹中有图片 img_00.jpg、img_01.jpg、img_02.jpg……加载时，文件名用 img_%02d.jpg 表示。函数中的读取视频设置属性标签默认的是自动搜索合适的标志，因此，在平时使用中，可以将其默认，只输入视频名称。与 imread()函数一样，构造函数同样有可能读取文件失败，因此需要通过 isOpened()函数进行判断。如果读取成功，则返回值为 true；如果读取失败，则返回值为 false。

通过构造函数只是将视频文件加载到了 VideoCapture 类变量中，当我们需要使用视频中的图像时，还需要将图像由 VideoCapture 类变量里导出到 Mat 类变量里，用于后期数据处理，该操作可以通过“>>”运算符将图像按照视频顺序由 VideoCapture 类变量赋值给 Mat 类变量。当 VideoCapture 类变量中所有的图像都赋值给 Mat 类变量后，再次赋值的时候 Mat 类变量会变为空矩阵，因此可以通过 empty()判断 VideoCapture 类变量中是否所有图像都已经读取完毕。

VideoCapture 类变量同时提供了可以查看视频属性的 get()函数，通过输入指定的标志来获取视频属性，例如视频的像素尺寸、帧数、帧率等。VideoCapture 类中 get()方法中的常用标志和含义在表 2-5 中给出。

表 2-5　　VideoCapture 类中 get()方法中的标志参数

标志参数	简记	作用
CAP_PROP_POS_MSEC	0	视频文件的当前位置（以毫秒为单位）
CAP_PROP_FRAME_WIDTH	3	视频流中图像的宽度
CAP_PROP_FRAME_HEIGHT	4	视频流中图像的高度
CAP_PROP_FPS	5	视频流中图像的帧率（每秒帧数）
CAP_PROP_FOURCC	6	编解码器的 4 字符代码
CAP_PROP_FRAME_COUNT	7	视频流中图像的帧数
CAP_PROP_FORMAT	8	返回的 Mat 对象的格式
CAP_PROP_BRIGHTNESS	10	图像的亮度（仅适用于支持的相机）
CAP_PROP_CONTRAST	11	图像对比度（仅适用于相机）
CAP_PROP_SATURATION	12	图像饱和度（仅适用于相机）
CAP_PROP_HUE	13	图像的色调（仅适用于相机）
CAP_PROP_GAIN	14	图像的增益（仅适用于支持的相机）

为了更加熟悉 VideoCapture 类，在代码清单 2-28 中给出了读取视频、输出视频属性并按照原帧率显示视频的程序，运行结果在图 2-6 中给出。

代码清单 2-28　VideoCapture.cpp 读取视频文件

```
#include <opencv2\opencv.hpp>
#include <iostream>

using namespace std;
using namespace cv;

```

```
int main()
{
    system("color F0");  //更改输出界面颜色
    VideoCapture video("cup.mp4");
    if (video.isOpened())
    {
        cout << "视频中图像的宽度=" << video.get(CAP_PROP_FRAME_WIDTH) << endl;
        cout << "视频中图像的高度=" << video.get(CAP_PROP_FRAME_HEIGHT) << endl;
        cout << "视频帧率=" << video.get(CAP_PROP_FPS) << endl;
        cout << "视频的总帧数=" << video.get(CAP_PROP_FRAME_COUNT);
    }
    else
    {
        cout << "请确认视频文件名称是否正确" << endl;
        return -1;
    }
    while (1)
    {
        Mat frame;
        video >> frame;
        if (frame.empty())
        {
            break;
        }
        imshow("video", frame);
        waitKey(1000 / video.get(CAP_PROP_FPS));
    }
    waitKey();
    return 0;
}
```

图 2-6　读取视频程序运行结果

2.3.2　摄像头的直接调用

VideoCapture 类还可以调用摄像头，构造方式如代码清单 2-29 所示。

代码清单 2-29　VideoCapture 类调用摄像头构造函数

```
cv :: VideoCapture :: VideoCapture(int index,
                                   int apiPreference = CAP_ANY
                                   )
```

通过与代码清单 2-27 对比，调用摄像头与读取视频文件相比，只有第一个参数不同。调用摄像头时，第一个参数为要打开的摄像头设备的 ID，ID 的命名方式从 0 开始。从摄像头中读取图像数据的方式与从视频中读取图像数据的方式相同，通过“>>”符号读取当前时刻相机拍摄到的图像。并且，在读取视频时，VideoCapture 类具有的属性同样可以使用。我们将代码清单 2-28 中的视频文件改成摄像头 ID（0），再次运行修改后的代码清单 2-28 中的程序，运行结果如图 2-7 所示。

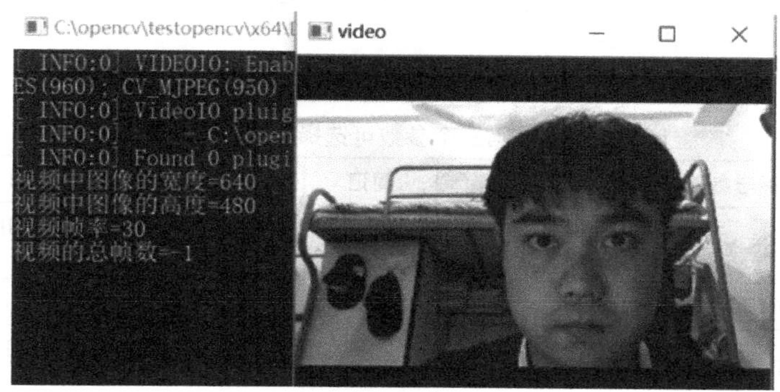

图 2-7　调用摄像头程序运行结果

2.4 数据保存

在图像处理过程中，会生成新的图像，例如将模糊的图像经过算法变得更加清晰，将彩色图像变成灰度图像，同时需要将处理的结果以图像或者视频的形式保存成文件。本节将详细讲述如何将 Mat 类矩阵保存成图像或者视频文件。

2.4.1 图像的保存

OpenCV 提供 imwrite()函数用于将 Mat 类矩阵保存成图像文件，该函数的原型在代码清单 2-30 中给出。

代码清单 2-30　imwrite()函数原型

```
bool cv :: imwrite(const String& filename,
                   InputArray img,
                   Const std::vector<int>& params = std::vector<int>()
                   )
```

- filename：保存图像的地址和文件名，包含图像格式。
- img：将要保存的 Mat 类矩阵变量。
- params：保存图片格式属性设置标志。

该函数用于将 Mat 类矩阵保存成图像文件，如果成功保存，则返回 true，否则返回 false。可以保存的图像格式参考 imread()函数能够读取的图像文件格式，通常使用该函数只能保存 8 位单通道图像和 3 通道 BGR 彩色图像，但是可以通过更改第三个参数保存成不同格式的图像。不同图像格式能够保存的图像位数如下：

- 16 位无符号（CV_16U）图像可以保存成 PNG、JPEG、TIFF 格式文件；
- 32 位浮点（CV_32F）图像可以保存成 PFM、TIFF、OpenEXR 和 Radiance HDR 格式文件；
- 4 通道（Alpha 通道）图像可以保存成 PNG 格式文件。

该函数第三个参数在一般情况下不需要填写，保存成指定的文件格式只需要直接在第一个参数后面更改文件后缀，但是当需要保存的 Mat 类矩阵中数据比较特殊时（如 16 位深度数据），则需要设置第三个参数。第三个参数的设置方式如代码清单 2-31 所示，常见的可选择设置标志在表 2-6

中给出。

代码清单 2-31　imwrite()函数中第三个参数设置方式

```
vector <int> compression_params;
compression_params.push_back(IMWRITE_PNG_COMPRESSION);
compression_params.push_back(9);
imwrite(filename, img, compression_params);
```

表 2-6　imwrite()函数第三个参数可选择的标志及作用

标志参数	简记	作用
IMWRITE_JPEG_QUALITY	1	保存成 JPEG 格式的文件的图像质量，分成 0～100 等级，默认 95
IMWRITE_JPEG_PROGRESSIVE	2	增强 JPEG 格式，启用为 1，默认值为 0（False）
IMWRITE_JPEG_OPTIMIZE	3	对 JPEG 格式进行优化，启用为 1，默认参数为 0（False）
IMWRITE_JPEG_LUMA_QUALITY	5	JPEG 格式文件单独的亮度质量等级，分成 0～100，默认为 0
IMWRITE_JPEG_CHROMA_QUALITY	6	JPEG 格式文件单独的色度质量等级，分成 0～100，默认为 0
IMWRITE_PNG_COMPRESSION	16	保存成 PNG 格式文件压缩级别，0～9，值越大意味着更小尺寸和更长的压缩时间，默认值为 1（最佳速度设置）
IMWRITE_TIFF_COMPRESSION	259	保存成 TIFF 格式文件压缩方案

为了更好地理解 imwrite()函数的使用方式，在代码清单 2-32 中给出了生成带有 Alpha 通道的矩阵，并保存成 PNG 格式图像的程序。程序运行后会生成一个保存了 4 通道的 PNG 格式图像，为了更直观地看到图像结果，我们在图 2-8 中给出了 Image Watch 插件中看到的图像和保存成 PNG 格式的图像。

代码清单 2-32　imgWriter.cpp 保存图像

```
#include <opencv2\opencv.hpp>
#include <iostream>

using  namespace std;
using  namespace cv;

void AlphaMat(Mat &mat)
{
    CV_Assert(mat.channels() == 4);
    for (int i = 0; i < mat.rows; ++i)
    {
        for (int j = 0; j < mat.cols; ++j)
        {
            Vec4b& bgra = mat.at<Vec4b>(i, j);
            bgra[0] = UCHAR_MAX;  // 蓝色通道
            bgra[1] = saturate_cast<uchar>((float(mat.cols - j)) / ((float)mat.cols)
                                                                 * UCHAR_MAX);  // 绿色通道
            bgra[2] = saturate_cast<uchar>((float(mat.rows - i)) / ((float)mat.rows)
                                                                 * UCHAR_MAX);  // 红色通道
            bgra[3] = saturate_cast<uchar>(0.5 * (bgra[1] + bgra[2]));  // Alpha 通道
        }
    }
```

```
}
int main(int agrc, char** agrv)
{
    // Create mat with alpha channel
    Mat mat(480, 640, CV_8UC4);
    AlphaMat(mat);
    vector<int> compression_params;
    compression_params.push_back(IMWRITE_PNG_COMPRESSION);  //PNG格式图像压缩标志
    compression_params.push_back(9);  //设置最高压缩质量
    bool result = imwrite("alpha.png", mat, compression_params);
    if (!result)
    {
        cout<< "保存成PNG格式图像失败" << endl;
        return -1;
    }
    cout << "保存成功" << endl;
    return 0;
}
```

图 2-8 程序中和保存后的 4 通道图像（左：Image Watch，右：PNG 文件）

2.4.2 视频的保存

有时我们需要将多幅图像生成视频，或者直接将摄像头拍摄到的数据保存成视频文件。OpenCV 中提供了 VideoWriter()类用于实现多张图像保存成视频文件，该类构造函数的原型在代码清单 2-33 中给出。

代码清单 2-33 保存视频文件 VideoWriter 类构造函数

```
1. cv :: VideoWriter :: VideoWriter(); //默认构造函数
2. cv :: VideoWriter :: VideoWriter(const String& filename,
3.                                  int fourcc,
4.                                  double  fps,
5.                                  Size frameSize,
6.                                  bool  isColor=true
7.                                  )
```

- filename：保存视频的地址和文件名，包含视频格式。
- fourcc：压缩帧的 4 字符编解码器代码，详细参数在表 2-7 中给出。
- fps：保存视频的帧率，即视频中每秒图像的张数。
- frameSize：视频帧的尺寸。
- isColor：保存视频是否为彩色视频。

代码清单 2-33 中的第一行默认构造函数的使用方法与 VideoCapture()相同，都是创建一个用于保存视频的数据流，后续通过 open()函数设置保存文件名称、编解码器、帧数等一系列参数。第二种构造函数需要输入的第一个参数是需要保存的视频文件名称，第二个参数是编解码器的代码，可以设置的编解码器选项在表 2-7 中给出，如果赋值“-1”，则会自动搜索合适的编解码器，需要注意的是，其在 OpenCV 4.0 版和 OpenCV 4.1 版中的输入方式有一些差别，具体差别在表 2-7 给出。第三个参数为保存视频的帧率，可以根据需求自由设置，例如实现原视频二倍速播放、原视频慢动作播放等。第四个参数是设置保存的视频文件的尺寸，这里需要注意的是，在设置时一定要与图像的尺寸相同，不然无法保存视频。最后一个参数是设置保存的视频是否是彩色的，程序中，默认的是保存为彩色视频。

该函数与 VideoCapture()有很大的相似之处，都可以通过 isOpened()函数判断是否成功创建一个视频流，可以通过 get()查看视频流中的各种属性。在保存视频时，我们只需要将生成视频的图像一帧一帧地通过“<<”操作符（或者 write()函数）赋值给视频流，最后使用 release()关闭视频流。

表 2-7　视频编码格式

OpenCV 4.1 版本标志	OpenCV 4.0 版本标志	作用
VideoWriter::fourcc('D','I','V','X')	CV_FOURCC('D','I','V','X')	MPEG-4 编码
VideoWriter::fourcc('P','I','M','1')	CV_FOURCC('P','I','M','1')	MPEG-1 编码
VideoWriter::fourcc('M','J','P','G')	CV_FOURCC('M','J','P','G')	JPEG 编码（运行效果一般）
VideoWriter::fourcc('M', 'P', '4', '2')	CV_FOURCC('M', 'P', '4', '2')	MPEG-4.2 编码
VideoWriter::fourcc('D', 'I', 'V', '3')	CV_FOURCC('D', 'I', 'V', '3')	MPEG-4.3 编码
VideoWriter::fourcc('U', '2', '6', '3')	CV_FOURCC('U', '2', '6', '3')	H263 编码
VideoWriter::fourcc('I', '2', '6', '3')	CV_FOURCC('I', '2', '6', '3')	H263I 编码
VideoWriter::fourcc('F', 'L', 'V', '1')	CV_FOURCC('F', 'L', 'V', '1')	FLV1 编码

为了更好地理解 VideoWriter()类的使用方式，代码清单 2-34 中给出了利用已有视频文件数据或者直接通过摄像头生成新的视频文件的例程。读者需要重点体会 VideoWriter()类和 VideoCapture()类的相似之处和使用时的注意事项。

代码清单 2-34　VideoWriter.cpp 保存视频文件

```
#include <opencv2\opencv.hpp>
#include <iostream>

using namespace cv;
using namespace std;

int main()
{
    Mat img;
    VideoCapture video(0);  //使用某个摄像头

    //读取视频
    //VideoCapture video;
    //video.open("cup.mp4");

    if (!video.isOpened())  // 判断是否调用成功
    {
        cout << "打开摄像头失败，请确认摄像头是否安装成功";
        return -1;
    }

    video >> img;  //获取图像
    //检测是否成功获取图像
```

```
    if (img.empty())    //判断读取图像是否成功
    {
        cout << "没有获取到图像" << endl;
        return -1;
    }
    bool isColor = (img.type() == CV_8UC3);  //判断相机（视频）类型是否为彩色

    VideoWriter writer;
    int codec = VideoWriter::fourcc('M', 'J', 'P', 'G');  // 选择编码格式
    //OpenCV 4.0 版设置编码格式
    //int codec = CV_FOURCC('M', 'J', 'P', 'G');

    double fps = 25.0;  //设置视频帧率
    string filename = "live.avi";  //保存的视频文件名称
    writer.open(filename, codec, fps, img.size(), isColor);  //创建保存视频文件的视频流

    if (!writer.isOpened())    //判断视频流是否创建成功
    {
        cout << "打开视频文件失败，请确认是否为合法输入" << endl;
        return -1;
    }

    while (1)
    {
        //检测是否执行完毕
        if (!video.read(img))    //判断能否继续从摄像头或者视频文件中读出一帧图像
        {
            cout << "摄像头断开连接或者视频读取完成" << endl;
            break;
        }
        writer.write(img);  //把图像写入视频流
        //writer << img;
        imshow("Live", img);  //显示图像
        char c = waitKey(50);
        if (c == 27)  //按“Esc”键退出视频保存
        {
            break;
        }
    }
    // 退出程序时自动关闭视频流
    //video.release();
    //writer.release();
    return 0;
}
```

2.4.3 保存和读取 XML 和 YMAL 文件

除图像数据之外，有时程序中的尺寸较小的 Mat 类矩阵、字符串、数组等数据也需要进行保存，这些数据通常保存成 XML 文件或者 YAML 文件。本小节中将介绍如何利用 OpenCV 4 中的函数将数据保存成 XML 文件或者 YAML 文件，以及如何读取这两种文件中的数据。

XML 是一种元标记语言。所谓元标记，就是使用者可以根据自身需求定义自己的标记，例如可以用<age>、<color>等标记来定义数据的含义，如用<age>24</age>来表示 age 数据的数值为 24。XML 是一种结构化的语言，通过 XML 语言可以知道数据之间的隶属关系，例如<color><red>100</red><blue>150</blue></color>表示在 color 数据中含有两个名为 red 和 blue 的数据，两者的数

值分别是 100 和 150。通过标记的方式，无论以什么形式保存数据，只要文件满足 XML 格式，读取出来的数据就不会出现混淆和歧义。XML 文件的扩展名是“.xml”。

YMAL 是一种以数据为中心的语言，通过“变量:数值”的形式来表示每个数据的数值，通过不同的缩进来表示不同数据之间的结构和隶属关系。YMAL 可读性高，常用来表达资料序列的格式，它参考了多种语言，包括 XML、C 语言、Python、Perl 等。YMAL 文件的扩展名是“.ymal”或者“.yml”。

OpenCV 4 中提供了用于生成和读取 XML 文件和 YMAL 文件的 FileStorage 类，类中定义了初始化类、写入数据和读取数据等方法。我们在使用 FileStorage 类时首先需要对其进行初始化，初始化可以理解为声明需要操作的文件和操作类型。OpenCV 4 提供了两种初始化的方法，分别是不输入任何参数的初始化（可以理解为只定义，并未初始化），以及输入文件名称和操作类型的初始化。后一种方法初始化构造函数的原型在代码清单 2-35 中给出。

代码清单 2-35　FileStorage()函数原型

```
cv::FileStorage::FileStorage(const String &  filename,
                             int  flags,
                             const String &  encoding = String()
                             )
```

- filename：打开的文件名称。
- flags：对文件进行的操作类型标志，常用参数及含义在表 2-8 中给出。
- encoding：编码格式，目前不支持 UTF-16 XML 编码，需要使用 UTF-8 XML 编码。

表 2-8　FileStorage()构造函数中对文件操作类型常用标志及含义

标志参数	简记	含义
READ	0	读取文件中的数据
WRITE	1	向文件中重新写入数据，会覆盖之前的数据
APPEND	2	向文件中继续写入数据，新数据在原数据之后
MEMORY	4	将数据写入或者读取到内部缓冲区

该函数是 FileStorage 类的构造函数，用于声明打开的文件名称和操作的类型。该函数第一个参数是打开的文件名称，参数是字符串类型，文件的扩展名是“.xml”“.ymal”（或者“.yml”）。打开的文件可以已经存在或者未存在，但是，当对文件进行读取操作时，需要是已经存在的文件。第二个参数是对文件进行的操作类型标志，例如对文件进行读取操作、写入操作等，常用参数及含义在表 2-8 中给出，由于该标志量在 FileStorage 类中，因此在使用时需要加上类名作为前缀，例如“FileStorage::WRITE”。最后一个参数是文件的编码格式，目前不支持 UTF-16 XML 编码，需要使用 UTF-8 XML 编码，通常情况下使用该参数的默认值即可。

打开文件后，可以通过 FileStorage 类中的 isOpened()函数判断是否成功打开文件。如果成功打开文件，那么该函数返回 true；如果打开文件失败，那么该函数返回 false。

由于 FileStorage 类中默认构造函数没有任何参数，因此没有声明打开的文件和操作的类型，此时需要通过 FileStorage 类中的 open()函数单独进行声明。该函数的原型在代码清单 2-36 中给出。

代码清单 2-36　open()函数原型

```
virtual bool cv::FileStorage::open(const String &  filename,
                                   int  flags,
                                   const String &  encoding = String()
                                   )
```

- filename：打开的文件名称。
- flags：对文件进行的操作类型标志，常用参数及含义在表 2-8 中给出。
- encoding：编码格式，目前不支持 UTF-16 XML 编码，需要使用 UTF-8 XML 编码。

该函数解决了默认构造函数没有声明打开文件的问题，函数可以指定 FileStorage 类打开的文件。如果成功打开文件，则返回值为 true，否则为 false。该函数中所有的参数及含义与代码清单 2-35 中的相同，因此这里不再赘述。同样，通过该函数打开文件后仍然可以通过 FileStorage 类中的 isOpened()函数判断是否成功打开文件。

打开文件后，类似 C++中创建的数据流，可以通过“<<”操作符将数据写入文件中，或者通过“>>”操作符从文件中读取数据。除此之外，还可以通过 FileStorage 类中的 write()函数将数据写入文件中，该函数的原型在代码清单 2-37 中给出。

代码清单 2-37 write()函数原型

```
void cv::FileStorage::write(const String &  name,
                            int  val
                            )
```

- name：写入文件中的变量名称。
- val：变量值。

该函数能够将不同数据类型的变量名称和变量值写入文件中。该函数的第一个参数是写入文件中的变量名称。第二个参数是变量值，代码清单 2-37 中的变量值是 int 类型，但是在 FileStorage 类中提供了 write()函数的多个重载函数，分别用于实现将 double、String、Mat、vector<String>类型的变量值写入文件中。

使用操作符向文件中写入数据时与 write()函数类似，都需要声明变量名和变量值，例如变量名为“age”，变量值为“24”，可以通过“file<<"age"<<24”来实现。如果某个变量的数据是一个数组，可以用“[]”将属于同一个变量的变量值标记出来，例如“file<<"age"<<"["<<24<<25<<"]"”。如果某些变量隶属于某个变量，可以用“{}”表示变量之间的隶属关系，例如“file<<"age"<<"{"<<"Xiaoming"<<24<<"Wanghua"<<25<<"}"”。

在读取文件中的数据时，只需要通过变量名就可以读取变量值。例如，“file ["x"] >> xRead”是读取变量名为 x 的变量值。但是，当某个变量中含有多个数据或者含有子变量时，就需要通过 FileNode 节点类型和迭代器 FileNodeIterator 进行读取，例如某个变量的变量值是一个数组，首先需要定义一个形如 file["age"]的 FileNode 节点类型变量，之后通过迭代器遍历其中的数据。另一种方法可以不使用迭代器，通过在变量后边添加“[]”（地址）的形式读取数据，例如 FileNode[0]表示数组变量中的第一个数据，FileNode["Xiaoming"]表示“age”变量中的“Xiaoming”变量的数据，依次向后添加“[]”（地址）实现多节点数据的读取。

为了了解如何生成和读取 XML 文件和 YMAL 文件，在代码清单 2-38 中给出了实现文件写入和读取的示例程序。该程序中使用 write()函数和“<<”操作符两种方式向文件中写入数据，使用迭代器和“[]”（地址）两种方式从文件中读取数据。数据的写入和读取方法在前面已经介绍，在代码清单 2-38 中需要重点了解如何通过程序实现写入与读取。该程序生成的 XML 文件和 YMAL 文件中的数据在图 2-9 中给出，读取文件数据的结果在图 2-10 中给出。

代码清单 2-38 myXMLandYAML.cpp 保存和读取 XML 和 YAML 文件

```
#include <opencv2/opencv.hpp>
#include <iostream>
#include <string>

using namespace std;
```

```
using namespace cv;

int main(int argc, char** argv)
{
    system("color F0");  //修改运行程序背景和文字颜色
    //string fileName = "datas.xml";  //文件的名称
    string fileName = "datas.yaml";  //文件的名称
    //以写入的模式打开文件
    FileStorage fwrite(fileName, FileStorage::WRITE);

    //存入矩阵 Mat 类型的数据
    Mat mat = Mat::eye(3, 3, CV_8U);
    fwrite.write("mat", mat);  //使用 write()函数写入数据
    //存入浮点型数据，节点名称为 x
    float x = 100;
    fwrite << "x" << x;
    //存入字符串型数据，节点名称为 str
    String str = "Learn OpenCV 4";
    fwrite << "str" << str;
    //存入数组,节点名称为 number_array
    fwrite << "number_array" << "[" <<4<<5<<6<< "]";
    //存入多 node 节点数据,主名称为 multi_nodes
    fwrite << "multi_nodes" << "{" << "month" << 8 << "day" << 28 << "year"
        << 2019 << "time" << "[" << 0 << 1 << 2 << 3 << "]" << "}";

    //关闭文件
    fwrite.release();

    //以读取的模式打开文件
    FileStorage fread(fileName, FileStorage::READ);
    //判断是否成功打开文件
    if (!fread.isOpened())
    {
        cout << "打开文件失败，请确认文件名称是否正确！" << endl;
        return -1;
    }

    //读取文件中的数据
    float xRead;
    fread["x"] >> xRead;  //读取浮点型数据
    cout << "x=" << xRead << endl;

    //读取字符串数据
    string strRead;
    fread["str"] >> strRead;
    cout << "str=" << strRead << endl;

    //读取含多个数据的 number_array 节点
    FileNode fileNode = fread["number_array"];
    cout << "number_array=[";
    //循环遍历每个数据
    for (FileNodeIterator i = fileNode.begin(); i != fileNode.end(); i++)
    {
        float a;
        *i >> a;
        cout << a<<" ";
    }
```

```
    cout << "]" << endl;

    //读取 Mat 类型数据
    Mat matRead;
    fread["mat="] >> matRead;
    cout << "mat=" << mat << endl;

    //读取含有多个子节点的节点数据，不使用 FileNode 和迭代器进行读取
    FileNode fileNode1 = fread["multi_nodes"];
    int month = (int)fileNode1["month"];
    int day = (int)fileNode1["day"];
    int year = (int)fileNode1["year"];
    cout << "multi_nodes:" << endl
         << "  month=" << month << "  day=" << day << "  year=" << year;
    cout << "  time=[";
    for (int i = 0; i < 4; i++)
    {
        int a = (int)fileNode1["time"][i];
        cout << a << " ";
    }
    cout << "]" << endl;

    //关闭文件
    fread.release();
    return 0;
}
```

```
<?xml version="1.0"?>
<opencv_storage>
  <mat type_id="opencv-matrix">
    <rows>3</rows>
    <cols>3</cols>
    <dt>u</dt>
    <data>1 0 0 0 1 0 0 0 1</data>
  </mat>
  <x>100.</x>
  <str>"Learn OpenCV 4"</str>
  <number_array>4 5 6</number_array>
  <multi_nodes>
    <month>8</month>
    <day>28</day>
    <year>2019</year>
  <time>0 1 2 3</time></multi_nodes>
</opencv_storage>
```

```
%YAML:1.0
---
mat: !!opencv-matrix
  rows: 3
  cols: 3
  dt: u
  data: [ 1, 0, 0, 0, 1, 0, 0, 0, 1 ]
x: 100.
str: Learn OpenCV 4
number_array:
  - 4
  - 5
  - 6
multi_nodes:
  month: 8
  day: 28
  year: 2019
  time:
    - 0
    - 1
    - 2
    - 3
```

图 2-9 myXMLandYAML.cpp 程序生成的 XML 文件和 YAML 文件

```
C:\WINDOWS\system32\cmd.exe
x=100
str=Learn OpenCV 4
number_array=[4 5 6 ]
mat=[  1,   0,   0;
   0,   1,   0;
   0,   0,   1]
multi_nodes:
 month=8  day=28  year=2019  time=[0 1 2 3 ]
```

图 2-10 myXMLandYAML.cpp 程序文件读取结果

2.5 本章小结

在本章中，我们首先介绍了 OpenCV 4 中用于存放图像数据的 Mat 类的使用方式，之后介绍了图像的读取和显示，视频加载与摄像头的调用，最后介绍了如何保存图像、视频文件，以及 XML、YMAL 文件的保存与读取。

本章主要函数清单

函数名称	函数说明	代码清单
imread()	读取图像文件	2-24
namedWindow()	创建一个显示图像的窗口	2-25
imshow()	在指定窗口中显示图像	2-26
VideoCapture()	调用摄像头或者读取、保存视频文件	2-27
imwrite()	保存图像到文件	2-30
VideoWriter()	将多帧图像保存成视频文件	2-33
FileStorage()	读取或者保存 XML、YMAL 文件	2-35

本章示例程序清单

示例程序名称	程序说明	代码清单
VideoCapture.cpp	读取视频文件	2-28
imgWriter.cpp	保存图像	2-32
VideoWriter.cpp	保存视频文件	2-34
myXMLandYAML.cpp	保存和读取 XML 和 YAML 文件	2-38

进阶篇

第 3 章　图像基本操作

第 4 章　图像直方图与模板匹配

第 5 章　图像滤波

第 6 章　图像形态学操作

第 3 章　图像基本操作

在获取图像后，首先需要了解处理图像的基本操作，例如对图像颜色的分离，像素的改变，图像的拉伸与旋转，甚至需要在图像中添加一些基础的形状，并进行简单处理。因此，本章重点介绍 OpenCV 4 中提供的图像基本操作，包括彩色空间的介绍、像素操作、图像形状的改变、绘制几何图形以及生成图像金字塔等。

3.1 图像颜色空间

通过红、绿、蓝 3 种颜色不同比例的混合能够让图像展现出五彩斑斓的颜色，这种模型称为 RGB 颜色模型。RGB 颜色模型是最常见的颜色模型之一，常用于表示和显示图像。为了能够表示 3 种颜色的混合，图像以多通道的形式分别存储某一种颜色的红色分量、绿色分量和蓝色分量。除 RGB 颜色模型外，图像的颜色模型还有 YUV、HSV 等模型，分别表示图像的亮度、色度、饱和度等分量。了解图像颜色空间对分割拥有颜色区分特征的图像具有重要的帮助，例如提取图像中的红色物体可以通过比较图像红色通道的像素值来实现。

3.1.1　颜色模型与转换

本小节将介绍几种 OpenCV 4 中能够互相转换的常见颜色模型，例如 RGB 模型、HSV 模型、Lab 模型、YUV 模型及 GRAY 模型，并介绍这几种模型之间的数学转换关系、OpenCV 4 中提供的这几种模型之间的变换函数。

1. RGB 颜色模型

前面对于 RGB 颜色模型已经有所介绍，该模型的命名方式是采用 3 种颜色的英文首字母，分别是红色（Red）、绿色（Green）和蓝色（Blue）。虽然该颜色模型的命名方式是红色在前，但是在 OpenCV 中却是相反的顺序，第一个通道是蓝色（B）分量，第二个通道是绿色（G）分量，第三个通道是红色（R）分量。根据存储顺序的不同，OpenCV 4 中提供了这种顺序的反序格式，用于存储第一个通道是红色分量的图像，但是这两种格式图像的颜色空间是相同的，颜色空间模型如图 3-1 所示。3 个通道对于颜色描述的范围是相同的，因此 RGB 颜色模型的空间构成是一个立方体。在 RGB 颜色模型中，所有的颜色都是由这 3 种颜色通过不同比例的混合得到，如果 3 种颜色分量都为 0，则表示为黑色，如果 3 种颜色的分量相同且都为最大值，则表示为白色。每个通道都表示某一种颜色 0～1 的过程，不同位数的图像表示将这个颜色变化过程细分成不同的层级，例如 8UC3 格式的图像每个通道将这个过程量化成 256 个等级，分别由 0～255 表示。在这个模型的基础上增加第四个通道即为 RGBA 模型，第四个通道表示颜色的透明度，当没有透明度需求的时候，RGBA 模型就会退化成 RGB 模型。

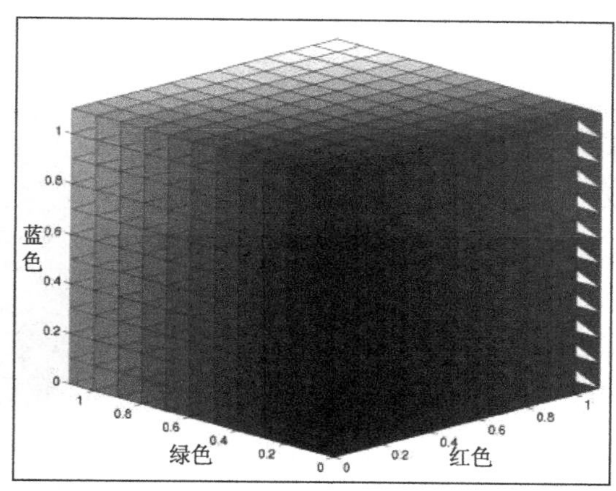

图 3-1 RGB 颜色空间模型

2. YUV 颜色模型

YUV 模型是电视信号系统所采用的颜色编码方式。这 3 个变量分别表示像素的亮度（Y）、红色分量与亮度的信号差值（U）、蓝色与亮度的差值（V）。这种颜色模型主要用于视频和图像的传输，该模型的产生与电视机的发展历程密切相关。由于彩色电视机在黑白电视机发明之后才产生，因此用于彩色电视机的视频信号需要能够兼容黑白电视机。彩色电视机需要 3 个通道的数据才能显示彩色，而黑白电视机只需要一个通道的数据，因此，为了使视频信号能够兼容彩色电视机与黑白电视机，将 RGB 编码方式转变成 YUV 的编码方式，其 Y 通道是图像的亮度，黑白电视只需要使用该通道就可以显示黑白视频图像，而彩色电视机通过将 YUV 编码转成 RGB 编码方式，便可以在彩色电视机中显示彩色图像，较好地解决了同一个视频信号兼容不同类型电视机的问题。RGB 模型与 YUV 模型之间的转换关系如式（3-1）所示，其中 RGB 取值范围均为 0～255。

$$\begin{cases} Y = 0.299R + 0.587G + 0.114B \\ U = -0.147R - 0.289G + 0.436B \\ V = 0.615R - 0.515G - 0.100B \\ R = Y + 1.14V \\ G = Y - 0.39U - 0.58V \\ B = Y + 2.03U \end{cases} \tag{3-1}$$

3. HSV 颜色模型

HSV 是色度（Hue）、饱和度（Saturation）和亮度（Value）的简写，通过名字也可以看出该模型通过这 3 个特性对颜色进行描述。色度是色彩的基本属性，就是平时常说的颜色，例如红色、蓝色等；饱和度是指颜色的纯度，饱和度越高色彩越纯和越艳，饱和度越低，色彩则逐渐地变灰和变暗，饱和度的取值范围是 0～100%；亮度是颜色的明亮程度，其取值范围由 0 到计算机中允许的最大值。由于色度、饱和度和亮度的取值范围不同，因此其颜色空间模型用锥形表示，如图 3-2 所示。相比于 RGB 模型 3 个颜色分量与最终颜色联系不直观的缺点，HSV 模型更加符合人类感知颜色的方式：颜色、深浅及亮暗。

4. Lab 颜色模型

Lab 颜色模型弥补了 RGB 模型的不足，是一种设备无关和基于生理特征的颜色模型。在模型中，L 表示亮度（Luminosity），a 和 b 是两个颜色通道，两者的取值区间都是−128～127，其中 a 通道数值由小到大对应的颜色是从绿色变成红色，b 通道数值由小到大对应的颜色是由蓝色变成黄色。Lab 颜色模型构成的颜色空间是一个球形，如图 3-3 所示。

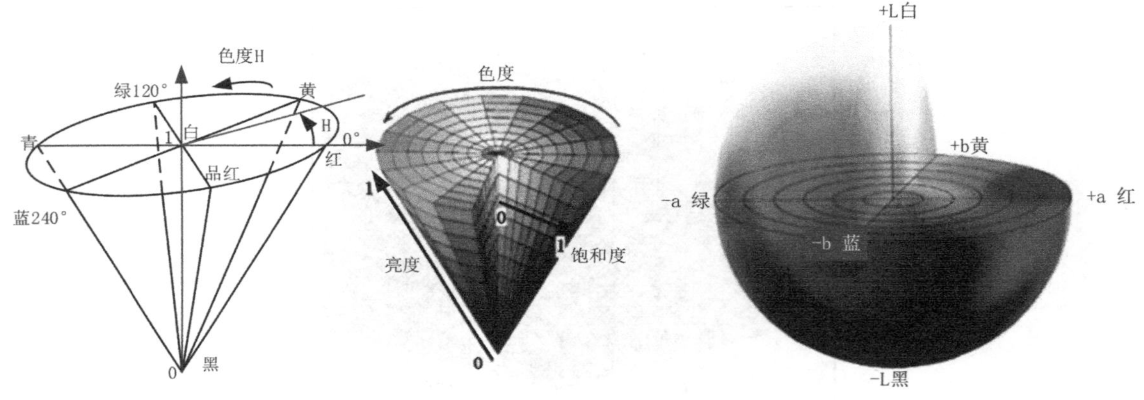

图 3-2　HSV 颜色空间模型　　　　图 3-3　Lab 颜色空间模型

5. GRAY 颜色模型

GRAY 模型并不是一个彩色模型，而是一个灰度图像的模型，其命名使用的是英文单词 gray 的全字母大写。灰度图像只有单通道，灰度值根据图像位数不同由 0 到最大依次表示由黑到白，例如 8UC1 格式中，由黑到白被量化为 256 个等级，通过 0～255 表示，其中 255 表示白色。彩色图像具有颜色丰富、信息含量大的特性，但是灰度图在图像处理中依然具有一定的优势。例如，灰度图像具有相同尺寸相同压缩格式所占容量小、易于采集、便于传输等优点。常用的 RGB 模型转成灰度图的方式如式（3-2）所示。

$$GRAY = 0.3R + 0.59G + 0.11B \tag{3-2}$$

6. 不同颜色模型间的互相转换

针对图像不同颜色模型之间的相互转换，OpenCV 4 提供了 cvtColor()函数用于实现转换功能，该函数的原型在代码清单 3-1 中给出。

代码清单 3-1 cvtColor()函数原型

```
void cv::cvtColor(InputArray src,
                  OutputArray dst,
                  int code,
                  int dstCn = 0
                  )
```

- src：待转换颜色模型的原始图像。
- dst：转换颜色模型后的目标图像。
- code：颜色空间转换的标志，如由 RGB 空间到 HSV 空间。常用标志及含义在表 3-1 中给出。
- dstCn：目标图像中的通道数。如果参数为 0，则从 src 和代码中自动导出通道数。

函数用于将图像从一个颜色模型转换为另一个颜色模型，前两个参数用于输入待转换图像和转换颜色空间后的目标图像，第三个参数用于声明该函数具体的转换模型空间，常用的标志在表 3-1 中给出，读者可以自行查阅 OpenCV 4 的教程以了解详细的标志。第四个参数在一般情况下不需要特殊设置，使用默认参数即可。需要注意的是该函数变换前后的图像取值范围，由于 8 位无符号图像的像素为 0～255，16 位无符号图像的像素为 0～65 535，而 32 位浮点图像的像素为 0～1，因此一定要注意目标图像的像素范围。在线性变换的情况下，范围问题不需要考虑，目标图像的像素不会超出范围。如果在非线性变换的情况下，那么应将输入 RGB 图像归一化到适当的范围以内来获得正确的结果，例如将 8 位无符号图像转成 32 位浮点图像，需要先将图像像素通过除以 255 缩放到 0～1 范围内，以防止产生错误结果。

注意 如果转换过程中添加了 alpha 通道（RGB 模型中第四个通道，表示透明度），则其值将设置为相应通道范围的最大值：CV_8U 为 255，CV_16U 为 65 535，CV_32F 为 1。

表 3-1 cvtColor()函数颜色模型转换常用标志参数

标志参数	简记	作用
COLOR_BGR2BGRA	0	对 RGB 图像添加 alpha 通道
COLOR_BGR2RGB	4	彩色图像通道颜色顺序的更改
COLOR_BGR2GRAY	10	彩色图像转成灰度图像
COLOR_GRAY2BGR	8	灰度图像转成彩色图像（伪彩色）
COLOR_BGR2YUV	82	RGB 颜色模型转成 YUV 颜色模型
COLOR_YUV2BGR	84	YUV 颜色模型转成 RGB 颜色模型
COLOR_BGR2HSV	40	RGB 颜色模型转成 HSV 颜色模型
COLOR_HSV2BGR	54	HSV 颜色模型转成 RGB 颜色模型
COLOR_BGR2Lab	44	RGB 颜色模型转成 Lab 颜色模型
COLOR_Lab2BGR	56	Lab 颜色模型转成 RGB 颜色模型

为了直观地感受同一张图像在不同颜色空间中的样子，在代码清单 3-2 中给出了前面几种颜色模型互相转换的程序，运行结果如图 3-4 所示。需要说明的是，Lab 颜色模型具有负数，而通过 imshow()函数显示的图像无法显示负数，因此在结果中给出了利用 Image Watch 插件显示图像在 Lab 模型中的样子。在程序中，为了防止转换后出现数值越界的情况，我们先将 CV_8U 类型转成 CV_32F 类型后再进行颜色模型的转换。

代码清单 3-2 myCvColor.cpp 图像颜色模型互相转换

```
#include <opencv2\opencv.hpp>
#include <iostream>
#include <vector>

using namespace std;
using namespace cv;

int main()
{
    Mat img = imread("lena.png");
    if (img.empty())
    {
        cout << "请确认图像文件名称是否正确" << endl;
        return -1;
    }
    Mat gray, HSV, YUV, Lab, img32;
    img.convertTo(img32, CV_32F, 1.0 / 255);  //将 CV_8U 类型转换成 CV_32F 类型
    //img32.convertTo(img, CV_8U, 255);  //将 CV_32F 类型转换成 CV_8U 类型
    cvtColor(img32, HSV, COLOR_BGR2HSV);
    cvtColor(img32, YUV, COLOR_BGR2YUV);
    cvtColor(img32, Lab, COLOR_BGR2Lab);
    cvtColor(img32, gray, COLOR_BGR2GRAY);
    imshow("原图", img32);
    imshow("HSV", HSV);
```

```
    imshow("YUV", YUV);
    imshow("Lab", Lab);
    imshow("gray", gray);
    waitKey(0);
    return 0;
}
```

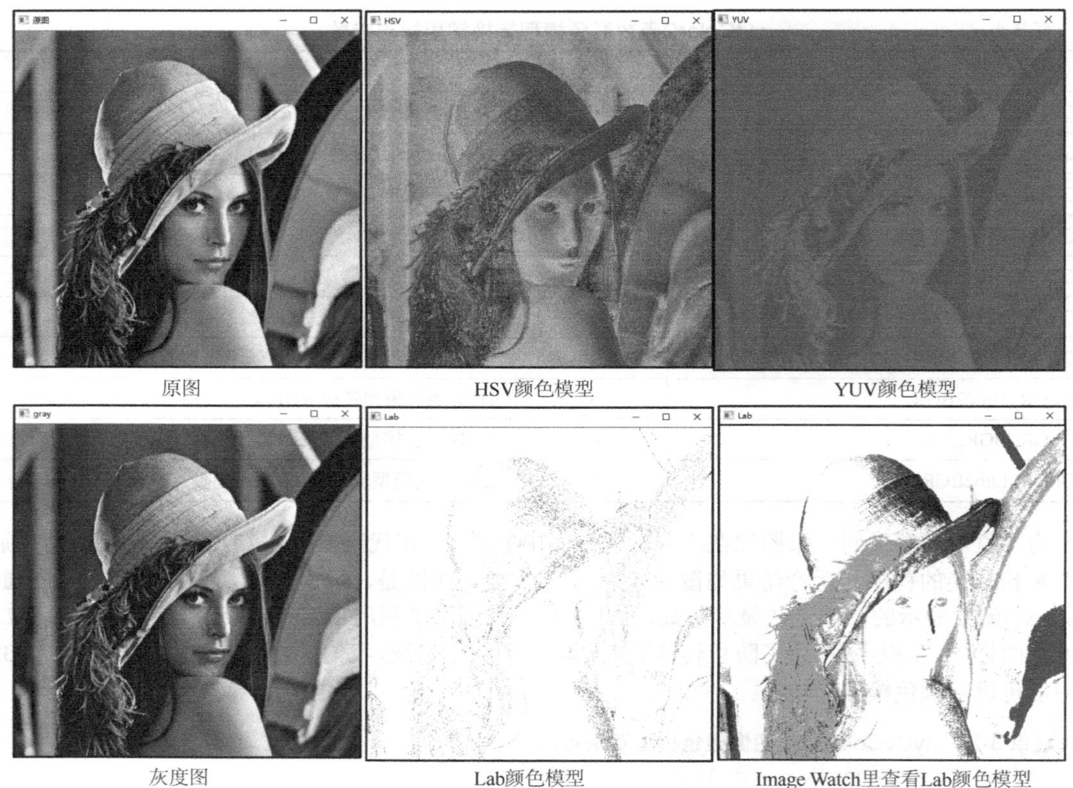

原图　HSV颜色模型　YUV颜色模型

灰度图　Lab颜色模型　Image Watch里查看Lab颜色模型

图 3-4　RGB 彩色图像向不同颜色模型转换结果

程序中我们利用了 OpenCV 4 中 Mat 类自带的数据类型转换函数 convertTo()，在平时使用图像数据时也会经常遇到不同数据类型转换的问题，因此下面详细介绍该转换函数的使用方式，在代码清单 3-3 中给出了该函数的原型。

代码清单 3-3　convertTo()函数原型

```
void cv::Mat::convertTo(OutputArry m,
                        int rtype,
                        double alpha = 1,
                        double beta = 0
                        )
```

- m：转换类型后输出的图像。
- rtype：转换图像的数据类型。
- alpha：转换过程中的缩放因子。
- beta：转换过程中的偏置因子。

该函数用来实现将已有图像转换成指定数据类型的图像，第一个参数用于输出转换数据类型后的图像，第二个参数用于声明转换后图像的数据类型。第三个参数与第四个参数用于声明两个数据类型间的转换关系，具体转换形式如式（3-3）所示。

$$m(x,y) = saturate\_cast < rtpye > (\alpha(*this)(x,y) + \beta) \tag{3-3}$$

通过转换公式可以知道，该转换方式就是将原有数据进行线性转换，并按照指定的数据类型输出。根据其转换规则可以知道，该函数不但能够实现不同数据类型之间的转换，而且能够实现在同一种数据类型中的线性变换。我们在代码清单 3-2 中给出了 CV_8U 类型和 CV_32F 类型之间互相转换的示例，其他类型之间的互相转换与此类似，这里不再赘述，读者可以自行探索，通过实践体会该函数的使用方法。

3.1.2 多通道分离与合并

在图像颜色模型中，不同的分量存放在不同的通道中，如果我们只需要颜色模型的某一个分量，例如只需要处理 RGB 图像中的红色通道，那么可以将红色通道从 3 个通道的数据中分离出来再进行处理，这种方式可以减少数据所占据的内存，加快程序的运行速度。同时，当我们分别处理完多个通道后，需要将所有通道合并在一起重新生成 RGB 图像。针对图像多通道的分离与混合，OpenCV 4 中提供了 split()函数和 merge()函数用于满足这些需求。

1. 多通道分离函数 split()

OpenCV 4 中针对多通道分离函数 split()有两种重载原型，在代码清单 3-4 中给出了这两种函数原型。

代码清单 3-4 split()函数原型

```
void cv::split(const Mat &  src,
               Mat *  mvbegin
               )

void cv::split(InputArray  m,
               OutputArrayOfArrays  mv
               )
```

- src：待分离的多通道图像。
- mvbegin：分离后的单通道图像，为数组形式，数组大小需要与图像的通道数相同。
- m：待分离的多通道图像。
- mv：分离后的单通道图像，为向量（vector）形式。

该函数主要是用于将多通道的图像分离成若干单通道的图像，两个函数原型中不同之处在于，前者第二个参数输出的是 Mat 类型的数组，其数组的长度需要与多通道图像的通道数相等并且提前定义；第二种函数原型的第二个参数输出的是一个 vector<Mat>容器，不需要知道多通道图像的通道数。虽然两个函数原型输入参数的类型不同，但通道分离的原理是相同的，可以用式（3-4）表示。

$$mv[c](I) = src(I)_c \tag{3-4}$$

2. 多通道合并函数 merge()

OpenCV 4 中针对多通道合并函数 merge ()也有两种重载原型，在代码清单 3-5 中给出了这两种原型。

代码清单 3-5 merge()函数原型

```
void cv::merge(const Mat *  mv,
               size_t  count,
               OutputArray  dst
               )
```

```

void cv::merge(InputArrayOfArrays  mv,
               OutputArray  dst
               )
```

- mv（第一种重载原型参数）：需要合并的图像数组，其中每个图像必须拥有相同的尺寸和数据类型。
- count：输入的图像数组的长度，其数值必须大于 0。
- mv（第二种重载原型参数）：需要合并的图像向量（vector），其中每个图像必须拥有相同的尺寸和数据类型。
- dst：合并后输出的图像，与 mv[0]具有相同的尺寸和数据类型，通道数等于所有输入图像的通道数总和。

该函数主要用于将多个图像合并成一个多通道图像，该函数也具有两种不同的函数原型，每一种函数原型都与 split()函数相对应，两种原型分别输入数组形式的图像数据和向量（vector）形式的图像数据，在输入数组形式数据的原型中，还需要输入数组的长度。合并函数的输出结果是一个多通道的图像，其通道数目是所有输入图像通道数目的总和。这里需要说明的是，用于合并的图像并非都是单通道的，也可以是多个通道数目不相同的图像合并成一个通道更多的图像。虽然这些图像的通道数目可以不相同，但是需要所有图像具有相同的尺寸和数据类型。

3. 图像多通道分离与合并例程

为了使读者更加熟悉图像多通道分离与合并的操作，同时加深对图像不同通道作用的理解，在代码清单 3-6 中实现了图像的多通道分离与合并的功能。程序中用两种函数原型分别分离了 RGB 图像和 HSV 图像，为了验证 merge()函数可以合并多个通道不相同的图像，程序中分别用两种函数原型合并了多个不同通道的图像，合并后图像的通道数为 5，不能通过 imshow()函数显示，我们用 Image Watch 插件查看合并的结果。由于 RGB 的 3 个通道分离结果显示时都是灰色且相差不大，因此图 3-5 没有给出其分离后的结果，只是给出合并后显示为绿色的合并图像，同时给出 HSV 分离结果，其他结果读者可以通过自行运行程序查看。

代码清单 3-6 mySplitAndMerge.cpp 实现图像分离与合并

```
#include <opencv2\opencv.hpp>
#include <iostream>
#include <vector>

using namespace std;
using namespace cv;

int main()
{
    Mat img = imread("lena.png");
    if (img.empty())
    {
        cout << "请确认图像文件名称是否正确" << endl;
        return -1;
    }
    Mat HSV;
    cvtColor(img, HSV, COLOR_RGB2HSV);
    Mat imgs0, imgs1, imgs2;   //用于存放数组类型的结果
    Mat imgv0, imgv1, imgv2;   //用于存放 vector 类型的结果
    Mat result0, result1, result2;   //多通道合并的结果

    //输入数组参数的多通道分离与合并
```

```
    Mat imgs[3];
    split(img, imgs);
    imgs0 = imgs[0];
    imgs1 = imgs[1];
    imgs2 = imgs[2];
    imshow("RGB-B 通道", imgs0);  //显示分离后 B 通道的像素值
    imshow("RGB-G 通道", imgs1);  //显示分离后 G 通道的像素值
    imshow("RGB-R 通道", imgs2);  //显示分离后 R 通道的像素值
    imgs[2] = img;  //将数组中的图像通道数变成不一致
    merge(imgs, 3, result0);  //合并图像
    //imshow("result0", result0); //imshow 最多显示 4 个通道，因此结果在 Image Watch 中查看
    Mat zero = cv::Mat::zeros(img.rows, img.cols, CV_8UC1);
    imgs[0] = zero;
    imgs[2] = zero;
    merge(imgs, 3, result1);  //用于还原 G 通道的真实情况，合并结果为绿色
    imshow("result1", result1);  //显示合并结果

    //输入 vector 参数的多通道分离与合并
    vector<Mat> imgv;
    split(HSV, imgv);
    imgv0 = imgv.at(0);
    imgv1 = imgv.at(1);
    imgv2 = imgv.at(2);
    imshow("HSV-H 通道", imgv0);  //显示分离后 H 通道的像素值
    imshow("HSV-S 通道", imgv1);  //显示分离后 S 通道的像素值
    imshow("HSV-V 通道", imgv2);  //显示分离后 V 通道的像素值
    imgv.push_back(HSV);  //将 vector 中的图像通道数变成不一致
    merge(imgv, result2);  //合并图像
    //imshow("result2", result2);  /imshow 最多显示 4 个通道，因此结果在 Image Watch 中查看
    waitKey(0);
    return 0;
}
```

HSV中V通道

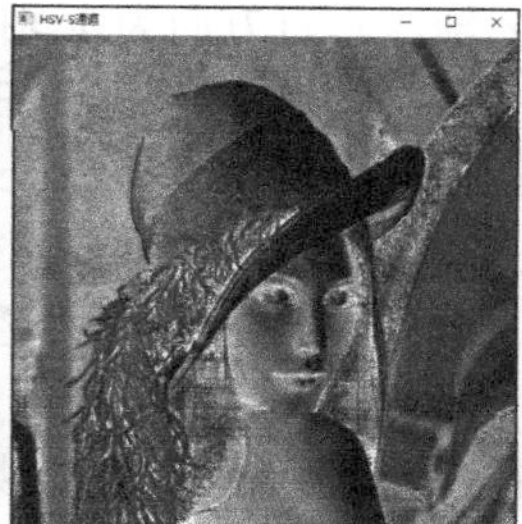

HSV中S通道

HSV中H通道

RGB分离合并后的绿色通道

图 3-5 mySplitAndMerge.cpp 运行部分结果

3.2 图像像素操作处理

对图像的不同通道有所了解之后，接下来将对每个通道内图像像素的相关操作进行介绍。关于像素的相关概念，在前面已经有所了解，例如在 CV_8U 的图像中，像素取值范围由黑到白被分成了 256 份，灰度值为 0～255 来表示这个变化的过程。因此，像素灰度值的大小表示的是某个位置像素的亮暗程度，同时灰度值的变化程度也表示了图像纹理的变化程度，因此，了解像素的相关操作是了解图像内容的第一步。

3.2.1　图像像素统计

我们可以将数字图像理解成一定尺寸的矩阵，矩阵中每个元素的大小表示了图像中每个像素的亮暗程度，因此，统计矩阵中的最大值就是寻找图像中灰度值最大的像素，计算平均值就是计算图像像素平均灰度，可以用来表示图像整体的亮暗程度。因此，针对矩阵数据的统计工作在图像像素中同样具有一定的意义和作用。在 OpenCV 4 中集成了求取图像像素最大值、最小值、平均值、均方差等众多用于统计的函数，下面详细介绍这些功能的相关函数。

1. 寻找图像像素最大值与最小值

OpenCV 4 提供了寻找图像像素最大值、最小值的函数 minMaxLoc()，该函数的原型在代码清单 3-7 中给出。

代码清单 3-7　minMaxLoc()函数原型

```
void cv::minMaxLoc(InputArray  src,
                   double *   minVal,
                   double *   maxVal = 0,
                   Point *  minLoc = 0,
                   Point *  maxLoc = 0,
                   InputArray   mask = noArray()
                  )
```

- src：需要寻找最大值和最小值的图像或者矩阵，要求必须是单通道矩阵。
- minVal：图像或者矩阵中的最小值。
- maxVal：图像或者矩阵中的最大值。
- minLoc：图像或者矩阵中的最小值在矩阵中的坐标。
- maxLoc：图像或者矩阵中的最大值在矩阵中的坐标。
- mask：掩模，用于设置在图像或矩阵中的指定区域寻找最值。

这里我们见到了一个新的数据类型 Point。该数据类型是用于表示图像的像素坐标，由于图像的像素坐标轴以左上角为坐标原点，水平方向为 x 轴，垂直方向为 y 轴，因此 Point(x,y)对应于图像的行和列表示为 Point（列数,行数）。在 OpenCV 中对于二维坐标和三维坐标都设置了多种数据类型，针对二维坐标数据类型，定义了整型坐标 cv::Point2i（或者 cv::Point）、double 型坐标 cv::Point2d、浮点型坐标 cv::Point2f，对于三维坐标，同样定义了上述的坐标数据类型，只需要将其中的数字“2”变成“3”。对于坐标中 x、y、z 轴的具体数据，可以通过变量的 x、y、z 属性进行访问，例如 Point.x 可以读取坐标的 x 轴数据。

该函数实现的功能是寻找图像中特定区域内的最值，函数第一个参数是输入单通道矩阵。需要注意，该变量必须是一个单通道的矩阵数据，如果是多通道的矩阵数据，需要用 cv::Mat::reshape()将多通道变成单通道，或者分别寻找每个通道的最值，然后进行比较，寻找全局最值。对于 CU::Mat::reshape()的用法，在代码清单 3-8 中给出。第 2～5 个参数分别是指向最小值、最大值、最小值位置和最大值位置的指针，如果不需要寻找某一个参数，那么可以将该参数设置为 NULL，函数最后一个参数是寻找最值的掩码矩阵，用于标记寻找上述 4 个值的范围，参数默认值为 noArray()，表示寻找范围是矩阵中所有数据。

代码清单 3-8　CU::Mat::reshape()函数原型

```
Mat cv::Mat::reshape(int  cn,
                     int  rows = 0
                     )
```

- cn：转换后矩阵的通道数。
- rows：转换后矩阵的行数。如果参数为 0，则转换后行数与转换前相同。

> **注意** 如果矩阵中存在多个最大值或者最小值，那么 minMaxLoc()函数输出最值的位置为按行扫描从左向右第一次检测到最值的位置，同时输入参数时一定要注意添加取地址符。

为了让读者更加了解 minMaxLoc()函数的原理和使用方法，在代码清单 3-9 中给出了寻找矩阵最值的示例程序，在图 3-6 中给出了程序运行的最终结果，在图 3-7 给出了创建的两个矩阵和通道变换后的矩阵在 Image Watch 中查看的内容。

代码清单 3-9 myfindMinAndMax.cpp 寻找矩阵中的最值

```
#include <opencv2\opencv.hpp>
#include <iostream>
#include <vector>

using namespace std;
using namespace cv;

int main()
{
    system("color F0");  //更改输出界面颜色
    float a[12] = { 1, 2, 3, 4, 5, 10, 6, 7, 8, 9, 10, 0 };
    Mat img = Mat(3, 4, CV_32FC1, a);   //单通道矩阵
    Mat imgs = Mat(2, 3, CV_32FC2, a);  //多通道矩阵
    double minVal, maxVal;  //用于存放矩阵中的最大值和最小值
    Point minIdx, maxIdx;   //用于存放矩阵中的最大值和最小值在矩阵中的位置

                                /*寻找单通道矩阵中的最值*/
    minMaxLoc(img, &minVal, &maxVal, &minIdx, &maxIdx);
    cout << "img 中最大值是: " << maxVal << "  " << "在矩阵中的位置:" << maxIdx << endl;
    cout << "img 中最小值是: " << minVal << "  " << "在矩阵中的位置:" << minIdx << endl;

    /*寻找多通道矩阵中的最值*/
    Mat imgs_re = imgs.reshape(1, 4);  //将多通道矩阵变成单通道矩阵
    minMaxLoc(imgs_re, &minVal, &maxVal, &minIdx, &maxIdx);
    cout << "imgs 中最大值是:" << maxVal << "  " << "在矩阵中的位置:" << maxIdx << endl;
    cout << "imgs 中最小值是:" << minVal << "  " << "在矩阵中的位置:" << minIdx << endl;
    return 0;
}
```

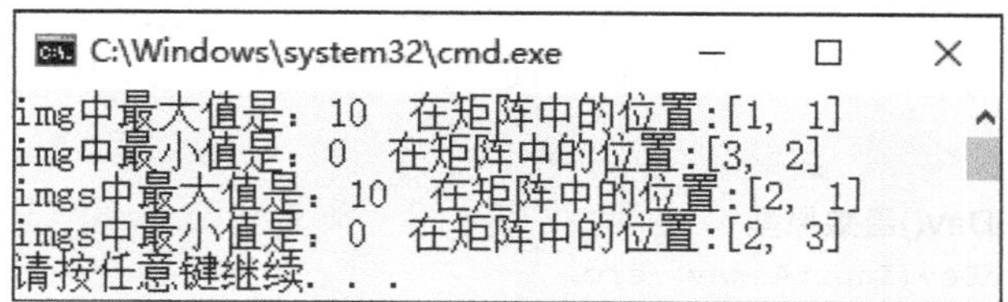

图 3-6 myfindMinAndMax.cpp 程序运行结果

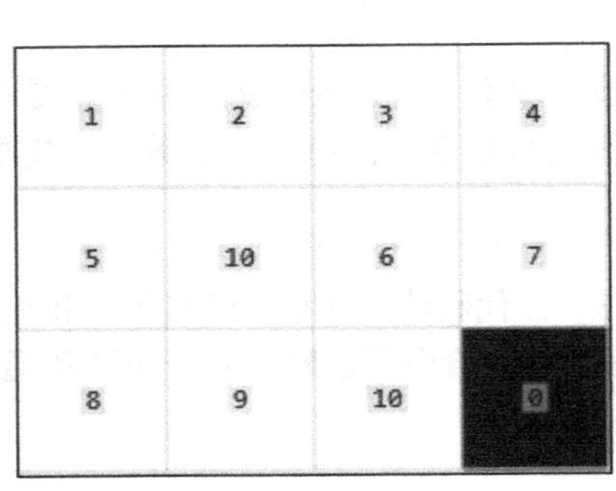

矩阵img

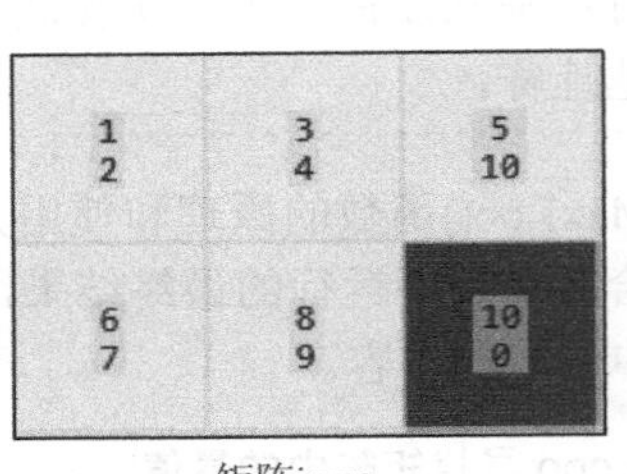

矩阵imgs

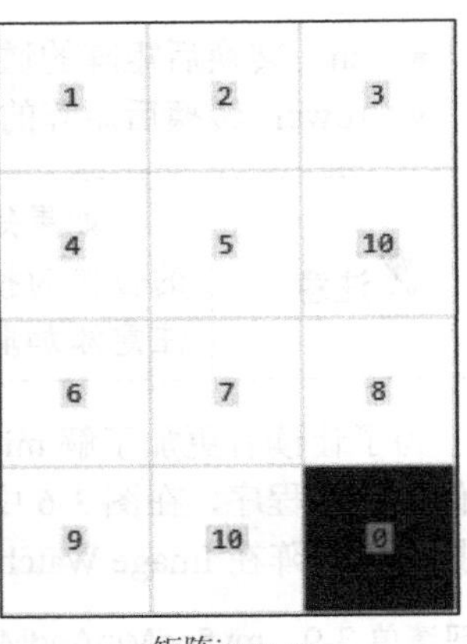

矩阵imgs_re

图 3-7　Image Watch 查看 myfindMinAndMax.cpp 程序中矩阵的内容

2. 计算图像的平均值和标准差

图像的平均值表示图像整体的亮暗程度，图像的平均值越大，则图像整体越亮。标准差表示图像中明暗变化的对比程度，标准差越大，表示图像中明暗变化越明显。OpenCV 4 提供了 mean()函数用于计算图像的平均值，提供了 meanStdDev()函数用于同时计算图像的平均值和标准差。下面详细介绍这两个函数的使用方法。代码清单 3-10 为 mean()函数的原型。

代码清单 3-10　mean()函数原型

```
cv::Scalar cv::mean(InputArray  src,
                    InputArray  mask = noArray()
                    )
```

- src：待求平均值的图像矩阵。
- mask：掩模，用于标记求取哪些区域的平均值。

该函数用来求取图像矩阵的每个通道的平均值，函数的第一个参数用来输入待求平均值的图像矩阵，其通道数目可以为 1～4。需要注意的是，该函数的返回值是一个 cv::Scalar 类型的变量，函数的返回值有 4 位，分别表示输入图像 4 个通道的平均值，如果输入图像只有 1 个通道，那么返回值的后 3 位都为 0，例如输入该函数一个单通道平均值为 1 的图像，输出的结果为[1,0,0,0]，可以通过 cv::Scalar[*n*]查看第 *n* 个通道的平均值。该函数的第二个参数用于控制图像求取平均值的范围，在第一个参数中去除第二个参数中像素值为 0 的像素，计算的原理如式（3-5）所示，当不输入第二个参数时，表示求取第一个参数全部像素的平均值。

$$
\begin{aligned}
N &= \sum\nolimits_{I,\mathrm{mask}(I)\neq 0} 1 \\
M_c &= \left(\sum\nolimits_{I,\mathrm{mask}(I)\neq 0} \mathrm{src}(I)_c\right) / N
\end{aligned}
\tag{3-5}
$$

其中，M_c 表示第 c 个通道的平均值，$\mathrm{src}(I)_c$ 表示第 c 个通道像素的灰度值。

meanStdDev()函数可以同时求取图像每个通道的平均值和标准差，其函数原型在代码清单 3-11 中给出。

代码清单 3-11　meanStdDev()函数原型

```
void cv::meanStdDev(InputArray  src,
                    OutputArray  mean,
                    OutputArray  stddev,
                    InputArray  mask = noArray()
                   )
```

- src：待求平均值的图像矩阵。
- mean：图像每个通道的平均值，参数为 Mat 类型变量。
- stddev：图像每个通道的标准差，参数为 Mat 类型变量。
- mask：掩模，用于标记求取哪些区域的平均值和标准差。

该函数的第一个参数与前面 mean()函数的第一个参数相同，都可以是 1～4 通道的图像，不同之处在于，该函数没有返回值，图像的均值和标准差输出在函数的第二个参数和第三个参数中，区别于 mean()函数，用于存放平均值和标准差的是 Mat 类型变量，变量中的数据个数与第一个参数通道数相同，如果输入图像只有一个通道，那么该函数求取的平均值和标准差变量中只有一个数据。该函数计算原理如式（3-6）所示。

$$\begin{aligned} N &= \sum\nolimits_{I,\mathrm{mask}(I)\neq 0} 1 \\ M_c &= \left(\sum\nolimits_{I,\mathrm{mask}(I)\neq 0} \mathrm{src}(I)_c\right) / N \\ stddev_c &= \sqrt{\sum\nolimits_{I,\mathrm{mask}(I)\neq 0} \left(\mathrm{src}(I)_c - M_c\right)^2 / N} \end{aligned} \tag{3-6}$$

代码清单 3-12 中给出了利用上面两个函数计算代码清单 3-9 中 img 和 imgs 两个矩阵的平均值和标准差，并在图 3-8 给出了程序运行的结果。

代码清单 3-12 myMeanAndmeanStdDev.cpp 计算矩阵平均值和标准差

```
#include <opencv2\opencv.hpp>
#include <iostream>
#include <vector>

using namespace std;
using namespace cv;
int main()
{
    system("color F0");  //更改输出界面颜色
    float a[12] = { 1, 2, 3, 4, 5, 10, 6, 7, 8, 9, 10, 0 };
    Mat img = Mat(3,4, CV_32FC1, a);  //单通道矩阵
    Mat imgs = Mat(2, 3, CV_32FC2, a);  //多通道矩阵

    cout << "/* 用 mean 求取图像的平均值 */" << endl;
    Scalar myMean;
    myMean = mean(imgs);
    cout << "imgs 平均值=" << myMean << endl;
    cout << "imgs 第一个通道的平均值=" << myMean[0] << "    "
         << "imgs 第二个通道的平均值=" << myMean[1] << endl << endl;

    cout << "/* 用 meanStdDev 同时求取图像的平均值和标准差 */" << endl;
    Mat myMeanMat, myStddevMat;

    meanStdDev(img, myMeanMat, myStddevMat);
    cout << "img 平均值=" << myMeanMat << "    " << endl;
    cout << "img 标准差=" << myStddevMat << endl << endl;
    meanStdDev(imgs, myMeanMat, myStddevMat);
    cout << "imgs 平均值=" << myMeanMat << "    " << endl << endl;
    cout << "imgs 标准差=" << myStddevMat << endl;
    return 0;
}
```

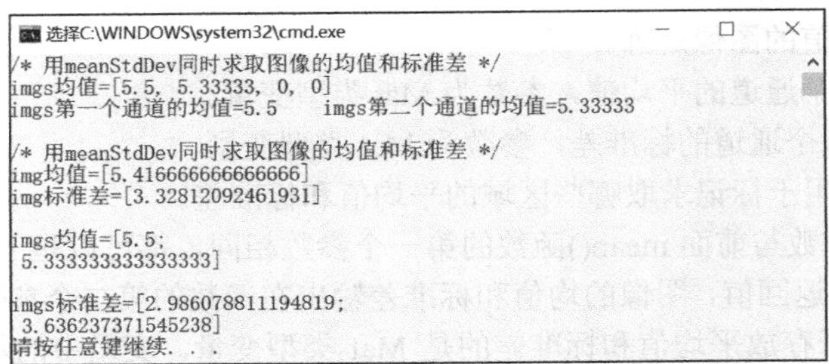

图 3-8 myMeanAndmeanStdDev.cpp 程序运行结果

3.2.2 两图像间的像素操作

前面介绍的计算最值、平均值等操作都是对一幅图像进行处理，接下来将介绍两幅图像间像素的相关操作，包含两幅图像的比较运算、逻辑运算等。

1. 两幅图像的比较运算

OpenCV 4 中提供了求取两幅图像每一个像素较大或者较小灰度值的 max()、min()函数，这两个函数分别比较两幅图像中每一个元素灰度值的大小，保留较大（较小）的灰度值。这两个函数的原型在代码清单 3-13 中给出。

代码清单 3-13 max()和 min()函数原型

```
void cv::max(InputArray  src1,
             InputArray  src2,
             OutputArray  dst
             )
void cv::min(InputArray  src1,
             InputArray  src2,
             OutputArray  dst
             )
```

- src1：第一个图像矩阵，可以是任意通道数的矩阵。
- src2：第二个图像矩阵，尺寸和通道数以及数据类型都需要与 src1 一致。
- dst：保留对应位置较大（较小）灰度值后的图像矩阵，尺寸、通道数和数据类型与 src1 一致。

这两种函数的功能相对来说比较简单，就是比较图像每个像素的大小，按要求保留较大值或者较小值，最后生成新的图像。例如 max()函数，第一幅图像(x, y)位置像素值为 100，第二幅图像(x, y)位置像素值为 10，那么输出图像(x, y)位置像素值为 100。在代码清单 3-14 中，给出了这两个函数的代码实现过程以及运算结果，运算结果在图 3-9～图 3-11 中给出。这种比较运算主要用在对矩阵类型数据的处理上，与掩模图像进行比较运算可以实现抠图或者选择通道的效果。

代码清单 3-14 myMaxAndMin.cpp 两个矩阵或图像进行比较运算

```
#include <opencv2\opencv.hpp>
#include <iostream>
#include <vector>

using namespace std;
using namespace cv;

int main()
{
    float a[12] = { 1, 2, 3.3, 4, 5, 9, 5, 7, 8.2, 9, 10, 2 };
```

```
    float b[12] = { 1, 2.2, 3, 1, 3, 10, 6, 7, 8, 9.3, 10, 1 };
    Mat imga = Mat(3, 4, CV_32FC1, a);
    Mat imgb = Mat(3, 4, CV_32FC1, b);
    Mat imgas = Mat(2, 3, CV_32FC2, a);
    Mat imgbs = Mat(2, 3, CV_32FC2, b);

    //对两个单通道矩阵进行比较运算
    Mat myMax, myMin;
    max(imga, imgb, myMax);
    min(imga, imgb, myMin);

    //对两个多通道矩阵进行比较运算
    Mat myMaxs, myMins;
    max(imgas, imgbs, myMaxs);
    min(imgas, imgbs, myMins);

    //对两幅彩色图像进行比较运算
    Mat img0 = imread("lena.png");
    Mat img1 = imread("noobcv.jpg");
    if (img0.empty()|| img1.empty())
    {
        cout << "请确认图像文件名称是否正确" << endl;
        return -1;
    }
    Mat comMin, comMax;
    max(img0, img1, comMax);
    min(img0, img1, comMin);
    imshow("comMin", comMin);
    imshow("comMax", comMax);

    //与掩模进行比较运算
    Mat src1 = Mat::zeros(Size(512, 512), CV_8UC3);
    Rect rect(100, 100, 300, 300);
    src1(rect) = Scalar(255, 255, 255);  //生成一个低通 300×300 的掩模
    Mat comsrc1, comsrc2;
    min(img0, src1, comsrc1);
    imshow("comsrc1", comsrc1);

    Mat src2 = Mat(512, 512, CV_8UC3, Scalar(0,0, 255)); //生成一个显示红色通道的低通掩模
    min(img0, src2, comsrc2);
    imshow("comsrc2", comsrc2);

    //对两幅灰度图像进行比较运算
    Mat img0G, img1G, comMinG, comMaxG;
    cvtColor(img0, img0G, COLOR_BGR2GRAY);
    cvtColor(img1, img1G, COLOR_BGR2GRAY);
    max(img0G, img1G, comMaxG);
    min(img0G, img1G, comMinG);
    imshow("comMinG", comMinG);
    imshow("comMaxG", comMaxG);
    waitKey(0);
    return 0;
}
```

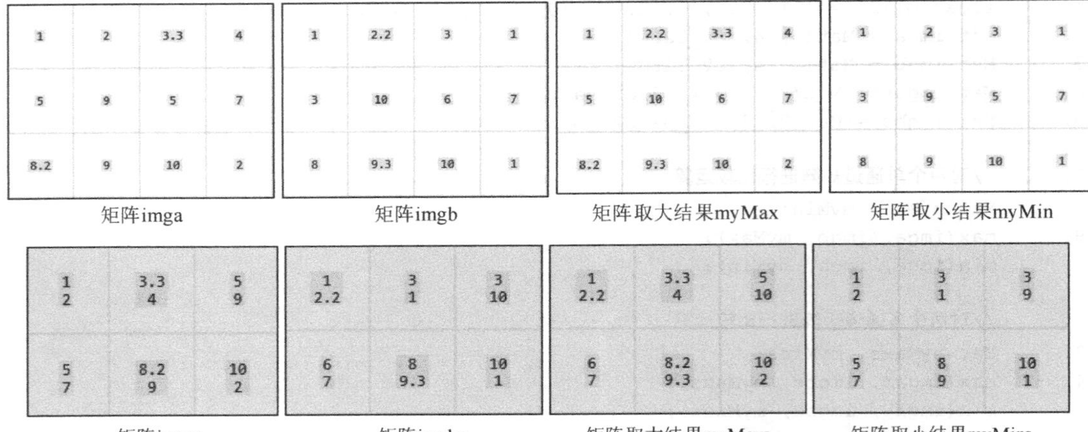

图 3-9　myMaxAndMin.cpp 程序中两个矩阵进行比较运算结果

图 3-10　myMaxAndMin.cpp 程序中两幅彩色图像和灰度图像进行比较运算结果

图 3-11　与掩模图像进行比较运算结果

2. 两幅图像的逻辑运算

OpenCV 4 针对两个图像像素之间的“与”“或”“异或”以及“非”运算分别提供了 bitwise_and()、bitwise_or()、bitwise_xor()和 bitwise_not()函数，在代码清单 3-15 中给出了这 4 个函数的原型。在了解函数用法之前，我们先了解一下图像像素逻辑运算的规则。图像像素间的逻辑运算与数字间的逻辑运算相同，具体规则在图 3-12 中给出。像素的“非”运算只能针对一个数值进行，因此在图 3-12 中对像素求非运算时对图像 1 的像素值进行“非”运算。如果像素取值只有 0 和 1，那么图 3-12 中的前 4 行数据正好对应了所有的运算规则，但是 CV_8U 类型的图像像素值从 0 取到 255，此时的逻辑运算就需要将像素值转成二进制数后再进行，因为 CV_8U 类型是 8 位数据，对 0 求非是 11111111，也就是 255。在图 3-12 的最后一行数据中，像素值 5 对应的二进制为 101，像素值 6 对应的二进制是 110，因此“与”运算得 100（4），“或”运算得 111（7），“异或”运算得 011（3），对像素值 5 进行非运算得 11111010（250）。在了解了像素的逻辑运算原理之后，我们再来看 OpenCV 4 中提供的逻辑运算函数的使用方法。

图像数据类型	像素值1	像素值2	与	或	异或	非（图像1）
二值	0	0	0	0	0	1
二值	1	0	0	1	1	0
二值	0	1	0	1	1	1
二值	1	1	1	1	0	0
8位	0	0	0	0	0	255
8位	5	6	4	7	3	250

图 3-12　图像逻辑运算规则

代码清单 3-15　OpenCV 4 中像素逻辑运算函数原型

```
//像素求“与”运算
void cv::bitwise_and(InputArray  src1,
                     InputArray  src2,
                     OutputArray  dst,
                     InputArray  mask = noArray()
                     )
//像素求“或”运算
void cv::bitwise_or(InputArray  src1,
                    InputArray  src2,
                    OutputArray  dst,
                    InputArray  mask = noArray()
                    )
//像素求“异或”运算
void cv::bitwise_xor(InputArray  src1,
                     InputArray  src2,
                     OutputArray  dst,
                     InputArray  mask = noArray()
                     )
//像素求“非”运算
void cv::bitwise_not(InputArray  src,
                     OutputArray  dst,
                     InputArray  mask = noArray()
                     )
```

- src1：第一个图像矩阵，可以是多通道图像数据。
- src2：第二个图像矩阵，尺寸、通道数和数据类型都需要与 src1 一致。
- dst：逻辑运算输出结果，尺寸、通道数和数据类型都与 src1 一致。
- mask：掩模，用于设置图像或矩阵中逻辑运算的范围。

这 4 个函数都执行相应的逻辑运算，在进行逻辑运算时，一定要保证两个图像矩阵之间的尺寸、数据类型和通道数相同，多个通道进行逻辑运算时不同通道之间是独立进行的。为了更加直观地理解两个图像像素间的逻辑运算，在代码清单 3-16 中给出了两个黑白图像像素逻辑运算的示例程序，最后运行结果在图 3-13 中给出。

代码清单 3-16　myLogicOperation.cpp 两个黑白图像像素逻辑运算

```
#include <opencv2\opencv.hpp>
#include <iostream>
#include <vector>

using namespace std;
using namespace cv;

int main()
{
    Mat img = imread("lena.png");
    if (img.empty())
    {
        cout << "请确认图像文件名称是否正确" << endl;
        return -1;
    }
    //创建两个黑白图像
    Mat img0 = Mat::zeros(200, 200, CV_8UC1);
    Mat img1 = Mat::zeros(200, 200, CV_8UC1);
    Rect rect0(50, 50, 100, 100);
    img0(rect0) = Scalar(255);
    Rect rect1(100, 100, 100, 100);
    img1(rect1) = Scalar(255);
    imshow("img0", img0);
    imshow("img1", img1);

    //进行逻辑运算
    Mat myAnd, myOr, myXor, myNot, imgNot;
    bitwise_not(img0, myNot);
    bitwise_and(img0, img1, myAnd);
    bitwise_or(img0, img1, myOr);
    bitwise_xor(img0, img1, myXor);
    bitwise_not(img, imgNot);
    imshow("myAnd", myAnd);
    imshow("myOr", myOr);
    imshow("myXor", myXor);
    imshow("myNot", myNot);
    imshow("img", img);
    imshow("imgNot", imgNot);
    waitKey(0);
    return 0;
}
```

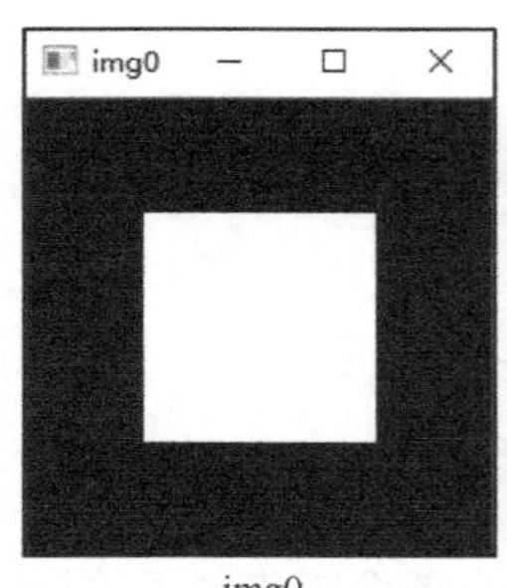

img0

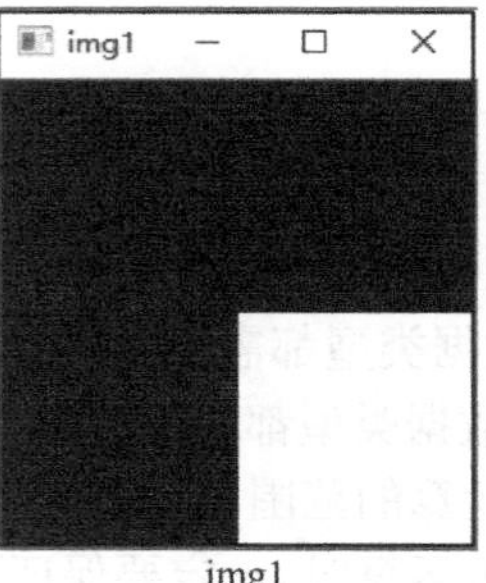

img1

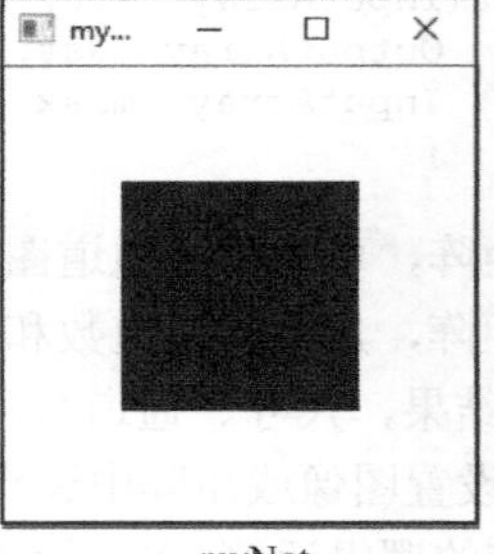

myNot

原图

图 3-13　myLogicOperation.cpp 程序运行结果

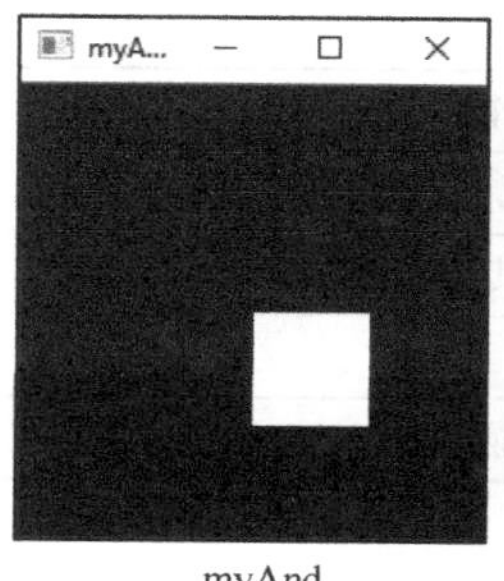

myAnd

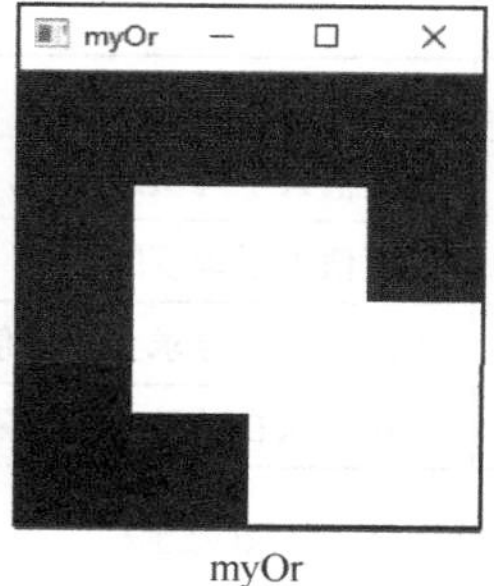

myOr

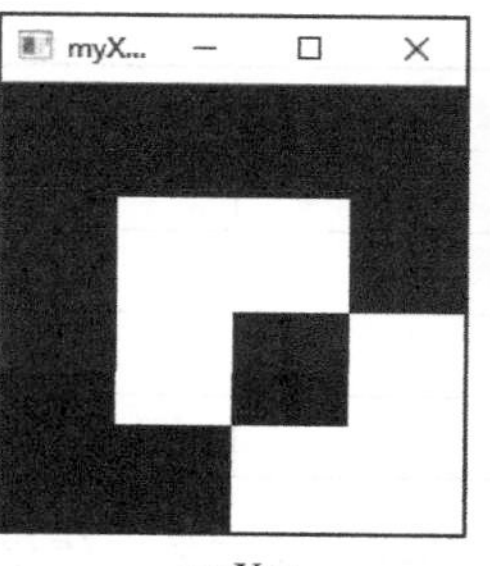

myXor

取反图像

图 3-13 myLogicOperation.cpp 程序运行结果（续）

3.2.3 图像二值化

我们在代码清单 3-16 的程序中生成了只有黑色和白色的图像，这种“非黑即白”图像像素的灰度值无论在什么数据类型中都只有最大值和最小值两种取值，因此称为二值图像。二值图像色彩种类少，可以进行高度的压缩，节省存储空间，将非二值图像经过计算变成二值图像的过程称为图像的二值化。在 OpenCV 4 中提供了 threshold()和 adaptiveThreshold()两个函数用于实现图像的二值化，我们首先介绍 threshold()函数的使用方法，该函数的原型在代码清单 3-17 中给出。

代码清单 3-17 threshold()函数原型

```
double cv::threshold(InputArray  src,
                     OutputArray  dst,
                     double  thresh,
                     double  maxval,
                     int  type
                     )
```

- src：待二值化的图像，图像只能是 CV_8U 和 CV_32F 两种数据类型。对于图像通道数目的要求与选择的二值化方法相关。
- dst：二值化后的图像，与输入图像具有相同的尺寸、数据类型和通道数。
- thresh：二值化的阈值。
- maxval：二值化过程的最大值，它只在 THRESH_BINARY 和 THRESH_BINARY_INV 两种二值化方法中才使用。
- type：选择图像二值化方法的标志。

该函数是众多二值化方法的集成，所有的方法都实现了一个功能，就是给定一个阈值，计算所有像素灰度值与这个阈值关系，得到最终的比较结果。函数中有些阈值比较方法输出结果的灰度值并不是二值的，而是具有一个取值范围，不过为了体现其常用的功能，我们仍然称其为二值化函数或者阈值比较函数。函数的部分参数和返回值是针对特定的算法才有用，但即使不使用这些算法，在使用函数时，也需要明确地给出，不可默认。函数的最后一个参数是选择二值化计算方法的标志，可以选择二值化方法以及控制哪些参数对函数的计算结果产生影响，该标志可以选择的范围及含义在表 3-2 中给出。

表 3-2 二值化方法可选择的标志及含义

标志参数	简记	作用
THRESH_BINARY	0	灰度值大于阈值的为最大值，其他值为 0
THRESH_BINARY_INV	1	灰度值大于阈值的为 0，其他值为最大值
THRESH_TRUNC	2	灰度值大于阈值的为阈值，其他值不变

续表

标志参数	简记	作用
THRESH_TOZERO	3	灰度值大于阈值的不变，其他值为 0
THRESH_TOZERO_INV	4	灰度值大于阈值的为 0，其他值不变
THRESH_OTSU	8	大津法自动寻求全局阈值
THRESH_TRIANGLE	16	三角形法自动寻求全局阈值

接下来将详细地介绍每种标志对应的二值化原理和需要的参数。

1. THRESH_BINARY 和 THRESH_BINARY_INV

这两个标志是相反的二值化方法，THRESH_BINARY 是将灰度值与阈值（第三个参数 thresh）进行比较，如果灰度值大于阈值，就将灰度值改为函数中第四个参数 maxval 的值，否则将灰度值改成 0。THRESH_BINARY_INV 标志正好与这个过程相反，如果灰度值大于阈值，就将灰度值改为 0，否则将灰度值改为 maxval 的值。这两种标志的计算公式在式（3-7）中给出。

$$\begin{aligned}\text{THRESH\_BINARY}(x,y)&=\begin{cases}\text{maxval} & \text{当 } \text{src}(x,y)>\text{thresh时}\\ 0 & \text{其他}\end{cases}\\ \text{THRESH\_BINARY\_INV}(x,y)&=\begin{cases}0 & \text{当 } \text{src}(x,y)>\text{thresh时}\\ \text{maxval} & \text{其他}\end{cases}\end{aligned}\tag{3-7}$$

2. THRESH_TRUNC

这个标志相当于重新给图像的灰度值设定一个新的最大值，将大于新的最大值的灰度值全部重新设置为新的最大值，具体逻辑为将灰度值与阈值 thresh 进行比较，如果灰度值大于 thresh，则将灰度值改为 thresh，否则保持灰度值不变。这种方法没有使用到函数中的第四个参数 maxval 的值，因此 maxval 的值对本方法不产生影响。这种标志的计算公式在式（3-8）中给出。

$$\text{THRESH\_TRUNC}(x,y)=\begin{cases}\text{threshold} & \text{当src}(x,y)>\text{thresh时}\\ \text{src}(x,y) & \text{其他}\end{cases}\tag{3-8}$$

3. THRESH_TOZERO 和 THRESH_TOZERO_INV

这两个标志是相反的阈值比较方法，THRESH_TOZERO 表示将灰度值与阈值 thresh 进行比较，如果灰度值大于 thresh，则将保持不变，否则将灰度值改为 0。THRESH_TOZERO_INV 方法与其相反，将灰度值与阈值 thresh 进行比较，如果灰度值小于或等于 thresh，则将保持不变，否则将灰度值改为 0。这种两种方法都没有使用到函数中的第四个参数 maxval 的值，因此 maxval 的值对本方法不产生影响。这两个标志的计算公式在式（3-9）中给出。

$$\begin{aligned}\text{THRESH\_TOZERO}(x,y)&=\begin{cases}\text{src}(x,y) & \text{当src}(x,y)>\text{thresh时}\\ 0 & \text{其他}\end{cases}\\ \text{THRESH\_TOZERO\_INV}(x,y)&=\begin{cases}0 & \text{当src}(x,y)>\text{thresh时}\\ \text{src}(x,y) & \text{其他}\end{cases}\end{aligned}\tag{3-9}$$

前面 5 种标志都支持输入多通道的图像，在计算时分别对每个通道进行阈值比较。为了更加直观地理解上述阈值比较方法，我们假设图像灰度值是连续变化的信号，将阈值比较方法比作滤波器，绘制连续信号通过滤波器后的信号形状，结果如图 3-14 所示，图中中间部分的横线为设置的阈值，阴影区域为原始信号通过滤波器后的信号形状。

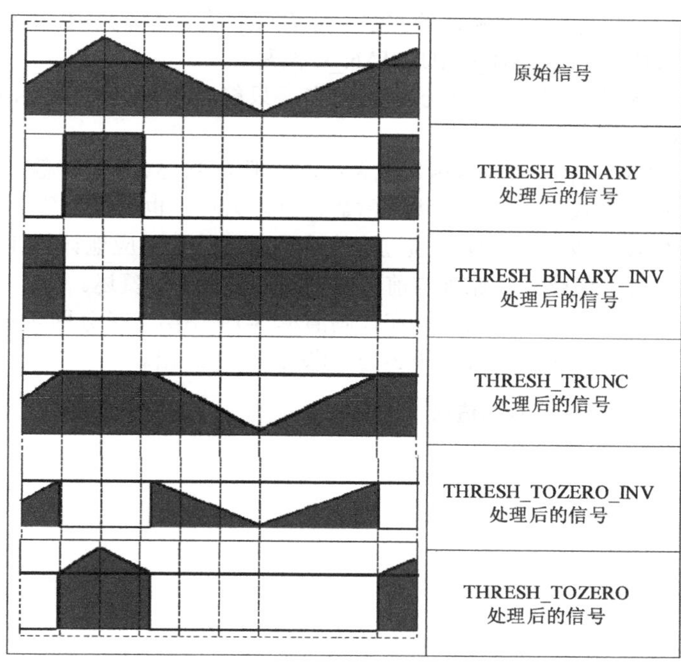

图 3-14 5 种阈值比较法的信号示意图

4. THRESH_OTSU 和 THRESH_TRIANGLE

这两种标志是获取阈值的方法，并不是阈值比较方法的标志，这两个标志可以与前面 5 种标志一起使用，例如“THRESH_BINARY| THRESH_OTSU”。前面 5 种标志在调用函数时都需要人为地设置阈值，如果对图像不了解，设置的阈值不合理，就会对处理后的效果造成严重的影响。这两个标志分别表示利用大津法（OTSU）和三角形法（TRIANGLE）结合图像灰度值分布特性获取二值化的阈值，并将阈值以函数返回值的形式给出。因此，如果该函数最后一个参数设置了这两个标志中的任何一个，那么该函数第三个参数 thresh 将由系统自动给出，但是在调用函数时仍然不能默认，只是程序不会使用这个数值。需要注意的是，到目前为止，OpenCV 4 中针对这两个标志只支持输入 CV_8UC1 类型的图像。

threshold()函数全局只使用一个阈值，在实际情况中，由于光照不均匀以及阴影的存在，全局只有一个阈值会使得在阴影处的白色区域也会被函数二值化成黑色，因此 adaptiveThreshold()函数提供了两种局部自适应阈值的二值化方法，该函数的原型在代码清单 3-18 中给出。

代码清单 3-18 adaptiveThreshold()函数原型

```
void cv::adaptiveThreshold(InputArray  src,
                           OutputArray  dst,
                           double  maxValue,
                           int  adaptiveMethod,
                           int  thresholdType,
                           int  blockSize,
                           double  C
                           )
```

- src：待二值化的图像，图像只能是 CV_8UC1 数据类型。
- dst：二值化后的图像，与输入图像具有相同的尺寸、数据类型。
- maxValue：二值化的最大值。

- adaptiveMethod：自适应确定阈值的方法，分为均值法 ADAPTIVE_THRESH_MEAN_C 和高斯法 ADAPTIVE_THRESH_GAUSSIAN_C 两种。
- thresholdType：选择图像二值化方法的标志，只能是 THRESH_BINARY 和 THRESH_BINARY_INV。
- blockSize：自适应确定阈值的像素邻域大小，一般为 3、5、7 的奇数。
- C：从平均值或者加权平均值中减去的常数，可以为正，也可以为负。

该函数将灰度图像转换成二值图像，通过均值法和高斯法自适应地计算 blockSize × blockSize 邻域内的阈值，之后进行二值化，其原理与前面的相同，这里不再赘述。

为了直观地体会到图像二值化的效果，在代码清单 3-19 中给出了分别对彩色图像和灰度图像进行二值化的示例程序，程序运行结果在图 3-15 和图 3-16 中给出。

代码清单 3-19 myThreshold.cpp 图像二值化

```
#include <opencv2\opencv.hpp>
#include <iostream>
#include <vector>

using namespace std;
using namespace cv;

int main()
{
    Mat img = imread("lena.png");
    if (img.empty())
    {
        cout << "请确认图像文件名称是否正确" << endl;
        return -1;
    }

    Mat gray;
    cvtColor(img, gray, COLOR_BGR2GRAY);
    Mat img_B, img_B_V, gray_B, gray_B_V, gray_T, gray_T_V, gray_TRUNC;

    //彩色图像二值化
    threshold(img, img_B, 125, 255, THRESH_BINARY);
    threshold(img, img_B_V, 125, 255, THRESH_BINARY_INV);
    imshow("img_B", img_B);
    imshow("img_B_V", img_B_V);

    //灰度图 BINARY 二值化
    threshold(gray, gray_B, 125, 255, THRESH_BINARY);
    threshold(gray, gray_B_V, 125, 255, THRESH_BINARY_INV);
    imshow("gray_B", gray_B);
    imshow("gray_B_V", gray_B_V);

    //灰度图像 TOZERO 变换
    threshold(gray, gray_T, 125, 255, THRESH_TOZERO);
    threshold(gray, gray_T_V, 125, 255, THRESH_TOZERO_INV);
    imshow("gray_T", gray_T);
    imshow("gray_T_V", gray_T_V);

    //灰度图像 TRUNC 变换
    threshold(gray, gray_TRUNC, 125, 255, THRESH_TRUNC);
    imshow("gray_TRUNC", gray_TRUNC);

    //灰度图像大津法和三角形法二值化
```

```
    Mat img_Thr = imread("threshold.png", IMREAD_GRAYSCALE);
    Mat img_Thr_O, img_Thr_T;
    threshold(img_Thr, img_Thr_O, 100, 255, THRESH_BINARY | THRESH_OTSU);
    threshold(img_Thr, img_Thr_T, 125, 255, THRESH_BINARY | THRESH_TRIANGLE);
    imshow("img_Thr", img_Thr);
    imshow("img_Thr_O", img_Thr_O);
    imshow("img_Thr_T", img_Thr_T);

    //灰度图像自适应二值化
    Mat adaptive_mean, adaptive_gauss;
    adaptiveThreshold(img_Thr, adaptive_mean, 255, ADAPTIVE_THRESH_MEAN_C,
                                                        THRESH_BINARY, 55, 0);
    adaptiveThreshold(img_Thr, adaptive_gauss, 255, ADAPTIVE_THRESH_GAUSSIAN_C,
                                                        THRESH_BINARY, 55, 0);

    imshow("adaptive_mean", adaptive_mean);
    imshow("adaptive_gauss", adaptive_gauss);
    waitKey(0);
    return 0;
}
```

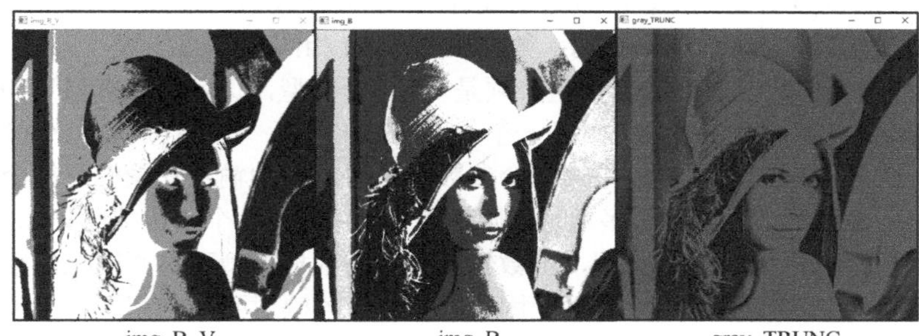

img_B_V　　img_B　　gray_TRUNC

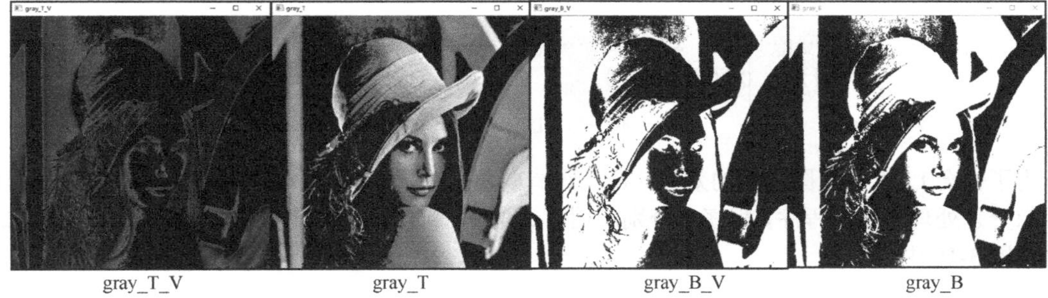

gray_T_V　　gray_T　　gray_B_V　　gray_B

图 3-15　myThreshold()函数处理结果

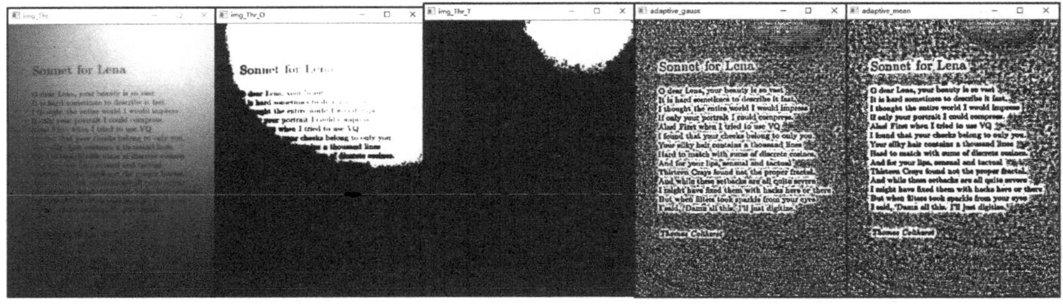

原图img_Thr　　大津法img_Thr_O　　三角形法img_Thr_T　　高斯法adaptive_gauss　　均值法adaptive_mean

图 3-16　adaptiveThreshold()函数处理结果

3.2.4　LUT

前面介绍的阈值比较方法中都只有一个阈值，如果需要与多个阈值进行比较，就需要用到显示查找表（Look-Up-Table，LUT）。简单来说，LUT 就是一个像素灰度值的映射表，它以像素灰度值作为索引，以灰度值映射后的数值作为表中的内容。例如，我们有一个长度为 5 的存放字符的数组 $P[a,b,c,d,e]$，LUT 就是通过这个数组将 0 映射成 a，将 1 映射成 b，依次类推，其映射关系为 $P[0]=a$、$P[1]=b$。在 OpenCV 4 中提供了 LUT()函数用于实现图像像素灰度值的 LUT 查找表功能，在代码清单 3-20 中给出了该函数的原型。

代码清单 3-20　LUT()函数原型

```
void cv::LUT(InputArray  src,
             InputArray  lut,
             OutputArray  dst
            )
```

- src：输入图像矩阵，数据类型只能是 CV_8U。
- lut：256 个像素灰度值的查找表，单通道或者与 src 通道数相同。
- dst：输出图像矩阵，尺寸与 src 相同，数据类型与 lut 相同。

该函数的第一个输入参数要求的数据类型必须是 CV_8U 类型，但可以是多通道的图像矩阵。第二个参数根据其参数说明可以知道输入量是一个 1×256 的矩阵，其中存放着每个像素灰度值映射后的数值，其形式如图 3-17 所示。如果第二个参数是单通道，则输入变量中的每个通道都按照一个 LUT 进行映射；如果第二个参数是多通道，则输入变量中的第 i 个通道按照第二个参数的第 i 个通道 LUT 进行映射。与之前的函数不同，函数输出图像的数据类型不与原图像的数据类型保持一致，而是与 LUT 的数据类型保持一致，这是因为将原灰度值映射到新的空间中，因此需要与新空间中的数据类型保持一致。

原灰度值	0	1	2	3	4	…	100	101	102	…	253	254	255
映射后	0	0	0	0	0		1	1	1		2	2	2

图 3-17　LUT 设置示例

为了体会 LUT 处理图像后的效果，在代码清单 3-21 中给出了通过 LUT()函数将灰度图像和彩色图像分别处理的示例程序，程序中分别应用单通道和三通道的查找表对彩色图像进行映射，最终结果在图 3-18 中给出。

代码清单 3-21　myLUT.cpp 对图像进行查找表映射

```
#include <opencv2\opencv.hpp>
#include <iostream>

using namespace std;
using namespace cv;

int main()
{
    //LUT 第一层
    uchar lutFirst[256];
    for (int i = 0; i<256; i++)
    {
        if (i <= 100)
            lutFirst[i] = 0;
        if (i > 100 && i <= 200)
```

```
            lutFirst[i] = 100;
        if (i > 200)
            lutFirst[i] = 255;
    }
    Mat lutOne(1, 256, CV_8UC1, lutFirst);

    //LUT 第二层
    uchar lutSecond[256];
    for (int i = 0; i<256; i++)
    {
        if (i <= 100)
            lutSecond[i] = 0;
        if (i > 100 && i <= 150)
            lutSecond[i] = 100;
        if (i > 150 && i <= 200)
            lutSecond[i] = 150;
        if (i > 200)
            lutSecond[i] = 255;
    }
    Mat lutTwo(1, 256, CV_8UC1, lutSecond);

    //LUT 第三层
    uchar lutThird[256];
    for (int i = 0; i<256; i++)
    {
        if (i <= 100)
            lutThird[i] = 100;
        if (i > 100 && i <= 200)
            lutThird[i] = 200;
        if (i > 200)
            lutThird[i] = 255;
    }
    Mat lutThree(1, 256, CV_8UC1, lutThird);

    //拥有三通道的 LUT 矩阵
    vector<Mat> mergeMats;
    mergeMats.push_back(lutOne);
    mergeMats.push_back(lutTwo);
    mergeMats.push_back(lutThree);
    Mat LutTree;
    merge(mergeMats, LutTree);

    //计算图像的查找表
    Mat img = imread("lena.png");
    if (img.empty())
    {
        cout << "请确认图像文件名称是否正确" << endl;
        return -1;
    }

    Mat gray, out0, out1, out2;
    cvtColor(img, gray, COLOR_BGR2GRAY);
    LUT(gray, lutOne, out0);
    LUT(img, lutOne, out1);
    LUT(img, LutTree, out2);
    imshow("out0", out0);
    imshow("out1", out1);
    imshow("out2", out2);
    waitKey(0);
    return 0;
}
```

图 3-18 myLUT.cpp 程序运行结果

3.3 图像变换

在日常生活中注册某些账户时，需要提交规定尺寸的个人相片，同时有些开源的算法也需要输入规定尺寸的图像，然而，有时我们拥有的图像尺寸并不符合要求，这时就需要调整图像的尺寸。为了解决这个问题，本节将介绍如何通过 OpenCV 4 中的函数实现图像形状的变换，包括图像的尺寸变换、图像翻转以及图像的旋转。

3.3.1 图像连接

图像连接是指将两个具有相同高度或者宽度的图像连接在一起，图像的下（左）边缘是另一个图像的上（右）边缘。图像连接常在需要对两幅图像内容进行对比或者内容中存在对应信息时显示对应关系时使用。例如，在使用线段连接两幅图像中相同的像素点时，就需要首先将两幅图像组成一幅新的图像，再连接相同的区域。

OpenCV 4 中针对图像左右连接和上下连接两种方式提供了两个不同的函数，vconcat()函数用于实现图像或者矩阵数据的上下连接，该函数可以连接存放在数组变量中的多个 Mat 类型的数据，也可以直接连接两个Mat类型的数据，这两种连接方式的函数原型在代码清单3-22和代码清单3-23中给出。

代码清单 3-22 vconcat()函数原型 1

```
void cv::vconcat(const Mat *  src,
                 size_t  nsrc,
                 OutputArray  dst
                 )
```

- src：Mat 矩阵类型的数组。
- nsrc：数组中 Mat 类型数据的数目。
- dst：连接后的 Mat 类矩阵。

该函数对存放在数组矩阵中的 Mat 类型数据进行纵向连接。第一个参数是存放多个 Mat 类型数据的数组，要求数组中所有的 Mat 类型具有相同的列数并且具有相同的数据类型和通道数。第二个参数是数组中含有的 Mat 类型数据的数目。最后一个参数是拼接后输出的结果，结果的宽度与第一个 Mat 类型数据相同，高度为数组中所有 Mat 类型数据高度的总和，并且与第一个 Mat 类型数据具有相同的数据类型和通道数。

代码清单 3-23　vconcat()函数原型 2

```
void cv::vconcat(InputArray  src1,
                 InputArray  src2,
                 OutputArray  dst
                 )
```

- src1：第一个需要连接的 Mat 类矩阵。
- src2：第二个需要连接的 Mat 类矩阵，与第一个参数具有相同的宽度、数据类型和通道数。
- dst：连接后的 Mat 类矩阵。

该函数直接对两个 Mat 类型的数据进行竖向连接。前两个参数分别是需要连接的两个 Mat 类型变量，两者需要具有相同的宽度、数据类型及通道数，第三个参数是连接后的输出结果，在拼接结果中第一个参数在上方，第二个参数在下方。

hconcat()函数用于实现图像或者矩阵数据的左右连接。与 vconcat()函数类似，该函数既可以连接存放在数组变量中的多个 Mat 类型的数据，又可以直接连接两个 Mat 类型的数据，这两种连接方式的函数原型在代码清单 3-24 和代码清单 3-25 中给出。

代码清单 3-24　hconcat()函数原型 1

```
void cv::hconcat(const Mat *  src,
                 size_t  nsrc,
                 OutputArray  dst
                 )
```

- src：Mat 矩阵类型的数组。
- nsrc：数组中 Mat 类型数据的数目。
- dst：连接后的 Mat 类矩阵。

该函数对存放在数组矩阵中的 Mat 类型数据进行横向连接。该函数中所有参数的含义与代码清单 3-22 中的参数含义相同，这里不再赘述。但需要注意的是，该函数要求第一个参数数组中所有的 Mat 类型变量具有相同的高度、数据类型和通道数，不然无法进行横向连接。

代码清单 3-25　hconcat()函数原型 2

```
void cv::hconcat(InputArray  src1,
                 InputArray  src2,
                 OutputArray  dst
                 )
```

- src1：第一个需要连接的 Mat 类矩阵。
- src2：第二个需要连接的 Mat 类矩阵，与第一个参数具有相同的高度、数据类型和通道数。
- dst：连接后的 Mat 类矩阵。

该函数直接对两个 Mat 类型的数据进行横向连接。函数中所有参数的含义与代码清单 3-23 中的参数含义相同，这里不再赘述。但需要注意的是，该函数要求前两个参数具有相同的高度、数据类型和通道数，不然无法进行横向连接。

为了了解图像连接的效果和相关函数的使用方法，在代码清单 3-26 中给出了对小型 Mat 类矩阵连接和图像连接的示例程序。该程序中分别对数组和 Mat 类矩阵进行两个方向的连接，并对一幅图像的 4 个象限的子图像进行拼接，最终连接成原始图像。该程序对小型 Mat 类矩阵连接的结果在图 3-19 中给出，对图像的连接结果在图 3-20 中给出。

代码清单 3-26　myConcat.cpp 图像拼接

```
#include <opencv2\opencv.hpp>
#include <iostream>

```

```
using namespace std;
using namespace cv;

int main()
{
    //矩阵数组的横竖连接
    Mat matArray[] = { Mat(1, 2, CV_32FC1, cv::Scalar(1)),
        Mat(1, 2, CV_32FC1, cv::Scalar(2)) };
    Mat vout, hout;
    vconcat(matArray, 2, vout);
    cout << "图像数组竖向连接：" << endl << vout << endl;
    hconcat(matArray, 2, hout);
    cout << "图像数组横向连接：" << endl << hout << endl;

    //矩阵的横竖拼接
    Mat A = (cv::Mat_<float>(2, 2) << 1, 7, 2, 8);
    Mat B = (cv::Mat_<float>(2, 2) << 4, 10, 5, 11);
    Mat vC, hC;
    vconcat(A, B, vC);
    cout << "多个图像竖向连接：" << endl << vC << endl;
    hconcat(A, B, hC);
    cout << "多个图像横向连接：" << endl << hC << endl;

    //读取 4 个子图像，00 表示左上角、01 表示右上角、10 表示左下角、11 表示右下角
    Mat img00 = imread("lena00.png");
    Mat img01 = imread("lena01.png");
    Mat img10 = imread("lena10.png");
    Mat img11 = imread("lena11.png");
    if (img00.empty()||img01.empty()||img10.empty()||img11.empty())
    {
        cout << "请确认图像文件名称是否正确" << endl;
        return -1;
    }
    //显示 4 个子图像
    imshow("img00", img00);
    imshow("img01", img01);
    imshow("img10", img10);
    imshow("img11", img11);

    //图像连接
    Mat img, img0, img1;
    //图像横向连接
    hconcat(img00, img01, img0);
    hconcat(img10, img11, img1);
    //横向连接结果再进行竖向连接
    vconcat(img0, img1, img);

     //显示连接图像的结果
    imshow("img0", img0);
    imshow("img1", img1);
    imshow("img", img);
    waitKey(0);
    return 0;
}
```

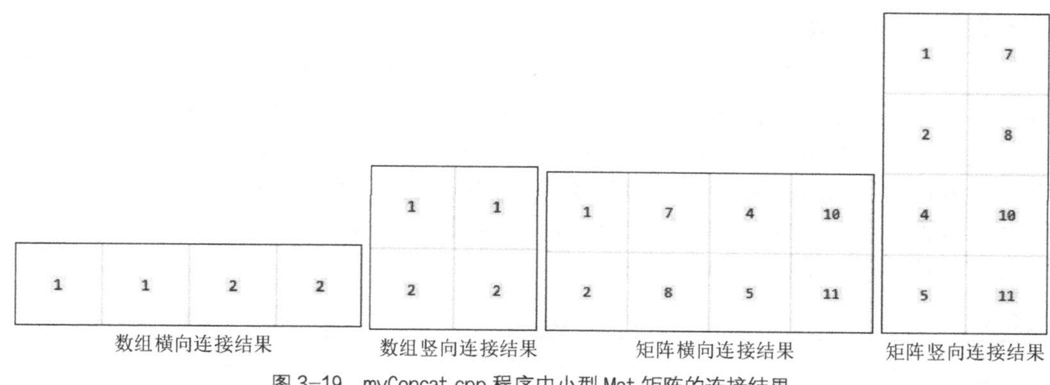

图 3-19 myConcat.cpp 程序中小型 Mat 矩阵的连接结果

图 3-20 myConcat.cpp 程序中图像连接结果

3.3.2 图像尺寸变换

图像的尺寸变换实际上就是改变图像的长和宽，实现图像的缩放。在 OpenCV 4 中提供了 resize() 函数用于将图像修改成指定尺寸，其原型如代码清单 3-27 所示。

代码清单 3-27 resize()函数原型

```
void cv::resize(InputArray  src,
                OutputArray  dst,
                Size  dsize,
                double  fx = 0,
                double  fy = 0,
                int  interpolation = INTER_LINEAR
               )
```

- src：输入图像。
- dst：输出图像，图像的数据类型与 src 相同。
- dsize：输出图像的尺寸。
- fx：水平轴的比例因子，如果将水平轴变为原来的两倍，则赋值为 2。
- fy：垂直轴的比例因子，如果将垂直轴变为原来的两倍，则赋值为 2。
- interpolation：插值方法的标志，可选参数及含义在表 3-3 中给出。

该函数主要用来对图像尺寸进行缩放，前两个参数分别是输入图像和尺寸缩放之后的输出图像。该函数的 dsize 和 fx（fy）同时可以调整输出图像的参数，因此两类参数在实际使用时只需要使用一类，当根据两个参数计算出来的输出图像尺寸不一致时，以 dsize 设置的图像尺寸为准。这两类调整图像尺寸的参数的关系如式（3-10）所示。

$$dsize=Size(round(fx*src.cols), round(fy*src.rows)) \tag{3-10}$$

最后一个参数是选择图像插值方法的标志。在图像缩放相同的尺寸时，选择不同的插值方法会具有不同效果，OpenCV 4 提供的所有插值方法标志在表 3-3 中给出。一般来讲，如果要缩小图像，那么通常使用 INTER_AREA 标志会有较好的效果。而在放大图像时，采用 INTER_CUBIC 和 INTER_LINEAR 标志通常会有比较好的效果，这两个标志，前者计算速度较慢，后者速度较快，虽然前者效果较好，但是后者效果也相对比较理想。

表 3-3　插值方法标志

标志参数	简记	作用
INTER_NEAREST	0	最近邻插值法
INTER_LINEAR	1	双线性插值法
INTER_CUBIC	2	双三次插值
INTER_AREA	3	使用像素区域关系重新采样，首选用于图像缩小，图像放大时效果与 INTER_NEAREST 相似
INTER_LANCZOS4	4	Lanczos 插值法
INTER_LINEAR_EXACT	5	位精确双线性插值法
INTER_MAX	7	用掩码进行插值

为了更好地体会图像插值的作用和效果，代码清单 3-28 中给出了图像缩放的示例程序。程序中首先以灰度图像的形式读入一幅图像，之后利用 INTER_AREA 将图像缩小，并分别利用 INTER_CUBIC、INTER_NEAREST 和 INTER_LINEAR 这 3 种方法将图像放大到相同的尺寸，根据结果比较两种插值方法效果的差异。

代码清单 3-28　myResize.cpp 图像缩放

```
#include <opencv2\opencv.hpp>
#include <iostream>

using namespace std;
using namespace cv;

int main()
{
    Mat gray = imread("lena.png", IMREAD_GRAYSCALE);
    if (gray.empty())
    {
        cout << "请确认图像文件名称是否正确" << endl;
        return -1;
    }

    Mat smallImg, bigImg0, bigImg1, bigImg2;
    resize(gray, smallImg, Size(15, 15), 0, 0, INTER_AREA);  //先将图像缩小
    resize(smallImg, bigImg0, Size(30, 30), 0, 0, INTER_NEAREST);  //最近邻插值
    resize(smallImg, bigImg1, Size(30, 30), 0, 0, INTER_LINEAR);  //双线性插值
    resize(smallImg, bigImg2, Size(30, 30), 0, 0, INTER_CUBIC);  //双三次插值
    namedWindow("smallImg", WINDOW_NORMAL);  //图像尺寸太小，一定要设置可以调节窗口大小标志
    imshow("smallImg", smallImg);
    namedWindow("bigImg0", WINDOW_NORMAL);
    imshow("bigImg0", bigImg0);
```

```
    namedWindow("bigImg1", WINDOW_NORMAL);
    imshow("bigImg1", bigImg1);
    namedWindow("bigImg2", WINDOW_NORMAL);
    imshow("bigImg2", bigImg2);
    waitKey(0);
    return 0;
}
```

上述程序运行后的效果如图 3-21 所示。

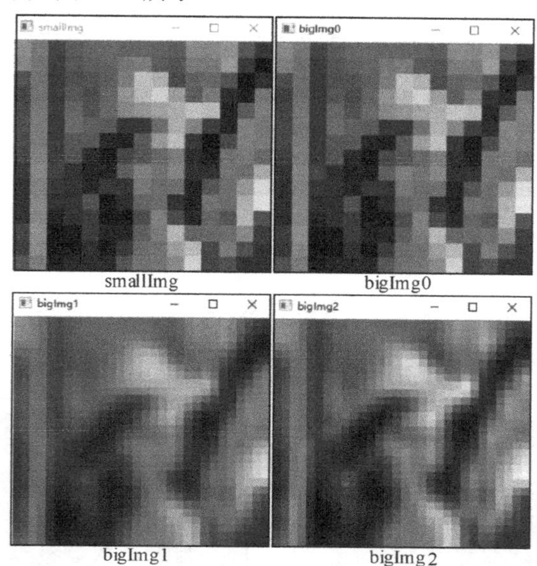

图 3-21　myResize.cpp 程序运行结果

3.3.3　图像翻转变换

接下来介绍图像的翻转变换。OpenCV 4 中提供了 flip()函数用于图像的翻转，该函数的原型在代码清单 3-29 中给出。

代码清单 3-29　flip()函数原型

```
void cv::flip(InputArray  src,
              OutputArray  dst,
              int  flipCode
              )
```

- src：输入图像。
- dst：输出图像，与 src 具有相同的大小、数据类型及通道数。
- flipCode：翻转方式标志。数值大于 0 表示绕 y 轴进行翻转；数值等于 0，表示绕 x 轴进行翻转；数值小于 0，表示绕两个轴翻转。

该函数的功能和参数都比较简单，这里不做过多的介绍。代码清单 3-30 中给出了将图像翻转的示例程序，读者可以根据程序运行结果观察该函数产生的效果。

代码清单 3-30　myFlip.cpp 图像翻转

```
#include <opencv2\opencv.hpp>
#include <iostream>

using namespace std;
using namespace cv;
```

```

int main()
{
    Mat img = imread("lena.png");
    if (img.empty())
    {
        cout << "请确认图像文件名称是否正确" << endl;
        return -1;
    }

    Mat img_x, img_y, img_xy;
    flip(img, img_x, 0);  //以 x 轴对称
    flip(img, img_y, 1);  //以 y 轴对称
    flip(img, img_xy, -1);  //先以 x 轴对称，再以 y 轴对称
    imshow("img", img);
    imshow("img_x", img_x);
    imshow("img_y", img_y);
    imshow("img_xy", img_xy);
    waitKey(0);
    return 0;
}
```

上述程序运行后的效果如图 3-22 所示。

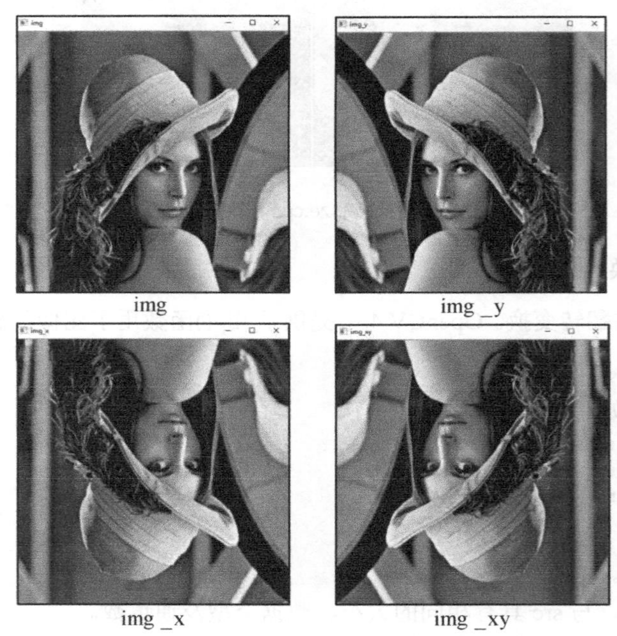

图 3-22　myFlip.cpp 程序运行结果

3.3.4　图像仿射变换

在介绍完图像的缩放和翻转后，接下来将要介绍图像的旋转。在 OpenCV 4 中并没有专门用于图像旋转的函数，而是通过图像的仿射变换实现图像的旋转。实现图像的旋转，首先需要确定旋转角度和旋转中心，之后确定旋转矩阵，最终通过仿射变换实现图像旋转。针对这个流程，OpenCV 4 提供了 getRotationMatrix2D()函数用于计算旋转矩阵，提供了 warpAffine()函数用于实现图像的仿射变换。下面首先介绍用于计算旋转矩阵的 getRotationMatrix2D()函数，该函数的原型在代码清

单 3-31 中给出。

代码清单 3-31 getRotationMatrix2D()函数原型

```
Mat cv::getRotationMatrix2D (Point2f  center,
                             double  angle,
                             double  scale
                             )
```

- center：图像旋转的中心位置。
- angle：图像旋转的角度，单位为度，正值为逆时针旋转。
- scale：两个轴的比例因子，可以实现旋转过程中的图像缩放，不缩放则输入 1。

该函数输入旋转角度和旋转中心，返回图像旋转矩阵，返回值的数据类型为 Mat 类，是一个 2×3 的矩阵。如果我们已知图像旋转矩阵，那么可以自己生成旋转矩阵而不调用该函数。该函数生成的旋转矩阵与旋转角度和旋转中心的关系如式（3-11）所示。

$$\text{Rotation} = \begin{bmatrix} \alpha & \beta & (1-\alpha)*\text{center.x} - \beta*\text{center.y} \\ -\beta & \alpha & \beta*\text{center.x} + (1-\alpha)*\text{center.y} \end{bmatrix} \tag{3-11}$$

其中：

$$\begin{aligned} \alpha &= \text{scale}*\cos(\text{angle}) \\ \beta &= \text{scale}*\sin(\text{angle}) \end{aligned} \tag{3-12}$$

在确定旋转矩阵后，通过 warpAffine()函数进行仿射变换，就可以实现图像的旋转。代码清单 3-32 中给出了 warpAffine()函数的原型。

代码清单 3-32 warpAffine()函数原型

```
void cv::warpAffine(InputArray  src,
                    OutputArray  dst,
                    InputArray  M,
                    Size  dsize,
                    int  flags = INTER_LINEAR,
                    int  borderMode = BORDER_CONSTANT,
                    const Scalar&  borderValue = Scalar()
                   )
```

- src：输入图像。
- dst：仿射变换后输出图像，与 src 数据类型相同，尺寸与 dsize 相同。
- M：2×3 的变换矩阵。
- dsize：输出图像的尺寸。
- flags：插值方法标志，可选参数及含义在表 3-3 和表 3-4 中给出。
- borderMode：像素边界外推方法的标志。
- borderValue：填充边界使用的数值，默认情况下为 0。

该函数拥有多个参数，但是多数与前面介绍的图像尺寸变换具有相同的含义。该函数中第三个参数为前面求取的图像旋转矩阵，第四个参数是输出图像的尺寸。该函数的第五个参数是仿射变换插值方法的标志，这里相比于图像尺寸变换增加了两个类型，可以与其他插值方法一起使用，这两个类型在表 3-4 中给出。该函数的第六个参数为像素边界外推方法标志，其方法标志在表 3-5 中给出。第七个参数把 BORDER_CONSTANT 作为定值，默认情况下为 0。

表 3-4　　图像仿射变换插值方法标志

方法标志	简记	作用
WARP_FILL_OUTLIERS	8	填充所有输出图像的像素，如果部分像素落在输入图像的边界外，则它们的值设定为 fillval
WARP_INVERSE_MAP	16	设置为 M 输出图像到输入图像的反变换

表 3-5　　边界外推方法标志

方法标志	简记	作用
BORDER_CONSTANT	0	用特定值填充，如 iiiiii|abcdefgh|iiiiiii
BORDER_REPLICATE	1	两端复制填充，如 aaaaaa|abcdefgh|hhhhhhh
BORDER_REFLECT	2	倒序填充，如 fedcba|abcdefgh|hgfedcb
BORDER_WRAP	3	正序填充，如 cdefgh|abcdefgh|abcdefg
BORDER_REFLECT_101	4	不包含边界值的倒序填充，如 gfedcb|abcdefgh|gfedcba
BORDER_TRANSPARENT	5	随机填充，uvwxyz|abcdefgh|ijklmno
BORDER_REFLECT101	4	与 BORDER_REFLECT_101 相同
BORDER_DEFAULT	4	与 BORDER_REFLECT_101 相同
BORDER_ISOLATED	16	不关心感兴趣区域之外的部分

在了解函数每个参数的含义之后，为了更好地理解函数作用，需要介绍仿射变换的概念。仿射变换就是图像的旋转、平移和缩放操作的统称，可以表示为线性变换和平移变换的叠加。仿射变换的数学表示是先乘以一个线形变换矩阵再加上一个平移向量，其中线性变换矩阵为 2×2 的矩阵，平移向量为 2×1 的向量。至此，我们可能理解为什么函数需要输入一个 2×3 的变换矩阵。假设存在一个线性变换矩阵 ***A*** 和一个平移向量 ***B***，两者与输入的 ***M*** 矩阵之间的关系如式（3-13）所示。

$$\boldsymbol{M}=\begin{bmatrix}\boldsymbol{A} & \boldsymbol{B}\end{bmatrix}=\begin{bmatrix}a_{00} & a_{01} & b_{00}\\ a_{10} & a_{11} & b_{10}\end{bmatrix} \tag{3-13}$$

根据线性变换矩阵 ***A*** 和平移矩阵 ***B***，以及图像像素值 $\begin{bmatrix}x & y\end{bmatrix}^{\mathrm{T}}$，仿射变换的数学原理可以用式（3-14）表示，***T*** 为变换后的像素值。

$$\boldsymbol{T}=\boldsymbol{A}\begin{bmatrix}x\\ y\end{bmatrix}+\boldsymbol{B} \tag{3-14}$$

仿射变换又称为三点变换。如果知道变换前后两幅图像中 3 个像素点坐标的对应关系，就可以求得仿射变换中的变换矩阵 ***M***。OpenCV 4 提供了利用 3 个对应像素点来确定变换矩阵 ***M*** 的函数 getAffineTransform()，该函数的原型在代码清单 3-33 中给出。

代码清单 3-33　getAffineTransform()函数原型

```
Mat cv::getAffineTransform(const Point2f  src[],
                           const Point2f  dst[]
                           )
```

- src[]：源图像中的 3 个像素坐标。
- dst[]：目标图像中的 3 个像素坐标。

该函数两个输入量都是存放浮点坐标的数组，在生成数组的时候，与像素点的输入顺序无关，但是需要保证像素点的对应关系，函数的返回值是一个 2×3 的变换矩阵。

有了前面变换矩阵的求取，就可以利用 warpAffine()函数实现矩阵的仿射变换。代码清单 3-34

的例程中实现了图像的旋转以及图像三点映射的仿射变换，最终结果在图 3-23 中给出。

代码清单 3-34　myWarpAffine.cpp 图像旋转与仿射变换

```
#include <opencv2\opencv.hpp>
#include <iostream>
#include <vector>

using namespace std;
using namespace cv;

int main()
{
    Mat img = imread("lena.png");
    if (img.empty())
    {
        cout << "请确认图像文件名称是否正确" << endl;
        return -1;
    }

    Mat rotation0, rotation1, img_warp0, img_warp1;
    double angle = 30;  //设置图像旋转的角度
    Size dst_size(img.rows, img.cols);  //设置输出图像的尺寸
    Point2f center(img.rows / 2.0, img.cols / 2.0);  //设置图像的旋转中心
    rotation0 = getRotationMatrix2D(center, angle, 1);  //计算仿射变换矩阵
    warpAffine(img, img_warp0, rotation0, dst_size);  //进行仿射变换
    imshow("img_warp0", img_warp0);
    //根据定义的 3 个点进行仿射变换
    Point2f src_points[3];
    Point2f dst_points[3];
    src_points[0] = Point2f(0, 0);  //原始图像中的 3 个点
    src_points[1] = Point2f(0, (float)(img.cols - 1));
    src_points[2] = Point2f((float)(img.rows - 1), (float)(img.cols - 1));
    //仿射变换后图像中的 3 个点
    dst_points[0] = Point2f((float)(img.rows)*0.11, (float)(img.cols)*0.20);
    dst_points[1] = Point2f((float)(img.rows)*0.15, (float)(img.cols)*0.70);
    dst_points[2] = Point2f((float)(img.rows)*0.81, (float)(img.cols)*0.85);
    rotation1 = getAffineTransform(src_points, dst_points);  //根据对应点求取仿射变换矩阵
    warpAffine(img, img_warp1, rotation1, dst_size);  //进行仿射变换
    imshow("img_warp1", img_warp1);
    waitKey(0);
    return 0;
}
```

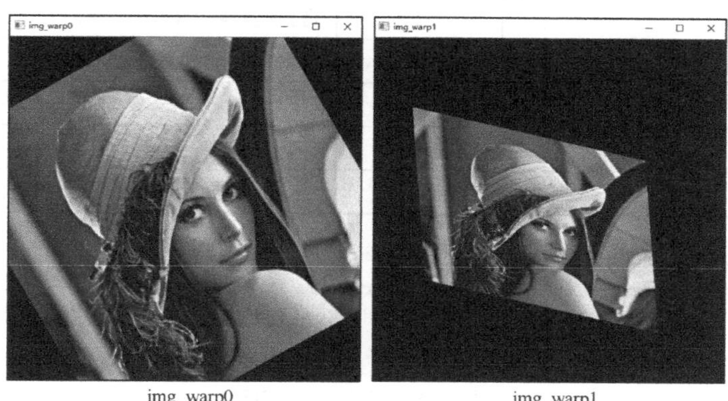

img_warp0　　　　img_warp1

图 3-23　myWarpAffine.cpp 程序运行结果

3.3.5　图像透视变换

本小节将介绍图像的另一种变换——透视变换。透视变换是按照物体成像投影规律进行变换，即将物体重新投影到新的成像平面，示意图如图 3-24 所示。透视变换常用于机器人视觉导航研究中，由于相机视场与地面存在倾斜角使得物体成像产生畸变，通常通过透视变换实现对物体图像的校正。在透视变换中，透视前的图像和透视后的图像之间的变换关系可以用一个 3×3 的变换矩阵表示，该矩阵可以通过两幅图像中 4 个对应点的坐标求取，因此透视变换又称作"四点变换"。与仿射变换一样，OpenCV 4 中提供了根据 4 个对应点求取变换矩阵的 getPerspectiveTransform()函数和进行透视变换的 warpPerspective()函数。下面介绍这两个函数的使用方法。两个函数的原型在代码清单 3-35 和代码清单 3-36 中给出。

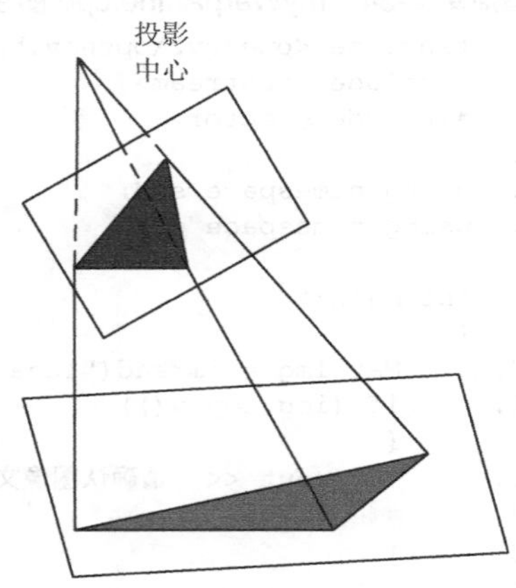

图 3-24　透视变换原理示意图

代码清单 3-35　getPerspectiveTransform()函数原型

```
Mat cv::getPerspectiveTransform (const Point2f  src[],
                                 const Point2f  dst[],
                                 int  solveMethod = DECOMP_LU
                                 )
```

- src[]：原图像中的 4 个像素坐标。
- dst[]：目标图像中的 4 个像素坐标。
- solveMethod：选择计算透视变换矩阵方法的标志，可以选择的参数及含义在表 3-6 中给出。

该函数两个输入量都是存放浮点坐标的数组，在生成数组的时候，与像素点的输入顺序无关，但是需要注意像素点的对应关系。该函数的返回值是一个 3×3 的变换矩阵。该函数中最后一个参数是根据 4 个对应点坐标计算透视变换矩阵方法的选择标志，其可以选择的参数标志在表 3-6 中给出，默认情况下选择的是最佳主轴元素的高斯消元法 DECOMP_LU。

表 3-6　getPerspectiveTransform()函数计算方法标志

标志参数	简记	作用
DECOMP_LU	0	最佳主轴元素的高斯消元法
DECOMP_SVD	1	奇异值分解（SVD）方法
DECOMP_EIG	2	特征值分解法
DECOMP_CHOLESKY	3	Cholesky 分解法
DECOMP_QR	4	QR 分解法
DECOMP_NORMAL	16	使用正规方程公式，可以与其他的标志一起使用

代码清单 3-36　warpPerspective()函数原型

```
void cv::warpPerspective(InputArray  src,
                         OutputArray  dst,
                         InputArray  M,
                         Size  dsize,
                         int  flags = INTER_LINEAR,
                         int  borderMode = BORDER_CONSTANT,
```

```
                    const Scalar &  borderValue = Scalar()
                    )
```

- src：输入图像。
- dst：透视变换后输出图像，与 src 数据类型相同，但是尺寸与 dsize 相同。
- M：3×3 的变换矩阵。
- dsize：输出图像的尺寸。
- flags：插值方法标志。
- borderMode：像素边界外推方法的标志。
- borderValue：填充边界使用的数值，默认情况下为 0。

该函数所有参数的含义与 warpAffine()函数的参数含义相同，这里不再赘述。为了说明该函数在实际应用中的作用，在代码清单 3-37 中给出了将相机视线不垂直于二维码平面拍摄的图像经过透视变换变成相机视线垂直于二维码平面拍摄的图像。在图 3-25 中给出了相机拍摄到的二维码图像和经过程序透视变换后的图像。为了寻找透视变换关系，我们需要寻找拍摄图像中二维码 4 个角点的像素坐标和透视变换后角点对应的理想坐标。在本程序中，我们事先通过 Image Watch 插件查看了拍摄图像二维码 4 个角点的坐标，并希望透视变换后二维码可以充满全部的图像，因此，我们在程序中手动输入 4 对对应点的像素坐标。但在实际工程中，二维码的角点坐标可以通过角点检测的方式获取，具体方式将在后面介绍。

代码清单 3-37 myWarpPerspective.cpp 二维码图像透视变换

```
#include <opencv2\opencv.hpp>
#include <iostream>

using namespace cv;
using namespace std;

int main()
{
    Mat img = imread("noobcvqr.png");
    if (img.empty())
    {
        cout << "请确认图像文件名称是否正确" << endl;
        return -1;
    }

    Point2f src_points[4];
    Point2f dst_points[4];
    //通过 Image Watch 查看的二维码 4 个角点坐标
    src_points[0] = Point2f(94.0, 374.0);
    src_points[1] = Point2f(507.0, 380.0);
    src_points[2] = Point2f(1.0, 623.0);
    src_points[3] = Point2f(627.0, 627.0);
    //期望透视变换后二维码 4 个角点的坐标
    dst_points[0] = Point2f(0.0, 0.0);
    dst_points[1] = Point2f(627.0, 0.0);
    dst_points[2] = Point2f(0.0, 627.0);
    dst_points[3] = Point2f(627.0, 627.0);
    Mat rotation, img_warp;
    rotation = getPerspectiveTransform(src_points, dst_points);  //计算透视变换矩阵
    warpPerspective(img, img_warp, rotation, img.size());  //透视变换投影
    imshow("img", img);
    imshow("img_warp", img_warp);
    waitKey(0);
```

```
34.     return 0;
35. }
```

图 3-25　myWarpPerspective.cpp 程序运行结果

3.3.6　极坐标变换

极坐标变换就是将图像在直角坐标系与极坐标系中互相变换，形式如图 3-26 所示，它可以将一个圆形图像变换成一个矩形图像，常用于处理钟表、圆盘等图像。圆形图案边缘上的文字经过极坐标变换后可以垂直地排列在新图像的边缘，便于对文字进行识别和检测。

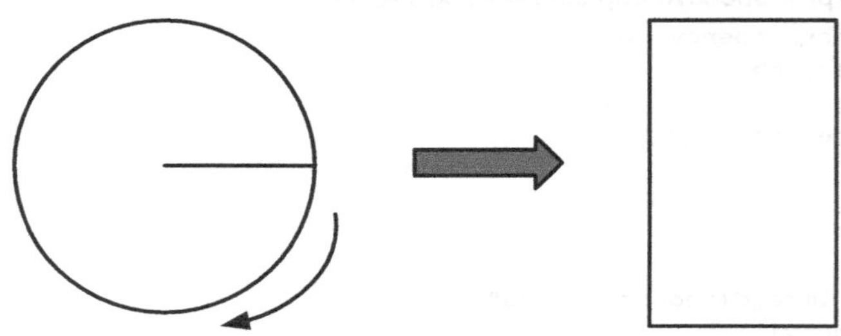

图 3-26　极坐标变换示意图

OpenCV 4 中提供了 warpPolar()函数用于实现图像的极坐标变换，该函数的原型在代码清单 3-38 中给出。

代码清单 3-38　warpPolar()函数原型

```
void cv::warpPolar(InputArray  src,
                   OutputArray  dst,
                   Size  dsize,
                   Point2f  center,
                   double  maxRadius,
                   int  flags
                   )
```

- src：源图像，可以是灰度图像或者彩色图像。
- dst：极坐标变换后输出图像，与源图像具有相同的数据类型和通道数。
- dsize：目标图像大小。
- center：极坐标变换时极坐标的原点坐标。
- maxRadius：变换时边界圆的半径，它也决定了逆变换时的比例参数。
- flags：插值方法与极坐标映射方法标志，两个方法之间通过“+”或者“|”号连接。

该函数实现了图像极坐标变换和半对数极坐标变换。该函数第一个参数是需要进行极坐标变换的原始图像，该图像可以是灰度图像，也可以是彩色图像。第二个参数是变换后的输出图像，与输入图像具有相同的数据类型和通道数。第三个参数是变换后图像的大小。第四个参数是极坐标变换时极坐标原点在原始图像中的位置，该参数同样适用于逆变换中。第五个参数是变换时边界圆的半径，它也决定了逆变换时的比例参数。最后一个参数是变换方法的选择标志，插值方法在表 3-3 中给出，极坐标映射方法在表 3-7 中给出，两个方法之间通过“+”或者“|”号连接。

表 3-7　warpPolar()函数极坐标映射方法标志

标志参数	作用
WARP_POLAR_LINEAR	极坐标变换
WARP_POLAR_LOG	半对数极坐标变换
WARP_INVERSE_MAP	逆变换

该函数可以对图像进行极坐标正变换也可以进行逆变换，关键在于最后一个参数如何选择。为了了解图像极坐标变换的功能以及相关函数的使用，在代码清单 3-39 中给出了对表盘图像进行极坐标正变换和逆变换的示例程序。程序中选取表盘的中心作为极坐标的原点，变换的结果在图 3-27 中给出。

代码清单 3-39　mywarpPolar.cpp 图像极坐标变换

```
#include <opencv2\opencv.hpp>
#include <iostream>

using namespace std;
using namespace cv;

int main()
{
    Mat img = imread("dial.png");
    if (!img.data)
    {
        cout << "请检查图像文件名称是否正确" << endl;
        return -1;
    }

    Mat img1, img2;
    Point2f center = Point2f(img.cols / 2, img.rows/2);  //极坐标在图像中的原点
    //正极坐标变换
    warpPolar(img, img1, Size(300,600), center, center.x,
                         INTER_LINEAR + WARP_POLAR_LINEAR);
    //逆极坐标变换
    warpPolar(img1, img2, Size(img.rows,img.cols), center, center.x,
                         INTER_LINEAR + WARP_POLAR_LINEAR + WARP_INVERSE_MAP);

    imshow("原表盘图", img);
    imshow("表盘极坐标变换结果", img1);
    imshow("逆变换结果", img2);
    waitKey(0);
    return 0;
}
```

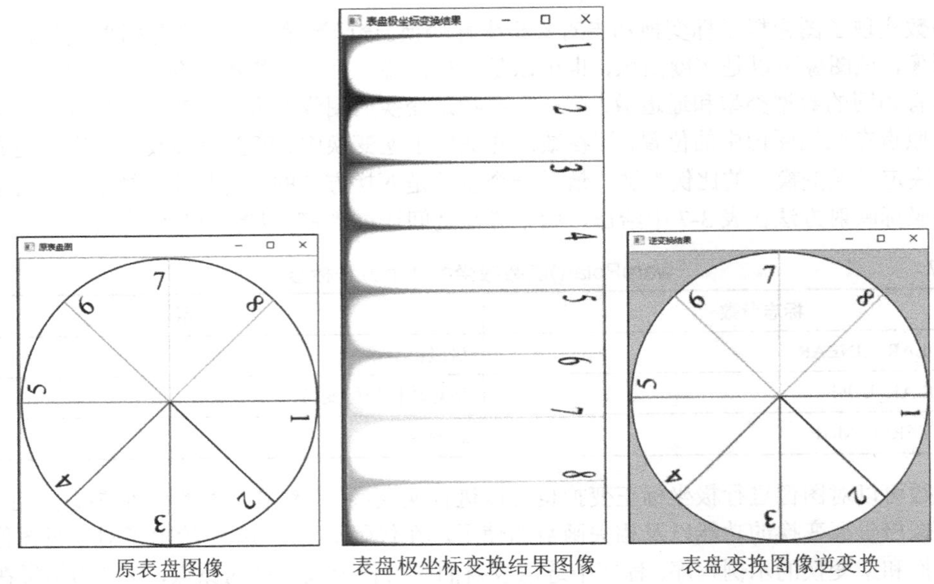

原表盘图像　　　　表盘极坐标变换结果图像　　　　表盘变换图像逆变换

图 3-27　mywarpPolar.cpp 程序中极坐标正变换和逆变换的结果

3.4 在图像上绘制几何图形

有时，我们需要根据自身的需求在图像中绘制一些图案以起到突出某些内容的作用。例如，在某些特别的区域用圆圈起来，或者在图中输入文字进行说明。因此，本节将介绍 OpenCV 4 中用于绘制基础图形的函数。

3.4.1　绘制圆形

圆形是我们平时最常使用的图形之一，OpenCV 4 中提供了 circle()函数用于绘制圆形，其函数的原型在代码清单 3-40 中给出。

代码清单 3-40　circle()函数原型

```
void cv::circle(InputOutputArray  img,
                Point  center,
                int  radius,
                const Scalar &  color,
                int  thickness = 1,
                int  lineType = LINE_8,
                int  shift = 0
                )
```

- img：需要绘制圆形的图像。
- center：圆形的圆心位置坐标。
- radius：圆形的半径，单位为像素。
- color：圆形的颜色。
- thickness：轮廓的宽度，如果数值为负，则绘制一个实心圆。
- lineType：边界的类型，可取值为 FILLED、LINE_4、LINE_8 和 LINE_AA。
- shift：中心坐标和半径数值中的小数位数。

该函数用于在一幅图像中绘制圆形图案，输入的参数分别是圆形的圆心位置、半径，以及边界线的宽度和线型。对于该函数的使用，将同其他几何图形一起在本节最后的代码清单 3-47 中给出。

3.4.2 绘制直线

接下来介绍如何在图像中绘制直线。OpenCV 4 中提供了 line()函数用于绘制直线，其函数原型在代码清单 3-41 中给出。

代码清单 3-41 line()函数原型

```
void cv::line(InputOutputArray  img,
              Point  pt1,
              Point  pt2,
              const Scalar &  color,
              int  thickness = 1,
              int  lineType = LINE_8,
              int  shift = 0
              )
```

- pt1：直线起点在图像中的坐标。
- pt2：直线终点在图像中的坐标。
- color：直线的颜色，用三通道表示。

该函数利用两点确定一条直线的方式在图像中画出一条直线，函数中很多参数的含义与 circle()函数一致，这里不再赘述。对于该函数的使用，将同其他几何图形一起在本节最后的代码清单 3-47 中给出。

3.4.3 绘制椭圆

在 OpenCV 4 中，提供了 ellipse()函数用于绘制椭圆，其函数原型如代码清单 3-42 所示。

代码清单 3-42 ellipse()函数原型

```
void cv::ellipse(InputOutputArray  img,
                 Point  center,
                 Size  axes,
                 double  angle,
                 double  startAngle,
                 double  endAngle,
                 const Scalar &  color,
                 int  thickness = 1,
                 int  lineType = LINE_8,
                 int  shift = 0
                 )
```

- center：椭圆的中心坐标。
- axes：椭圆主轴大小的一半。
- angle：椭圆旋转的角度，单位为度。
- startAngle：椭圆弧起始的角度，单位为度。
- endAngle：椭圆弧终止的角度，单位为度

该函数中很多参数的含义与 circle()函数一致，这里不再赘述。该函数通过选定椭圆中心位置和主轴大小唯一地确定一个椭圆，并且可以控制旋转角度改变椭圆在坐标系中的位置。通过椭圆弧起始和终止角度，可以绘制完整的椭圆或者一部分椭圆弧。与 circle()函数一致，当边界线的厚度值为负数的时候，将绘制一个实心的椭圆。

在 OpenCV 4 中，还提供了另一个名为 ellipse2Poly()的函数用于输出椭圆边界的像素坐标，但是不会在图像中绘制椭圆，其函数原型在代码清单 3-43 中给出。

代码清单 3-43 ellipse2Poly()函数原型

```
void cv::ellipse2Poly(Point  center,
                      Size  axes,
                      int  angle,
                      int  arcStart,
                      int  arcEnd,
                      int  delta,
                      std::vector< Point > &  pts
                      )
```

- delta：后续折线顶点之间的角度，它定义了近似精度。
- pts：椭圆边缘像素坐标向量集合。

该函数与绘制椭圆需要输入的参数类似，只是不将椭圆输出到图像中，而是通过 vector（向量）将椭圆边缘的坐标点存储起来，便于后续的再处理。对于绘制椭圆相关函数的使用，将同其他几何图形一起在本节最后的代码清单 3-47 中给出。

3.4.4 绘制多边形

在几何图形中，多边形也是一个重要的成员。在多边形中，矩形是一个比较特殊的类型，因此，在 OpenCV 4 中，除提供绘制多边形的函数 fillPoly()之外，也提供了绘制矩形的函数 rectangle()。我们先介绍矩形的绘制，之后再介绍多边形的绘制。在代码清单 3-44 中给出了 rectangle()函数的原型。

代码清单 3-44 rectangle()函数原型

```
void cv::rectangle(InputOutputArray  img,
                   Point  pt1,
                   Point  pt2,
                   const Scalar &  color,
                   int  thickness = 1,
                   int  lineType = LINE_8,
                   int  shift = 0
                   )

void cv::rectangle(InputOutputArray  img,
                   Rect  rec,
                   const Scalar &  color,
                   int  thickness = 1,
                   int  lineType = LINE_8,
                   int  shift = 0
                   )
```

- pt1：矩形的一个顶点。
- pt2：矩形中与 pt1 相对的顶点，即两个点在对角线上。
- rec：矩形左上角顶点和长宽。

该函数中与前文参数含义一致的参数不再重复介绍。在 OpenCV 4 中定义了两种函数原型，分别利用矩形对角线上两个顶点的坐标或者利用左上角顶点坐标与矩形的长和宽唯一地确定一个矩形。在绘制矩形时，同样可以控制边缘线的宽度绘制一个实心的矩形。

这里我们详细介绍 Rect 变量，该变量在 OpenCV 4 中表示矩形的含义，与 Point、Vec3b 等类型相同，都是在图像处理中常用的类型。Rect 表示的是矩形的左上角像素坐标，以及矩形的长和宽，该类型定义的格式为 Rect(像素的 x 坐标，像素的 y 坐标，矩形的宽，矩形的高)，其中可以存放的数据类型也分别为 int 型（Rect2i 或者 Rect）、double 类型（Rect2d）和 float 类型（Rect2f）。

接下来介绍多边形绘制函数 fillPoly()的使用方法，其函数原型在代码清单 3-45 中给出。

代码清单 3-45　fillPoly()函数原型

```
void cv::fillPoly(InputOutputArray  img,
                  const Point **  pts,
                  const int *  npts,
                  int  ncontours,
                  const Scalar &  color,
                  int  lineType = LINE_8,
                  int  shift = 0,
                  Point  offset = Point()
                  )
```

- pts：多边形顶点数组，可以存放多个多边形的顶点坐标的数组。
- npts：每个多边形顶点数组中顶点的个数。
- ncontours：绘制多边形的个数。
- offset：所有顶点的可选偏移。

该函数中与前文含义相同的参数不再重复介绍。该函数通过依次连接多边形的顶点来实现多边形的绘制，多边形的顶点需要按照顺时针或者逆时针的顺序依次给出，通过控制边界线宽度可以实现是否绘制实心多边形。需要说明的是，pts 参数是一个数组，数组中存放的是每个多边形顶点坐标数组，npts 参数也是一个数组，用于存放 pts 数组中每个元素中顶点的个数。关于多边形绘制的相关函数使用方法，将同其他几何图形一起在代码清单 3-47 中给出，读者一定要认真体会其使用方法。

3.4.5　文字生成

本节的最后介绍如何通过 OpenCV 4 实现在图像中生成文字的 putText()函数，该函数的原型在代码清单 3-46 中给出。

代码清单 3-46　putText()函数原型

```
void cv::putText(InputOutputArray  img,
                 const String &  text,
                 Point  org,
                 int  fontFace,
                 double  fontScale,
                 Scalar  color,
                 int  thickness = 1,
                 int  lineType = LINE_8,
                 bool  bottomLeftOrigin = false
                 )
```

- text：输出到图像中的文字，目前 OpenCV 4 只支持英文。
- org：图像中文字字符串的左下角像素坐标。
- fontFace：字体类型的选择标志、参数取值范围及含义在表 3-8 中给出。
- fontScale：字体的大小。
- bottomLeftOrigin：图像数据原点的位置。默认为左上角；如果参数改为 true，则原点为左下角。

表 3-8　fontFace 字体类型及含义

标志	取值	含义
FONT_HERSHEY_SIMPLEX	0	正常大小的无衬线字体
FONT_HERSHEY_PLAIN	1	小尺寸的无衬线字体

续表

标志	取值	含义
FONT_HERSHEY_DUPLEX	2	正常大小的较复杂的无衬线字体
FONT_HERSHEY_COMPLEX	3	正常大小的衬线字体
FONT_HERSHEY_TRIPLEX	4	正常大小的较复杂的衬线字体
FONT_HERSHEY_COMPLEX_SMALL	5	小尺寸的衬线字体
FONT_HERSHEY_SCRIPT_SIMPLEX	6	手写风格的字体
FONT_HERSHEY_SCRIPT_COMPLEX	7	复杂的手写风格字体
FONT_ITALIC	16	斜体字体

该函数中与前文含义相同的参数不再重复介绍。目前，该函数只支持英文的输出，如果要在图像中输出中文，那么需要添加额外的依赖项，这里不进行扩展，有需求的读者可以寻找相关资料进一步地进行学习。

为了进一步了解上述函数的用法以及几何图案的样子，在代码清单 3-47 中给出了上文介绍的所有几何图形绘制函数的使用方式，读者可以认真体会它们的使用方式和最终结果，尤其要注意绘制多边形函数的使用方式。该程序运行的结果如图 3-28 所示。

代码清单 3-47　myPlot.cpp 绘制基本几何图形

```
#include <opencv2\opencv.hpp>
#include <iostream>

using namespace cv;
using namespace std;

int main()
{
    Mat img = Mat::zeros(Size(512, 512), CV_8UC3);  //生成一个黑色图像用于绘制几何图形
    //绘制圆形
    circle(img, Point(50, 50), 25, Scalar(255, 255, 255), -1);  //绘制一个实心圆
    circle(img, Point(100, 50), 20, Scalar(255, 255, 255), 4);  //绘制一个空心圆
    //绘制直线
    line(img, Point(100, 100), Point(200, 100), Scalar(255, 255, 255), 2, LINE_4,0);
    //绘制椭圆
    ellipse(img, Point(300,255), Size(100, 70), 0, 0, 100, Scalar(255,255,255), -1);
    ellipse(img, RotatedRect(Point2f(150,100), Size2f(30,20), 0), Scalar(0,0,255),2);
    vector<Point> points;
    //用一些点来近似一个椭圆
    ellipse2Poly(Point(200, 400), Size(100, 70),0,0,360,2,points);
    for (int i = 0; i < points.size()-1; i++)  //用直线把这个椭圆画出来
    {
        if (i==points.size()-1)
        {
            //椭圆最后一个点与第一个点连线
            line(img, points[0], points[i], Scalar(255, 255, 255), 2);
            break;
        }
        //当前点与后一个点连线
        line(img, points[i], points[i+1], Scalar(255, 255, 255), 2);  }
    //绘制矩形
    rectangle(img, Point(50, 400), Point(100, 450), Scalar(125, 125, 125), -1);
    rectangle(img, Rect(400,450,60,50), Scalar(0, 125, 125), 2);
```

```
    //绘制多边形
    Point pp[2][6];
    pp[0][0] = Point(72, 200);
    pp[0][1] = Point(142, 204);
    pp[0][2] = Point(226, 263);
    pp[0][3] = Point(172, 310);
    pp[0][4] = Point(117, 319);
    pp[0][5] = Point(15, 260);
    pp[1][0] = Point(359, 339);
    pp[1][1] = Point(447, 351);
    pp[1][2] = Point(504, 349);
    pp[1][3] = Point(484, 433);
    pp[1][4] = Point(418, 449);
    pp[1][5] = Point(354, 402);
    Point pp2[5];
    pp2[0] = Point(350, 83);
    pp2[1] = Point(463, 90);
    pp2[2] = Point(500, 171);
    pp2[3] = Point(421, 194);
    pp2[4] = Point(338, 141);
    const Point* pts[3] = { pp[0],pp[1],pp2 };   //pts 变量的生成
    int npts[] = { 6,6,5 };   //顶点个数数组的生成
    fillPoly(img, pts, npts, 3, Scalar(125, 125, 125),8);   //绘制 3 个多边形
    //生成文字
    putText(img, "Learn OpenCV 4",Point(100, 400), 2, 1, Scalar(255, 255, 255));
    imshow("", img);
    waitKey(0);
    return 0;
}
```

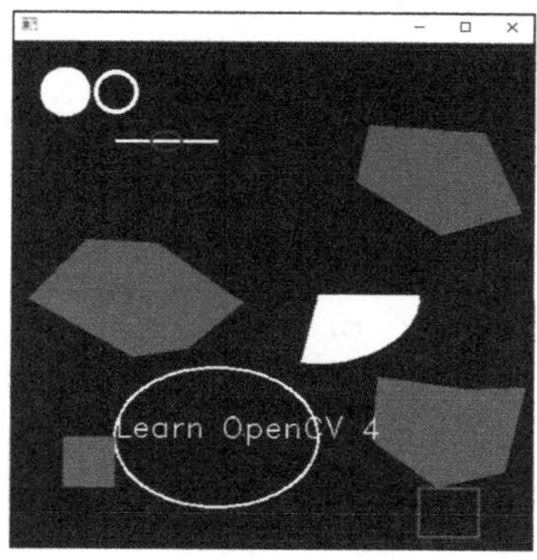

图 3-28　myPlot.cpp 程序运行结果

3.5 感兴趣区域

有时，我们只对一幅图像中的部分区域感兴趣，而原图像又十分大，如果带着非感兴趣区域一次处理，就会对程序的内存造成负担，因此，我们希望从原始图像中截取部分图像后再进行处理。我们将这个区域称作感兴趣区域（Region of Interest，ROI）。OpenCV 4 提供了两种截取 ROI 的方式，这两种方式在前面都有简单的介绍，本节中将详细地介绍这两种截取 ROI 方式的原理和使用方法。

从原图中截取部分内容，就是将需要截取的部分在原图像中的位置标记出来，可以用 Rect 数据结构标记，也可以用 Range 数据结构标记，这两种结构的使用方法在代码清单 3-48 中给出。

代码清单 3-48　Rect 数据结构和 Range 数据结构原型

```
Rect_(_Tp _x, _Tp _y, _Tp _width, _Tp _height)

cv::Range(int  start, int  end)
```

- _Tp：数据类型，C++模板特性，可以用 int、double、float 等替换。
- _x：矩形区域左上角第一个像素的 x 坐标，也就是第一个像素的列数。
- _y：矩形区域左上角第一个像素的 y 坐标，也就是第一个像素的行数。
- _width：矩形的宽，单位为像素，即矩形区域跨越的列数。
- _height：矩形的高，单位为像素，即矩形区域跨越的行数。
- start：区间的起始。
- end：区间的结束。

对于 Rect 的数据类型，在如何绘制矩形部分已经有所介绍，在通过该数据结构类型截取图像时，只需要给出起始的像素点，以及截取区域的宽和高，如在 img 中截取图像，可以用代码 img(Rect(p.x, p.y, width, height))实现。Range 只是表明一个区间范围，通过该数据结构实现截图的方式在 Mat 类矩阵定义时已经有所介绍，可以通过命令 img(Range(rows_start, rows_end), Range(cols_start, cols_end))实现。这两种具体实现方式可以参考代码清单 3-50 中的例程。

在 OpenCV 4 中对于图像的赋值和拷贝分为浅拷贝和深拷贝。所谓浅拷贝，就是只建立了一个能够访问图像数据的变量，通过浅拷贝创建的数据变量访问的数据与原变量访问的数据相同，如果通过任意一个变量更改了数据，另一个变量读取数据时会读取到更改之后的数据。前面提到的图像截取以及通过“=”符号赋值的方式都是浅拷贝方式，因此，在程序中需要慎重使用，以免出现原始数据的更改。深拷贝在创建变量的同时会在内容中分配新的地址用于存储数据，因此原变量访问的数据地址和新变量访问的数据地址不相同，即使改变其中一个，另一个也不会改变。针对深拷贝方式，OpenCV 4 通过 copyTo()函数实现两类方法（其中在 Mat 类中定义的 copyTo()函数有两种重载方式）进行深拷贝，在了解这两类方法之前，我们先查看该函数的原型（见代码清单 3-49）。

代码清单 3-49　copyTo()函数原型

```
void cv::Mat::copyTo(OutputArray m)const

void cv::Mat::copyTo(OutputArray  m,
                     InputArray  mask
                     )const

void cv::copyTo(InputArray  src,
                OutputArray  dst,
                InputArray  mask
                )
```

该函数中所有参数的含义前面已经有所介绍，这里不再一一介绍。通过此函数原型，我们可以发现造成有两类不同实现方法的原因是在两个不同的类中有两个同名的函数。在 Mat 类中定义的 copyTo()函数有两种重载方式，一种是只需要输入一个与原图像具有相同尺寸和类型的 Mat 类变量或者空的 Mat 类变量，另一种方式需要在输入 Mat 类变量的同时输入一个掩模矩阵。这里，掩模矩阵只能是 CV_8U 数据类型，同时需要与原图像具有相同的尺寸，但是通道数可以是一个或者多个。当掩模矩阵中某一位置不为 0 时，表示复制原图像中相同位置的元素到新的图像中，否则便不复制。第二类通过 copyTo()函数实现深拷贝的方法是利用 cv 命名空间中的函数，其需要输入原始图像、输出图像和掩模矩阵 3 个参数。这两类深拷贝的具体实现方法可以在代码清单 3-50 中第 20 行、第 21 行处查看。

为了详细地介绍图像截图功能，并且体会深拷贝与浅拷贝之间的区别，在代码清单 3-50 中给出了截取部分图像并在原图像中添加新的图像的功能示例代码。在该程序中，分别通过对原图像进行浅拷贝和深拷贝创建 3 个图像变量：img2、img_copy 和 img_copy2，之后在原图像中用两种方式分别截取不同区域的图像 ROI1 和 ROI2，同时在截图时就将截取区域进行深拷贝到 ROI2_copy。之后改变 ROI1 中的内容，发现原图像中 ROI1 区域发生改变，截图 ROI2 与 ROI1 重叠区域都发生改变。之后在原图 img 中绘制一个实心的圆，浅拷贝的 img2 和截图 ROI1 中的内容都有所改变，但是自始至终通过深拷贝的图像中的内容都没有发生改变。

代码清单 3-50 myDeepShallowcopy.cpp 截图、深浅拷贝验证程序

```
#include <opencv2\opencv.hpp>
#include <iostream>

using namespace cv;
using namespace std;

int main()
{
    Mat img = imread("lena.png");
    Mat noobcv = imread("noobcv.jpg");
    if (img.empty() || noobcv.empty())
    {
        cout << "请确认图像文件名称是否正确" << endl;
        return -1;
    }
    Mat ROI1, ROI2, ROI2_copy, mask, img2, img_copy, img_copy2;
    resize(noobcv, mask, Size(200, 200));
    img2 = img;  //浅拷贝
    //深拷贝的两种方式
    img.copyTo(img_copy2);
    copyTo(img, img_copy, img);
    //两种在图中截取 ROI 的方式
    Rect rect(206, 206, 200, 200);  //定义 ROI
    ROI1 = img(rect);  //截图
    ROI2 = img(Range(300, 500), Range(300, 500));  //第二种截图方式
    img(Range(300, 500), Range(300, 500)).copyTo(ROI2_copy);  //深拷贝
    mask.copyTo(ROI1);  //在图像中加入部分图像
    imshow("加入 noobcv 后图像", img);
    imshow("ROI 对 ROI2 的影响", ROI2);
    imshow("深拷贝的 ROI2_copy", ROI2_copy);
    circle(img, Point(300, 300), 20, Scalar(0, 0, 255), -1);  //绘制一个圆形
    imshow("浅拷贝的 img2", img2);
    imshow("深拷贝的 img_copy", img_copy);
    imshow("深拷贝的 img_copy2", img_copy2);
    imshow("画圆对 ROI1 的影响", ROI1);
    waitKey(0);
    return 0;
}
```

上述程序运行后的效果如图 3-29 所示。

绘制圆形前的原图

绘制圆形后的原图

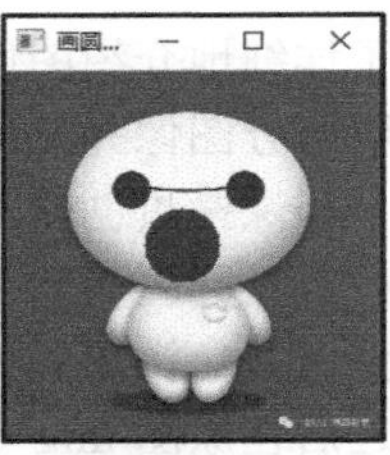

ROI1绘制圆形后

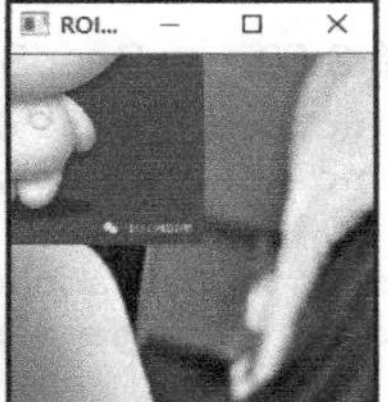

ROI2绘制圆形钱

深拷贝的img_copy2

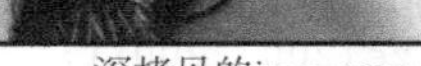

深拷贝的img_copy

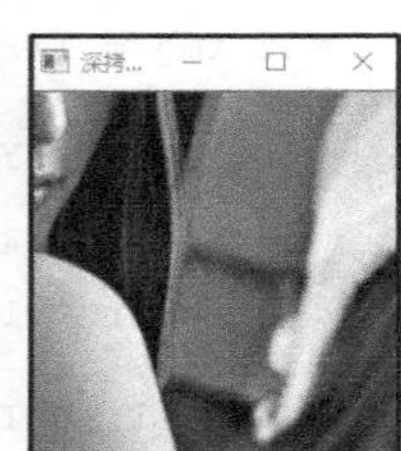

深拷贝ROI2_copy

图 3-29 myDeepShallowcopy.cpp 程序运行结果

3.6 图像“金字塔”

图像“金字塔”是通过多个分辨率表示图像的一种有效且简单的结构。一个图像“金字塔”是一系列以金字塔形状排列、分辨率逐步降低的图像集合。图像“金字塔”的底部是待处理图像的高分辨率表示，顶部是低分辨率的表示。本节中将介绍图像“金字塔”中比较著名的两种——高斯“金字塔”和拉普拉斯“金字塔”。

3.6.1 高斯“金字塔”

构建图像的高斯“金字塔”是解决尺度不确定性的一种常用方法。高斯“金字塔”是指通过下采样不断地将图像的尺寸缩小，进而在图像“金字塔”中包含多个尺寸的图像。高斯“金字塔”的形式如图 3-30 所示。一般情况下，高斯“金字塔”的底层为图像的原图，每往上一层就会通过下采样缩小一次图像的尺寸，通常情况下，尺寸会缩小为原来的一半，但是如果有特殊需求，缩小的尺寸也可以根据实际情况进行调整。由于每次图像的尺寸都缩小为原来的一半，图像尺寸缩小的速度非常快，因此常见的高斯“金字塔”的层数为 3～6 层。OpenCV 4 中提供了 pyrDown()函数专门用于图像的下采样计算，以便构建图像的高斯“金字塔”，该函数的原型在代码清单 3-51 中给出。

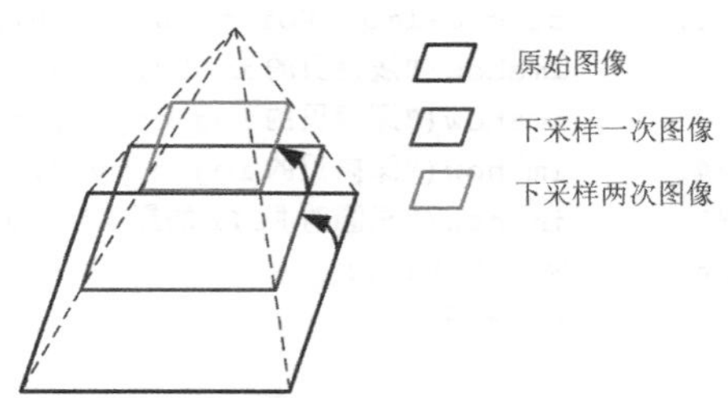

图 3-30 图像高斯“金字塔”原理

代码清单 3-51 pyrDown()函数原型

```
void cv::pyrDown(InputArray  src,
                 OutputArray  dst,
                 const Size &  dstsize = Size(),
                 int  borderType = BORDER_DEFAULT
                )
```

- src：输入待下采样的图像。
- dst：输出下采样后的图像，图像尺寸可以指定，但是数据类型和通道数与 src 相同。
- dstsize：输出图像尺寸，可以默认。
- borderType：像素边界外推方法的标志，取值范围见表 3-5。

该函数用于实现图像模糊并对其进行下采样，默认状态下，函数输出图像的尺寸为输入图像尺寸的一半，但是，也可以通过 dstsize 参数来设置输出图像的大小，需要注意的是，无论输出尺寸为多少，都应满足式（3-15）中的条件。该函数首先将原始图像与内核矩阵进行卷积，内核矩阵如式（3-16）所示，之后通过不使用偶数行和列的方式对图像进行下采样，最终实现尺寸缩小的下采样图像。

$$\begin{cases}|\text{dstsize.width2}-\text{src.cols}|\leqslant 2\\|\text{dstsize.height2}-\text{src.rows}|\leqslant 2\end{cases} \tag{3-15}$$

$$k=\frac{1}{256}\begin{bmatrix}1 & 4 & 6 & 4 & 1\\4 & 6 & 24 & 6 & 4\\6 & 24 & 36 & 24 & 6\\4 & 16 & 24 & 16 & 4\\1 & 4 & 6 & 4 & 1\end{bmatrix} \tag{3-16}$$

该函数的功能与 resize()函数将图像尺寸缩小一样，但是使用的内部算法不同。关于该函数的具体使用方式以及如何构建图像“金字塔”，将在代码清单 3-53 中给出。

3.6.2 拉普拉斯“金字塔”

拉普拉斯“金字塔”与高斯“金字塔”正好相反，高斯“金字塔”通过底层图像构建上层图像，而拉普拉斯“金字塔”是通过上层小尺寸的图像构建下层大尺寸的图像。拉普拉斯“金字塔”具有预测残差的作用，需要与高斯“金字塔”联合使用。假设我们已经有一个高斯图像“金字塔”，对于其中的第 i 层图像（高斯“金字塔”最下面为第 0 层），首先通过下采样得到一个尺寸缩小一半的图像，即高斯“金字塔”中的第 i+1 层或者不在高斯“金字塔”中，之后对这幅图像再进行上采样，将图像尺寸恢复到第 i 层图像的大小，最后求取高斯“金字塔”第 i 层图像与经过上采样后得到图像的差值图像，这个差值图像就是拉普拉斯“金字塔”的第 i 层图像，整个过程如图 3-31 所示。

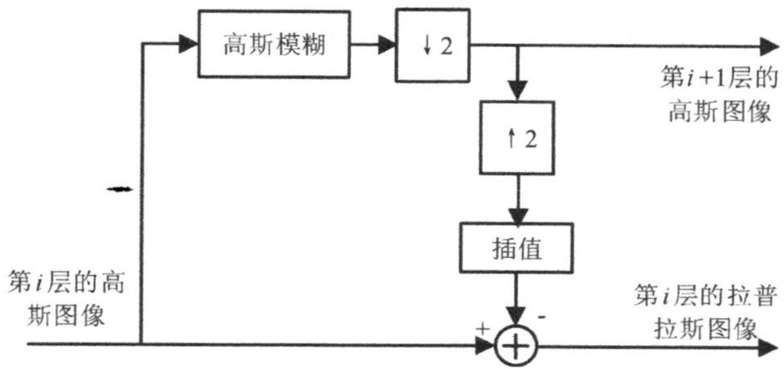

图 3-31 由高斯“金字塔”求取拉普拉斯“金字塔”的流程

对于上采样操作，OpenCV 4 中提供 pyrUp()函数，其函数原型在代码清单 3-52 中给出。

代码清单 3-52 pyrUp()函数原型

```
void cv::pyrUp(InputArray  src,
               OutputArray  dst,
               const Size &  dstsize = Size(),
               int  borderType = BORDER_DEFAULT
               )
```

该函数所有参数的含义与 pyrDown()函数中相同，使用方式也与其一致，这里不再赘述。

为了了解下采样函数 pyrDown()和上采样函数 pyrUp()的使用方式，以及高斯“金字塔”和拉普拉斯“金字塔”的构建过程，我们在代码清单 3-53 中给出构建高斯“金字塔”和拉普拉斯“金字塔”的示例程序。在该例程中，我们将原始图像作为高斯“金字塔”的第 0 层，之后依次构建高斯“金字塔”的每一层。完成高斯“金字塔”的构建之后，我们从上到下取出高斯“金字塔”中的每一层图像，如果取出的图像是高斯“金字塔”的最上面一层，则先将其下采样再上采样，之后求取从高斯“金字塔”中取出的图像与上采样后的图像的差值图像作为拉普拉斯“金字塔”的最上面一层。如果从高斯“金字塔”中取出的第 i 层不是最上面一层，则直接对高斯金字塔中第 i+1 层图像进行上采样，并计算高斯“金字塔”第 i 层图像与上采样结果的差值图像，将差值图像作为拉普拉斯“金字塔”的第 i 层。

代码清单 3-53 myPyramid.cpp 构建高斯“金字塔”和拉普拉斯“金字塔”

```
#include <opencv2\opencv.hpp>
#include <iostream>

using namespace cv;
using namespace std;

int main()
{
    Mat img = imread("lena.png");
    if (img.empty())
    {
        cout << "请确认图像文件名称是否正确" << endl;
        return -1;
    }

    vector<Mat> Gauss, Lap;  //高斯“金字塔”和拉普拉斯“金字塔”
    int level = 3;  //高斯“金字塔”下采样次数
    Gauss.push_back(img);  //将原图作为高斯“金字塔”的第 0 层
    //构建高斯“金字塔”
    for (int i = 0; i < level; i++)
    {
        Mat gauss;
        pyrDown(Gauss[i], gauss);  //下采样
        Gauss.push_back(gauss);
    }
    //构建拉普拉斯“金字塔”
    for (int i = Gauss.size() - 1; i > 0; i--)
    {
        Mat lap, upGauss;
        if (i == Gauss.size() - 1)  //如果是高斯“金字塔”的最上面一层图像
        {
            Mat down;
            pyrDown(Gauss[i], down);  //上采样
```

```
                pyrUp(down, upGauss);
                lap = Gauss[i] - upGauss;
                Lap.push_back(lap);
            }
            pyrUp(Gauss[i], upGauss);
            lap = Gauss[i - 1] - upGauss;
            Lap.push_back(lap);
        }
        //查看两个图像“金字塔”中的图像
        for (int i = 0; i < Gauss.size(); i++)
        {
            string name = to_string(i);
            imshow("G" + name, Gauss[i]);
            imshow("L" + name, Lap[i]);
        }
        waitKey(0);
        return 0;
}
```

上述程序运行结果如图 3-32 和图 3-33 所示。

图 3-32　myPyramid.cpp 程序中构建的高斯“金字塔”

图 3-33　myPyramid.cpp 程序中构建的拉普拉斯“金字塔”

3.7 窗口交互操作

交互操作能够增加用户对程序流程的控制，使程序可以根据用户需求实现不同的处理结果。有时某一个参数需要反复尝试不同的数值，这时交互操作可以实现在程序运行过程中改变参数数值的作用，避免重复运行程序，节省时间，同时能够增强结果的对比效果。本节将介绍 OpenCV 4 中提供的图像窗口滑动条和鼠标响应两种窗口交互操作。

3.7.1 图像窗口滑动条

图像窗口滑动条，顾名思义，就是在显示图像的窗口中创建能够通过滑动改变数值的滑动条。有时，我们需要动态调节某些参数，以使图像处理的效果更加明显，能够改变参数数值的滑动条可以很好地胜任这项工作。OpenCV 4 通过 createTrackbar()函数在显示图像的窗口中创建滑动条，该函数的原型在代码清单 3-54 中给出。

代码清单 3-54　createTrackbar()函数原型

```
int cv::createTrackbar(const String &  trackbarname,
                       const String &  winname,
                       int *  value,
                       int  count,
                       TrackbarCallback  onChange = 0,
                       void *  userdata = 0
                       )
```

- trackbarname：滑动条的名称。
- winname：创建滑动条窗口的名称。
- value：指向整数变量的指针，该指针指向的值反映滑块的位置，创建后，滑块位置由此变量定义。
- count：滑动条的最大取值。
- onChange：每次滑块更改位置时要调用的函数的指针，其中函数原型为 void Foo(int, void*);，其中第一个参数是轨迹栏位置，第二个参数是用户数据。如果回调是 NULL 指针，则不会调用任何回调，而只是更新数值。
- userdata：传递给回调函数的可选参数。

该函数能够在图像窗口的上方创建一个范围从 0 开始的整数滑动条。由于滑动条默认只能输出整数，因此，如果需要得到小数，就必须进行后续处理，例如输出值除以 10 得到含有一位小数的数据。该函数第一个参数是滑动条的名称。第二个参数是创建滑动条的图像窗口的名称。第三个参数是指向整数变量的指针，该指针指向的值反映滑块的位置，在创建滑动条时，该参数确定了滑块的初始位置，当滑动条创建完成后，该指针指向的整数随着滑块的移动而改变。第四个参数是滑动条的最大取值。第五个参数是每次滑块更改位置时要调用的函数的指针。最后一个参数是传递给回调函数的 void *类型数据，如果使用的第三个参数是全局变量，则可以不用修改最后一个参数，使用参数的默认值即可。

为了了解滑动条动态改变参数的方法，以及动态参数在程序中的作用，在代码清单 3-55 中给出了通过滑动条改变图像亮度的示例程序。在该程序中，滑动条控制图像亮度系数，将图像原始灰度值乘以亮度系数得到最终的图像。为了使图像亮度变化比较平滑，将滑动条参数除以 100 以得到含有两位小数的亮度系数。为了保证每次亮度的改变都是在原始图像的基础上，设置了 img1、img2 两个表示图像的全局变量，其中 img1 表示原始图像，img2 表示亮度改变后的图像。在该程序中，通过拖曳滑块可以动态地改变图像的亮度，运行结果在图 3-34 中给出。

代码清单 3-55 myCreateTrackbar.cpp 在图像中创建滑动条改变图像亮度

```
#include <opencv2/opencv.hpp>
#include <iostream>

using namespace std;
using namespace cv;

//为了能在被调用函数中使用，设置成全局的
int value;
void callBack(int, void*);  //滑动条回调函数
Mat img1, img2;

int main()
{
    img1 = imread("lena.png");
    if (!img1.data)
    {
        cout << "请确认是否输入正确的图像文件" << endl;
        return -1;
    }
    namedWindow("滑动条改变图像亮度");
    imshow("滑动条改变图像亮度", img1);
    value = 100;  //滑动条创建时的初始值
    //创建滑动条
    createTrackbar("亮度值百分比", "滑动条改变图像亮度", &value, 600, callBack, 0);
    waitKey();
}

static void callBack(int, void*)
{
    float a = value / 100.0;
    img2 = img1 * a;
    imshow("滑动条改变图像亮度", img2);
}
```

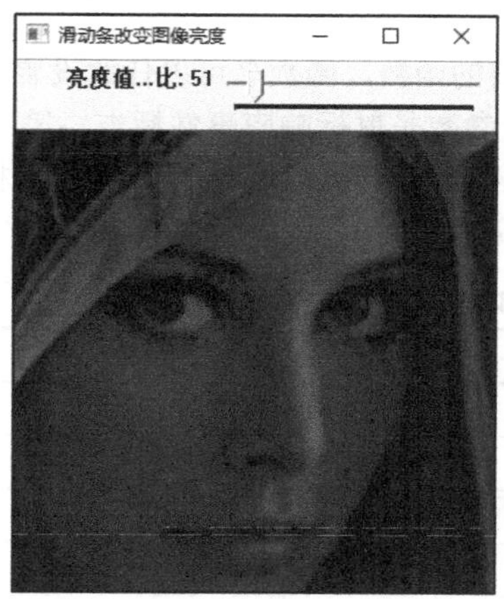

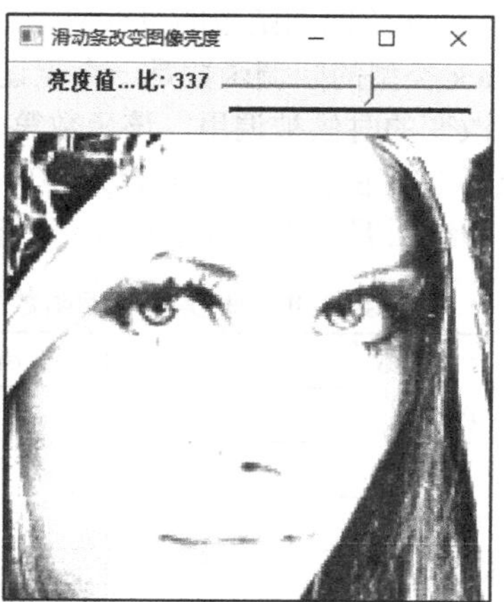

图 3-34 myCreateTrackbar.cpp 程序中滑动条不同位置对图像亮度的改变

3.7.2 鼠标响应

有时，我们需要在图像中标记出重要的区域，这时通过鼠标可以很好地完成这项任务，因此，OpenCV 4 中也提供了鼠标响应相关函数 setMouseCallback()，该函数的原型在代码清单 3-56 中给出。

代码清单 3-56　setMouseCallback()函数原型

```
void cv::setMouseCallback(const String &  winname,
                          MouseCallback  onMouse,
                          void *  userdata = 0
                          )
```

- winname：添加鼠标响应的窗口的名字。
- onMouse：鼠标响应的回调函数。
- userdata：传递给回调函数的可选参数。

该函数能够为指定的图像窗口创建鼠标响应。该函数第一个参数是需要创建鼠标响应的图像窗口的名字。第二个参数为鼠标响应的回调函数，该函数在鼠标状态发生改变时被调用，是一个 MouseCallback 类型的函数。最后一个参数是传递给回调函数的可选参数，一般情况下，使用默认值 0 即可。

下面介绍 MouseCallback 类型的回调函数，该类型函数的原型在代码清单 3-57 中给出。

代码清单 3-57　MouseCallback 类型原型

```
typedef void(* cv::MouseCallback)(int  event,
                                  int  x,
                                  int  y,
                                  int  flags,
                                  void  *userdata
                                  )
```

- event：鼠标响应事件标志，参数为 EVENT_*形式，具体可选参数及含义在表 3-9 中给出。
- x：鼠标指针在图像坐标系中的 x 坐标。
- y：鼠标指针在图像坐标系中的 y 坐标。
- flags：鼠标响应标志，参数为 EVENT_FLAG_*形式，具体可选参数及含义在表 3-10 中给出。
- userdata：传递给回调函数的可选参数。

MouseCallback 类型的回调函数是一个无返回值的函数，函数名可以任意设置，有 5 个参数，在鼠标状态发生改变的时候被调用。该函数第一个参数是鼠标响应事件标志。第二个参数和第三个参数分别是鼠标当前位置在图像坐标系中的 x 坐标和 y 坐标。第四个参数是鼠标响应标志。最后一个参数是传递给回调函数的可选参数，一般情况下，使用 void*默认即可。

表 3-9　MouseCallback 类型回调函数鼠标响应事件标志可选参数及含义

标志参数	简记	含义
EVENT_MOUSEMOVE	0	表示鼠标指针在窗口上移动
EVENT_LBUTTONDOWN	1	表示按下鼠标左键
EVENT_RBUTTONDOWN	2	表示按下鼠标右键
EVENT_MBUTTONDOWN	3	表示按下鼠标中键
EVENT_LBUTTONUP	4	表示释放鼠标左键
EVENT_RBUTTONUP	5	表示释放鼠标右键
EVENT_MBUTTONUP	6	表示释放鼠标中键

续表

标志参数	简记	含义
EVENT_LBUTTONDBLCLK	7	表示双击鼠标左键
EVENT_RBUTTONDBLCLK	8	表示双击鼠标右键
EVENT_MBUTTONDBLCLK	9	表示双击鼠标中键
EVENT_MOUSEWHEEL	10	正值表示向前滚动，负值表示向后滚动
EVENT_MOUSEHWHEEL	11	正值表示向左滚动，负值表示向右滚动

表 3-10　MouseCallback 类型回调函数鼠标响应标志及含义

标志参数	简记	含义
EVENT_FLAG_LBUTTON	1	按住左键拖曳
EVENT_FLAG_RBUTTON	2	按住右键拖曳
EVENT_FLAG_MBUTTON	4	按住中键拖曳
EVENT_FLAG_CTRLKEY	8	按“Ctrl”键
EVENT_FLAG_SHIFTKEY	16	按“Shift”键
EVENT_FLAG_ALTKEY	32	按“Alt”键

简单来说，鼠标响应就是当鼠标位于对应的图像窗口内时，时刻检测鼠标状态，当鼠标状态发生改变时，调用回调函数，并根据回调函数中的判断逻辑选择执行相应的操作。例如，回调函数中只处理鼠标左键按下的事件，即判断 event 标志是否为 EVENT_LBUTTONDOWN，只有当 event==EVENT_ LBUTTONDOWN 时，才有相应的逻辑操作，否则将不会执行任何操作。

为了了解鼠标响应的使用方法，在代码清单 3-58 中给出了绘制鼠标移动轨迹的示例程序。在该程序中，如果鼠标右键被按下，就会提示“点击鼠标左键才可以绘制轨迹”，若单击左键，就会输出当前鼠标的坐标，并将该点坐标定义为某段轨迹的起始位置。之后按住左键移动鼠标，会进入到第三个逻辑判断，绘制鼠标的移动轨迹。在该示例程序中，提供了两种绘制轨迹的方法，第一种是每次调用回调函数获得鼠标位置时更改周围的图像像素值，这种方式比较直观，但是，由于回调函数有一定的执行时间，因此，当鼠标移动较快时，绘制的图像轨迹会出现断点；第二种是在前一时刻和当前时刻鼠标位置间绘制直线，这种方式可以避免因鼠标移动过快而带来轨迹出现断点的问题。该程序运行结果如图 3-35 所示。

代码清单 3-58　myMouse.cpp 绘制鼠标移动轨迹

```
#include <opencv2/opencv.hpp>
#include <iostream>

using namespace std;
using namespace cv;

Mat img,imgPoint;  //全局的图像
Point prePoint;    //前一时刻鼠标的坐标，用于绘制直线
void mouse(int event, int x, int y, int flags, void*);

int main()
{
    img = imread("lena.png");
    if (!img.data)
    {
        cout << "请确认输入图像名称是否正确！" << endl;
```

```
            return -1;
        }
        img.copyTo(imgPoint);
        imshow("图像窗口 1", img);
        imshow("图像窗口 2", imgPoint);
        setMouseCallback("图像窗口 1", mouse,0 );  //鼠标响应
        waitKey(0);
        return 0;
}

void mouse(int event, int x, int y, int flags, void*)
{
        if (event == EVENT_RBUTTONDOWN)  //单击右键
        {
            cout << "点击鼠标左键才可以绘制轨迹" << endl;
        }
        if (event == EVENT_LBUTTONDOWN)  //单击左键，输出坐标
        {
            prePoint = Point(x, y);
            cout << "轨迹起始坐标" << prePoint << endl;

        }
        if (event == EVENT_MOUSEMOVE && (flags & EVENT_FLAG_LBUTTON))  //按住鼠标左键移动
        {
            //通过改变图像像素显示鼠标移动轨迹
            imgPoint.at<Vec3b>(y, x) = Vec3b(0, 0, 255);
            imgPoint.at<Vec3b>(y, x-1) = Vec3b(0, 0, 255);
            imgPoint.at<Vec3b>(y, x+1) = Vec3b(0, 0, 255);
            imgPoint.at<Vec3b>(y+1, x) = Vec3b(0, 0, 255);
            imgPoint.at<Vec3b>(y+1, x) = Vec3b(0, 0, 255);
            imshow("图像窗口 2", imgPoint);

            //通过绘制直线显示鼠标移动轨迹
            Point pt(x, y);
            line(img, prePoint, pt, Scalar(0, 0, 255), 2, 5, 0);
            prePoint = pt;
            imshow("图像窗口 1", img);
        }
}
```

图 3-35　myMouse.cpp 程序中绘制的鼠标移动轨迹

3.8 本章小结

在本章中，我们主要介绍了图像的基本操作，包括颜色空间，图像像素操作，图像变换，如何在图像中绘制几何图形和文字，图像感兴趣区域提取，图像“金字塔”构建，以及窗口滑动条和鼠标响应等相关内容。这些内容都是图像处理的基础，建议读者熟练掌握。

本章主要函数清单

函数名称	函数说明	代码清单
cvtColor()	图像颜色空间转换	3-1
convertTo()	图像数据类型转换	3-3
split()	图像多通道分离	3-4
merge()	图像多通道合并	3-5
minMaxLoc()	寻找矩阵中的最大值和最小值，以及最大值和最小值在矩阵中的位置	3-7
reshape()	改变矩阵尺寸和通道数	3-8
mean()	计算矩阵每个通道的平均值	3-10
meanStdDev()	计算矩阵每个通道的平均值和方差	3-11
max() / min()	比较图像每个元素灰度值的较大值/较小值	3-13
bitwise_and()	像素求“与”运算	3-15
bitwise_or()	像素求“或”运算	3-15
bitwise_xor()	像素求“异或”运算	3-15
bitwise_not()	像素求“非”运算	3-15
threshold()	像素阈值操作	3-17
adaptiveThreshold()	图像的二值化	3-18
LUT()	显示查找表	3-20
vconcat() / hconcat()	图像竖向连接 / 图像横向连接	3-22/3-24/ 3-25
resize()	改变图像尺寸	3-27
flip()	图像翻转变换	3-29
warpAffine()	图像仿射变换	3-32
warpPerspective()	图像透视变换	3-36
warpPolar()	图像极坐标变换	3-38
circle()	在图像中绘制圆形	3-40
line()	在图像中根据两点绘制一条直线	3-41
ellipse()	在图像中绘制椭圆	3-42
ellipse2Poly()	在图像中通过矩形边界绘制椭圆	3-43
rectangle()	在图像中绘制矩形	3-44
fillPoly()	在图像中绘制多边形	3-45
putText()	在图像中生成文字	3-46
copyTo()	图像深拷贝	3-49

续表

函数名称	函数说明	代码清单
pyrDown()	图像下采样	3-51
pyrUp()	图像上采样	3-52
createTrackbar()	在图像窗口创建滑动条	3-54
setMouseCallback()	鼠标事件响应	3-56

本章示例程序清单

示例程序名称	程序说明	代码清单
myCvColor.cpp	图像颜色模型互相转换	3-2
mysplitAndMerge.cpp	图像多通道分离与合并	3-6
myfindMinAndMax.cpp	寻找矩阵中的最值	3-9
myMeanAndmeanStdDev.cpp	计算矩阵平均值和标准差	3-12
myMaxAndMin.cpp	两个矩阵或图像进行比较运算	3-14
myLogicOperation.cpp	两个黑白图像像素逻辑运算	3-16
myThreshold.cpp	图像二值化	3-19
myLUT.cpp	对图像进行查找表映射	3-21
myConcat.cpp	图像拼接	3-26
myResize.cpp	图像缩放	3-28
myFlip.cpp	图像翻转	3-30
myWarpAffine.cpp	图像旋转与仿射变换	3-34
myWarpPerspective.cpp	图像透视变换	3-37
mywarpPolar.cpp	图像极坐标变换	3-39
myPlot.cpp	绘制基本几何图形	3-47
myDeepShallowcopy.cpp	截图、深浅拷贝验证	3-50
myPyramid.cpp	构建高斯“金字塔”和拉普拉斯“金字塔”	3-53
myCreateTrackbar.cpp	在图像中创建滑动条改变图像亮度	3-55
myMouse.cpp	绘制鼠标移动轨迹	3-58

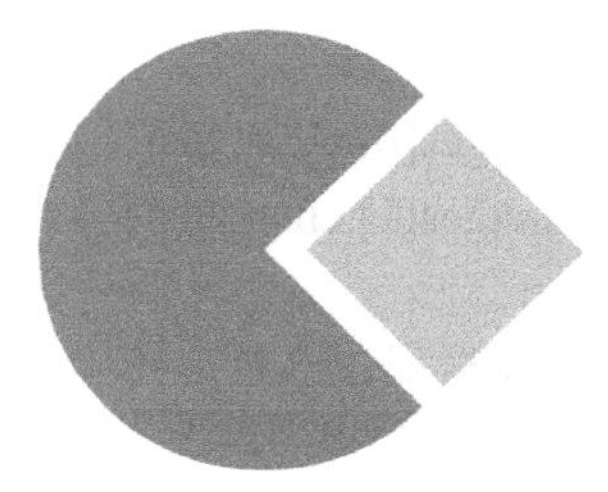

第 4 章　图像直方图与模板匹配

本章介绍图像像素值的统计学特性——图像直方图，并了解图像直方图统计学原理、直方图代表的图像特性，以及直方图在图像处理中的应用，例如图像均衡化、直方图的反向投影，以及直方图匹配等。除此之外，本章还将介绍通过比较图像像素实现图像相同区域的搜索与匹配。

4.1 图像直方图的绘制

图像直方图是图像处理中非常重要的像素统计结果。图像直方图不再表征任何的图像纹理信息，而是对图像像素的统计。由于同一物体无论是旋转还是平移，在图像中都具有相同的灰度值，因此直方图具有平移不变性、放缩不变性等优点，可以用来查看图像整体的变化形式，例如图像是否过暗、图像像素灰度值主要集中在哪些范围等，在特定的条件下，也可以利用图像直方图进行图像的识别，例如对数字的识别。

简单来说，图像直方图就是统计图像中每个灰度值的个数，之后将图像灰度值作为横轴，以灰度值个数或者灰度值所占比率作为纵轴绘制的统计图。通过直方图，可以看出图像中哪些灰度值数目较多，哪些较少，可以通过一定的方法将灰度值较为集中的区域映射到较为稀疏的区域，从而使图像在像素灰度值上的分布更加符合期望状态。在通常情况下，像素灰度值代表亮暗程度，因此，通过图像直方图，可以分析图像亮暗对比度，并调整图像的亮暗程度。

在 OpenCV 4 中，只提供了图像直方图的统计函数 calcHist()，该函数能够统计出图像中每个灰度值的个数，但是，对于直方图的绘制，需要使用者自行进行。下面首先介绍统计灰度值数目的函数 calcHist()的使用，该函数的原型在代码清单 4-1 中给出。

代码清单 4-1　calcHist()函数原型

```
void cv::calcHist(const Mat *  images,
                  int  nimages,
                  const int *  channels,
                  InputArray  mask,
                  OutputArray  hist,
                  int  dims,
                  const int *  histSize,
                  const float **  ranges,
                  bool  uniform = true,
                  bool  accumulate = false
                  )
```

- images：待统计直方:图的图像数组，数组中所有的图像应具有相同的尺寸和数据类型，并且数据类型只能是 CV_8U、CV_16U 和 CV_32F 这 3 种中的一种，但是不同图像的通道数可以不同。

- nimages：输入的图像数量。
- channels：需要统计的通道索引数组，第一个图像的通道索引从 0 到 images[0].channels()−1，第二个图像通道索引从 images[0].channels()到 images[0].channels()+ images[1].channels()−1，依此类推。
- mask：可选的操作掩码。如果是空矩阵，那么表示图像中所有位置的像素都计入直方图中；如果矩阵不为空，那么必须与输入图像尺寸相同且数据类型为 CV_8U。
- hist：输出的统计直方图结果，是一个 dims 维度的数组。
- dims：需要计算直方图的维度，必须是整数，并且不能大于 CV_MAX_DIMS，在 OpenCV 4.0 和 OpenCV 4.1 版中为 32。
- histSize：存放每个维度直方图的数组的尺寸。
- ranges：每个图像通道中灰度值的取值范围。
- uniform：直方图是否均匀的标志符，默认状态下为均匀（true）。
- accumulate：是否累积统计直方图的标志，如果累积（true），那么，在统计新图像的直方图时，之前图像的统计结果不会被清除，该参数主要用于统计多个图像整体的直方图。

该函数用于统计图像中每个灰度值像素的个数，例如统计一幅 CV_8UC1 的图像，需要统计灰度值从 0 至 255 中每一个灰度值在图像中的像素个数，如果某个灰度值在图像中没有，那么该灰度值的统计结果就是 0。由于该函数具有较多的参数，并且每个参数都较为复杂，因此作者建议在使用该函数时只统计单通道图像的灰度值分布，对于多通道图像，可以将图像每个通道分离后再进行统计。

为了使读者更加了解函数的使用方法，代码清单 4-2 中提供了绘制灰度图像的图像直方图的示例程序。在该程序中，首先使用 calcHist()函数统计灰度图像中每个灰度值的数目，之后通过不断绘制矩形的方式实现直方图的绘制。由于图像中部分灰度值像素数目较多，因此将每个灰度值数目缩小为原来的 1/20 后再进行绘制，绘制的直方图如图 4-1 所示。在该程序中，使用了 OpenCV 4 提供的四舍五入的取整函数 cvRound()，该函数输入参数为 double 类型的变量，返回值为对该变量四舍五入后的 int 型数值。

代码清单 4-2　myCalcHist.cpp 绘制图像直方图

```
#include <opencv2\opencv.hpp>
#include <iostream>

using namespace cv;
using namespace std;

int main()
{
    Mat img = imread("apple.jpg");
    if (img.empty())
    {
        cout << "请确认图像文件名称是否正确" << endl;
        return -1;
    }
    Mat gray;
    cvtColor(img, gray, COLOR_BGR2GRAY);
    //设置提取直方图的相关变量
    Mat hist;  //用于存放直方图计算结果
    const int channels[1] = { 0 };  //通道索引
    float inRanges[2] = { 0,255 };
    const float* ranges[1] = { inRanges };  //像素灰度值范围
    const int bins[1] = { 256 };  //直方图的维度，其实就是像素灰度值的最大值
    calcHist(&gray, 1, channels, Mat(), hist, 1, bins, ranges);  //计算图像直方图
```

```
    //准备绘制直方图
    int hist_w = 512;
    int hist_h = 400;
    int width = 2;
    Mat histImage = Mat::zeros(hist_h, hist_w, CV_8UC3);
    for (int i = 1; i <= hist.rows; i++)
    {
        rectangle(histImage, Point(width*(i - 1), hist_h - 1),
            Point(width*i - 1, hist_h - cvRound(hist.at<float>(i - 1) / 15)),
            Scalar(255, 255, 255), -1);
    }
    namedWindow("histImage", WINDOW_AUTOSIZE);
    imshow("histImage", histImage);
    imshow("gray", gray);
    waitKey(0);
    return 0;
}
```

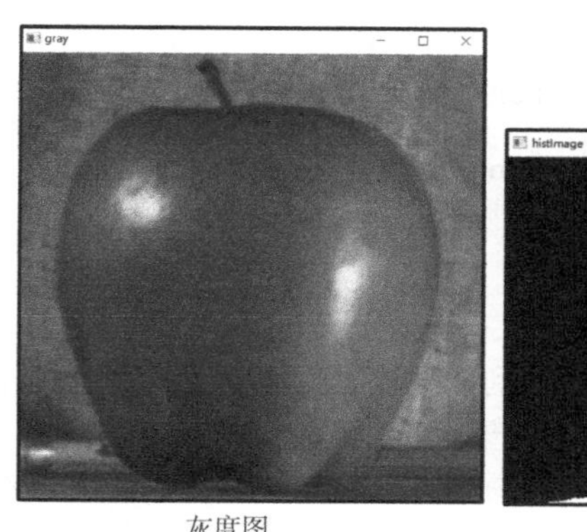
灰度图

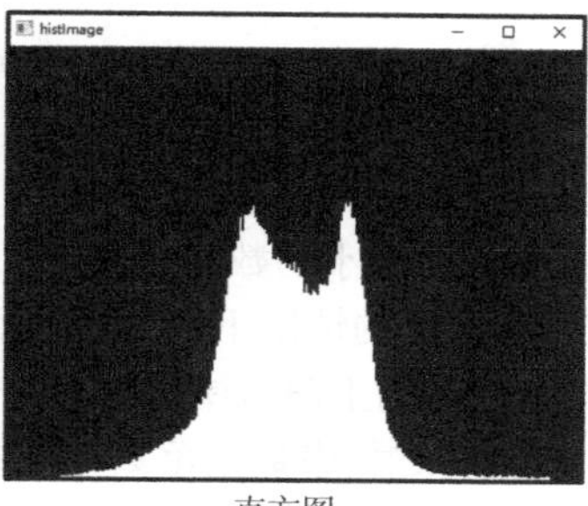
直方图

图 4-1 myCalcHist.cpp 程序运行结果

4.2 直方图操作

直方图能够反映图像像素灰度值的统计特性，但是这个结果只统计了个数，是一个初步统计的结果，可以对统计结果进行进一步的操作，以得到更多有用的信息。例如，求取统计结果的概率分布、通过直方图统计结果对两幅图像中的内容进行比较等。本节主要介绍如何将直方图归一化，以及如何比较两个图像的直方图。

4.2.1 直方图归一化

前面完成了对一幅图像像素灰度值的统计，并成功绘制了图像的直方图。但是，由于绘制直方图的图像高度小于某些灰度值统计的数目，因此，在绘制直方图时，将所有的数据都缩小为原来的1/20 之后再进行绘制，目的就是为了能够将直方图完整地绘制在图像中。如果更换一幅图像的直方图统计结果或者将直方图绘制到一个尺寸更小的图像中，那么可能需要将统计数据缩小为原来的1/30、1/50 甚至更低。数据缩小比例与统计结果、将要绘制直方图图像的尺寸相关，因此每次绘制时都需要计算数据缩小的比例。另外，由于像素灰度值统计的数目与图像的尺寸具有直接关系，因此，如果以灰度值数目作为最终统计结果，那么一幅图像经过尺寸缩小或放大（简称缩放）后的两幅图像的直方图将有巨大的差异。然而，直方图可以用来表示图像的明亮程度，从理论上讲，通过对同一个图像缩放后得到两幅尺寸不一样的图像将具有大致相似的直方图分布特性，因此用灰度值的数目作为统计结果具有一定的局限性。

图像的像素灰度值统计结果主要目的之一就是查看某个灰度值在所有像素中所占的比例，因此，可以用每个灰度值像素的数目占一幅图像中所有像素数目的比例来表示某个灰度值数目的多少，即将统计结果再除以图像中的像素个数。这种方式可以保证每个灰度值的统计结果都是 0～100%的数据，实现统计结果的归一化，但是，这种方式存在一个弊端，就是在 CV_8U 类型的图像中，灰度值有 256 个等级，平均每个像素的灰度值所占比例为 0.39%，这个比例非常低。因此，为了更直观地绘制图像直方图，经常需要将比例扩大一定的倍数后再绘制图像。另一种常用的归一化方式是寻找统计结果中的最大数值，把所有结果除以这个最大的数值，以实现将所有数据归一化为 0～1。

针对上面两种归一化方式，OpenCV 4 提供了 normalize()函数实现多种形式的归一化功能，该函数的原型在代码清单 4-3 中给出。

代码清单 4-3　normalize()函数原型

```
void cv::normalize(InputArray  src,
                   InputOutputArray  dst,
                   double  alpha = 1,
                   double  beta = 0,
                   int  norm_type = NORM_L2,
                   int  dtype = -1,
                   InputArray  mask = noArray()
                   )
```

- src：输入数组矩阵。
- dst：输入与 src 相同大小的数组矩阵。
- alpha：在范围归一化的情况下，归一化到下限边界的标准值。
- beta：范围归一化时的上限范围，它不用于标准规范化。
- norm_type：归一化过程中数据范数种类标志，常用的可选择参数在表 4-1 中给出。
- dtype：输出数据类型选择标志。如果其为负数，那么输出数据与 src 拥有相同的类型，否则与 src 具有相同的通道数，但是数据类型不同。
- mask：掩码矩阵。

该函数输入一个存放数据的矩阵，通过参数 alpha 设置将数据缩放到最大范围，然后通过 norm_type 参数选择计算范数的种类，之后将输入矩阵中的每个数据分别除以求取的范数数值，最后得到缩放的结果。输出结果是一个 CV_32F 类型的矩阵，可以将输入矩阵作为输出矩阵，或者重新定义一个新的矩阵用于存放输出结果。该函数的第 5 个参数用于选择计算数据范数的种类，常用的可选择参数以及计算范数的公式在表 4-1 中给出。计算不同的范数，最后的结果也不相同，例如选择 NORM_L1 标志，输出结果为每个灰度值所占的比例；选择 NORM_INF 参数，输出结果为除以数据中最大值，将所有的数据归一化为 0～1。

表 4-1　normalize()函数归一化常用标志参数

标志参数	简记	作用	原理公式
NORM_INF	1	无穷范数，向量最大值	$\|src\|_{L\infty} = \max_I \|src(I)\|$
NORM_L1	2	L1 范数，绝对值之和	$\|src\|_{L1} = \sum_I \|src(I)\|$
NORM_L2	4	L2 范数及模长归一化，平方和之根	$\|src\|_{L2} = \sqrt{\sum_I \|src(I)\|^2}$
NORM_L2SQR	5	L2 范数平方	$\|src\|_{L2}^2 = \sum_I src(I)^2$
NORM_MINMAX	32	偏移归一化	

为了了解归一化函数 normalize()的作用，在代码清单 4-4 中的给出了通过不同方式归一化数组[2.0, 8.0, 10.0]的计算结果，并且分别用灰度值所占比例和除以数据最大值的方式对图像直方图进行归一化操作。数组归一化计算结果在图 4-2 中给出。为了更加直观地展现直方图归一化后的结果，将每个灰度值所占比例放大了 30 倍，并将直方图的图像高度作为 1 进行绘制，最终结果在图 4-3 中给出。结果显示，无论是否进行归一化，或者采用哪种归一化方法，直方图的分布特性都不会改变。

代码清单 4-4 myNormalize.cpp 直方图归一化操作

```
#include <opencv2\opencv.hpp>
#include <iostream>

using namespace cv;
using namespace std;

int main()
{
    system("color F0");  //更改输出界面颜色
    vector<double> positiveData = { 2.0, 8.0, 10.0 };
    vector<double> normalized_L1, normalized_L2, normalized_Inf, normalized_L2SQR;
    //测试不同归一化方法
    normalize(positiveData, normalized_L1, 1.0, 0.0, NORM_L1);  //绝对值求和归一化
    cout <<"normalized_L1=["<< normalized_L1[0]<<", "
        << normalized_L1[1]<<", "<< normalized_L1[2] <<"]"<< endl;
    normalize(positiveData, normalized_L2, 1.0, 0.0, NORM_L2);  //模长归一化
    cout << "normalized_L2=[" << normalized_L2[0] << ", "
        << normalized_L2[1] << ", " << normalized_L2[2] << "]" << endl;
    normalize(positiveData, normalized_Inf, 1.0, 0.0, NORM_INF);  //最大值归一化
    cout << "normalized_Inf=[" << normalized_Inf[0] << ", "
        << normalized_Inf[1] << ", " << normalized_Inf[2] << "]" << endl;
    normalize(positiveData, normalized_MINMAX, 1.0, 0.0, NORM_MINMAX);  //偏移归一化
    cout << "normalized_MINMAX=[" << normalized_MINMAX[0] << ", "
        << normalized_MINMAX[1] << ", " << normalized_MINMAX[2] << "]" << endl;
    //将图像直方图归一化
    Mat img = imread("apple.jpg");
    if (img.empty())
    {
        cout << "请确认图像文件名称是否正确" << endl;
        return -1;
    }
    Mat gray,hist;
    cvtColor(img, gray, COLOR_BGR2GRAY);
    const int channels[1] = { 0 };
    float inRanges[2] = { 0,255 };
    const float* ranges[1] = { inRanges };
    const int bins[1] = { 256 };
    calcHist(&gray, 1, channels, Mat(), hist, 1, bins, ranges);
    int hist_w = 512;
    int hist_h = 400;
    int width = 2;
    Mat histImage_L1 = Mat::zeros(hist_h, hist_w, CV_8UC3);
    Mat histImage_Inf = Mat::zeros(hist_h, hist_w, CV_8UC3);
    Mat hist_L1, hist_Inf;
    normalize(hist, hist_L1, 1, 0, NORM_L1,-1, Mat());
    for (int i = 1; i <= hist_L1.rows; i++)
    {
        rectangle(histImage_L1, Point(width*(i - 1), hist_h - 1),
            Point(width*i - 1, hist_h - cvRound(30*hist_h*hist_L1.at<float>(i-1))-1),
            Scalar(255, 255, 255), -1);
```

```
    }
    normalize(hist, hist_Inf, 1, 0, NORM_INF, -1, Mat());
    for (int i = 1; i <= hist_Inf.rows; i++)
    {
        rectangle(histImage_Inf, Point(width*(i - 1), hist_h - 1),
            Point(width*i - 1, hist_h - cvRound(hist_h*hist_Inf.at<float>(i-1)) - 1),
            Scalar(255, 255, 255), -1);
    }
    imshow("histImage_L1", histImage_L1);
    imshow("histImage_Inf", histImage_Inf);
    waitKey(0);
    return 0;
}
```

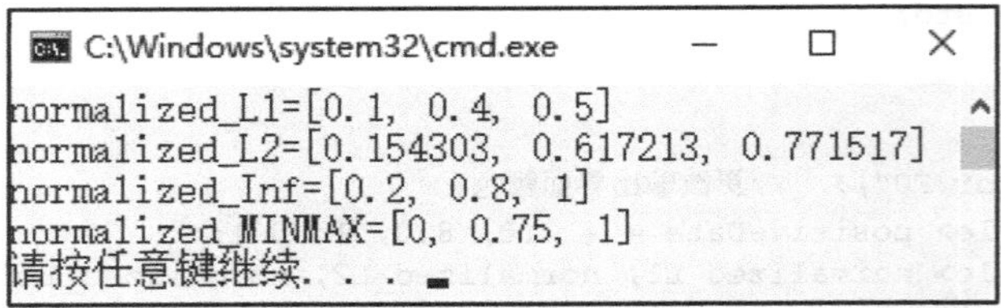

图 4-2　myNormalize.cpp 程序中对数组归一化结果

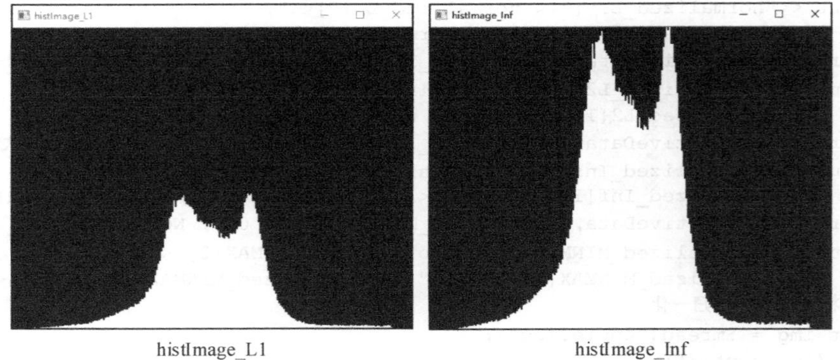

图 4-3　myNormalize.cpp 程序对图像直方图的归一化结果

4.2.2　直方图比较

由于图像的直方图表示图像像素灰度值的统计特性，因此可以通过两幅图像的直方图特性比较两幅图像的相似程度。从一定程度上来讲，虽然两幅图像的直方图分布相似不代表两幅图像相似，但是两幅图像相似则两幅图像的直方图分布一定相似。例如，在通过插值对图像进行缩放后，虽然图像的直方图不会与之前完全一致，但是两者之间一定具有很高的相似性，因而可以通过比较两幅图像的直方图分布相似性对图像进行初步的筛选与识别。

OpenCV 4 中提供了用于比较两个图像直方图相似性的 compareHist()函数，该函数原型在代码清单 4-5 中给出。

代码清单 4-5　compareHist()函数原型

```
double cv::compareHist(InputArray  H1,
                       InputArray  H2,
                       int  method
                       )
```

- H1：第一幅图像直方图。

- H2：第二幅图像直方图，与 H1 具有相同的尺寸。
- method：比较方法标志，可选择参数及含义在表 4-2 中给出。

该函数前两个参数为需要比较相似性的图像直方图，由于不同尺寸的图像中像素数目可能不相同，为了能够得到两个图像直方图正确的相似性，需要输入同一种方式归一化后的图像直方图，并且要求两个图像直方图具有相同的尺寸。该函数中第三个参数为比较相似性的方法，选择不同的方法会得到不同的相似性系数，会将计算得到的相似性系数以 double 类型返回。由于不同计算方法的规则不一，因此相似性系数代表的含义也不相同。接下来介绍每种方法比较相似性的原理。

表 4-2　　compareHist()函数比较直方图方法的可选择标志参数

标志参数	简记	名称或作用
HISTCMP_CORREL	0	相关法
HISTCMP_CHISQR	1	卡方法
HISTCMP_INTERSECT	2	直方图相交法
HISTCMP_BHATTACHARYYA	3	巴塔恰里雅距离（巴氏距离）法
HISTCMP_HELLINGER	3	与 HISTCMP_BHATTACHARYYA 方法相同
HISTCMP_CHISQR_ALT	4	替代卡方法
HISTCMP_KL_DIV	5	相对熵法（Kullback-Leibler 散度法）

1. HISTCMP_CORREL

该方法名为相关法，其计算相似性原理在式（4-1）中给出。在该方法中，如果两个图像直方图完全一致，那么计算数值为 1；如果两个图像直方图完全不相关，那么计算值为 0。

$$d(H_1,H_2)=\frac{\sum_I (H_1(I)-\bar{H}_1)(H_2(I)-\bar{H}_2)}{\sqrt{\sum_I (H_1(I)-\bar{H}_1)^2 \sum_I (H_2(I)-\bar{H}_2)^2}} \tag{4-1}$$

其中

$$\bar{H}_k=\frac{1}{N}\sum_J H_k(J) \tag{4-2}$$

其中，N 是直方图的灰度值个数。

2. HISTCMP_CHISQR

该方法名为卡方法，其计算相似性原理在式（4-3）中给出。在该方法中，如果两个图像直方图完全一致，那么计算数值为 0；两个图像的相似性越小，计算数值越大。

$$d(H_1,H_2)=\sum_I \frac{(H_1(I)-H_2(I))^2}{H_1(I)} \tag{4-3}$$

3. HISTCMP_INTERSECT

该方法名为直方图相交法，其计算相似性原理在式（4-4）中给出。该方法不会将计算结果归一化，因此，即使是两个完全一致的图像直方图，来自于不同图像，也会有不同的数值。例如，由 A 图像缩放后得到的两个完全一样的直方图相似性结果与由 B 图像缩放后得到的两个完全一样的直方图相似性结果可能不相同。但是，当任意图像的直方图与 A 图像的直方图比较时，数值越大，相似性越高，数值越小，相似性越低。

$$d(H_1,H_2)=\sum_I \min(H_1(I),H_2(I)) \tag{4-4}$$

4. HISTCMP_BHATTACHARYYA

该方法名为巴塔恰里雅距离（巴氏距离）法，其计算相似性原理在式（4-5）中给出。在该方法中，如果两个图像直方图完全一致，那么计算数值为 0；两个图像的相似性越小，计算数值越大。

$$d(H_1,H_2)=\sqrt{1-\frac{1}{\sqrt{H_1H_2N^2}}\sum_I\sqrt{H_1(I)\times H_2(I)}} \tag{4-5}$$

5. HISTCMP_CHISQR_ALT

该方法称为替代卡方法，其判断两个直方图是否相似的方法与巴氏距离法相同，常用于替代巴氏距离法用于纹理比较，计算公式见式（4-6）。

$$d(H_1,H_2)=2\sum_I\frac{(H_1(I)-H_2(I))^2}{H_1(I)+H_2(I)} \tag{4-6}$$

6. HISTCMP_KL_DIV

该方法名为相对熵法，又名 Kullback-Leibler 散度法，其计算相似性原理在式（4-7）中给出。在该方法中，如果两个图像直方图完全一致，那么计算数值为 0；两个图像的相似性越小，计算数值越大。

$$d(H_1,H_2)=\sum_I H_1(I)\ln\left(\frac{H_1(I)}{H_2(I)}\right) \tag{4-7}$$

为了验证通过直方图比较两幅图像相似性的可行性，在代码清单 4-6 中提供了 3 幅图像直方图比较的示例程序。在该程序中，将读取的图像转成灰度图像，之后将该图像缩小为原来尺寸的一半，同时读取另外一幅图像的灰度图，计算这 3 幅图像的直方图，直方图的结果在图 4-4 中给出。通过观看直方图的趋势可以发现，即使将图像尺寸缩小，原图和缩小后的图两幅图像的直方图分布也有一定的相似性。之后利用 compareHist()函数对 3 个直方图进行比较，比较结果在图 4-5 中给出。根据比较结果可知，图像缩小后的直方图与原图像的直方图具有很高的相似性，而两幅不相同图像的直方图相似性比较低。

代码清单 4-6　myCompareHist.cpp 比较两个直方图的相似性

```
#include <opencv2\opencv.hpp>
#include <iostream>

using namespace cv;
using namespace std;

void drawHist(Mat &hist, int type, string name)   //归一化并绘制直方图函数
{
    int hist_w = 512;
    int hist_h = 400;
    int width = 2;
    Mat histImage = Mat::zeros(hist_h, hist_w, CV_8UC3);
    normalize(hist, hist, 1, 0, type, -1, Mat());
    for (int i = 1; i <= hist.rows; i++)
    {
        rectangle(histImage, Point(width*(i - 1), hist_h - 1),
            Point(width*i - 1, hist_h - cvRound(hist_h*hist.at<float>(i - 1)) - 1),
            Scalar(255, 255, 255), -1);
    }
    imshow(name, histImage);
}
//主函数
```

```
int main()
{
    system("color F0");  //更改输出界面颜色
    Mat img = imread("apple.jpg");
    if (img.empty())
    {
        cout << "请确认图像文件名称是否正确" << endl;
        return -1;
    }
    Mat gray, hist, gray2, hist2, gray3, hist3;
    cvtColor(img, gray, COLOR_BGR2GRAY);
    resize(gray, gray2, Size(), 0.5, 0.5);
    gray3 = imread("lena.png", IMREAD_GRAYSCALE);
    const int channels[1] = { 0 };
    float inRanges[2] = { 0,255 };
    const float* ranges[1] = { inRanges };
    const int bins[1] = { 256 };
    calcHist(&gray, 1, channels, Mat(), hist, 1, bins, ranges);
    calcHist(&gray2, 1, channels, Mat(), hist2, 1, bins, ranges);
    calcHist(&gray3, 1, channels, Mat(), hist3, 1, bins, ranges);
    drawHist(hist, NORM_INF, "hist");
    drawHist(hist2, NORM_INF, "hist2");
    drawHist(hist3, NORM_INF, "hist3");
    //原图直方图与原图直方图的相关系数
    double hist_hist = compareHist(hist, hist, HISTCMP_CORREL);
    cout << "apple_apple=" << hist_hist << endl;
    //原图直方图与缩小原图后的直方图的相关系数
    double hist_hist2 = compareHist(hist, hist2, HISTCMP_CORREL);
    cout << "apple_apple256=" << hist_hist2 << endl;
    //两幅不同图像直方图相关系数
    double hist_hist3 = compareHist(hist, hist3, HISTCMP_CORREL);
    cout << "apple_lena=" << hist_hist3 << endl;
    waitKey(0);
    return 0;
}
```

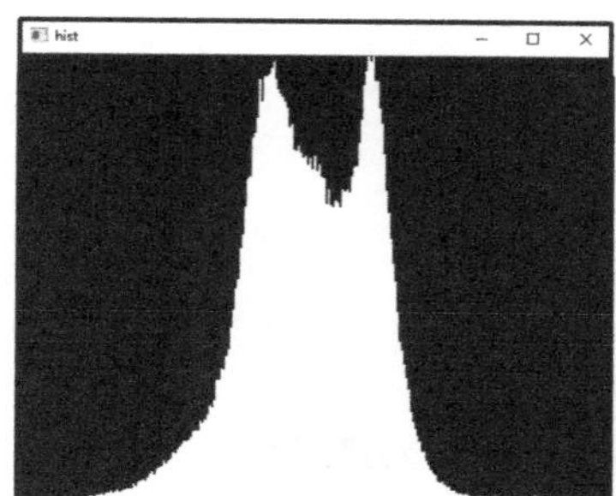

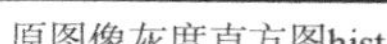
原图像灰度直方图hist

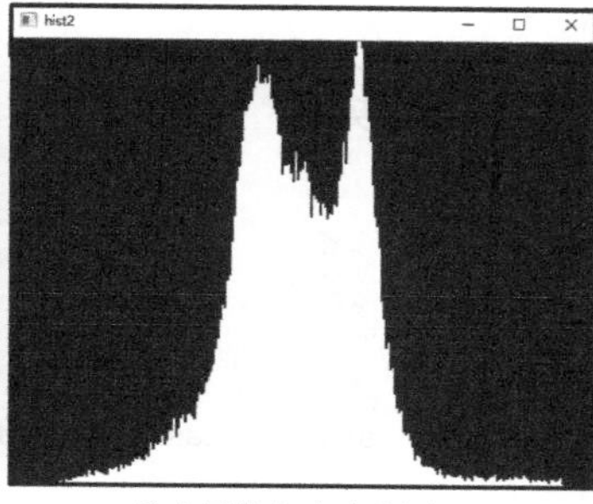

缩小图像灰度直方图hist2

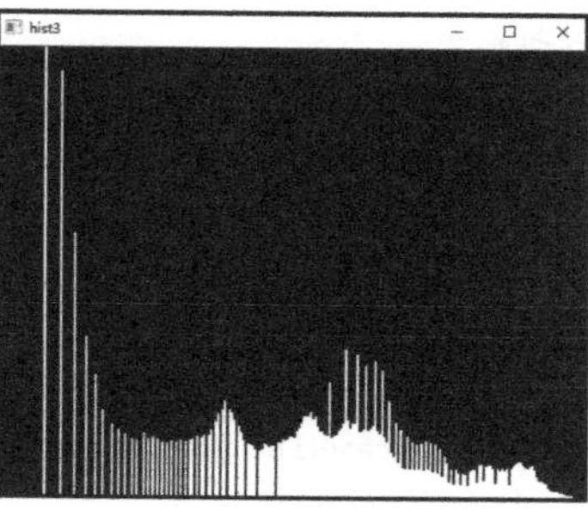

其他图像灰度直方图hist3

图 4-4　myCompareHist.cpp 程序运行结果

```
C:\Windows\system32\cmd....
apple_apple=1
apple_apple256=0.998067
apple_lena=0.285314
请按任意键继续. . .
```

图 4-5　myCompareHist.cpp 程序中直方图之间的相似度

4.3 直方图应用

直方图能够表示图像像素的统计特性，同时，应用统计的直方图结果也可以增强图像的对比度，在图像中寻找相似区域等。本节将重点介绍如何通过调整直方图分布提高图像的对比度、利用直方图反向投影寻找相同区域，以及将图像的对比度调整为指定的形式。

4.3.1 直方图均衡化

如果一个图像的直方图都集中在一个区域，那么整体图像的对比度比较小，不便于图像中纹理的识别。例如，如果相邻的两个像素灰度值分别是 120 和 121，那么仅凭肉眼是无法区别出来的。同时，如果图像中所有的像素灰度值都集中在 100～150，那么整个图像会给人模糊的感觉，看不清图中的内容。如果通过映射关系，将图像中灰度值的范围扩大，增加原来两个灰度值之间的差值，就可以提高图像的对比度，进而将图像中的纹理突出显现出来，这个过程称为图像直方图均衡化。

在 OpenCV 4 中，提供了 equalizeHist()函数用于将图像的直方图均衡化，该函数的原型在代码清单 4-7 中给出。

代码清单 4-7 equalizeHist()函数原型

```
void cv::equalizeHist(InputArray  src,
                      OutputArray  dst
                      )
```

- src：需要直方图均衡化的 CV_8UC1 图像。
- dst：直方图均衡化后的输出图像，与 src 具有相同尺寸和数据类型。

该函数形式比较简单。需要注意的是，该函数只能对单通道的灰度图进行直方图均衡化。对图像的均衡化示例程序在代码清单 4-8 中给出，该程序将一幅灰度值偏暗的图像进行均衡化，程序的运行结果如图 4-6 所示。通过结果可以发现，经过均衡化后的图像对比度明显增加，可以看清楚原来看不清的纹理。通过绘制原图和均衡化后的图像直方图可以发现，均衡化后的图像直方图分布更加均匀。

代码清单 4-8 myEqualizeHist.cpp 直方图均衡化实现

```
#include <opencv2\opencv.hpp>
#include <iostream>

using namespace cv;
using namespace std;

void drawHist(Mat &hist, int type, string name)  //归一化并绘制直方图函数
{
    int hist_w = 512;
    int hist_h = 400;
    int width = 2;
    Mat histImage = Mat::zeros(hist_h, hist_w, CV_8UC3);
    normalize(hist, hist, 1, 0, type, -1, Mat());
    for (int i = 1; i <= hist.rows; i++)
    {
        rectangle(histImage, Point(width*(i - 1), hist_h - 1),
            Point(width*i - 1, hist_h - cvRound(hist_h*hist.at<float>(i - 1)) - 1),
            Scalar(255, 255, 255), -1);
    }
    imshow(name, histImage);
```

```
}
//主函数
int main()
{
    Mat img = imread("gearwheel.jpg");
    if (img.empty())
    {
        cout << "请确认图像文件名称是否正确" << endl;
        return -1;
    }
    Mat gray, hist, hist2;
    cvtColor(img, gray, COLOR_BGR2GRAY);
    Mat equalImg;
    equalizeHist(gray, equalImg);  //将图像直方图均衡化
    const int channels[1] = { 0 };
    float inRanges[2] = { 0,255 };
    const float* ranges[1] = { inRanges };
    const int bins[1] = { 256 };
    calcHist(&gray, 1, channels, Mat(), hist, 1, bins, ranges);
    calcHist(&equalImg, 1, channels, Mat(), hist2, 1, bins, ranges);
    drawHist(hist, NORM_INF, "hist");
    drawHist(hist2, NORM_INF, "hist2");
    imshow("原图", gray);
    imshow("均衡化后的图像", equalImg);
    waitKey(0);
    return 0;
}
```

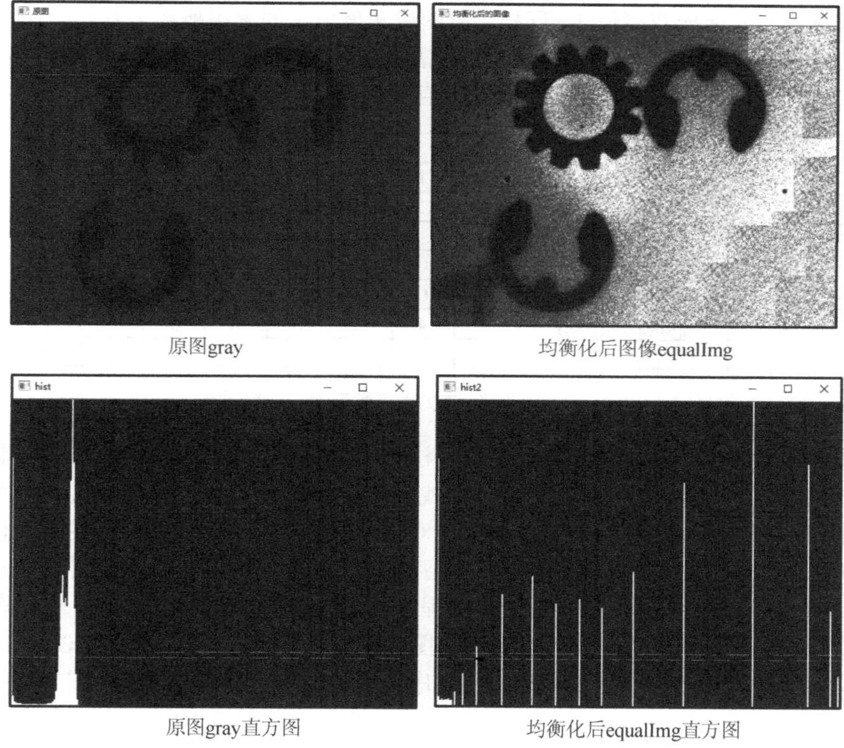

原图gray　　均衡化后图像equalImg

原图gray直方图　　均衡化后equalImg直方图

图 4-6　myEqualizeHist.cpp 程序运行结果

4.3.2　直方图匹配

直方图均衡化函数可以自动地改变图像直方图的分布形式，这种方式极大地简化了直方图均衡化过程中需要的操作步骤，但是该函数不能指定均衡化后的直方图分布形式。在某些特定的条件下，需要将直方图映射成指定的分布形式，这种将直方图映射成指定分布形式的算法称为直方图匹配或直方图规定化。直方图匹配与直方图均衡化相似，都是对图像的直方图分布形式进行改变，只是直方图均衡化后的图像直方图是均匀分布的，而直方图匹配后的直方图可以随意指定，即在执行直方图匹配操作时，首先要知道变换后的灰度直方图分布形式，进而确定变换函数。直方图匹配操作能够有目的地增强某个灰度区间，相比于直方图均衡化操作，该算法虽然多了一个输入，但是变换后的结果也更灵活。

不同图像间像素数目可能不同，为了使两个图像直方图能够匹配，需要使用概率形式表示每个灰度值在图像像素中所占的比例。在理想状态下，经过图像直方图匹配操作后，图像直方图分布形式应与目标分布一致，因此两者之间的累积概率分布也一致。累积概率为小于或等于某一灰度值的像素数目占所有像素的比例。用 V_s 表示原图像直方图的各个灰度级的累积概率，用 V_z 表示匹配后直方图的各个灰度级累积概率，由原图像中灰度值 n 映射成 r 的条件如式（4-8）所示。

$$n,r=\arg\min_{n,r}\left|V_s(n)-V_z(r)\right| \tag{4-8}$$

为了更清楚地说明直方图匹配过程，在图 4-7 中给出了一个直方图匹配示例。该示例中目标直方图灰度值 2 以下的概率都为 0，灰度值 3 的累积概率为 0.16，灰度值 4 的累积概率为 0.35，原图像直方图灰度值为 0 时，累积概率为 0.19。0.19 距离 0.16 的距离小于距离 0.35 的距离，因此需要将原图像中灰度值 0 匹配成灰度值 3。同样，原图像灰度值 1 的累积概率为 0.43，其距离目标直方图灰度值 4 的累积概率 0.35 的距离为 0.08，而距离目标直方图灰度值 5 的累积概率 0.64 的距离为 0.21，因此需要将原图像中灰度值 1 匹配成灰度值 4。

序号	运算	步骤和结果							
1	原图像灰度级	0	1	2	3	4	5	6	7
2	原直方图概率	0.19	0.24	0.2	0.17	0.09	0.05	0.03	0.02
3	原直方图累积概率	0.19	0.43	0.63	0.8	0.89	0.94	0.97	0.99
4	目标直方图概率	0	0	0	0.16	0.19	0.29	0.2	0.16
5	目标直方图累积概率	0	0	0	0.16	0.35	0.64	0.84	1
6	匹配的灰度值	3	4	5	6	6	7	7	7
7	映射关系	0→3	1→4	2→5	3→6	4→6	5→7	6→7	7→7

图 4-7　直方图匹配示例

这个寻找灰度值匹配的过程是直方图匹配算法的关键，在代码实现中可以通过构建原直方图累积概率与目标直方图累积概率之间的差值表，寻找原直方图中灰度值 n 的累积概率与目标直方图中所有灰度值累积概率差值的最小值，这个最小值对应的灰度值 r 就是 n 匹配后的灰度值。

在 OpenCV 4 中，并没有提供直方图匹配的函数，需要自己根据算法实现图像直方图匹配。在代码清单 4-9 中给出了实现直方图匹配的示例程序。该程序中待匹配的原图是一个整体偏暗的图像，目标直方图分配形式来自于一幅较为明亮的图像，经过图像直方图匹配操作之后，提高了图像的整体亮度，图像直方图的分布更加均匀，该程序实现的所有结果在图 4-8 和图 4-9 中给出。

代码清单 4-9　myHistMatch.cpp 图像直方图匹配

```
#include <opencv2\opencv.hpp>
#include <iostream>

```

```
using namespace cv;
using namespace std;

void drawHist(Mat &hist, int type, string name)  //归一化并绘制直方图函数
{
    int hist_w = 512;
    int hist_h = 400;
    int width = 2;
    Mat histImage = Mat::zeros(hist_h, hist_w, CV_8UC3);
    normalize(hist, hist, 1, 0, type, -1, Mat());
    for (int i = 1; i <= hist.rows; i++)
    {
        rectangle(histImage, Point(width*(i - 1), hist_h - 1),
            Point(width*i - 1,hist_h - cvRound(20 * hist_h*hist.at<float>(i-1)) - 1),
            Scalar(255, 255, 255), -1);
    }
    imshow(name, histImage);
}
//主函数
int main()
{
    Mat img1 = imread("histMatch.png");
    Mat img2 = imread("equalLena.png");
    if (img1.empty()||img2.empty())
    {
        cout << "请确认图像文件名称是否正确" << endl;
        return -1;
    }
    Mat hist1, hist2;
    //计算两幅图像直方图
    const int channels[1] = { 0 };
    float inRanges[2] = { 0,255 };
    const float* ranges[1] = { inRanges };
    const int bins[1] = { 256 };
    calcHist(&img1, 1, channels, Mat(), hist1, 1, bins, ranges);
    calcHist(&img2, 1, channels, Mat(), hist2, 1, bins, ranges);
    //归一化两幅图像的直方图
    drawHist(hist1, NORM_L1, "hist1");
    drawHist(hist2, NORM_L1, "hist2");
    //计算两幅图像直方图的累积概率
    float hist1_cdf[256] = { hist1.at<float>(0) };
    float hist2_cdf[256] = { hist2.at<float>(0) };
    for (int i = 1; i < 256; i++)
    {
        hist1_cdf[i] = hist1_cdf[i - 1] + hist1.at<float>(i);
        hist2_cdf[i] = hist2_cdf[i - 1] + hist2.at<float>(i);

    }
    //构建累积概率误差矩阵
    float diff_cdf[256][256];
    for (int i = 0; i < 256; i++)
    {
        for (int j = 0; j < 256; j++)
        {
            diff_cdf[i][j] = fabs(hist1_cdf[i] - hist2_cdf[j]);
        }
    }

    //生成 LUT
    Mat lut(1, 256, CV_8U);
```

```
    for (int i = 0; i < 256; i++)
    {
        // 查找源灰度级为 i 的映射灰度
        // 与 i 的累积概率差值最小的规定化灰度
        float min = diff_cdf[i][0];
        int index = 0;
        //寻找累积概率误差矩阵中每一行中的最小值
        for (int j = 1; j < 256; j++)
        {
            if (min > diff_cdf[i][j])
            {
                min = diff_cdf[i][j];
                index = j;
            }
        }
        lut.at<uchar>(i) = (uchar)index;
    }
    Mat result, hist3;
    LUT(img1, lut, result);
    imshow("待匹配图像", img1);
    imshow("匹配的模板图像", img2);
    imshow("直方图匹配结果", result);
    calcHist(&result, 1, channels, Mat(), hist3, 1, bins, ranges);
    drawHist(hist3, NORM_L1, "hist3");  //绘制匹配后的图像直方图
    waitKey(0);
    return 0;
}
```

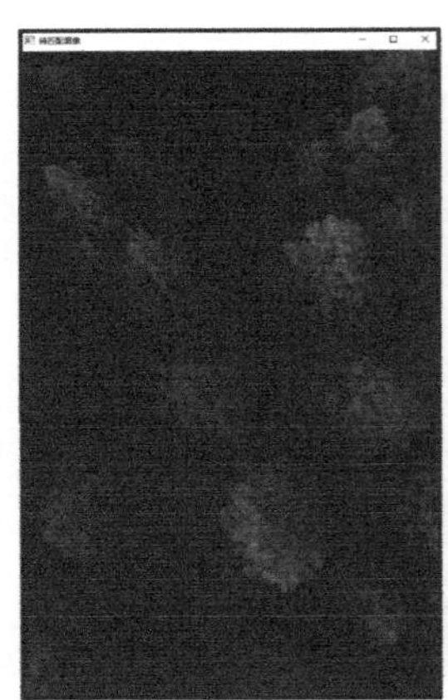
待匹配图像img1

匹配的模板图像img2

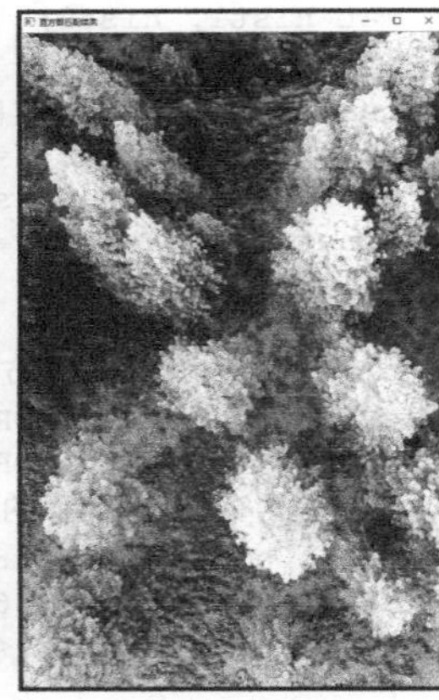
直方图匹配结果result

图 4-8　myHistMatch.cpp 程序中匹配图像原图、模板以及匹配后图像

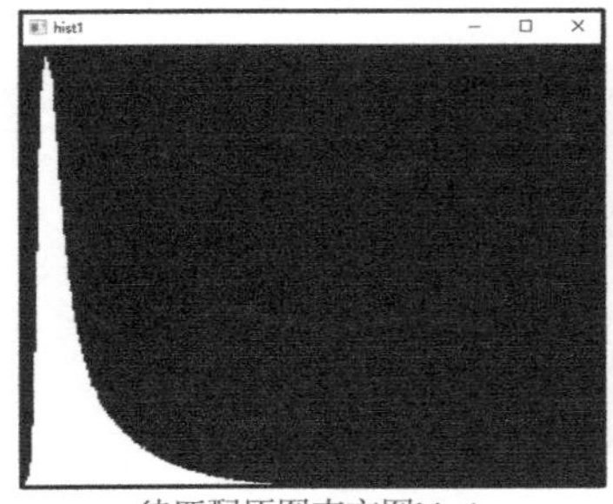
待匹配原图直方图hist1

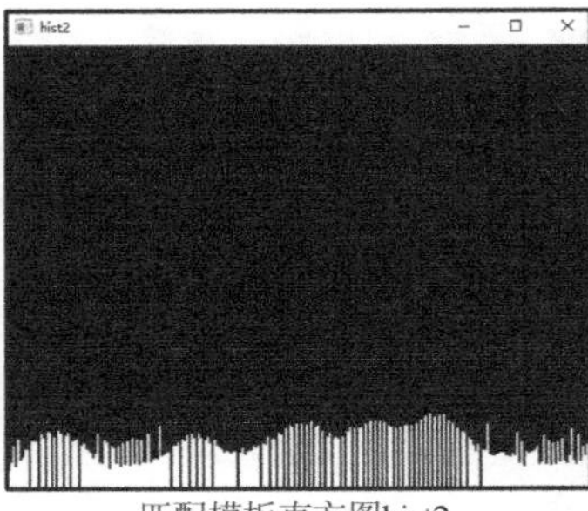
匹配模板直方图hist2

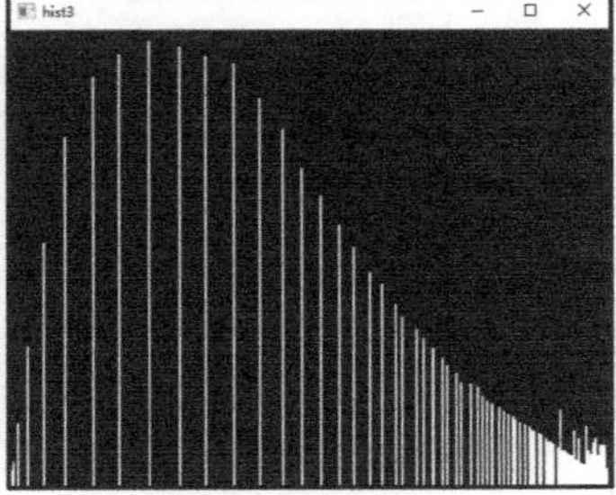
匹配后图像直方图hist3

图 4-9　myHistMatch.cpp 程序中各图像的直方图

4.3.3 直方图反向投影

如果一幅图像的某个区域中显示的是一种结构纹理或者一个独特的形状，那么这个区域的直方图就可以看作是这个结构或者形状的概率函数，在图像中寻找这种概率分布就是在图像中寻找该结构纹理或者独特形状。反向投影（back projection）就是记录给定图像中的像素点如何适应直方图模型像素分布方式的一种方法。简单地讲，反向投影就是首先计算某一特征的直方图模型，然后使用该模型去寻找图像中是否存在该特征的方法。

OpenCV 4 提供了 calcBackProject()函数用于对图像直方图反向投影，该函数的原型在代码清单 4-10 中给出。

代码清单 4-10　calcBackProject()函数原型

```
void cv::calcBackProject(const Mat *  images,
                         int  nimages,
                         const int *  channels,
                         InputArray  hist,
                         OutputArray  backProject,
                         const float **  ranges,
                         double  scale = 1,
                         bool  uniform = true
                         )
```

- images：待统计直方图的图像数组，数组中所有的图像应具有相同的尺寸和数据类型，并且数据类型只能是 CV_8U、CV_16U 和 CV_32F 这 3 种中的一种，但是不同图像的通道数可以不同。
- nimages：输入图像数量。
- channels：需要统计的通道索引数组，第一个图像的通道索引从 0 到 images[0].channels()−1，第二个图像通道索引从 images[0].channels()到 images[0].channels()+ images[1].channels()−1，依次类推。
- hist：输入直方图。
- backProject：目标为反向投影图像，与 images[0]具有相同尺寸和数据类型的单通道图像。
- ranges：每个图像通道中灰度值的取值范围。
- scale：输出反向投影矩阵的比例因子。
- uniform：直方图是否均匀的标志符，默认状态下为均匀（true）。

该函数用于在输入图像中寻找与特定图像最匹配的点或者区域，即对图像直方图反向投影，输入参数与计算图像直方图函数 calcHist()相似，需要输入图像和需要进行反向投影的通道索引数目，另外该函数需要输入模板图像的直方图统计结果，并且返回的是一幅图像，而不是直方图统计结果。根据该函数所需要的参数可知，该函数在使用时主要分为以下 4 个步骤。

第一步：加载模板图像和待反向投影图像。

第二步：转换图像颜色空间，常用的颜色空间为灰度图像和 HSV 空间。

第三步：计算模板图像的直方图，灰度图像为一维直方图，HSV 图像为 H-S 通道的二维直方图。

第四步：将待反向投影的图像和模板图像的直方图赋值给反向投影函数 calcBackProject()，最终得到反向投影结果。

为了更加熟悉该函数的使用方式，了解图像反向投影的作用，在代码清单 4-11 中给出了对图像直方图反向投影的示例程序。在该程序中，首先加载待反向投影图像和模板图像，模板图像从待反向投影的图像中截取；之后将两幅图像由 RGB 颜色空间转成 HSV 空间，统计 H-S 通道的直方图，将直方图归一化后绘制 H-S 通道的二维直方图；最后将待反向投影图像和模板图像的直方图输入给函数 calcBackProject()，得到对图像直方图反向投影结果。

代码清单 4-11　myCalcBackProject.cpp 图像直方图反向投影

```
#include <opencv2\opencv.hpp>
#include <iostream>

using namespace cv;
using namespace std;

void drawHist(Mat &hist, int type, string name)  //归一化并绘制直方图函数
{
    int hist_w = 512;
    int hist_h = 400;
    int width = 2;
    Mat histImage = Mat::zeros(hist_h, hist_w, CV_8UC3);
    normalize(hist, hist, 255, 0, type, -1, Mat());
    namedWindow(name, WINDOW_NORMAL);
    imshow(name, hist);
}
//主函数
int main()
{
    Mat img = imread("apple.jpg");
    Mat sub_img = imread("sub_apple.jpg");
    Mat img_HSV, sub_HSV, hist, hist2;
    if (img.empty() || sub_img.empty())
    {
        cout << "请确认图像文件名称是否正确" << endl;
        return -1;
    }

    imshow("img", img);
    imshow("sub_img", sub_img);
    //转成 HSV 空间，提取 S、V 两个通道
    cvtColor(img, img_HSV, COLOR_BGR2HSV);
    cvtColor(sub_img, sub_HSV, COLOR_BGR2HSV);
    int h_bins = 32; int s_bins = 32;
    int histSize[] = { h_bins, s_bins };
    //H 通道值的范围为 0～179
    float h_ranges[] = { 0, 180 };
    //S 通道值的范围为 0～255
    float s_ranges[] = { 0, 256 };
    const float* ranges[] = { h_ranges, s_ranges };  //每个通道的范围
    int channels[] = { 0, 1 };  //统计的通道索引
    //绘制 H-S 二维直方图
    calcHist(&sub_HSV, 1, channels, Mat(), hist, 2, histSize, ranges, true, false);
    drawHist(hist, NORM_INF, "hist");  //直方图归一化并绘制直方图
    Mat backproj;
    calcBackProject(&img_HSV, 1, channels, hist, backproj,ranges,1.0); //图像直方图反向投影
    imshow("反向投影后结果", backproj);
    waitKey(0);
    return 0;
}
```

上述程序运行结果如图 4-10 所示。

原图img

模板图像sub_img

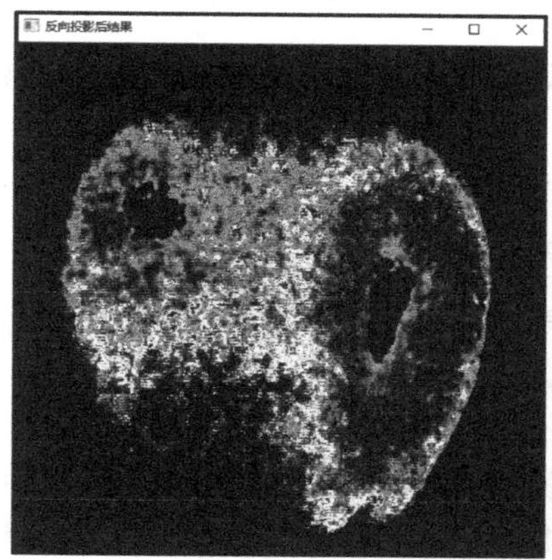

反向投影后结果backproj

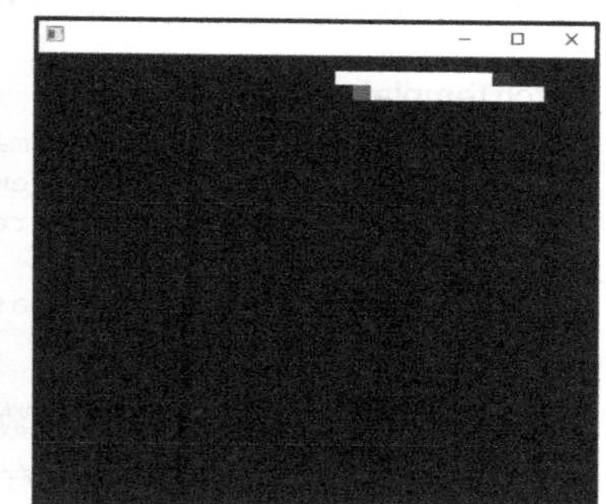
H-S通道二维直方图hist

图 4-10 myCalcBackProject.cpp 程序运行结果

4.4 图像的模板匹配

前面通过图像直方图反向投影的方式在图像中寻找模板图像，由于直方图不能直接反映图像的纹理，因此，如果两幅不同模板图像具有相同的直方图分布特性，那么在同一幅图中对这两幅模板图像的直方图进行反向投影，最终结果将不具有参考意义。因此，在图像中寻找模板图像时，可以直接通过比较图像像素的形式来搜索是否存在相同的内容，这种通过比较像素灰度值来寻找相同内容的方法称作图像的模板匹配。

模板匹配常用于在一幅图像中寻找特定内容的任务中。由于模板图像的尺寸小于待匹配图像的尺寸，同时又需要比较两幅图像的每一个像素的灰度值，因此常采用在待匹配图像中选择与模板相同尺寸的滑动窗口，通过比较滑动窗口与模板的相似程度，判断待匹配图像中是否含有与模板图像相同的内容，其原理如图 4-11 所示。

在图 4-11 中，右侧 4×4 的图像是模板图像，每个像素中的数字是该像素的灰度值，左侧 8×8 图像是待匹配图像，模板匹配的流程如下。

第一步：在待匹配图像中选取与模板尺寸大小相同的滑动窗口，图 4-11 中的阴影区域所示。

第二步：比较滑动窗口中每个像素与模板中对应像素灰度值的关系，计算模板与滑动窗口的相似性。

第三步：将滑动窗口从左上角开始先向右滑动，滑动到最右边后向下滑动一行，然后从最左侧重新开始滑动，记录每一次移动后计算的模板与滑动窗口的相似性。

第四步：比较所有位置的相似性，选择相似性最大的滑动窗口作为备选匹配结果。

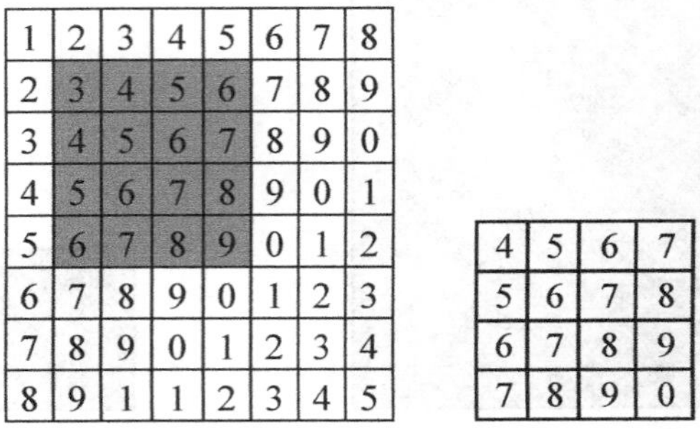

1	2	3	4	5	6	7	8
2	3	4	5	6	7	8	9
3	4	5	6	7	8	9	0
4	5	6	7	8	9	0	1
5	6	7	8	9	0	1	2
6	7	8	9	0	1	2	3
7	8	9	0	1	2	3	4
8	9	1	1	2	3	4	5

4	5	6	7
5	6	7	8
6	7	8	9
7	8	9	0

图 4-11　模板匹配示意图

OpenCV 4 中提供了用于图像模板匹配的函数 matchTemplate()，该函数能够实现模板匹配过程中图像与模板相似性的计算，在代码清单 4-12 中给出了该函数的原型。

代码清单 4-12　matchTemplate()函数原型

```
void cv::matchTemplate(InputArray  image,
                       InputArray  templ,
                       OutputArray  result,
                       int  method,
                       InputArray  mask = noArray()
                       )
```

- image：待模板匹配的原始图像，图像数据类型为 CV_8U 和 CV_32F 两者中的一个。
- templ：模板图像，需要与原始图像具有相同的数据类型，但是尺寸不能大于原始图像。
- result：模板匹配结果输出图像，图像数据类型为 CV_32F。
- method：是模板匹配方法标志，可选择参数及含义在表 4-3 中给出。
- mask：匹配模板的掩码，必须与模板图像具有相同的数据类型和尺寸，默认情况下不设置，目前仅支持在 TM_SQDIFF 和 TM_CCORR_NORMED 两种匹配方法中使用。

该函数同时支持灰度图像和彩色图像两种图像的模板匹配。该函数前两个参数为输入的原始图像和模板图像，由于是在原始图像中搜索是否存在与模板图像相同的内容，因此需要模板图像的尺寸小于原始图像，并且两者必须具有相同的数据类型。第三个参数为相似性矩阵，滑动窗口与模板的相似性系数存放在滑动窗口左上角第一个像素处，因此输出的相似性矩阵尺寸要小于原始图像的尺寸，如果原始图像的尺寸为 $W \times H$，模板图像尺寸为 $w \times h$，那么输出图像的尺寸为 $(W-w+1) \times (H-h+1)$。因为在模板匹配中原始图像不需要进行尺寸的外延，所以滑动窗口左上角可以移动的范围要小于原始图像的尺寸。无论输入的是彩色图像还是灰度图像，函数输出结果都是单通道矩阵。了解相似性系数记录的方式便于寻找到与模板最相似的滑动窗口，继而在原图中标记出与模板相同的位置。该函数第四个参数是滑动窗口与模板匹配方法标志，即相似性系数，OpenCV 4 提供了多种计算方法，所有可以选择的标志参数在表 4-3 中给出，接下来对每一种方法进行详细介绍。

表 4-3　可选择的标志参数

标志参数	简记	方法名称
TM_SQDIFF	0	平方差匹配法

续表

标志参数	简记	方法名称
TM_SQDIFF_NORMED	1	归一化平方差匹配法
TM_CCORR	2	相关匹配法
TM_CCORR_NORMED	3	归一化相关匹配法
TM_CCOEFF	4	系数匹配法
TM_CCOEFF_NORMED	5	归一化相关系数匹配法

1. TM_SQDIFF

该方法名为平方差匹配法，计算公式如式（4-9）所示。这种方法利用平方差来进行匹配，当模板与滑动窗口完全匹配时，计算数值为 0，两者匹配度越低，计算数值越大。

$$R(x,y)=\sum_{x',y'}(T(x',y')-I(x+x',y+y'))^2 \tag{4-9}$$

其中，T 表示模板图像，I 表示原始图像。

2. TM_SQDIFF_NORMED

该方法名为归一化平方差匹配法，计算公式如式（4-10）所示。这种方法是将平方差方法进行归一化，使得输入结果归一化到 0～1，当模板与滑动窗口完全匹配时，计算数值为 0，两者匹配度越低，计算数值越大。

$$R(x,y)=\frac{\sum_{x',y'}(T(x',y')-I(x+x',y+y'))^2}{\sqrt{\sum_{x',y'}T(x',y')^2\sum_{x',y'}I(x+x',y+y')^2}} \tag{4-10}$$

3. TM_CCORR

该方法名为相关匹配法，计算公式如式（4-11）所示。因为这类方法采用模板和图像间的乘法操作，所以数值越大表示匹配效果越好，0 表示最坏的匹配结果。

$$R(x,y)=\sum_{x',y'}(T(x',y')I(x+x',y+y')) \tag{4-11}$$

4. TM_CCORR_NORMED

该方法名为归一化相关匹配法，计算公式如式（4-12）所示。这种方法是将相关匹配法进行归一化，使得输入结果归一化到 0～1，当模板与滑动窗口完全匹配时，计算数值为 1，两者完全不匹配时，计算结果为 0。

$$R(x,y)=\frac{\sum_{x',y'}(T(x',y')I(x+x',y+y'))^2}{\sqrt{\sum_{x',y'}T(x',y')^2\sum_{x',y'}I(x+x',y+y')^2}} \tag{4-12}$$

5. TM_CCOEFF

该方法名为系数匹配法，计算公式如式（4-13）所示。这种方法采用相关匹配法对模板减去均值的结果和原始图像减去均值的结果进行匹配，这种方法可以很好地解决模板图像和原始图像之间由于亮度不同而产生的影响。在该方法中，模板与滑动窗口匹配度越高，计算数值越大，匹配度越低，计算数值越小，另外，该方法计算结果可以为负数。

$$R(x,y)=\sum_{x',y'}(T'(x',y')I'(x+x',y+y')) \tag{4-13}$$

其中

$$\begin{cases} T'(x',y') = T(x',y') - \dfrac{1}{w*h}\sum_{x'',y''} T(x'',y'') \\ I'(x+x',y+y') = I(x+x',y+y') - \dfrac{1}{w*h}\sum_{x'',y''} I(x+x'',y+y'') \end{cases} \tag{4-14}$$

6. TM_CCOEFF_NORMED

该方法名为归一化相关系数匹配法，计算公式如式（4-15）所示。这种方法将系数匹配法进行归一化，使得输入结果归一化到 1～−1，当模板与滑动窗口完全匹配时，计算数值为 1，当两者完全不匹配时，计算结果为−1。

$$R(x,y) = \frac{\sum_{x',y'} (T'(x',y') I'(x+x',y+y'))}{\sqrt{\sum_{x',y'} T(x',y')^2 \sum_{x',y'} I'(x+x',y+y')^2}} \tag{4-15}$$

在了解不同的计算相似性方法时，重点需要知道在每种方法中最佳匹配结果的数值应该是较大值还是较小值，由于 matchTemplate()函数的输出结果是存有相关性系数的矩阵，因此需要通过 minMaxLoc()函数寻找输入矩阵中的最大值或者最小值，进而确定模板匹配的结果。

通过寻找输出矩阵的最大值或者最小值得到的只是一个像素点，需要以该像素点为矩形区域的左上角，绘制与模板图像同尺寸的矩形框，标记出最终匹配的结果。为了了解图像模板匹配相关函数的使用方法，在代码清单 4-13 中给出了在彩色图像中进行模板匹配的示例程序。该程序采用 TM_CCOEFF_NORMED 方法计算相关性系数，通过 minMaxLoc()函数寻找相关性系数中的最大值，确定最佳匹配值的像素点坐标，之后在原图中绘制出与模板最佳匹配区域的范围。该程序的运行结果在图 4-12 中给出。

代码清单 4-13　myMatchTemplate.cpp 图像的模板匹配

```
#include <opencv2\opencv.hpp>
#include <iostream>

using namespace cv;
using namespace std;

int main()
{
    Mat img = imread("lena.png");
    Mat temp = imread("lena_face.png");
    if (img.empty() || temp.empty())
    {
        cout << "请确认图像文件名称是否正确" << endl;
        return -1;
    }
    Mat result;
    matchTemplate(img, temp, result, TM_CCOEFF_NORMED);//模板匹配
    double maxVal, minVal;
    Point minLoc, maxLoc;
    //寻找匹配结果中的最大值和最小值以及坐标位置
    minMaxLoc(result, &minVal, &maxVal, &minLoc, &maxLoc);
    //绘制最佳匹配区域
    rectangle(img,cv::Rect(maxLoc.x,maxLoc.y,temp.cols,temp.rows),Scalar(0,0,255),2);
    imshow("原图", img);
    imshow("模板图像", temp);
```

```
    imshow("result", result);
    waitKey(0);
    return 0;
}
```

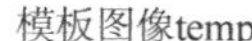
模板图像temp

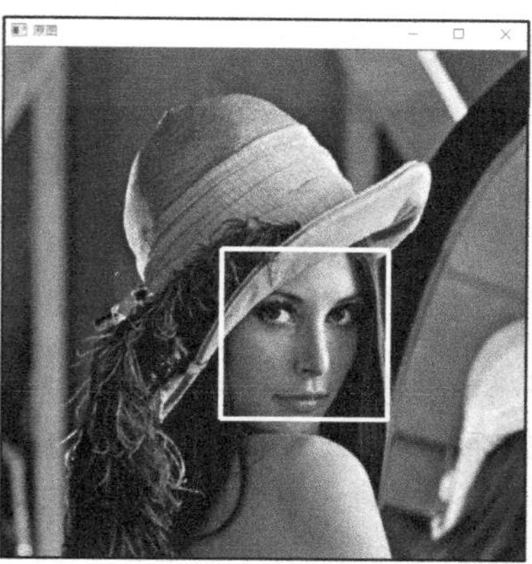
匹配结果result

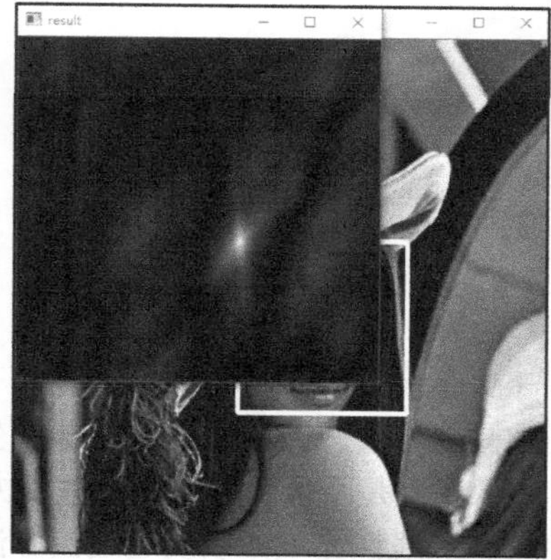
相似性系数矩阵与结果对照

图 4-12 myMatchTemplate.cpp 程序运行结果

4.5 本章小结

本章重点介绍了图像直方图的绘制及其应用，包括直方图比较、直方图均衡化、直方图匹配，以及直方图反向投影，除此之外，本章中还补充介绍了图像的模板匹配。

本章主要函数清单

函数名称	函数说明	代码清单
calcHist()	绘制图像直方图	4-1
normalize()	数据归一化	4-3
compareHist()	直方图比较	4-5
equalizeHist()	直方图均衡化	4-7
calcBackProject()	直方图反向投影	4-10
matchTemplate()	图像模板匹配	4-12

本章示例程序清单

示例程序名称	程序说明	代码清单
myCalcHist.cpp	绘制图像直方图	4-2
myNormalize.cpp	图像直方图归一化操作	4-4
myCompareHist.cpp	比较两个直方图的相似性	4-6
myEqualizeHist.cpp	图像直方图均衡化	4-8
myHistMatch.cpp	图像直方图匹配	4-9
myCalcBackProject.cpp	图像直方图反向投影	4-11
myMatchTemplate.cpp	图像的模板匹配	4-13

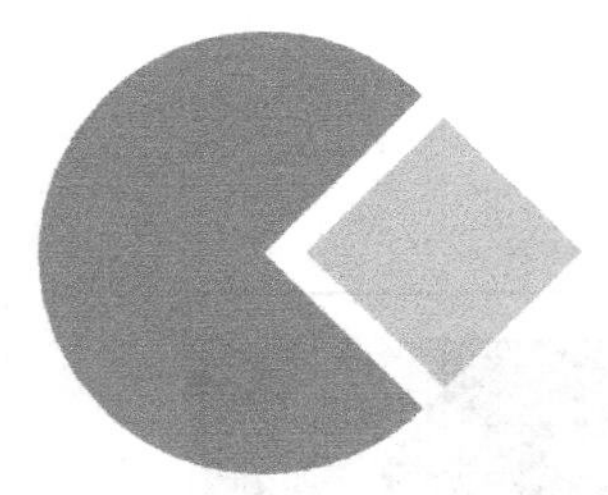

第 5 章　图像滤波

由于采集图像的设备可能会受到光子噪声、暗电流噪声等干扰，使得采集到的图像具有噪声，另外图像信号在传输过程中也有可能产生噪声，因此去除图像中的噪声是图像预处理中十分重要的步骤。图像滤波是图像噪声去除的重要方式，本章将介绍如何在图像中添加噪声，去除图像噪声的线性滤波、非线性滤波，以及通过图像滤波方式求取图像中的边缘信息。

5.1 图像卷积

卷积常用在信号处理中，而图像数据可以看作一种信号数据，例如图像中的每一行可以看作测量亮度变化的信号数据，每一列可以看作亮度变化的信号数据，因此，可以对图像进行卷积操作。在信号处理中，卷积操作需要给出一个卷积函数与信号进行计算，图像的卷积形式与其相同，需要给出一个卷积模板与原始图像进行卷积计算。整个过程可以看成是一个卷积模板在另外一个大的图像上移动，对每个卷积模板覆盖的区域进行点乘，得到的值作为中心像素点的输出值。卷积首先需要将卷积模板旋转 180°，之后从图像的左上角开始移动旋转后的卷积模板，从左到右，从上到下，依次进行卷积计算，最终得到卷积后的图像。卷积模板又称为卷积核或者内核，是一个固定大小的二维矩阵，矩阵中存放着预先设定的数值。

图像卷积过程大致可以分为以下 5 个步骤。

第一步：将卷积模板旋转 180°。由于多数情况中卷积模板中的数据是中心对称的，因此有时这步可以省略，但是，如果卷积模板不是中心对称的，那么必须将模板进行旋转。

第二步：将卷积模板中心放在原始图像中需要计算卷积的像素上，卷积模板中其余部分对应在原始图像相应的像素上，如图 5-1 所示，卷积模板和待卷积矩阵中阴影区域分别是卷积模板的中心和对应点，定位结果中阴影区域为模板覆盖的区域。

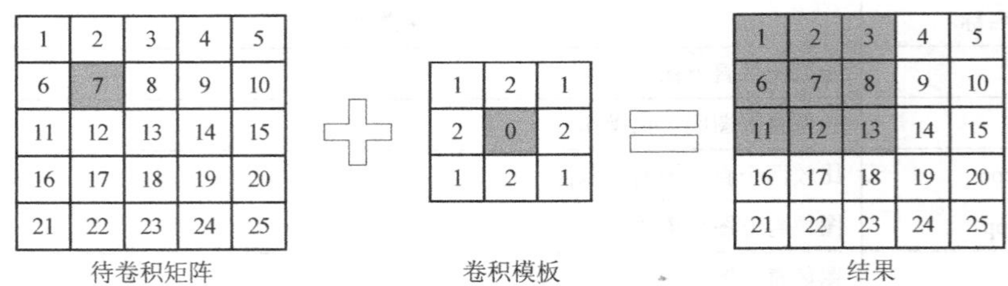

图 5-1　图像卷积步骤第二步

第三步：用卷积模板中的系数乘以图像中对应位置的像素数值，并对所有结果求和。针对图 5-1 表示的卷积步骤，其计算过程如式（5-1）所示，最终计算结果为 84。

$$result = 1\times1+2\times2+3\times1+6\times2+7\times0+8\times2+11\times1+12\times2+13\times1=84 \quad (5\text{-}1)$$

第四步：将计算结果存放在原始图像中与卷积模板中心点对应的像素处，即图 5-1 中待卷积矩阵中的黄色像素处（见彩图），结果如图 5-2 所示。

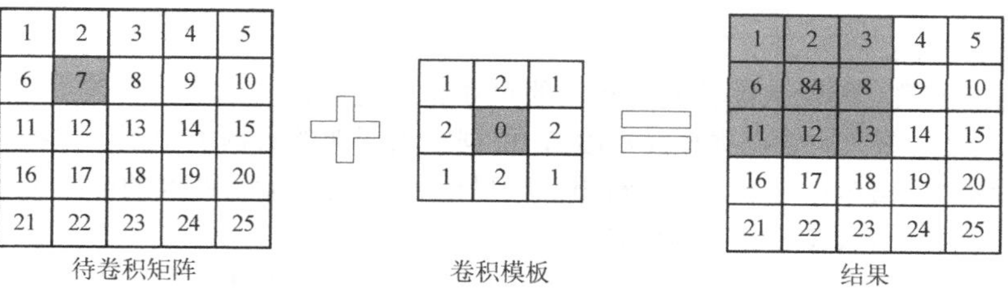

图 5-2　图像卷积步骤第四步

第五步：将卷积模板在图像中从左至右、从上到下移动，重复以上第二步～第四步，直到处理完所有的像素值，每一次循环的处理结果如图 5-3 所示。

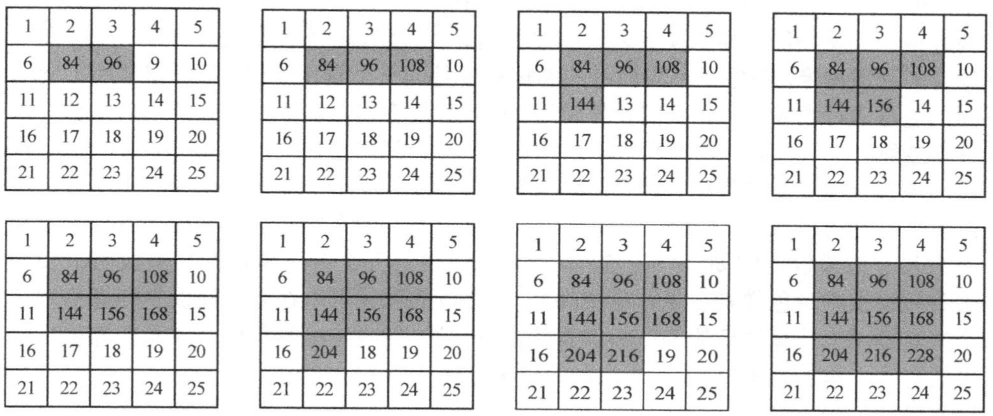

图 5-3　图像卷积步骤第五步

通过前面的 4 个步骤（第二步～第五步）已经完成了图像卷积的主要部分，不过从图 5-3 的结果可以发现，这种方法只能对图像中心区域进行卷积，而由于卷积模板中心无法放置在图像的边缘像素处，因此图像边缘区域没有进行卷积运算。卷积模板的中心无法放置在图像边缘的原因是，当卷积模板的中心与图像边缘对应时，模板中部分数据会出现没有图像中的像素与之对应的情况。为了解决这个问题，可主动将图像的边缘外推出去，例如与 3×3 的卷积模板运算时，用 0 在原始图像周围增加一层像素，从而解决模板图像中部分数据没有对应像素的问题。

通过卷积的计算结果可以发现，最后一个像素值已经接近 CV_8U 数据类型的最大值，因此，如果卷积模板选取不当，那么极有可能造成卷积结果超出数据范围的情况发生。因此，图像卷积操作常将卷积模板通过缩放使得所有数值的和为 1，进而解决卷积后数值越界的情况发生，例如将图 5-1 中卷积模板的所有数值除以 12 后再进行卷积操作。

针对上面的卷积过程，OpenCV 4 中提供了 filter2D()函数用于实现图像和卷积模板之间的卷积运算，该函数的原型在代码清单 5-1 中给出。

代码清单 5-1　filter2D()函数原型

```
void cv::filter2D(InputArray  src,
                  OutputArray  dst,
                  int  ddepth,
```

```
                     InputArray  kernel,
                     Point  anchor = Point(-1,-1),
                     double  delta = 0,
                     int  borderType = BORDER_DEFAULT
                     )
```

- src：输入图像。
- dst：输出图像，与输入图像具有相同的尺寸和通道数。
- ddepth：输出图像的数据类型（深度），根据输入图像的数据类型不同，拥有不同的取值范围，具体的取值范围在表 5-1 中给出。当赋值为−1 时，输出图像的数据类型自动选择。
- kernel：卷积核，CV_32FC1 类型的矩阵。
- anchor：内核的基准点（锚点），默认值(−1, −1)代表内核基准点位于 kernel 的中心位置。基准点是卷积核中与进行处理的像素点重合的点，其位置必须在卷积核的内部。
- delta：偏值，在计算结果中加上偏值。
- borderType：像素外推法选择标志，可以选取的参数及含义已经在表 3-5 中给出，默认参数为 BORDER_DEFAULT，表示不包含边界值倒序填充。

该函数用于实现图像和卷积模板之间的卷积运算，函数第一个参数为输入的待卷积图像，允许输入图像为多通道图像，图像中不同通道的卷积模板是同一个卷积模板，如果需要用不同的卷积模板对不同的通道进行卷积操作，就需要先使用 split()函数将图像多个通道分离之后单独对每一个通道求取卷积运算。该函数第二个参数为输出图像，尺寸和通道数与第一个参数保持一致。输出图像的数据类型由第三个参数进行选择，根据输入图像数据类型的不同，可供选择的输出数据类型也不相同，详细取值范围在表 5-1 中给出。该函数第四个参数为卷积模板矩阵，在多数情况下，该模板是一个奇数尺寸的模板，例如 3×3、5×5 等。该函数第五个参数指定卷积模板的中心位置，即图 5-1 中卷积模板中黄色像素（见彩色文件），中心点的位置可以在卷积模板中任意指定。该函数最后两个参数分别为计算卷积的偏值和像素外推方法选择的标志，卷积偏值表示在卷积步骤第二步计算结果的基础上再加上偏值 delta 作为最终结果。

注意　filter2D()函数不会将卷积模板进行旋转，如果卷积模板不对称，那么需要首先将卷积模板旋转 180° 后再输入给该函数的第四个参数。

表 5-1　filter2D()函数输出图像数据类型与输入图像数据类型的联系

输入图像数据类型	输出图像可选数据类型
CV_8U	−1 / CV_16S / CV_32F / CV_64F
CV_16U / CV_16S	−1 / CV_32F / CV_64F
CV_32F	−1 / CV_32F / CV_64F
CV_64F	−1 / CV_64F

为了了解函数 filter2D()的使用方式，在代码清单 5-2 中给出了图 5-1 中两个矩阵之间卷积的代码实现方法，并且对卷积模板进行了归一化操作。由于给出的卷积模板是中心对称的，因此可以省略卷积过程中模板旋转 180° 的操作。该程序卷积计算的结果如图 5-4 所示，未归一化的卷积结果在图 5-3 中结果的基础上偏移了 2，归一化后矩阵中每个元素的数值都在一定的范围内。另外，在例程中，利用相同的卷积模板对彩色图像进行卷积，输出结果在图 5-5 中给出，虽然卷积前后图像内容一致，但是图像整体变得模糊一些，可见图像卷积具有对图像模糊的作用。

代码清单 5-2 myFilter.cpp 图像卷积

```
#include <opencv2\opencv.hpp>
#include <iostream>

using namespace cv;
using namespace std;

int main()
{
    //待卷积矩阵
    uchar points[25] = { 1,2,3,4,5,
        6,7,8,9,10,
        11,12,13,14,15,
        16,17,18,19,20,
        21,22,23,24,25 };
    Mat img(5, 5, CV_8UC1, points);
    //卷积模板
    Mat kernel = (Mat_<float>(3, 3) << 1, 2, 1,
        2, 0, 2,
        1, 2, 1);
    Mat kernel_norm = kernel / 12;  //卷积模板归一化
                                    //未归一化卷积结果和归一化卷积结果
    Mat result, result_norm;
    filter2D(img, result, CV_32F, kernel, Point(-1, -1), 2, BORDER_CONSTANT);
    filter2D(img, result_norm, CV_32F, kernel_norm, Point(-1,-1),2, BORDER_CONSTANT);
    cout << "result:" << endl << result << endl;
    cout << "result_norm:" << endl << result_norm << endl;
    //图像卷积
    Mat lena = imread("lena.png");
    if (lena.empty())
    {
        cout << "请确认图像文件名称是否正确" << endl;
        return -1;
    }
    Mat lena_filter;
    filter2D(lena, lena_filter, -1, kernel_norm, Point(-1, -1), 2, BORDER_CONSTANT);
    imshow("lena_filter", lena_filter);
    imshow("lena", lena);
    waitKey(0);
    return 0;
}
```

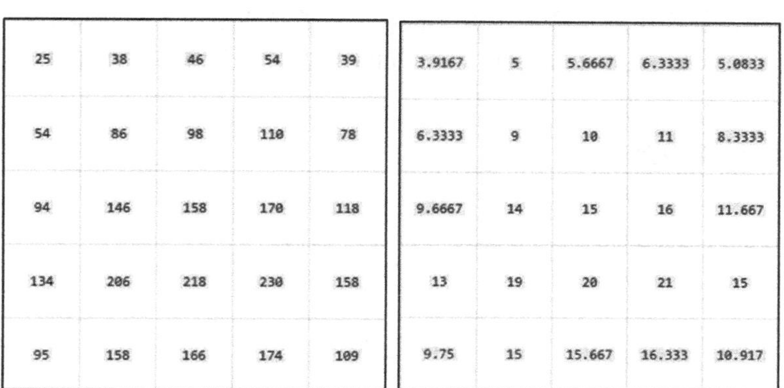

25	38	46	54	39
54	86	98	110	78
94	146	158	170	118
134	206	218	230	158
95	158	166	174	109

未归一化卷积结果

3.9167	5	5.6667	6.3333	5.0833
6.3333	9	10	11	8.3333
9.6667	14	15	16	11.667
13	19	20	21	15
9.75	15	15.667	16.333	10.917

归一化卷积结果

图 5-4 myFilter.cpp 程序中矩阵卷积结果

原始图像lena

卷积后图像lena_fillter

图 5-5　myFilter.cpp 程序中图像结果

5.2　噪声的种类与生成

图像在获取或者传输过程中会受到随机信号的干扰而产生噪声，例如电阻引起的热噪声、光子噪声、暗电流噪声，以及光响应非均匀性噪声等。由于图像噪声会妨碍人们对图像的理解以及后续的处理工作，因此去除噪声的影响在图像处理中具有十分重要的作用。图像中常见的噪声主要有 4 种，分别是高斯噪声、椒盐噪声、泊松噪声和乘性噪声。要去除噪声，首先需要了解噪声的产生原因及特性。因此，本节将重点介绍椒盐噪声和高斯噪声产生的原因，以及如何在图像中添加这两种噪声，生成的含有噪声的图像可以应用于后续的滤波处理中。

5.2.1　椒盐噪声

椒盐噪声又称作脉冲噪声，它会随机改变图像中的像素值，是由相机成像、图像传输、解码处理等过程产生的黑白相间的亮暗点噪声，其样子就像在图像上随机地撒上一些盐粒和黑椒粒，因此被称为椒盐噪声。到目前为止，OpenCV 4 中还没有提供专门用于为图像添加椒盐噪声的函数，需要使用者根据自己的需求编写生成椒盐噪声的程序，本小节将带领读者一起实现在图像中添加椒盐噪声。

考虑到椒盐噪声会在图像中的任何一个位置随机产生，因此，对于椒盐噪声的生成，需要使用 OpenCV 4 中能够产生随机数的函数 rand()。为了能够生成不同数据类型的随机数，该函数拥有多种演变形式（如 rand_double()、rand_int()），在代码清单 5-3 中给出了这几种形式的函数原型。

代码清单 5-3　随机数函数原型

```
int cvflann::rand()

double cvflann::rand_double(double  high = 1.0,
                            double  low = 0
                            )

int cvflann::rand_int(int  high = RAND_MAX,
                      int  low = 0
                      )
```

- high：输出随机数的最大值。
- low：输出随机数的最小值。

这 3 个函数都可以用来生成随机数，区别在于，第一个函数 rand()不需要输入任何参数，返回的随机数为 int 类型；第二个函数 rand_double()需要输入随机数的上下边界，默认状态下生成的随机数在 0～1 范围，返回的随机数为 double 类型；第三个函数 rand_int()也需要输入随机数的上下边界，不同的是，该函数默认状态下的最大值为 RAND_MAX，这是一个由系统定义的宏变量，在作者使用的计算机中，这个变量表示的是整数 32 767，该函数会返回的随机数为 int 类型。这 3 个函数的功能和使用方式上都比较简单。这里有个小技巧，虽然 rand()函数没有给出随机数的取值范围，但是可以采用求取余数的方式来实现对随机数范围的设置，例如，使用 rand()函数随机生成一个 0～100 的整数，可以使用“int a = rand()%100”语句来实现，因为任何数除以 100 后的余数一定在 0～100 范围。

注意 该类函数与之前所有函数的不相同之处在于，该类函数并不在 cv 的命名空间中，而是在 cvflann 类中，因此，在使用的时候，一定要在该类函数前添加前缀，如 cvflann:: rand()。有些读者在使用 rand()函数时不添加 cvflann 命名空间的前缀也可以使用，是因为该函数不但在 OpenCV 4 中存在，而且在 stdlib.h 头文件中同样存在，只有在该函数前面添加了命名空间前缀才是 OpenCV 4 中的随机数生成函数。

在了解了随机函数之后，在图像中添加椒盐噪声大致分为以下 4 个步骤。

第一步：确定添加椒盐噪声的位置。根据椒盐噪声会随机出现在图像中任何一个位置的特性，可以通过随机数函数生成两个随机数，分别用于确定椒盐噪声产生的行和列。

第二步：确定噪声的种类。不但椒盐噪声的位置是随机的，而且噪声点是黑色的还是白色的也是随机的，因此，可以再次生成一个随机数，通过判断随机数的奇偶性确定该像素是黑色噪声点还是白色噪声点。

第三步：修改图像像素灰度值。判断图像通道数，通道数不同的图像中像素表示白色的方式不相同，可以根据需求只改变多通道图像中某一个通道的数值。

第四步：得到含有椒盐噪声的图像。

依照上述步骤，代码清单 5-4 中给出了在图像中添加椒盐噪声的示例程序，该程序中判断了输入图像是灰度图还是彩色图，但是没有对彩色图像的单一颜色通道产生椒盐噪声。如果需要对某一通道产生椒盐噪声，只需要单独处理彩色图像每个通道。该程序在图像中添加椒盐噪声的结果如图 5-6 和图 5-7 所示。由于椒盐噪声是随机添加的，因此每次运行结果都会有所差异。

代码清单 5-4 mySaltAndPepper.cpp 图像中添加椒盐噪声

```
#include <opencv2\opencv.hpp>
#include <iostream>

using namespace cv;
using namespace std;

//椒盐噪声函数
void saltAndPepper(cv::Mat image, int n)
{
	for (int k = 0; k<n / 2; k++)
	{
```

```
            //随机确定图像中位置
            int i, j;
            i = std::rand() % image.cols;   //取余数运算，保证在图像的列数内
            j = std::rand() % image.rows;   //取余数运算，保证在图像的行数内
            int write_black = std::rand() % 2;  //判定是白色噪声还是黑色噪声的变量
            if (write_black == 0)  //添加白色噪声
            {
                if (image.type() == CV_8UC1)  //处理灰度图像
                {
                    image.at<uchar>(j, i) = 255;  //白色噪声
                }
                else if (image.type() == CV_8UC3)  //处理彩色图像
                {
                    image.at< Vec3b>(j, i)[0] = 255; //Vec3b 为 OpenCV 定义的 3 个值的向量类型
                    image.at<Vec3b>(j, i)[1] = 255; //[]指定通道，B:0, G:1, R:2
                    image.at<Vec3b>(j, i)[2] = 255;
                }
            }
            else  //添加黑色噪声
            {
                if (image.type() == CV_8UC1)
                {
                    image.at<uchar>(j, i) = 0;
                }
                else if (image.type() == CV_8UC3)
                {
                    image.at< Vec3b>(j, i)[0] = 0; //Vec3b 为 OpenCV 定义的 3 个值的向量类型
                    image.at<Vec3b>(j, i)[1] = 0; //[]指定通道，B:0, G:1, R:2
                    image.at<Vec3b>(j, i)[2] = 0;
                }
            }

        }
}

int main()
{
    Mat lena = imread("lena.png");
    Mat equalLena = imread("equalLena.png", IMREAD_ANYDEPTH);
    if (lena.empty()||equalLena.empty())
    {
        cout << "请确认图像文件名称是否正确" << endl;
        return -1;
    }
    imshow("lena 原图", lena);
    imshow("equalLena 原图", equalLena);
    saltAndPepper(lena, 10000);  //彩色图像添加椒盐噪声
    saltAndPepper(equalLena, 10000);  //灰度图像添加椒盐噪声
    imshow("lena 添加噪声", lena);
    imshow("equalLena 添加噪声", equalLena);
    waitKey(0);
    return 0;
}
```

原灰度图

灰度图添加椒盐噪声

图 5-6 mySaltAndPepper.cpp 程序中灰度图添加椒盐噪声结果

原彩色图

彩色图添加椒盐噪声

图 5-7 mySaltAndPepper.cpp 程序中彩色图添加椒盐噪声结果

5.2.2 高斯噪声

高斯噪声是指噪声分布的概率密度函数服从高斯分布（正态分布）的一类噪声，其产生的主要原因是相机在拍摄时视场较暗且亮度不均匀。相机长时间工作使得温度过高同样会引起高斯噪声，另外，电路元器件自身噪声和互相影响也是造成高斯噪声的重要原因之一。高斯噪声的概率密度函数如式（5-2）所示，其中 z 表示图像像素的灰度值，μ 表示像素值的平均值或者期望值，σ 表示像素值的标准差，标准差的平方（σ^2）称为方差。区别于椒盐噪声随机出现在图像中的任意位置，高斯噪声出现在图像中的所有位置。

$$p(z)=\frac{1}{\sqrt{2\pi}\sigma}e^{\frac{-(z-\mu)^2}{2\sigma^2}} \tag{5-2}$$

OpenCV 4 中同样没有专门为图像添加高斯噪声的函数，对照在图像中添加椒盐噪声的过程，可以根据需求利用能够产生随机数的函数来完成在图像中添加高斯噪声的任务。在 OpenCV 4 中，提供了 fill()函数，可以产生均匀分布或者高斯分布（正态分布）的随机数，可以利用该函数产生符合高斯分布的随机数，之后在图像中加入这些随机数即可。下面首先介绍该函数的使用方式，该函数的原型在代码清单 5-5 中给出。

代码清单 5-5 fill()函数原型

```
void cv::RNG::fill(InputOutputArray  mat,
```

```
                    int  distType,
                    InputArray  a,
                    InputArray  b,
                    bool  saturateRange = false
                    )
```

- mat：用于存放随机数的矩阵，目前只支持低于 5 通道的矩阵。
- distType：随机数分布形式选择标志，目前生成的随机数支持均匀分布（RNG::UNIFORM，0）和高斯分布（RNG::NORMAL，1）。
- a：确定分布规律的参数。当选择均匀分布时，该参数表示均匀分布的最小下限；当选择高斯分布时，该参数表示高斯分布的均值。
- b：确定分布规律的参数。当选择均匀分布时，该参数表示均匀分布的最大上限；当选择高斯分布时，该参数表示高斯分布的标准差。
- saturateRange：预饱和标志，仅用于均匀分布。

该函数用于生成指定分布形式的随机数填充矩阵，可以生成符合均匀分布的随机数和符合高斯分布的随机数。该函数的第一个参数输入用于存储生成随机数的矩阵，但是矩阵的通道数必须小于 5。第二个参数是选择随机数分布形式的标志，该函数目前只支持两种分布形式，分别是均匀分布（RNG::UNIFORM，简记 0）和高斯分布（RNG::NORMAL，简记 1）。该函数的第三个和第四个参数为确定随机数分布规律的参数。最后一个参数是预饱和标志，仅用于均匀分布，一般使用其默认方式即可。需要注意的是，该函数属于 OpenCV 4 的 RNG 类，是一个非静态成员函数，因此，在使用的时候，不能像使用正常函数一样直接使用，而需要首先创建一个 RNG 类的变量，之后通过访问这个变量中的函数的方式调用这个函数，具体使用方式在代码清单 5-6 中给出。

代码清单 5-6　RNG::fill()函数的使用

```
cv::RNG rng;
rng.fill(mat, RNG::NORMAL, 10, 20);
```

在图像中添加高斯噪声大致分为以下 4 个步骤。

第一步：创建一个与图像尺寸、数据类型及通道数相同的 Mat 类变量。

第二步：通过调用 fill()函数在 Mat 类变量中产生符合高斯分布的随机数。

第三步：将原始图像和含有高斯分布的随机数矩阵相加。

第四步：得到添加高斯噪声之后的图像。

依照上述步骤，代码清单 5-7 中给出了在图像中添加高斯噪声的示例程序，该程序实现了对灰度图像和彩色图像添加高斯噪声。在图像中添加高斯噪声的结果如图 5-8 和图 5-9 所示。由于高斯噪声是随机生成的，因此每次运行结果都会有差异。

代码清单 5-7　myGaussNoise.cpp 图像中添加高斯噪声

```
#include <opencv2\opencv.hpp>
#include <iostream>

using namespace cv;
using namespace std;

int main()
{
    Mat lena = imread("lena.png");
    Mat equalLena = imread("equalLena.png", IMREAD_ANYDEPTH);
    if (lena.empty()||equalLena.empty())
    {
        cout << "请确认图像文件名称是否正确" << endl;
```

```
        return -1;
    }
    //生成与原始图像尺寸、数据类型和通道数相同的矩阵
    Mat lena_noise = Mat::zeros(lena.rows, lena.cols, lena.type());
    Mat equalLena_noise = Mat::zeros(lena.rows, lena.cols, equalLena.type());
    imshow("lena 原图", lena);
    imshow("equalLena 原图", equalLena);
    RNG rng;  //创建一个 RNG 类
    rng.fill(lena_noise, RNG::NORMAL, 10, 20);  //生成三通道的高斯分布随机数
    rng.fill(equalLena_noise, RNG::NORMAL, 15, 30);  //生成单通道的高斯分布随机数
    imshow("三通道高斯噪声", lena_noise);
    imshow("单通道高斯噪声", equalLena_noise);
    lena = lena + lena_noise;  //在彩色图像中添加高斯噪声
    equalLena = equalLena + equalLena_noise;  //在灰度图像中添加高斯噪声
    //显示添加高斯噪声后的图像
    imshow("lena 添加噪声", lena);
    imshow("equalLena 添加噪声", equalLena);
    waitKey(0);
    return 0;
}
```

原灰度图

灰度图高斯噪声

灰度图添加高斯噪声

图 5-8 myGaussNoise.cpp 程序中灰度图添加高斯噪声结果

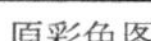

原彩色图

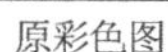

彩色图高斯噪声

彩色图添加高斯噪声

图 5-9 myGaussNoise.cpp 程序中彩色图添加高斯噪声结果

5.3 线性滤波

图像滤波是指去除图像中不重要的内容而使关心的内容表现得更加清晰的方法，例如去除图像中的噪声、提取某些信息等。图像滤波是图像处理中不可缺少的部分，图像滤波结果的好坏对后续从图中获取更多数据和信息具有重要的影响。根据图像滤波目的的不同，可以将图像滤波分为消除图像噪声的滤波和提取图像中部分特征信息的滤波。图像滤波需要保证图像中关注的信息不在滤波过程中被破坏，因此，图像去除噪声应最大程度不损坏图像的轮廓和边缘信息，同时图像去除噪声后应使图像视觉效果更加清晰。

去除图像中的噪声称作图像的平滑或者图像去噪。由于噪声信号在图像中主要集中在高频段，因此图像去噪可以看作去除图像中高频段信号的同时保留图像的低频段和中频段信号的滤波操作。图像滤波使用的滤波器允许通过的信号频段，决定了滤波操作是去除噪声还是提取特征信息。噪声信号主要集中在高频段，因此，如果滤波过程中使用的滤波器是允许低频和中频信号通过的低通或者高阻滤波器，那么滤波的效果就是去除图像中的噪声。图像中纹理变化越明显的区域信号频率也就越高，因此使用高通滤波器对图像信号处理可以起到对图像边缘信息提取、增强和图像锐化的作用。

在部分图像处理书籍中，常用图像模糊来代替图像的低通滤波，因为图像的低通滤波在去除图像噪声的同时会将图像的边缘信息弱化，使得整幅图像看起来变得模糊，“图像模糊”因此而得名。在低通滤波中，模糊可以与滤波等价，例如图像高斯模糊和图像高斯低通滤波是一个概念。

在本节和 5.4 节中介绍图像的低通滤波，在 5.5 节中介绍图像的高通滤波。为了叙述方便，在本节和 5.4 节中提到的滤波指的是低通滤波，而在 5.5 节中用边缘检测表示图像的高通滤波。

图像滤波分为线性滤波和非线性滤波，常见的线性滤波包括均值滤波、方框滤波和高斯滤波，常见的非线性滤波主要包括中值滤波和双边滤波。在本节中，将介绍图像的线性滤波，在 5.4 节中介绍图像的非线性滤波。

图像的线性滤波操作与图像的卷积操作过程相似，不同之处在于，图像滤波不需要将滤波模板旋转 180°。卷积操作中的卷积模板在图像滤波中称为滤波模板、滤波器或者邻域算子。滤波器表示中心像素与滤波范围内其他像素之间的线性关系，通过滤波范围内所有像素值之间的线性组合，得到中心位置像素滤波后的像素值，因此这种方式称为线性滤波。接下来将分别介绍 OpenCV 4 中提供的实现图像线性滤波的均值滤波、方框滤波和高斯滤波相关函数及其使用方式。

5.3.1 均值滤波

在测量数据时，往往会多次测量，最后求所有数据的平均值作为最终结果。均值滤波的思想和测量数据时多次测量求取平均值的思想一致。均值滤波将滤波器内所有的像素值都看作中心像素值的测量，将滤波器内所有的像素值的平均值作为滤波器中心处图像像素值。滤波器内的每个数据表示对应的像素在决定中心像素值的过程中所占的权重，由于滤波器内所有的像素值在决定中心像素值的过程中占有相同的权重，因此滤波器内每个数据都相等。均值滤波的优点是，在像素值变换趋势一致的情况下，可以将受噪声影响而突然变化的像素值修正为周围邻近像素值的平均值，去除噪声影响。但是这种滤波方式会缩小像素值之间的差距，使得细节信息变得更加模糊，滤波器范围越大，变模糊的效果越明显。

OpenCV 4 中提供了 blur()函数用于实现图像的均值滤波，该函数的原型在代码清单 5-8 中给出。

代码清单 5-8　blur()函数原型

```
void cv::blur(InputArray  src,
```

```
                OutputArray dst,
                Size ksize,
                Point anchor = Point(-1,-1),
                int borderType = BORDER_DEFAULT
                )
```

- src：待均值滤波的图像，图像的数据类型必须是 CV_8U、CV_16U、CV_16S、CV_32F 和 CV_64F 这 5 种数据类型之一。
- dst：均值滤波后的图像，与输入图像具有相同的尺寸、数据类型及通道数。
- ksize：卷积核尺寸（滤波器尺寸）。
- anchor：内核的基准点（锚点），其默认值为(−1, −1)，代表内核基准点位于 kernel 的中心位置。基准点是卷积核中与进行处理的像素点重合的点，其位置必须在卷积核的内部。
- borderType：像素外推法选择标志，取值范围在表 3-5 中给出，默认参数为 BORDER_DEFAULT，表示不包含边界值的倒序填充。

该函数的第一个参数为待滤波图像，可以是彩色图像、灰度图像，甚至可以是保存成 Mat 类型的多维矩阵数据。第二个参数为滤波后的图像，保持与输入图像相同的数据类型、尺寸及通道数。第三个参数是滤波器尺寸，输入滤波器的尺寸后函数会自动确定滤波器，其形式如式（5-3）所示。

$$K=\frac{1}{\text{ksize.width}\times\text{ksize.height}}\begin{bmatrix}1&1&1&\cdots&1&1\\1&1&1&\cdots&1&1\\\vdots&\vdots&\vdots&\ddots&\vdots&\vdots\\1&1&1&\cdots&1&1\end{bmatrix}\tag{5-3}$$

该函数的第四个参数为确定滤波器的基准点，默认状态下滤波器的几何中心就是基准点，不过也可以根据需求自由调整。在均值滤波中，调整基准点的位置主要影响图像外推的方向和外推的尺寸。第五个参数是图像外推方法选择标志，根据需求可以自由选择。原始图像边缘位置滤波计算过程需要使用外推的像素值，但是这些像素值并不能真实反映图像像素值的变化情况，因此，在滤波后的图像内边缘处的信息，可能会出现巨大的改变，这属于正常现象。如果在边缘处有比较重要的信息，那么可以适当缩小滤波器尺寸、选择合适的滤波器基准点或者使用合适的图像外推算法。

为了更加了解均值滤波函数 blur()的使用方法，以及均值滤波的处理效果，在代码清单 5-9 中给出了利用不同尺寸的均值滤波器分别处理不含有噪声的图像、含有椒盐噪声的图像和含有高斯噪声的图像，处理结果在图 5-10～图 5-12 中给出。通过结果可以发现，滤波器的尺寸越大，滤波后图像变得越模糊。

代码清单 5-9 myBlur.cpp 图像均值滤波

```
#include <opencv2\opencv.hpp>
#include <iostream>

using namespace cv;
using namespace std;

int main()
{
    Mat equalLena = imread("equalLena.png", IMREAD_ANYDEPTH);
    Mat equalLena_gauss = imread("equalLena_gauss.png", IMREAD_ANYDEPTH);
    Mat equalLena_salt = imread("equalLena_salt.png", IMREAD_ANYDEPTH);
    if (equalLena.empty() || equalLena_gauss.empty() || equalLena_salt.empty())
    {
        cout << "请确认图像文件名称是否正确" << endl;
        return -1;
```

```
    }
    Mat result_3, result_9;  //存放不含噪声滤波结果，后面的数字代表滤波器尺寸
    Mat result_3gauss, result_9gauss;  //存放含有高斯噪声滤波结果，后面的数字代表滤波器尺寸
    Mat result_3salt, result_9salt;  //存放含有椒盐噪声滤波结果，后面的数字代表滤波器尺寸
    //调用均值滤波函数blur()进行滤波
    blur(equalLena, result_3, Size(3, 3));
    blur(equalLena, result_9, Size(9, 9));
    blur(equalLena_gauss, result_3gauss, Size(3, 3));
    blur(equalLena_gauss, result_9gauss, Size(9, 9));
    blur(equalLena_salt, result_3salt, Size(3, 3));
    blur(equalLena_salt, result_9salt, Size(9, 9));
    //显示不含噪声图像
    imshow("equalLena ", equalLena);
    imshow("result_3", result_3);
    imshow("result_9", result_9);
    //显示含有高斯噪声图像
    imshow("equalLena_gauss", equalLena_gauss);
    imshow("result_3gauss", result_3gauss);
    imshow("result_9gauss", result_9gauss);
    //显示含有椒盐噪声图像
    imshow("equalLena_salt", equalLena_salt);
    imshow("result_3salt", result_3salt);
    imshow("result_9salt", result_9salt);
    waitKey(0);
    return 0;
}
```

不含噪声equalLena

3×3滤波器

9×9滤波器

图 5-10　myBlur.cpp 程序中不含噪声图像均值滤波结果

椒盐噪声equalLena_salt

3×3滤波器

9×9滤波器

图 5-11　myBlur.cpp 程序中含椒盐噪声图像均值滤波结果

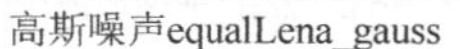
高斯噪声equalLena_gauss

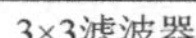
3×3滤波器

9×9滤波器

图 5-12 myBlur.cpp 程序中含高斯噪声图像均值滤波结果

5.3.2 方框滤波

方框滤波是均值滤波的一般形式。在均值滤波中，将滤波器中所有的像素值求和后的平均值作为滤波后结果。方框滤波也是求滤波器内所有像素值的和，但是方框滤波可以选择不进行归一化，是将所有像素值的和作为滤波结果，而不是所有像素值的平均值。

OpenCV 4 中提供了 boxFilter()函数实现方框滤波，该函数的原型在代码清单 5-10 中给出。

代码清单 5-10 boxFilter()函数原型

```
void cv::boxFilter(InputArray  src,
                   OutputArray  dst,
                   int  ddepth,
                   Size  ksize,
                   Point  anchor = Point(-1,-1),
                   bool  normalize = true,
                   int  borderType = BORDER_DEFAULT
                   )
```

- src：输入图像。
- dst：输出图像，与输入图像具有相同的尺寸和通道数。
- ddepth：输出图像的数据类型（深度）。根据输入图像的数据类型不同，拥有不同的取值范围，具体的取值范围在表 5-1 中给出。当赋值为−1 时，输出图像的数据类型自动选择。
- ksize：卷积核尺寸（滤波器尺寸）。
- anchor：内核的基准点（锚点），其默认值为(−1, −1)，代表内核基准点位于 kernel 的中心位置。基准点是卷积核中与进行处理的像素点重合的点，其位置必须在卷积核的内部。
- normalize：是否将卷积核进行归一化的标志，默认参数为 true，表示进行归一化。
- borderType：像素外推法选择标志，取值范围在表 3-5 中给出，默认参数为 BORDER_DEFAULT，表示不包含边界值倒序填充。

该函数的使用方式与均值滤波函数 blur()类似，区别之一为该函数可以选择输出图像的数据类型。除此之外，该函数的第六个参数表示是否对滤波器内所有的数值进行归一化操作，默认状态下参数需要对滤波器内所有的数值进行归一化。此时，在不考虑数据类型的情况下，方框滤波函数 boxFilter()和均值滤波函数 blur()具有相同的滤波结果。

除对滤波器内每个像素值直接求和之外，OpenCV 4 还提供了 sqrBoxFilter()函数实现对滤波器内每个像数值的平方求和，之后根据输入参数选择是否进行归一化操作，该函数的原型在代码清单 5-11 中给出。

代码清单 5-11　sqrBoxFilter()函数原型

```
void cv::sqrBoxFilter(InputArray  src,
                      OutputArray  dst,
                      int  ddepth,
                      Size  ksize,
                      Point  anchor = Point(-1, -1),
                      bool  normalize = true,
                      int  borderType = BORDER_DEFAULT
                      )
```

该函数是在 boxFilter()函数功能基础上进行的功能扩展，因此两者具有相同的输入参数需求，这里对该函数的参数不再进行逐一解释。CV_8U 数据类型的图像像素值为 0～255，计算平方后数据会变得更大，即使归一化操作也不能保证像素值不会超过最大值。CV_32F 数据类型的图像像素值是 0～1 的小数，用 0～1 的数计算平方会变得更小，但结果始终保持在 0～1。因此，该函数在处理图像滤波的任务时主要针对的是 CV_32F 数据类型的图像，而且根据计算关系可知，在归一化后，图像在变模糊的同时亮度也会变暗。

为了更加了解方框滤波的计算原理，清楚归一化操作和未归一化操作对滤波结果的影响，在代码清单 5-12 中给出了利用方框滤波分别处理矩阵数据和图像的示例程序。在该程序中，创建了一个 Mat 类型的数据，之后用 sqrBoxFilter()函数进行方框滤波，并在图 5-13 中给出归一化后和未归一化后的结果，同时使用 boxFilter()函数和 sqrBoxFilter()对图像进行方框滤波操作，处理结果如图 5-14 所示。

代码清单 5-12　myBoxFilter.cpp 图像方框滤波

```
#include <opencv2\opencv.hpp>
#include <iostream>

using namespace cv;
using namespace std;

int main()
{
    Mat equalLena = imread("equalLena.png", IMREAD_ANYDEPTH);  //用于方框滤波的图像
    if (equalLena.empty())
    {
        cout << "请确认图像文件名称是否正确" << endl;
        return -1;
    }
    //验证方框滤波算法的数据矩阵
    float points[25] = { 1,2,3,4,5,
        6,7,8,9,10,
        11,12,13,14,15,
        16,17,18,19,20,
        21,22,23,24,25 };
    Mat data(5, 5, CV_32FC1, points);
    //将 CV_8U 类型转换成 CV_32F 类型
    Mat equalLena_32F;
    equalLena.convertTo(equalLena_32F, CV_32F, 1.0 / 255);
    Mat resultNorm, result, dataSqrNorm, dataSqr, equalLena_32FSqr;
    //方框滤波函数 boxFilter()和 sqrBoxFilter()
    boxFilter(equalLena, resultNorm, -1, Size(3,3), Point(-1, -1), true);  //进行归一化
    boxFilter(equalLena, result, -1, Size(3, 3), Point(-1, -1), false);  //不进行归一化
    sqrBoxFilter(data, dataSqrNorm, -1, Size(3, 3), Point(-1, -1),
        true, BORDER_CONSTANT);  //进行归一化
    sqrBoxFilter(data, dataSqr, -1, Size(3, 3), Point(-1, -1),
```

```
        false, BORDER_CONSTANT);  //不进行归一化
    sqrBoxFilter(equalLena_32F, equalLena_32FSqr, -1, Size(3, 3), Point(-1, -1),
        true, BORDER_CONSTANT);
    //显示处理结果
    imshow("resultNorm", resultNorm);
    imshow("result", result);
    imshow("equalLena_32FSqr", equalLena_32FSqr);
    waitKey(0);
    return 0;
}
```

90	163	223	295	222
355	597	732	885	643
895	1452	1677	1920	1363
1735	2757	3072	3405	2383
1470	2323	2563	2815	1962

未归一化sqrBoxFilter()函数处理结果

10	18.111	24.778	32.778	24.667
39.444	66.333	81.333	98.333	71.444
99.444	161.33	186.33	213.33	151.44
192.78	306.33	341.33	378.33	264.78
163.33	258.11	284.78	312.78	218

归一化sqrBoxFilter()函数处理结果

图 5-13 myBoxFilter.cpp 程序中矩阵数据方框滤波结果

归一化boxFilter()函数处理结果

未归一化boxFilter()函数处理结果

归一化sqrBoxFilter()函数处理结果

图 5-14 myBoxFilter.cpp 程序中图像方框滤波结果

5.3.3 高斯滤波

高斯噪声是一种常见的噪声。在图像采集的众多过程中，容易引入高斯噪声，因此，针对高斯噪声的高斯滤波，广泛应用于图像去噪领域。高斯滤波器考虑了像素离滤波器中心距离的影响，以滤波器中心位置为高斯分布的均值，根据高斯分布公式和每个像素离中心位置的距离计算出滤波器内每个位置的数值，从而形成一个图 5-15 所示的高斯滤波器。之后将高斯滤波器与图像之间进行滤波操作，进而实现对图像的高斯滤波。

OpenCV 4 提供了对图像进行高斯滤波操作的 GaussianBlur()函数，该函数的原型在代码清单 5-13 中给出。

代码清单 5-13 GaussianBlur()函数原型

```
void cv::GaussianBlur(InputArray  src,
```

```
                         OutputArray  dst,
                         Size  ksize,
                         double  sigmaX,
                         double  sigmaY = 0,
                         int  borderType = BORDER_DEFAULT
                         )
```

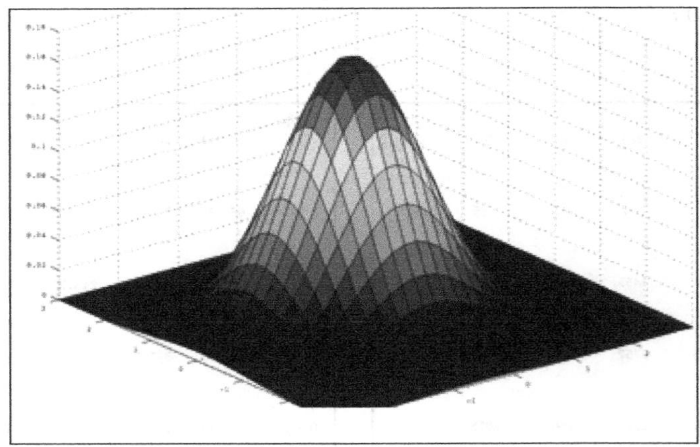

图 5-15　高斯滤波器的空间结构

- src：待高斯滤波图像，图像可以具有任意的通道数目，但是数据类型必需为 CV_8U、CV_16U、CV_16S、CV_32F 或 CV_64F。
- dst：输出图像，与输入图像 src 具有相同的尺寸、通道数和数据类型。
- ksize：高斯滤波器的尺寸。滤波器可以不为正方形，但是必须是正奇数。如果尺寸为 0，那么由标准偏差计算尺寸。
- sigmaX：X 方向（下面若没有特殊说明，都是指 *x* 轴方向）的高斯滤波器标准偏差。
- sigmaY：Y 方向（下面若没有特殊说明，都是指 *y* 轴方向）的高斯滤波器标准偏差。如果输入量为 0，那么将其设置为等于 sigmaX；如果两个轴的标准差均为 0，那么根据输入的高斯滤波器尺寸计算标准偏差。
- borderType：像素外推法选择标志，取值范围在表 3-5 中给出，默认参数为 BORDER_DEFAULT，表示不包含边界值倒序填充。

该函数能够根据输入参数自动生成高斯滤波器，实现对图像的高斯滤波。该函数的前两个参数与前面介绍的滤波函数的对应参数含义相同。该函数第三个参数是高斯滤波器的尺寸，与前面函数不同的是，该函数除是正奇数以外，还允许输入尺寸为 0。当输入的尺寸为 0 时，会根据输入的标准偏差计算滤波器的尺寸。该函数的第四个、第五个参数为 X 方向和 Y 方向的标准偏差，当 Y 方向参数为 0 时，表示 Y 方向的标准偏差与 X 方向相同；当两个参数都为 0 时，就根据输入的滤波器尺寸计算两个方向的标准偏差数值。为了能够使计算结果符合自己的预期，建议将该函数的第三个、第四个、第五个参数都明确地给出。

高斯滤波器的尺寸和标准偏差存在着一定的互相转换关系，OpenCV 4 提供了输入滤波器单一方向尺寸和标准偏差生成单一方向高斯滤波器的 getGaussianKernel()函数，在该函数的定义中，给出了滤波器尺寸和标准偏差存在的关系，这个关系不是数学中存在的关系，而是 OpenCV 4 为了方便自己设定的关系。在了解这个关系之前，首先了解一下 getGaussianKernel()函数，该函数的原型在代码清单 5-14 中给出。

代码清单 5-14 getGaussianKernel()函数原型

```
Mat cv::getGaussianKernel(int  ksize,
                          double  sigma,
                          int  ktype = CV_64F
                          )
```

- ksize：高斯滤波器的尺寸。
- sigma：高斯滤波的标准差。
- ktype：滤波器系数的数据类型，可以是 CV_32F 或者 CV_64F，默认数据类型为 CV_64F。

该函数用于生成指定尺寸的高斯滤波器，需要注意的是，该函数生成的是一个 ksize×1 的 Mat 类矩阵。该函数的第一个参数是高斯滤波器的尺寸，这个参数必需是一个正奇数。第二个参数表示高斯滤波的标准差，这个参数如果是一个负数，就使用默认的公式计算高斯滤波器尺寸与标准差，计算公式如式（5-4）所示。

$$\text{sigma} = 0.3((\text{ksize}-1)0.5-1+0.8) \tag{5-4}$$

生成一个二维的高斯滤波器需要调用两次 getGaussianKernel()函数，将 X 方向的一维高斯滤波器和 Y 方向的一维高斯滤波器相乘，得到最终的二维高斯滤波器。例如，计算 X 方向的一维滤波器和 Y 方向的一维滤波器均如式（5-5）所示。

$$\text{Gauss} = \begin{bmatrix} 0.2741 & 0.4519 & 0.2741 \end{bmatrix} \tag{5-5}$$

最终二维高斯滤波器的计算过程和结果如式（5.6）所示。

$$\text{Gauss2D} = \begin{bmatrix} 0.2741 \\ 0.4519 \\ 0.2741 \end{bmatrix} \begin{bmatrix} 0.2741 & 0.4519 & 0.2741 \end{bmatrix} \begin{bmatrix} 0.07511 & 0.1238 & 0.07511 \\ 0.1238 & 0.2042 & 0.1238 \\ 0.07511 & 0.1238 & 0.07511 \end{bmatrix} \tag{5-6}$$

为了了解高斯滤波对不同噪声的去除效果，在代码清单 5-15 中利用高斯滤波分别处理不含有噪声的图像、含有椒盐噪声的图像和含有高斯噪声的图像，处理结果分别在图 5-16～图 5-18 中给出。通过结果可以发现，高斯滤波对高斯噪声去除效果较好，但是同样会对图像造成模糊，并且滤波器的尺寸越大，滤波后图像变得越模糊。

代码清单 5-15 myGaussianBlur.cpp 图像高斯滤波

```
#include <opencv2\opencv.hpp>
#include <iostream>

using namespace cv;
using namespace std;

int main()
{
    Mat equalLena = imread("equalLena.png", IMREAD_ANYDEPTH);
    Mat equalLena_gauss = imread("equalLena_gauss.png", IMREAD_ANYDEPTH);
    Mat equalLena_salt = imread("equalLena_salt.png", IMREAD_ANYDEPTH);
    if (equalLena.empty()||equalLena_gauss.empty()||equalLena_salt.empty())
    {
        cout << "请确认图像文件名称是否正确" << endl;
        return -1;
    }
    Mat result_5, result_9;  //存放不含噪声滤波结果，后面的数字代表滤波器尺寸
    Mat result_5gauss, result_9gauss;  //存放含有高斯噪声滤波结果，后面的数字代表滤波器尺寸
    Mat result_5salt, result_9salt;    //存放含有椒盐噪声滤波结果，后面的数字代表滤波器尺寸
    //调用高斯滤波函数 Gaussian Blur()进行滤波
```

```
    GaussianBlur(equalLena, result_5, Size(5, 5), 10, 20);
    GaussianBlur(equalLena, result_9, Size(9, 9), 10, 20);
    GaussianBlur(equalLena_gauss, result_5gauss, Size(5, 5), 10, 20);
    GaussianBlur(equalLena_gauss, result_9gauss, Size(9, 9), 10, 20);
    GaussianBlur(equalLena_salt, result_5salt, Size(5, 5), 10, 20);
    GaussianBlur(equalLena_salt, result_9salt, Size(9, 9), 10, 20);
    //显示不含噪声图像
    imshow("equalLena ", equalLena);
    imshow("result_5", result_5);
    imshow("result_9", result_9);
    //显示含有高斯噪声图像
    imshow("equalLena_gauss", equalLena_gauss);
    imshow("result_5gauss", result_5gauss);
    imshow("result_9gauss", result_9gauss);
    //显示含有椒盐噪声图像
    imshow("equalLena_salt", equalLena_salt);
    imshow("result_5salt", result_5salt);
    imshow("result_9salt", result_9salt);
    waitKey(0);
    return 0;
}
```

不含噪声equalLena

5×5滤波器

9×9滤波器

图 5-16　myGaussianBlur.cpp 程序中不含噪声图像高斯滤波结果

椒盐噪声equalLena_salt

5×5滤波器

9×9滤波器

图 5-17　myGaussianBlur.cpp 程序中含椒盐噪声图像高斯滤波结果

高斯噪声equalLena_gauss

5×5滤波器

9×9滤波器

图 5-18 myGaussianBlur.cpp 程序中含高斯噪声图像高斯滤波结果

5.3.4 可分离滤波

前面介绍的滤波函数使用的滤波器都是固定形式的滤波器，有时需要根据实际需求调整滤波模板，例如，在滤波计算过程中，滤波器中心位置的像素值不参与计算、滤波器中参与计算的像素值不是一个矩形区域等。OpenCV 4 无法根据每种需求单独编写滤波函数，因此 OpenCV 4 提供了根据自定义滤波器实现图像滤波的函数，即本章最开始介绍的卷积函数 filter2D()，不过根据函数的名称，这里称为滤波函数更为准确一些，输入的卷积模板也应该称为滤波器或者滤波模板。该函数的使用方式我们在一开始已经介绍，只需要根据需求定义一个卷积模板或者滤波器，便可以实现自定义滤波。

无论是图像卷积还是滤波，在原始图像上移动滤波器的过程中每一次的计算结果都不会影响到后面过程的计算结果，因此，图像滤波是一个并行的算法，在可以提供并行计算的处理器中可以极大地加快图像滤波的处理速度。除此之外，图像滤波还具有可分离性，这个性质我们在高斯滤波中有简单的接触。可分离性指的是先对 X（Y）方向滤波，再对 Y（X）方向滤波的结果与将两个方向的滤波器联合后整体滤波的结果相同。两个方向的滤波器的联合就是将两个方向的滤波器相乘，得到一个矩形的滤波器，例如 X 方向的滤波器为 $x=\begin{bmatrix}x_1 & x_2 & x_3\end{bmatrix}$，Y 方向的滤波器为 $y=\begin{bmatrix}y_1 & y_2 & y_3\end{bmatrix}^{\mathrm{T}}$，则两个方向联合滤波器可以用式（5-7）计算，无论是先进行 X 方向滤波还是先进行 Y 方向滤波，两个方向联合滤波器都是相同的。

$$xy=\begin{bmatrix}y_1\\y_2\\y_3\end{bmatrix}\begin{bmatrix}x_1 & x_2 & x_3\end{bmatrix}=\begin{bmatrix}x_1y_1 & x_2y_1 & x_3y_1\\x_1y_2 & x_2y_2 & x_3y_2\\x_1y_3 & x_2y_3 & x_3y_3\end{bmatrix} \tag{5-7}$$

因此，在高斯滤波中，我们利用 getGaussianKernel()函数分别得到 X 方向和 Y 方向的滤波器，之后通过生成联合滤波器或者分别用两个方向的滤波器进行滤波，计算结果相同。两个方向联合滤波需要在使用 filter2D()函数滤波之前计算联合滤波器，而两个方向分别滤波需要调用两次 filter2D()函数，增加了通过代码实现的复杂性，因此 OpenCV 4 提供了可以输入两个方向滤波器实现滤波的滤波函数 sepFilter2D()，该函数的原型在代码清单 5-16 中给出。

代码清单 5-16 sepFilter2D()函数原型

```
void cv::sepFilter2D(InputArray  src,
                     OutputArray  dst,
                     int  ddepth,
                     InputArray  kernelX,
                     InputArray  kernelY,
                     Point  anchor = Point(-1,-1),
```

```
                    double  delta = 0,
                    int  borderType = BORDER_DEFAULT
                    )
```

- src：待滤波图像。
- dst：输出图像，与输入图像 src 具有相同的尺寸、通道数和数据类型。
- ddepth：输出图像的数据类型（深度），根据输入图像的数据类型不同，拥有不同的取值范围，具体的取值范围在表 5-1 中给出。当赋值为−1 时，输出图像的数据类型自动选择。
- kernelX：X 方向的滤波器。
- kernelY：Y 方向的滤波器。
- anchor：内核的基准点（锚点），其默认值(−1, −1)代表内核基准点位于 kernel 的中心位置。基准点是卷积核中与进行处理的像素点重合的点，其位置必须在卷积核的内部。
- delta：偏值，在计算结果中加上偏值。
- borderType：像素外推法选择标志，取值范围在表 3-5 中给出。默认参数为 BORDER_DEFAULT，表示不包含边界值倒序填充。

该函数将可分离的线性滤波器分离成 X 方向和 Y 方向进行处理，与 filter2D()函数不同之处在于，filter2D()函数需要通过滤波器的尺寸区分滤波操作是作用在 X 方向还是作用在 Y 方向，例如滤波器尺寸为 $K\times1$ 时是 Y 方向滤波，$1\times K$ 尺寸的滤波器是 X 方向滤波，而 sepFilter2D()函数通过不同参数区分滤波器是作用在 X 方向还是作用在 Y 方向，无论输入滤波器的尺寸是 $K\times1$ 还是 $1\times K$，都不会影响滤波结果。

为了更加了解线性滤波的可分离性，在代码清单 5-17 中给出了利用 filter2D()函数和 sepFilter2D()函数实现滤波的示例程序。在该程序中，利用 filter2D()函数依次进行 Y 方向和 X 方向滤波，将结果与两个方向联合滤波器滤波结果相比较，验证两种方式计算结果的一致性。同时，将两个方向的滤波器输入 sepFilter2D()函数中，验证该函数计算结果是否与前面的计算结果一致。最后，利用自定义的滤波器对图像依次进行 X 方向滤波和 Y 方向滤波，查看滤波结果是否与使用联合滤波器的滤波结果一致。该程序的计算结果分别在图 5-19 和图 5-20 中给出。

代码清单 5-17　myselfFilter.cpp 可分离图像滤波

```
#include <opencv2\opencv.hpp>
#include <iostream>

using namespace cv;
using namespace std;

int main()
{
    system("color F0");  //更改输出界面颜色
    float points[25] = { 1,2,3,4,5,
                         6,7,8,9,10,
                         11,12,13,14,15,
                         16,17,18,19,20,
                         21,22,23,24,25 };
    Mat data(5, 5, CV_32FC1, points);
    //X 方向、Y 方向和联合滤波器的构建
    Mat a = (Mat_<float>(3, 1) << -1, 3, -1);
    Mat b = a.reshape(1, 1);
    Mat ab = a*b;
    //验证高斯滤波的可分离性
    Mat gaussX = getGaussianKernel(3, 1);
    Mat gaussData, gaussDataXY;
    GaussianBlur(data, gaussData, Size(3, 3), 1, 1, BORDER_CONSTANT);
```

```
    sepFilter2D(data,gaussDataXY,-1, gaussX, gaussX, Point(-1,-1),0,BORDER_CONSTANT);
    //输入两种高斯滤波的计算结果
    cout << "gaussData=" << endl
        << gaussData << endl;
    cout << "gaussDataXY=" << endl
        << gaussDataXY << endl;
    //线性滤波的可分离性
    Mat dataYX, dataY, dataXY, dataXY_sep;
    filter2D(data, dataY, -1, a, Point(-1, -1), 0, BORDER_CONSTANT);
    filter2D(dataY, dataYX, -1, b, Point(-1, -1), 0, BORDER_CONSTANT);
    filter2D(data, dataXY, -1, ab, Point(-1, -1), 0, BORDER_CONSTANT);
    sepFilter2D(data, dataXY_sep, -1, b, b, Point(-1, -1), 0, BORDER_CONSTANT);
    //输出可分离滤波和联合滤波的计算结果
    cout << "dataY=" << endl
        << dataY << endl;
    cout << "dataYX=" << endl
        << dataYX << endl;
    cout << "dataXY=" << endl
        << dataXY << endl;
    cout << "dataXY_sep=" << endl
        << dataXY_sep << endl;
    //对图像的分离操作
    Mat img = imread("lena.png");
    if (img.empty())
    {
        cout << "请确认图像文件名称是否正确" << endl;
        return -1;
    }
    Mat imgYX, imgY, imgXY;
    filter2D(img, imgY, -1, a, Point(-1, -1), 0, BORDER_CONSTANT);
    filter2D(imgY, imgYX, -1, b, Point(-1, -1), 0, BORDER_CONSTANT);
    filter2D(img, imgXY, -1, ab, Point(-1, -1), 0, BORDER_CONSTANT);
    imshow("img", img);
    imshow("imgY", imgY);
    imshow("imgYX", imgYX);
    imshow("imgXY", imgXY);
    waitKey(0);
    return 0;
}
```

```
gaussData=
[1.7207065, 2.8222058, 3.5481372, 4.2740688, 3.430702;
 4.6296568, 7, 8, 9, 6.9852448;
 8.2593136, 12, 13, 14, 10.614902;
 11.88897, 17, 18, 19, 14.244559;
 10.270683, 14.600147, 15.326078, 16.05201, 11.98068]
```

```
gaussDataXY=
[1.7207065, 2.822206, 3.5481372, 4.2740688, 3.430702;
 4.6296568, 7, 8, 9, 6.9852457;
 8.2593136, 12, 13, 14, 10.614902;
 11.888971, 17, 18, 19, 14.244559;
 10.270683, 14.600147, 15.326078, 16.05201, 11.98068]
```

```
dataY=
[-3, -1, 1, 3, 5;
 6, 7, 8, 9, 10;
 11, 12, 13, 14, 15;
 16, 17, 18, 19, 20;
 47, 49, 51, 53, 55]
```

```
dataYX=
[-8, -1, 1, 3, 12;
 11, 7, 8, 9, 21;
 21, 12, 13, 14, 31;
 31, 17, 18, 19, 41;
 92, 49, 51, 53, 112]
```

```
dataXY=
[-8, -1, 1, 3, 12;
 11, 7, 8, 9, 21;
 21, 12, 13, 14, 31;
 31, 17, 18, 19, 41;
 92, 49, 51, 53, 112]
```

```
dataXY_sep=
[-8, -1, 1, 3, 12;
 11, 7, 8, 9, 21;
 21, 12, 13, 14, 31;
 31, 17, 18, 19, 41;
 92, 49, 51, 53, 112]
```

图 5-19 myselfFilter.cpp 程序中数据矩阵滤波结果

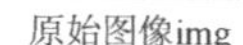

原始图像img

Y方向滤波imgY

先Y后X滤波imgYX

联合滤波imgXY

图 5-20 myselfFilter.cpp 程序中图像滤波结果

5.4 非线性滤波

非线性滤波的滤波结果不是由滤波器内的像素值通过线性组合计算得到，其计算过程可能包含排序、逻辑计算等。由于线性滤波是通过对所有像素值的线性组合得到滤波后的结果，因此含有噪声的像素点也会被考虑进去，噪声不会被消除，而是以更柔和的形式存在。例如，在某个像素值都为 0 的黑色区域内，存在一个像素值为 255 的噪声，这时只要线性滤波器中噪声处的系数不为零，这个噪声就将永远存在，只是通过与滤波器中系数的乘积使得噪声值变得更加柔和，这时使用非线性滤波效果可能会更好，通过逻辑判断将该噪声过滤掉。常见的非线性滤波有中值滤波和双边滤波，本节将重点介绍这两种滤波。

5.4.1　中值滤波

中值滤波就是用滤波器范围内所有像素值的中值来替代滤波器中心位置像素值的滤波方法，是一种基于排序统计理论的能够有效抑制噪声的非线性信号处理方法。中值滤波计算方式如图 5-21 所示，将滤波器范围内所有的像素值按照由小到大的顺序排列，选取排序序列的中值作为滤波器中心处阴影像素的新像素值，之后将滤波器移动到下一个位置，重复进行排序取中值的操作，直到将图像所有像素点都被滤波器中心对应一遍。中值滤波不依赖于滤波器内那些与典型值差别很大的值，因此对斑点噪声和椒盐噪声的处理具有较好的效果。

相比于均值滤波，中值滤波对于脉冲干扰信号和图像扫描噪声的处理效果更佳，同时，在一定条件下，中值滤波对图像的边缘信息保护效果更佳，可以避免图像细节的模糊，但是，当中值滤波尺寸变大之后，同样会产生图像模糊的效果。在处理时间上，中值滤波消耗的时间要远大于均值滤波消耗的时间。

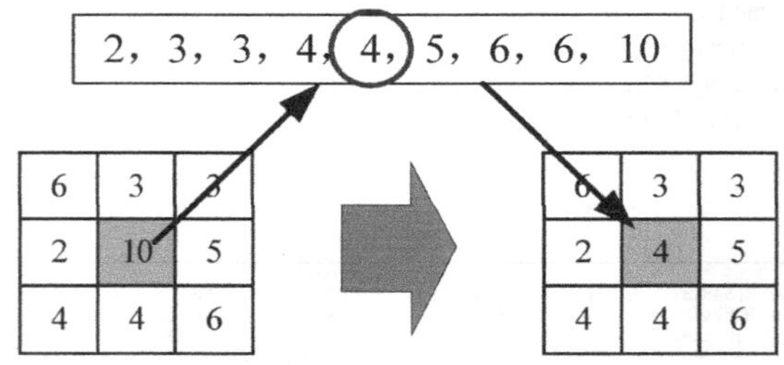

图 5-21　中值滤波计算方式示意图

OpenCV 4 提供了对图像进行中值滤波操作的 medianBlur()函数，该函数的原型在代码清单 5-18 中给出。

代码清单 5-18　medianBlur()函数原型

```
void cv::medianBlur(InputArray  src,
                    OutputArray  dst,
                    int  ksize
                    )
```

- src：待中值滤波的图像，可以是单通道、三通道和四通道。另外，数据类型与滤波器的尺寸相关，当滤波器尺寸为 3 或 5 时，图像可以是 CV_8U、CV_16U 或 CV_32F 类型。对于较大尺寸的滤波器，数据类型只能是 CV_8U。
- dst：输出图像，与输入图像 src 具有相同的尺寸和数据类型。
- ksize：滤波器尺寸，必须是大于 1 的奇数，例如 3、5、7……

该函数只能处理符合图像信息的 Mat 类数据，两通道或者更多通道的 Mat 类矩阵不能被该函数处理，并且对于图像数据类型的要求也与滤波器的尺寸有着密切的关系。该函数最后一个参数是滤波器的尺寸，区别于之前的线性滤波，中值滤波的滤波器必须是正方形且尺寸为大于 1 的奇数。该函数对于多通道的彩色图像是针对每个通道的内部数据进行中值滤波操作。

为了了解中值滤波函数 medianBlur()的使用方法，在代码清单 5-19 中给出了对含有椒盐噪声的灰度图像和含有椒盐噪声的彩色图像进行中值滤波的示例程序。在该程序中，分别用 3×3 和 9×9 的滤波器对图像进行中值滤波，运行结果在图 5-22 和图 5-23 中给出，通过结果可以看出，9×9 的中值滤波同样会对整个图像造成模糊的现象。

代码清单 5-19 myMedianBlur.cpp 中值滤波

```
#include <opencv2\opencv.hpp>
#include <iostream>

using namespace cv;
using namespace std;

int main()
{
    Mat gray = imread("equalLena_salt.png", IMREAD_ANYCOLOR);
    Mat img = imread("lena_salt.png", IMREAD_ANYCOLOR);
    if (gray.empty() || img.empty())
    {
        cout << "请确认图像文件名称是否正确" << endl;
        return -1;
    }
    Mat imgResult3, grayResult3, imgResult9, grayResult9;
    //分别对含有椒盐噪声的彩色图像和灰度图像进行滤波，滤波模板为 3×3
    medianBlur(img, imgResult3, 3);
    medianBlur(gray, grayResult3, 3);
    //加大滤波模板，图像滤波结果会变模糊
    medianBlur(img, imgResult9, 9);
    medianBlur(gray, grayResult9, 9);
    //显示滤波处理结果
    imshow("img", img);
    imshow("gray", gray);
    imshow("imgResult3", imgResult3);
    imshow("grayResult3", grayResult3);
    imshow("imgResult9", imgResult9);
    imshow("grayResult9", grayResult9);
    waitKey(0);
    return 0;
}
```

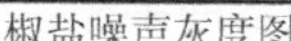
椒盐噪声灰度图

3×3中值滤波结果

9×9中值滤波结果

图 5-22 myMedianBlur.cpp 程序中灰度图像中值滤波结果

椒盐噪声彩色图

3×3中值滤波

9×9中值滤波

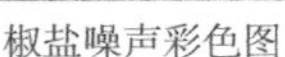

图 5-23　myMedianBlur.cpp 程序中彩色图像中值滤波结果

5.4.2　双边滤波

前面我们介绍的滤波方法都会对图像造成模糊，使得边缘信息变弱或者消失，因此需要一种能够对图像边缘信息进行保留的滤波算法，双边滤波就是经典且常用的能够保留图像边缘信息的滤波算法之一。双边滤波是一种综合考虑滤波器内图像空域信息和滤波器内图像像素灰度值相似性的滤波算法，可以实现在保留区域信息的基础上实现对噪声的去除、对局部边缘的平滑。双边滤波对高频率的波动信号起到平滑的作用，同时保留大幅值变化的信号波动，进而实现对保留图像中边缘信息的作用。双边滤波的示意图如图 5-24 所示，双边滤波器是两个滤波器的结合，分别考虑空域信息和值域信息，使得滤波器对边缘附近的像素进行滤波时，距离边缘较远的像素值不会对边缘上的像素值影响太多，进而保留边缘的清晰性。

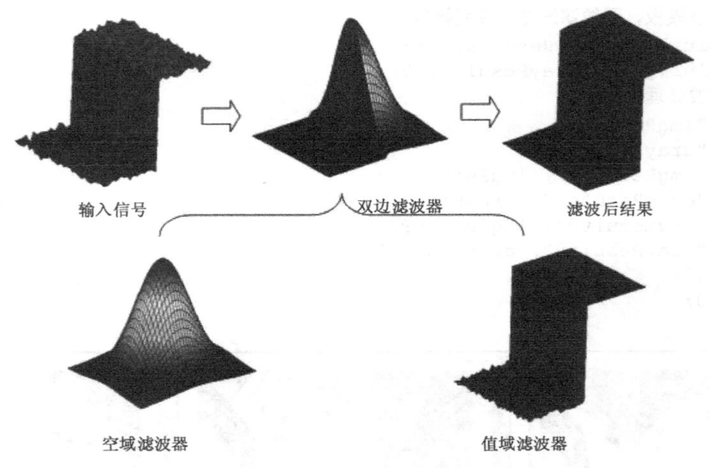

图 5-24　图像双边滤波器原理示意图

双边滤波原理的数学表示如式（5-8）所示。

$$g(i,j)=\frac{\sum_{k,l}f(k,l)\omega(i,j,k,l)}{\sum_{k,l}\omega(i,j,k,l)} \tag{5-8}$$

其中，$\omega(i,j,k,l)$ 为加权系数，其取值取决于空域滤波器和值域滤波器的乘积。空域滤波器的表示形式如式（5-9）所示，值域滤波器的表示形式如式（5-10）所示。

$$d(i,j,k,l)=\exp\left(-\frac{(i-k)^2+(j-l)^2}{2\sigma_d^2}\right) \tag{5-9}$$

$$r(i,j,k,l)=\exp\left(-\frac{\|f(i,j)-f(k,l)\|^2}{2\sigma_r^2}\right) \tag{5-10}$$

两者相乘后，会产生形如式（5-11）所示的依赖于数据的双边滤波器。

$$\omega(i,j,k,l)=\exp\left(-\frac{(i-k)^2+(j-l)^2}{2\sigma_d^2}-\frac{\|f(i,j)-f(k,l)\|^2}{2\sigma_r^2}\right) \tag{5-11}$$

OpenCV 4 提供了对图像进行双边滤波操作的 bilateralFilter()函数，该函数的原型在代码清单 5-20 中给出。

代码清单 5-20 bilateralFilter()函数原型

```
void cv::bilateralFilter(InputArray  src,
                         OutputArray  dst,
                         int  d,
                         double  sigmaColor,
                         double  sigmaSpace,
                         int  borderType = BORDER_DEFAULT
                         )
```

- src：待进行双边滤波图像，图像数据类型为必须是 CV_8U、CV_32F 和 CV_64F 三者之一，并且通道数必须为单通道或者三通道。
- dst：双边滤波后的图像，尺寸、数据类型和通道数与输入图像 src 相同。
- d：滤波过程中每个像素邻域的直径。如果这个值是非正数，那么由第五个参数 sigmaSpace 计算得到。
- sigmaColor：颜色空间滤波器的标准差值。这个参数越大，表明该像素领域内有越多的颜色被混合到一起，产生较大的半相等颜色区域。
- sigmaSpace：空间坐标中滤波器的标准差值。这个参数越大，表明越远的像素会相互影响，从而使更大领域中有足够相似的颜色获取相同的颜色。当第三个参数 d 大于 0 时，邻域范围由 d 确定；当第三个参数小于或等于 0 时，邻域范围正比于这个参数的数值。
- borderType：像素外推法选择标志，取值范围在表 3-5 中给出。默认参数为 BORDER_DEFAULT，表示不包含边界值的倒序填充。

该函数可以对图像进行双边滤波处理，在减少噪声的同时保持边缘的清晰。该函数第一个参数是待进行双边滤波的图像，该函数要求只能输入单通道的灰度图和三通道的彩色图像，并且对于图像的数据类型也有严格的要求，必须是 CV_8U、CV_32F 和 CV_64F 三者之一。该函数第三个参数是滤波器的直径，当滤波器的直径大于 5 时，函数的运行速度会变慢，因此，如果需要在实时系统中使用该函数，建议将滤波器的直径设置为 5，对于离线处理含有大量噪声的滤波图像，可以将滤波器的直径设为 9。当滤波器直径为非正数的时候，会根据空间滤波器的标准差计算滤波器的直径。该函数第四个、第五个参数是两个滤波器的标准差值，为了简单起见，可以将两个参数设置成相同的数值，当它们小于 10 时，滤波器对图像的滤波作用较弱，当它们大于 150 时，滤波效果会非常强烈，使图像看起来具有卡通的效果。该函数运行时间比其他滤波方法要长，因此，在实际工程中使用的时候，选择合适的参数十分重要。另外比较有趣的现象是，使用双边滤波会具有“美颜”效果。

为了了解双边滤波函数 bilateralFilter()的使用方法，在代码清单 5-21 中给出了利用双边滤波函数 bilateralFilter()对含有人脸的图像进行滤波的示例程序，滤波结果在图 5-25 和图 5-26 中给出。通过结果可以看出，滤波器的直径对于滤波效果具有重要的影响，滤波器直径越大，滤波效果越明显；当滤波器直径相同时，标准差值越大，滤波效果越明显。另外，通过结果也可以看出双边滤波确实能对人脸起到“美颜”的效果。

代码清单 5-21　myBilateralFilter.cpp 人脸图像双边滤波

```
#include <opencv2\opencv.hpp>
#include <iostream>

using namespace cv;
using namespace std;

int main()
{
    //读取两幅含有人脸的图像
    Mat img1 = imread("img1.png", IMREAD_ANYCOLOR);
    Mat img2 = imread("img2.png", IMREAD_ANYCOLOR);
    if (img1.empty()||img2.empty())
    {
        cout << "请确认图像文件名称是否正确" << endl;
        return -1;
    }
    Mat result1, result2, result3, result4;

    //验证不同滤波器直径的滤波效果
    bilateralFilter(img1, result1, 9, 50, 25 / 2);
    bilateralFilter(img1, result2, 25, 50, 25 / 2);

    //验证不同标准差值的滤波效果
    bilateralFilter(img2, result3, 9, 9, 9);
    bilateralFilter(img2, result4, 9, 200, 200);

    //显示原图
    imshow("img1", img1);
    imshow("img2", img2);
    //不同直径滤波结果
    imshow("result1", result1);
    imshow("result2", result2);
    //不同标准差值滤波结果
    imshow("result3 ", result3);
    imshow("result4", result4);

    waitKey(0);
    return 0;
}
```

上述程序运行结果如图 5-25 和图 5-26 所示。

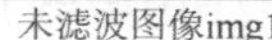
未滤波图像img1

9×9双边滤波图像result1

25×25双边滤波图像result2

图 5-25　myBilateralFilter.cpp 程序中不同滤波器直径滤波结果

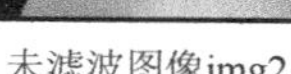
未滤波图像img2　　小标准差值双边滤波图像result3　　大标准差值双边滤波图像result4

图 5-26　myBilateralFilter.cpp 程序中不同标准差值滤波结果

5.5 图像的边缘检测

物体边缘是图像中的重要信息，提取图像中的边缘信息对于分析图像中的内容，以及实现图像中物体的分割、定位等具有重要的作用。图像边缘提取算法已经非常成熟，OpenCV 4 中提供了多个用于边缘检测的函数，本节将介绍边缘检测算法的原理，以及 OpenCV 4 中相关函数的原理和使用方法。

5.5.1　边缘检测原理

图像的边缘指的是图像中像素灰度值突然发生变化的区域，如果将图像的每一行像素和每一列像素都描述成一个关于灰度值的函数，那么图像的边缘对应在灰度值函数中是函数值突然变大的区域。函数值的变化趋势可以用函数的导数描述。当函数值突然变大时，导数也必然会变大，而函数值变化较为平缓区域，导数值也比较小，因此可以通过寻找导数值较大的区域寻找函数中突然变化的区域，进而确定图像中的边缘位置。图 5-27 给出一张含有边缘的图像，图像每一行的像素灰度值变化可以用图 5-27 中下方的曲线表示。

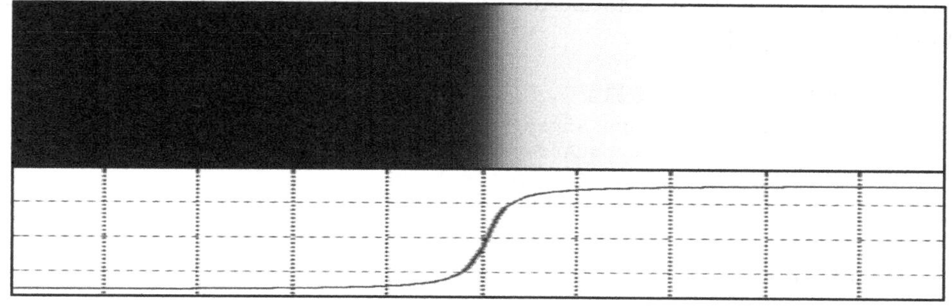

图 5-27　图像每行像素灰度值变化趋势

通过像素灰度值曲线可以看出图像边缘位于曲线变化最陡峭的区域，对灰度值曲线求取一阶导数可以得到图 5-28 中所示的曲线，通过该曲线可以看出，该曲线的最大值所在区域就是图像中的边缘所在区域。

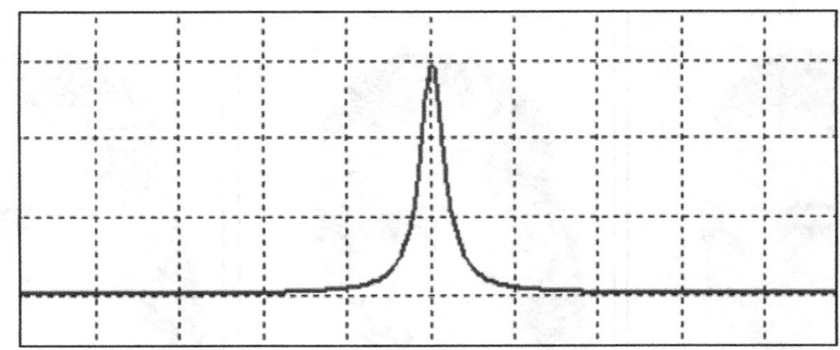

图 5-28　每一行灰度值函数的导数

由于图像是离散的信号，因此我们可以用临近的两个像素差值来表示像素灰度值函数的导数，求导形式可以用式（5-12）来表示。

$$\frac{\mathrm{d}f(x,y)}{\mathrm{d}x}=f(x,y)-f(x-1,y) \tag{5-12}$$

这种对 x 轴方向求导对应的滤波器为 $\begin{bmatrix}-1 & 1\end{bmatrix}$，同样，对 y 轴方向求导对应的滤波器为 $\begin{bmatrix}-1 & 1\end{bmatrix}^{\mathrm{T}}$ 。但是这种求导方式的计算结果最接近于两个像素中间位置的梯度，而两个临近的像素中间不再有任何的像素，因此，如果要表示某个像素处的梯度，最接近的方式是求取前一个像素和后一个像素的差值，于是需要将式（5-12）修改为式（5-13）。

$$\frac{\mathrm{d}f(x,y)}{\mathrm{d}x}=\frac{f(x+1,y)-f(x-1,y)}{2} \tag{5-13}$$

改进的求导方式对应的滤波器在 X 方向和 Y 方向分别为$[-0.5\quad 0\quad 0.5]$和$[-0.5\quad 0\quad 0.5]^{\mathrm{T}}$。根据这种方式也可以用式（5-14）所示的滤波器计算 45° 方向的梯度，寻找不同方向的边缘。

$$\mathrm{XY}=\begin{vmatrix}1 & 0\\ 0 & -1\end{vmatrix}\quad \mathrm{YX}=\begin{vmatrix}0 & 1\\ -1 & 0\end{vmatrix} \tag{5-14}$$

图像的边缘有可能是由高像素值变为低像素值，也有可能是由低像素值变成高像素值。通过式（5-13）和式（5-14）得到的正数值表示像素值突然由低变高，得到的负数值表示像素值由高到低，这两种都是图像的边缘，因此，为了在图像中同时表示出这两种边缘信息，需要将计算的结果求取绝对值。OpenCV 4 中提供了 convertScaleAbs()函数用于计算矩阵中所有数据的绝对值，该函数的原型在代码清单 5-22 中给出。

代码清单 5-22　convertScaleAbs()函数原型

```
void cv::convertScaleAbs(InputArray  src,
                         OutputArray  dst,
                         double  alpha = 1,
                         double  beta = 0
                         )
```

- src：输入矩阵。
- dst：计算绝对值后输出矩阵。
- alpha：缩放因子，默认参数为只求取绝对值而不进行缩放。
- beta：在原始数据上添加的偏值，默认参数表示不增加偏值。

该函数可以求取矩阵中所有数据的绝对值。该函数前两个参数分别为输入、输出矩阵，两个参数可以是相同的变量。该函数第三个、第四个参数为对绝对值的缩放和原始数据上的偏移。该函数的计算原理如式（5-15）所示。

$$\mathrm{dst}(I)=\left|\mathrm{src}(I)*\mathrm{alpha}+\mathrm{beta}\right| \tag{5-15}$$

图像的边缘包含 x 轴方向的边缘和 y 轴方向的边缘，因此，在分别求取两个方向的边缘后，对两个方向的边缘求取并集就是整幅图像的边缘，即将图像两个方向边缘结果相加得到整幅图像的边缘信息。为了验证这种滤波方式对于图像边缘提取的效果，在代码清单 5-23 中给出了利用 filter2D() 函数实现图像边缘检测的算法，检测的结果在图 5-29 中给出。需要说明的是，由于求取边缘的结果可能会有负数，不在原始图像的 CV_8U 的数据类型内，因此滤波后的图像数据类型不要用“−1”，而应该改为 CV_16S。

代码清单 5-23　myEdge.cpp 图像边缘检测

```
#include <opencv2\opencv.hpp>
#include <iostream>

using namespace cv;
using namespace std;

int main()
{
    //创建边缘检测滤波器
    Mat kernel1 = (Mat_<float>(1, 2) << 1, -1);  //X 方向边缘检测滤波器
    Mat kernel2 = (Mat_<float>(1, 3) << 1, 0, -1);  //X 方向边缘检测滤波器
    Mat kernel3 = (Mat_<float>(3, 1) << 1, 0, -1);  //X 方向边缘检测滤波器
    Mat kernelXY = (Mat_<float>(2, 2) << 1, 0, 0, -1);  //由左上到右下方向边缘检测滤波器
    Mat kernelYX = (Mat_<float>(2, 2) << 0, -1, 1, 0);  //由右上到左下方向边缘检测滤波器

    //读取图像，黑白图像边缘检测结果较为明显
    Mat img = imread("equalLena.png", IMREAD_ANYCOLOR);
    if (img.empty())
    {
        cout << "请确认图像文件名称是否正确" << endl;
        return -1;
    }
    Mat result1, result2, result3, result4, result5, result6;

    //检测图像边缘
    //以[1 -1]检测水平方向边缘
    filter2D(img, result1, CV_16S, kernel1);
    convertScaleAbs(result1, result1);

    //以[1 0 -1]检测水平方向边缘
    filter2D(img, result2, CV_16S, kernel2);
    convertScaleAbs(result2, result2);

    //以[1 0 -1]检测垂直方向边缘
    filter2D(img, result3, CV_16S, kernel3);
    convertScaleAbs(result3, result3);

    //整幅图像的边缘
    result6 = result2 + result3;
    //检测由左上到右下方向边缘
    filter2D(img, result4, CV_16S, kernelXY);
    convertScaleAbs(result4, result4);

    //检测由右上到左下方向边缘
```

```
    filter2D(img, result5, CV_16S, kernelYX);
    convertScaleAbs(result5, result5);

    //显示边缘检测结果
    imshow("result1", result1);
    imshow("result2", result2);
    imshow("result3", result3);
    imshow("result4", result4);
    imshow("result5", result5);
    imshow("result6", result6);
    waitKey(0);
    return 0;
}
```

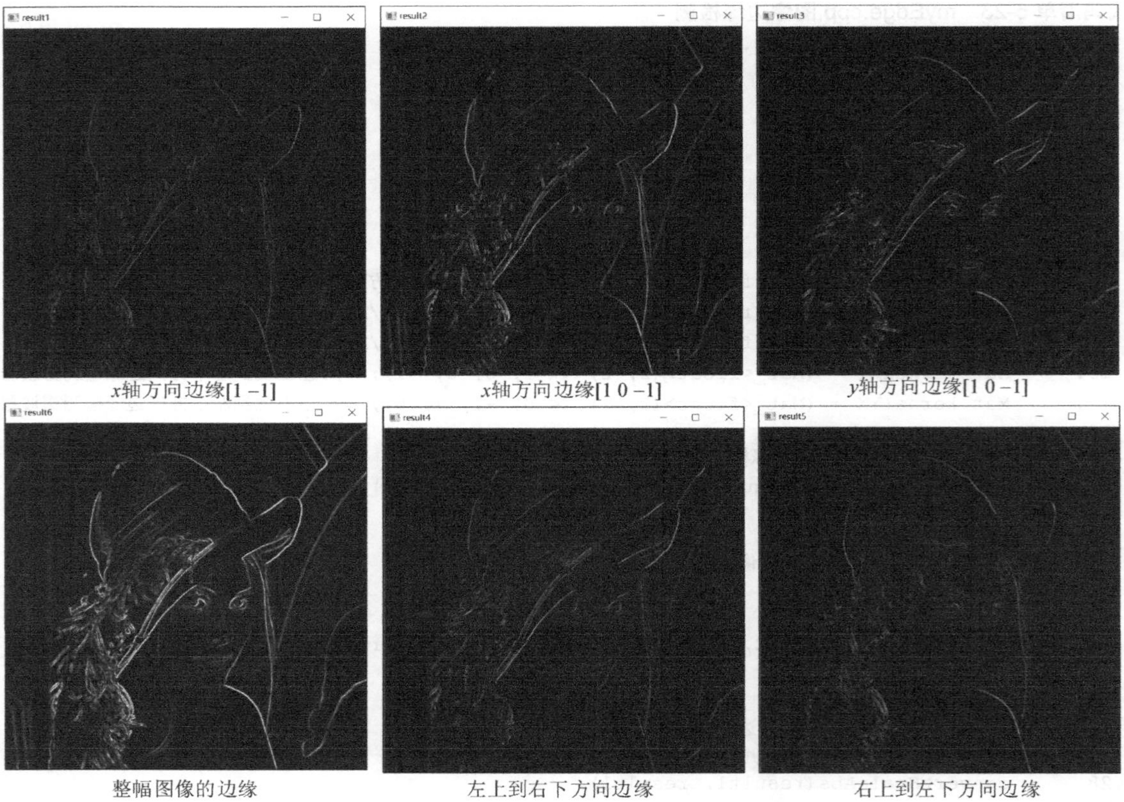

x轴方向边缘[1 −1]　　x轴方向边缘[1 0 −1]　　y轴方向边缘[1 0 −1]

整幅图像的边缘　　左上到右下方向边缘　　右上到左下方向边缘

图 5-29　myEdge.cpp 程序中边缘检测结果

5.5.2　Sobel 算子

Sobel 算子是通过离散微分方法求取图像边缘的边缘检测算子，其求取边缘的思想与我们前文介绍的思想一致。除此之外，Sobel 算子还结合了高斯平滑滤波的思想，将边缘检测滤波器尺寸由 ksize × 1 改进为 ksize × ksize，提高了对平缓区域边缘的响应，相比前文的算法边缘检测，效果更加明显。使用 Sobel 边缘检测算子提取图像边缘的过程大致可以分为以下 3 个步骤。

第一步：提取 X 方向的边缘，X 方向一阶 Sobel 边缘检测算子如（5-16）所示。

$$\begin{bmatrix} -1 & 0 & 1 \\ -2 & 0 & 2 \\ -1 & 0 & 1 \end{bmatrix} \tag{5-16}$$

第二步：提取 Y 方向的边缘，Y 方向一阶 Sobel 边缘检测算子如（5-17）所示。

$$\begin{bmatrix} -1 & -2 & -1 \\ 0 & 0 & 0 \\ 1 & 2 & 1 \end{bmatrix} \tag{5-17}$$

第三步：综合两个方向的边缘信息得到整幅图像的边缘。由两个方向的边缘得到整体的边缘有两种计算方式，第一种是求取两幅图像对应像素的像素值的绝对值之和，第二种是求取两幅图像对应像素的像素值的平方和的二次方根。这两种计算方式在式（5-18）给出。

$$\begin{aligned} I(x,y) &= \sqrt{I_x(x,y)^2 + I_y(x,y)^2} \\ I(x,y) &= \left|I_x(x,y)^2\right| + \left|I_y(x,y)\right|^2 \end{aligned} \tag{5-18}$$

OpenCV 4 提供了对图像提取 Sobel 边缘的 Sobel()函数，该函数的原型在代码清单 5-24 中给出。

代码清单 5-24　Sobel()函数原型

```
void cv::Sobel(InputArray  src,
               OutputArray  dst,
               int  ddepth,
               int  dx,
               int  dy,
               int  ksize = 3,
               double  scale = 1,
               double  delta = 0,
               int  borderType = BORDER_DEFAULT
               )
```

- src：待提取边缘的图像，
- dst：输出图像，与输入图像 src 具有相同的尺寸和通道数，数据类型由第三个参数 ddepth 控制。
- ddepth：输出图像的数据类型（深度），根据输入图像数据类型的不同拥有不同的取值范围，具体的取值范围在表 5-1 中给出。当赋值为−1 时，输出图像的数据类型自动选择。
- dx：X 方向的差分阶数。
- dy：Y 方向的差分阶数。
- ksize：Sobel 算子的尺寸，必须是 1、3、5 或者 7。
- scale：对导数计算结果进行缩放的缩放因子。默认系数为 1，表示不进行缩放。
- delta：偏值，在计算结果中加上偏值。
- borderType：像素外推法选择标志，取值范围在表 3-5 中给出。默认参数为 BORDER_DEFAULT，表示不包含边界值的倒序填充。

该函数的使用方式与分离卷积函数 sepFilter2D()相似。该函数的前两个参数分别为输入图像和输出图像，第三个参数为输出图像的数据类型，这里需要注意，由于提取边缘信息时有可能出现负数，因此不要使用 CV_8U 数据类型的输出图像，因为与 Sobel 算子方向不一致的边缘梯度会在 CV_8U 数据类型中消失，使得图像边缘提取不准确。该函数中的第四个、第五个、第六个参数是控制图像边缘检测效果的关键参数，这三者存在的关系是任意一个方向的差分阶数都需要小于算子的尺寸，特殊情况是，当 ksize=1 时，任意一个方向的阶数需要小于 3。在一般情况下，当差分阶数的最大值为 1 时，算子尺寸选 3；当差分阶数的最大值为 2 时，算子尺寸选 5；当差分阶数最大值为 3 时，算子尺寸选 7。当算子尺寸 ksize=1 时，程序中使用的算子尺寸不再是正方形，而是 3×1 或者 1×3。最后 3 个参数分别为图像缩放因子、偏值和图像外推填充方法的标志，多数情况下并不需要设置，只需要采用默认参数。

为了更好地理解 Sobel()函数的使用方法，在代码清单 5-25 中给出了利用 Sobel()函数提取图像边缘的示例程序。在该程序中，分别提取 x 轴方向和 y 轴方向的一阶边缘，并利用两个方向的边缘求取整幅图像的边缘。该程序运行结果如图 5-30 所示。

代码清单 5-25　mySobel.cpp 图像 Sobel 边缘提取

```
#include <opencv2\opencv.hpp>
#include <iostream>

using namespace cv;
using namespace std;

int main()
{
    //读取图像，黑白图像边缘检测结果较为明显
    Mat img = imread("equalLena.png", IMREAD_ANYCOLOR);
    if (img.empty())
    {
        cout << "请确认图像文件名称是否正确" << endl;
        return -1;
    }
    Mat resultX, resultY, resultXY;

    //X 方向一阶边缘
    Sobel(img, resultX, CV_16S, 2, 0, 1);
    convertScaleAbs(resultX, resultX);

    //Y 方向一阶边缘
    Sobel(img, resultY, CV_16S, 0, 1, 3);
    convertScaleAbs(resultY, resultY);

    //整幅图像的一阶边缘
    resultXY = resultX + resultY;

    //显示图像
    imshow("resultX", resultX);
    imshow("resultY", resultY);
    imshow("resultXY", resultXY);
    waitKey(0);
    return 0;
}
```

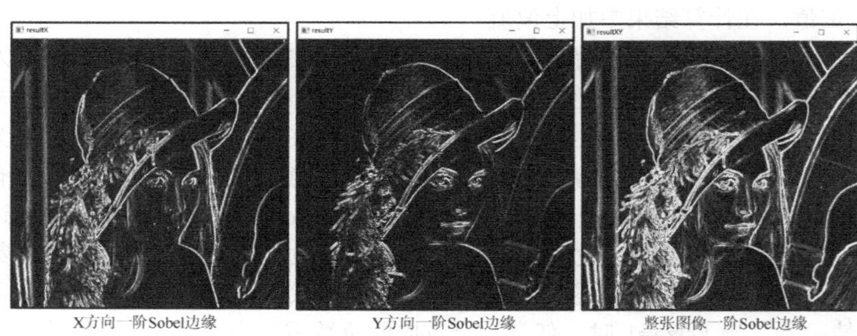

图 5-30　mySobel.cpp 程序 Sobel 边缘检测结果

5.5.3 Scharr 算子

虽然 Sobel 算子可以有效地提取图像边缘，但是对图像中较弱的边缘提取效果较差。因此，为了能够有效地提取出较弱的边缘，需要将像素值间的差距增大，于是引入 Scharr 算子。Scharr 算子是对 Sobel 算子差异性的增强，因此两者在检测图像边缘的原理和使用方式上相同。Scharr 算子的边缘检测滤波的尺寸为 3×3，因此也称其为 Scharr 滤波器。可以通过将滤波器中的权重系数放大来增大像素值间的差异，Scharr 算子就是采用了这种思想，其在 X 方向和 Y 方向的边缘检测算子如（5-19）所示。

$$G_x=\begin{bmatrix}-3 & 0 & 3\\ -10 & 0 & 10\\ -3 & 0 & 3\end{bmatrix}\quad G_y=\begin{bmatrix}-3 & -10 & -3\\ 0 & 0 & 0\\ 3 & 10 & 3\end{bmatrix}\tag{5-19}$$

OpenCV 4 提供了对图像提取 Scharr 边缘的 Scahrr ()函数，该函数的原型在代码清单 5-26 中给出。

代码清单 5-26　Scharr()函数原型

```
void cv::Scharr(InputArray  src,
                OutputArray  dst,
                int  ddepth,
                int  dx,
                int  dy,
                double  scale = 1,
                double  delta = 0,
                int  borderType = BORDER_DEFAULT
                )
```

- src：待提取边缘的图像。
- dst：输出图像，与输入图像 src 具有相同的尺寸和通道数，数据类型由第三个参数 ddepth 控制。
- ddepth：输出图像的数据类型（深度），根据输入图像的数据类型不同拥有不同的取值范围，具体的取值范围在表 5-1 中给出。当赋值为-1 时，输出图像的数据类型自动选择。
- dx：X 方向的差分阶数。
- dy：Y 方向的差分阶数。
- scale：对导数计算结果进行缩放的缩放因子。默认系数为 1，表示不进行缩放。
- delta：偏值，在计算结果中加上偏值。
- borderType：像素外推法选择标志，取值范围在表 3-5 中给出。默认参数为 BORDER_DEFAULT，表示不包含边界值的倒序填充。

该函数利用 Scharr 算子提取图像中的边缘信息，与 Soble()函数相同。该函数的前两个参数分别为输入图像和输出图像，第三个参数为输出图像的数据类型，这里需要注意，由于提取边缘信息时有可能会出现负数，因此不要使用 CV_8U 数据类型的输出图像，因为与 Scharr 算子方向不一致的边缘梯度会在 CV_8U 数据类型中消失，使得图像边缘提取不准确。该函数的第四个、第五个参数分别是提取 X 方向边缘和 Y 方向边缘的标志，该函数要求这两个参数只能有一个参数为 1，并且不能同时为 0，否则该函数将无法提取图像边缘，该函数默认的滤波器尺寸为 3×3，并且无法修改。最后 3 个参数分别为图像放缩因子、偏值和图像外推填充方法的标志，多数情况下不需要设置，只需要采用默认参数。

为了更好地理解 Scharr ()函数的使用方法，在代码清单 5-27 中给出了利用 Scharr ()函数提取图像边缘的示例程序。在该程序中，分别提取 X 方向和 Y 方向的边缘，并利用两个方向的边缘求取整幅图像的边缘。该程序运行结果如图 5-31 所示，通过结果可以看出，Scharr 算子可以比 Sobel 算子提取到更微弱的边缘。

代码清单 5-27　myScharr.cpp 图像 Scharr 边缘提取

```
#include <opencv2\opencv.hpp>
#include <iostream>

using namespace cv;
using namespace std;

int main()
{
    //读取图像，黑白图像边缘检测结果较为明显
    Mat img = imread("equalLena.png", IMREAD_ANYDEPTH);
    if (img.empty())
    {
        cout << "请确认图像文件名称是否正确" << endl;
        return -1;
    }
    Mat resultX, resultY, resultXY;

    //X 方向一阶边缘
    Scharr(img, resultX, CV_16S, 1, 0);
    convertScaleAbs(resultX, resultX);

    //Y 方向一阶边缘
    Scharr(img, resultY, CV_16S, 0, 1);
    convertScaleAbs(resultY, resultY);

    //整幅图像的一阶边缘
    resultXY = resultX + resultY;

    //显示图像
    imshow("resultX", resultX);
    imshow("resultY", resultY);
    imshow("resultXY", resultXY);
    waitKey(0);
    return 0;
}
```

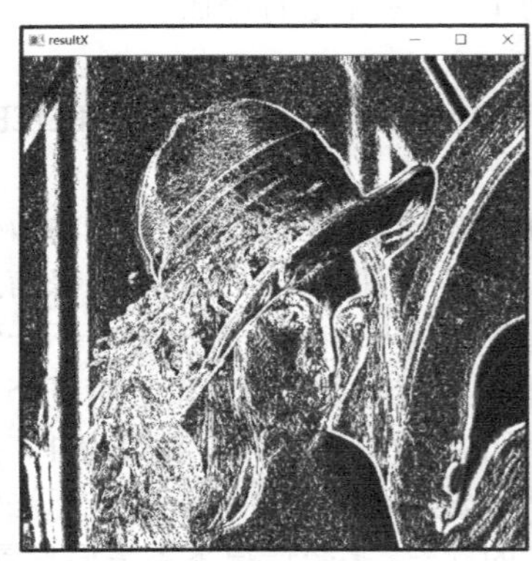

X方向一阶Scharr边缘

Y方向一阶Scharr边缘

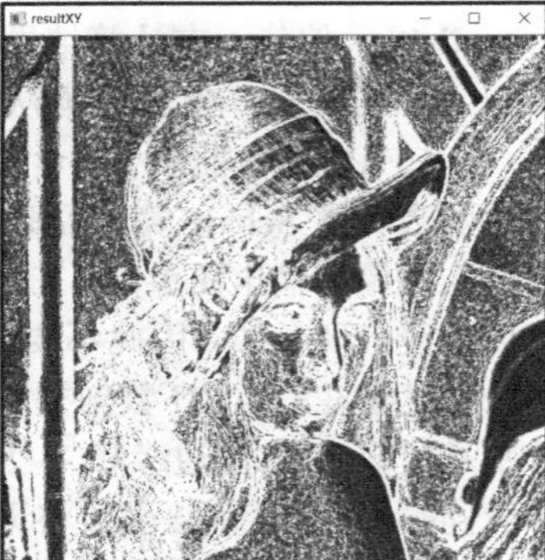

整张图像一阶Scharr边缘

图 5-31　myScharr.cpp 程序 Scharr 边缘检测结果

5.5.4 生成边缘检测滤波器

Scharr 算子只有式（5-19）中给出的两种，但是 Sobel 算子却有不同尺寸、不同阶次。在实际使用过程中，即使了解 Sobel 算子的原理，推导出边缘提取需要的滤波器也是十分复杂而烦琐的任务。并且，有时我们并不希望提取图像中的边缘，而是希望得到能够提取图像边缘的滤波器，通过对滤波器的修改提升边缘检测的效果。在 OpenCV 4 中，提供了 getDerivKernels()函数，通过该函数可以得到不同尺寸、不同阶次的 Sobel 算子和 Scharr 算子的滤波器，该函数的原型在代码清单 5-28 中给出。

代码清单 5-28　getDerivKernels()函数原型

```
void cv::getDerivKernels(OutputArray  kx,
                         OutputArray  ky,
                         int  dx,
                         int  dy,
                         int  ksize,
                         bool  normalize = false,
                         int  ktype = CV_32F
                         )
```

- kx：行滤波器系数的输出矩阵，尺寸为 ksize×1。
- ky：列滤波器系数的输出矩阵，尺寸为 ksize×1。
- dx：X 方向导数的阶次。
- dy：Y 方向导数的阶次。
- ksize：滤波器的大小，可以选择的参数为 FILTER_SCHARR、1、3、5 或 7。
- normalize：是否对滤波器系数进行归一化的标志，默认值为 false，表示不进行系数归一化。
- ktype：滤波器系数类型，可以选择 CV_32F 或 CV_64F，默认为 CV_32F。

该函数可用于生成 Sobel 算子和 Scharr 算子，实际上，Sobel()函数和 Scharr()函数内部就是通过调用该函数得到边缘检测算子。该函数的前两个参数分别是边缘检测算子的行滤波器系数矩阵和列滤波器系数矩阵，需要将两者通过卷积分离性原理得到最终的边缘检测算子。最终的边缘检测算子作用在图像时的边缘提取效果由该函数中的第三个、第四个参数控制，当 dx=1，dy=0 时，最终的边缘检测算子就是检测 X 方向的一阶梯度边缘。该函数的第五个参数是滤波器的尺寸，该参数如果取值数字 1、3、5 和 7，那么生成的边缘检测算子是 Soble 算子；如果参数取值 FILTER_SCHARR，那么生成的边缘检测算子是 Scharr 算子。同时，第五个参数也需要大于第三个、第四个参数中的最大值；当第五个参数等于 1 时，第三个、第四个参数的最大值需要小于 3；当第五个参数为 FILTER_SCHARR 时，第三个、第四个参数的取值为 0 或 1，并且两者的和为 1。该函数的第六个参数为是否将滤波器系数进行归一化，默认参数为 false，表示不对系数进行归一化。该函数最后一个参数是滤波器系数的数据类型，可以选择 CV_32F 和 CV_64F 中任意一个，默认选择 CV_32F。

为了更好地理解 getDerivKernels()函数的使用方法，在代码清单 5-29 中给出了利用 getDerivKernels()函数生成 Sobel 算子和 Scharr 算子的示例程序。由于提取 X 方向和 Y 方向边缘的滤波器系数是互为转置的关系，因此该程序中生成了检测 X 方向不同阶次的梯度边缘检测的滤波器系数。该程序计算结果在图 5-32 和图 5-33 中给出。

代码清单 5-29　myGetDerivKernels.cpp 计算 Sobel 算子和 Scharr 算子

```
#include <opencv2\opencv.hpp>
#include <iostream>

using namespace cv;
using namespace std;
```

```

int main()
{
    system("color F0");  //更改输出界面颜色
    Mat sobel_x1,sobel_y1,sobel_x2,sobel_y2, sobel_x3, sobel_y3;  //存放分离的 Sobel 算子
    Mat scharr_x, scharr_y;  //存放分离的 Scharr 算子
    Mat sobelX1, sobelX2, sobelX3, scharrX;  //存放最终算子

    //一阶 X 方向 Sobel 算子
    getDerivKernels(sobel_x1, sobel_y1, 1, 0, 3);
    sobel_x1 = sobel_x1.reshape(CV_8U, 1);
    sobelX1 = sobel_y1*sobel_x1;  //计算滤波器

    //二阶 X 方向 Sobel 算子
    getDerivKernels(sobel_x2, sobel_y2, 2, 0, 5);
    sobel_x2 = sobel_x2.reshape(CV_8U, 1);
    sobelX2 = sobel_y2*sobel_x2;  //计算滤波器

    //三阶 X 方向 Sobel 算子
    getDerivKernels(sobel_x3, sobel_y3, 3, 0, 7);
    sobel_x3 = sobel_x3.reshape(CV_8U, 1);
    sobelX3 = sobel_y3*sobel_x3;  //计算滤波器

    //X 方向 Scharr 算子
    getDerivKernels(scharr_x, scharr_y, 1, 0, FILTER_SCHARR);
    scharr_x = scharr_x.reshape(CV_8U, 1);
    scharrX = scharr_y*scharr_x;  //计算滤波器

    //输出结果
    cout << "X 方向一阶 Sobel 算子:" << endl << sobelX1 << endl;
    cout << "X 方向二阶 Sobel 算子:" << endl << sobelX2 << endl;
    cout << "X 方向三阶 Sobel 算子:" << endl << sobelX3 << endl;
    cout << "X 方向 Scharr 算子:" << endl << scharrX << endl;
    waitKey(0);
    return 0;
}
```

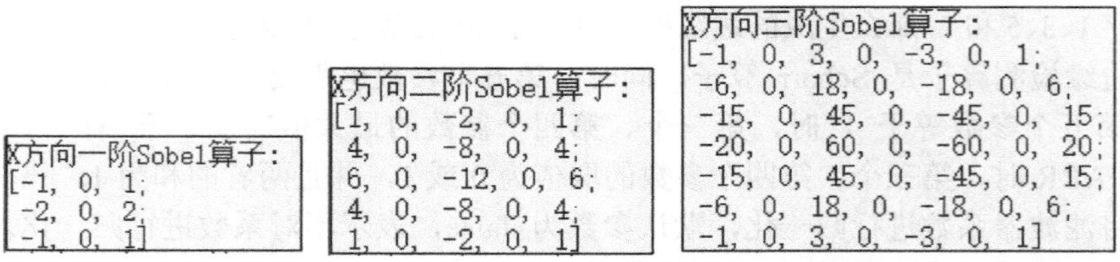

```
X方向一阶Sobel算子:
[-1, 0, 1;
 -2, 0, 2;
 -1, 0, 1]
```

```
X方向二阶Sobel算子:
[1, 0, -2, 0, 1;
 4, 0, -8, 0, 4;
 6, 0, -12, 0, 6;
 4, 0, -8, 0, 4;
 1, 0, -2, 0, 1]
```

```
X方向三阶Sobel算子:
[-1, 0, 3, 0, -3, 0, 1;
 -6, 0, 18, 0, -18, 0, 6;
 -15, 0, 45, 0, -45, 0, 15;
 -20, 0, 60, 0, -60, 0, 20;
 -15, 0, 45, 0, -45, 0, 15;
 -6, 0, 18, 0, -18, 0, 6;
 -1, 0, 3, 0, -3, 0, 1]
```

图 5-32　myGetDerivKernels.cpp 程序计算的 Sobel 算子

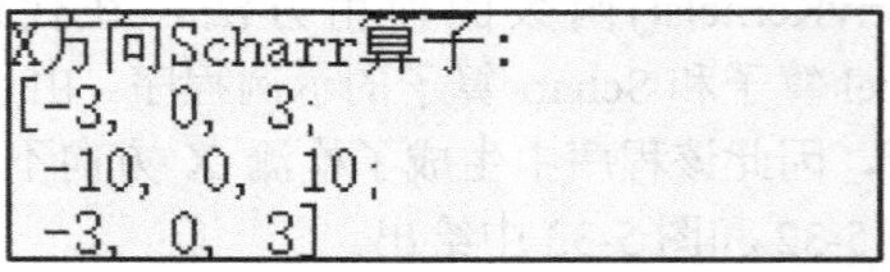

```
X方向Scharr算子:
[-3, 0, 3;
 -10, 0, 10;
 -3, 0, 3]
```

图 5-33　myGetDerivKernels.cpp 程序计算的 Scharr 算子

5.5.5　Laplacian 算子

上述的边缘检测算子都具有方向性，因此需要分别求取 X 方向的边缘和 Y 方向的边缘，之后将两个方向的边缘综合得到图像的整体边缘。Laplacian 算子具有各方向同性的特点，能够对任意

方向的边缘进行提取，具有无方向性的优点，因此使用 Laplacian 算子提取边缘不需要分别检测 X 方向的边缘和 Y 方向的边缘，只需要一次边缘检测。Laplacian 算子是一种二阶导数算子，对噪声比较敏感，因此常需要配合高斯滤波一起使用。

Laplacian 算子的定义如式（5-20）所示。

$$\text{Laplacian}(f)=\frac{\partial^2 f}{\partial x^2}+\frac{\partial^2 f}{\partial y^2} \tag{5-20}$$

OpenCV 4 提供了通过 Laplacian 算子提取图像边缘的 Laplacian()函数，该函数的原型在代码清单 5-30 中给出。

代码清单 5-30　Laplacian()函数原型

```
void cv::Laplacian(InputArray  src,
                   OutputArray  dst,
                   int  ddepth,
                   int  ksize = 1,
                   double  scale = 1,
                   double  delta = 0,
                   int  borderType = BORDER_DEFAULT
                   )
```

- src：输入原始图像，可以是灰度图像或彩色图像。
- dst：输出图像，与输入图像 src 具有相同的尺寸和通道数。
- ddepth：输出图像的数据类型（深度），根据输入图像的数据类型不同拥有不同的取值范围，具体的取值范围在表 5-1 给出。当赋值为−1 时，输出图像的数据类型自动选择。
- ksize：滤波器的大小，必须为正奇数。
- scale：对导数计算结果进行缩放的缩放因子，默认系数为 1，表示不进行缩放。
- delta：偏值，在计算结果中加上偏值。
- borderType：像素外推法选择标志，取值范围在表 3-5 中给出。默认参数为 BORDER_DEFAULT，表示不包含边界值的倒序填充。

该函数利用 Laplacian 算子提取图像中的边缘信息，与 Soble()函数相同。该函数的前两个参数分别为输入图像和输出图像，第三个参数为输出图像的数据类型，这里需要注意，由于提取边缘信息时有可能会出现负数，因此不要使用 CV_8U 数据类型的输出图像，否则会使得图像边缘提取不准确。该函数的第四个参数是滤波器尺寸的大小，必须是正奇数，当该参数的值大于 1 时，该函数通过 Sobel 算子计算出图像 X 方向和 Y 方向的二阶导数，将两个方向的导数求和得到 Laplacian 算子，其计算公式如式（5-21）所示。

$$\text{dst}=\Delta\text{src}=\frac{\partial^2\text{src}}{\partial x^2}+\frac{\partial^2\text{src}}{\partial y^2} \tag{5-21}$$

当该函数的第四个参数等于 1 时，Laplacian 算子如式（5-22）所示。

$$\begin{bmatrix} 0 & 1 & 0 \\ 1 & -4 & 1 \\ 0 & 1 & 0 \end{bmatrix} \tag{5-22}$$

该函数后三个参数为图像缩放因子、偏值和图像外推法的标志，多数情况下不需要设置，只需要采用默认参数。

为了更好地理解 Laplacian ()函数的使用方法，在代码清单 5-31 中给出了利用 Laplacian ()函数检测图像边缘的示例程序。由于 Laplacian 算子对图像中的噪声较为敏感，因此程序中使用 Laplacian 算子分别对高斯滤波后的图像和未进行高斯滤波的图像进行边缘检测，检测结果在图 5-34 中给出。

通过结果可以发现，图像去除噪声后通过 Laplacian 算子提取边缘变得更加准确。

代码清单 5-31　myLaplacian.cpp 利用 Laplacian 算子检测图像边缘

```
#include <opencv2\opencv.hpp>
#include <iostream>

using namespace cv;
using namespace std;

int main()
{
    //读取图像，黑白图像边缘检测结果较为明显
    Mat img = imread("equalLena.png", IMREAD_ANYDEPTH);
    if (img.empty())
    {
        cout << "请确认图像文件名称是否正确" << endl;
        return -1;
    }
    Mat result, result_g, result_G;

    //未进行滤波提取 Laplacian 边缘
    Laplacian(img, result, CV_16S, 3, 1, 0);
    convertScaleAbs(result, result);

    //滤波后提取 Laplacian 边缘
    GaussianBlur(img, result_g, Size(3, 3), 5, 0);  //高斯滤波
    Laplacian(result_g, result_G, CV_16S, 3, 1, 0);
    convertScaleAbs(result_G, result_G);

    //显示图像
    imshow("result", result);
    imshow("result_G", result_G);
    waitKey(0);
    return 0;
}
```

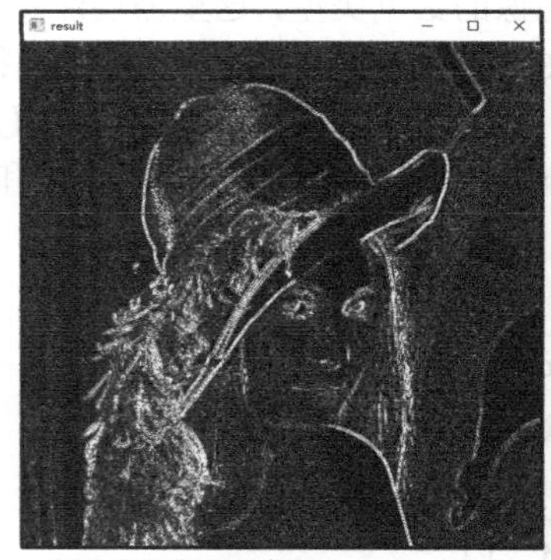

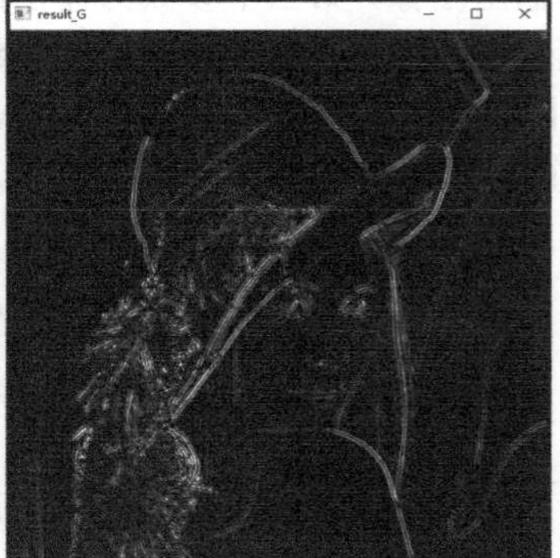

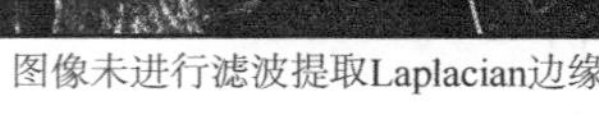
图像未进行滤波提取Laplacian边缘　　图像滤波后提取Laplacian边缘

图 5-34　myLaplacian.cpp 程序中图像提取边缘结果

5.5.6　Canny 算法

本节最后介绍的边缘检测算法是 Canny 算法，该算法不容易受到噪声的影响，能够识别图像中的弱边缘和强边缘，并结合强弱边缘的位置关系，综合给出图像整体的边缘信息。Canny 边缘检测算法是目前最优越的边缘检测算法之一，该方法的检测过程分为以下 5 个步骤。

第一步：使用高斯滤波平滑图像，减少图像中噪声。在一般情况下，使用式（5-23）所示的 5×5 高斯滤波器。

$$G=\frac{1}{139}\begin{bmatrix}2&4&5&4&2\\4&9&12&9&4\\5&12&15&12&5\\4&9&12&9&4\\2&4&5&4&2\end{bmatrix}\tag{5-23}$$

第二步：计算图像中每个像素的梯度方向和幅值。首先通过 Sobel 算子分别检测图像 X 方向的边缘和 Y 方向的边缘，之后利用式（5-24）计算梯度的方向和幅值。

$$\begin{gathered}\theta=\arctan\left(\frac{I_y}{I_x}\right)\\G=\arctan\sqrt{I_x^2+I_y^2}\end{gathered}\tag{5-24}$$

为了简便，梯度方向常取值 0°、45°、90°和 135°这 4 个角度之一。

第三步：应用非极大值抑制算法消除边缘检测带来的杂散响应。首先，将当前像素的梯度强度与沿正负梯度方向上的两个像素进行比较，如果当前像素的梯度强度与另外两个像素梯度强度相比最大，那么该像素点保留为边缘点，否则该像素点将被抑制。

第四步：应用双阈值法划分强边缘和弱边缘。将边缘处的梯度值与两个阈值进行比较，如果某像素的梯度幅值小于较小的阈值，那么会被去除；如果某像素的梯度幅值大于较小阈值、小于较大阈值，那么将该像素标记为弱边缘；如果某像素的梯度幅值大于较大阈值，那么将该像素标记为强边缘。

第五步：消除孤立的弱边缘。在弱边缘的 8 邻域范围寻找强边缘，如果 8 邻域内存在强边缘，就保留该弱边缘，否则将删除弱边缘，最终输出边缘检测结果。

Canny 算法具有复杂的流程，然而，在 OpenCV 4 中，提供了 Canny()函数用于实现 Canny 算法检测图像中的边缘，极大地简化了使用 Canny 算法提取边缘信息的过程。Canny()函数的原型在代码清单 5-32 中给出。

代码清单 5-32 Canny()函数原型

```
void cv::Canny(InputArray  image,
               OutputArray  edges,
               double  threshold1,
               double  threshold2,
               int  apertureSize = 3,
               bool  L2gradient = false
               )
```

- image：输入图像，必须是 CV_8U 的单通道或者三通道图像。
- edges：输出图像，与输入图像具有相同尺寸的单通道图像，且数据类型为 CV_8U。
- threshold1：第一个滞后阈值。
- threshold2：第二个滞后阈值。
- apertureSize：Sobel 算子的直径。
- L2gradient：计算图像梯度幅值方法的标志，幅值的两种计算方式如式（5-25）所示。

$$L_1 = \left|\frac{\mathrm{d}I}{\mathrm{d}x}\right| + \left|\frac{\mathrm{d}I}{\mathrm{d}y}\right|$$
$$L_2 = \sqrt{\left(\frac{\mathrm{d}I}{\mathrm{d}x}\right)^2 + \left(\frac{\mathrm{d}I}{\mathrm{d}y}\right)^2} \tag{5-25}$$

该函数利用 Canny 算法提取图像中的边缘信息。第一个参数是需要提取边缘的输入图像，目前只支持数据类型为 CV_8U 的图像，输入图像可以是灰度图像或者彩色图像。第二个参数是边缘检测结果的输出图像，图像是数据类型为 CV_8U 的单通道灰度图像。该函数的第三个、第四个参数是 Canny 算法中用于区分强边缘和弱边缘的两个阈值，两个参数不区分较大阈值和较小阈值，函数会自动比较区分两个阈值的大小。在一般情况下，较大阈值与较小阈值的比值在 2∶1 到 3∶1 之间。该函数最后一个参数是计算梯度幅值方法的选择标志，在无特殊需求的情况下，使用默认值即可。

为了更好地理解 Canny()函数的使用方法，在代码清单 5-33 中给出了利用 Canny()函数检测图像边缘的示例程序。在该程序中，通过设置不同的阈值来比较阈值的大小对图像边缘检测效果的影响，程序的输出结果在图 5-35 给出。通过结果可以发现，较高的阈值会降低噪声信息对图像提取边缘结果的影响，但是同时也会减少结果中的边缘信息。在该程序中，先对图像进行高斯模糊，再进行边缘检测，结果表明高斯模糊在边缘纹理较多的区域能减少边缘检测的结果，但是对纹理较少的区域影响较小。

代码清单 5-33　myCanny.cpp 利用 Canny 算法提取图像边缘

```
#include <opencv2\opencv.hpp>
#include <iostream>

using namespace cv;
using namespace std;

int main()
{
	//读取图像，黑白图像边缘检测结果较为明显
	Mat img = imread("equalLena.png", IMREAD_ANYDEPTH);
	if (img.empty())
	{
		cout << "请确认图像文件名称是否正确" << endl;
		return -1;
	}
	Mat resultHigh, resultLow, resultG;

	//高阈值检测图像边缘
	Canny(img, resultHigh, 100, 200, 3);

	//低阈值检测图像边缘
	Canny(img, resultLow, 20, 40, 3);

	//高斯模糊后检测图像边缘
	GaussianBlur(img, resultG, Size(3, 3), 5);
	Canny(resultG, resultG, 100, 200, 3);

	//显示图像
	imshow("resultHigh", resultHigh);
	imshow("resultLow", resultLow);
	imshow("resultG", resultG);
```

```
    waitKey(0);
    return 0;
}
```

低阈值Canny边缘检测结果

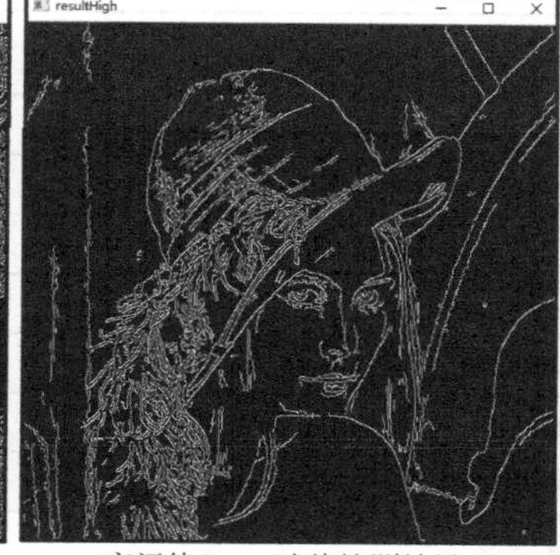

高阈值Canny边缘检测结果

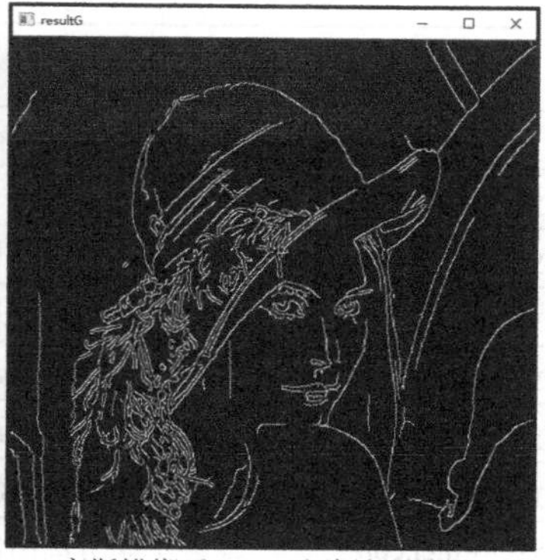

高斯模糊后Canny边缘检测结果

图 5-35 myCanny.cpp 程序中图像提取边缘结果

5.6 本章小结

本章主要介绍了图像滤波相关内容。图像滤波是图像处理中较为重要的一个步骤，建议读者对本章的内容要有较为清晰的认识。滤波可以去除图像中的噪声，因此本章介绍了如何在图像中添加噪声，以便更好地验证滤波算法的效果。然后，介绍了图像的线性滤波和非线性滤波。线性滤波主要包括均值滤波、方框滤波和高斯滤波，非线性滤波主要包括中值滤波、双边滤波。此外，本章介绍了如何通过滤波得到图像的边缘信息，重点介绍了 Sobel 算子、Scharr 算子、Laplacian 算子和 Canny 算法等边缘检测算子。

本章主要函数清单

函数名称	函数说明	代码清单
filter2D()	卷积操作	5-1
rand()rand_double()/rand_int()	生成随机数	5-3
fill()	产生均匀分布或高斯分布的随机数	5-5
blur()	均值滤波	5-8
boxFilter()	方框滤波	5-10
sqrBoxFilter()	扩展方框滤波	5-11
GaussianBlur()	高斯滤波	5-13
sepFilter2D()	双方向卷积运算	5-16
medianBlur()	中值滤波	5-18
bilateralFilter()	双边滤波	5-20
convertScaleAbs()	计算矩阵绝对值	5-22
Sobel()	Sobel 算子边缘检测	5-24
Scharr()	Scharr 算子边缘检测	5-26
getDerivKernels()	生成边缘检测滤波器	5-28
Laplacian()	Laplacian 算子边缘检测	5-30

续表

函数名称	函数说明	代码清单
Canny()	Canny 算法边缘检测	5-32

本章示例程序清单

示例程序名称	程序说明	代码清单
myFilter.cpp	图像卷积	5-2
mySaltAndPepper.cpp	图像中添加椒盐噪声	5-4
myGaussNoise.cpp	图像中添加高斯噪声	5-7
myBlur.cpp	图像均值滤波	5-9
myBoxFilter.cpp	图像方框滤波	5-12
myGaussianBlur.cpp	图像高斯滤波	5-15
myselfFilter.cpp	可分离图像滤波	5-17
myMedianBlur.cpp	中值滤波	5-19
myBilateralFilter.cpp	人脸图像双边滤波	5-21
myEdge.cpp	图像边缘检测	5-23
mySobel.cpp	图像 Sobel 边缘提取	5-25
myScharr.cpp	图像 Scharr 边缘提取	5-27
myGetDerivKernels.cpp	计算 Sobel 算子和 Scharr 算子	5-29
myLaplacian.cpp	利用 Laplacian 算子检测图像边缘	5-31
myCanny.cpp	利用 Canny 算法提取图像边缘	5-33

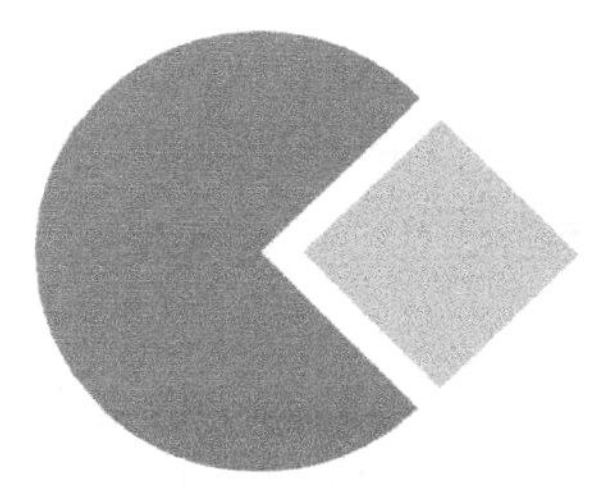

第6章　图像形态学操作

在有些情况下，相比于图像中物体的纹理信息，物体的形状与位置信息对我们更加重要，因此可以将物体的内部信息忽略，以形态为基础对图像进行描述和分析。图像形态学用具有一定形态的结构元素度量和提取图像中的对应形状，以达到对图像分析和识别的目的。图像形态学操作主要包括图像腐蚀、膨胀、开运算与闭运算，本章中将详细介绍如何实现图像形态学的基本操作。

6.1 像素距离与连通域

图像形态学在图像处理中具有广泛的应用，主要应用于从图像中提取对于表达和描述区域形状有意义的图像分量，以便后续的识别工作能够抓住对象最为本质的形状特性，例如边界、连通域等。由于图像形态学重点关注图像中物体的区域信息，忽略区域内的部分纹理信息，为了方便表示图像的区域信息，加快图像形态学的处理速度，常将图像转化为二值图像后再进行图像形态学分析。

在图像形态学运算中，常将不与其他区域连接的独立区域称为集合或者连通域，这个集合中的元素就是包含在连通域内的每一个像素，可以用该像素在图像中的坐标来描述，像素之间的距离可以用来表示两个连通域之间的关系。在了解图像形态学运算之前，首先需要了解图像中两个像素之间的距离描述方式，以及如何从图像中分离出不同的连通域。

6.1.1　图像像素距离变换

图像中两个像素之间的距离有多种定义方式，图像处理中常用的距离有欧氏距离、街区距离和棋盘距离，本节将重点介绍这3种距离的定义方式，以及如何利用两个像素间的距离来描述一幅图像。

欧氏距离是指两个像素点之间的直线距离。与直角坐标系中两点之间的直线距离求取方式相同，分别计算两个像素在X方向和Y方向上的距离，之后利用勾股定理得到两个像素之间的距离，数学表示形式如式（6-1）所示。

$$d=\sqrt{(x_1-x_2)^2+(y_1-y_2)^2} \tag{6-1}$$

根据欧氏距离的定义，图像中两个像素之间的距离可以含有小数部分，例如图像中的两个像素点 $P_1(1,0)$ 和 $P_2(0,1)$ 之间的欧氏距离为 $d=1.414$。在一个 5×5 的矩阵内，所有像素距离矩阵中心的欧氏距离如图6-1所示。

2.8	2.2	2	2.2	2.8
2.2	1.4	1	1.4	2.2
2	1	0	1	2
2.2	1.4	1	1.4	2.2
2.8	2.2	2	2.2	2.8

图6-1　5×5矩阵距离中心位置的欧氏距离

街区距离是指两个像素点X方向和Y方向的距离之和。欧氏距离表示的是从一个像素点到另一个像素点的最短距离，然而，有时我们并不能以两个点之间连线的方向前进，例如在一个城市内两点之间的连线可能存在障碍物的阻碍，因此从一个点到另一个点需要沿着街道行走，因此这种距离的度量方式被称为街区距离。街区距离就是由一个像素点到另一个像素点需要沿着 X 方向和 Y 方向一共行走的距离，数学表示形式如式（6-2）所示。

$$d=|x_1-x_2|+|y_1-y_2| \tag{6-2}$$

根据街区距离的定义，图像中两个像素之间的距离一定为整数，例如图像中的两个像素点 $P_1(1,0)$ 和 $P_2(0,1)$ 之间的街区距离为 $d=2$。在一个 5×5 的矩阵内，所有像素距离矩阵中心的街区距离如图 6-2 所示。

棋盘距离是指两个像素点 X 方向距离和 Y 方向距离的最大值。与街区距离相似，棋盘距离也是假定两个像素点之间不能够沿着连线方向靠近，像素点只能沿着 X 方向和 Y 方向移动。但是，棋盘距离并不是表示由一个像素点移动到另一个像素点之间的距离，而是表示两个像素点移动到同一行或者同一列时需要移动的最大距离，数学表示形式如式（6-3）所示。

$$d=\max(|x_1-x_2|,|y_1-y_2|) \tag{6-3}$$

根据棋盘距离的定义，图像中两个像素之间的距离一定为整数，例如图像中的两个像素点 $P_1(1,0)$ 和 $P_2(0,1)$ 之间的棋盘距离为 $d=1$。在一个 5×5 的矩阵内，所有像素距离矩阵中心的棋盘距离如图 6-3 所示。

4	3	2	3	4
3	2	1	2	3
2	1	0	1	2
3	2	1	2	3
4	3	2	3	4

图 6-2　5×5 矩阵距离中心位置的街区距离

2	2	2	2	2
2	1	1	1	2
2	1	0	1	2
2	1	1	2	2
2	2	2	2	2

图 6-3　5×5 矩阵距离中心位置的棋盘距离

OpenCV 4 中提供了用于计算图像中不同像素之间距离的 distanceTransform()函数，该函数有两个原型，在代码清单 6-1 中给出了第一种。

代码清单 6-1　distanceTransform()函数原型 1

```
void cv::distanceTransform(InputArray  src,
                           OutputArray  dst,
                           OutputArray  labels,
                           int  distanceType,
                           int  maskSize,
                           int  labelType = DIST_LABEL_CCOMP
                           )
```

- src：输入图像，数据类型为 CV_8U 的单通道图像。
- dst：输出图像，与输入图像具有相同的尺寸，数据类型为 CV_8U 或 CV_32F 的单通道图像。
- labels：二维的标签数组（离散 Voronoi 图），与输入图像具有相同的尺寸，数据类型为 CV_32S 的单通道数据。
- distanceType：选择计算两个像素之间距离方法的标志，其常用的距离度量方法在表 6-1 中给出。
- maskSize：距离变换掩码矩阵尺寸，参数可以选择的尺寸为 DIST_MASK_3（3×3）和

DIST_MASK_5（5×5）。

- labelType：要构建的标签数组的类型，可以选择的参数在表 6-2 中给出。

表 6-1　　distanceTransform()函数中常用距离度量方法选择标志

标志参数	简记	作用
DIST_USER	−1	自定义距离
DIST_L1	1	街区距离，$d=\lvert x_1-x_2\rvert+\lvert y_1-y_2\rvert$
DIST_L2	2	欧氏距离，$d=\sqrt{(x_1-x_2)^2+(y_1-y_2)^2}$
DIST_C	3	棋盘距离，$d=\max(\lvert x_1-x_2\rvert,\lvert y_1-y_2\rvert)$

表 6-2　　distanceTransform()函数中标签数组类型标志

标志参数	简记	作用
DIST_LABEL_CCOMP	0	输入图像中每个连接的 0 像素（以及最接近连接区域的所有非零像素）都将被分配为相同的标签
DIST_LABEL_PIXEL	1	输入图像中每个 0 像素（以及最接近它的所有非零像素）都有自己的标签

该函数用于实现图像的距离变换，即统计图像中所有像素距离 0 像素的最小距离。该函数的第一个参数为待距离变换的输入图像，输入图像要求必须是 CV_8U 的单通道图像。该函数的第二个参数是原始图像距离变换后的输出图像，与输入图像具有相同的尺寸，图像中每个像素值表示该像素在原始图像中距离 0 像素的最小距离。由于图像的尺寸可能大于 256，因此图像中某个像素距离 0 像素的最近距离有可能会大于 255，为了能够正确地统计出每一个像素距离 0 像素的最小距离，输出图像的数据类型可以选择 CV_8U 或者 CV_32F。该函数的第三个参数是原始图像的离散 Voronoi 图，输出图像是数据类型为 CV_32S 的单通道图像，图像尺寸与输入图像相同。该函数的第四个参数是距离变换过程中使用的距离种类，常用的距离为欧氏距离（DIST_L2）、街区距离（DIST_L1）和棋盘距离（DIST_C）。该函数的第五个参数是求取路径时候的掩码矩阵尺寸，该尺寸与选择的距离种类有着密切的关系，当选择使用街区距离时，掩码尺寸选择 3×3 还是 5×5 对计算结果没有影响，因此，为了加快函数运算速度，默认选择掩码矩阵尺寸为 3×3；当选择欧氏距离时，掩码矩阵尺寸为 3×3 时是粗略地计算两个像素之间的距离，而当掩码矩阵尺寸为 5×5 时，精确地计算两个像素之间的距离，精确计算与粗略计算两者之间存在着较大的差异，因此，在使用欧氏距离时，推荐使用 5×5 掩码；当选择棋盘距离时，掩码矩阵尺寸对计算结果也没有影响，因此可以随意选择。该函数的最后一个参数为构建标签数组的类型，当 labelType==DIST_LABEL_CCOMP 时，该函数会自动在输入图像中找到 0 像素的连通分量，并用相同的标签标记它们；当 labelType==DIST_LABEL_PIXEL，该函数扫描输入图像并用不同的标签标记所有 0 像素。

该函数原型在对图像进行距离变换的同时会生成离散 Voronoi 图，但是有时只是为了实现对图像的距离变换，并不需要使用离散 Voronoi 图，而使用该函数必须要求创建一个 Mat 类变量用于存放离散 Voronoi 图，占用了内存资源，因此 distanceTransform()函数的第二种原型中取消了生成离散 Voronoi 图，只输出距离变换后的图像，该种原型在代码清单 6-2 中给出。

代码清单 6-2　distanceTransform()函数原型 2

```
void distanceTransform(InputArray  src,
                       OutputArray  dst,
                       int  distanceType,
                       int  maskSize,
```

```
                        int  dstType = CV_32F
                        )
```

- src：输入图像，数据类型为 CV_8U 的单通道图像。
- dst：输出图像，与输入图像具有相同的尺寸，数据类型为 CV_8U 或者 CV_32F 的单通道图像。
- distanceType：选择计算两个像素之间距离方法的标志，其常用的距离度量方法在表 6-1 给出。
- maskSize：距离变换掩码矩阵尺寸，参数可以选择的尺寸为 DIST_MASK_3（3×3）和 DIST_MASK_5（5×5）。
- dstType：输出图像的数据类型，可以是 CV_8U 或者 CV_32F。

该函数原型中的主要参数含义与前一种函数原型相同，前两个参数为输入图像和输出图像，第三个参数为距离变换过程中使用的距离种类。该函数中的第四个参数是距离变换掩码矩阵尺寸，由于街区距离（Dist_L1）和棋盘距离（Dist_C）对掩码尺寸没有要求，因此该参数在选择街区距离和棋盘距离时被强制设置为 3。但是掩码尺寸的大小对欧氏距离（Dist_L2）计算的精度有影响，为了获取较为精确的值，一般使用 5×5 的掩码矩阵。该函数的最后一个参数是输出图像的数据类型，虽然可以在 CV_8U 和 CV_32F 两个类型中任意选择，但是图像输出时实际的数据类型与距离变换时选择的距离种类有着密切的联系，CV_8U 只能使用在计算街区距离的条件下，当计算欧氏距离和棋盘距离时，即使该参数设置为 CV_8U，实际输出图像的数据类型也是 CV_32F。

由于 distanceTransform()函数是计算图像中非零像素距离 0 像素的最小距离，而图像中 0 像素表示黑色，因此，为了保证能够清楚地观察到距离变换的结果，不建议使用尺寸过小或者黑色区域较多的图像，否则 distanceTransform()函数处理后的图像中几乎全为黑色，不利于观察。

为了了解 distanceTransform()函数使用方式，以及验证 5×5 矩阵中所有元素离中心位置的距离，在代码清单 6-3 中给出利用 distanceTransform()函数计算像素间的距离，以及实现图像的距离变换。由于 distanceTransform()函数计算图像中非零像素距离 0 像素的最近距离，因此，为了能够计算 5×5 矩阵中所有元素离中心位置的距离，在程序中创建一个 5×5 的矩阵，矩阵的中心元素为 0，其余值全为 1，计算结果通过 Image Watch 查看，如图 6-4 所示。为了验证图像中 0 元素数目对图像距离变换结果的影响，该程序中首先将图像二值化，之后将二值化图像黑白像素反转，再利用 distanceTransform()函数实现距离变换，计算结果在图 6-5 和图 6-6 给出。由于 riceBW 图像黑色区域较多，如果距离变换结果的数据类型为 CV_8U，那么查看图像时将全部为黑色，因此，将距离变换结果的数据类型设置为 CV_32F，于是查看图像时与原二值图像一致，但是内部的数据不一致。

代码清单 6-3　myDistanceTransform.cpp 图像距离变换

```
#include <opencv2\opencv.hpp>
#include <iostream>

using namespace cv;
using namespace std;

int main()
{
    //构建简易矩阵，用于求取像素之间的距离
    Mat a = (Mat_<uchar>(5, 5) << 1, 1, 1, 1, 1,
        1, 1, 1, 1, 1,
        1, 1, 0, 1, 1,
        1, 1, 1, 1, 1,
        1, 1, 1, 1, 1);
    Mat dist_L1, dist_L2, dist_C, dist_L12;

    //计算街区距离
```

```
    distanceTransform(a, dist_L1, 1, 3, CV_8U);
    cout << "街区距离: " << endl << dist_L1 << endl;

    //计算欧氏距离
    distanceTransform(a, dist_L2, 2, 5, CV_8U);
    cout << "欧氏距离: " << endl << dist_L2 << endl;

    //计算棋盘距离
    distanceTransform(a, dist_C, 3, 5, CV_8U);
    cout << "棋盘距离: " << endl << dist_C << endl;

    //对图像进行距离变换
    Mat rice = imread("rice.png", IMREAD_GRAYSCALE);
    if (rice.empty())
    {
        cout << "请确认图像文件名称是否正确" << endl;
        return -1;
    }
    Mat riceBW, riceBW_INV;

    //将图像转成二值图像，同时把黑白区域颜色互换
    threshold(rice, riceBW, 50, 255, THRESH_BINARY);
    threshold(rice, riceBW_INV, 50, 255, THRESH_BINARY_INV);

    //距离变换
    Mat dist, dist_INV;
    distanceTransform(riceBW, dist, 1, 3, CV_32F);  //为了显示清晰，将数据类型变成 CV_32F
    distanceTransform(riceBW_INV, dist_INV, 1, 3, CV_8U);

    //显示变换结果
    imshow("riceBW", riceBW);
    imshow("dist", dist);
    imshow("riceBW_INV", riceBW_INV);
    imshow("dist_INV", dist_INV);

    waitKey(0);
    return 0;
}
```

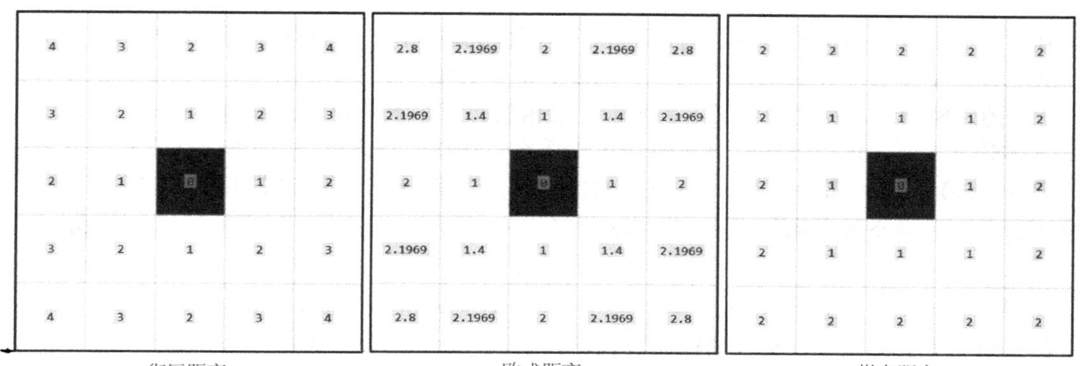

图 6-4　myDistanceTransform.cpp 程序中 5×5 矩阵各元素离中心位置的距离

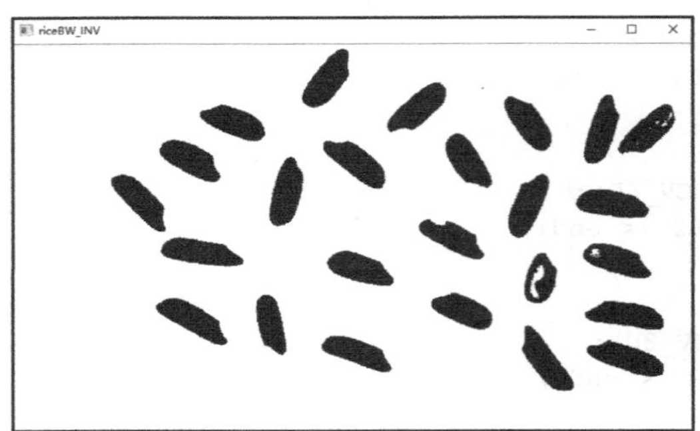

白底黑图riceBW_INV

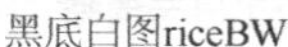

距离变换结果dist_INV

图 6-5　myDistanceTransform.cpp 程序中白底黑图的距离变换结果

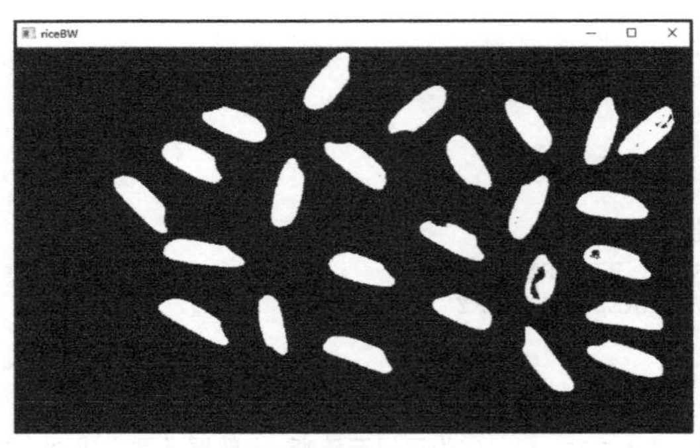

黑底白图riceBW

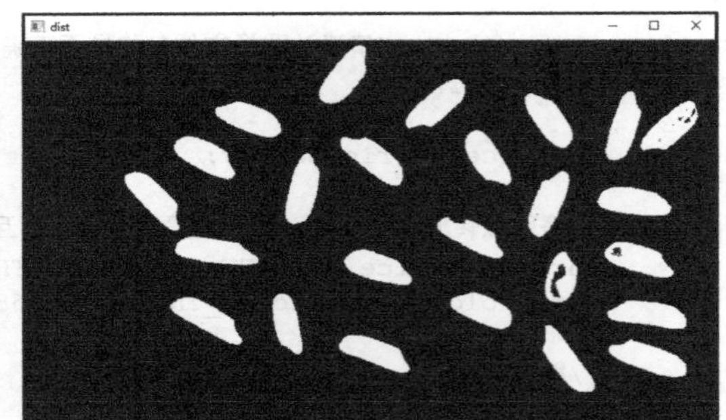

距离变换结果dist

图 6-6　myDistanceTransform.cpp 程序中黑底白图的距离变换结果

6.1.2　图像连通域分析

图像的连通域是指图像中具有相同像素值并且位置相邻的像素组成的区域。连通域分析是指在图像中寻找彼此互相独立的连通域并将其标记出来。提取图像中不同的连通域是图像处理中较为常用的方法，例如在车牌识别、文字识别、目标检测等领域对感兴趣区域的分割与识别。一般情况下，一个连通域内只包含一个像素值，因此，为了防止像素值波动对提取不同连通域的影响，连通域分析常处理的是二值化后的图像。

在了解图像连通域分析方法之前，需要了解图像邻域的概念。图像中两个像素相邻有两种定义方式，分别是 4-邻域和 8-邻域，这两种邻域的定义方式在图 6-7 中给出。4-邻域的定义方式如图 6-7 中的左侧所示，在这种定义下，两个像素相邻必须在水平和垂直方向上相邻，相邻的两个像素坐标必须只有一位不同而且只能相差 1 个像素。例如，点 $P_0(x,y)$ 的 4-邻域的 4 个像素点分别为 $P_1(x-1,y)$、$P_2(x+1,y)$、$P_3(x,y-1)$ 和 $P_4(x,y+1)$。8-邻域的定义方式如图 6-7 中的右侧所示，在这种定义下，两个像素相邻允许在对角线方向相邻，相邻的两个像素坐标在 X 方向和 Y 方向上的最大差值为 1。例如，点 $P_0(x,y)$ 的 8-邻域的 8 个像素点分别为 $P_1(x-1,y)$、$P_2(x+1,y)$、$P_3(x,y-1)$、$P_4(x,y+1)$、$P_5(x-1,y-1)$、$P_6(x+1,y-1)$、$P_7(x-1,y+1)$ 及 $P_8(x+1,y+1)$。根据两个像素相邻定义方式的不同，得到的连通域也不相同，因此，在分析连通域的同时，一定要声明是在哪种邻域条件下分析得到的结果。

常用的图像邻域分析法有两遍扫描法和种子填充法。两遍扫描法会遍历两次图像，第一次遍历图像时会给每一个非零像素赋予一个数字标签，当某个像素的上方和左侧邻域内的像素已经有数字标签时，取两者中的较小值作为当前像素的标签，否则赋予当前像素一个新的数字标签。在第一次遍历图像的时候，同一个连通域可能会被赋予一个或者多个不同的标签，如图 6-8 所示，因此，第二次遍历需要将这些属于同一个连通域的不同标签合并，最后实现同一个邻域内的所有像素具有相同的标签。

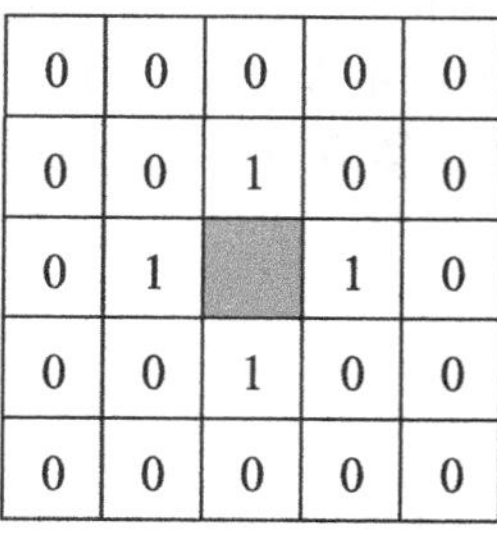

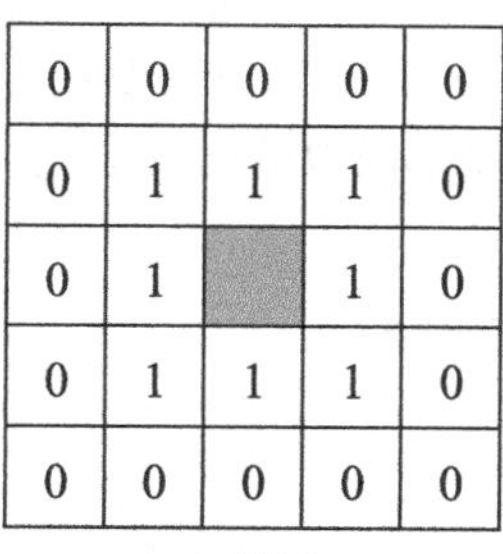

图 6-7 4-邻域和 8-邻域的定义方式示意图

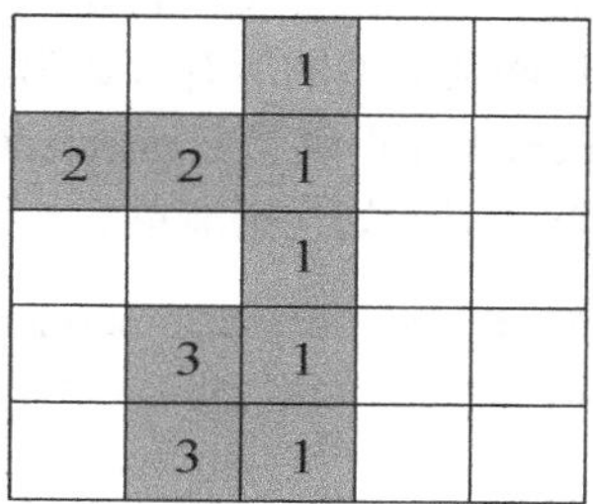

图 6-8 两遍扫描法中第一遍扫描的结果

种子填充法源于计算机图像学，常用于对某些图形进行填充。该方法首先将所有非零像素放到一个集合中，之后在集合中随机选出一个像素作为种子像素，根据邻域关系不断扩充种子像素所在的连通域，并在集合中删除扩充出的像素，直到种子像素所在的连通域无法扩充，之后再从集合中随机选取一个像素作为新的种子像素，重复上述过程直到集合中没有像素。

OpenCV 4 提供了用于提取图像中不同连通域的 connectedComponents()函数，该函数有两个原型，第一种原型在代码清单 6-4 中给出。

代码清单 6-4 connectedComponents()函数原型 1

```
int cv::connectedComponents(InputArray  image,
                            OutputArray  labels,
                            int  connectivity,
                            int  ltype,
                            int  ccltype
                            )
```

- image：待标记不同连通域的单通道图像，数据类型必须为 CV_8U。
- labels：标记不同连通域后的输出图像，与输入图像具有相同的尺寸。
- connectivity：标记连通域时使用的邻域种类，4 表示 4-邻域，8 表示 8-邻域。
- ltype：输出图像的数据类型，目前支持 CV_32S 和 CV_16U 两种数据类型。
- ccltype：标记连通域时使用的算法类型标志，可以选择的参数及其含义在表 6-3 中给出。

表 6-3 connectedComponents()函数中标记连通域算法类型可选择标志

标志参数	简记	作用
CCL_WU	0	8-邻域使用 SAUF 算法，4-邻域使用 SAUF 算法
CCL_DEFAULT	−1	8-邻域使用 BBDT 算法，4-邻域使用 SAUF 算法
CCL_GRANA	1	8-邻域使用 BBDT 算法，4-邻域使用 SAUF 算法

该函数用于计算二值图像中连通域的个数，并在图像中将不同的连通域用不同的数字标签标记，其中标签 0 表示图像中的背景区域，同时函数具有一个 int 类型的返回数据用于表示图像中连通域的数目。该函数的第一个参数是待标记连通域的输入图像，函数要求输入图像必须是数据类型为 CV_8U 的单通道灰度图像，而且最好是经过二值化的二值图像。该函数的第二个参数是标记连通域后的输出图像，输出图像尺寸与第一个参数中的输入图像尺寸相同，输出图像的数据类型与该

函数的第四个参数相关。该函数的第三个参数是标记连通域时选择的邻域种类，该函数支持两种邻域，用 4 表示 4-邻域，用 8 表示 8-邻域。该函数的第四个参数为输出图像的数据类型，可以选择的参数为 CV_32S 和 CV_16U 两种。该函数的最后一个参数是标记连通域时使用算法的标志，可以选择的参数及其含义在表 6-3 给出，目前只支持 Grana（BBDT）和 Wu（SAUF）两种算法。

上述函数原型的所有参数都没有默认值，在调用时需要设置全部参数，增加了使用的复杂程度，因此 OpenCV 4 提供了 connectedComponents()函数的简易原型，减少了参数数量，以及为部分参数增加了默认值，如代码清单 6-5 所示。

代码清单 6-5　connectedComponents()函数原型 2

```
int cv::connectedComponents(InputArray  image,
                            OutputArray  labels,
                            int  connectivity = 8,
                            int  ltype = CV_32S
                            )
```

- image：待标记不同连通域的图像单通道，数据类型必须为 CV_8U。
- labels：标记不同连通域后的输出图像，与输入图像具有相同的尺寸。
- connectivity：标记连通域时使用的邻域种类，4 表示 4-邻域，8 表示 8-邻域，默认参数为 8。
- ltype：输出图像的数据类型，目前支持 CV_32S 和 CV_16U 两种数据类型，默认参数为 CV_32S。

该简易原型只有 4 个参数，前两个参数分别表示输入图像和输出图像，第三个参数表示标记连通域时选择的邻域种类，用 4 表示 4-邻域，用 8 表示 8-邻域，默认值为 8。最后一个参数表示输出图像的数据类型，可以选择的参数为 CV_32S 和 CV_16U 两种，默认值为 CV_32S。该简易原型有两个参数具有默认值，在使用时最少只需要两个参数，极大地方便了函数的调用。

为了了解 connectedComponents()函数使用方式，在代码清单 6-6 中给出利用该函数统计图像中连通域数目的示例程序。在该程序中，首先将图像转换成灰度图像，然后将灰度图像二值化为二值图像，之后利用 connectedComponents()函数对图像进行连通域的统计。根据统计结果，将数字不同的标签设置成不同的颜色，以区分不同的连通域。该程序运行的结果如图 6-9 所示。

代码清单 6-6　myConnectedComponents.cpp 图像连通域计算

```
#include <opencv2\opencv.hpp>
#include <iostream>
#include <vector>

using namespace cv;
using namespace std;

int main()
{
    //对图像进行距离变换
    Mat img = imread("rice.png");
    if (img.empty())
    {
        cout << "请确认图像文件名称是否正确" << endl;
        return -1;
    }
    Mat rice, riceBW;

    //将图像转成二值图像，用于统计连通域
    cvtColor(img, rice, COLOR_BGR2GRAY);
    threshold(rice, riceBW, 50, 255, THRESH_BINARY);
```

```

    //生成随机颜色，用于区分不同连通域
    RNG rng(10086);
    Mat out;
    int number = connectedComponents(riceBW, out, 8, CV_16U);  //统计图像中连通域的个数
    vector<Vec3b> colors;
    for (int i = 0; i < number; i++)
    {
        //使用均匀分布的随机数确定颜色
        Vec3b vec3 = Vec3b(rng.uniform(0,256),rng.uniform(0,256),rng.uniform(0,256));
        colors.push_back(vec3);
    }

    //以不同颜色标记不同的连通域
    Mat result = Mat::zeros(rice.size(), img.type());
    int w = result.cols;
    int h = result.rows;
    for (int row = 0; row < h; row++)
    {
        for (int col = 0; col < w; col++)
        {
            int label = out.at<uint16_t>(row, col);
            if (label == 0)  //背景的黑色不改变
            {
                continue;
            }
            result.at<Vec3b>(row, col) = colors[label];
        }
    }

    //显示结果
    imshow("原图", img);
    imshow("标记后的图像", result);

    waitKey(0);
    return 0;
}
```

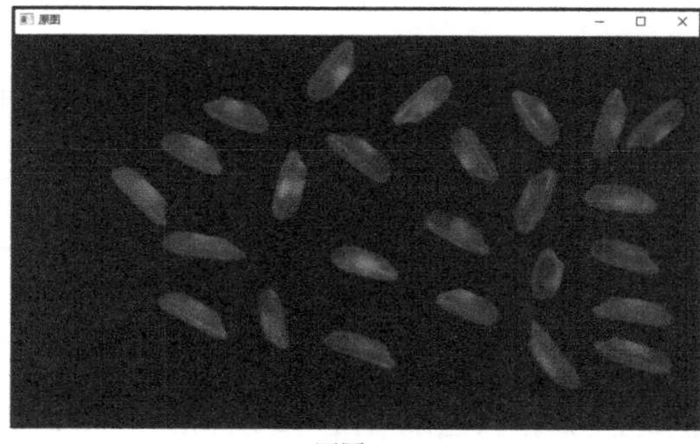

原图

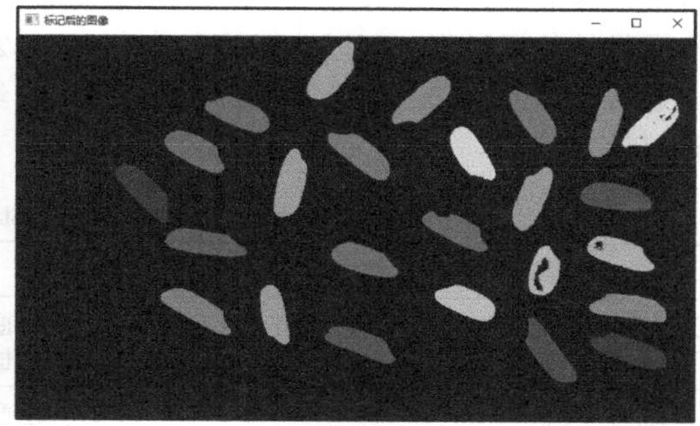

提取不同连通域后的图像

图 6-9 myConnectedComponents.cpp 程序中图像连通域的计算结果

虽然 connectedComponents()函数可以实现图像中多个连通域的统计，但是只能通过标签将图像中的不同连通域区分开，无法得到更多的统计信息。有时，我们希望得到每个连通域中心位置或者在图像中标记出连通域所在的矩形区域，connectedComponents()函数便无法胜任这项任务，因为该函数无法得到更多的信息。为了能够获得更多有关连通域的信息，OpenCV 4 提供了

connectedComponentsWithStats()函数用于在标记出图像中不同连通域的同时统计连通域的位置、面积的信息，该函数的其中一种原型在代码清单 6-7 中给出。

代码清单 6-7　connectedComponentsWithStats()函数原型 1

```
int cv::connectedComponentsWithStats(InputArray  image,
                                     OutputArray  labels,
                                     OutputArray  stats,
                                     OutputArray  centroids,
                                     int  connectivity,
                                     int  ltype,
                                     int  ccltype
                                     )
```

- image：待标记不同连通域的单通道图像，数据类型必须为 CV_8U。
- labels：标记不同连通域后的输出图像，与输入图像具有相同的尺寸。
- stats：含有不同连通域统计信息的矩阵，矩阵的数据类型为 CV_32S。矩阵中第 i 行是标签为 i 的连通域的统计特性，详细的统计特性在表 6-4 中给出。
- centroids：每个连通域质心的坐标，数据类型为 CV_64F。
- connectivity：统计连通域时使用的邻域种类，4 表示 4-邻域，8 表示 8-邻域。
- ltype：输出图像的数据类型，目前支持 CV_32S 和 CV_16U 两种数据类型。
- ccltype：标记连通域使用的算法类型标志。

该函数能够在图像中不同连通域标记标签的同时统计每个连通域的中心位置、矩形区域大小、区域面积等信息。该函数前两个参数的含义与 connectedComponents()函数前两个参数的含义一致，都是输入图像和输出图像。该函数的第三个参数为每个连通域统计信息矩阵，如果图像中有 N 个连通域，那么该参数输出的矩阵尺寸为 $N\times5$，矩阵中每一行分别保存每个连通域的统计特性，详细的统计特性在表 6-4 中给出。如果要读取包含第 i 个连通域的边界框的水平长度，那么可以通过 stats.at<int>(i, CC_STAT_WIDTH)或者 stats.at<int>(i, 0)读取。该函数的第四个参数为每个连通域质心的坐标。如果图像中有 N 个连通域，那么该参数输出的矩阵尺寸为 $N\times2$，矩阵中每一行分别保存每个连通域质心的 x 坐标和 y 坐标，可以通过 centroids.at<double >(i, 0)和 centroids.at <double>(i, 1)分别读取第 i 个连通域质心的 x 坐标和 y 坐标。该函数的第五个参数是统计连通域时选择的邻域种类，函数支持两种邻域，分别为用 4 表示 4-邻域，用 8 表示 8-邻域。该函数的第六个参数为输出图像的数据类型，可以选择的参数为 CV_32S 和 CV_16U 两种。该函数的最后一个参数是标记连通域使用的算法，可以选择的参数在表 6-3 给出，目前只支持 Grana（BBDT）和 Wu（SAUF）两种算法。

表 6-4　connectedComponentsWithStats ()函数中统计的连通域特性

标志参数	简记	作用
CC_STAT_LEFT	0	连通域内最左侧像素的 x 坐标，它是水平方向上的包含连通域边界框的开始
CC_STAT_TOP	1	连通域内最上方像素的 y 坐标，它是垂直方向上的包含连通域边界框的开始
CC_STAT_WIDTH	2	包含连通域边界框的水平长度
CC_STAT_HEIGHT	3	包含连通域边界框的垂直长度
CC_STAT_AREA	4	连通域的面积（以像素为单位）
CC_STAT_MAX	5	统计信息种类数目，无实际含义

上述函数原型的所有参数都没有默认值，在调用时需要设置全部参数，增加了使用的复杂程度，因此 OpenCV 4 提供了 ConnectedComponentsWithStats()函数的简易原型，减少了参数数量，以及为部分参数增加了默认值，该简易原型在代码清单 6-8 中给出。

代码清单 6-8　connectedComponentsWithStats()函数原型 2

```
int cv::connectedComponentsWithStats(InputArray  image,
                                     OutputArray  labels,
                                     OutputArray  stats,
                                     OutputArray  centroids,
                                     int  connectivity = 8,
                                     int  ltype = CV_32S
                                     )
```

- image：待标记不同连通域的单通道图像，数据类型必须为 CV_8U。
- labels：标记不同连通域后的输出图像，与输入图像具有相同的尺寸。
- stats：不同连通域的统计信息矩阵，矩阵的数据类型为 CV_32S。矩阵中第 i 行是标签为 i 的连通域的统计特性，详细的统计特性在表 6-4 中给出。
- centroids：每个连通域质心的坐标，数据类型为 CV_64F。
- connectivity：统计连通域时使用的邻域种类，4 表示 4-邻域，8 表示 8-邻域，默认参数值为 8。
- ltype：输出图像的数据类型，目前只支持 CV_32S 和 CV_16U 两种数据类型，默认参数值为 CV_32S。

该简易原型只有 6 个参数，前两个参数分别表示输入图像和输出图像，第三个参数表示每个连通域的统计信息，第四个参数表示每个连通域的质心位置。第五个参数分别表示统计连通域时选择的邻域种类，用 4 表示 4-邻域，用 8 表示 8-邻域，参数的默认值为 8。最后一个参数表示输出图像的数据类型，可以选择的参数为 CV_32S 和 CV_16U 两种，默认值为 CV_32S。该简易原型有两个参数具有默认值，在使用时最少只需要 4 个参数，极大地方便了函数的调用。

为了了解 connectedComponentsWithStats ()函数的使用方式，在代码清单 6-9 中给出利用该函数统计图像中连通域数目并将每个连通域信息在图像中进行标注的示例程序。在该程序中，首先将图像转换成灰度图像，然后将灰度图像二值化为二值图像，之后利用 connectedComponentsWithStats()函数对图像进行连通域的统计。根据统计结果，用不同颜色的矩形框将连通域围起来，并标记出每个连通域的质心，标出连通域的标签数字，以区分不同的连通域，结果如图 6-10 所示。最后输出每个连通域的面积，输入结果在图 6-11 中给出。

代码清单 6-9　myConnectedComponentsWithStats.cpp 连通域信息统计

```
#include <opencv2\opencv.hpp>
#include <iostream>
#include <vector>

using namespace cv;
using namespace std;

int main()
{
    system("color F0");  //更改输出界面颜色
    //对图像进行距离变换
    Mat img = imread("rice.png");
    if (img.empty())
    {
        cout << "请确认图像文件名称是否正确" << endl;
```

```
        return -1;
    }
    imshow("原图", img);
    Mat rice, riceBW;

    //将图像转成二值图像，用于统计连通域
    cvtColor(img, rice, COLOR_BGR2GRAY);
    threshold(rice, riceBW, 50, 255, THRESH_BINARY);

    //生成随机颜色，用于区分不同连通域
    RNG rng(10086);
    Mat out, stats, centroids;
    //统计图像中连通域的数目
    int number = connectedComponentsWithStats(riceBW, out, stats,centroids,8,CV_16U);
    vector<Vec3b> colors;
    for (int i = 0; i < number; i++)
    {
        //使用均匀分布的随机数确定颜色
        Vec3b vec3 = Vec3b(rng.uniform(0,256),rng.uniform(0,256),rng.uniform(0,256));
        colors.push_back(vec3);
    }

    //以不同颜色标记出不同的连通域
    Mat result = Mat::zeros(rice.size(), img.type());
    int w = result.cols;
    int h = result.rows;
    for (int i = 1; i < number; i++)
    {
        // 中心位置
        int center_x = centroids.at<double>(i, 0);
        int center_y = centroids.at<double>(i, 1);
        //矩形边框
        int x = stats.at<int>(i, CC_STAT_LEFT);
        int y = stats.at<int>(i, CC_STAT_TOP);
        int w = stats.at<int>(i, CC_STAT_WIDTH);
        int h = stats.at<int>(i, CC_STAT_HEIGHT);
        int area = stats.at<int>(i, CC_STAT_AREA);

        // 中心位置绘制
        circle(img, Point(center_x, center_y), 2, Scalar(0, 255, 0), 2, 8, 0);
        // 外接矩形
        Rect rect(x, y, w, h);
        rectangle(img, rect, colors[i], 1, 8, 0);
        putText(img, format("%d", i), Point(center_x, center_y),
            FONT_HERSHEY_SIMPLEX, 0.5, Scalar(0, 0, 255), 1);
        cout << "number: " << i << ",area: " << area << endl;
    }
    //显示结果
    imshow("标记后的图像", img);

    waitKey(0);
    return 0;
}
```

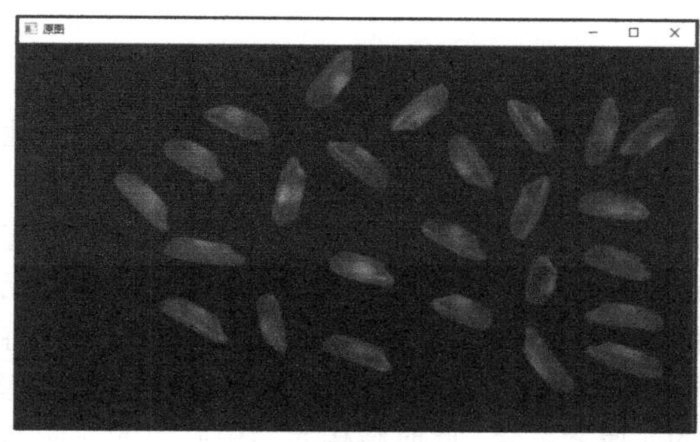
原图

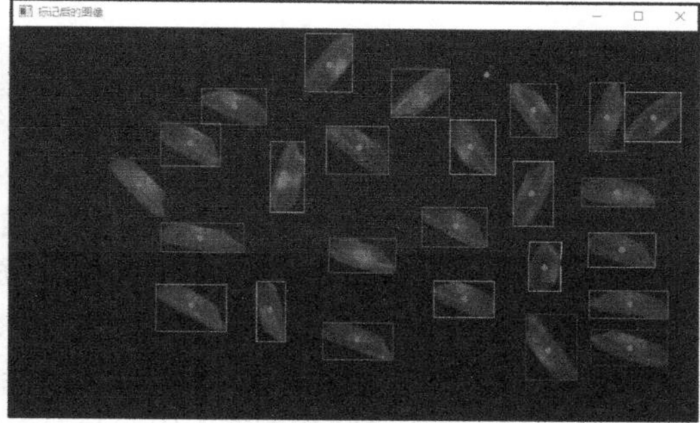
统计后的结果

图 6-10 myConnectedComponentsWithStats.cpp 程序中图像连通域的统计结果

```
number: 1, area: 1993
number: 2, area: 1927
number: 3, area: 2
number: 4, area: 1867
number: 5, area: 1817
number: 6, area: 1825
number: 7, area: 1803
number: 8, area: 1803
number: 9, area: 1881
number: 10, area: 1977
number: 11, area: 2008
number: 12, area: 1922
number: 13, area: 1941
number: 14, area: 1951
number: 15, area: 1727
number: 16, area: 2029
number: 17, area: 1817
number: 18, area: 1860
number: 19, area: 1234
number: 20, area: 1746
number: 21, area: 1537
number: 22, area: 1983
number: 23, area: 1925
number: 24, area: 1982
number: 25, area: 1784
number: 26, area: 2027
```

图 6-11 myConnectedComponentsWithStats.cpp 程序中每个连通域的面积

6.2 腐蚀和膨胀

腐蚀和膨胀是形态学的基本运算，通过这些基本运算可以去除图像中的噪声、分割出独立的区域或者将两个连通域连接在一起等。在代码清单 6-9 所示的程序中，将图像二值化后通过计算图像中连通域的数目实现对图像中米粒的计数，但是我们发现，图像两个不为 0 的像素也是独立的连通域，从而影响米粒的计数结果。这种面积较小的连通域可以通过腐蚀操作消除，从而减少因噪声导致的计数错误，因此图像的腐蚀和膨胀在实际的图像处理项目中具有重要的作用。本节将重点介绍图像的腐蚀和膨胀的原理，以及 OpenCV 4 提供的腐蚀（erode()）和膨胀（dilate()）函数的使用方法。

6.2.1　图像腐蚀

图像的腐蚀过程与图像的卷积操作类似，都需要模板矩阵来控制运算的结果，在图像的腐蚀和膨胀中，这个模板矩阵称为结构元素。与图像卷积相同，结构元素可以任意指定图像的中心点，并且结构元素的尺寸和具体内容都可以根据需求自己定义。在定义结构元素之后，将结构元素绕着中心点旋转 180°，之后将结构元素的中心点依次放到图像中每一个非零元素处，如果此时结构元素内所有的元素所覆盖的图像像素值均不为 0，那么保留结构元素中心点对应的图像像素，否则将删除结构元素中心点对应的像素。图像的腐蚀过程示意图如图 6-12 所示，图中左侧为待腐蚀的原图，中间为结构元素，首先将结构元素的中心与原图中的 a 像素重合，此时结构元素中心点的左侧和上方元素所覆盖的图像像素值均为 0，因此需要将原图中的 a 像素删除；当把结构元素的中心点与 b 像素重合时，结构元素中所有的元素所覆盖的图像像素值均为 1，因此保留原图中的 b 像素。将结构元素中心点依次与原图中的每个像素重合，判断每一个像素点是保留还是删除，最终原图腐蚀的结果如图 6-12 中最右侧图像所示。

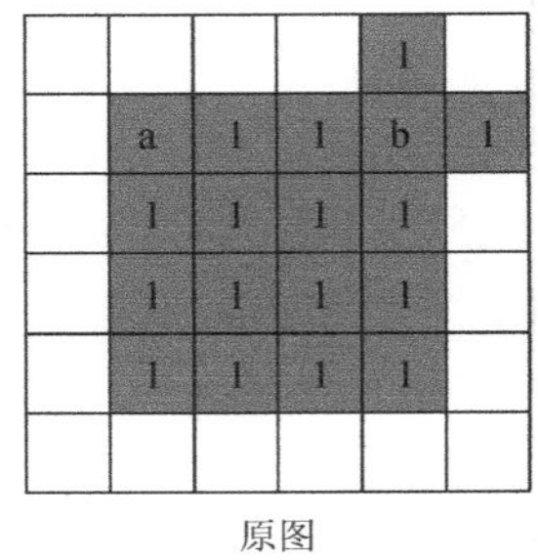

原图　　结构元素

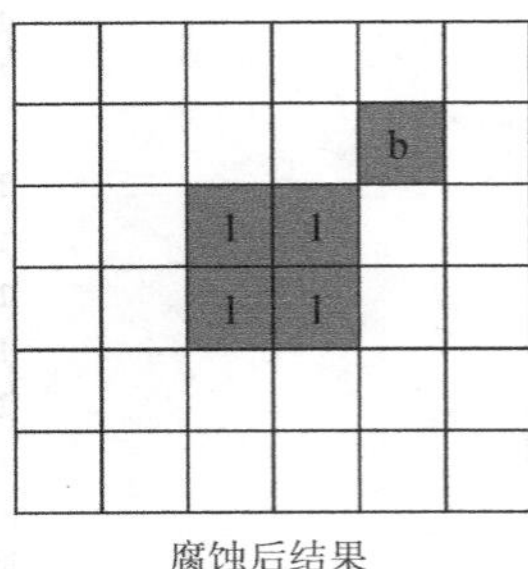

腐蚀后结果

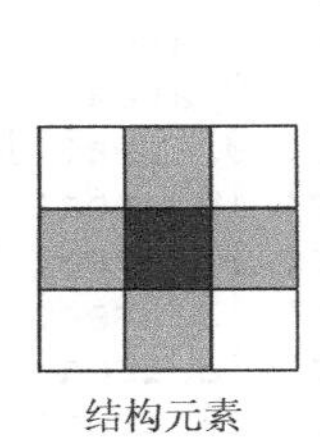

图 6-12　图像腐蚀过程示意图

图像腐蚀可以用“Θ”表示，其数学表示形式如式（6-4）所示。通过该公式可以发现，其实对图像 A 的腐蚀运算就是寻找图像中能够将结构元素 B 全部包含的像素点。

$$A\Theta B=\{z\mid(B)_z\subset A\} \tag{6-4}$$

图像腐蚀过程中使用的结构元素可以根据需求自己生成，但是为了研究人员的使用方便，OpenCV 4 提供了 getStructuringElement()函数用于生成常用的矩形结构元素、十字结构元素和椭圆结构元素。该函数的原型在代码清单 6-10 中给出。

代码清单 6-10　getStructuringElement()函数原型

```
Mat cv::getStructuringElement(int  shape,
                              Size  ksize,
                              Point  anchor = Point(-1,-1)
                              )
```

- shape：生成结构元素的种类，可以选择的参数及其含义在表 6-5 中给出。
- ksize：结构元素的尺寸。
- anchor：中心点的位置，默认为结构元素的几何中心点。

该函数用于生成图像形态学操作中常用的矩形结构元素、十字结构元素和椭圆结构元素。该函数的第一个参数为生成结构元素的种类。该函数的第二个参数是结构元素的尺寸，能够影响图像腐蚀的效果，一般情况下，当结构元素的种类相同时，结构元素的尺寸越大，腐蚀效果越明显。该函数的最后一个参数是结构元素的中心点位置，只有十字结构元素的中心点位置会影响图像腐蚀后的轮廓形状，其他种类结构元素的中心点位置只影响形态学操作结果的平移量。

表 6-5　　getStructuringElement()函数结构元素的种类的可选择参数

标志参数	简记	作用
MORPH_RECT	0	矩形结构元素，所有元素都为 1
MORPH_CROSS	1	十字结构元素，中间的列和行元素为 1
MORPH_ELLIPSE	2	椭圆结构元素，矩形的内接椭圆元素为 1

OpenCV 4 提供了用于图像腐蚀的 erode()函数，该函数的原型在代码清单 6-11 中给出。

代码清单 6-11　erode()图像腐蚀

```
void cv::erode(InputArray  src,
               OutputArray  dst,
               InputArray  kernel,
               Point  anchor = Point(-1,-1),
               int  iterations = 1,
               int  borderType = BORDER_CONSTANT,
               const Scalar &  borderValue = morphologyDefaultBorderValue()
               )
```

- src：输入的待腐蚀图像，图像的通道数可以是任意的，但图像的数据类型必须是 CV_8U、CV_16U、CV_16S、CV_32F 或 CV_64F 之一。
- dst：腐蚀后的输出图像，与输入图像 src 具有相同的尺寸和数据类型。
- kernel：用于腐蚀操作的结构元素，可以自己定义，也可以用 getStructuringElement()函数生成。
- anchor：中心点在结构元素中的位置，默认参数为结构元素的几何中心点。
- iterations：腐蚀的次数，默认值为 1。
- borderType：像素外推法选择标志，取值范围在表 3-5 中给出。默认参数为 BORDER_DEFAULT，表示不包含边界值的倒序填充。
- borderValue：使用边界不变外推法时的边界值。

该函数根据结构元素对输入图像进行腐蚀，在腐蚀多通道图像时，每个通道独立进行腐蚀运算。该函数的第一个参数为待腐蚀的图像，第二个参数为腐蚀后的输出图像，与输入图像具有相同的尺寸和数据类型。该函数的第三个、第四个参数都是与结构元素相关的参数，第三个参数为结构元素，第四个参数为结构元素的中心位置，第四个参数的默认值为 Point(−1, −1)，表示结构元素的几何中心处为结构元素的中心点。该函数的第五个参数是使用结构元素腐蚀的次数，腐蚀次数越多效果越明显，参数默认值为 1，表示只腐蚀一次。该函数的第六个参数是图像像素外推法的选择标志，第七个参数为使用边界不变外推法时的边界值，这两个参数对图像中主要部分的腐蚀操作没有影响，因此在多数情况下使用默认值即可。

需要注意的是，该函数的腐蚀过程只针对图像中的非零像素，因此，如果图像是以 0 像素为背景，那么腐蚀操作后会看到图像中的内容变得更“瘦”、更小；如果图像是以 255 像素为背景，那么腐蚀操作后会看到图像中的内容变得更粗、更大。

为了更加了解图像腐蚀的效果，以及 erode()函数的使用方法，在代码清单 6-12 中给出了对图 6-12 中的原图进行腐蚀的示例程序，运行结果如图 6-13 所示。在该程序中，分别利用矩形结构元素和十字结构元素对像素值为 0 作为背景的图像和像素值为 255 作为背景的图像进行腐蚀，结果分别在图 6-14 和图 6-15 中给出。另外，利用图像腐蚀操作对代码清单 6-6 中二值化后的图像进行滤波，之后统计连通域数目，实现对原图中的米粒进行计数，结果在图 6-16 中给出。通过结果可以发现，腐蚀操作可以去除由噪声引起的较小的连通域，得到了正确的米粒数。

代码清单 6-12　myErode.cpp 图像腐蚀

```
#include <opencv2\opencv.hpp>
```

```
#include <iostream>
#include <vector>

using namespace cv;
using namespace std;
//绘制包含区域函数
void drawState(Mat &img, int number, Mat centroids, Mat stats, String str) {
    RNG rng(10086);
    vector<Vec3b> colors;
    for (int i = 0; i < number; i++)
    {
        //使用均匀分布的随机数确定颜色
        Vec3b vec3 = Vec3b(rng.uniform(0,256),rng.uniform(0,256),rng.uniform(0,256));
        colors.push_back(vec3);
    }

    for (int i = 1; i < number; i++)
    {
        // 中心位置
        int center_x = centroids.at<double>(i, 0);
        int center_y = centroids.at<double>(i, 1);
        //矩形边框
        int x = stats.at<int>(i, CC_STAT_LEFT);
        int y = stats.at<int>(i, CC_STAT_TOP);
        int w = stats.at<int>(i, CC_STAT_WIDTH);
        int h = stats.at<int>(i, CC_STAT_HEIGHT);

        // 中心位置绘制
        circle(img, Point(center_x, center_y), 2, Scalar(0, 255, 0), 2, 8, 0);
        // 外接矩形
        Rect rect(x, y, w, h);
        rectangle(img, rect, colors[i], 1, 8, 0);
        putText(img, format("%d", i), Point(center_x, center_y),
            FONT_HERSHEY_SIMPLEX, 0.5, Scalar(0, 0, 255), 1);
    }
    imshow(str, img);
}

int main()
{
    //生成用于腐蚀的原图
    Mat src = (Mat_<uchar>(6, 6) << 0, 0, 0, 0, 255, 0,
        0, 255, 255, 255, 255, 255,
        0, 255, 255, 255, 255, 0,
        0, 255, 255, 255, 255, 0,
        0, 255, 255, 255, 255, 0,
        0, 0, 0, 0, 0, 0);
    Mat struct1, struct2;
    struct1 = getStructuringElement(0, Size(3, 3));  //矩形结构元素
    struct2 = getStructuringElement(1, Size(3, 3));  //十字结构元素

    Mat erodeSrc;  //存放腐蚀后的图像
    erode(src, erodeSrc, struct2);
    namedWindow("src", WINDOW_GUI_NORMAL);
    namedWindow("erodeSrc", WINDOW_GUI_NORMAL);
    imshow("src", src);
    imshow("erodeSrc", erodeSrc);

    Mat LearnCV_black = imread("LearnCV_black.png", IMREAD_ANYCOLOR);
```

```
    Mat LearnCV_write = imread("LearnCV_white.png", IMREAD_ANYCOLOR);
    Mat erode_black1, erode_black2, erode_write1, erode_write2;
    //黑色背景图像腐蚀
    erode(LearnCV_black, erode_black1, struct1);
    erode(LearnCV_black, erode_black2, struct2);
    imshow("LearnCV_black", LearnCV_black);
    imshow("erode_black1", erode_black1);
    imshow("erode_black2", erode_black2);

    //白色背景图像腐蚀
    erode(LearnCV_write, erode_write1, struct1);
    erode(LearnCV_write, erode_write2, struct2);
    imshow("LearnCV_write", LearnCV_write);
    imshow("erode_write1", erode_write1);
    imshow("erode_write2", erode_write2);

    //验证腐蚀对小连通域的去除
    Mat img = imread("rice.png");
    Mat img2;
    copyTo(img, img2, img);  //复制一个单独的图像，用于后期图像绘制
    Mat rice, riceBW;

    //将图像转成二值图像，用于统计连通域
    cvtColor(img, rice, COLOR_BGR2GRAY);
    threshold(rice, riceBW, 50, 255, THRESH_BINARY);

    Mat out, stats, centroids;
    //统计图像中连通域的数目
    int number = connectedComponentsWithStats(riceBW, out, stats,centroids,8,CV_16U);
    drawState(img, number, centroids, stats, "未腐蚀时统计连通域");  //绘制图像

    erode(riceBW, riceBW, struct1);  //对图像进行腐蚀
    number = connectedComponentsWithStats(riceBW, out, stats, centroids, 8, CV_16U);
    drawState(img2, number, centroids, stats, "腐蚀后统计连通域");  //绘制图像

    waitKey(0);
    return 0;
}
```

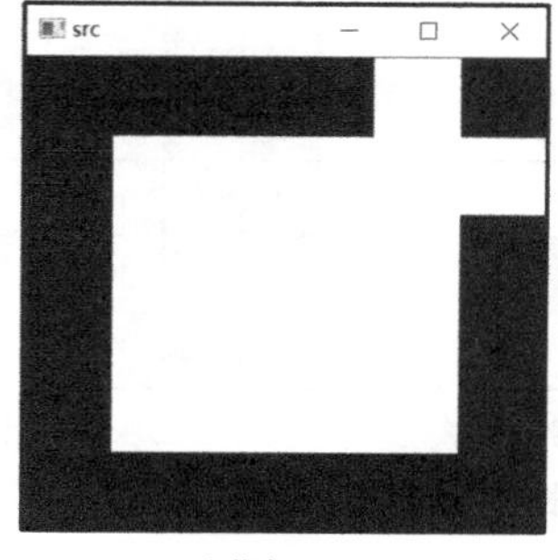

原图src

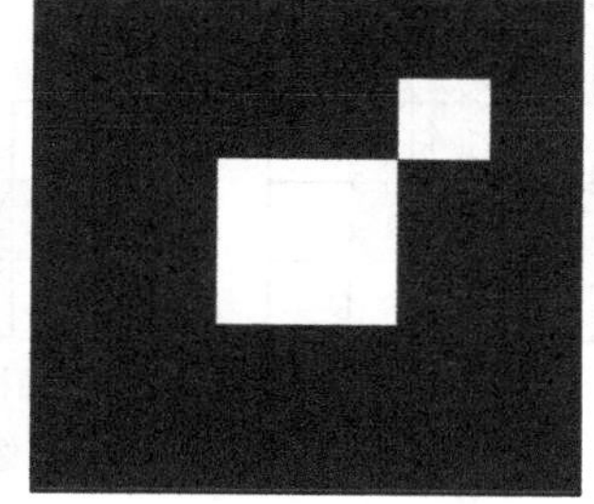

腐蚀后图像erodeSrc

图 6-13 腐蚀示例运行结果

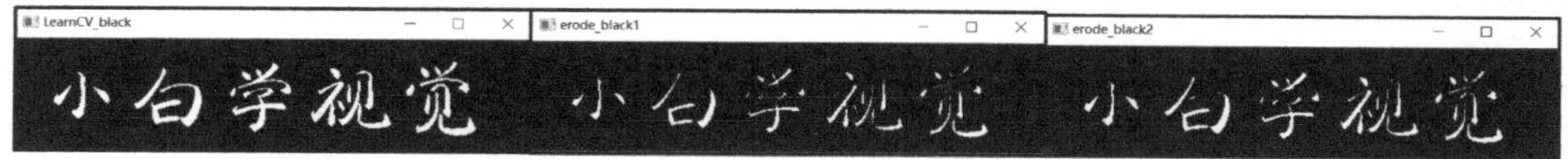

黑色背景原图　黑色背景3×3矩形结构元素腐蚀　黑色背景3×3十字结构元素腐蚀

图 6-14 myErode.cpp 程序中黑色背景图像腐蚀结果

小白学视觉　小白学视觉　小白学视觉

白色背景原图　　白色背景3×3矩形结构元素腐蚀　　白色背景3×3十字结构元素腐蚀

图 6-15　myErode.cpp 程序中白色背景图像腐蚀结果

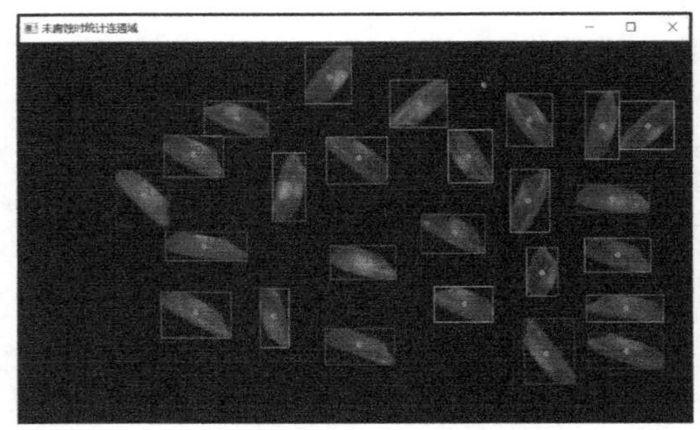

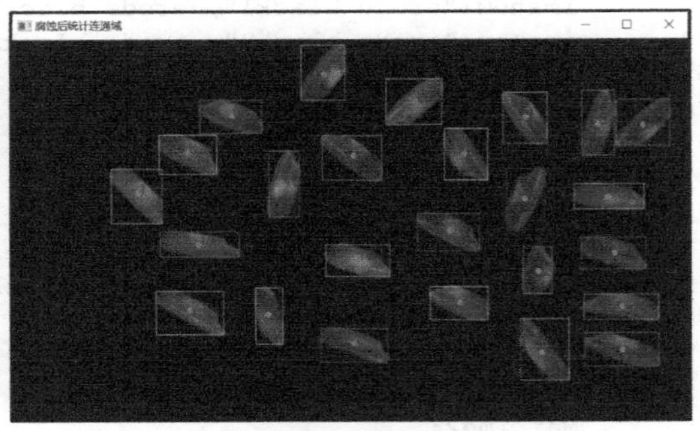

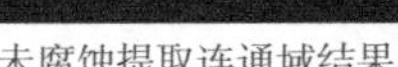

未腐蚀提取连通域结果　　腐蚀后提取连通域结果

图 6-16　myErode.cpp 程序中对米粒图像腐蚀后统计连通域结果

6.2.2　图像膨胀

相比于图像腐蚀，图像膨胀是其相反的过程。与图像腐蚀相似，图像膨胀同样需要结构元素用于控制图像膨胀的效果。结构元素可以任意指定结构的中心点，并且结构元素的尺寸和具体内容都可以根据需求自己定义。在定义结构元素之后，将结构元素的中心点依次放到图像中每一个非零元素处，如果原图中某个元素被结构元素覆盖，但是该像素的像素值不与结构元素中心点对应的像素点的像素值相同，那么将原图中该像素的像素值修改为结构元素中心点对应点的像素值。图像膨胀过程示意图如图 6-17 所示，图 6-17 中左侧为待膨胀的原图，中间为结构元素，首先将结构元素的中心与原图中的 a 像素重合，将结构元素覆盖的所有像素的像素值都修改为 1，将结构元素中心点依次与原图中的每个像素重合，判断是否有需要填充的像素。原图膨胀的结果如图 6-17 中最右侧图像所示。

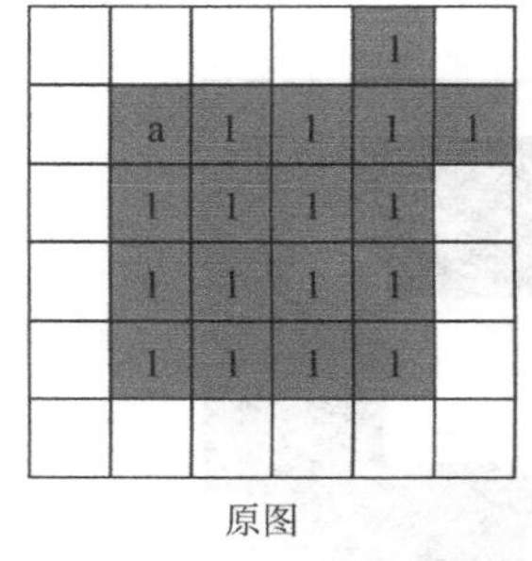

原图

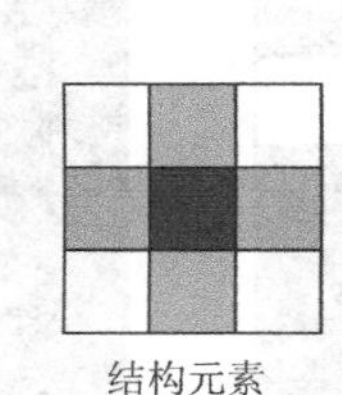

结构元素

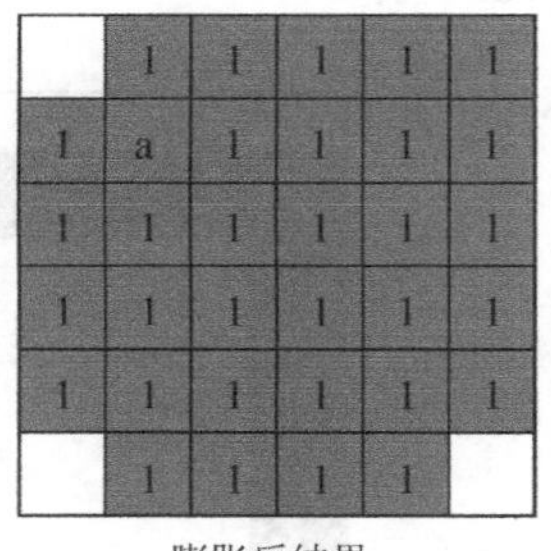

膨胀后结果

图 6-17　图像膨胀过程示意图

图像膨胀可以用"⊕"表示，其数学表示形式如式（6-5）所示。通过该公式可以发现，其实图像 A 的膨胀运算就是生成能够将结构元素 B 全部包含的图像。

$$A \oplus B = \{z \mid (B)_z \cap A \neq \Phi\} \tag{6-5}$$

OpenCV 4 提供了用于图像膨胀的 dilate()函数，该函数的原型在代码清单 6-13 中给出。

代码清单 6-13 dilate()图像膨胀

```
void cv::dilate(InputArray  src,
                OutputArray  dst,
                InputArray  kernel,
                Point  anchor = Point(-1,-1),
                int  iterations = 1,
                int  borderType = BORDER_CONSTANT,
                const Scalar &  borderValue = morphologyDefaultBorderValue()
                )
```

- src：输入的待膨胀图像，图像的通道数可以是任意的，但图像的数据类型必须是 CV_8U、CV_16U、CV_16S、CV_32F 或 CV_64F 之一。
- dst：膨胀后的输出图像，与输入图像 src 具有相同的尺寸和数据类型。
- kernel：用于膨胀操作的结构元素，可以自己定义，也可以用 getStructuringElement()函数生成。
- anchor：中心点在结构元素中的位置，默认参数为结构元素的几何中心点。
- iterations：膨胀的次数，默认值为 1。
- borderType：像素外推法选择标志，取值范围在表 3-5 中给出。默认参数为 BORDER_DEFAULT，表示不包含边界值的倒序填充。
- borderValue：使用边界不变外推法时的边界值。

该函数根据结构元素对输入图像进行膨胀，在膨胀多通道图像时每个通道独立进行膨胀运算。该函数的第一个参数为待膨胀的图像，第二个参数为膨胀后的输出图像，与输入图像具有相同的尺寸和数据类型。该函数的第三个、第四个参数都是与结构元素相关的参数，第三个参数为结构元素，膨胀时使用的结构元素尺寸越大，效果越明显，第四个参数为结构元素的中心位置，第四个参数的默认值为 Point(−1, −1)，表示结构元素的几何中心处为结构元素的中心点。该函数的第五个参数是使用结构元素膨胀的次数，膨胀次数越多效果越明显，默认参数为 1，表示只膨胀一次。该函数的第六个参数是图像像素外推法的选择标志，第七个参数为使用边界不变外推法时的边界值，这两个参数对图像中主要部分的膨胀操作没有影响，因此在多数情况下使用默认值即可。

需要注意的是，该函数的膨胀过程只针对图像中的非零像素，因此，如果图像是以 0 像素为背景，那么膨胀操作后会看到图像中的内容变得更粗和更大；如果图像是以 255 像素为背景，那么膨胀操作后会看到图像中的内容变得更细和更小。

为了更加了解图像膨胀的效果，以及 dilate()函数的使用方法，在代码清单 6-14 中给出了对图 6-17 中的原图进行膨胀的示例程序，运行结果如图 6-18 所示。另外，程序中分别利用矩形结构元素和十字结构元素对像素值为 0 作为背景的图像和像素值为 255 作为背景的图像进行膨胀，结果分别在图 6-19 和图 6-20 中给出。最后，为了验证膨胀与腐蚀效果之间的关系，求取黑色背景图像的腐蚀结果与白色背景图像的膨胀结果进行逻辑“与”、逻辑“异或”运算，证明两个过程的相反性，结果在图 6-21 中给出。

代码清单 6-14 myDilate.cpp 图像膨胀

```
#include <opencv2\opencv.hpp>
#include <iostream>
#include <vector>

using namespace cv;
using namespace std;

```

```
int main()
{
    //生成用于膨胀的原图
    Mat src = (Mat_<uchar>(6, 6) << 0, 0, 0, 0, 255, 0,
        0, 255, 255, 255, 255, 255,
        0, 255, 255, 255, 255, 0,
        0, 255, 255, 255, 255, 0,
        0, 255, 255, 255, 255, 0,
        0, 0, 0, 0, 0, 0);
    Mat struct1, struct2;
    struct1 = getStructuringElement(0, Size(3, 3));  //矩形结构元素
    struct2 = getStructuringElement(1, Size(3, 3));  //十字结构元素

    Mat erodeSrc;  //存放膨胀后的图像
    dilate(src, erodeSrc, struct2);
    namedWindow("src", WINDOW_GUI_NORMAL);
    namedWindow("dilateSrc", WINDOW_GUI_NORMAL);
    imshow("src", src);
    imshow("dilateSrc", erodeSrc);

    Mat LearnCV_black = imread("LearnCV_black.png", IMREAD_ANYCOLOR);
    Mat LearnCV_write = imread("LearnCV_white.png", IMREAD_ANYCOLOR);
    if (LearnCV_black.empty()||LearnCV_write.empty())
    {
        cout << "请确认图像文件名称是否正确" << endl;
        return -1;
    }

    Mat dilate_black1, dilate_black2, dilate_write1, dilate_write2;
    //黑色背景图像膨胀
    dilate(LearnCV_black, dilate_black1, struct1);
    dilate(LearnCV_black, dilate_black2, struct2);
    imshow("LearnCV_black", LearnCV_black);
    imshow("dilate_black1", dilate_black1);
    imshow("dilate_black2", dilate_black2);

    //白色背景图像膨胀
    dilate(LearnCV_write, dilate_write1, struct1);
    dilate(LearnCV_write, dilate_write2, struct2);
    imshow("LearnCV_write", LearnCV_write);
    imshow("dilate_write1", dilate_write1);
    imshow("dilate_write2", dilate_write2);

    //比较膨胀和腐蚀的结果
    Mat erode_black1, resultXor, resultAnd;
    erode(LearnCV_black, erode_black1, struct1);
    bitwise_xor(erode_black1, dilate_write1, resultXor);
    bitwise_and(erode_black1, dilate_write1, resultAnd);
    imshow("resultXor", resultXor);
    imshow("resultAnd", resultAnd);
    waitKey(0);
    return 0;
}
```

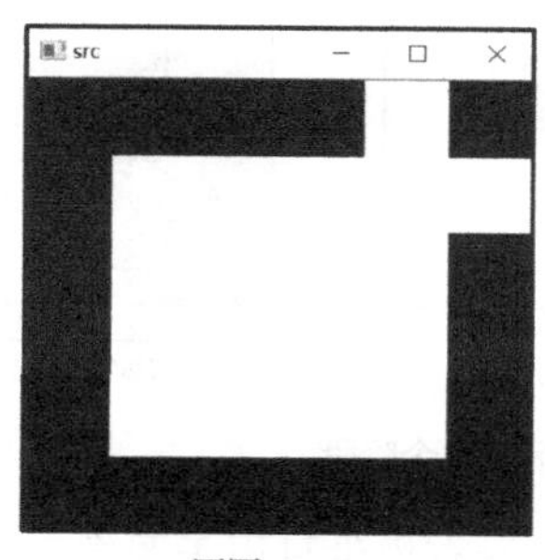
原图src

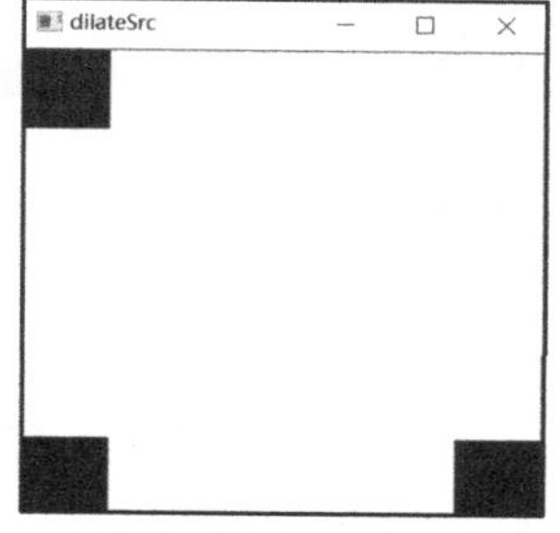
膨胀后图像dilateSrc

图 6-18　进行膨胀示例程序运行效果

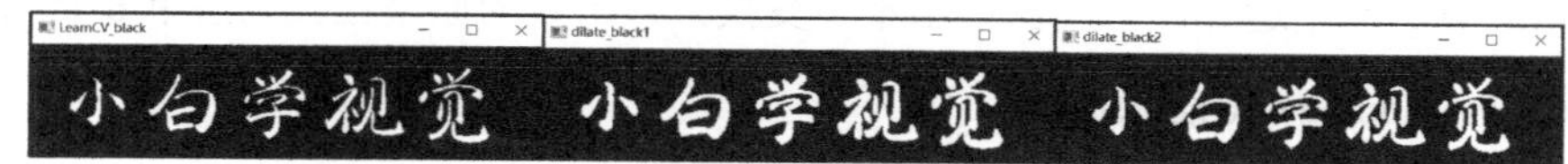

黑色背景原图　黑色背景3×3矩形结构元素膨胀　黑色背景3×3十字结构元素膨胀

图 6-19　myDilate.cpp 程序中黑色背景图像膨胀结果

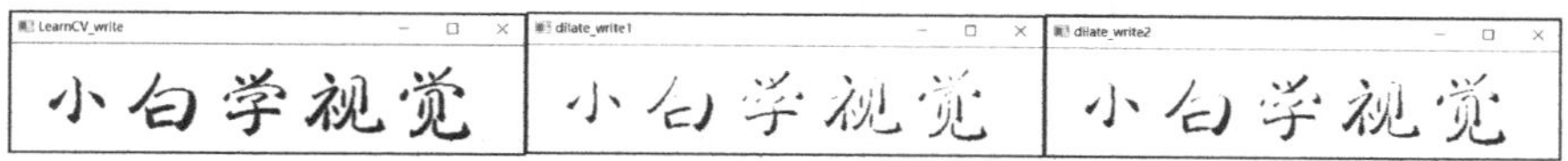

白色背景原图　白色背景3×3矩形结构元素膨胀　白色背景3×3十字结构元素膨胀

图 6-20　myDilate.cpp 程序中白色背景图像膨胀结果

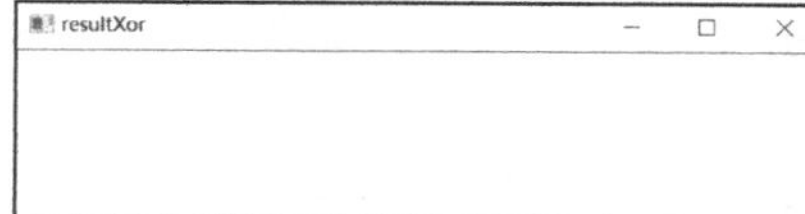
黑色背景腐蚀与白色背景膨胀结果“异或”运算图像

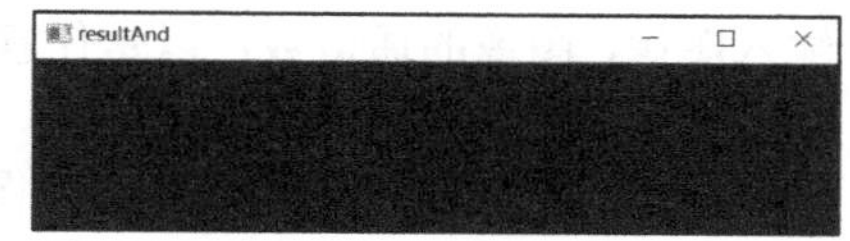
黑色背景腐蚀与白色背景膨胀结果“与”运算图像

图 6-21　myDilate.cpp 程序中腐蚀与膨胀关系验证结果

6.3 形态学应用

图像形态学腐蚀可以将细小的噪声区域去除，但是会将图像主要区域的面积缩小，造成主要区域的形状发生改变；图像形态学膨胀可以扩充每一个区域的面积，填充较小的空洞，但是会增加噪声的面积。根据两者的特性，将图像腐蚀和膨胀适当结合，便可以既去除图像中的噪声，又不缩小图像中主要区域的面积；既填充较小的空洞，又不增加噪声所占的面积。因此，本节中将介绍如何利用不同顺序的图像腐蚀和膨胀实现图像的开运算、闭运算、形态学梯度、顶帽运算、黑帽运算，以及击中击不中变换等操作。

6.3.1　开运算

图像开运算可以去除图像中的噪声，消除较小连通域，保留较大连通域，同时能够在两个物体纤细的连接处将两个物体分离，并且在不明显改变较大连通域面积的同时能够平滑连通域的边界。开运算是图像腐蚀和膨胀操作的结合，首先对图像进行腐蚀，消除图像中的噪声和较小的连通域，之后通过膨胀运算弥补较大连通域因腐蚀而造成的面积减小。图 6-22 给出了图像开运算的 3 个阶段，左侧图像是待开运算的原图，中间图像是利用 3×3 矩形结构元素对原图进行腐蚀后的图像，通过结果可以看到，较小的连通域已经被去除，但是较大的连通域也在边界区域产生了较大的面积缩减，之后对腐蚀后的图像进行膨胀运算，得到右侧图像。通过结果可以看出，膨胀运算弥补了腐蚀运算造成的边界面积缩减，使得开运算的结果只去除了较小的连通域，保留了较大的连通域。

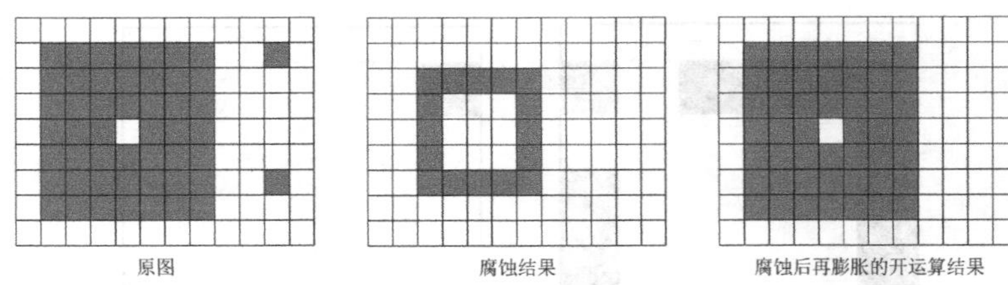

图 6-22　图像开运算 3 个阶段

开运算是对图像腐蚀和膨胀的组合，OpenCV 4 没有提供只用于图像开运算的函数，而是提供了图像腐蚀和膨胀运算不同组合形式的 morphologyEx()函数，以实现图像的开运算、闭运算、形态学梯度、顶帽运算、黑帽运算，以及击中击不中变换，该函数的原型在代码清单 6-15 中给出。

代码清单 6-15　morphologyEx()函数原型

```
void cv::morphologyEx(InputArray  src,
                      OutputArray  dst,
                      int  op,
                      InputArray  kernel,
                      Point  anchor = Point(-1,-1),
                      int  iterations = 1,
                      int  borderType = BORDER_CONSTANT,
                      const Scalar &  borderValue = morphologyDefaultBorderValue()
                      )
```

- src：输入图像，图像的通道数可以是任意的，但图像的数据类型必须是 CV_8U、CV_16U、CV_16S、CV_32F 或 CV_64F 之一。
- dst：形态学操作后的输出图像，与输入图像具有相同的尺寸和数据类型。
- op：形态学操作类型的标志，可以选择的标志及其含义在表 6-6 中给出。
- kernel：结构元素，可以自己生成，也可以用 getStructuringElement()函数生成。
- anchor：中心点在结构元素中的位置，默认参数为结构元素的几何中心点。
- iterations：处理的次数。
- borderType：像素外推法选择标志，取值范围在表 3-5 中给出。默认参数为 BORDER_DEFAULT，表示不包含边界值的倒序填充。
- borderValue：使用边界不变外推法时的边界值。

该函数根据结构元素对输入图像进行多种形态学操作，在处理多通道图像时，每个通道独立进行处理。该函数的第一个参数为待形态学处理的图像。该函数的第二个参数为形态学处理后的输出图像，与输入图像具有相同的尺寸和数据类型。该函数的第三个参数是形态学操作类型的选择标志，可以选择的形态学操作类型有开运算、闭运算、形态学梯度、顶帽运算、黑帽运算，以及击中击不中变换。该函数的第四个、第五个参数都是与结构元素相关的参数，第四个参数为结构元素，使用的结构元素尺寸越大，效果越明显，第四个参数为结构元素的中心位置，第五个参数的默认值为 Point(−1, −1)，表示结构元素的几何中心处为结构元素的中心点。该函数的第六个参数是使用结构元素处理的次数，处理次数越多，效果越明显。该函数的第七个参数是图像像素外推法选择标志，第八个参数为使用边界不变外推法时的边界值，这两个参数对图像中主要部分的形态学操作没有影响，因此在多数情况下使用默认值即可。

表 6-6　morphologyEX()函数中形态学操作类型的标志及其含义

标志参数	简记	含义
MORPH_ERODE	0	图像腐蚀

续表

标志参数	简记	含义
MORPH_DILATE	1	图像膨胀
MORPH_OPEN	2	开运算
MORPH_CLOSE	3	闭运算
MORPH_GRADIENT	4	形态学梯度
MORPH_TOPHAT	5	顶帽运算
MORPH_BLACKHAT	6	黑帽运算
MORPH_HITMISS	7	击中击不中运算

该函数实现了多种形态学操作，对于其使用方法，将在介绍该函数涉及的所有形态学操作相关概念后在代码清单 6-16 中给出。

6.3.2 闭运算

图像闭运算可以去除连通域内的小型空洞，平滑物体轮廓，连接两个临近的连通域。闭运算是图像腐蚀和膨胀操作的结合，首先对图像进行膨胀，填充连通域内的小型空洞，扩大连通域的边界，将临近的两个连通域连接，之后通过腐蚀运算减少由膨胀运算引起的连通域边界的扩大以及面积的增加。图 6-23 给出了图像闭运算的 3 个阶段，左侧图像是待闭运算的原图，中间图像是利用 3×3 矩形结构元素对原图进行膨胀后的图像，通过结果可以看到，较大连通域内的小型空洞已经被填充，同时临近的两个连通域也连接在了一起，但是连通域的边界明显扩张，整体的面积增加，之后对膨胀后的图像进行腐蚀运算，得到右侧图像。通过结果可以看出，腐蚀运算能够消除连通域因膨胀运算带来的面积增长，但是图像中依然存在较大的面积增长，主要是因为连通域膨胀后，有较大区域在图像的边缘区域，而图像边缘区域的形态学操作结果与图像的边缘外推方法有着密切的关系，因此，在采用默认外推方法时，边缘的连通域不会被腐蚀，从而产生图 6-23 右侧的结果。

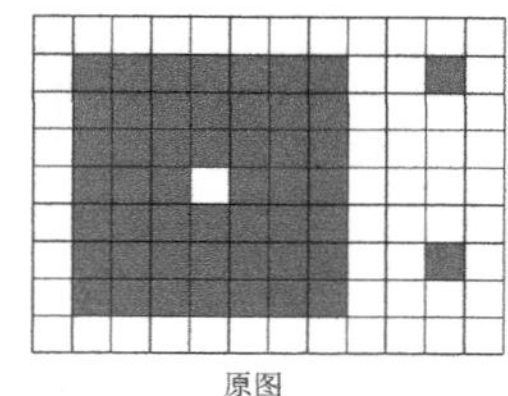
原图

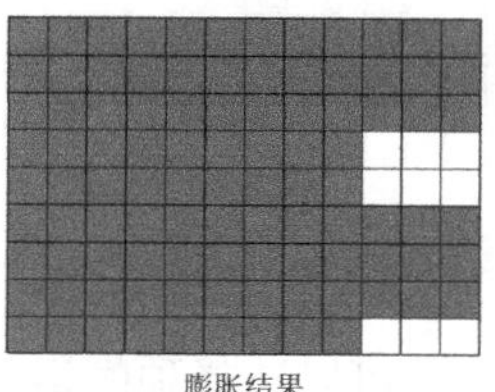
膨胀结果

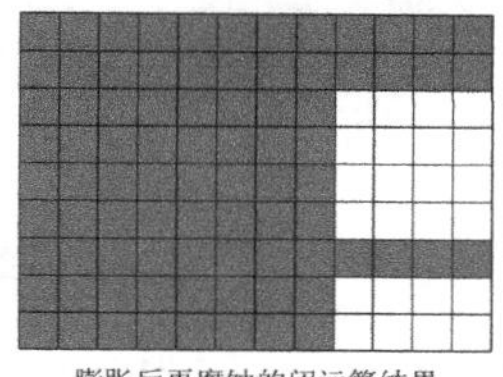
膨胀后再腐蚀的闭运算结果

图 6-23 图像闭运算的 3 个阶段

闭运算是对图像膨胀和腐蚀的组合，OpenCV 4 提供的 morphologyEx()函数可以选择闭运算参数 MORPH_CLOSE 实现图像的闭运算，该函数的原型在代码清单 6-15 中已经给出，其使用方式将在介绍该函数涉及的所有形态学操作相关概念后在代码清单 6-16 中给出。

6.3.3 形态学梯度

形态学梯度能够描述目标的边界，根据图像腐蚀和膨胀与原图之间的关系计算得到，形态学梯度可以分为基本梯度、内部梯度和外部梯度。基本梯度是原图像膨胀后图像与腐蚀后图像间的差值图像，内部梯度图像是原图像与腐蚀后图像间的差值图像，外部梯度是膨胀后图像与原图像间的差值图像。图 6-24 给出了形态学基本梯度计算的 3 个阶段，其中左侧图像是原图像利用 3×3 矩形结构元素进行膨胀后的图像，中间图像是原图像利用 3×3 矩形结构元素进行腐蚀后的图像，右侧图像是左侧图像和中间图像的差值。

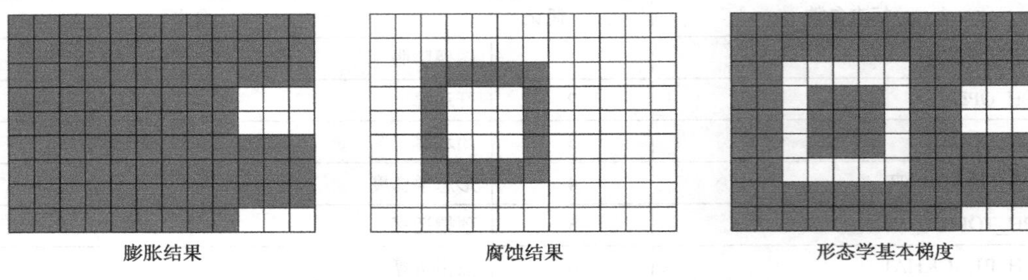

图 6-24　形态学基本梯度计算的 3 个阶段

OpenCV 4 提供的 morphologyEx()函数可以选择形态学梯度参数 MORPH_GRADIENT 实现图像的基本梯度。如果需要计算图像的内部梯度或者外部梯度，需要自己通过程序实现。morphologyEx()函数的原型在代码清单 6-15 中已经给出，其使用方式将在介绍该函数涉及的所有形态学操作相关概念后在代码清单 6-16 中给出。

6.3.4　顶帽运算

图像顶帽运算是原图像与开运算结果之间的差值，往往用来分离比邻近点亮一些的斑块，因为开运算带来的结果是放大了裂缝或者局部低亮度的区域，因此，从原图中减去开运算后的图，得到的效果图突出了比原图轮廓周围的区域更明亮的区域。顶帽运算先对图像进行开运算，之后从原图像中减去开运算计算的结果。在图 6-25 中，给出了计算顶帽运算的 3 个阶段，左侧图像是原图，中间图像是利用 3×3 矩形结构元素对原图进行开运算后的图像，右侧图像是左侧原图与中间开运算结果图像之间的差值，即原图顶帽运算的结果。

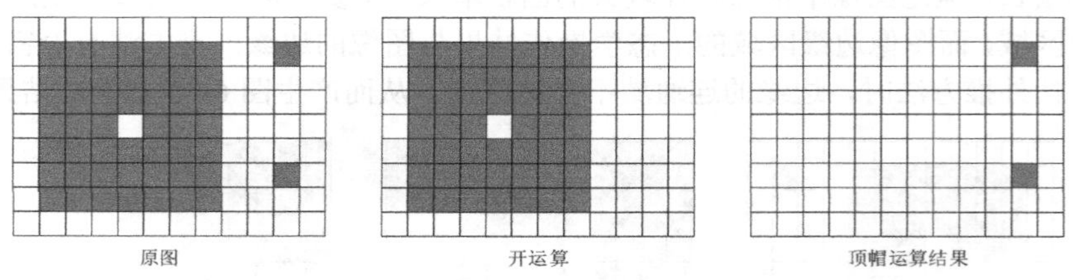

图 6-25　图像顶帽运算的 3 个阶段

OpenCV 4 提供的 morphologyEx()函数可以选择顶帽运算的参数 MORPH_TOPHAT 实现图像的顶帽运算，该函数的原型在代码清单 6-15 中已经给出，其使用方式将在介绍该函数涉及的所有形态学操作相关概念后在代码清单 6-16 中给出。

6.3.5　黑帽运算

图像黑帽运算是与图像顶帽运算相对应的形态学操作。与顶帽运算不同，黑帽运算是原图像与顶帽运算结果之间的差值，往往用来分离比邻近点暗一些的斑块。黑帽运算先对图像进行闭运算，之后从闭运算结果中减去原图像，在图 6-26 中给出了计算黑帽运算的 3 个阶段，左侧图像是利用 3×3 矩形结构元素对原图进行闭运算后的图像，中间图像是原图，右侧图像是左侧闭运算结果图像与中间原图之间的差值，即原图黑帽运算的结果。

OpenCV 4 提供的 morphologyEx()函数可以选择黑帽运算的参数 MORPH_BLACKHAT 实现图像的黑帽运算，该函数的原型在代码清单 6-15 中已经给出，其使用方式将在介绍该函数涉及的所有形态学操作相关概念后在代码清单 6-16 中给出。

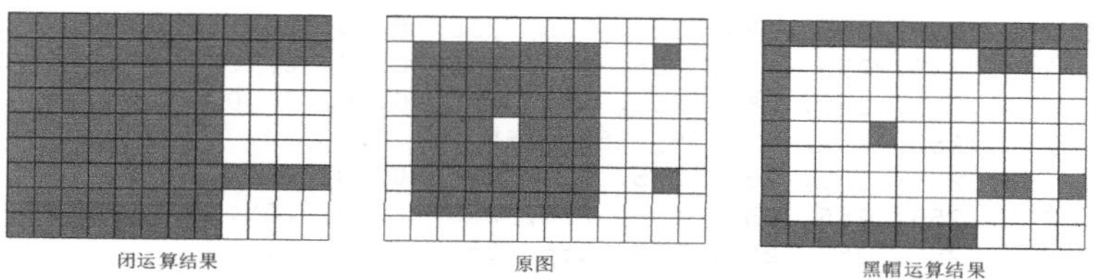

图 6-26 图像黑帽运算的 3 个阶段

6.3.6 击中击不中变换

击中击不中变换是比图像腐蚀要求更加苛刻的一种形态学操作，图像腐蚀只需要图像能够将结构元素中所有非零元素包含，但是击中击不中变换要求原图像中需要存在与结构元素一模一样的结构，即结构元素中非零元素也需要同时被考虑。如图 6-27 所示，如果用中间的结构元素对左侧图像进行腐蚀，那么将得到图 6-24 中所示的腐蚀计算结果，而用中间结构元素对左侧图像进行击中击不中变换，结果为图 6-27 右侧所示，因为结构元素的中心位置为 0，而在原图像中符合这种结构的位置只在图像的中心处，因此击中击不中变换的结果与图像腐蚀结果具有极大的差异。但是，在使用矩形结构元素时，击中击不中变换与图像的腐蚀结果相同。

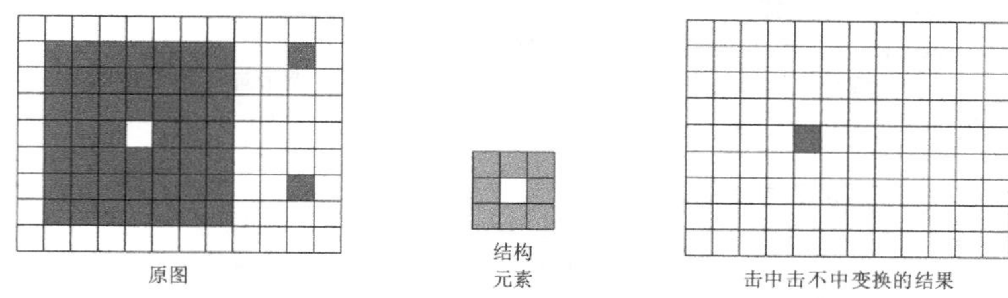

图 6-27 图像击中击不中变换结果

OpenCV 4 提供的 morphologyEx()函数可以选择击中击不中变换参数 MORPH_HITMISS 实现图像的击中击不中变换，该函数的原型在代码清单 6-15 中已经给出，其使用方式在代码清单 6-16 中给出。

在代码清单 6-16 中，构建了用于介绍形态学多种操作原理的原图像，之后用 3×3 矩形结构元素分别对原图像进行开运算、闭运算、形态学梯度、顶帽运算、黑帽运算，以及击中击不中变换等操作，验证 morphologyEx()函数处理结果与理论处理结果是否相同，处理结果在图 6-28 给出。其中，需要注意的是，由于进行击中击不中变换使用的结构元素与原理介绍时不同，因此程序中的击中击不中变换结果与图 6-27 不同。此外，为了验证多种形态学操作处理图像的效果，该程序中读取一幅灰度图像，对图像进行二值化后分别进行多种形态学操作，灰度图像和二值化后的图像如图 6-29 所示，形态学操作处理后的图像在图 6-30 中给出。

代码清单 6-16 myMorphologyApp.cpp 形态学操作应用

```
#include <opencv2\opencv.hpp>
#include <iostream>
#include <vector>

using namespace cv;
using namespace std;

int main()
{
```

```
    //用于验证形态学应用的二值化矩阵
    Mat src = (Mat_<uchar>(9, 12) << 0, 0, 0, 0, 0, 0, 0, 0, 0, 0, 0, 0,
        0, 255, 255, 255, 255, 255, 255, 255, 0, 0, 255, 0,
        0, 255, 255, 255, 255, 255, 255, 255, 0, 0, 0, 0,
        0, 255, 255, 255, 255, 255, 255, 255, 0, 0, 0, 0,
        0, 255, 255, 255, 0, 255, 255, 255, 0, 0, 0, 0,
        0, 255, 255, 255, 255, 255, 255, 255, 0, 0, 0, 0,
        0, 255, 255, 255, 255, 255, 255, 255, 0, 0, 255, 0,
        0, 255, 255, 255, 255, 255, 255, 255, 0, 0, 0, 0,
        0, 0, 0, 0, 0, 0, 0, 0, 0, 0, 0, 0);
    namedWindow("src", WINDOW_NORMAL);  //可以自由调节显示图像的尺寸
    imshow("src", src);
    //3×3 矩形结构元素
    Mat kernel = getStructuringElement(0, Size(3, 3));

    //对二值化矩阵进行形态学操作
    Mat open, close,gradient,tophat,blackhat,hitmiss;

    //对二值化矩阵进行开运算
    morphologyEx(src, open, MORPH_OPEN, kernel);
    namedWindow("open", WINDOW_NORMAL);  //可以自由调节显示图像的尺寸
    imshow("open", open);

    //对二值化矩阵进行闭运算
    morphologyEx(src, close, MORPH_CLOSE, kernel);
    namedWindow("close", WINDOW_NORMAL);  //可以自由调节显示图像的尺寸
    imshow("close", close);

    //对二值化矩阵进行形态学梯度运算
    morphologyEx(src, gradient, MORPH_GRADIENT, kernel);
    namedWindow("gradient", WINDOW_NORMAL);  //可以自由调节显示图像的尺寸
    imshow("gradient", gradient);

    //对二值化矩阵进行顶帽运算
    morphologyEx(src, tophat, MORPH_TOPHAT, kernel);
    namedWindow("tophat", WINDOW_NORMAL);  //可以自由调节显示图像的尺寸
    imshow("tophat", tophat);

    //对二值化矩阵进行黑帽运算
    morphologyEx(src, blackhat, MORPH_BLACKHAT, kernel);
    namedWindow("blackhat", WINDOW_NORMAL);  //可以自由调节显示图像的尺寸
    imshow("blackhat", blackhat);

    //对二值化矩阵进行击中击不中变换
    morphologyEx(src, hitmiss, MORPH_HITMISS, kernel);
    namedWindow("hitmiss", WINDOW_NORMAL);  //可以自由调节显示图像的尺寸
    imshow("hitmiss", hitmiss);

    //用图像验证形态学操作效果
    Mat keys = imread("keys.jpg",IMREAD_GRAYSCALE);
    imshow("原图像", keys);
    threshold(keys, keys, 80, 255, THRESH_BINARY);
    imshow("二值化后的 keys", keys);

    //5×5 矩形结构元素
    Mat kernel_keys = getStructuringElement(0, Size(5, 5));
    Mat open_keys, close_keys, gradient_keys;
```

```
    Mat tophat_keys, blackhat_keys, hitmiss_keys;

    //对图像进行开运算
    morphologyEx(keys, open_keys, MORPH_OPEN, kernel_keys);
    imshow("open_keys", open_keys);

    //对图像进行闭运算
    morphologyEx(keys, close_keys, MORPH_CLOSE, kernel_keys);
    imshow("close_keys", close_keys);

    //对图像进行形态学梯度运算
    morphologyEx(keys, gradient_keys, MORPH_GRADIENT, kernel_keys);
    imshow("gradient_keys", gradient_keys);

    //对图像进行顶帽运算
    morphologyEx(keys, tophat_keys, MORPH_TOPHAT, kernel_keys);
    imshow("tophat_keys", tophat_keys);

    //对图像进行黑帽运算
    morphologyEx(keys, blackhat_keys, MORPH_BLACKHAT, kernel_keys);
    imshow("blackhat_keys", blackhat_keys);

    //对图像进行击中击不中变换
    morphologyEx(keys, hitmiss_keys, MORPH_HITMISS, kernel_keys);
    imshow("hitmiss_keys", hitmiss_keys);

    waitKey(0);
    return 0;
}
```

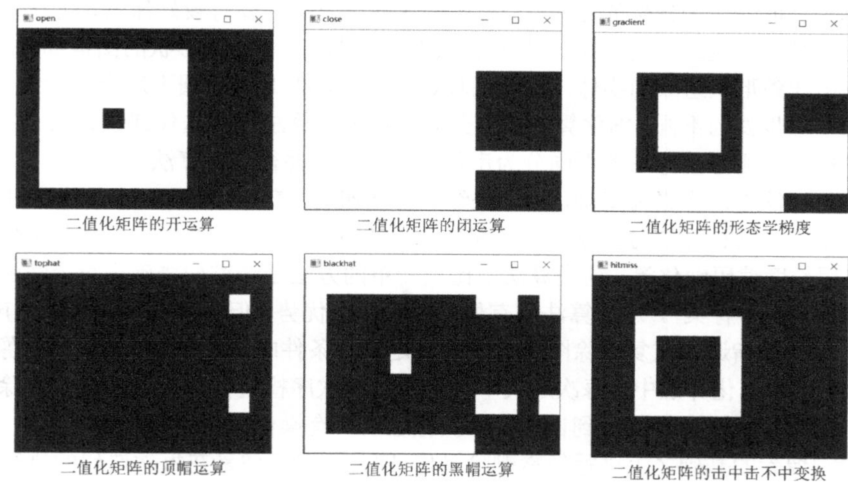

二值化矩阵的开运算　二值化矩阵的闭运算　二值化矩阵的形态学梯度

二值化矩阵的顶帽运算　二值化矩阵的黑帽运算　二值化矩阵的击中击不中变换

图 6-28　myMorphologyApp.cpp 程序中验证形态学操作的处理结果

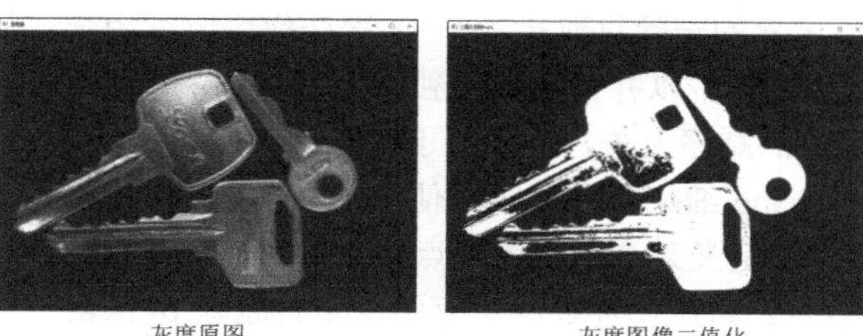

灰度原图　灰度图像二值化

图 6-29　myMorphologyApp.cpp 程序中灰度图像及二值化后的图像

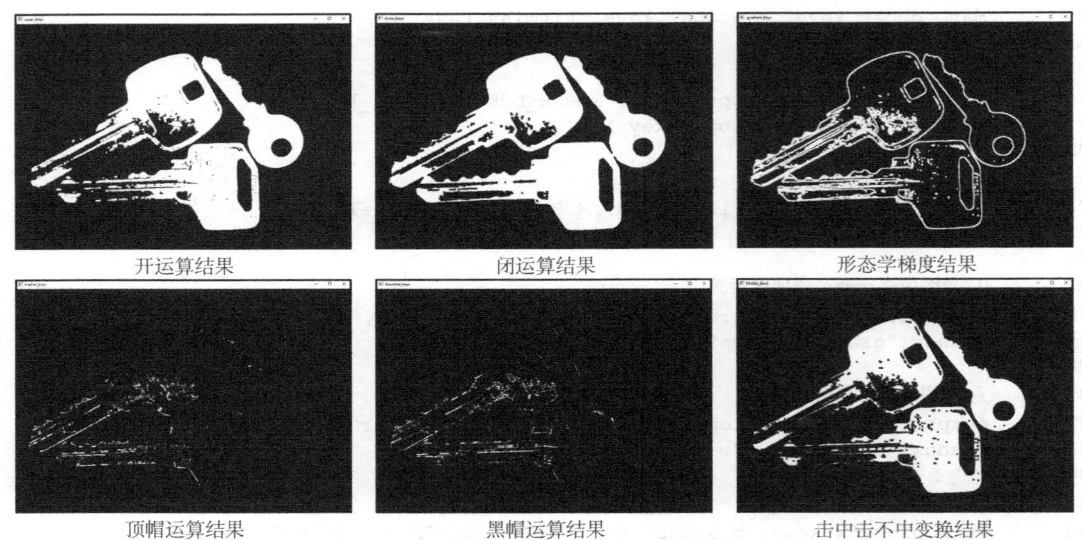

开运算结果　闭运算结果　形态学梯度结果

顶帽运算结果　黑帽运算结果　击中击不中变换结果

图 6-30　myMorphologyApp.cpp 程序中图像形态学操作后的结果

6.3.7　图像细化

图像细化是将图像的线条从多像素宽度减少到单位像素宽度的过程，有时又称为“骨架化”或者“中轴变换”。图像细化是模式识别领域重要的处理步骤之一，常用在文字识别中，因为其可以有效地将文字细化，增加文字的可辨识度，并且能够有效地减少数据量，降低图像的存储难度。图像细化一般要求保证细化后骨架的连通性、对原图像的细节特征要有较好保留、线条的端点保留完好的同时线条交叉点不能发生畸变。根据图像细化后的特性，并非所有形状的图像都适合进行细化，其主要应用在由线条形状组成的物体，例如圆环、文字等，但是实心圆不适合进行细化。

根据算法处理步骤的不同，细化算法主要分为迭代细化算法和非迭代细化算法。在迭代细化算法中，又可以根据检测像素方法的不同分为串行细化算法和并行细化算法。

非迭代细化算法不以像素为基础，该方法经过一次遍历，产生线条的某一中值或中心线，而不检查所有单个像素，这种算法可以通过一次遍历产生“骨架”。非迭代细化算法主要有基于距离变换的方法、游程长度编码细化等，这类算法中比较简单的方法是通过扫描确定每段线的中心点，然后把它们连接成一副“骨架”，这种算法拥有处理速度快的优势，但是会有容易产生噪声点的缺陷。

迭代细化算法是指通过重复删除图像边缘处满足一定条件的像素，最终得到单位像素宽度“骨架”的算法。在串行细化算法中，每次迭代中都用固定的次序检查像素来判断是否删除像素。在第 n 次迭代中，像素 p 的删除取决于到目前为止执行过的所有操作，也就是必须在第 $n-1$ 次迭代结果和第 n 次检测像素的基础之上进行像素删除操作，即是否删除像素在每次迭代的执行中是固定顺序的，它不但取决于前次迭代的结果，而且取决于本次迭代中已处理过像素点分布情况。在并行细化算法中，第 n 次迭代中像素的删除只取决于 $n-1$ 次迭代后留下的结果，因此所有像素能在每次迭代中以并行的方式独立地被检测，即像素点删除与否与像素值图像中的顺序无关，仅取决于前次迭代效果。

p_9	p_2	p_3
p_8	p_1	p_4
p_7	p_6	p_5

图 6-31　Zhang 细化方法中 8-邻域的定义方式

在并行细化算法中，Zhang 细化方法被广泛使用，OpenCV 4 也将该方法集成在函数中。该方法定义某个白色像素点的 8-邻域，如图 6-31 所示，其中 p_1 为白色像素点。每次循环过程中有两次是否删除 p_1 像素的判断，其中第一次判断是否删除 p_1 像素需要满足 4 个条件：（1）

$2 \leqslant N(p_1) \leqslant 6$，其中 $N(p)$ 表示 p 像素 8-邻域内黑色像素的数目；（2） $A(p_1)=1$，其中 $A(p)$ 表示 p 像素 8-邻域内按顺时针顺序前后两个像素分别为黑色像素和白色像素的对数；（3） $p_2 * p_4 * p_6 = 0$；（4） $p_4 * p_6 * p_8 = 0$。如果 p_1 像素周围的 8-邻域满足上述条件，那么将该像素标记为待删除点，等到将图像中所有像素都判断是否删除后再将所有待删除点删除。之后进行同一个循环过程中是否删除 p_1 像素的第二次判断，如果需要删除 p_1 像素，那么同样需要满足 4 个条件：（1） $2 \leqslant N(p_1) \leqslant 6$，其中 $N(p)$ 表示 p 像素 8-邻域内黑色像素的数目；（2） $A(p_1)=1$，其中 $A(p)$ 表示 p 像素 8-邻域内按顺时针顺序前后两个像素分别为黑色像素和白色像素的对数；（3） $p_2 * p_4 * p_8 = 0$；（4） $p_2 * p_6 * p_8 = 0$。两次判断删除条件的前两个条件是相同的，主要差别在第（3）个和第（4）个条件。如果 p_1 像素周围的 8-邻域满足上述条件，那么将该像素标记为待删除点，等到将图像中所有像素都判断是否删除后再将所有待删除点删除。对同一幅图像反复进行上述循环操作，直到没有可删除的点为止。

OpenCV 4 提供了用于将二值图像细化的 thinning()函数，该函数的原型在代码清单 6-17 中给出。

代码清单 6-17 thinning()图像细化

```
void cv::ximgproc::thinning(InputArray  src,
                            OutputArray  dst,
                            int  thinningType = THINNING_ZHANGSUEN
                            )
```

- src：输入图像，必须是 CV_8U 的单通道图像。
- dst：输出图像，与输入图像具有相同的尺寸和数据类型。
- thinningType：细化算法选择标志，可以选择的参数为 THINNING_ZHANGSUEN（简记为 0）和 THINNING_GUOHALL（简记为 1）。

该函数能够对图像中的连通域进行细化，得到单位像素宽度的连通域。该函数的参数较少，并且比较容易理解，第一个参数是输入用于细化的图像，要求输入图像必须是 CV_8U 的单通道图像。该函数的第二个参数是细化后的输出图像，与输入图像具有相同的尺寸和数据类型。该函数的第三个参数是细化算法的选择标志，目前该函数只支持两种细化方法，一种是我们前文介绍的 Zhang 细化方法，可以用 THINNING_ZHANGSUEN 表示，或者用简记的数字 0 表示；另一种是 Guo 细化方法，可以用 THINNING_GUOHALL 表示，或者用简记的数字 1 表示，该参数的默认值为 THINNING_ZHANGSUEN。

注意

该函数在 ximgproc 头文件中，因此，在使用该函数时，一定要包含该头文件，并且在使用时通过 ximgproc::ximgproc()调用该函数。

为了了解 ximgproc()函数的使用方法，以及图像细化的效果，在代码清单 6-18 中给出了利用 ximgproc()函数实现二值图像细化的示例程序。在该程序中，分别对中文字符和英文字符进行细化，同时对比实心圆和圆环的细化效果，实心圆细化后只有一个像素点，而圆环细化后仍然是一个圆形，证明图像细化适用于由线条形状组成的连通域，不适用于实心形状的连通域。该程序中的中文字符细化结果在图 6-32 中给出，英文字符、实心圆和圆环连通域细化结果在图 6-33 中给出。

代码清单 6-18 myThinning.cpp 图像细化

```
#include <opencv2\opencv.hpp>
#include <opencv2\ximgproc.hpp>  //细化函数 thinning()所在的头文件
#include <iostream>

```

```
using namespace cv;
using namespace std;

int main()
{
    //对中文字符进行细化
    Mat img = imread("LearnCV_black.png", IMREAD_ANYCOLOR);
    if (img.empty())
    {
        cout << "请确认图像文件名称是否正确" << endl;
        return -1;
    }
    //对英文字符、实心圆和圆环进行细化
    Mat words = Mat::zeros(100, 200, CV_8UC1);  //创建一个黑色的背景图片
    putText(words, "Learn", Point(30, 30), 2, 1, Scalar(255), 2);  //添加英文字符
    putText(words, "OpenCV 4", Point(30, 60), 2, 1, Scalar(255), 2);
    circle(words, Point(80, 75), 10, Scalar(255), -1);  //添加实心圆
    circle(words, Point(130, 75), 10, Scalar(255), 3);  //添加圆环

    //进行细化
    Mat thin1, thin2;
    ximgproc::thinning(img, thin1, 0);  //注意类名
    ximgproc::thinning(words, thin2, 0);

    //显示处理结果
    imshow("thin1", thin1);
    imshow("img", img);
    namedWindow("thin2", WINDOW_NORMAL);
    imshow("thin2", thin2);
    namedWindow("words", WINDOW_NORMAL);
    imshow("words", words);
    waitKey(0);
    return 0;
}
```

原图像

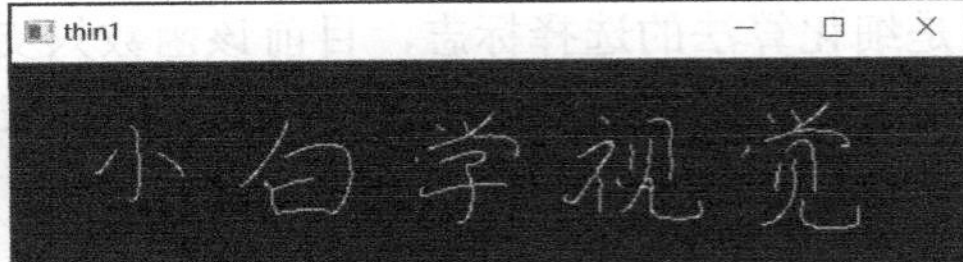

细化后图像

图 6-32　myThinning.cpp 程序中中文字符细化结果

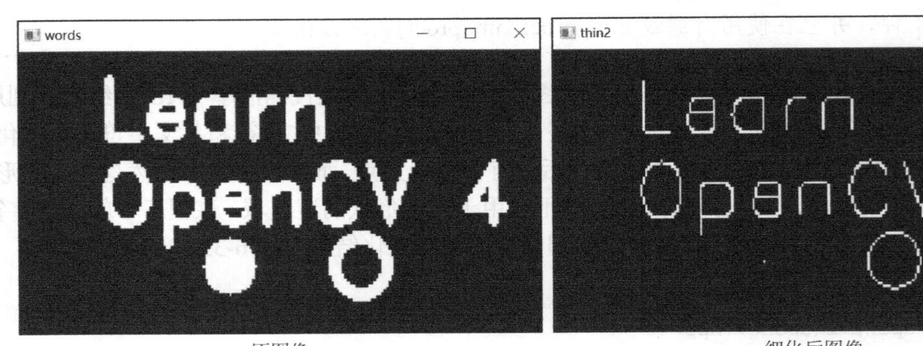

原图像　　细化后图像

图 6-33　myThinning.cpp 程序中英文字符、实心圆和圆环连通域细化结果

6.4 本章小结

本章介绍了图像形态学的基本操作，主要包括图像连通域的分析，图像腐蚀和膨胀，形态学的应用（包括开运算、闭运算、形态学梯度、顶帽运算、黑帽运算、击中击不中变换），以及图像细化。图像形态学操作是重要的图像处理操作，常用于物体形状检测、定位和计算面积等。

本章主要函数清单

函数名称	函数说明	代码清单
distanceTransform()	图像像素距离变换	6-1
connectedComponents()	图像连通域计算	6-4
connectedComponentsWithStats ()	含有更多统计信息的连通域计算	6-7
getStructuringElement()	获取图像形态学滤波的矩形结构元素	6-10
erode()	腐蚀运算	6-11
dilate()	膨胀运算	6-13
morphologyEx()	形态学操作	6-15
thinning()	图像细化	6-17

本章示例程序清单

示例程序名称	程序说明	代码清单
myDistanceTransform.cpp	图像像素距离变换	6-3
myConnectedComponents.cpp	图像连通域计算	6-6
myConnectedComponentsWithStats.cpp	连通域信息统计	6-9
myErode.cpp	图像腐蚀	6-12
myDilate.cpp	图像膨胀	6-14
myMorphologyApp.cpp	形态学操作应用	6-16
myThinning.cpp	图像细化	6-18

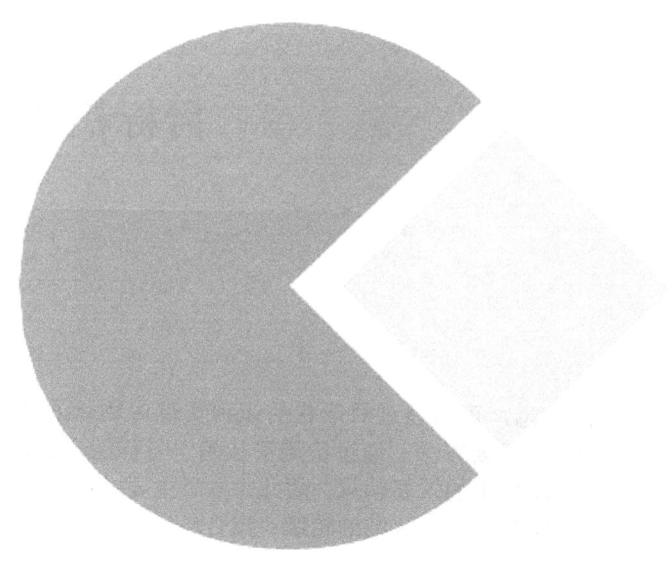

应用篇

第 7 章　目标检测

第 8 章　图像分析与修复

第 9 章　特征点检测与匹配

第 10 章　立体视觉

第 11 章　视频分析

第7章 目标检测

图像中物体的形状信息是较为明显和重要的信息，可以通过对形状的识别实现对物体的检测，因此，检测图像中某些规则的形状是图像处理的重要方法。通过检测形状确定目标的位置，并通过对目标大小、位置等信息的处理进一步理解图像中的重要信息。因此，本章主要介绍对图像中直线、圆形等特殊图形的检测，以及介绍如何检测图像中区域的轮廓、拟合轮廓形状、统计轮廓区域面积等。

7.1 形状检测

图像中物体的形状信息是用来区分不同物体的重要信息，例如，在一幅含有硬币的图像中，如果能检测出图像的圆形物体，那么这个圆形物体很有可能是硬币。因此，准确检测图像中物体边缘的形状对图像的进一步处理具有重要的作用。物体的形状检测多根据特殊形状固有的特性，例如某个物体的边缘是一个四边形，那么通过比较每个边的长度和互相夹角就可以确定该物体是否为正方形或者长方形。但是确定边长和夹角之前需要确定哪些边缘是在一条直线上，因此检测图像中是否存在直线是形状检测的前提条件。同时，由于圆形没有直线，因此对于圆形的检测也变得尤为重要。OpenCV 4 提供了检测图像边缘是否存在直线和圆形的检测算法，本节将重点介绍如何检测这两种特殊的形状。

7.1.1 直线检测

霍夫变换（Hough Transform）是图像处理中检测是否存在直线的重要算法，该算法是由 Paul Hough 在 1962 年首次提出的，最开始只能检测图像中的直线，但是，霍夫变换经过不断扩展和完善，已经可以检测多种规则形状，例如圆形、椭圆等。霍夫变换通过将图像中的像素在一个空间坐标系中变换到另一个空间坐标系中，使得在原空间中具有相同特性的曲线或者直线映射到另一个空间中形成峰值，从而把检测任意形状的问题转化为统计峰值的问题。

霍夫变换通过构建检测形状的数学解析式将图像中像素点映射到参数空间中，例如我们要检测两个像素点所在的直线，需要构建直线的数学解析式。在图像空间 $x-y$ 直角坐标系中，对于直线可以用式（7-1）所示的解析式来表示。

$$y = kx + b \tag{7-1}$$

其中，k 是直线的斜率，b 是直线的截距。

假设图像中存在一个像素点 $A(x_0, y_0)$，所有经过这个像素点的直线可以用式（7-2）表示。

$$y_0 = kx_0 + b \tag{7-2}$$

在图像空间 $x-y$ 直角坐标系中，由于变量是 x 和 y，因此式(7-2)表示的是经过像素点 $A(x_0, y_0)$

的直线，但是经过一点的直线有无数条，因此式（7-2）中的 k 和 b 具有无数个可以选择的值，如果将 k 和 b 看作变量，x_0 和 y_0 表示定值，那么式（7-2）可以表示在 k-b 空间的一条直线，映射过程示意图如图 7-1 所示。用式（7-1）的形式表示映射的结果如式（7-3）所示，即霍夫变换将 $x-y$ 直角坐标系中经过一点的所有直线映射成了 k-b 空间中的一条直线，直线上的每个点都对应着 $x-y$ 直角坐标系中的一条直线。

$$b=-kx_0+y_0 \tag{7-3}$$

当图像中存在另一个像素点 $B(x_1,y_1)$ 时，在图像空间 $x-y$ 直角坐标系中所有经过像素点 $B(x_1,y_1)$ 的直线也会在参数空间中映射出一条直线。由于参数空间中每一个点都表示图像空间 $x-y$ 直角坐标系中直线的斜率和截距，因此，当有一条直线经过像素点 $A(x_0,y_0)$ 和像素点 $B(x_1,y_1)$ 时，这条直线所映射在参数空间中的坐标点应该既在像素点 $A(x_0,y_0)$ 映射的直线上又在像素点 $B(x_1,y_1)$ 映射的直线上。在平面内一个点同时在两条直线上，那么这个点一定是两条直线的交点，因此这条同时经过 $A(x_0,y_0)$ 和 $B(x_1,y_1)$ 的直线所对应的斜率和截距就是参数空间中两条直线的交点。

图 7-1　霍夫变换空间映射

根据前面的分析可以得到霍夫变换中存在的两个重要的结论：（1）图像空间中的每条直线在参数空间中都对应着单独一个点来表示；（2）图像空间中的直线上任何像素点在参数空间对应的直线相交于同一个点。图 7-2 给出了第（2）个结论的示意图。因此通过霍夫变换寻找图像中的直线就是寻找参数空间中大量直线相交的一点。

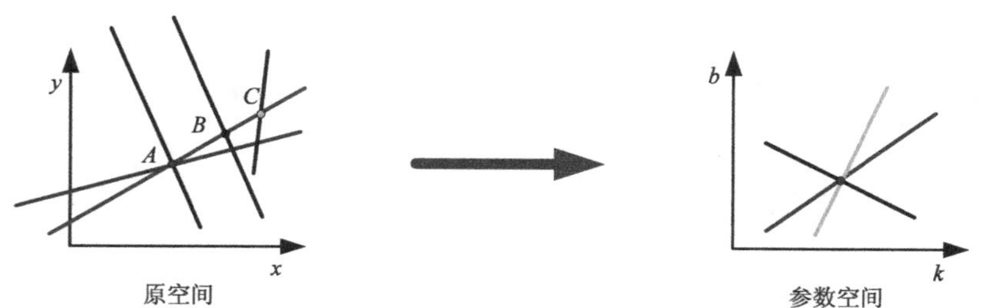

图 7-2　霍夫变换中同一直线上不同点在参数空间中对应的直线交于一点示意图

利用式（7-1）形式进行霍夫变换可以寻找到图像中绝大多数直线，但是当图像中存在垂直直线时，即所有的像素点的 x 坐标相同时，直线上的像素点利用上述霍夫变换方法得到的参数空间中多条直线互相平行，无法相交于一点。例如，在图像上存在 3 个像素点(2,1)、(2,2)和(2,3)，利用式（7-3）可以求得参数空间中 3 条直线解析式如式（7-4）所示，这些直线具有相同的斜率，因此无法交于一点，具体形式如图 7-3 所示。

$$\begin{cases} b = -2k + 1 \\ b = -2k + 2 \\ b = -2k + 3 \end{cases} \tag{7-4}$$

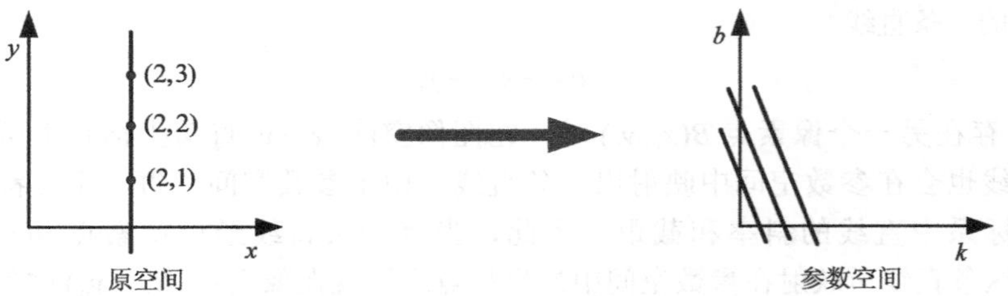

图 7-3 垂直直线霍夫变换映射示意图

为了解决垂直直线在参数空间没有交点的问题，一般采用极坐标方式表示图像空间 $x-y$ 直角坐标系中的直线，具体形式如式（7-5）所示。

$$r = x\cos\theta + y\sin\theta \tag{7-5}$$

其中，r 为坐标原点到直线的距离，θ 为坐标原点到直线的垂线与 x 轴的夹角，这两个参数的含义如图 7-4 所示。

根据霍夫变换原理，利用极坐标形式表示直线时，在图像空间中经过某一点的所有直线映射到参数空间中是一条正弦曲线。图像空间中直线上的两个点在参数空间中映射的两条正弦曲线相交于一点，图 7-5 中给出了用极坐标形式表示直线的霍夫变换的示意图。

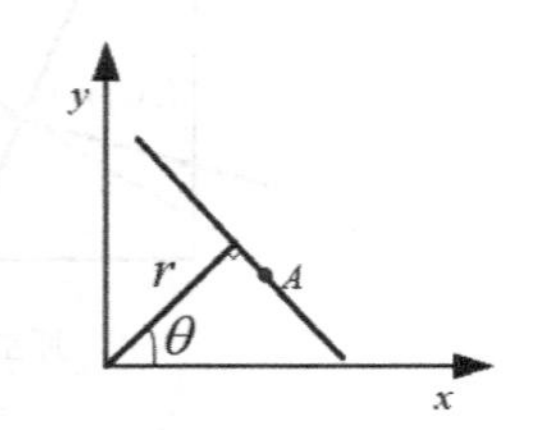

图 7-4 图像空间中极坐标表示直线示意图

通过上述的变换过程，将图像中的直线检测转换成了在参数空间中寻找某个点 (r,θ) 通过的正弦曲线最多的问题。由于在参数空间内的曲线是连续的，而在实际情况中图像的像素是离散的，因此我们需要将参数空间的 θ 轴和 r 轴进行离散化，用离散后的方格表示每一条正弦曲线。首先寻找符合条件的网格，之后寻找该网格对应的图像空间中所有的点，这些点共同组成了原图像中的直线。

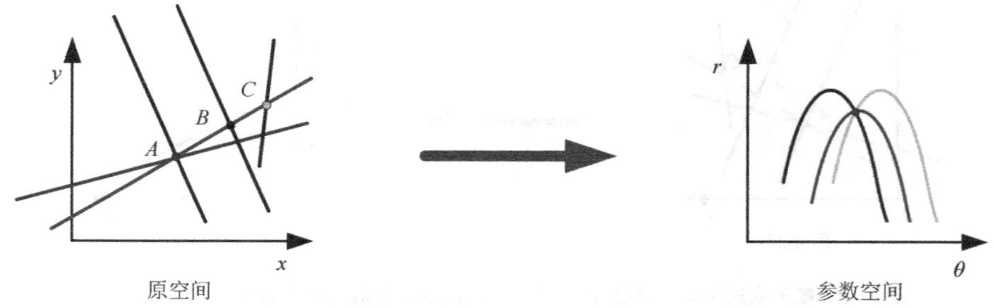

图 7-5 极坐标表示直线的霍夫变换示意图

总结上面所有的原理和步骤，霍夫变换算法检测图像中的直线主要分为以下 4 个步骤。

第一步：将参数空间的坐标轴离散化，例如 $\theta = 0°, 10°, 20°, \cdots$，$r = 0.1, 0.2, 0.3, \cdots$。

第二步：将图像中每个非零像素通过映射关系求取在参数空间通过的方格。

第三步：统计参数空间内每个方格出现的次数，选取次数大于某一阈值的方格作为表示直线的方格。

第四步：将参数空间中表示直线的方格的参数作为图像中直线的参数。

霍夫变换具有抗干扰能力强，对图像中直线的残缺部分、噪声以及其他共存的非直线结构不敏感，能容忍特征边界描述中的间隙，并且相对不受图像噪声影响等优点，但是霍夫变换的时间复杂度和空间复杂度都很高，并且检测精度受参数离散间隔制约。离散间隔较大时会降低检测精度，离散间隔较小时虽然能提高精度，但是会增加计算负担，导致计算时间变长。

OpenCV 4 提供了两种用于检测图像中直线的相关函数，分别是标准霍夫变换和多尺度霍夫变换函数 HoughLines()，以及渐进概率式霍夫变换函数 HoughLinesP()。下面首先介绍标准霍夫变换和多尺度霍夫变换函数 HoughLines()，该函数的原型在代码清单 7-1 中给出。

代码清单 7-1　HoughLines()函数原型

```
void cv::HoughLines(InputArray  image,
                    OutputArray  lines,
                    double  rho,
                    double  theta,
                    int  threshold,
                    double  srn = 0,
                    double  stn = 0,
                    double  min_theta = 0,
                    double  max_theta = CV_PI
                    )
```

- image：待检测直线的原图像，必须是 CV_8U 的单通道二值图像。
- lines：霍夫变换检测到的直线极坐标描述的系数，每一条直线都由两个参数表示，分别表示直线距离坐标原点的距离 r 和坐标原点到直线的垂线与 x 轴的夹角 θ。
- rho：以像素为单位的距离分辨率，即距离 r 离散化时的单位长度。
- theta：以弧度为单位的角度分辨率，即夹角 θ 离散化时的单位角度。
- threshold：累加器的阈值，即参数空间中离散化后每个方格被通过的累计次数大于该阈值时将被识别为直线，否则不被识别为直线。
- srn：对于多尺度霍夫变换算法，该参数表示距离分辨率的除数，粗略的累加器距离分辨率是第三个参数 rho，精确的累加器分辨率是 rho/srn。这个参数必须是非负数，默认参数为 0。
- stn：对于多尺度霍夫变换算法，该参数表示角度分辨率的除数，粗略的累加器角度分辨率是第四个参数 theta，精确的累加器分辨率是 theta/stn。这个参数必须是非负数，默认参数为 0。当这个参数与第六个参数 srn 同时为 0 时，此函数表示的是标准霍夫变换。
- min_theta：检测直线的最小角度，默认参数为 0。
- max_theta：检测直线的最大角度，默认参数为 CV_PI，OpenCV 4 中的默认数值具体为 3.141 592 653 589 793 238 462 643 383 279 5。

该函数用于寻找图像中的直线，并以极坐标的形式将图像中直线的极坐标参数输出。该函数第一个参数为输入图像，必须是 CV_8U 的单通道二值图像，如果需要检测彩色图像或者灰度图像中是否存在直线，可以通过 Canny()函数计算图像的边缘，并将边缘检测结果二值化后的图像作为输入图像赋值给该参数。该函数的第二个参数是霍夫变换检测到的图像中直线极坐标描述的系数，是一个 $N\times 2$ 的 vector<Vec2f>矩阵，每一行中的第一个元素是直线距离坐标原点的距离，第二个元素是该直线过坐标原点的垂线与 x 轴的夹角，这里需要注意的是，图像中的坐标原点在图像的左上角。该函数的第三个、第四个参数分别是霍夫变换中对参数空间坐标轴进行离散化后的单位长度和单位角度，这两个参数的大小直接影响到检测图像中直线的精度，数值越小，精度越高。其中第三个参数表示参数空间 r 轴的单位长度，单位为像素，该参数常设置为 1；第四个参数表示参数空间 θ 轴的单位角度，单位为弧度，该参数常设置为 CV_PI/180。该函数的第五个参数是累加器的阈值，表示参数空间中某个方格是否被认定为直线的判定标准，这个数值越大，对应在原图像中构成直线的像素点越多，反之则越少。该函数的第六个、第七个参数起到选择标准霍夫变换和多尺度霍夫变换的作用，当两个参数全为 0 时，该函数使用标准霍夫变换算法，否则该函数使用多尺度霍夫变换算法。当函数使用多尺度霍夫变换算法时，这两个函数分别表示第三个参数单位长度的除数和第四个参数单位角度的除数。该函数的最后两个参数分别是检测直线的最小角度和最大角度，这两个参数必须大于或等于 0，小于或等于 CV_PI（3.141 592 653 589 793 238 462 643 383 279 5），并且最小角度的数值要小于最大角度的数值。

该函数只能输出直线的极坐标表示形式的参数，如果要在图像中绘制该直线，那么需要进一步得到直线两端的坐标。通过 line()函数在原图像中绘制直线，由于该函数只能判断图像中是否有直线，而不能判断直线的起始位置，因此使用 line()函数绘制直线时常绘制尽可能长的直线。在代码清单 7-2 中，给出了利用 HoughLines()函数检测图像中直线的示例程序，程序中根据直线的参数计算出直线与经过坐标原点的垂线的交点的坐标，之后利用直线的线性关系计算出直线两端尽可能远的端点坐标，最后利用 line()函数在原图像中绘制直线。该程序首先利用 Canny()函数对灰度图像进行边缘提取，然后对边缘进行二值化处理，之后检测图像中的直线，为了验证第五个参数累加器的阈值对检测直线长短的影响，分别设置较小和较大的两个累加器。该程序运行结果在图 7-6 和图 7-7 中给出，通过结果可以看出，累加器较小时，较短的直线也可以被检测出来，累加器较大时，只能检测出图像中较长的直线。

代码清单 7-2　myHoughLines.cpp 检测直线并绘制直线

```
#include <opencv2/opencv.hpp>
#include <iostream>

using namespace cv;
using namespace std;

void drawLine(Mat &img, //要标记直线的图像
    vector<Vec2f> lines,   //检测的直线数据
    double rows,    //原图像的行数（高）
    double cols,    //原图像的列数（宽）
    Scalar scalar,  //绘制直线的颜色
    int n   //绘制直线的线宽
)
{
    Point pt1, pt2;
    for (size_t i = 0; i < lines.size(); i++)
    {
        float rho = lines[i][0];     //直线距离坐标原点的距离
        float theta = lines[i][1];   //直线与坐标原点的垂线与 x 轴的夹角
        double a = cos(theta);       //夹角的余弦
        double b = sin(theta);       //夹角的正弦
        double x0 = a*rho, y0 = b*rho;     //直线与过坐标原点的垂线的交点
        double length = max(rows, cols);   //图像高宽的最大值
        //计算直线上的一点
        pt1.x = cvRound(x0 + length  * (-b));
        pt1.y = cvRound(y0 + length  * (a));
        //计算直线上另一点
        pt2.x = cvRound(x0 - length  * (-b));
        pt2.y = cvRound(y0 - length  * (a));
        //两点绘制一条直线
```

```
            line(img, pt1, pt2, scalar, n);
        }
}

int main()
{
    Mat img = imread("HoughLines.jpg", IMREAD_GRAYSCALE);
    if (img.empty())
    {
        cout << "请确认图像文件名称是否正确" << endl;
        return -1;
    }
    Mat edge;

    //检测边缘图像并二值化
    Canny(img, edge, 80, 180, 3, false);
    threshold(edge, edge, 170, 255, THRESH_BINARY);

    //用不同的累加器检测直线
    vector<Vec2f> lines1, lines2;
    HoughLines(edge, lines1, 1, CV_PI / 180, 50, 0, 0);
    HoughLines(edge, lines2, 1, CV_PI / 180, 150, 0, 0);

    //在原图像中绘制直线
    Mat img1, img2;
    img.copyTo(img1);
    img.copyTo(img2);
    drawLine(img1, lines1, edge.rows, edge.cols, Scalar(255), 2);
    drawLine(img2, lines2, edge.rows, edge.cols, Scalar(255), 2);

    //显示图像
    imshow("edge", edge);
    imshow("img", img);
    imshow("img1", img1);
    imshow("img2", img2);
    waitKey(0);
    return 0;
}
```

原始灰度图像img

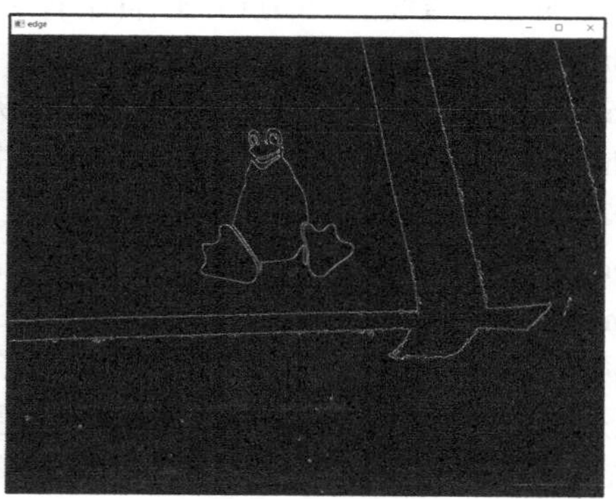

边缘检测结果edge

图 7-6　myHoughLines.cpp 程序中原始灰度图像和边缘检测结果

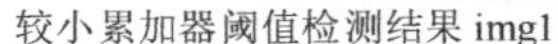

较小累加器阈值检测结果 img1

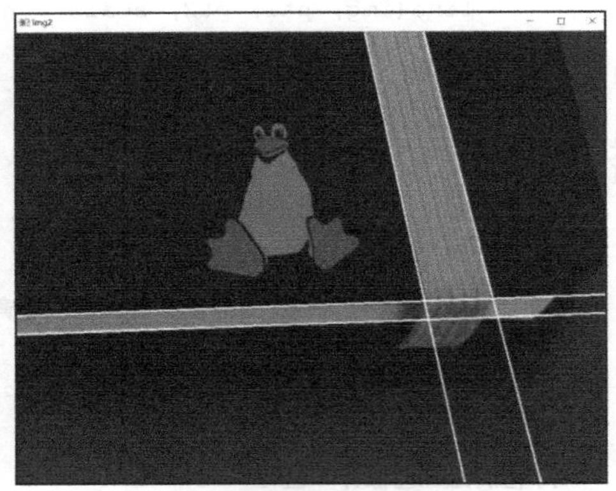

较大累加器阈值检测结果img2

图 7-7　myHoughLines.cpp 程序中累加器较小阈值和较大阈值的直线检测结果

使用标准霍夫变换和多尺度霍夫变换函数 HoughLines()提取直线时无法准确知道图像中直线或者线段的长度，只能得到图像中是否存在符合要求的直线，以及直线的极坐标解析式。如果需要准确地定位图像中线段的位置，HoughLines()函数便无法满足需求，但是 OpenCV 4 提供的渐进概率式霍夫变换函数 HoughLinesP()可以得到图像中满足条件的直线或者线段两个端点的坐标，进而确定直线或者线段的位置，该函数的原型在代码清单 7-3 中给出。

代码清单 7-3　HoughLinesP()函数原型

```
void cv::HoughLinesP(InputArray  image,
                     OutputArray  lines,
                     double  rho,
                     double  theta,
                     int  threshold,
                     double  minLineLength = 0,
                     double  maxLineGap = 0
                     )
```

- image：待检测直线的原图像，必须是 CV_8C 的单通道二值图像。
- lines：霍夫变换检测到的直线或者线段两个端点的坐标，每一条直线都由 4 个参数进行描述，分别是直线两个端点的坐标(x_1, y_1, x_2, y_2)。
- rho：以像素为单位的距离分辨率，即距离 r 离散化时的单位长度。
- theta：以弧度为单位的角度分辨率，即夹角θ离散化时的单位角度。
- threshold：累加器的阈值，即参数空间中离散化后每个方格被通过的累计次数大于阈值时被识别为直线，否则不被识别为直线。
- minLineLength：直线的最小长度，当检测直线的长度小于该数值时将被剔除。
- maxLineGap：同一直线上相邻的两个点之间的最大距离。

该函数用于寻找图像中满足条件的直线或者线段两个端点的坐标。该函数第一个参数为输入图像，必须是 CV_8U 的单通道二值图像，如果需要检测彩色图像或者灰度图像中是否存在直线，可以通过 Canny()函数计算图像的边缘，并将边缘检测结果二值化后的图像作为输入图像赋值给该参数。该函数的第二个参数是图像中直线或者线段两个端点的坐标，是一个 $N\times4$ 的 vector<Vec4i>矩阵。Vec4i 中前两个元素分别是直线或者线段一个端点的 x 坐标和 y 坐标，后两个元素分别是直线或者线段另一个端点的 x 坐标和 y 坐标。该函数的第三个、第四个参数含义与 HoughLines()函数中的对应参数含义相同，这两个参数的大小直接影响到检测图像中直线的精度，数值越小，精度越高。该函数的第五个参数是累加器的阈值，表示参数空间中某个方格是否被认定为直线的判定标准，这个数值越大，对应在原图像中的直线越长，反之则越短。第六个参数是检测直线或者线段的长度，如果图像中直线的长度小于这个阈值，即使是直线也不会作为最终结果输出。该函数的最后一个参数是同一直线上邻近两个点连接的最大距离，这个参数主要能够控制倾斜直线的检测长度，当提取较长的倾斜直线时，该参数应该具有较大取值。

该函数的最大特点是能够直接给出图像中直线或者线段两个端点的像素坐标，因此可较精确地定位到图像中直线的位置。为了了解该函数的使用方式，在代码清单 7-4 中给出了利用 HoughLinesP()函数提取图像直线的示例程序，程序中使用的原图像与代码清单 7-2 中相同，程序的输出结果在图 7-8 给出。该程序的结果说明 HoughLinesP()函数确实可以实现图像中直线或者线段的定位任务，并且该函数最后一个参数较大时倾斜直线检测的完整度较高。

代码清单 7-4 myHoughLinesP.cpp 检测图像中的线段

```
#include <opencv2/opencv.hpp>
#include <iostream>

using namespace cv;
using namespace std;

int main()
{
    Mat img = imread("HoughLines.jpg", IMREAD_GRAYSCALE);
    if (img.empty())
    {
        cout << "请确认图像文件名称是否正确" << endl;
        return -1;
    }
    Mat edge;

    //检测边缘图像并二值化
    Canny(img, edge, 80, 180, 3, false);
    threshold(edge, edge, 170, 255, THRESH_BINARY);

    //利用渐进概率式霍夫变换提取直线
    vector<Vec4i> linesP1, linesP2;
    HoughLinesP(edge, linesP1, 1, CV_PI / 180, 150, 30, 10);  //两个点连接最大距离 10
    HoughLinesP(edge, linesP2, 1, CV_PI / 180, 150, 30, 30);  //两个点连接最大距离 30

    //绘制两个点连接最大距离 10 直线检测结果
    Mat img1;
    img.copyTo(img1);
    for (size_t i = 0; i < linesP1.size(); i++)
    {
         line(img1, Point(linesP1[i][0], linesP1[i][1]),
             Point(linesP1[i][2], linesP1[i][3]), Scalar(255), 3);
    }

    //绘制两个点连接最大距离 30 直线检测结果
    Mat img2;
    img.copyTo(img2);
    for (size_t i = 0; i < linesP2.size(); i++)
    {
         line(img2, Point(linesP2[i][0], linesP2[i][1]),
             Point(linesP2[i][2], linesP2[i][3]), Scalar(255), 3);
    }

```

```
    //显示图像
    imshow("img1", img1);
    imshow("img2", img2);
    waitKey(0);
    return 0;
}
```

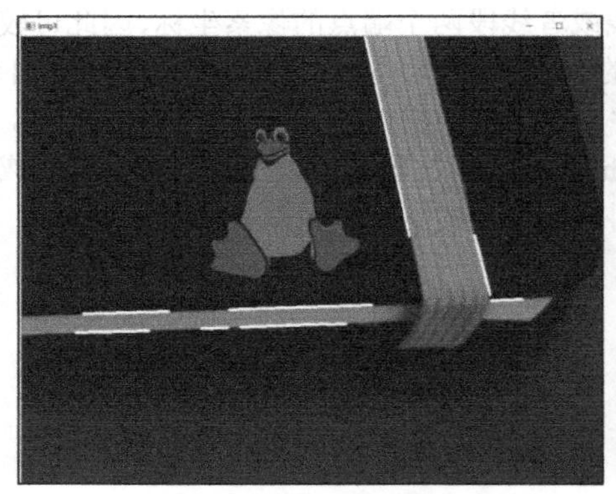

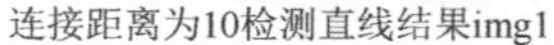

连接距离为10检测直线结果img1

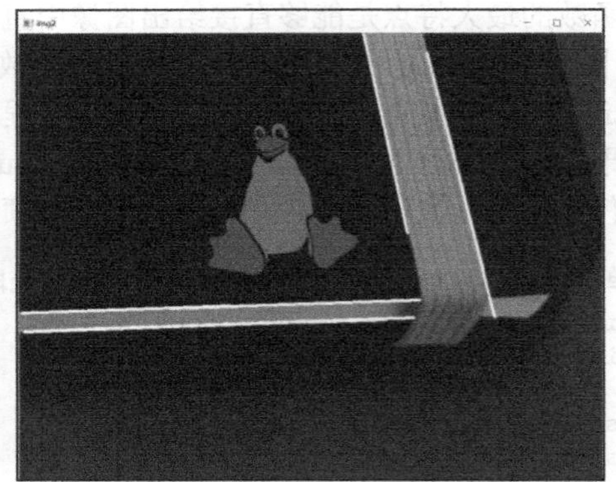

连接距离为30检测直线结果img2

图 7-8 myHoughLinesP.cpp 程序直线检测结果

前面两个函数都是检测图像中是否存在直线，但在实际工程或者任务需求中，可能得到的是图像中一些点的坐标而不是一幅完整的图像，因此，OpenCV 4 中提供了能够在含有坐标的众多点中寻找是否存在直线的 HoughLinesPointSet()函数，该函数的原型在代码清单 7-5 中给出。

代码清单 7-5 HoughLinesPointSet()函数原型

```
void cv::HoughLinesPointSet(InputArray  _point,
                            OutputArray  _lines,
                            int  lines_max,
                            int  threshold,
                            double  min_rho,
                            double  max_rho,
                            double  rho_step,
                            double  min_theta,
                            double  max_theta,
                            double  theta_step
                            )
```

- _point：输入点的集合，必须是平面内的二维坐标，数据类型必须是 CV_32FC2 或 CV_32SC2。
- _lines：在输入点集合中可能存在的直线，每一条直线都具有 3 个参数，分别是权重、直线距离坐标原点的距离 r 和坐标原点到直线的垂线与 x 轴的夹角 θ。
- lines_max：检测直线的最大数目。
- threshold：累加器的阈值，即参数空间中离散化后每个方格被通过的累计次数大于阈值时被识别为直线，否则不被识别为直线。
- min_rho：检测直线长度的最小距离，以像素为单位。
- max_rho：检测直线长度的最大距离，以像素为单位。
- rho_step：以像素为单位的距离分辨率，即距离 r 离散化时的单位长度。
- min_theta：检测直线的最小角度值，以弧度为单位。

- max_theta：检测直线的最大角度值，以弧度为单位。
- theta_step：以弧度为单位的角度分辨率，即夹角θ离散化时的单位角度。

该函数用于在含有坐标的二维点的集合中寻找直线，检测直线使用的方法是标准霍夫变换法。该函数的第一个参数是二维点集合中每个点的坐标，由于坐标必须是 CV_32F 或者 CV_32S 类型，因此可以将点集定义成 vector<Point2f>或者 vector<Point2i>类型。该函数的第二个参数是检测到的输入点集合中可能存在的直线，是一个 $1\times N$ 的矩阵，数据类型为 CV_64FC3，其中第一个数据表示该直线的权重，权重越大表示是直线的可靠性越高，第二个数据和第三个数据分别表示直线距离坐标原点的距离 r 和坐标原点到直线的垂线与 x 轴的夹角θ，矩阵中数据的顺序是按照权重由大到小依次存放的。该函数的第三个参数是检测直线的最大数目，如果数目过大，检测到的直线可能存在权重较小的情况。该函数的第四个参数是累加器的阈值，表示参数空间中某个方格是否被认定为直线的判定标准，这个数值越大，表示检测的直线需要通过的点的数目越多。该函数的第五个、第六个参数是检测直线长度的取值范围，单位为像素。该函数的第七个参数是霍夫变换算法中离散化时距离分辨率的大小，单位为像素。该函数的第八个、第九个参数是检测直线经过坐标原点的垂线与 x 轴夹角的范围，单位为弧度。该函数的第十个参数是霍夫变换算法中离散化时角度分辨率的大小，单位为弧度。

为了了解该函数的使用方法，在代码清单 7-6 中给出了利用该函数检测二维点集中直线的示例程序。在该程序中，首先生成二维点集，之后利用 HoughLinesPointSet()函数检测其中可能存在的直线，并将检测的直线权重和距离坐标原点的距离 r，以及坐标原点到直线的垂线与 x 轴的夹角θ输出，输出结果在图 7-9 中给出。

代码清单 7-6 myHoughLinesPointSet.cpp 在二维点集中检测直线

```
#include <opencv2/opencv.hpp>
#include <iostream>
#include <vector>

using namespace cv;
using namespace std;

int main()
{
    system("color F0");  //更改输出界面颜色
    Mat lines;  //存放检测直线结果的矩阵
    vector<Vec3d> line3d;  //换一种结果存放形式
    vector<Point2f> point;  //待检测是否存在直线的所有点
    const static float Points[20][2] = {
        { 0.0f,  369.0f },{ 10.0f,  364.0f },{ 20.0f,  358.0f },{ 30.0f,  352.0f },
        { 40.0f, 346.0f },{ 50.0f,  341.0f },{ 60.0f,  335.0f },{ 70.0f,  329.0f },
        { 80.0f, 323.0f },{ 90.0f,  318.0f },{ 100.0f, 312.0f },{ 110.0f, 306.0f },
        { 120.0f,300.0f },{ 130.0f, 295.0f },{ 140.0f, 289.0f },{ 150.0f, 284.0f },
        { 160.0f, 277.0f },{ 170.0f, 271.0f },{ 180.0f, 266.0f },{ 190.0f, 260.0f }
    };
    //将所有点存放在 vector 中，用于输入函数
    for (int i = 0; i < 20; i++)
    {
        point.push_back(Point2f(Points[i][0], Points[i][1]));
    }
    //参数设置
    double rhoMin = 0.0f;  //最小长度
    double rhoMax = 360.0f;  //最大长度
    double rhoStep = 1;  //离散化单位距离
```

```
    double thetaMin = 0.0f;  //最小角度
    double thetaMax = CV_PI / 2.0f;  //最大角度
    double thetaStep = CV_PI / 180.0f;  ////离散化单位角度
    HoughLinesPointSet(point, lines, 20, 1, rhoMin, rhoMax, rhoStep,
        thetaMin, thetaMax, thetaStep);
    lines.copyTo(line3d);

    //输出结果
    for (int i = 0; i < line3d.size(); i++)
    {
        cout << "votes:" << (int)line3d.at(i).val[0] << ", "
            << "rho:" << line3d.at(i).val[1] << ", "
            << "theta:" << line3d.at(i).val[2] << endl;
    }
    return 0;
}
```

```
C:\Windows\system32\c...
votes:19, rho:320, theta:1.0472
votes:7, rho:321, theta:1.06465
votes:4, rho:316, theta:1.01229
votes:4, rho:317, theta:1.02974
votes:3, rho:319, theta:0.959931
votes:3, rho:314, theta:0.994838
votes:3, rho:319, theta:1.0821
votes:3, rho:325, theta:1.0821
votes:2, rho:318, theta:0.942478
votes:2, rho:306, theta:0.959931
votes:2, rho:310, theta:0.959931
votes:2, rho:309, theta:0.977384
votes:2, rho:311, theta:0.977384
votes:2, rho:315, theta:0.977384
votes:2, rho:329, theta:1.09956
votes:2, rho:318, theta:1.11701
votes:2, rho:325, theta:1.11701
votes:2, rho:332, theta:1.11701
votes:2, rho:317, theta:1.13446
votes:2, rho:330, theta:1.13446
请按任意键继续. . .
```

图 7-9　myHoughLinesPointSet.cpp 程序运行结果

7.1.2　直线拟合

前面介绍的函数都是寻找图像或者点集中是否存在直线，而有时我们已知获取到的数据在一条直线上，需要将所有数据拟合出一条直线，但是，由于噪声的存在，这条直线可能不会通过大多数的数据点，因此需要保证所有的数据点距离直线的距离最小，如图 7-10 所示。与直线检测相比，直线拟合的最大特点是将所有数据只拟合出一条直线。

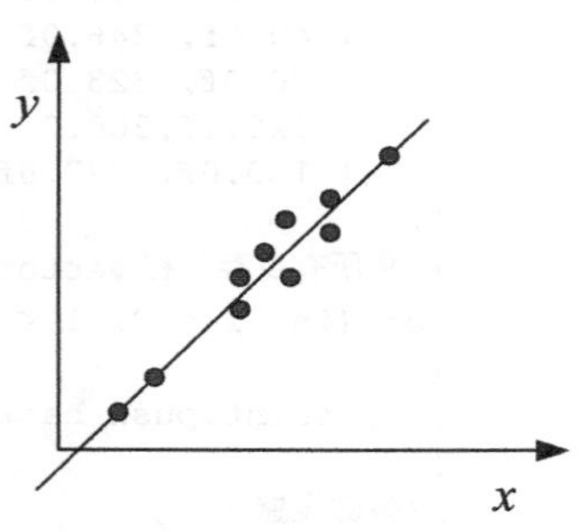

图 7-10　直线拟合示意图

OpenCV 4 中提供了利用最小二乘 M-estimator 方法拟合直线的 fitLine()函数，该函数的原型在代码清单 7-7 中给出。

代码清单 7-7　fitLine()函数原型

```
void cv::fitLine(InputArray  points,
                 OutputArray  line,
```

```
                    int   distType,
                    double  param,
                    double  reps,
                    double  aeps
                    )
```

- points：输入待拟合直线的二维或者三维点集。
- line：输出描述直线的参数，二维点集描述参数为 Vec4f 类型，三维点集描述参数为 Vec6f 类型。
- distType：M-estimator 算法使用的距离类型标志，可以选择的距离类型在表 7-1 中给出。
- param：某些距离类型的数值参数（C）。如果数值为 0，那么自动选择最佳值。
- reps：坐标原点与拟合直线之间的距离精度，数值 0 表示选择自适应参数，一般选择 0.01。
- aeps：拟合直线的角度精度，数值 0 表示选择自适应参数，一般选择 0.01。

该函数利用最小二乘法拟合出距离所有点最近的直线，直线的描述形式可以转化成点斜式。该函数的第一个参数是待拟合直线的二维或者三维点集，可以存放在 vector<>或者 Mat 类型的变量中赋值给参数。该函数的第二个参数是拟合直线的描述参数，如果是二维点集，那么输出量为 Vec4f 类型的$(vx \quad vy \quad x_0 \quad y_0)$，其中$(vx \quad vy)$是与直线共线的归一化向量，$(x_0 \quad y_0)$是拟合直线上的任意一点，根据这 4 个量可以计算得到二维平面直线的点斜式解析式，表示形式如式（7-6）所示。

$$y = \frac{vy}{vx}(x - x_0) + y_0 \tag{7-6}$$

如果输入参数是三维点集，那么输出量为 Vec6f 类型的$(vx \quad vy \quad vz \quad x_0 \quad y_0 \quad z_0)$，其中$(vx \quad vy \quad vz)$是与直线共线的归一化向量，$(x_0 \quad y_0 \quad z_0)$是拟合直线上的任意一点。该函数的第三个参数是 M-estimator 算法使用的距离类型标志。该函数的第四个参数是某些距离类型的数值参数 C，如果数值为 0，那么表示选择最佳值。该函数的第五个参数表示坐标原点与拟合直线之间的距离精度，数值 0 表示选择自适应参数。该函数的第六个参数表示拟合直线的角度精度，数值 0 表示选择自适应参数。第五个、第六个参数一般取值为 0.01。

表 7-1　　fitLine()函数中距离类型选择标志

标志参数	简记	距离计算公式
DIST_L1	1	$\rho(r) = r$
DIST_L2	2	$\rho(r) = \frac{r^2}{2}$
DIST_L12	4	$\rho(r) = 2\left(\sqrt{1 + \frac{r^2}{2}} - 1\right)$
DIST_FAIR	5	$\rho(r) = C^2\left(\frac{r}{C} - \log\left(1 + \frac{r}{C}\right)\right)$，其中 $C = 1.3998$
DIST_WELSCH	6	$\rho(r) = \frac{C^2}{2}\left(1 - \exp\left(-\frac{r^2}{C^2}\right)\right)$，其中 $C = 2.9846$
DIST_HUBER	7	$\rho(r) = \begin{cases} \frac{r^2}{2} & 当 r < C 时 \\ C\left(r - \frac{C}{2}\right) & 其他 \end{cases}$，其中 $C = 1.345$

为了了解该函数的使用方法，在代码清单 7-8 中给出了利用 fitLine()函数拟合直线的示例程序。在该程序中，给出了 $y=x$ 直线上的坐标点，为了模拟采集数据过程中产生的噪声，在部分坐标中添加了噪声。该程序拟合出的直线很好地逼近了真实的直线，程序运行的结果在图 7-11 中给出。

代码清单 7-8　myFitLine.cpp 直线拟合

```
#include <opencv2\opencv.hpp>
#include <iostream>
#include <vector>

using namespace cv;
using namespace std;

int main()
{
    system("color F0");  //更改输出界面颜色
    Vec4f lines;  //存放拟合后的直线
    vector<Point2f> point;  //待检测是否存在直线的所有点
    const static float Points[20][2] = {
        { 0.0f,   0.0f },{ 10.0f,  11.0f },{ 21.0f,  20.0f },{ 30.0f,  30.0f },
        { 40.0f,  42.0f },{ 50.0f,  50.0f },{ 60.0f,  60.0f },{ 70.0f,  70.0f },
        { 80.0f,  80.0f },{ 90.0f,  92.0f },{ 100.0f, 100.0f },{ 110.0f, 110.0f },
        { 120.0f, 120.0f },{ 136.0f, 130.0f },{ 138.0f, 140.0f },{ 150.0f, 150.0f },
        { 160.0f, 163.0f },{ 175.0f, 170.0f },{ 181.0f, 180.0f },{ 200.0f, 190.0f }
    };
    //将所有点存放在 vector 中，用于输入函数
    for (int i = 0; i < 20; i++)
    {
        point.push_back(Point2f(Points[i][0], Points[i][1]));
    }
    //参数设置
    double param = 0;  //距离类型中的数值参数 C
    double reps = 0.01;  //坐标原点与直线之间的距离精度
    double aeps = 0.01;  //角度精度
    fitLine(point, lines, DIST_L1, 0, 0.01, 0.01);
    double k = lines[1] / lines[0];  //直线斜率
    cout << "直线斜率: " << k << endl;
    cout << "直线上一点坐标 x: " << lines[2] << ", y::" << lines[3] << endl;
    cout << "直线解析式: y=" << k << "(x-" << lines[2] << ")+" << lines[3] << endl;
    return 0;
}
```

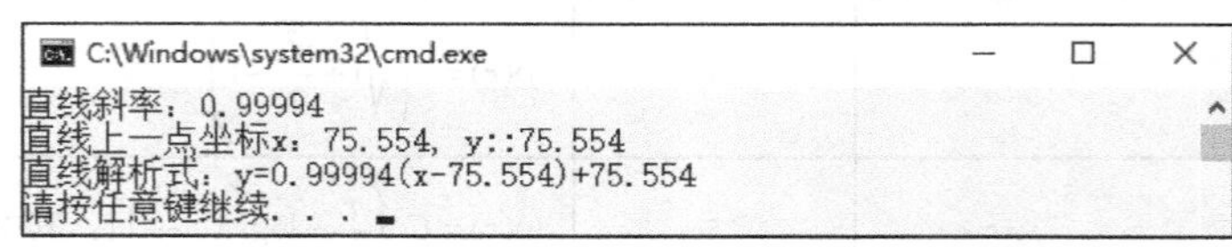

图 7-11　myFitLine.cpp 程序中直线拟合结果

7.1.3　圆形检测

霍夫变换同样可以检测图像中是否存在圆形，其检测方法与检测直线相似，都是将图像空间 $x-y$ 直角坐标系中的像素投影到参数空间中，之后寻找是否存在交点。在检测圆形的霍夫变换中，圆形的数学描述形式如式（7-7）所示。

$$x = a + R\cos(\theta)$$
$$y = b + R\sin(\theta) \quad (7\text{-}7)$$

假设图像上中心像素点(x_0, y_0)和圆的半径 R 已知，根据已知量和式（7-7）可以将图像空间 $x-y$ 直角坐标系中的像素投影到参数空间中，图 7-12 给出了这种霍夫变换的示意图。

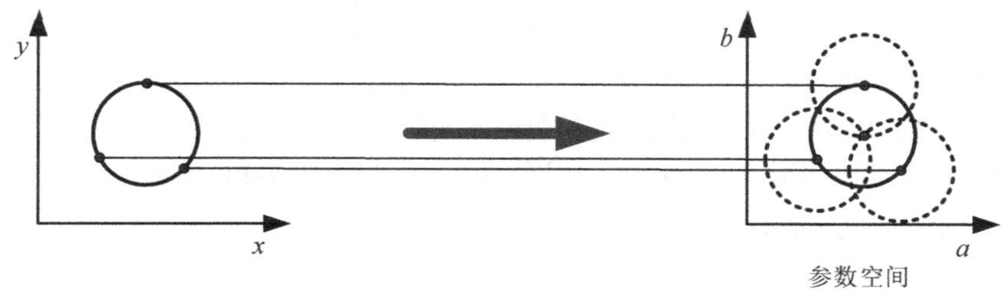

图 7-12 圆形霍夫变换示意图

OpenCV 4 中提供了利用霍夫变换检测图像中是否存在圆形的 HoughCircles()函数，该函数的原型在代码清单 7-9 中给出。

代码清单 7-9 HoughCircles()函数原型

```
void cv::HoughCircles(InputArray  image,
                      OutputArray  circles,
                      int  method,
                      double  dp,
                      double  minDist,
                      double  param1 = 100,
                      double  param2 = 100,
                      int  minRadius = 0,
                      int  maxRadius = 0
                      )
```

- image：待检测圆形的输入图像，数据类型必须是 CV_8UC1。
- circles：检测结果的输出量，每个圆形用 3 个参数描述，分别是圆心的坐标和圆的半径。
- method：检测圆形的方法标志，目前仅支持 HOUGH_GRADIENT 方法。
- dp：离散化时分辨率与图像分辨率的反比。
- minDist：检测结果中两个圆心之间的最小距离。
- param1：使用 HOUGH_GRADIENT 方法检测圆形时，传递给 Canny 边缘检测器的两个阈值的较大值。
- param2：使用 HOUGH_GRADIENT 方法检测圆形时，检测圆形的累加器阈值，阈值越大则检测的圆形越精确。
- minRadius：检测圆的最小半径。
- maxRadius：检测圆的最大半径。

该函数可以检测灰度图像中是否存在圆形，与前面介绍的霍夫变换相关函数不同，该函数会调用 Canny 边缘检测器进行边缘检测，因此在检测圆形时不需要对灰度图像进行二值化，直接输入灰度图像即可。该函数的第一个参数是输入图像，图像的数据类型必须是 CV_8UC1。该函数的第二个参数是圆形的检测结果，存放在 vector<Vec3f>类型的变量中，每个圆形的检测结果变量类型是 Vec3f，其中前两个参数是圆形的中心坐标，第三个参数是圆形的半径。该函数的第三个参数是检测圆形的方法标志，目前仅支持 HOUGH_GRADIENT 方法。该函数的第四个参数是离散化时分辨率与图像分辨率的反比。例如，如果 dp = 1，那么图像离散化后具有与输入图像相同的分辨率；

如果 dp = 2，那么图像离散化后宽度和高度都是原图像的一半。该函数的第五个参数是检测结果中两个圆心之间的最小距离，如果参数太小，除了真实的圆形之外，可能错误地检测到多个相邻的圆圈；如果参数太大，可能会遗漏一些圆形。该函数的第六个参数是 Canny 检测边缘时两个阈值的较大值，较小阈值默认为较大值的一半。该函数的第七个参数是累加器阈值，阈值越大，检测的圆形越精确。该函数的最后两个参数是检测圆形半径的取值范围，半径的最小值需要大于或等于 0，默认值为 0；半径的最大值可以任意取值，当取值小于或等于 0 时，圆形半径的最大值为图像尺寸的最大值，并且检测结果只输出圆形的中心，不输出圆形的半径。

为了了解该函数的使用方法以及圆形的检测结果，在代码清单 7-10 中给出了利用 HoughCircles() 函数检测图像中是否存在圆形的示例程序，程序的输出结果在图 7-13 中给出。

代码清单 7-10　myHoughCircles.cpp 圆形检测

```
#include <opencv2\opencv.hpp>
#include <iostream>
#include <vector>

using namespace cv;
using namespace std;

int main()
{
   Mat img = imread("coins.png");
   if (img.empty())
     {
        cout << "请确认图像文件名称是否正确" << endl;
        return -1;
     }
     imshow("原图", img);
     Mat gray;
     cvtColor(img, gray, COLOR_BGR2GRAY);
     GaussianBlur(gray, gray, Size(9, 9), 2, 2);  //平滑滤波

     //检测圆形
     vector<Vec3f> circles;
     double dp = 2; //
     double minDist = 10;  //两个圆心之间的最小距离
     double param1 = 100;  //Canny 边缘检测的较大阈值
     double param2 = 100;  //累加器阈值
     int min_radius = 20;  //圆形半径的最小值
     int max_radius = 100; //圆形半径的最大值
     HoughCircles(gray, circles, HOUGH_GRADIENT, dp, minDist, param1, param2,
          min_radius, max_radius);

     //图像中标记出圆形
     for (size_t i = 0; i < circles.size(); i++)
     {
        //读取圆心
        Point center(cvRound(circles[i][0]), cvRound(circles[i][1]));
        //读取半径
        int radius = cvRound(circles[i][2]);
        //绘制圆心
        circle(img, center, 3, Scalar(0, 255, 0), -1, 8, 0);
        //绘制圆
        circle(img, center, radius, Scalar(0, 0, 255), 3, 8, 0);
     }
```

```

        //显示结果
        imshow("圆检测结果", img);
        waitKey(0);
        return 0;
}
```

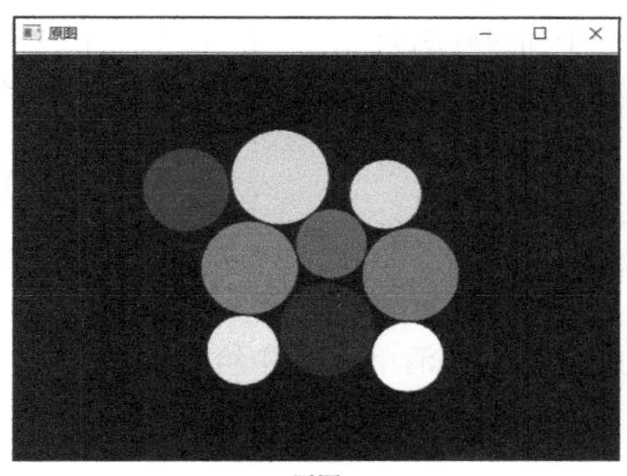

原图

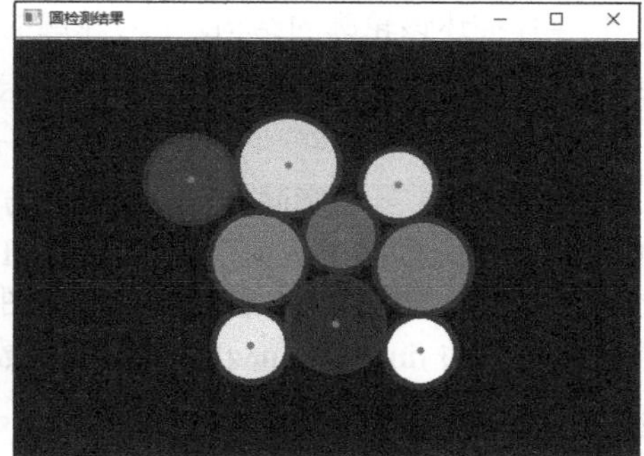

圆形检测结果

图 7-13　myHoughCircles.cpp 程序中圆形检测结果

7.2 轮廓检测

图像轮廓是指图像中对象的边界，是图像目标的外部特征，这个特征对于图像分析、目标识别和理解更深层次的含义具有重要的作用。本节中将介绍如何提取图像中的轮廓信息，求取轮廓面积和长度，以及轮廓形状拟合等。

7.2.1　轮廓发现与绘制

图像的轮廓不但能够提供物体的边缘，而且能够提供物体边缘之间的层次关系及拓扑关系。我们可以将图像轮廓发现简单理解为带有结构关系的边缘检测，这种结构关系可以表明图像中连通域或者某些区域之间的关系。图 7-14 为一个具有 4 个不连通边缘的二值化图像，由外到内依次为 0 号、1 号、2 号、3 号轮廓。为了描述不同轮廓之间的结构关系，定义由外到内的轮廓级别越来越低，也就是高一层级的轮廓包围着较低层级的轮廓，被同一个轮廓包围的多个不互相包含的轮廓是同一层级轮廓。例如，在图 7-14 中，0 号轮廓层级比 1 号和 2 号轮廓的层级都要高，2 号轮廓包围着 3 号轮廓，因此 2 号轮廓的层级要高于 3 号轮廓。

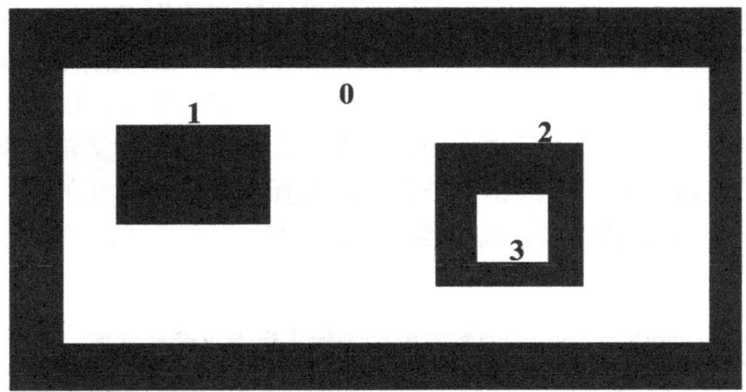

图 7-14　图像轮廓序号

为了更好地表明各个轮廓之间的层级关系，常用 4 个参数来描述不同层级之间的结构关系，这 4 个参数分别是同层下一个轮廓索引、同层上一个轮廓索引、下一层第一个子轮廓索引和上层父轮廓索引。根据这种描述方式，图 7-14 中 0 号轮廓没有同级轮廓和父轮廓，需要用−1 表示，其第一个子轮廓为 1 号轮廓，因此可以用 $\begin{bmatrix}-1 & -1 & 1 & -1\end{bmatrix}$ 描述该轮廓的结构。1 号轮廓的下一个同级轮廓为 2 号轮廓，但是没有上一个同级轮廓，用−1 表示，父轮廓为 0 号轮廓，第一个子轮廓为 3 号轮廓，因此可以用 $\begin{bmatrix}2 & -1 & 3 & 0\end{bmatrix}$ 描述该轮廓结构。2 号轮廓和 3 号轮廓同样可以用这种方式构建结构关系。图 7-14 中不同轮廓之间的层级关系可以用图 7-15 表示。

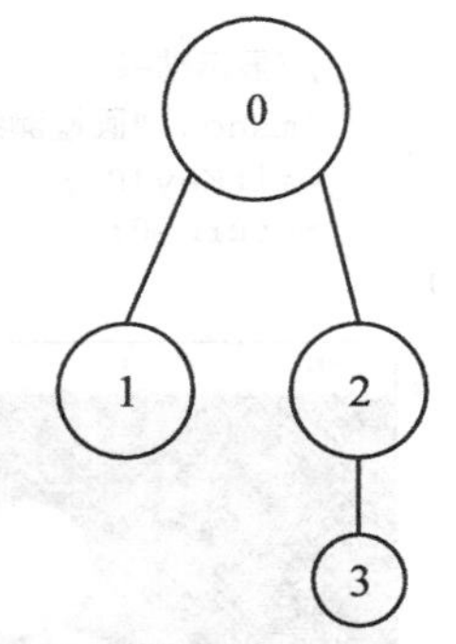

图 7-15　图 7-14 中不同轮廓之间的结构关系

OpenCV 4 提供了可以在二值图像中检测图像所有轮廓并生成不同轮廓结构关系的 findContours()函数，该函数的原型在代码清单 7-11 中给出。

代码清单 7-11　findContours()函数原型 1

```
void cv::findContours(InputArray  image,
                      OutputArrayOfArrays  contours,
                      OutputArray  hierarchy,
                      int  mode,
                      int  method,
                      Point  offset = Point()
                      )
```

- image：输入图像，数据类型为 CV_8U 的单通道灰度图像或者二值化图像。
- contours：检测到的轮廓，每个轮廓中存放着像素的坐标。
- hierarchy：轮廓结构关系描述向量。
- mode：轮廓检测模式标志，可以选择的参数在表 7-2 中给出。
- method：轮廓逼近方法标志，可以选择的参数在表 7-3 中给出。
- offset：每个轮廓点移动的可选偏移量。这个参数主要用在从 ROI 图像中找出轮廓并基于整个图像分析轮廓的场景中。

该函数主要用于检测图像中的轮廓信息，并输出各个轮廓之间的结构信息。该函数的第一个参数是待检测轮廓的输入图像，从理论上讲，检测图像轮廓需要是二值化图像，但是该函数会将非零像素视为 1，0 像素保持不变，因此该参数能够接受非二值化的灰度图像。由于该函数默认二值化操作不能保持图像主要的内容，因此常需要对图像进行预处理，利用 threshold()函数或者 adaptiveThreshold()函数根据需求进行二值化。该函数的第二个参数用于存放检测到的轮廓，数据类型为 vector<vector <Point>>，每个轮廓中存放着属于该轮廓的像素坐标。该函数的第三个参数用于存放各个轮廓之间的结构信息，数据类型为 vector<Vec4i>，数据的尺寸与检测到的轮廓数目相同，每个轮廓结构信息中第一个数据表示同层下一个轮廓索引，第二个数据表示同层上一个轮廓索引，第三个数据表示下一层第一个子轮廓索引，第四个数据表示上层父轮廓索引。该函数的第四个参数是轮廓检测模式的标志。该函数的第五个参数是选择轮廓逼近方法的标志。该函数的最后一个参数是每个轮廓点移动的可选偏移量，其主要用在从 ROI 图像中找出轮廓并基于整个图像分析轮廓的场景中。

表 7-2　findContours()函数轮廓检测模式标志可选择参数

标志参数	简记	含义
RETR_EXTERNAL	0	只检测最外层轮廓，对所有轮廓设置 hierarchy[*i*][2]= −1

续表

标志参数	简记	含义
RETR_LIST	1	提取所有轮廓，并且放置在 list 中。检测的轮廓不建立等级关系
RETR_CCOMP	2	提取所有轮廓，并且将其组织为双层结构。顶层为连通域的外围边界，次层为孔的内层边界
RETR_TREE	3	提取所有轮廓，并重新建立网状的轮廓结构

表 7-3　findContours()函数轮廓逼近方法标志可选择参数

标志参数	简记	含义
CHAIN_APPROX_NONE	1	获取每个轮廓的每个像素，相邻两个点的像素位置相差 1，即 $\max(\mathrm{abs}(x_1-x_2),\mathrm{abs}(y_2-y_1))==1$
CHAIN_APPROX_SIMPLE	2	压缩水平方向、垂直方向和对角线方向的元素，只保留该方向的终点坐标，例如一个矩形轮廓只需要 4 个点来保持轮廓信息
CHAIN_APPROX_TC89_L1	3	使用 The-Chinl 链逼近算法中的一个
CHAIN_APPROX_TC89_KCOS	4	使用 The-Chinl 链逼近算法中的一个

有时，我们只需要检测图像的轮廓，并不关心轮廓之间的结构关系信息，此时轮廓之间的结构关系变量会造成内存资源的浪费，因此 OpenCV 4 提供了 findContours()函数的另一种原型，可以不输出轮廓之间的结构关系信息，该种原型在代码清单 7-12 中给出。

代码清单 7-12　findContours()函数原型 2

```
void cv::findContours(InputArray  image,
                      OutputArrayOfArrays  contours,
                      int  mode,
                      int  method,
                      Point  offset = Point()
                      )
```

- image：输入图像，数据类型为 CV_8U 的单通道灰度图像或者二值化图像。
- contours：检测到的轮廓，每个轮廓中存放着像素的坐标。
- mode：轮廓检测模式标志，可以选择的参数在表 7-2 中给出。
- method：轮廓逼近方法标志，可以选择的参数在表 7-3 中给出。
- offset：每个轮廓点移动的可选偏移量。这个参数主要用在从 ROI 图像中找出轮廓并基于整个图像分析轮廓的场景中。

在提取图像轮廓后，为了能够直观地查看轮廓检测的结果，OpenCV 4 提供了显示轮廓的 drawContours()函数，该函数的原型在代码清单 7-13 中给出。

代码清单 7-13　drawContours()函数原型

```
void cv::drawContours(InputOutputArray  image,
                      InputArrayOfArrays  contours,
                      int  contourIdx,
                      const Scalar & color,
                      int  thickness = 1,
                      int  lineType = LINE_8,
                      InputArray  hierarchy = noArray(),
                      int  maxLevel = INT_MAX,
                      Point  offset = Point()
                      )
```

- image：绘制轮廓的目标图像。
- contours：所有将要绘制的轮廓。
- contourIdx：要绘制轮廓的数目，如果是负数，那么绘制所有的轮廓。
- color：绘制轮廓的颜色。
- thickness：绘制轮廓的线条粗细。如果参数为负数，那么绘制轮廓的内部。默认参数值为 1。
- lineType：边界线的连接类型，可以选择的参数在表 7-4 中给出，默认参数值为 LINE_8。
- hierarchy：可选的结构关系信息，默认值为 noArray()。
- maxLevel：表示绘制轮廓的最大等级，默认值为 INT_MAX。
- offset：可选的轮廓偏移参数，按指定的移动距离绘制所有的轮廓。

该函数用于绘制 findContours()函数检测到的图像轮廓。该函数的第一个参数为绘制轮廓的图像，根据需求，该参数可以是单通道的灰度图像或者三通道的彩色图像。该函数的第二个参数是所有将要绘制的轮廓，数据类型为 vector<vector<Point>>。该函数的第三个参数是要绘制的轮廓数目，该参数的数值与第二个参数相对应，应小于所有轮廓的数目，如果该参数值为负数，那么绘制所有的轮廓。该函数的第四个参数是绘制轮廓的颜色，对于单通道的灰度图像，使用 Scalar(*x*)赋值，对于三通道的彩色图像，使用 Scalar(*x*,*y*,*z*)赋值。该函数的第六个参数是边界线的连接类型，默认参数值为 LINE_8。该函数的第七个参数是可选的结构关系信息，默认值为 noArray()。该函数的第八个参数表示绘制轮廓的最大等级，如果参数值为 0，那么仅绘制指定的轮廓；如果为 1，那么绘制轮廓和所有嵌套轮廓；如果为 2，那么绘制轮廓，以及所有嵌套轮廓和所有嵌套到嵌套轮廓的轮廓，依此类推，默认值为 INT_MAX。该函数的最后一个参数是可选的轮廓偏移参数，按指定的移动距离绘制所有的轮廓。

表 7-4　drawContours()函数中边界线的连接类型

类型	简记	含义
LINE_4	1	4 连通线型
LINE_8	3	8 连通线型
LINE_AA	4	抗锯齿线型

为了了解图像轮廓检测和绘制相关函数的使用，在代码清单 7-14 中给出了检测图像中的轮廓和绘制轮廓的示例程序。在该程序中，不但绘制了物体的轮廓，而且输出了图像所有轮廓的结构关系信息。该程序绘制的轮廓信息在图 7-16 中给出，所有轮廓结构关系信息在图 7-17 中给出，同时，根据结果绘制了直观的结构关系。

代码清单 7-14　myContours.cpp 轮廓检测与绘制

```
#include <opencv2\opencv.hpp>
#include <iostream>
#include <vector>

using namespace cv;
using namespace std;

int main()
{
    system("color F0");  //更改输出界面颜色
    Mat img = imread("keys.jpg");
    if (img.empty())
    {
        cout << "请确认图像文件名称是否正确" << endl;
```

```
            return -1;
        }
        imshow("原图", img);
        Mat gray, binary;
        cvtColor(img, gray, COLOR_BGR2GRAY);  //转化成灰度图
        GaussianBlur(gray, gray, Size(13, 13), 4, 4);  //平滑滤波
        threshold(gray, binary, 170, 255, THRESH_BINARY | THRESH_OTSU);  //自适应二值化

        // 轮廓发现与绘制
        vector<vector<Point>> contours;  //轮廓
        vector<Vec4i> hierarchy;  //存放轮廓结构变量
        findContours(binary, contours, hierarchy,RETR_TREE,CHAIN_APPROX_SIMPLE, Point());
        //绘制轮廓
        for (int t = 0; t < contours.size(); t++)
        {
            drawContours(img, contours, t, Scalar(0, 0, 255), 2, 8);
        }
        //输出轮廓结构描述
        for (int i = 0; i < hierarchy.size(); i++)
        {
            cout << hierarchy[i] << endl;
        }

        //显示结果
        imshow("轮廓检测结果", img);
        waitKey(0);
        return 0;
}
```

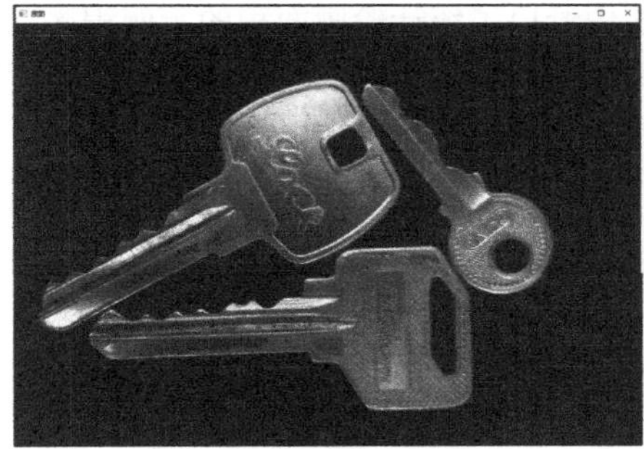

原图

轮廓检测结果

图 7-16 myContours.cpp 程序轮廓检测结果

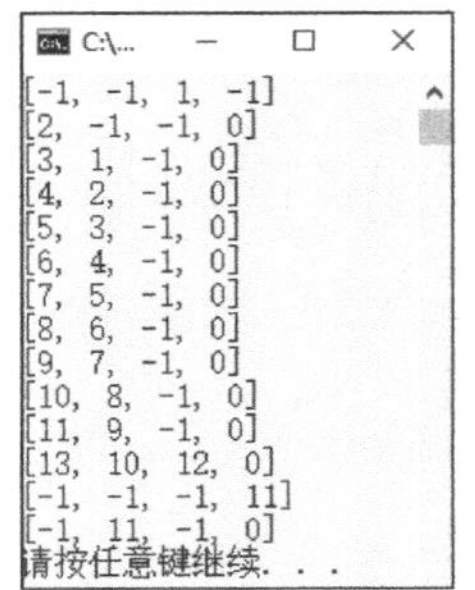

C:\...
[-1, -1, 1, -1]
[2, -1, -1, 0]
[3, 1, -1, 0]
[4, 2, -1, 0]
[5, 3, -1, 0]
[6, 4, -1, 0]
[7, 5, -1, 0]
[8, 6, -1, 0]
[9, 7, -1, 0]
[10, 8, -1, 0]
[11, 9, -1, 0]
[13, 10, 12, 0]
[-1, -1, -1, 11]
[-1, 11, -1, 0]
请按任意键继续. . .

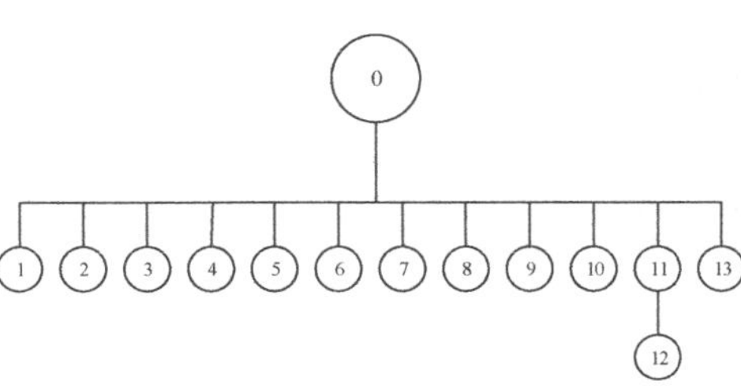

图 7-17 myContours.cpp 程序检测轮廓层次结构

7.2.2 轮廓面积

轮廓面积是轮廓的重要统计特性之一，通过轮廓面积的大小可以进一步分析每个轮廓隐含的信息，例如通过轮廓面积区分物体大小、识别不同的物体等。轮廓面积是指每个轮廓中所有的像素点围成区域的面积，单位为像素。OpenCV 4 提供了检测轮廓面积的 contourArea()函数，该函数的原型在代码清单 7-15 中给出。

代码清单 7-15 contourArea()函数原型

```
double cv::contourArea(InputArray  contour,
                       bool  oriented = false
                       )
```

- contour：轮廓的像素点。
- oriented：区域面积是否具有方向的标志，true 表示面积具有方向性，false 表示面积不具有方向性，默认值为面积不具有方向性的 false。

该函数用于统计轮廓像素点围成区域的面积，返回值是统计轮廓面积的结果，数据类型为 double。该函数的第一个参数表示轮廓的像素点，数据类型为 vector<Point>或者 Mat。相邻的两个像素点之间逐一相连构成的多边形区域即为轮廓面积的统计区域。连续的 3 个像素点之间的连线有可能在同一条直线上，因此，为了减少输入轮廓像素点的数目，可以只输入轮廓的顶点像素点，例如一个三角形的轮廓，轮廓中可能具有每一条边上的所有像素点，但是，在统计面积时，可以只输入三角形的 3 个顶点。该函数的第二个参数是区域面积是否具有方向的标志，当参数取值为 true 时，表示统计的面积具有方向性，轮廓顶点顺时针给出和逆时针给出时统计的面积互为相反数；当参数取值为 false 时，表示统计的面积不具有方向性，输出轮廓面积的绝对值。

为了了解该函数的使用方法，在代码清单 7-16 中给出了统计轮廓面积的示例程序。在该程序中，给出一个直角三角形轮廓的 3 个顶点，以及斜边的中点，统计出的轮廓面积与三角形的面积相等，同时统计图 7-16 中每个轮廓的面积，程序的运行结果在图 7-18 中给出。

代码清单 7-16 myContourArea.cpp 计算轮廓面积

```
#include <opencv2\opencv.hpp>
#include <iostream>
#include <vector>

using namespace cv;
using namespace std;

int main()
{
    system("color F0");  //更改输出界面颜色
    //用 4 个点表示三角形轮廓
    vector<Point> contour;
    contour.push_back(Point2f(0, 0));
    contour.push_back(Point2f(10, 0));
    contour.push_back(Point2f(10, 10));
    contour.push_back(Point2f(5, 5));
    double area = contourArea(contour);
    cout << "area =" << area << endl;

    Mat img = imread("coins.jpg");
    if (img.empty())
    {
        cout << "请确认图像文件名称是否正确" << endl;
```

```
            return -1;
        }
        imshow("原图", img);
        Mat gray, binary;
        cvtColor(img, gray, COLOR_BGR2GRAY);  //转化成灰度图
        GaussianBlur(gray, gray, Size(9, 9), 2, 2);  //平滑滤波
        threshold(gray, binary, 170, 255, THRESH_BINARY | THRESH_OTSU);  //自适应二值化

        //轮廓检测
        vector<vector<Point>> contours;  //轮廓
        vector<Vec4i> hierarchy;  //存放轮廓结构变量
        findContours(binary, contours, hierarchy,RETR_TREE,CHAIN_APPROX_SIMPLE, Point());

        //输出轮廓面积
        for (int t = 0; t < contours.size(); t++)
        {
            double area1 = contourArea(contours[t]);
            cout << "第" << t << "轮廓面积=" << area1 << endl;
        }
        return 0;
}
```

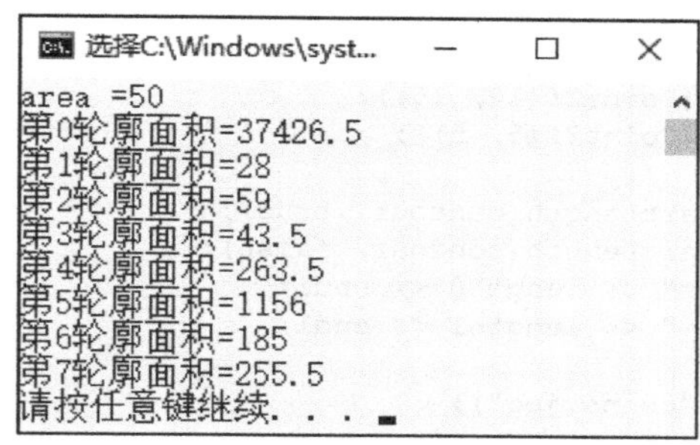

图 7-18　myContourArea.cpp 程序输出结果

7.2.3　轮廓长度（周长）

轮廓的周长也是轮廓的重要统计特性之一。虽然轮廓的周长无法直接反映轮廓区域的大小和形状，但是可以与轮廓面积结合得到关于轮廓区域的更多信息，例如，当某个区域的面积与周长的平方数的比值为 1∶16 时，该区域为正方形。OpenCV 4 提供了用于检测轮廓周长或者曲线长度的 arcLength()函数，该函数的原型在代码清单 7-17 中给出。

代码清单 7-17　arcLength()函数原型

```
double cv::arcLength(InputArray  curve,
                     bool  closed
                     )
```

- curve：轮廓或者曲线的二维像素点。
- closed：轮廓或者曲线是否闭合的标志，true 表示闭合。

该函数能够统计轮廓周长或者曲线的长度，返回值为统计长度，单位为像素，数据类型为 double。该函数的第一个参数是轮廓或者曲线的二维像素点，数据类型为 vector<Point>或者 Mat。该函数的第二个参数是轮廓或者曲线是否闭合的标志，true 表示闭合。

该函数统计的长度是轮廓或者曲线相邻两个像素点之间连线的距离。例如，在计算三角形 3 个顶点 *A*、*B* 和 *C* 构成的轮廓长度时，若该函数的第二个参数为 true，那么统计的长度是三角形 3

条边 *AB*、*BC* 和 *CA* 的长度之和；若该参数为 false，那么统计的长度是由 *A* 到 *C* 这 3 个点之间依次连线的距离长度之和，即 *AB* 和 *BC* 的长度之和。

为了了解该函数的使用方法，在代码清单 7-18 中给出了统计轮廓长度的示例程序。在该程序中，给出一个直角三角形轮廓的 3 个顶点，以及斜边的中点，分别利用 arcLength()函数统计轮廓闭合情况下的长度和非闭合情况下的长度，同时统计图 7-16 中每个轮廓的长度，运行结果在图 7-19 中给出。

代码清单 7-18　myArcLength.cpp 计算轮廓长度

```
#include <opencv2\opencv.hpp>
#include <iostream>
#include <vector>

using namespace cv;
using namespace std;

int main()
{
    system("color F0");  //更改输出界面颜色
    //用 4 个点表示三角形轮廓
    vector<Point> contour;
    contour.push_back(Point2f(0, 0));
    contour.push_back(Point2f(10, 0));
    contour.push_back(Point2f(10, 10));
    contour.push_back(Point2f(5, 5));

    double length0 = arcLength(contour, true);
    double length1 = arcLength(contour, false);
    cout << "length0 =" << length0 << endl;
    cout << "length1 =" << length1 << endl;

    Mat img = imread("coins.jpg");
    if (img.empty())
    {
        cout << "请确认图像文件名称是否正确" << endl;
        return -1;
    }
    imshow("原图", img);
    Mat gray, binary;
    cvtColor(img, gray, COLOR_BGR2GRAY);  //转化成灰度图
    GaussianBlur(gray, gray, Size(9, 9), 2, 2);  //平滑滤波
    threshold(gray, binary, 170, 255, THRESH_BINARY | THRESH_OTSU);  //自适应二值化

    // 轮廓检测
    vector<vector<Point>> contours;  //轮廓
    vector<Vec4i> hierarchy;  //存放轮廓结构变量
    findContours(binary, contours, hierarchy,RETR_TREE,CHAIN_APPROX_SIMPLE, Point());

    //输出轮廓长度
    for (int t = 0; t < contours.size(); t++)
    {
        double length2 = arcLength(contour[t], true);
        cout << "第" << t << "个轮廓长度=" << length2 << endl;
    }
    return 0;
}
```

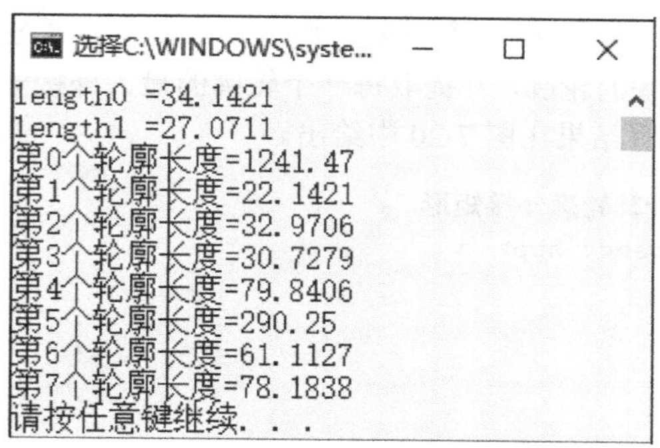

图 7-19 myArcLength.cpp 程序输出结果

7.2.4 轮廓外接多边形

由于噪声和光照的影响，物体的轮廓会出现不规则的形状，不规则的轮廓形状不利于对图像内容进行分析，此时需要将物体的轮廓拟合成规则的几何形状，根据需求可以将图像轮廓拟合成矩形、多边形等。本小节将介绍 OpenCV 4 中提供的轮廓外接多边形函数，实现图像中轮廓的形状拟合。

矩形是常见的几何形状，矩形的处理和分析方法也较为简单，OpenCV 4 提供了两个函数用于求取轮廓外接矩形，分别是求取轮廓最大外接矩形的 boundingRect()函数和求取轮廓最小外接矩形的 minAreaRect()函数。

寻找轮廓外接最大矩形就是寻找轮廓 X 方向和 Y 方向两端的像素，该矩形的长和宽分别与图像的两条轴平行。boundingRect()函数可以实现这个功能，该函数的原型在代码清单 7-19 中给出。

代码清单 7-19 boundingRect()函数原型

```
Rect cv::boundingRect(InputArray  array)
```

array 表示输入的灰度图像或者二维点集，数据类型为 vector<Point>或者 Mat。

该函数可以求取包含输入图像中物体轮廓或者二维点集的最大外接矩形，只有一个参数，可以是灰度图像或者二维点集，灰度图像的参数类型为 Mat，二维点集的参数类型为 vector<Point>或者 Mat。该函数的返回值是一个 Rect 类型的变量，该变量可以直接用 rectangle()函数绘制矩形。返回值共有 4 个参数，前两个参数是最大外接矩形左上角第一个像素的坐标，后两个参数分别表示最大外接矩形的宽和高。

最小外接矩形的 4 条边都与轮廓相交，该矩形的旋转角度与轮廓的形状有关，多数情况下矩形的 4 条边不与图像的两条轴平行。minAreaRect()函数可以求取轮廓的最小外接矩形，该函数的原型在代码清单 7-20 中给出。

代码清单 7-20 minAreaRect()函数原型

```
RotatedRect cv::minAreaRect(InputArray  points)
```

points 表示输入的二维点集合。

该函数可以根据输入的二维点集合计算最小外接矩形，返回值是 RotatedRect 类型的变量，含有矩形的中心位置，矩形的宽和高，以及矩形旋转的角度。RotatedRect 类具有两个重要的方法和属性，可以输出矩形的 4 个顶点和中心坐标。输出 4 个顶点坐标的方法是 points()。假设 RotatedRect 类的变量为 rrect，可以通过 rrect.points(points)命令进行读取，其中坐标存放的变量是 Point2f 类型的数组。输出矩形中心坐标的属性是 center，假设 RotatedRect 类的变量为 rrect，可以通过 opt=rrect.center 命令进行读取，其中坐标存放的变量是 Point2f 类型。

为了了解上述两个外接矩形函数的使用方法，代码清单 7-21 中给出了提取轮廓外接矩形的示例程序。在该程序中，首先利用 Canny 算法提取图像边缘，之后通过膨胀算法将邻近的边缘连接成一个连通域，然后提取图像的轮廓，并提取每一个轮廓的最大外接矩形和最小外接矩形，最后在图像中绘制出矩形轮廓，运行结果在图 7-20 中给出。

代码清单 7-21　myRect.cpp 计算轮廓外接矩形

```
#include <opencv2/opencv.hpp>
#include <iostream>
#include <vector>

using namespace cv;
using namespace std;

int main()
{
    Mat img = imread("stuff.jpg");
    if (img.empty())
    {
        cout << "请确认图像文件名称是否正确" << endl;
        return -1;
    }
    Mat img1, img2;
    img.copyTo(img1);  //深拷贝用来绘制最大外接矩形
    img.copyTo(img2);  //深拷贝用来绘制最小外接矩形
    imshow("img", img);

    // 去噪声与二值化
    Mat canny;
    Canny(img, canny, 80, 160, 3, false);
    imshow("", canny);

    //膨胀运算，将细小缝隙填补
    Mat kernel = getStructuringElement(0, Size(3, 3));
    dilate(canny, canny, kernel);

    // 轮廓发现与绘制
    vector<vector<Point>> contours;
    vector<Vec4i> hierarchy;
    findContours(canny, contours, hierarchy, 0, 2, Point());

    //寻找轮廓的外接矩形
    for (int n = 0; n < contours.size(); n++)
    {
        // 最大外接矩形
        Rect rect = boundingRect(contours[n]);
        rectangle(img1, rect, Scalar(0, 0, 255), 2, 8, 0);

        // 最小外接矩形
        RotatedRect rrect = minAreaRect(contours[n]);
        Point2f points[4];
        rrect.points(points);  //读取最小外接矩形的 4 个顶点
        Point2f cpt = rrect.center;  //最小外接矩形的中心

        // 绘制旋转矩形与中心位置
        for (int i = 0; i < 4; i++)
        {
            if (i == 3)
            {
```

```
                line(img2, points[i], points[0], Scalar(0, 255, 0), 2, 8, 0);
                break;
            }
            line(img2, points[i], points[i + 1], Scalar(0, 255, 0), 2, 8, 0);
        }
        //绘制矩形的中心
        circle(img, cpt, 2, Scalar(255, 0, 0), 2, 8, 0);
    }
    //输出绘制的外接矩形的结果
    imshow("max", img1);
    imshow("min", img2);
    waitKey(0);
    return 0;
}
```

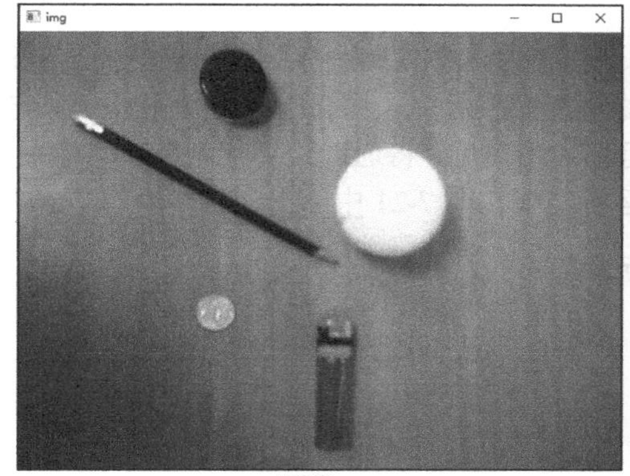

原图img

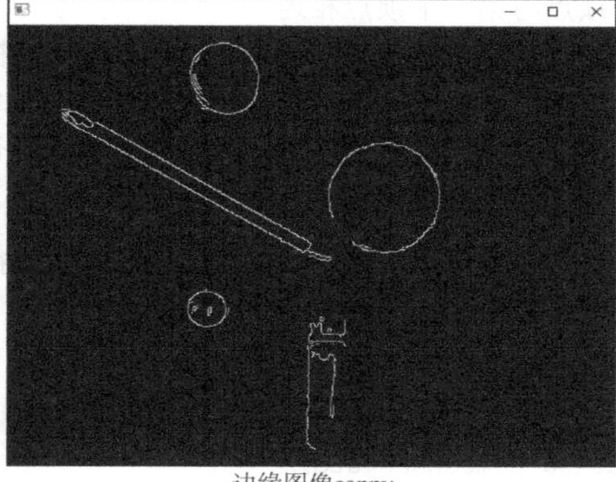

边缘图像canny

最大外接矩形结果img1

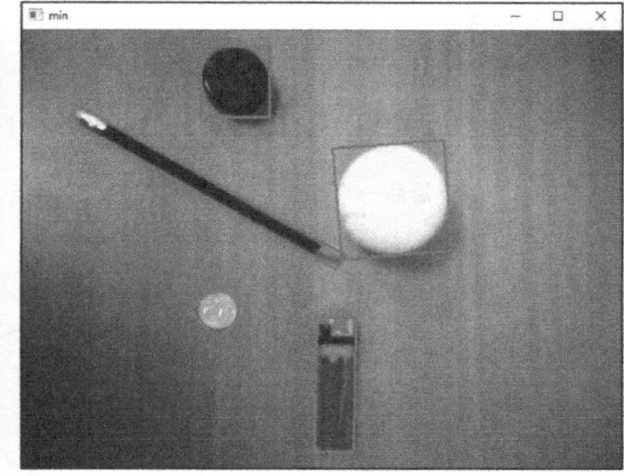

最小外接矩形结果img2

图 7-20　myRect.cpp 程序运行结果

有时候用矩形逼近轮廓会造成较大的误差，例如图 7-20 中对于圆形轮廓的逼近矩形围成的面积比真实轮廓面积大，如果寻找逼近轮廓的多边形，那么多边形围成的面积会更加接近真实的圆形轮廓面积。OpenCV 4 提供了 approxPolyDP()函数用于寻找逼近轮廓的多边形，该函数的原型在代码清单 7-22 中给出。

代码清单 7-22　approxPolyDP()函数原型

```
void cv::approxPolyDP(InputArray  curve,
                      OutputArray  approxCurve,
                      double  epsilon,
                      bool  closed
                      )
```

- curve：输入轮廓像素点。
- approxCurve：多边形逼近结果，以多边形顶点坐标的形式给出。
- epsilon：逼近的精度，即原始曲线和逼近曲线之间的最大距离。
- closed：逼近曲线是否为封闭曲线的标志，true 表示曲线封闭，即最后一个顶点与第一个顶点相连。

该函数根据输入的轮廓得到最佳的逼近多边形。该函数的第一个参数是输入的轮廓二维像素点，数据类型是 vector<Point>或者 Mat。该函数的第二个参数是多边形的逼近结果，以多边形顶点坐标的形式输出，是 CV_32SC2 类型的 $N\times 1$ 的 Mat 类矩阵，可以通过输出结果的顶点数目初步判断轮廓的几何形状。该函数的第三个参数是多边形逼近时的精度，即原始曲线和逼近曲线之间的最大距离。该函数的第四个参数是逼近曲线是否为封闭曲线的标志，其中 true 表示曲线封闭，即最后一个顶点与第一个顶点相连。

为了了解该函数的用法，在代码清单 7-23 中给出了对多个轮廓进行多边形逼近的示例程序。在该程序中，首先提取了图像的边缘，然后对边缘进行膨胀运算，将靠近的边缘变成一个连通域，之后对边缘结果进行轮廓检测，并对每个轮廓进行多边形逼近，将逼近结果绘制在原图像中，并通过判断逼近多边形的顶点数目识别轮廓的形状，运行结果在图 7-21 中给出。

代码清单 7-23　myApproxPolyDP.cpp 对多个轮廓进行多边形逼近

```
#include <opencv2/opencv.hpp>
#include <iostream>
#include <vector>

using namespace cv;
using namespace std;

//绘制轮廓函数
void drawapp(Mat result, Mat img2)
{
	for (int i = 0; i < result.rows; i++)
	{
		//最后一个坐标点与第一个坐标点相连
		if (i == result.rows - 1)
		{
			Vec2i point1 = result.at<Vec2i>(i);
			Vec2i point2 = result.at<Vec2i>(0);
			line(img2, point1, point2, Scalar(0, 0, 255), 2, 8, 0);
			break;
		}
		Vec2i point1 = result.at<Vec2i>(i);
		Vec2i point2 = result.at<Vec2i>(i + 1);
		line(img2, point1, point2, Scalar(0, 0, 255), 2, 8, 0);
	}
}

int main()
{
	Mat img = imread("approx.png");
	if (img.empty())
	{
		cout << "请确认图像文件名称是否正确" << endl;
		return -1;
	}
	// 边缘检测
	Mat canny;
```

```
    Canny(img, canny, 80, 160, 3, false);
    //膨胀运算
    Mat kernel = getStructuringElement(0, Size(3, 3));
    dilate(canny, canny, kernel);

    // 轮廓发现与绘制
    vector<vector<Point>> contours;
    vector<Vec4i> hierarchy;
    findContours(canny, contours, hierarchy, 0, 2, Point());

    //绘制多边形
    for (int t = 0; t < contours.size(); t++)
    {
        //用最小外接矩形求取轮廓中心
        RotatedRect rrect = minAreaRect(contours[t]);
        Point2f center = rrect.center;
        circle(img, center, 2, Scalar(0, 255, 0), 2, 8, 0);

        Mat result;
        approxPolyDP(contours[t], result, 4, true);  //多边形逼近
        drawapp(result, img);
        cout << "corners : " << result.rows << endl;
        //判断形状和绘制轮廓
        if (result.rows == 3)
        {
            putText(img, "triangle", center, 0, 1, Scalar(0, 255, 0), 1, 8);
        }
        if (result.rows == 4)
        {
            putText(img, "rectangle", center, 0, 1, Scalar(0, 255, 0), 1, 8);
        }
        if (result.rows == 8)
        {
            putText(img, "poly-8", center, 0, 1, Scalar(0, 255, 0), 1, 8);
        }
        if (result.rows > 12)
        {
            putText(img, "circle", center, 0, 1, Scalar(0, 255, 0), 1, 8);
        }
    }
    imshow("result", img);
    waitKey(0);
    return 0;
}
```

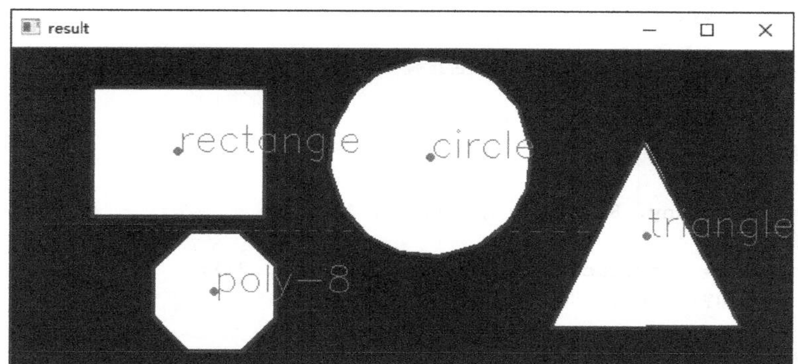

图 7-21　myApproxPolyDP.cpp 程序中多边形逼近结果

7.2.5 点到轮廓距离

点到轮廓的距离，对于计算轮廓在图像中的位置、两个轮廓之间的距离以及确定图像上某一点是否在轮廓内部具有重要的作用。OpenCV 4 提供了计算像素点距离轮廓最小距离的 pointPolygonTest()函数，该函数的原型在代码清单 7-24 中给出。

代码清单 7-24 pointPolygonTest()函数原型

```
double cv::pointPolygonTest(InputArray  contour,
                            Point2f  pt,
                            bool  measureDist
                            )
```

- contour：输入的轮廓。
- pt：需要计算与轮廓距离的像素点。
- measureDist：计算的距离是否具有方向性的标志。当参数取值为 true 时，点在轮廓内部时，距离为正，点在轮廓外部时，距离为负；当参数取值为 false 时，只检测点是否在轮廓内。

该函数能够计算指定像素点距离轮廓的最小距离并以 double 类型的数据返回。该函数的第一个参数表示轮廓，数据类型是 vector<Point>或者 Mat。该函数的第二个参数是需要计算与轮廓距离的像素点坐标。该函数的第三个参数是计算的距离是否具有方向性的标志，false 表示输出结果不具有方向性，只判断像素点与轮廓之间的位置关系，如果像素点在轮廓的内部，返回值为 1，如果像素点在轮廓的边缘上，返回值为 0，如果像素点在轮廓的外部，返回值为-1；true 表示输出结果具有方向性，如果像素点在轮廓内部，返回值为正数，如果像素点在轮廓外部，返回值为负数。

为了了解该函数的使用方法，在代码清单 7-25 中给出了计算像素点与多个轮廓之间距离的示例程序。在该程序中，分别给出了每一个轮廓外部和内部的像素点，通过 pointPolygonTest()函数计算像素点与轮廓的距离，结果在图 7-22 中给出。

代码清单 7-25 myPointPolygonTest.cpp 点到轮廓距离

```
#include <opencv2/opencv.hpp>
#include <iostream>
#include <vector>

using namespace cv;
using namespace std;

int main()
{
    system("color F0");  //更改输出界面颜色
    Mat img = imread("approx.png");
    if (img.empty())
    {
        cout << "请确认图像文件名称是否正确" << endl;
        return -1;
    }
    // 边缘检测
    Mat canny;
    Canny(img, canny, 80, 160, 3, false);
    //膨胀运算
    Mat kernel = getStructuringElement(0, Size(3, 3));
    dilate(canny, canny, kernel);

    // 轮廓发现
    vector<vector<Point>> contours;
```

```
    vector<Vec4i> hierarchy;
    findContours(canny, contours, hierarchy, 0, 2, Point());

    //创建图像中的一个像素点并绘制圆形
    Point point = Point(250, 200);
    circle(img, point, 2, Scalar(0, 0, 255), 2, 8, 0);

    //多边形
    for (int t = 0; t < contours.size(); t++)
    {
        //用最小外接矩形求取轮廓中心
        RotatedRect rrect = minAreaRect(contours[t]);
        Point2f center = rrect.center;
        circle(img, center, 2, Scalar(0, 255, 0), 2, 8, 0);  //绘制圆心点
                                                              //轮廓外部点距离轮廓的距离
        double dis = pointPolygonTest(contours[t], point, true);
        //轮廓内部点距离轮廓的距离
        double dis2 = pointPolygonTest(contours[t], center, true);
        //输出点结果
        cout << "外部点距离轮廓距离: " << dis << endl;
        cout << "内部点距离轮廓距离: " << dis2 << endl;
    }
    return 0;
}
```

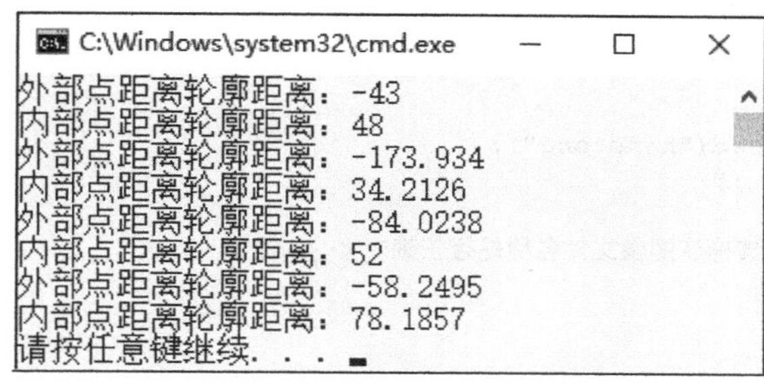

图 7-22　myPointPolygonTest.cpp 程序运行结果

7.2.6　凸包检测

有时物体的形状过于复杂，用多边形逼近后处理起来依然较为复杂，例如人手、海星等。对于形状较为复杂的物体，可以利用凸包近似表示。凸包是图形学中常见的概念，将二维平面上的点集最外层的点连接起来构成的凸多边形称为凸包。虽然凸包检测也是对轮廓进行多边形逼近，但是逼近结果一定为凸多边形。

OpenCV 4 提供了用于物体凸包检测的 convexHull()函数，该函数的原型在代码清单 7-26 中给出。

代码清单 7-26　convexHull()函数原型

```
void cv::convexHull(InputArray  points,
                    OutputArray  hull,
                    bool  clockwise = false,
                    bool  returnPoints = true
                    )
```

- points：输入的二维点集或轮廓坐标。
- hull：输出凸包的顶点。
- clockwise：方向标志。当参数取值为 true 时，凸包顺序为顺时针方向；当参数取值为 false

时，凸包顺序为逆时针方向。

- returnPoints：输出数据的类型标志。当参数取值为 true 时，第二个参数输出的结果是凸包顶点的坐标；当参数取值为 false 时，第二个参数输出的结果是凸包顶点的索引。

该函数用于寻找二维点集或者轮廓的凸包。该函数的第一个参数是输入的二维点集或者轮廓坐标，数据类型为 vector<Point>或者 Mat。该函数的第二个参数是凸包顶点的坐标或者索引，数据类型为 vector<Point>或者 vector<int>。该函数的第三个参数是凸包方向标志，即给出凸包顶点的顺序是顺时针还是逆时针，当参数取值为 true 时，凸包顺序为顺时针方向，当参数取值为 false 时，凸包顺序为逆时针方向。该函数的最后一个参数是输出数据的类型标志，当参数取值为 true 时，第二个参数输出的结果是凸包顶点的坐标，数据类型为 vector<Point>；当参数取值为 false 时，第二个参数输出的结果是凸包顶点的索引，数据类型为 vector<int>。

为了了解该函数的使用方法，在代码清单 7-27 中给出了计算轮廓凸包的示例程序。在该程序中，首先对图像进行二值化，并利用开运算消除二值化过程中产生的较小区域，之后寻找图像的轮廓，最后对图像中的每一个轮廓进行凸包检测，并绘制凸包的顶点和每一条边，输出结果在图 7-23 中给出。

代码清单 7-27　myConvexHull.cpp 凸包检测

```
#include <opencv2/opencv.hpp>
#include <iostream>
#include <vector>

using namespace cv;
using namespace std;

int main()
{
    Mat img = imread("hand.png");
    if (img.empty())
    {
        cout << "请确认图像文件名称是否正确" << endl;
        return -1;
    }
    // 二值化
    Mat gray, binary;
    cvtColor(img, gray, COLOR_BGR2GRAY);
    threshold(gray, binary, 105, 255, THRESH_BINARY);

    //开运算消除细小区域
    Mat k = getStructuringElement(MORPH_RECT, Size(3, 3), Point(-1, -1));
    morphologyEx(binary, binary, MORPH_OPEN, k);
    imshow("binary", binary);

    // 轮廓发现
    vector<vector<Point>> contours;
    vector<Vec4i> hierarchy;
    findContours(binary, contours, hierarchy, 0, 2, Point());
    for (int n = 0; n < contours.size(); n++)
    {
         //计算凸包
         vector<Point> hull;
         convexHull(contours[n], hull);
         //绘制凸包
         for (int i = 0; i < hull.size(); i++)
         {
             //绘制凸包顶点
             circle(img, hull[i], 4, Scalar(255, 0, 0), 2, 8, 0);
```

```
            //连接凸包
            if (i == hull.size() - 1)
            {
                line(img, hull[i], hull[0], Scalar(0, 0, 255), 2, 8, 0);
                break;
            }
            line(img, hull[i], hull[i + 1], Scalar(0, 0, 255), 2, 8, 0);
        }
    }
    imshow("hull", img);
    waitKey(0);
    return 0;
}
```

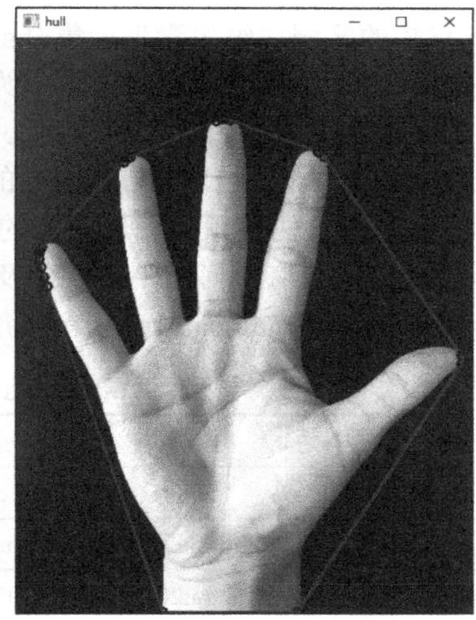

图 7-23　myConvexHull.cpp 程序中凸包检测结果

7.3 矩的计算

矩是描述图像特征的算子，广泛应用于图像检索和识别，图像匹配，图像重建，图像压缩，以及运动图像序列分析等领域。本节中将介绍几何矩、中心矩和 Hu 矩的计算方法，以及如何应用 Hu 矩实现图像轮廓的匹配。

7.3.1 几何矩与中心矩

图像几何矩的计算方式如式（7-8）所示。

$$m_{ji}=\sum_{x,y}I(x,y)x^{j}y^{i} \tag{7-8}$$

其中，$I(x,y)$ 是像素 (x,y) 处的像素值。当 i 和 j 同时取值为 0 时，称为零阶矩。零阶矩可以用于计算某个形状的质心。当 i 和 j 分别取值为 0 和 1 时，称为一阶矩，依此类推。图像质心的计算公式如式（7-9）所示。

$$\overline{x}=\frac{m_{10}}{m_{00}},\overline{y}=\frac{m_{01}}{m_{00}} \tag{7-9}$$

图像中心矩的计算方式如式（7-10）所示。

$$mu_{ji} = \sum_{x,y} I(x,y)(x-\overline{x})^j(y-\overline{y})^i \tag{7-10}$$

图像归一化几何矩的计算方式如式（7-11）所示。

$$nu_{ji} = \frac{mu_{ji}}{m_{00}^{(i+j)/2+1}} \tag{7-11}$$

OpenCV 4 提供了计算图像矩的 moments()函数，该函数的原型在代码清单 7-28 中给出。

代码清单 7-28　moments()函数原型

```
Moments cv::moments(InputArray  array,
                    bool  binaryImage = false
                    )
```

- array：计算矩的区域二维像素坐标集合或者单通道的 CV_8U 图像。
- binaryImage：是否将所有非零像素值视为 1 的标志。

该函数用于计算图像连通域的几何矩和中心距，以及归一化的几何矩。该函数的第一个参数是待计算矩的输入图像或者二维坐标集合。该函数的第二个参数为是否将所有非零像素值视为 1 的标志，该标志只在第一个参数的设置为图像类型的数据时才会起作用。该函数会返回一个 Moments 类的变量。Moments 类中含有几何矩、中心矩及归一化的几何矩的数值属性，例如 Moments.m00 是零阶矩，Moments.m01 和 Moments.m10 是一阶矩。Moments 类中所有的属性在表 7-5 中给出。

表 7-5　Moments 类的属性

种类	属性
spatial moments	m00、m10、m01、m20、m11、m02、m30、m21、m12、m03
central moments	mu20、mu11、mu02、mu30、mu21、mu12、mu03
central normalized moments	nu20、nu11、nu02、nu30、nu21、nu12、nu03

为了了解该函数的使用方法，在代码清单 7-29 中给出了计算图像矩和读取每一种矩数值方法的示例程序，该程序的部分运行结果如图 7-24 所示。

代码清单 7-29　myMoments.cpp 计算图像矩

```
#include <opencv2/opencv.hpp>
#include <iostream>
#include <vector>

using namespace cv;
using namespace std;

int main()
{
    system("color F0");  //更改输出界面颜色
    Mat img = imread("approx.png");
    if (img.empty())
    {
      cout << "请确认图像文件名称是否正确" << endl;
      return -1;
    }

    // 二值化
    Mat gray, binary;
    cvtColor(img, gray, COLOR_BGR2GRAY);
    threshold(gray, binary, 105, 255, THRESH_BINARY);

```

```
    //开运算消除细小区域
    Mat k = getStructuringElement(MORPH_RECT, Size(3, 3), Point(-1, -1));
    morphologyEx(binary, binary, MORPH_OPEN, k);

    // 轮廓发现
    vector<vector<Point>> contours;
    vector<Vec4i> hierarchy;
    findContours(binary, contours, hierarchy, 0, 2, Point());
    for (int n = 0; n < contours.size(); n++)
    {
        Moments M;
        M = moments(contours[n], true);
        cout << "spatial moments:" << endl
            << "m00: " << M.m00 << " m01: " << M.m01 << " m10: " << M.m10 << endl
            << "m11: " << M.m11 << " m02: " << M.m02 << " m20: " << M.m20 << endl
            << "m12: " << M.m12 << " m21: " << M.m21 << " m03: " << M.m03 << " m30: "
            << M.m30 << endl;

        cout << "central moments:" << endl
            << "mu20: " << M.mu20 << " mu02: " << M.mu02 << " mu11: " << M.mu11
             << endl
            << "mu30: " << M.mu30 << " mu21: " << M.mu21 << " mu12: " << M.mu12
            << " mu03: " << M.mu03 << endl;

        cout << "central normalized moments:" << endl
            << "nu20: " << M.nu20 << " nu02: " << M.nu02 << " nu11: " << M.nu11
            << endl
            << "nu30: " << M.nu30 << " nu21: " << M.nu21 << " nu12: " << M.nu12
            << " nu03: " << M.nu03 << endl;
    }
    return 0;
}
```

```
C:\Windows\system32\cmd.exe
spatial moments:
m00: 7191 m01: 1.39865e+06 m10: 1.14696e+06
m11: 2.23085e+08 m02: 2.76162e+08 m20: 1.87065e+08
m12: 4.40478e+10 m21: 3.63842e+10 m03: 5.53179e+10 m30: 3.11526e+10
central moments:
mu20: 4.12441e+06 mu02: 4.12441e+06 mu11: 2.98023e-08
mu30: 0 mu21: -7.51019e-06 mu12: -9.53674e-06 mu03: -1.52588e-05
central normalized moments:
nu20: 0.0797596 nu02: 0.0797596 nu11: 5.7633e-16
nu30: 0 nu21: -1.71268e-15 nu12: -2.17484e-15 nu03: -3.47974e-15
```

图 7-24　myMoments.cpp 程序部分运行结果

7.3.2 Hu 矩

Hu 矩具有旋转、平移和缩放不变性，因此，在图像具有旋转和缩放的情况下，Hu 矩具有更广泛的应用。Hu 矩是由二阶和三阶中心矩计算得到 7 个不变矩，具体计算公式如式（7-12）所示。

$$
\begin{aligned}
&H_1 = \eta_{20} + \eta_{02} \\
&H_2 = (\eta_{20} - \eta_{02})^2 + 4\eta_{11}^2 \\
&H_3 = (\eta_{30} - 3\eta_{12})^2 + (3\eta_{21} - \eta_{03})^2 \\
&H_4 = (\eta_{30} + \eta_{12})^2 + (\eta_{21} + \eta_{03})^2 \\
&H_5 = (\eta_{30} - 3\eta_{12})(\eta_{30} + \eta_{12})[(\eta_{30} + \eta_{12})^2 - 3(\eta_{21} + \eta_{03})^2] + (3\eta_{21} - \eta_{03})(\eta_{21} + \eta_{03})[3(\eta_{30} + \eta_{12})^2 - (\eta_{21} + \eta_{03})^2] \\
&H_6 = (\eta_{20} - \eta_{02})[(\eta_{30} + \eta_{12})^2 - (\eta_{21} + \eta_{03})^2] + 4\eta_{11}(\eta_{30} + \eta_{12})(\eta_{21} + \eta_{03}) \\
&H_7 = (3\eta_{21} - \eta_{03})(\eta_{30} + \eta_{12})[3(\eta_{30} + \eta_{12})^2 - (\eta_{21} + \eta_{03})^2] - (\eta_{30} - 3\eta_{12})(\eta_{21} + \eta_{03})[3(\eta_{30} + \eta_{12})^2 - (\eta_{21} + \eta_{03})^2]
\end{aligned}
\tag{7-12}
$$

OpenCV 4 提供了用于计算 Hu 矩的 HuMoments()函数。根据参数类型的不同，该函数具有两种原型，在代码清单 7-30 中给出了这两种函数原型。

代码清单 7-30　HuMoments()函数原型

```
void cv::HuMoments(const Moments &  moments,
                   double  hu[7]
                   )

void cv::HuMoments(const Moments &  m,
                   OutputArray  hu
                   )
```

- moments：输入的图像矩。
- hu[7]：输出 Hu 矩的 7 个值。
- m：输入的图像矩。
- hu：输出 Hu 矩的矩阵。

该函数可以根据图像的中心矩计算图像的 Hu 矩。上述两个函数原型只有第二个参数的数据类型不同，第一个参数是输入图的 Moments 类的图像矩，第二个参数是输出的 Hu 矩，第一种函数原型输出值存放在长度为 7 的 double 类型数组中，第二种函数原型输出值为 Mat 类型。

为了了解该函数的使用方法，在代码清单 7-31 中给出了计算图像 Hu 矩的示例程序，该程序的部分运行结果如图 7-25 所示。

代码清单 7-31　myHuMoments.cpp 计算图像的 Hu 矩

```
#include <opencv2/opencv.hpp>
#include <iostream>
#include <vector>

using namespace cv;
using namespace std;

int main()
{
    system("color F0");  //更改输出界面颜色
    Mat img = imread("approx.png");
    if (img.empty())
    {
        cout << "请确认图像文件名称是否正确" << endl;
        return -1;
    }
    // 二值化
    Mat gray, binary;
    cvtColor(img, gray, COLOR_BGR2GRAY);
    threshold(gray, binary, 105, 255, THRESH_BINARY);

    //开运算消除细小区域
    Mat k = getStructuringElement(MORPH_RECT, Size(3, 3), Point(-1, -1));
    morphologyEx(binary, binary, MORPH_OPEN, k);

    // 轮廓发现
    vector<vector<Point>> contours;
    vector<Vec4i> hierarchy;
    findContours(binary, contours, hierarchy, 0, 2, Point());
    for (int n = 0; n < contours.size(); n++)
    {
        Moments M;
```

```
        M = moments(contours[n], true);
        Mat hu;
        HuMoments(M, hu);  //计算 Hu 矩
        cout << hu << endl;
    }
    return 0;
}
```

```
[0.1595191214717198;
 2.687563105447765e-30;
 4.531927820033537e-29;
 3.169119826011613e-29;
 9.706342941106772e-58;
 5.194912034361507e-44;
 -7.073281275234764e-58]
```

图 7-25　myHuMoments.cpp 程序部分运行结果

7.3.3　基于 Hu 矩的轮廓匹配

由于 Hu 矩具有旋转、平移和缩放不变性，因此可以通过 Hu 实现图像轮廓的匹配。OpenCV 4 提供了利用 Hu 矩进行轮廓匹配的 matchShapes()函数，该函数的原型在代码清单 7-32 中给出。

代码清单 7-32　matchShapes()函数原型

```
double cv::matchShapes(InputArray  contour1,
                       InputArray  contour2,
                       int  method,
                       double  parameter
                       )
```

- contour1：原灰度图像或者轮廓。
- contour2：模板图像或者轮廓。
- method：匹配方法的标志，可以选择的参数及其相关计算公式在表 7-6 中给出。
- parameter：特定于方法的参数（现在不支持）。

该函数用于实现在图像或者轮廓中寻找与模板图像或者轮廓像素匹配的区域。该函数的第一个参数是原灰度图像或者轮廓，第二个参数是模板图像或者轮廓。该函数的第三个参数是两个轮廓 Hu 矩匹配的计算方法标志，可以选择的参数和每种方法的相似性计算公式在表 7-6 中给出。该函数的最后一个参数在目前的 OpenCV 4 版本中没有意义，可以设置为 0。

表 7-6　matchShapes()函数中匹配方法的标志

标志参数	简记	公式
CONTOURS_MATCH_I1	1	$I_1(A,B)=\sum_{i=1,2,\cdots,7}\left\lvert\frac{1}{m_i^A}-\frac{1}{m_i^B}\right\rvert$
CONTOURS_MATCH_I2	2	$I_2(A,B)=\sum_{i=1,2,\cdots,7}\left\lvert m_i^A-m_i^B\right\rvert$
CONTOURS_MATCH_I3	3	$I_3(A,B)=\max_{i=1,2,\cdots,7}\frac{\left\lvert m_i^A-m_i^B\right\rvert}{\left\lvert m_i^A\right\rvert}$

为了了解该函数的用法，在代码清单 7-33 中给出了利用 Hu 矩实现模板与原图像或者轮廓之间匹配的示例程序。在该程序中，原图像有 3 个字母，模板图像有一个字母，并且模板图像中字母

的尺寸小于原图像中字母的尺寸。该程序首先对两幅图像提取轮廓并计算每个轮廓的 Hu 矩，之后寻找原图像和模板图像中 Hu 矩相似的两个轮廓，并在原图像中绘制出相似轮廓，运行结果在图 7-26 中给出。

代码清单 7-33　myMatchShapes.cpp 基于 Hu 矩的轮廓匹配

```
#include <opencv2/opencv.hpp>
#include <iostream>
#include <vector>

using namespace cv;
using namespace std;

void findcontours(Mat &image, vector<vector<Point>> &contours)
{
     Mat gray, binary;
     vector<Vec4i> hierarchy;
     //图像灰度化
     cvtColor(image, gray, COLOR_BGR2GRAY);
     //图像二值化
     threshold(gray, binary, 0, 255, THRESH_BINARY | THRESH_OTSU);
     //寻找轮廓
     findContours(binary, contours, hierarchy, 0, 2);
}

int main()
{
     Mat img = imread("ABC.png");
     Mat img_B = imread("B.png");
     if (img.empty()||img_B.empty())
     {
         cout << "请确认图像文件名称是否正确" << endl;
         return -1;
     }

     resize(img_B, img_B, Size(), 0.5, 0.5);
     imwrite("B.png", img_B);
     imshow("B", img_B);

     // 轮廓提取
     vector<vector<Point>> contours1;
     vector<vector<Point>> contours2;
     findcontours(img, contours1);
     findcontours(img_B, contours2);
     // Hu 矩计算
     Moments mm2 = moments(contours2[0]);
     Mat hu2;
     HuMoments(mm2, hu2);
     // 轮廓匹配
     for (int n = 0; n < contours1.size(); n++)
     {
         Moments mm = moments(contours1[n]);
         Mat hum;
         HuMoments(mm, hum);
         //Hu 矩匹配
         double dist;
         dist = matchShapes(hum, hu2, CONTOURS_MATCH_I1, 0);
         if (dist < 1)
         {
```

```
                drawContours(img, contours1, n, Scalar(0, 0, 255), 3, 8);
            }
        }
        imshow("match result", img);
        waitKey(0);
        return 0;
}
```

模板

匹配结果

图 7-26 myMatchShapes.cpp 程序运行结果

7.4 点集拟合

有时我们关注的区域是一些面积较小、数目较多的连通域或者像素点，并且这些区域相对集中。此时，如果寻找轮廓并对每个轮廓进行外接多边形逼近，那么结果会有较多的多边形。为了避免这个情况，我们可以将这些连通域或者像素点看成一个大的区域，此时我们可以寻找包围这些区域的规则图形，例如三角形、圆形等，三角形包围二维点集的示意如图 7-27 所示。本节将重点介绍如何寻找包围二维点集的规则图形，包括三角形和圆形。OpenCV 4 提供了用于寻找包围二维点集的规则图形的函数，接下来将介绍这些函数的原型及其使用方法。

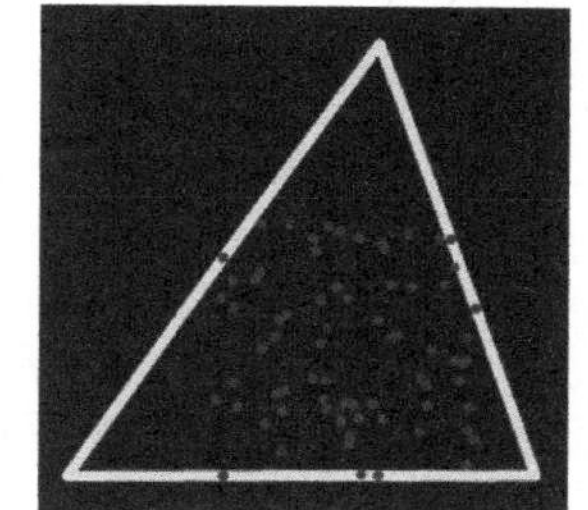

图 7-27 点集的三角形拟合示意图

OpenCV 4 提供了 minEnclosingTriangle()函数用于寻找二维点集的最小包围三角形，该函数的原型在代码清单 7-34 中给出。

代码清单 7-34 minEnclosingTriangle()函数原型

```
double cv::minEnclosingTriangle(InputArray  points,
                                OutputArray  triangle
                                )
```

- points：待寻找包围三角形的二维点集。
- triangle：拟合出的三角形的 3 个顶点坐标。

该函数能够找到包含给定三维点集的最小区域的三角形，返回值为 double 类型的三角形面积。该函数只有两个参数，第一个参数是待寻找包围三角形的二维点集，二维点可以存放在 vector<>或者 Mat 类型的变量中，数据类型为 CV_32S 或 CV_32F；第二个参数是包含所有二维点的面积最小的三角形的 3 个顶点坐标，输出的数据类型为 CV_32F，存放在 vector<Point2f>类型的变量中。该函数的使用方式在代码清单 7-36 的示例程序中给出。

OpenCV 4 还提供了 minEnclosingCircle()函数用于寻找二维点集的最小包围圆形，该函数的原型在代码清单 7-35 中给出。

代码清单 7-35　minEnclosingCircle()函数原型

```
void cv::minEnclosingCircle(InputArray  points,
                            Point2f &  center,
                            float &  radius
                            )
```

- points：待寻找包围圆形的二维点集。
- center：圆形的圆心。
- radius：圆形的半径。

该函数使用迭代算法寻找二维点集的最小包围圆形。该函数的第一个参数是待寻找包围圆形的二维点集，二维点可以存放在 vector<>或者 Mat 类型的变量中。该函数的第二个、第三个参数分别是二维点集最小包围圆形的圆心和半径，圆心的数据类型为 Point2f，半径的数据类型为 float。该函数的使用方式在代码清单 7-36 的示例程序中给出。

在代码清单 7-36 的程序中，随机生成 100 个以内的点，并随机分布在图像中的指定区域内，之后通过 minEnclosingTriangle()函数和 minEnclosingCircle()函数寻找包围这些点的三角形和圆形。为了能够反复地查看结果，程序设置了 while 循环，直到按下“Q”或者“Esc”按键时程序跳出循环。该程序的运行结果如图 7-28 所示，由于该程序中像素点是随机生成的，因此每次运行结果都会有所不同。

代码清单 7-36　myTriangleAndCircle.cpp 点集外包轮廓

```
#include <opencv2\opencv.hpp>
#include <iostream>
#include <vector>

using namespace cv;
using namespace std;

int main()
{
    Mat img(500, 500, CV_8UC3, Scalar::all(0));
    RNG& rng = theRNG();  //生成随机点

    while (true)
    {
         int i, count = rng.uniform(1, 101);
         vector<Point> points;
         //生成随机点
         for (i = 0; i < count; i++)
         {
             Point pt;
             pt.x = rng.uniform(img.cols / 4, img.cols * 3 / 4);
             pt.y = rng.uniform(img.rows / 4, img.rows * 3 / 4);
             points.push_back(pt);
         }

         //寻找包围点集的三角形
         vector<Point2f> triangle;
         double area = minEnclosingTriangle(points, triangle);

         //寻找包围点集的圆形
         Point2f center;
         float radius = 0;
         minEnclosingCircle(points, center, radius);

```

```
        //创建两幅图片用于输出结果
        img = Scalar::all(0);
        Mat img2;
        img.copyTo(img2);

        //在图像中绘制坐标点
        for (i = 0; i < count; i++)
        {
            circle(img, points[i], 3, Scalar(255, 255, 255), FILLED, LINE_AA);
            circle(img2, points[i], 3, Scalar(255, 255, 255), FILLED, LINE_AA);
        }

        //绘制三角形
        for (i = 0; i < 3; i++)
        {
            if (i==2)
            {
                line(img, triangle[i], triangle[0], Scalar(255, 255, 255), 1, 16);
                break;
            }
            line(img, triangle[i], triangle[i + 1], Scalar(255, 255, 255), 1, 16);
        }

        //绘制圆形
        circle(img2, center, cvRound(radius), Scalar(255, 255, 255), 1, LINE_AA);

        //输出结果
        imshow("triangle", img);
        imshow("circle", img2);

        //按Q键或者Esc键退出程序
        char key = (char)waitKey();
        if (key == 27 || key == 'q' || key == 'Q')
        {
            break;
        }
    }
    return 0;
}
```

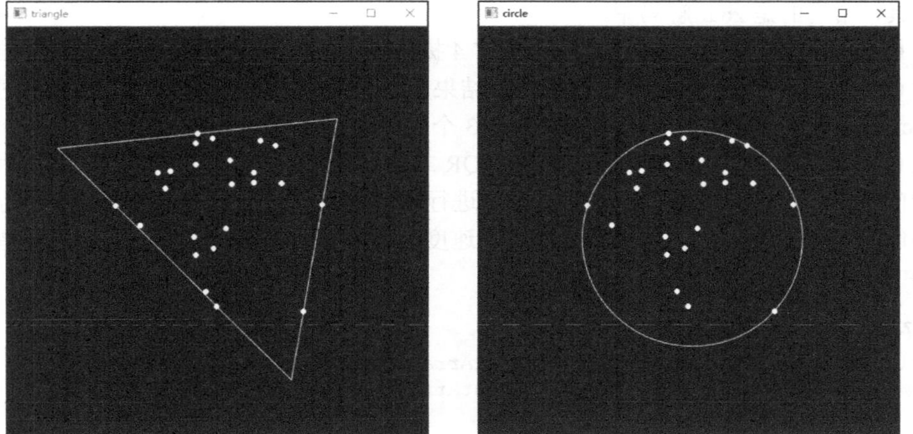

图 7-28　myTriangleAndCircle.cpp 程序运行结果

7.5 QR 二维码检测

二维码广泛地应用在我们日常生活中，比如微信和支付宝支付，火车票，商品标识等。二维码的出现极大地方便了我们日常的生活，同时也能将信息较为隐蔽地进行传输。二维码种类多样，有 QR Code、Data Matrix、Code One 等，日常生活中常用的二维码是 QR 二维码，该二维码样式以及每部分的作用在图 7-29 中给出。二维码顶点方向有 3 个较大的“回”字形区域用于对二维码进行定位，该区域的特别之处在于任何一条经过中心的直线在黑色和白色区域的长度比值都为 1∶1∶3∶1∶1。二维码中间具有多个较小的“回”字形区域用于二维码的对齐，根据二维码版本和尺寸的不同，对齐区域的数目也不尽相同。

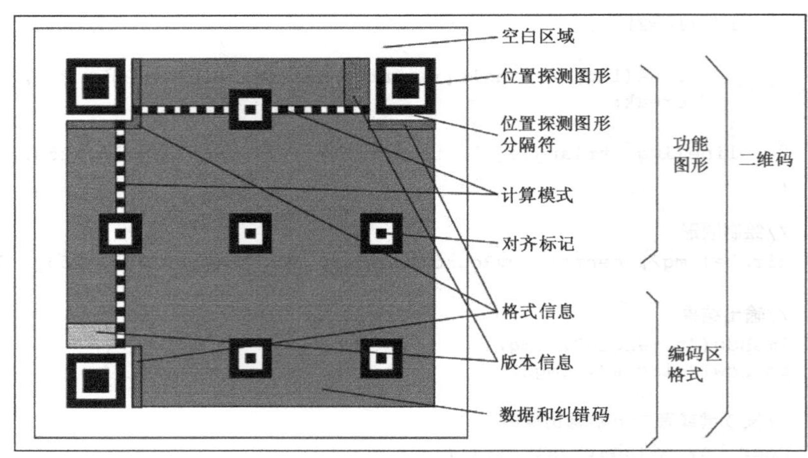

图 7-29　QR 二维码各部分的作用

QR 二维码的识别过程大致分成两个过程。首先搜索二维码的位置探测图形，即 QR 二维码中 3 个顶点处的“回”字形区域，QR 二维码位置以 4 个顶点的坐标形式给出。之后对二维码进行解码，提取其中的信息。QR 二维码识别是 OpenCV 4 新增加的功能，OpenCV 4 提供了相关函数直接解码 QR 二维码并读取其中的信息。在 OpenCV 4 之前的版本中，对 QR 二维码的识别需要借助第三方工具，常用的是 zbar 解码库。

针对 QR 二维码识别的两个过程，OpenCV 4 提供了多个函数用于实现每个过程，这些函数分别是定位 QR 二维码的 detect()函数、根据定位结果解码二维码的 decode()函数，以及同时定位和解码的 detectAndDecode()函数。下面详细介绍这 3 个函数的原型及其使用方法。

定位 QR 二维码的位置不但可以用于解码 QR 二维码，而且可以用于视觉定位。在利用 QR 二维码定位的任务中，有时不需要对 QR 二维码进行解码，而是直接使用 4 个顶点的坐标，因此只定位而不解码 QR 二维码可以加快系统的运行速度。定位 QR 二维码函数 detect()的原型在代码清单 7-37 中给出。

代码清单 7-37　detect()函数原型

```
bool cv::QRCodeDetector::detect(InputArray  img,
                                OutputArray  points
                                )
```

- img：待检测是否含有 QR 二维码的灰度图像或者彩色图像。

- points：包含 QR 二维码的最小区域四边形的 4 个顶点坐标，即二维码的 4 个顶点坐标。

该函数能够识别图像中是否含有 QR 的二维码，以 bool 类型的返回值表示是否含有二维码的结果。如果图像中含有二维码，返回值为 true，否则返回值为 false。该函数的第一个参数是待检测是否含有 QR 二维码的图像，图像可以是灰度图像或者彩色图像，图像的尺寸任意。该函数的第二个参数是包含 QR 二维码的最小区域的四边形的 4 个顶点坐标，数据类型为 vector<Point>。

decode()函数能够利用图像中二维码的定位结果对 QR 二维码进行解码，该函数的原型在代码清单 7-38 中给出。

代码清单 7-38 decode()函数原型

```
std::string cv::QRCodeDetector::decode(InputArray  img,
                                       InputArray  points,
                                       OutputArray  straight_qrcode = noArray()
                                       )
```

- img：含有 QR 二维码的图像。
- points：包含 QR 二维码的最小区域的四边形的 4 个顶点坐标。
- straight_qrcode：经过校正和二值化的 QR 二维码。

该函数能够根据二维码定位的结果信息对二维码进行解码，以 string 类型的返回值输出解码结果。该函数的第二个参数是输入值，数据量不能为空。该函数的第三个参数是经过校正和二值化的 QR 二维码，变量类型为 Mat。在校正的二维码中，每一个有效数据点都以单个像素出现，例如，在经过校正和二值化的 QR 二维码中，“回”字形区域中心的黑色区域尺寸为 3×3，黑色区域边缘的白色轮廓宽度为 1。

有时我们需要识别二维码中的信息，detectAndDecode()函数可以直接一步完成二维码的定位和解码过程，该函数的原型在代码清单 7-39 中给出。

代码清单 7-39 detectAndDecode()函数原型

```
std::string cv::QRCodeDetector::detectAndDecode(InputArray  img,
                                                OutputArray  points = noArray(),
                                                OutputArray  straight_qrcode = noArray()
                                                )
```

- img：含有 QR 二维码的图像。
- points：包含 QR 二维码的最小区域的四边形的 4 个顶点坐标。
- straight_qrcode：经过校正和二值化的 QR 二维码。

该函数能够直接完成对 QR 二维码 4 个顶点的定位和识别图像中 QR 二维码的信息，并以 vector<Point>类型返回 4 个顶点的坐标，以 string 类型的返回值输出 QR 二维码识别的结果。该函数的第一个参数是含有 QR 二维码的灰度图像或者彩色图像。第二个参数是包含 QR 二维码的最小区域的四边形的 4 个顶点坐标，在此函数中，该参数是输出值，如果不需要 QR 二维码顶点坐标，那么可以在调用函数时使用默认参数 noArray()，表示不输出坐标。该函数的第三个参数是经过校正和二值化的 QR 二维码，变量类型为 Mat，如果不需要输出该结果，那么可以在调用函数时使用默认参数 noArray()，表示不输出图像。

为了了解 QR 二维码定位和解码相关函数的使用方法，在代码清单 7-40 中给出了利用上述 3 个函数识别 QR 二维码的示例程序。在该程序中，将定位和解码分步识别结果和直接识别结果显示在含有 QR 二维码的图像之上，并输出校正和二值化的 QR 二维码。该程序输出结果在图 7-30 中给出。为了能够直观地了解校正和二值化的 QR 二维码，图 7-30 中使用的是 Image Watch 中查看到的校正和二值化的 QR 二维码图像。

代码清单 7-40 mydetectQRcode.cpp 二维码识别

```
#include <opencv2/opencv.hpp>
#include <iostream>
#include <vector>

using namespace cv;
using namespace std;

int main()
{
    Mat img = imread("qrcode2.png");
    if (img.empty())
    {
        cout << "请确认图像文件名称是否正确" << endl;
        return -1;
    }
    Mat gray, qrcode_bin;
    cvtColor(img, gray, COLOR_BGR2GRAY);
    QRCodeDetector qrcodedetector;
    vector<Point> points;
    string information;
    bool isQRcode;
    isQRcode = qrcodedetector.detect(gray, points);  //识别二维码
    if (isQRcode)
    {
        //解码二维码
        information = qrcodedetector.decode(gray, points, qrcode_bin);
        cout << points << endl;  //输出二维码 4 个顶点的坐标
    }
    else
    {
        cout << "无法识别二维码，请确认图像是否含有二维码" << endl;
        return -1;
    }
    //绘制二维码的边框
    for (int i = 0; i < points.size(); i++)
    {
        if (i == points.size() - 1)
        {
            line(img, points[i], points[0], Scalar(0, 0, 255), 2, 8);
            break;
        }
        line(img, points[i], points[i + 1], Scalar(0, 0, 255), 2, 8);
    }
    //将解码内容输出到图片上
    putText(img, information.c_str(), Point(20, 30), 0, 1.0, Scalar(0, 0, 255),2,8);

    //利用函数直接定位二维码并解码
    string information2;
    vector<Point> points2;
    information2 = qrcodedetector.detectAndDecode(gray, points2);
    cout << points2 << endl;
    putText(img, information2.c_str(), Point(20, 55), 0, 1.0, Scalar(0, 0, 0), 2, 8);

    //输出结果
    imshow("result", img);
    namedWindow("qrcode_bin", WINDOW_NORMAL);
    imshow("qrcode_bin", qrcode_bin);
    waitKey(0);
```

```
    return 0;
}
```

二维码与解码结果

校正和二值化的二维码

图 7-30　mydetectQRcode.cpp 程序中二维码识别结果

7.6 本章小结

本章首先介绍了如何在图像中提取需要的信息，例如检测直线、圆形等。然后，本章介绍了图像轮廓的检测、绘制、多边形逼近，以及统计轮廓的各项信息，包括轮廓面积、长度和矩等。最后，本章介绍了如何将点集拟合成规则的几何图形与 QR 二维码的识别。

本章主要函数清单

函数名称	函数说明	代码清单
HoughLines()	霍夫变换检测直线	7-1
HoughLinesP()	霍夫变换检测直线的两个端点	7-3
HoughLinesPointSet()	二维点集中检测直线	7-5
fitLine()	拟合直线	7-7
HoughCircles()	霍夫变换检测圆	7-9
findContours()	计算轮廓	7-11
drawContours()	绘制轮廓	7-13
contourArea()	计算轮廓面积	7-15
arcLength()	计算轮廓长度	7-17
boundingRect()	轮廓外接最大矩形	7-19
minAreaRect()	轮廓外接最小矩形	7-20
approxPolyDP()	轮廓多边形逼近	7-22
pointPolygonTest()	点到轮廓距离	7-24
convexHull()	凸包检测	7-26
moments()	计算图像矩	7-28
HuMoments()	计算 Hu 矩	7-30
matchShapes()	基于 Hu 矩的轮廓匹配	7-32
minEnclosingTriangle()	二维点集的最小三角形拟合	7-34
minEnclosingCircle()	二维点集的最小圆形拟合	7-35
detectAndDecode()	QR 二维码检测与识别	7-39

本章示例程序清单

示例程序名称	程序说明	代码清单
myHoughLines.cpp	检测直线并绘制直线	7-2
myHoughLinesP.cpp	检测图像中的线段	7-4
myHoughLinesPointSet.cpp	在二维点集中检测直线	7-6
myFitLine.cpp	直线拟合	7-8
myHoughCircles.cpp	圆形检测	7-10
myContours.cpp	轮廓检测与绘制	7-14
myContourArea.cpp	计算轮廓面积	7-16
myArcLength.cpp	计算轮廓长度	7-18
myRect.cpp	计算轮廓外接矩形	7-21
myApproxPolyDP.cpp	对多个轮廓进行多边形逼近	7-23
myPointPolygonTest.cpp	点到轮廓距离	7-25
myConvexHull.cpp	凸包检测	7-27
myMoments.cpp	计算图像矩	7-29
myHuMoments.cpp	计算图像的 Hu 矩	7-31
myMatchShapes.cpp	基于 Hu 矩的轮廓匹配	7-33
myTriangleAndCircle.cpp	点集外包轮廓	7-36
mydetectQRcode.cpp	二维码识别	7-40

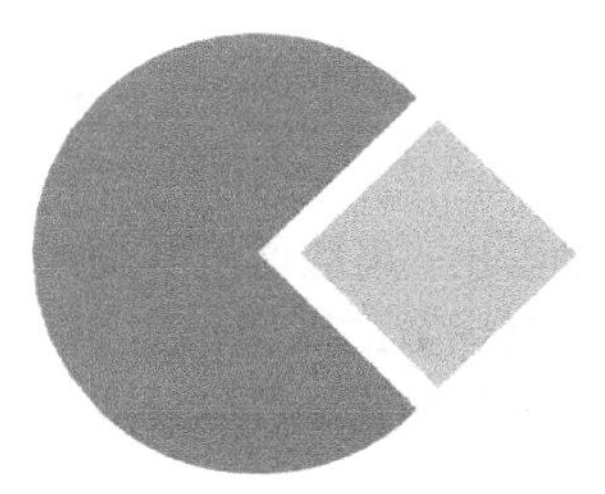

第8章　图像分析与修复

图像频域分析是提取图像信息的重要方式之一，主要有离散傅里叶变换、离散余弦变换等，本章将介绍这两种变换的实现及应用。

积分图像能够降低图像模糊、边缘检测和对象检测的计算量，提高图像分析的速度，本章将介绍3种积分图像在OpenCV 4中的实现方式。

在处理和分析图像时，将图像中某个区域与其他区域分割是重要的一步，常见的图像分割方法有漫水填充法、分水岭法、Grabcut法和Mean-Shift法等，本章将介绍这些分割方法的实现方式。

在存储或者使用图像过程中，有时可能会受到“污染”，遮盖住部分图像，对图像分析造成影响，因此，在处理图像前，需要将图像进行修复，将“污染”部分去掉，因此，本章将介绍如何修复图像。

8.1 傅里叶变换

任何信号都可以由一系列正弦信号叠加形成，一维领域信号是一维正弦波的叠加，二维领域是二维平面波的增加。由于图像可以看作是二维信号，因此可以对图像进行傅里叶变换。但是，由于图像是离散信号，因此对图像的傅里叶变换应该是离散傅里叶变换。离散傅里叶变换广泛应用在图像的去噪、滤波等卷积领域，本节将介绍离散傅里叶变换及其应用和离散余弦变换。

8.1.1　离散傅里叶变换

离散傅里叶变换是指傅里叶变换在时域和频域上都呈现离散的形式，将时域信号的采样变成离散时间傅里叶变换频域的采样。对于傅里叶变换和离散傅里叶变换的相关数学理论，本书不过多涉及，感兴趣的读者可以通过学习复变函数了解详细内容。现在可以将傅里叶变换简单地理解成一个函数的分解工具，即将任意形式的连续函数或者离散函数分解成多个正弦或者余弦函数相加的形式。

这里直接给出离散傅里叶变换的数学表达式。针对一维离散数据，离散傅里叶变换公式如式（8-1）所示。

$$g_k=\sum_{n=0}^{N-1}f_n\mathrm{e}^{-\frac{2\pi\mathrm{i}}{N}kn} \tag{8-1}$$

其中，$\mathrm{i}=\sqrt{-1}$是虚数单位。

二维离散数据的离散傅里叶变换公式如式（8-2）所示。

$$g_{k_x,k_y} = \sum_{n_x}^{N_x-1}\sum_{n_y}^{N_y-1} f_{n_x,n_y} \mathrm{e}^{-\frac{2\pi \mathrm{i}}{N}(k_x n_x + k_y n_y)} \tag{8-2}$$

离散傅里叶变换可以将空间域的信号变换到频域中，并且通过公式可以看出，离散傅里叶变换的结果是复数，因此图像离散傅里叶变换之后的结果会得到既含有实数又含有虚数的图像，在实际使用时常将结果分成实数图像和虚数图像，或者用复数的幅值和相位来表示变换结果，可以分成幅值图像和相位图像。

离散傅里叶变换能得到图像的频域信息，频域信息可以从另一个方面理解图像。图像中像素波动较大的区域对应的频域是高频区域，因此高频区域体现的是图像的细节、纹理信息，而低频信息代表了图像的轮廓信息。通过频域分析也可以实现去除图像中某些特定的成分，例如光照信息主要体现为低频信息，因此去除图像中的低频信息可以去除图像中的光照干扰。图像滤波中常将滤波器分成高通滤波器、低通滤波器等，指的就是保留图像中频率较高或者较低的部分，例如高斯滤波器就是低通滤波器。

虽然图像离散傅里叶变换理论知识较为复杂，但是 OpenCV 4 提供的 dft()函数能够直接对图像进行离散傅里叶变换，极大地简化图像处理的研究，该函数的原型在代码清单 8-1 中给出。

代码清单 8-1　dft()函数原型

```
void cv::dft(InputArray  src,
             OutputArray  dst,
             int  flags = 0,
             int  nonzeroRows = 0
             )
```

- src：输入的图像或者数组矩阵，可以是实数也可以是复数。
- dst：存放离散傅里叶变换结果的数组矩阵。
- flags：变换类型可选标志，可选标志在表 8-1 中给出。
- nonzeroRows：输入、输出结果的形式，默认值为 0。

表 8-1　dft()函数中变换类型可选标志

可选标志	简记	含义
DFT_INVERSE	1	对一维数组或者二维数组进行逆变换
DFT_SCALE	2	缩放标识，输出结果会除以输入元素的数目 N，通常与 DFT_INVERSE 结合使用
DFT_ROWS	4	对输入变量的每一行进行正变换或者逆变换，该标志可以在处理三维或者更高维度的离散变换时减少资源开销
DFT_COMPLEX_OUTPUT	16	对一维或者二维实数数组进行正变换，结果是相同尺寸的具有复数共轭对称的复数矩阵
DFT_REAL_OUTPUT	32	对一维或二维复数矩阵进行逆变换，结果是相同尺寸的具有复数共轭对称的复数矩阵。如果输入的矩阵是具有复数共轭对称性的复数矩阵，那么计算结果为实数矩阵
DFT_COMPLEX_INPUT	64	指定输入数据是复数矩阵，如果设置了此标志，输入矩阵必须具有两个通道，并且如果输入矩阵具有两个通道，那么函数默认输入数据是复数矩阵

该函数能够对输入矩阵数据进行离散傅里叶变换。该函数的第一个参数是输入的图像或者数组矩阵，该参数的数据类型必须是 CV_32F 或者 CV_64F，可以是单通道的实数矩阵也可以是双通道的复数矩阵。该函数的第二个参数是对输入的数组矩阵进行离散傅里叶变换的结果，结果以矩阵形

式存放，矩阵的尺寸和类型取决于第三个参数。该函数的第三个参数是变换类型可选标志，可以选择的标志以及对应的含义在表 8-1 中给出。这些可选标志和函数实际执行情况如下。

- 如果该参数设置了 DFT_ROWS 或者输入矩阵具有单行或单列的形式，那么在设置 DFT_ROWS 时，该函数对矩阵的每一行执行一维正向或反向变换。否则，它执行二维变换。
- 如果输入数组是实数且该参数未设置 DFT_INVERSE，那么该函数执行正向一维或二维变换。
- 如果该参数设置 DFT_COMPLEX_OUTPUT 但是未设置 DFT_INVERSE，那么输出结果为与输入大小相同的复数矩阵。
- 如果该参数未设置 DFT_COMPLEX_OUTPUT 和 DFT_INVERSE，那么输出是与输入大小相同的实数矩阵。
- 如果输入矩阵是复数矩阵并且该参数未设置 DFT_INVERSE 或者 DFT_REAL_OUTPUT，那么输出是与输入大小相同的复数矩阵。
- 当输入数组是实数并且设置 DFT_INVERSE，或者输入数据是复数矩阵并且设置 DFT_REAL_OUTPUT 时，那么输出是与输入相同大小的实数矩阵。
- 如果设置了 DFT_SCALE，那么在转换后完成缩放，该标志是为了保证正变换之后再逆变换的结果与原始数据相同。

该函数的最后一个参数表示输入、输出结果的形式，默认值为 0，当该参数不为 0 时，在第三个参数未设置 DFT_INVERSE 时，该函数假设只输入矩阵的第一个非零行，在第三个参数设置 DFT_INVERSE 时，只输出矩阵的第一个包含非零元素的非零行。因此，该函数可以更有效地处理其余行并节省一些时间。这种方式对于使用 DFT 计算阵列互相关或卷积非常有用。

在对含有 N 个元素的一维向量正变换时，该函数的计算方式如式（8-3）所示。

$$Y = F^{(N)}X \tag{8-3}$$

其中 $F_{jk}^{(N)} = \exp\left(\frac{-2\pi ijk}{N}\right), i = \sqrt{-1}$ 。

在对含有 N 个元素的一维向量逆变换时，该函数的计算方式如式（8-4）所示。

$$\begin{aligned} X' &= (F^{(N)})^{-1} Y = (F^{(N)})^{*} y \\ X &= \frac{X'}{N} \end{aligned} \tag{8-4}$$

其中 $F^{*} = (\mathrm{Re}(F^{(N)}) - \mathrm{Im}(F^{(N)}))^{T}$ ， Re( ) 和 Im( ) 分别表示复数的实数部分和虚数部分。

在对含有 $M \times N$ 的二维矩阵正变换时，该函数的计算方式如式（8-5）所示。

$$Y = F^{(M)} X F^{(N)} \tag{8-5}$$

在对含有 $M \times N$ 的二维矩阵逆变换时，该函数的计算方式如式（8-6）所示。

$$\begin{aligned} X' &= (F^{(M)})^{*} Y (F^{(N)})^{*} \\ X &= \frac{X'}{M * N} \end{aligned} \tag{8-6}$$

当处理单通道二维实数数据时，离散傅里叶正变换的结果具有复数共轭对称结构，结构形式如式（8-7）所示。当输入数据是一维实数向量时，输出结果为式（8-7）中的第一行。

$$\begin{bmatrix}
\mathrm{Re}\,Y_{0,0} & \mathrm{Re}\,Y_{0,1} & \mathrm{Im}\,Y_{0,1} & \mathrm{Re}\,Y_{0,2} & \mathrm{Im}\,Y_{0,2} & \cdots & \mathrm{Re}\,Y_{0,\frac{N_x}{2}-1} & \mathrm{Im}\,Y_{0,\frac{N_x}{2}-1} & \mathrm{Re}\,Y_{0,\frac{N_x}{2}} \\
\mathrm{Re}\,Y_{1,0} & \mathrm{Re}\,Y_{1,1} & \mathrm{Im}\,Y_{1,1} & \mathrm{Re}\,Y_{1,2} & \mathrm{Im}\,Y_{1,2} & \cdots & \mathrm{Re}\,Y_{1,\frac{N_x}{2}-1} & \mathrm{Im}\,Y_{1,\frac{N_x}{2}-1} & \mathrm{Im}\,Y_{1,\frac{N_x}{2}} \\
\mathrm{Im}\,Y_{1,0} & \mathrm{Re}\,Y_{2,1} & \mathrm{Im}\,Y_{2,1} & \mathrm{Re}\,Y_{2,2} & \mathrm{Im}\,Y_{2,2} & \cdots & \mathrm{Re}\,Y_{2,\frac{N_x}{2}-1} & \mathrm{Im}\,Y_{2,\frac{N_x}{2}-1} & \mathrm{Re}\,Y_{2,\frac{N_x}{2}} \\
\vdots & \vdots & \vdots & \vdots & \vdots & \vdots & \vdots & \vdots & \vdots \\
\mathrm{Re}\,Y_{\frac{N_y}{2}-1,0} & \mathrm{Re}\,Y_{\frac{N_y}{2}-3,1} & \mathrm{Im}\,Y_{\frac{N_y}{2}-3,1} & \mathrm{Re}\,Y_{\frac{N_y}{2}-3,2} & \mathrm{Im}\,Y_{\frac{N_y}{2}-3,2} & \cdots & \mathrm{Re}\,Y_{\frac{N_y}{2}-3,\frac{N_x}{2}-1} & \mathrm{Im}\,Y_{\frac{N_y}{2}-3,\frac{N_x}{2}-1} & \mathrm{Re}\,Y_{\frac{N_y}{2}-1,\frac{N_x}{2}} \\
\mathrm{Im}\,Y_{\frac{N_y}{2}-1,1} & \mathrm{Re}\,Y_{\frac{N_y}{2}-2,1} & \mathrm{Im}\,Y_{\frac{N_y}{2}-2,1} & \mathrm{Re}\,Y_{\frac{N_y}{2}-2,2} & \mathrm{Im}\,Y_{\frac{N_y}{2}-2,2} & \cdots & \mathrm{Re}\,Y_{\frac{N_y}{2}-2,\frac{N_x}{2}-1} & \mathrm{Im}\,Y_{\frac{N_y}{2}-2,\frac{N_x}{2}-1} & \mathrm{Im}\,Y_{\frac{N_y}{2}-1,\frac{N_x}{2}} \\
\mathrm{Re}\,Y_{\frac{N_y}{2},0} & \mathrm{Re}\,Y_{\frac{N_y}{2}-1,1} & \mathrm{Im}\,Y_{\frac{N_y}{2}-1,1} & \mathrm{Re}\,Y_{\frac{N_y}{2}-1,2} & \mathrm{Im}\,Y_{\frac{N_y}{2}-1,2} & \cdots & \mathrm{Re}\,Y_{\frac{N_y}{2}-1,\frac{N_x}{2}-1} & \mathrm{Im}\,Y_{\frac{N_y}{2}-1,\frac{N_x}{2}-1} & \mathrm{Re}\,Y_{\frac{N_y}{2},\frac{N_x}{2}}
\end{bmatrix} \tag{8-7}$$

虽然 dft()通过其第三个参数的设置可以实现离散傅里叶的逆变换，但是 OpenCV 4 仍然提供了专门用于离散傅里叶逆变换的 idft()函数，该函数的原型在代码清单 8-2 中给出。

代码清单 8-2　idft()函数原型

```
void cv::idft(InputArray  src,
              OutputArray  dst,
              int  flags = 0,
              int  nonzeroRows = 0
              )
```

- src：输入的图像或者数组矩阵，可以是实数也可以是复数。
- dst：离散傅里叶变换结果数组矩阵，其大小和类型取决于第三个参数 flags 的设置。
- flags：变换类型可选标志，可选标志在表 8-1 中给出。
- nonzeroRows：输入、输出结果的形式，默认值为 0。

该函数能够实现一维向量或者二维数组矩阵的离散傅里叶变换的逆变换，该函数的作用与 dft()函数设置 DFT_INVERSE 时效果一致，即 idft(src, dst, flags)相当于 dft(src, dst, flags | DFT_INVERSE)。该函数的所有参数与 dft()函数一致，这里不再详细说明。

> **注意**　dft()函数和 idft()函数都没有默认对结果进行缩放，因此需要通过设置 DFT_SCALE 实现两个函数中的变换的互逆性。

一般来说，离散傅里叶变换算法倾向于对某些特定长度的输入矩阵进行处理，而不是对任意尺寸的矩阵进行处理。因此，如果尺寸小于处理的最佳尺寸，那么常需要对输入矩阵进行尺寸变化以使得函数拥有较快的处理速度。常见的尺寸调整方式为在原矩阵的周围增加多层 0 像素，因此 dft()函数第四个参数才会讨论矩阵中出现第一个非零行。OpenCV 4 提供了 getOptimalDFTSize()函数用于计算最优的输入矩阵的尺寸，该函数的原型在代码清单 8-3 中给出。

代码清单 8-3　getOptimalDFTSize()函数原型

```
int cv::getOptimalDFTSize(int  vecsize)
```

vecsize：表示需要进行离散傅里叶变换的矩阵的最佳行数或者列数。

该函数能够返回已知矩阵数据的最优离散傅里叶变换尺寸，最优尺寸是 2、3、5 的公倍数，例如 $300 = 5 \times 5 \times 3 \times 2 \times 2$，也就是该函数会返回一个大于或等于输入尺寸的最小公倍数。该函数只有一个参数，表示输入矩阵的宽或者高，因此，在计算矩阵最优宽和高时，需要分别计算。如果输入的数据太大，非常地接近 INT_MAX，那么该函数返回负数。

确定最优尺寸后需要改变图像的尺寸，为了不对图像进行缩放，OpenCV 4 提供了copyMakeBorder()函数用于在图像周围形成外框，该函数的原型在代码清单 8-4 中给出。

代码清单 8-4　copyMakeBorder()函数原型

```
void cv::copyMakeBorder (InputArray  src,
                         OutputArray  dst,
                         int  top,
                         int  bottom,
                         int  left,
                         int  right,
                         int  borderType,
                         const Scalar &  value = Scalar()
                         )
```

- src：原图像。
- dst：扩展尺寸后的图像，与原图像具有相同的数据类型。
- top：原图像上方扩展的像素行数。
- bottom：原图像下方扩展的像素行数。
- left：原图像左侧扩展的像素列数。
- right：原图像右侧扩展的像素列数。
- borderType：扩展边界类型，在前文已经介绍，常用的类型为 BORDER_CONSTANT。
- value：扩展边界时使用的数值。

该函数能够在不对图像进行放缩的前提下扩大图像的尺寸。该函数的第一个参数是需要扩大尺寸的原图像。该函数的第二个参数是扩大原尺寸后的图像，图像的数据类型与输入的原图像相同，但是尺寸为扩展后的尺寸。该函数的第三个到第六个参数分别为原图像各个方向扩展像素的行数或者列数，这 4 个参数决定最终图像输出的尺寸。该函数输出图像的尺寸为 Size(src.cols + left + right, src.rows + top + bottom)。该函数的最后两个参数是扩展边界的类型和数值，扩展边界的类型常用 BORDER_CONSTANT，在 value 参数默认时，表示用 0 填充新扩展的像素。

由于离散傅里叶变换得到的数值可能为双通道的复数，在实际使用过程中更加关注复数的幅值，因此 OpenCV 4 提供了 magnitude()函数用于计算由两个矩阵组成的二维向量矩阵的幅值矩阵。该函数的原型在代码清单 8-5 中给出。

代码清单 8-5　magnitude()函数原型

```
void cv::magnitude(InputArray  x,
                   InputArray  y,
                   OutputArray  magnitude
                   )
```

- x：向量 x 坐标的浮点矩阵。
- y：向量 y 坐标的浮点矩阵。
- magnitude：输出的幅值矩阵，与第一个参数具有相同的尺寸和数据类型。

该函数可以用来计算两个矩阵对应位置组成的向量的幅值，简单来说，就是计算两个矩阵对应位置的平方根。该函数的第一个参数为其中一个矩阵，矩阵中每个元素可以表示向量的 x 坐标；第二个参数是另一个矩阵，矩阵中每个元素可以表示向量的 y 坐标。该函数的第三个参数是输出的幅值矩阵，即平方根矩阵，该矩阵与第一个参数中的输入矩阵具有相同的尺寸和数据类型。需要注意的是，该函数的输入矩阵必须是 CV_32F 或者 CV_64F 类型。该函数的计算公式如式（8-8）所示。

$$\mathrm{dst}(I)=\sqrt{x(I)^2+y(I)^2} \tag{8-8}$$

为了了解上述函数的使用方法，在代码清单 8-6 中给出了对图像进行离散傅里叶变换的示例程序。在该程序中，首先计算适合图像离散傅里叶变换的最优尺寸，之后利用 copyMakeBorder()函数扩展图像尺寸，然后进行离散傅里叶变换，最后计算变换结果的幅值。为了能够显示变换结果中的幅值，将结果进行归一化处理。根据式（8-7）可知变换后的原点位于 4 个顶点，因此通过图像变换，将变换结果的原点调整到图像中心。该程序的部分运行结果如图 8-1 和图 8-2 所示。同时，为了验证正变换和逆变换的可逆性，也给出了小型矩阵的正逆变换的结果，变换的结果如图 8-3 所示。

代码清单 8-6 mydft.cpp 离散傅里叶变换

```
#include <opencv2/opencv.hpp>
#include <iostream>

using namespace std;
using namespace cv;

int main()
{
    //对矩阵进行处理，展示正逆变换的关系
    Mat a = (Mat_<float>(5, 5) << 1, 2, 3, 4, 5,
        2, 3, 4, 5, 6,
        3, 4, 5, 6, 7,
        4, 5, 6, 7, 8,
        5, 6, 7, 8, 9);
    Mat b, c, d;
    dft(a, b, DFT_COMPLEX_OUTPUT);  //正变换
    dft(b, c, DFT_INVERSE | DFT_SCALE | DFT_REAL_OUTPUT);  //逆变换只输出实数
    idft(b, d, DFT_SCALE);  //逆变换

    //对图像进行处理
    Mat img = imread("lena.png");
    if (img.empty())
    {
        cout << "请确认图像文件名称是否正确" << endl;
        return -1;
    }
    Mat gray;
    cvtColor(img, gray, COLOR_BGR2GRAY);
    resize(gray, gray, Size(502, 502));
    imshow("原图像", gray);

    //计算适合图像离散傅里叶变换的最优尺寸
    int rows = getOptimalDFTSize(gray.rows);
    int cols = getOptimalDFTSize(gray.cols);

    //扩展图像
    Mat appropriate;
    int T = (rows - gray.rows) / 2;  //上方扩展行数
    int B = rows - gray.rows - T;  //下方扩展行数
    int L = (cols - gray.cols) / 2;  //左侧扩展行数
    int R = cols - gray.cols - L;  //右侧扩展行数
    copyMakeBorder(gray, appropriate, T, B, L, R, BORDER_CONSTANT);
    imshow("扩展后的图像", appropriate);

    //构建离散傅里叶变换输入量
    Mat flo[2], complex;
    flo[0] = Mat_<float>(appropriate);  //实数部分
    flo[1] = Mat::zeros(appropriate.size(), CV_32F);  //虚数部分
    merge(flo, 2, complex);  //合成一个多通道矩阵
```

```
    
    //进行离散傅里叶变换
    Mat result;
    dft(complex, result);
    
    //将复数转化为幅值
    Mat resultC[2];
    split(result, resultC);  //分成实数和虚数
    Mat amplitude;
    magnitude(resultC[0], resultC[1], amplitude);
    
    //使用对数缩小，公式为: M1 = log(1+M)，保证所有数都大于 0
    amplitude = amplitude + 1;
    log(amplitude, amplitude);//求自然对数
    
    //与原图像尺寸对应的区域
    amplitude = amplitude(Rect(T, L, gray.cols, gray.rows));
    normalize(amplitude, amplitude, 0, 1, NORM_MINMAX);  //归一化
    imshow("傅里叶变换结果幅值图像", amplitude);  //显示结果
    
    //重新排列傅里叶图像中的象限，使得原点位于图像中心
    int centerX = amplitude.cols / 2;
    int centerY = amplitude.rows / 2;
    //分解成 4 个小区域
    Mat Qlt(amplitude, Rect(0, 0, centerX, centerY));//ROI 区域的左上
    Mat Qrt(amplitude, Rect(centerX, 0, centerX, centerY));//ROI 区域的右上
    Mat Qlb(amplitude, Rect(0, centerY, centerX, centerY));//ROI 区域的左下
    Mat Qrb(amplitude, Rect(centerX, centerY, centerX, centerY));//ROI 区域的右下
    
    //交换象限，左上和右下进行交换
    Mat med;
    Qlt.copyTo(med);
    Qrb.copyTo(Qlt);
    med.copyTo(Qrb);
    //交换象限，左下和右上进行交换
    Qrt.copyTo(med);
    Qlb.copyTo(Qrt);
    med.copyTo(Qlb);
    
    imshow("中心化后的幅值图像", amplitude);
    waitKey(0);
    return 0;
}
```

原图像

扩展到最优尺寸的图像

图 8-1　mydft.cpp 程序中原图像与扩展后的图像

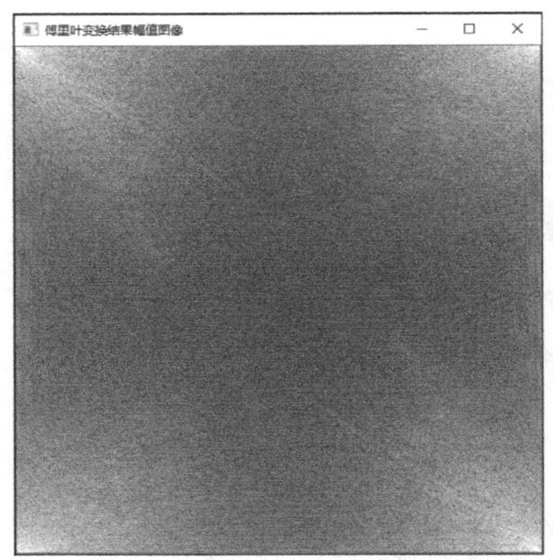

离散傅里叶变换结果

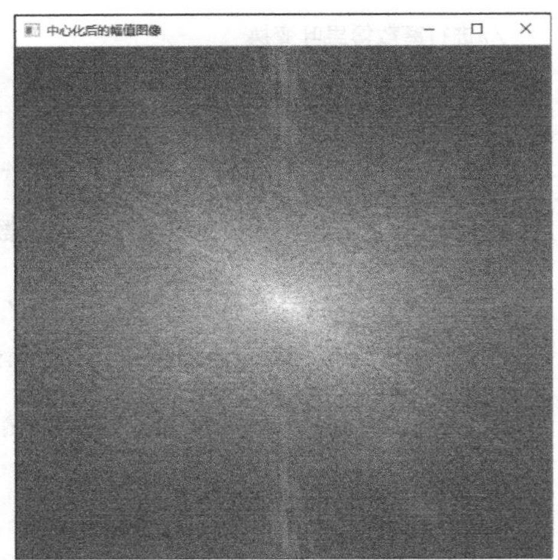

最值中心化结果

图 8-2　mydft.cpp 程序中傅里叶变换结果与中心化结果

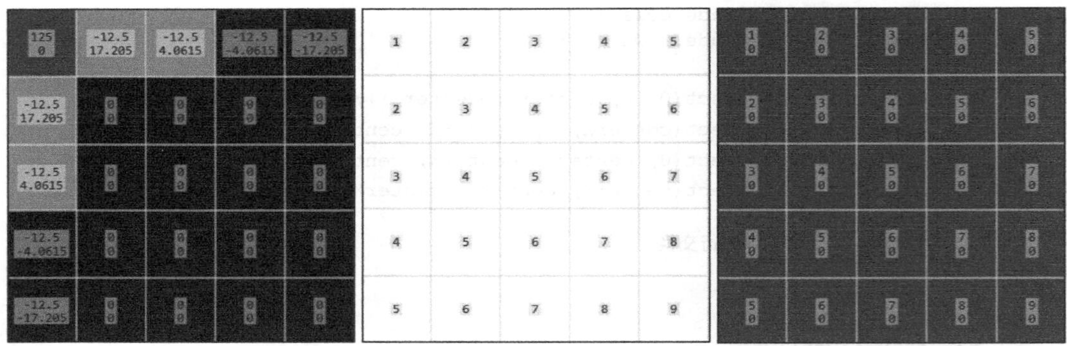

正变换结果b　　逆变换取实数结果c　　逆变换结果d

图 8-3　mydft.cpp 程序中数值矩阵正变换和逆变换结果

8.1.2　傅里叶变换进行卷积

傅里叶变换可以将两个矩阵的卷积转换成两个矩阵傅里叶变换结果的乘积，通过这种方式可以极大地提高卷积的计算速度。但是图像傅里叶变换结果都是具有复数共轭对称性的复数矩阵，两个矩阵相乘需要计算对应位置的两个复数乘积，OpenCV 4 提供了用于计算两个复数矩阵的乘积的mulSpectrums()函数，该函数的原型在代码清单 8-7 中给出。

代码清单 8-7　mulSpectrums()函数原型

```
void cv::mulSpectrums(InputArray  a,
                      InputArray  b,
                      OutputArray  c,
                      int  flags,
                      bool  conjB = false
                      )
```

- a：第一个输入矩阵。
- b：第二个输入矩阵，与第一个输入矩阵具有相同的尺寸和数据类型。
- c：输出矩阵，与第一个输入数组具有相同的尺寸和数据类型。

- flags：操作标志。
- conjB：是否对第二个输入矩阵进行共轭变换的标志。当参数为 false 时，不进行共轭变换；当参数为 true 时，进行共轭变换。

该函数能够实现两个离散傅里叶变换后的矩阵每个元素之间的乘法。该函数的前两个参数是输入的需要相乘的矩阵，这两个参数的数据类型和尺寸必须相同，并且同时为复数共轭格式的单通道频谱或者双通道频谱，数值可以通过 dft()获得。该函数的第三个参数是计算乘积后的输出矩阵，与输入矩阵具有相同的尺寸和数据类型。该函数的最后两个参数是运算过程的操作标志，当最后一个参数为 false 时，表示输入矩阵之间的乘法，当最后一个参数为 true 时，表示前一个数组的元素与第二个数组的复数共轭的乘法。这里需要说明的是，通过离散傅里叶变换方式进行图像的卷积时，需要将卷积核也扩展到与图像相同的尺寸，并对乘积结果进行离散傅里叶变换的逆变换。

为了了解该函数的用法，代码清单 8-8 中给出了通过 dft()函数和 mulSpectrums()函数实现图像卷积的示例程序。在该程序中，首先需要将图像和卷积核扩展到相同的最优傅里叶变换尺寸，之后分别进行离散傅里叶变换，并对变换结果进行乘积，最后对乘积结果进行离散傅里叶变换的逆变换并归一化得到最终结果。该程序的运行结果在图 8-4 中给出。

代码清单 8-8　myMulSpectrums.cpp 通过傅里叶变换进行卷积

```
#include <opencv2\opencv.hpp>
#include <iostream>

using namespace cv;
using namespace std;

int main()
{
    Mat img = imread("lena.png");
    if (img.empty())
    {
        cout << "请确认图像文件名称是否正确" << endl;
        return -1;
    }
    Mat gray;
    cvtColor(img, gray, COLOR_BGR2GRAY);
    Mat grayfloat = Mat_<float>(gray);  //更改图像数据类型为 float
    Mat kernel = (Mat_<float>(5, 5) << 1, 1, 1, 1, 1,
        1, 1, 1, 1, 1,
        1, 1, 1, 1, 1,
        1, 1, 1, 1, 1,
        1, 1, 1, 1, 1);
    //构建输出图像
    Mat result;
    int rwidth = abs(grayfloat.rows - kernel.rows) + 1;
    int rheight = abs(grayfloat.cols - kernel.cols) + 1;
    result.create(rwidth, rheight, grayfloat.type());

    // 计算最优离散傅里叶变换尺寸
    int width = getOptimalDFTSize(grayfloat.cols + kernel.cols - 1);
    int height = getOptimalDFTSize(grayfloat.rows + kernel.rows - 1);

    //改变输入图像尺寸
    Mat tempA;
    int A_T = 0;
    int A_B = width - grayfloat.rows;
    int A_L = 0;
```

```
    int A_R = height - grayfloat.cols;
    copyMakeBorder(grayfloat, tempA, 0, A_B, 0, A_R, BORDER_CONSTANT);

    //改变滤波器尺寸
    Mat tempB;
    int B_T = 0;
    int B_B = width - kernel.rows;
    int B_L = 0;
    int B_R = height - kernel.cols;
    copyMakeBorder(kernel, tempB, 0, B_B, 0, B_R, BORDER_CONSTANT);

    //分别进行离散傅里叶变换
    dft(tempA, tempA, 0, grayfloat.rows);
    dft(tempB, tempB, 0, kernel.rows);

    //多个傅里叶变换的结果相乘
    mulSpectrums(tempA, tempB, tempA, DFT_COMPLEX_OUTPUT);

    //相乘结果进行逆变换
    //dft(tempA, tempA, DFT_INVERSE | DFT_SCALE, result.rows);
    idft(tempA, tempA, DFT_SCALE, result.rows);

    //对逆变换结果进行归一化
    normalize(tempA, tempA, 0, 1, NORM_MINMAX);

    //截取部分结果作为滤波结果
    tempA(Rect(0, 0, result.cols, result.rows)).copyTo(result);

    //显示结果
    imshow("原图像", gray);
    imshow("滤波结果", result);
    waitKey(0);
}
```

原图像

滤波后的图像

图 8-4　myMulSpectrums.cpp 程序运行结果

8.1.3　离散余弦变换

离散余弦变换是与傅里叶变换相关的一种变换，它类似于离散傅里叶变换，但是变换过程中只使用实数。离散余弦变换经常使用在信号处理和图像处理领域中，主要用于对信号和图像的有损数据压缩中。离散余弦变换具有“能量集中”的特性，信号经过变换后能量主要集中在结果的低频部分。

对于一维离散余弦变换，公式如式（8-9）所示。

$$F(u)=C(u)\sqrt{\frac{2}{N}}\sum_{x=0}^{N-1}f(x)\cos\frac{(2x+1)u\pi}{2N} \tag{8-9}$$

其中 $u,x=0,1,2,\cdots,N-1$， $C(u)$ 形式如式（8-10）所示。

$$C(u)=\begin{cases}\dfrac{1}{\sqrt{2}}, & u=0\\ 1 & ，其他\end{cases} \tag{8-10}$$

利用分离性可以将式（8-9）整理成 $F=Gf$ 的形式，其中 G 的形式如式（8-11）所示。

$$G=\begin{bmatrix}\dfrac{1}{\sqrt{N}} & \dfrac{1}{\sqrt{N}} & \dfrac{1}{\sqrt{N}} & \cdots & \dfrac{1}{\sqrt{N}}\\ \dfrac{\cos\left(\dfrac{\pi}{2N}\right)}{\sqrt{2/N}} & \dfrac{\cos\left(\dfrac{3\pi}{2N}\right)}{\sqrt{2/N}} & \dfrac{\cos\left(\dfrac{5\pi}{2N}\right)}{\sqrt{2/N}} & \cdots & \dfrac{\cos\left(\dfrac{(2N-1)\pi}{2N}\right)}{\sqrt{2/N}}\\ \dfrac{\cos\left(\dfrac{2\pi}{2N}\right)}{\sqrt{2/N}} & \dfrac{\cos\left(\dfrac{6\pi}{2N}\right)}{\sqrt{2/N}} & \dfrac{\cos\left(\dfrac{10\pi}{2N}\right)}{\sqrt{2/N}} & \cdots & \dfrac{\cos\left(\dfrac{2(2N-1)\pi}{2N}\right)}{\sqrt{2/N}}\\ \vdots & \vdots & \vdots & \vdots & \vdots\\ \dfrac{\cos\left(\dfrac{(N-1)\pi}{2N}\right)}{\sqrt{2/N}} & \dfrac{\cos\left(\dfrac{(N-1)3\pi}{2N}\right)}{\sqrt{2/N}} & \dfrac{\cos\left(\dfrac{(N-1)5\pi}{2N}\right)}{\sqrt{2/N}} & \cdots & \dfrac{\cos\left(\dfrac{(N-1)(2N-1)\pi}{2N}\right)}{\sqrt{2/N}}\end{bmatrix} \tag{8-11}$$

对于二维离散余弦变换，公式如式（8-12）所示。

$$F(u,v)=\frac{2}{\sqrt{MN}}\sum_{x=0}^{M-1}\sum_{y=0}^{N-1}f(x,y)C(u)C(v)\frac{(2x+1)u\pi}{2M}\cos\frac{(2y+1)v\pi}{2N} \tag{8-12}$$

由于二维变换展开形式过于复杂，这里不进行展开，感兴趣的读者可以查阅相关资料进行学习。OpenCV 4 提供了 dct()函数用于计算离散余弦变换，该函数的原型在代码清单 8-9 中给出。

代码清单 8-9　dct()函数原型

```
void cv::dct(InputArray  src,
             OutputArray  dst,
             int  flags = 0
             )
```

- src：待进行离散余弦变换的数据矩阵，数据必须是浮点数。
- dst：离散余弦变换结果矩阵，与输入量具有相同的尺寸和数据类型。
- flags：转换方法的标志，可以选择的标志及其含义在表 8-2 中给出。

表 8-2　　dct()函数中转换方法的可选择标志

标志	简记	含义
—	0	对一维或者二维数组进行正变换
DCT_INVERSE	1	对一维或者二维数组进行逆变换
DCT_ROWS	4	执行输入矩阵的每一行的正变换？或逆变换？此标志使程序可以同时转换多个向量，可用于减少开销以执行三维和更高维度的转换

该函数对一维或者二维的数据进行正向和逆向的离散余弦变换。该函数的前两个参数分别为输入数据和变换后的输出数据，输入数据必须是浮点类型，并且两个数据具有相同的尺寸和数据类型。该函数的第三个参数为转换方法的标志，使用规则如下。

- 如果（flags＆DCT_INVERSE）== 0，那么该函数对一维或者二维数据进行正向离散余弦变换；否则，进行逆变换。
- 如果（flags＆DCT_ROWS）! = 0，那么该函数执行每行的一维变换。
- 如果数据是单行或者单列的，那么该函数进行一维变换。
- 如果以上都不成立，那么该函数执行二维变换。

> **注意**　目前 dct()函数只支持偶数大小的数组，因此，在使用该函数处理数据时，需要将数据填充到指定的尺寸。在实际使用中，最佳尺寸可以通过 2 × getOptimalDFTSize（(N+1)/2）计算得到。

对含有 N 个元素的一维向量正变换时，该函数的计算方式如式（8-13）所示。

$$Y = \boldsymbol{C}^{(N)} X \tag{8-13}$$

其中，$C_{jk}^{(N)} = \sqrt{a_j / N} \cos\left(\frac{\pi(2k+1)j}{2N}\right), a_0 = 1, a_j = 2(j > 0)$。

对含有 N 个元素的一维向量逆变换时，该函数的计算方式如式（8-14）所示。

$$X = (\boldsymbol{C}^{(N)})^{-1} Y = (\boldsymbol{C}^{(N)})^{\mathrm{T}} Y \tag{8-14}$$

其中，$\boldsymbol{C}^{(N)}$ 是正交矩阵，并且满足 $\boldsymbol{C}^{(N)}(\boldsymbol{C}^{(N)})^{\mathrm{T}} = I$。

对含有 $M \times N$ 个元素的二维矩阵正变换时，该函数的计算方式如式（8-15）所示。

$$Y = \boldsymbol{C}^{(N)} X (\boldsymbol{C}^{(N)})^{\mathrm{T}} \tag{8-15}$$

对含有 $M \times N$ 个元素的二维矩阵逆变换时，该函数的计算方式如式（8-16）所示。

$$X = (\boldsymbol{C}^{(N)})^{\mathrm{T}} Y \boldsymbol{C}^{(N)} \tag{8-16}$$

虽然 dct()通过其第三个参数可以实现离散余弦变换的逆变换，但是 OpenCV 4 仍然提供了专门用于离散余弦变换的逆变换函数 idft()，该函数的原型在代码清单 8-10 中给出。

代码清单 8-10　idct()函数原型

```
void cv::idct(InputArray  src,
              OutputArray  dst,
              int  flags = 0
              )
```

- src：待进行离散余弦变换的逆变换的数据矩阵，数据是单通道的浮点数。
- dst：离散余弦变换的逆变换的结果矩阵，与输入量具有相同的尺寸和数据类型。
- flags：转换方法的标志。

该函数能够实现一维或者二维数组矩阵的离散余弦变换的逆变换。该函数的作用与 dct()函数设置 DFT_INVERSE 时效果一致，即 idct(src, dst, flags)相当于 dct(src, dst, flags | DFT_INVERSE)。该函数的所有参数与 dct()函数一致，这里不再详细说明。

为了了解图像离散余弦变换相关函数的使用方法和变换结果，在代码清单 8-11 中给出了对 5×5 数据矩阵和图像进行离散余弦变换的示例程序。在该程序中，对数据矩阵进行正变换和逆变换，结果如图 8-5 所示。通过结果可以看出，离散余弦变换的正逆变换是相反的变换。同时，该程序中也对彩色图像进行离散余弦变换，由于 dct()函数只能变换单通道的矩阵，因此分别对 3 个通道进行离散余弦变换，并将变换结果重新组成一幅具有三通道的彩色图像，处理结果在图 8-6 中给出。

代码清单 8-11　myDct.cpp 图像离散余弦变换

```
#include <opencv2\opencv.hpp>
#include <iostream>

using namespace cv;
using namespace std;

int main()
{
    Mat kernel = (Mat_<float>(5, 5) << 1, 2, 3, 4, 5,
                                       2, 3, 4, 5, 6,
                                       3, 4, 5, 6, 7,
                                       4, 5, 6, 7, 8,
                                       5, 6, 7, 8, 9);
    Mat a, b;
    dct(kernel, a);
    idct(a, b);

    //对图像进行处理
    Mat img = imread("lena.png");
    if (!img.data)
    {
        cout << "读入图像出错,请确认图像名称是否正确" << endl;
        return -1;
    }
    imshow("原图像", img);

    //计算最优变换尺寸
    int width = 2 * getOptimalDFTSize((img.cols + 1) / 2);
    int height = 2 * getOptimalDFTSize((img.rows + 1) / 2);

    //扩展图像尺寸
    int T = 0;
    int B = height - T - img.rows;
    int L = 0;
    int R = width - L - img.rows;
    Mat appropriate;
    copyMakeBorder(img, appropriate, T, B, L, R, BORDER_CONSTANT, Scalar(0));

    //对 3 个通道需要分别进行离散余弦变换
    vector<Mat> channels;
    split(appropriate, channels);

    //提取 NGR 颜色各个通道的值
    Mat one = channels.at(0);
    Mat two = channels.at(1);
    Mat three = channels.at(2);

    //进行离散余弦变换
    Mat oneDCT, twoDCT, threeDCT;
    dct(Mat_<float>(one), oneDCT);
    dct(Mat_<float>(two), twoDCT);
    dct(Mat_<float>(three), threeDCT);

    //重新组成 3 个通道
```

```
    vector<Mat> channelsDCT;
    channelsDCT.push_back(Mat_<uchar>(oneDCT));
    channelsDCT.push_back(Mat_<uchar>(twoDCT));
    channelsDCT.push_back(Mat_<uchar>(threeDCT));

    //输出图像
    Mat result;
    merge(channelsDCT, result);
    imshow("DCT 图像", result);
    waitKey();
    return 0;
}
```

1	2	3	4	5
2	3	4	5	6
3	4	5	6	7
4	5	6	7	8
5	6	7	8	9

原始数据

25	-7.0425	0	-0.635	-3.37e-08
-7.0425	0	-4.53e-08	0	1.25e-07
-6.36e-08	-1.98e-08	8.63e-08	-4.49e-09	-5.89e-08
-0.635	0	-2.8e-08	0	2.03e-07
-6.36e-08	1.31e-07	-3.29e-08	-4.49e-09	-1.54e-07

离散余弦变换后的数据

1	2	3	4	5
2	3	4	5	6
3	4	5	6	7
4	5	6	7	8
5	6	7	8	9

离散余弦变换后的结果的逆变换结果

图 8-5　myDct.cpp 程序中数据矩阵离散余弦变换的正、逆变换结果

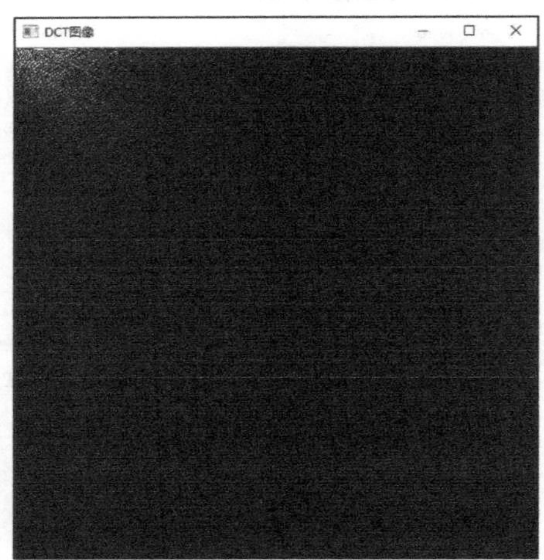

图 8-6　myDct.cpp 程序中原图和离散余弦变换的结果

8.2 积分图像

积分图像主要用于快速计算图像某些区域像素的平均灰度。在没有积分图像之前，计算某个区域内像素的平均灰度值需要将所有像素值相加求和，之后除以像素的数目，这种方式虽然数学原理简单，但是在程序运算过程中显得比较麻烦，因为区域不同时需要重新计算区域内像素值总和，尤其是在同一幅图像中计算多个具有重叠区域的平均灰度值时，重叠区域内的像素会被反复使用。积

分图像的出现使得每一个像素只需要使用一次。

积分图像的原理如图 8-7 所示。积分图像是比原图像尺寸大 1 的新图像，例如，原图像尺寸为 $N \times N$，那么积分图像尺寸为 $(N+1)\times(N+1)$。积分图像中每个像素的像素值为原图像中该像素点与坐标原点组成的矩形内所有像素值的和，例如图 8-7 中 P_0 像素的像素值为原图像中前 4 行和前 4 列相交区域内所有像素值之和，像素值之和用 $P_0(4,4)$ 表示。同理，P_1 像素的像素值为原图像中前 4 行和前 7 列相交的区域所有像素值之和，像素值之和用 $P_1(4,7)$ 表示，P_2 像素值用 $P_2(7,4)$ 表示，P_3 像素值用 $P_3(7,7)$ 表示。如果需要计算图像中前 4 行和前 4 列相交区域内所有像素值的平均值，那么可以直接用 $P_0(4,4)$ 除以该区域内像素的数目，如果计算前 4 行和前 7 列相交区域内所有像素值的平均值，那么可以直接用 $P_1(4,7)$ 除以区域内像素的数目，这样避免了 P_0 与坐标原点围成的矩形范围内所有像素多次相加计算，每个像素值只进行一次加法运算。在计算 4 个点中心区域像素值的平均值时，只需要对这 4 个值进行加减处理。

根据积分图像计算规则的不同，可以分为 3 种主要的积分图像，分别是标准求和积分图像、平方求和和积分图像，以及倾斜求和积分图像。

标准求和积分图像就是计算像素点围成矩形区域内每个像素值之和，将最终结果作为积分图像中该像素的像素值，标准求和积分图像的计算方式如式（8-17）所示。

$$\text{sum}(x,y)=\sum_{y'<y}\sum_{x'<x} I(x',y') \tag{8-17}$$

平方和积分图像就是计算像素点围成矩形区域内每个像素值平方的总和，将最终结果作为积分图像中该像素的像素值，平方和积分图像的计算方式如式（8-18）所示。

$$\text{sum}_{\text{square}}=\sum_{y'<y}\sum_{x'<x} I(x',y')^2 \tag{8-18}$$

倾斜求和积分图像与前两者相似，只是将累加求和的方向旋转了 45°，形式上如同倒三角形，其形式如图 8-8 所示。倾斜求和积分图像的计算方式如式（8-19）所示。

$$\text{sum}_{\text{tilted}}(x,y)=\sum_{y'<y}\sum_{\text{asb}(x'-x)<y} I(x',y') \tag{8-19}$$

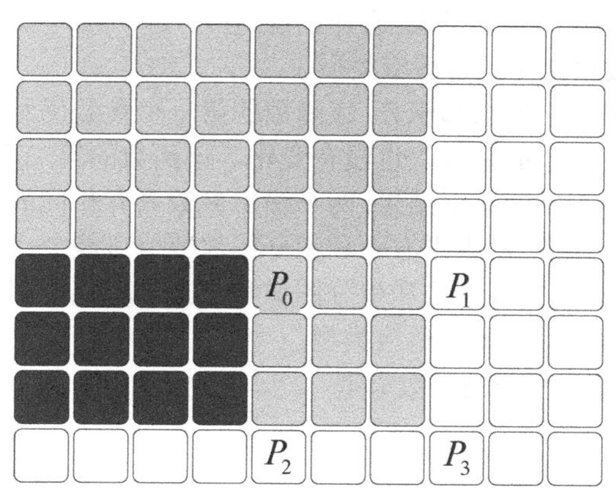

图 8-7　积分图像的原理示意图

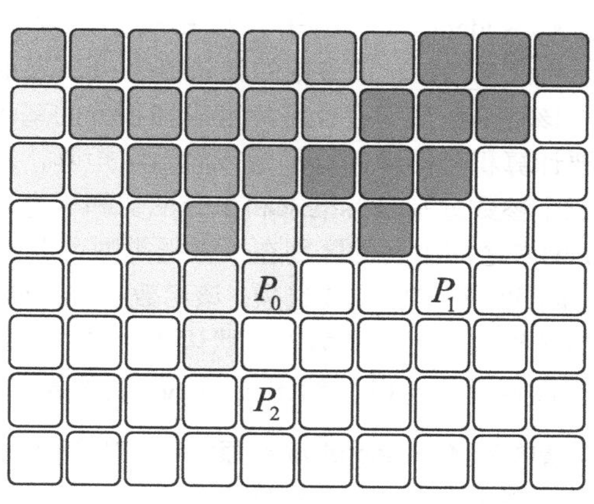

图 8-8　倾斜求和积分图像的原理示意图

OpenCV 4 提供了 integral()函数用于实现上述 3 种积分图像，3 种计算积分图像的方式通过同一个函数的不同原型实现，实现标准求和积分的函数原型在代码清单 8-12 中给出。

代码清单 8-12　integral()函数原型（标准求和积分）

```
void cv::integral(InputArray  src,
```

```
                    OutputArray  sum,
                    int  sdepth = -1
                    )
```

- src：输入图像或者数组矩阵，图像的数据类型可以是 CV_8U、CV_32F 或者 CV_64F。
- sum：输出标准求和积分图像，图像的数据类型可以是 CV_32S、CV_32F 或者 CV_64F。
- sdepth：输出图像的数据类型标志，可以选择的类型为 CV_32S、CV_32F 或者 CV_64F。该参数的默认值为−1，表示满足数据存储的自适应类型。

该函数只能实现图像的标准求和积分。该函数的第一个参数是需要计算标准求和积分的图像或者数组矩阵，数据类型可以是 CV_8U、CV_32F 或者 CV_64F，可以为单通道或者多通道，如果输入数据具有多个通道，那么分别对每一个通道单独进行标准积分处理。该函数的第二个参数是输出标准积分图像，图像数据类型可以是 CV_32S、CV_32F 或者 CV_64F，如果输入图像的尺寸为 $M \times N$，那么输出图像的尺寸为 $(M+1)\times(N+1)$。该函数的第三个参数是输出图像的数据类型标志，可以选择的类型为 CV_32S、CV_32F 或者 CV_64F。该参数的默认值为−1，表示满足数据存储的自适应类型，在没有特殊需求的情况下，可以使用默认值。

代码清单 8-13 中给出了 integral()函数实现平方求和积分的函数原型。

代码清单 8-13　integral()函数原型（平方求和积分）

```
void cv::integral(InputArray  src,
                    OutputArray  sum,
                    OutputArray  sqsum,
                    int  sdepth = -1,
                    int  sqdepth = -1
                    )
```

- src：输入图像或数组矩阵，图像的数据类型可以是 CV_8U、CV_32F 或者 CV_64F。
- sum：输出标准求和积分图像，图像的数据类型可以是 CV_32S、CV_32F 或者 CV_64F。
- sqsum：输出平方求和积分图像，图像的数据类型可以是 CV_32F 或者 CV_64F。
- sdepth：输出标准求和积分图像的数据类型标志，可以选择的类型为 CV_32S、CV_32F 或者 CV_64F。该参数的默认值为−1，表示满足数据存储的自适应类型。
- sqdepth：输出平方求和积分图像的数据类型标志，可以选择的类型为 CV_32F 或者 CV_64F。该参数的默认值为−1，表示满足数据存储的自适应类型。

该种函数原型在计算标准求和积分的基础上增加了平方求和积分。该函数的第一个参数仍然为需要计算积分图像的原图像或者数组矩阵，对于数据类型的要求，也没有变化。该函数的第二个、第三个参数分别是标准求和积分图像和平方求和积分图像的输出结果，两个输出参数具有相同的尺寸，两者之间主要的区别在于数据类型可选择的范围不同，由于平方求和积分图像数值可能会比较大，因此没有 CV_32S 选项。该函数的最后两个参数分别是标准求和积分图像和平方求和积分图像输出结果的数据类型标志，默认值为−1，表示满足数据存储的自适应类型。

代码清单 8-14 中给出了 integral()函数实现倾斜求和积分的函数原型。

代码清单 8-14　integral()函数原型（倾斜求和积分）

```
void cv::integral(InputArray  src,
                    OutputArray  sum,
                    OutputArray  sqsum,
                    OutputArray  tilted,
                    int  sdepth = -1,
                    int  sqdepth = -1
                    )
```

- src：输入图像或数组矩阵，图像的数据类型可以是 CV_8U、CV_32F 或者 CV_64F。
- sum：输出标准求和积分图像，图像的数据类型可以是 CV_32S、CV_32F 或者 CV_64F。
- sqsum：输出平方求和积分图像，图像的数据类型可以是 CV_32F 或者 CV_64F。
- tilted：输出倾斜 45°的倾斜求和积分图像，其数据类型与 sum 相同。
- sdepth：输出标准求和积分图像和倾斜求和积分图像的数据类型标志，可以选择的类型为 CV_32S、CV_32F 或者 CV_64F。该参数的默认值为-1，表示满足数据存储的自适应类型。
- sqdepth：输出平方求和积分图像的数据类型标志，可以选择的类型为 CV_32F 或者 CV_64F。该参数的默认值为-1，表示满足数据存储的自适应类型。

该种函数原型能够同时计算标准求和积分、平方求和积分和倾斜求和积分。该函数原型在平方求和积分原型的基础上新增了一个参数：第四个参数表示输出倾斜 45°的倾斜求和积分图像，该输出值具有与标准求和积分图像相同的尺寸和数据类型，并且原本用于控制标准求和积分图像数据类型标志的参数 sdepth 也能同时控制倾斜求和积分计算的数据类型。

为了了解该函数的使用方法，以及图像积分的效果，代码清单 8-15 中给出了对一个 16×16 的小尺寸小数值图像求取积分图像的示例程序。在该程序中，首先创建一个像素值都为 1 的 16×16 大小的图像，为了体现标准求和积分和平方求和积分的区别，每个像素值加上一个-0.5～0.5 之间的噪声。对图像分别使用 3 种函数原型求取不同的积分，为了让显示效果明显，将所有积分图像都转换成 CV_8U 类型。该程序运行结果在图 8-9 中给出。通过结果可以看出，标准求和积分和平方求和积分都是左下角的数值最大，并且平方求和积分亮度变化要比标准求和积分快，而倾斜求和积分的最大数值出现在下方的中间处。

代码清单 8-15 myIntegral.cpp 计算积分图像

```
#include <opencv2\opencv.hpp>
#include <iostream>

using namespace cv;
using namespace std;

int main()
{
	//创建一个 16×16 且像素值全为 1 的矩阵，因为 256=16×16
	Mat img = Mat::ones(16, 16, CV_32FC1);

	//在图像中加入随机噪声
	RNG rng(10086);
	for (int y = 0; y < img.rows; y++)
	{
		for (int x = 0; x < img.cols; x++)
		{
			float d = rng.uniform(-0.5, 0.5);
			img.at<float>(y, x) = img.at<float>(y, x) + d;
		}
	}

	//计算标准求和积分
	Mat sum;
	integral(img, sum);
	//为了便于显示，转成 CV_8U 格式
	Mat sum8U = Mat_<uchar>(sum);

	//计算平方求和积分
	Mat sqsum;
```

```
    integral(img, sum, sqsum);
    //为了便于显示，转成 CV_8U 格式
    Mat sqsum8U = Mat_<uchar>(sqsum);

    //计算倾斜求和积分
    Mat tilted;
    integral(img, sum, sqsum, tilted);
    //为了便于显示，转成 CV_8U 格式
    Mat tilted8U = Mat_<uchar>(tilted);

    //输出结果
    namedWindow("sum8U", WINDOW_NORMAL);
    namedWindow("sqsum8U", WINDOW_NORMAL);
    namedWindow("tilted8U", WINDOW_NORMAL);
    imshow("sum8U", sum8U);
    imshow("sqsum8U", sqsum8U);
    imshow("tilted8U", tilted8U);

    waitKey();
    return 0;
}
```

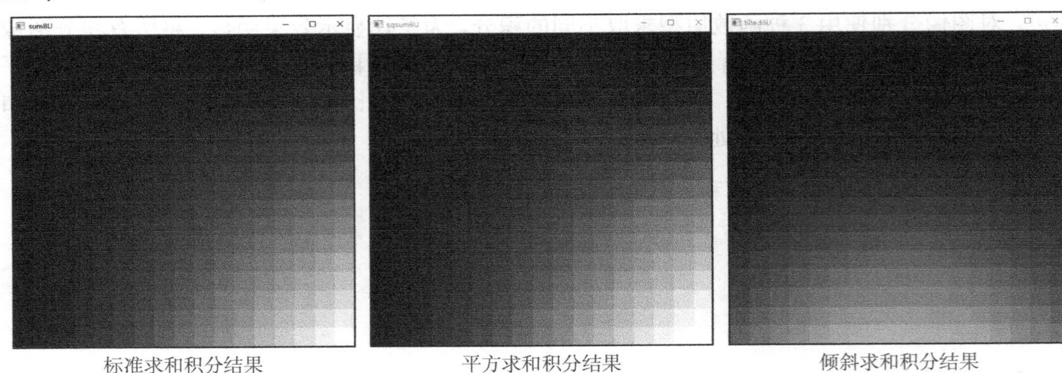

标准求和积分结果　　平方求和积分结果　　倾斜求和积分结果

图 8-9　myIntegral.cpp 程序中 3 种积分图像结果

8.3 图像分割

图像分割是指将图像中属于某一类的像素点与其他像素点分开，例如，在黑白相间的图像中，将黑色和白色分开就是图像分割。图像分割对于提取图像中的重要信息具有重要的作用。准确的图像分割有助于提高对图像内容的理解，以及后续的图像处理。常见的图像分割算法有漫水填充法、分水岭法、Grabcut 法、Mean-Shift 法和 KMeans 法，本节中将介绍前 4 种图像分割方法，最后一种图像分割算法将在后续机器学习相关内容中进行介绍。

8.3.1　漫水填充法

漫水填充法是根据像素灰度值之间的差值寻找相同区域以实现分割。我们可以将图像的灰度值理解成像素点的高度，这样一幅图像可以看成崎岖不平的地面或者山地，向地面上某一个低洼的地方倾倒一定量的水，水将掩盖低于某个高度的区域。漫水填充法利用的就是这样的原理，其形式与注水相似，因此被形象地称为“漫水”。

与向地面注水一致，漫水填充法也需要在图像选择一个“注水”像素，该像素称为种子点，种子点按照一定规则不断向外扩散，从而形成具有相似特征的独立区域，进而实现图像分割。漫水填

充法主要分为以下 3 个步骤。

第一步：选择种子点(x, y)。

第二步：以种子点为中心，判断 4-邻域或者 8-邻域的像素值与种子点像素值的差值，将差值小于阈值的像素点添加进区域内。

第三步：将新加入的像素点作为新的种子点，反复执行第二步，直到没有新的像素点被添加进该区域为止。

OpenCV 4 提供了 floodFill 函数用于实现漫水填充法分割图像，该函数有两种原型，代码清单 8-16 中给出其中一种。

代码清单 8-16　floodFill()函数原型 1

```
int cv::floodFill(InputOutputArray  image,
                  InputOutputArray  mask,
                  Point  seedPoint,
                  Scalar  newVal,
                  Rect *  rect = 0,
                  Scalar  loDiff = Scalar(),
                  Scalar  upDiff = Scalar(),
                  int  flags = 4
                  )
```

- image：输入及输出图像，图像可以为 CV_8U 或者 CV_32F 数据类型的单通道或者三通道图像。
- mask：掩码矩阵，尺寸比输入图像宽和高各大 2 的单通道图像，用于标记漫水填充的区域。
- seedPoint：种子点。
- newVal：归入种子点区域内像素点的新像素值。
- rect：种子点漫水填充区域的最小矩形边界，默认值为 0，表示不输出边界。
- loDiff：添加进种子点区域条件的下界差值，当邻域某像素点的像素值与种子点像素值的差值大于该值时，该像素点被添加进种子点所在的区域。
- upDiff：添加进种子点区域条件的上界差值，当种子点像素值与邻域某像素点的像素值的差值小于该值时，该像素点被添加进种子点所在的区域。
- flags：漫水填充法的操作标志，由 3 部分构成，分别表示邻域种类、掩码矩阵中被填充像素点的像素值和填充算法的规则，填充算法规则可选择的标志在表 8-3 中给出。

表 8-3　floodFill()函数漫水填充法的操作标志

标志	简记	含义
FLOODFILL_FIXED_RANGE	1<<16	如果设置该参数，那么仅考虑当前像素值与初始种子点像素值之间的差值，否则考虑新种子点像素值与当前像素值之间的差异，即范围是否浮动的标志
FLOODFILL_MASK_ONLY	1<<17	如果设置，那么该函数不会更改原始图像，即忽略第四个参数 newVal，只生成掩码矩阵

该函数可以根据给定像素点的像素值，寻找邻域内与其像素值接近的区域。该函数的第一个参数既是输入图像又是输出图像，可以是 CV_8U 或者 CV_32F 的单通道或者三通道图像。该函数的第二个参数是漫水填充的掩码矩阵，非零像素点表示在原图像中被填充的区域。掩码矩阵的宽和高要比原图像的宽和高大 2，并且需要在函数之前将该矩阵初始化。该函数的第三个参数是种子点，可以是图像范围内任意一点。该函数的第四个参数是被填充像素点的新像素值，该值会直接作用在原图中，对原图进行修改。该函数的第五个参数是填充像素的最小矩形区域。该函数的第六个、第

七个参数是像素点被填充的阈值条件，分别表示范围的下界和上界。该函数的最后一个参数是填充方法的操作标志，该标志由 3 部分组成，第一部分表示邻域的种类，可以选择的值为 4（表示 4-邻域）和 8（表示 8-邻域）；第二部分表示掩码矩阵中被填充像素点的新像素值；第三部分是填充算法的规则标志，其可选择的标志在表 8-3 中给出。这 3 部分可以通过“|”符号连接，例如“4|(255<<8) | FLOODFILL_FIXED_RANGE”。

有时我们并不需要使用掩码矩阵，输入掩码矩阵是对内存资源的浪费，因此 OpenCV 4 提供了 floodFill()函数的第二种原型，用于不输入掩码矩阵，代码清单 8-17 中给出了这种原型。

代码清单 8-17 floodFill()函数原型 2

```
int cv::floodFill(InputOutputArray  image,
                  Point  seedPoint,
                  Scalar  newVal,
                  Rect *  rect = 0,
                  Scalar  loDiff = Scalar(),
                  Scalar  upDiff = Scalar(),
                  int  flags = 4
                  )
```

该函数的所有参数的含义与代码清单 8-16 中对应的参数含义相同，这里不再赘述。不过需要注意的是，该函数最后一个参数在可选值的范围上有些变化，由于函数不输出掩码矩阵，FLOODFILL_MASK_ONLY 标志不起任何作用，因此在该种函数原型中没有任何意义，甚至可以默认表示掩码矩阵中被填充像素点的新像素值的第二部分。

为了了解该函数的使用方法，以及漫水填充法分割的效果，在代码清单 8-18 中给出了利用 floodFill()函数对图像进行分割的示例程序。在该程序中，每一次循环都会随机生成一个像素点，并对这个像素点进行漫水填充。图 8-10 给出了填充结果和掩码矩阵图像，同时输出每个种子点的坐标和填充像素点的数目，输出结果如图 8-11 所示。

代码清单 8-18 myFloodfill.cpp 漫水填充法分割图像

```
#include <opencv2\opencv.hpp>
#include <iostream>

using namespace cv;
using namespace std;

int main()
{
    system("color F0");  //将 DOS 界面调成白底黑字
    Mat img = imread("lena.png");
    if (!(img.data))
    {
        cout << "读取图像错误，请确认图像文件是否正确" << endl;
        return -1;
    }

    RNG rng(10086);//随机数，用于随机生成像素

    //设置操作标志 flags
    int connectivity = 4;  //连通邻域方式
    int maskVal = 255;  //掩码图像的数值
    int flags = connectivity|(maskVal<<8)| FLOODFILL_FIXED_RANGE; //漫水填充操作方式标志

    //设置与选中像素点的差值
    Scalar loDiff = Scalar(20, 20, 20);
```

```
    Scalar upDiff = Scalar(20, 20, 20);

    //声明掩码矩阵变量
    Mat mask = Mat::zeros(img.rows + 2, img.cols + 2, CV_8UC1);

    while (true)
    {
        //随机产生图像中某一像素点
        int py = rng.uniform(0,img.rows-1);
        int px = rng.uniform(0, img.cols - 1);
        Point point = Point(px, py);

        //彩色图像中填充的像素值
        Scalar newVal = Scalar(rng.uniform(0, 255), rng.uniform(0, 255),
                               rng.uniform(0, 255));

        //漫水填充函数
        int area = floodFill(img, mask, point, newVal, &Rect(),loDiff,upDiff,flags);

        //输出像素点和填充的像素数目
        cout << "像素点 x: " << point.x << "  y:" << point.y
            << "     填充像素数目: " << area << endl;

        //输出填充的图像结果
        imshow("填充的彩色图像", img);
        imshow("掩码图像", mask);

        //判断是否结束程序
        int c = waitKey(0);
        if ((c&255)==27)
        {
            break;
        }
    }
    return 0;
}
```

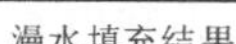

漫水填充结果

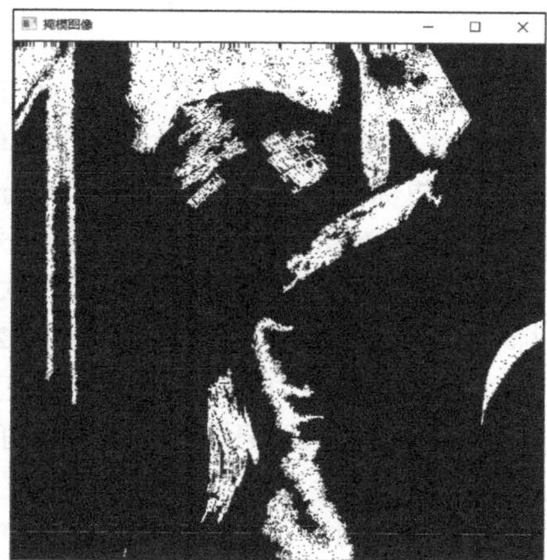

对应的掩码矩阵图像结果

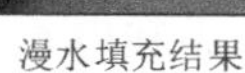

图 8-10 myFloodfill.cpp 程序填充结果

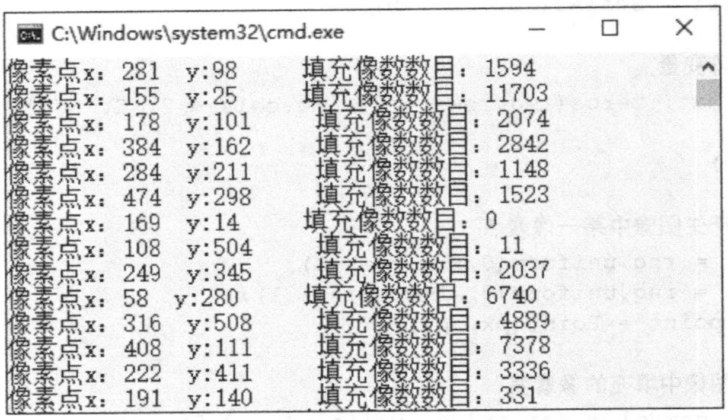

```
C:\Windows\system32\cmd.exe
像素点x: 281  y:98    填充像数数目: 1594
像素点x: 155  y:25    填充像数数目: 11703
像素点x: 178  y:101    填充像数数目: 2074
像素点x: 384  y:162    填充像数数目: 2842
像素点x: 284  y:211    填充像数数目: 1148
像素点x: 474  y:298    填充像数数目: 1523
像素点x: 169  y:14    填充像数数目: 0
像素点x: 108  y:504    填充像数数目: 11
像素点x: 249  y:345    填充像数数目: 2037
像素点x: 58  y:280   填充像数数目: 6740
像素点x: 316  y:508    填充像数数目: 4889
像素点x: 408  y:111    填充像数数目: 7378
像素点x: 222  y:411    填充像数数目: 3336
像素点x: 191  y:140    填充像数数目: 331
```

图 8-11　myFloodfill.cpp 程序种子点和填充的像素点的数目

8.3.2　分水岭法

分水岭法与漫水填充法相似，都是模拟水淹过地面或山地的场景，区别在于漫水填充法是从某个像素值进行分割，是一种局部分割算法，而分水岭法是从全局出发，需要对全局进行分割。

分水岭法会在多个局部最低点开始注水，随着注水量的增加，水位越来越高，“淹没”局部像素值较小的像素点，最后两个相邻的凹陷区域的“水”会汇集在一起，并在汇集处形成了“分水岭”。“分水岭”的计算过程是一个迭代标注的过程，经典的计算方式主要分为以下两个步骤。

第一步，排序过程，首先对图像像素的灰度级进行排序，确定灰度值较小的像素点，该像素点即为开始注水点。

第二步，“淹没”过程，对每个最低点开始不断“注水”，不断“淹没”周围的像素点，不同“注水”处的“水”汇集在一起，形成分割线。

OpenCV 4 提供了用于实现分水岭法分割图像的 watershed()函数，该函数的原型在代码清单 8-19 中给出。

代码清单 8-19　watershed()函数原型

```
void cv::watershed(InputArray  image,
                   InputOutputArray  markers
                   )
```

- image：输入图像，需要设置为 CV_8U 数据类型的三通道图像。
- markers：输入/输出 CV_32S 数据类型的单通道图像的标记结果，与原图像具有相同的尺寸。

该函数根据期望标记结果实现图像分水岭分割。该函数的第一个参数是需要进行分水岭分割的图像，该图像必须是 CU_8U 数据类型的三通道彩色图像。该函数的第二个参数用于输入期望分割的区域，在将图像传递给函数之前，必须使用大于 0 的整数索引粗略地勾画图像期望分割的区域。因此，每个标记的区域被表示为具有像素值 1、2、3 等的一个或多个连通分量。标记图像的尺寸与输入图像相同，但数据类型为 CV_32S，可以使用 findContours()函数和 drawContours()函数从二值掩码中得到此类标记图像，标记图像中所有没有被标记的像素值都为 0。在函数输出时，两个区域之间的分割线用-1 表示。

为了了解该函数的用法，在代码清单 8-20 中给出了利用 watershed()函数对图像进行分割的示例程序。在该程序中，通过图像的边缘区域对图像进行标记，首先利用 Canny()函数计算图像的边缘，之后利用 findContours()函数计算图像中的连通域，并通过 drawContours()函数绘制连通域得到符合格式要求的标记图像，最后利用 watershed()函数对图像进行分割。为了增加分割后不同区域之间的对比度，随机对不同区域进行上色，结果如图 8-12 所示，同时提取原图像中每个被分割的区域，部分结果在图 8-13 中给出。

代码清单 8-20 myWatershed.cpp 分水岭法分割图像

```
#include <opencv2\opencv.hpp>
#include <iostream>

using namespace std;
using namespace cv;

int main()
{
    Mat img, imgGray, imgMask;
    Mat maskWaterShed;  // watershed()函数的参数
    img = imread("HoughLines.jpg");  //原图像
    if (img.empty())
    {
        cout << "请确认图像文件名称是否正确" << endl;
        return -1;
    }
    cvtColor(img, imgGray, COLOR_BGR2GRAY);
    //GaussianBlur(imgGray, imgGray, Size(5, 5), 10, 20);  //模糊用于减少边缘数目

    //提取边缘并进行闭运算
    Canny(imgGray, imgMask, 150, 300);
    //Mat k = getStructuringElement(0, Size(3, 3));
    //morphologyEx(imgMask, imgMask, MORPH_CLOSE, k);

    imshow("边缘图像", imgMask);
    imshow("原图像", img);

    //计算连通域数目
    vector<vector<Point>> contours;
    vector<Vec4i> hierarchy;
    findContours(imgMask, contours, hierarchy, RETR_CCOMP, CHAIN_APPROX_SIMPLE);

    //在 maskWaterShed 上绘制轮廓,用于输出分水岭法的结果
    maskWaterShed = Mat::zeros(imgMask.size(), CV_32S);
    for (int index = 0; index < contours.size(); index++)
    {
        drawContours(maskWaterShed, contours, index, Scalar::all(index + 1),
            -1, 8, hierarchy, INT_MAX);
    }
    //分水岭法，需要对原图像进行处理
    watershed(img, maskWaterShed);

    vector<Vec3b> colors;  // 随机生成几种颜色
    for (int i = 0; i < contours.size(); i++)
    {
        int b = theRNG().uniform(0, 255);
        int g = theRNG().uniform(0, 255);
        int r = theRNG().uniform(0, 255);
        colors.push_back(Vec3b((uchar)b, (uchar)g, (uchar)r));
    }

    Mat resultImg = Mat(img.size(), CV_8UC3);  //显示图像
    for (int i = 0; i < imgMask.rows; i++)
    {
        for (int j = 0; j < imgMask.cols; j++)
```

```
        {
            // 绘制每个区域的颜色
            int index = maskWaterShed.at<int>(i, j);
            if (index == -1)  // 区域间的值被置为-1（边界）
            {
                resultImg.at<Vec3b>(i, j) = Vec3b(255, 255, 255);
            }
            else if (index <= 0 || index > contours.size()) // 没有标记清楚的区域被置为 0
            {
                resultImg.at<Vec3b>(i, j) = Vec3b(0, 0, 0);
            }
            else  // 其他每个区域的值保持不变：1，2，…，contours.size()
            {
                resultImg.at<Vec3b>(i, j) = colors[index - 1];  // 改变区域的颜色
            }
        }
    }

    resultImg = resultImg * 0.6 + img * 0.4;
    imshow("分水岭法结果", resultImg);

    //绘制每个区域的图像
    for (int n = 1; n <= contours.size(); n++)
    {
        Mat resImage1 = Mat(img.size(), CV_8UC3);  // 声明一个最后要显示的图像
        for (int i = 0; i < imgMask.rows; i++)
        {
            for (int j = 0; j < imgMask.cols; j++)
            {
                int index = maskWaterShed.at<int>(i, j);
                if (index == n)
                    resImage1.at<Vec3b>(i, j) = img.at<Vec3b>(i, j);
                else
                    resImage1.at<Vec3b>(i, j) = Vec3b(0, 0, 0);
            }
        }
        //显示图像
        imshow(to_string(n), resImage1);
    }

    waitKey(0);
    return 0;
}
```

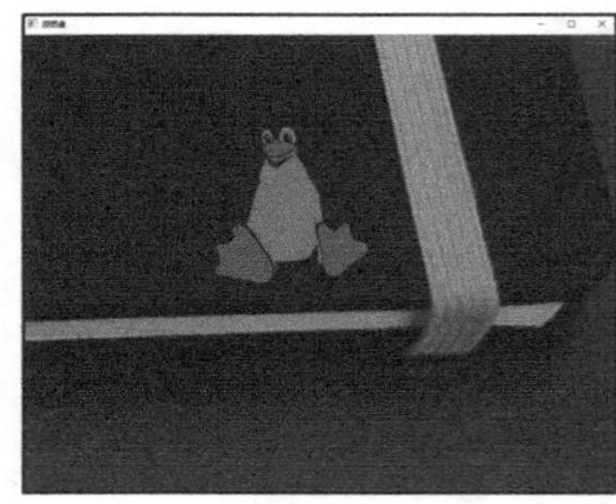
原图像

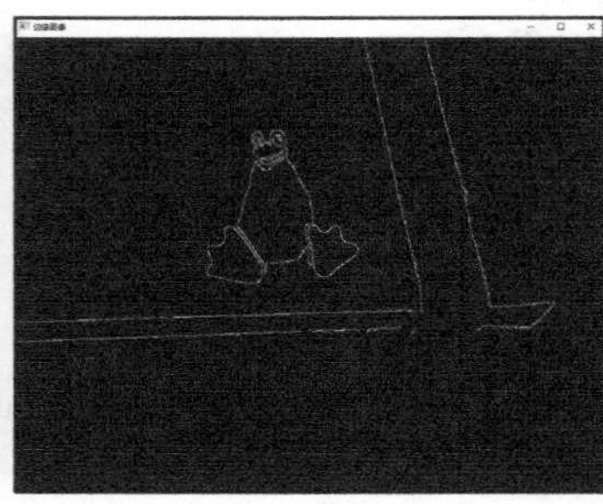
边缘图像

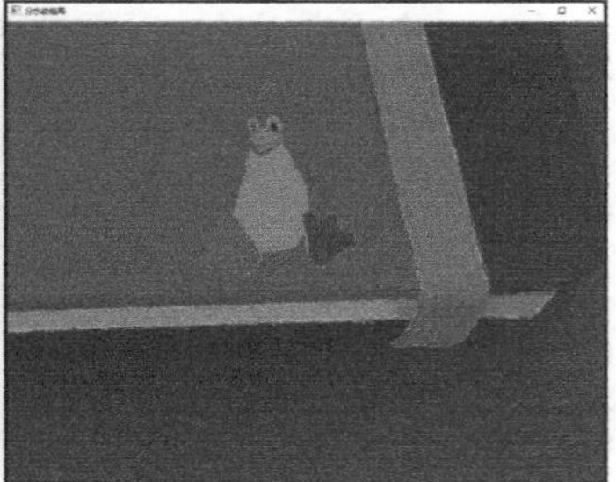
分水岭法分割图像

图 8-12 myWatershed.cpp 程序中分水岭法分割结果

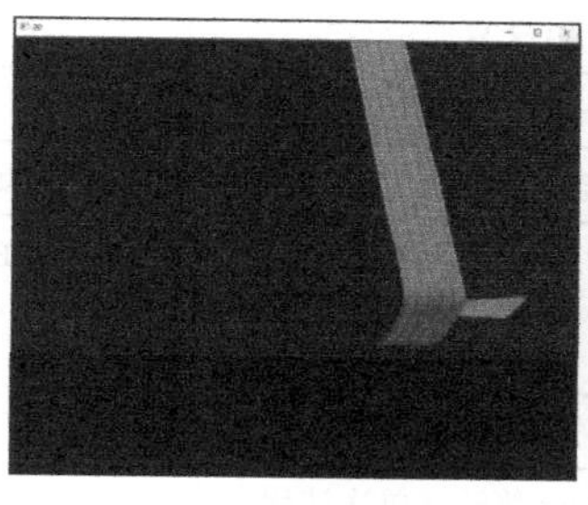
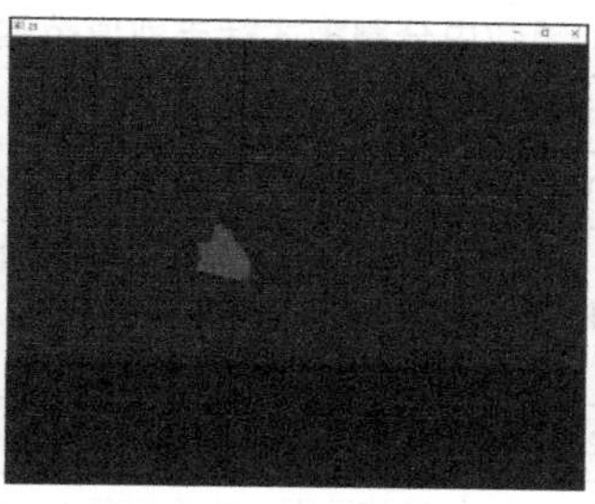
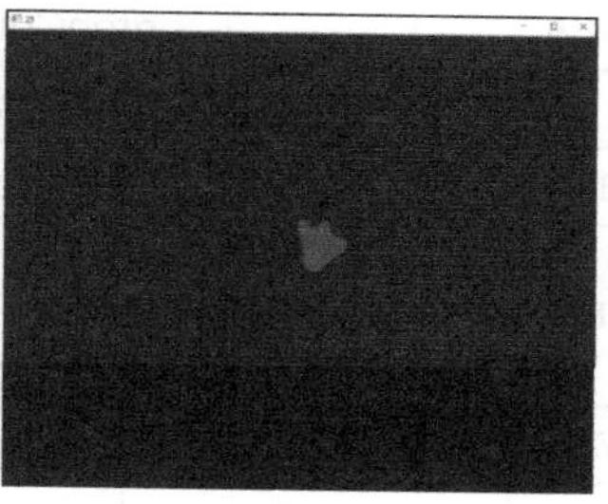

图 8-13 myWatershed.cpp 程序中被分割区域的原图像

提示 在书中例程使用图像边缘作为标记图像，具有一定的被动性，并且会产生众多较小的区域。在实际使用时，通过人为标记的方式可能会得到更好的结果。感兴趣的读者可以将代码清单 8-20 中的程序进行简单修改，实现对 lenaw.png 图像的分割。

8.3.3 Grabcut 法

Grabcut 法是重要的图像分割算法，其使用高斯混合模型估计目标区域的背景和前景。该算法通过迭代的方法解决了能量函数最小化的问题，使得结果具有更高的可靠性。OpenCV 4 提供了利用 Grabcut 算法分割图像的 grabCut()函数，该函数的原型在代码清单 8-21 中给出。

代码清单 8-21 grabCut()函数原型

```
void cv::grabCut(InputArray  img,
                 InputOutputArray  mask,
                 Rect  rect,
                 InputOutputArray  bgdModel,
                 InputOutputArray  fgdModel,
                 int  iterCount,
                 int  mode = GC_EVAL
                 )
```

- img：输入的待分割图像，为 CV_8U 数据类型的三通道图像。
- mask：用于输入、输出的 CV_8U 单通道掩码图像，图像中像素值的取值范围及其含义在表 8-4 中给出。
- rect：包含对象的 ROI 区域，该参数仅在 mode == GC_INIT_WITH_RECT 时使用。
- bgdModel：背景模型的临时数组。
- fgdModel：前景模型的临时数组。
- iterCount：算法需要进行的迭代次数。
- mode：分割模式标志，该参数值的可选择范围及其含义在表 8-5 中给出。

表 8-4 grabCut()函数中掩码图像像素值范围和含义

标志参数	简记	含义
GC_BGD	0	明显为背景的像素
GC_FGD	1	明显为前景（对象）的像素
GC_PR_BGD	2	可能为背景的像素
GC_PR_FGD	3	可能为前景（对象）的像素

表 8-5　　grabCut()函数中分割模式标志取值范围和含义

标志参数	简记	含义
GC_INIT_WITH_RECT	0	使用提供的矩形初始化状态和掩码，之后根据算法进行迭代更新
GC_INIT_WITH_MASK	1	使用提供的掩码初始化状态，可以组合 GC_INIT_WITH_RECT 和 GC_INIT_WITH_MASK。然后，使用 GC_BGD 自动初始化 ROI 外部的所有像素
GC_EVAL	2	算法应该恢复
GC_EVAL_FREEZE_MODEL	3	只使用固定模型运行 Grabcut 算法（单次迭代）

该函数实现了 Grabcut 图像分割算法。该函数的第一个参数是待分割的输入图像，要求是 CV_8U 的三通道彩色图像。该函数的第二个参数是掩码矩阵，该参数既用于输入又用于输出，当最后一个参数设置为 GC_INIT_WITH_RECT 时，该矩阵会被设置为初始掩码，掩码矩阵中具有 4 个可选择的参数，其中 0（GC_BGD）表示明显为背景的像素、1（GC_FGD）表示明显为前景或者对象的像素、2（GC_PR_BGD）表示可能为背景的像素、3（GC_PR_FGD）表示可能为前景或者对象的像素。最后图像的分割结果也是通过分析掩码矩阵中每个像素的数值进行提取。该函数的第三个参数是需要进行分割的 ROI 区域，在 ROI 区域的外部会被标记为“明显的背景”区域，该参数仅在 mode == GC_INIT_WITH_RECT 时使用。该函数的第四个、第五个参数分别是背景模型、前景模型的临时数组，需要注意的是，在处理同一图像时，不要对它进行修改。该函数的第六个参数是算法进行迭代的次数。该函数的最后一个参数是分割模式标志，可以选择的参数及其含义在表 8-5 中给出。

为了了解该函数的使用方法，以及对图像的分割效果，在代码清单 8-22 中给出了通过 grabCut()函数对图像进行分割的示例程序。在该程序中，首先在原图像中选择 ROI 矩形区域，之后利用 grabCut()函数对该区域进行分割，计算前景和背景，最后将掩码矩阵中明显是前景和可能为前景的像素点全部输出，程序运行结果如图 8-14 所示。需要说明的是，程序中为了保证绘制矩形框不对图像分割产生影响，在绘制矩形框时对原图像进行了深拷贝。

代码清单 8-22　myGrabCut.cpp 利用 Grabcut 法进行图像分割

```
#include <opencv2/opencv.hpp>
#include <iostream>

using namespace cv;
using namespace std;

int main()
{
    Mat img = imread("lena.png");
    if (!img.data)  //防止错误读取图像
    {
        cout<<"请确认图像文件名称是否正确" << endl;
        return 0;
    }

    //绘制矩形
    Mat imgRect;
    img.copyTo(imgRect);  //备份图像，防止绘制矩形框对结果产生影响
    Rect rect(80, 30, 340, 390);
    rectangle(imgRect, rect, Scalar(255, 255, 255),2);
    imshow("选择的矩形区域", imgRect);

```

```
    //进行分割
    Mat bgdmod = Mat::zeros(1, 65, CV_64FC1);
    Mat fgdmod = Mat::zeros(1, 65, CV_64FC1);
    Mat mask = Mat::zeros(img.size(), CV_8UC1);
    grabCut(img, mask, rect, bgdmod, fgdmod, 5, GC_INIT_WITH_RECT);

    //将分割出的前景重新绘制
    Mat result;
    for (int row = 0; row < mask.rows; row++)
    {
        for (int col = 0; col < mask.cols; col++)
        {
            int n = mask.at<uchar>(row, col);
            //将明显是前景和可能为前景的区域都保留
            if (n == 1 || n == 3)
            {
                mask.at<uchar>(row, col) = 255;
            }
            //将明显是背景和可能为背景的区域都删除
            else
            {
                mask.at<uchar>(row, col) = 0;
            }
       }
    }
    bitwise_and(img, img, result, mask);
    imshow("分割结果", result);
    waitKey(0);
    return 0;
}
```

图 8-14 myGrabCut.cpp 程序中选择的区域和分割结果

8.3.4 Mean-Shift 法

Mean-Shift 法又称为均值漂移法，是一种基于颜色空间分布的图像分割算法。该算法的输出是一个经过滤色的“分色”图像，其颜色会变得渐变，并且细纹纹理会变得平缓。

在 **Mean-Shift** 法中，每个像素点用一个五维向量(x, y, b, g, r)表示，前两个量是像素点在图像中的坐标(x, y)，后 3 个量是每个像素点的颜色分量（蓝、绿、红）。从颜色分布的峰值处开始，通过滑动窗口不断寻找属于同一类的像素点并统一像素点的像素值。滑动窗口由半径和颜色幅度构成，半径决定了滑动窗口的范围，即坐标(x, y)的范围，颜色幅度决定了半径内像素点分类的标准。这样通过不断地移动滑动窗口，实现基于像素点颜色的图像分割。由于分割后同一类像素点具有相同像素值，因此 Mean-Shift 算法的输出结果是一个颜色渐变、纹理平缓的图像。

OpenCV 4 中提供了实现 Mean-Shift 算法分割图像的 pyrMeanShiftFiltering()函数，该函数的原型在代码清单 8-23 中给出。

代码清单 8-23　pyrMeanShiftFiltering()函数原型

```
void cv::pyrMeanShiftFiltering(InputArray  src,
                               OutputArray  dst,
                               double  sp,
                               double  sr,
                               int  maxLevel = 1,
                               TermCriteria  termcrit =
                       TermCriteria(TermCriteria::MAX_ITER+TermCriteria::EPS, 5, 1)
                               )
```

- src：待分割的输入图像，必须是 CU_8U 类型的三通道彩色图像。
- dst：分割后的输出图像，与输入图像具有相同的尺寸和数据类型。
- sp：滑动窗口的半径。
- sr：滑动窗口颜色幅度。
- maxLevel：分割金字塔缩放层数。
- termcrit：迭代算法终止条件。

该函数基于彩色图像的像素值实现对图像的分割，函数的输出结果是经过颜色分布平滑的图像。经过该函数分割后的图像具有较少的纹理信息，可以利用边缘检测函数 Canny()及连通域查找函数 findContours()进行进一步细化分类和处理。该函数的前两个参数是待分割的输入图像和分割后的输出图像，两个图像具有相同的尺寸，并且必须是 CV_8U 类型的三通道彩色图像。该函数的第三个参数为滑动窗口的半径。该函数的第四个参数为滑动窗口的颜色幅度。该函数的第五个参数为分割金字塔缩放层数，当参数值大于 1 时，构建 maxLevel + 1 层高斯金字塔。该算法首先在尺寸最小的图像层中进行分类，之后将结果传播到尺寸较大的图像层，并且仅在颜色与上一层颜色差异大于滑动窗口颜色幅度的像素上再次进行分类，从而使得颜色区域的边界更清晰。当分割金字塔缩放层数为 0 时，表示直接在整个原始图像进行均值平移分割。该函数的最后一个参数表示算法迭代停止的条件，该参数的数据类型是 TermCriteria，该数据类型是 OpenCV 4 中用于表示迭代算法终止条件的数据类型，在所有涉及迭代条件的函数中都有该参数，用于表示在满足某些条件时函数将停止迭代并输出结果。TermCriteria 变量可以通过 TermCriteria()函数进行赋值，该函数的原型在代码清单 8-24 中给出。

代码清单 8-24　TermCriteria()函数原型

```
cv::TermCriteria::TermCriteria(int  type,
                               int  maxCount,
                               double  epsilon
                               )
```

- type：终止条件的类型标志，可以选择的标志及其含义在表 8-6 中给出。
- maxCount：最大迭代次数或者元素数。
- epsilon：迭代算法停止时需要满足的精度或者参数变化。

该函数可以表示迭代算法的终止条件，主要分为满足迭代次数和满足计算精度两种。该函数的第一个参数是终止条件的类型标志，其可选标志在表 8-6 中给出，这几个标志可以互相结合使用。需要注意的是，由于该参数在 TermCriteria 类中，因此在使用时需要在变量前面添加类名前缀。该函数的第二个参数表示最大迭代次数或者元素数，在 type== TermCriteria::COUNT 时发挥作用。该函数的第三个参数表示停止迭代时需要满足的计算精度或参数变化，在 type== TermCriteria::EPS 时发挥作用。

表 8-6　　TermCriteria()函数中终止条件的类型标志及其含义

标志参数	简记	含义
TermCriteria::COUNT	1	迭代次数达到设定值时才停止迭代
TermCriteria::MAX_ITER	1	同上
TermCriteria::EPS	2	当计算的精度满足要求时停止迭代

为了了解 pyrMeanShiftFiltering()函数的使用方法以及分割效果，在代码清单 8-25 中给出了利用该函数进行图像分割的示例程序。在该程序中，对图像连续进行两次处理，并对分割结果提取 Canny 边缘，比较分割前后对图像边缘的影响，发现经过多次分割处理后的图像边缘明显变少，图像分割区域也更加整齐和平滑。该程序的运行结果在图 8-15～图 8-17 中给出。

代码清单 8-25　myPyrMeanShiftFiltering.cpp 利用 Mean-Shift 法分割图像

```
#include <opencv2/opencv.hpp>
#include <iostream>

using namespace cv;
using namespace std;

int main()
{
    Mat img = imread("keys.jpg");
    if (!img.data)
    {
        cout << "请确认图像文件名称是否正确" << endl;
        return -1;
    }

    //分割处理
    Mat result1, result2;
    TermCriteria T10 = TermCriteria(TermCriteria::COUNT|TermCriteria::EPS, 10, 0.1);
    pyrMeanShiftFiltering(img, result1, 20, 40, 2, T10);  //第一次分割
    pyrMeanShiftFiltering(result1, result2, 20, 40, 2, T10); //第一次分割的结果再次分割

    //显示分割结果
    imshow("img", img);
    imshow("result1", result1);
    imshow("result2", result2);

    //对图像提取 Canny 边缘
    Mat imgCanny,result1Canny,result2Canny;
    Canny(img, imgCanny, 150, 300);
    Canny(result1, result1Canny, 150, 300);
    Canny(result2, result2Canny, 150, 300);

    //显示边缘检测结果
    imshow("imgCanny", imgCanny);
    imshow("result1Canny", result1Canny);
    imshow("result2Canny", result2Canny);
    waitKey(0);
    return 0;
}
```

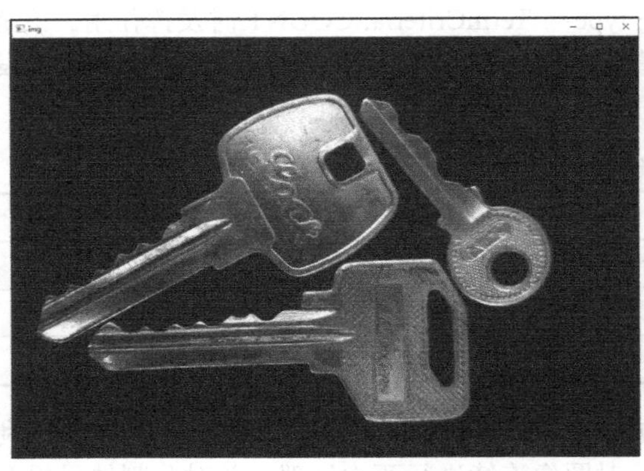
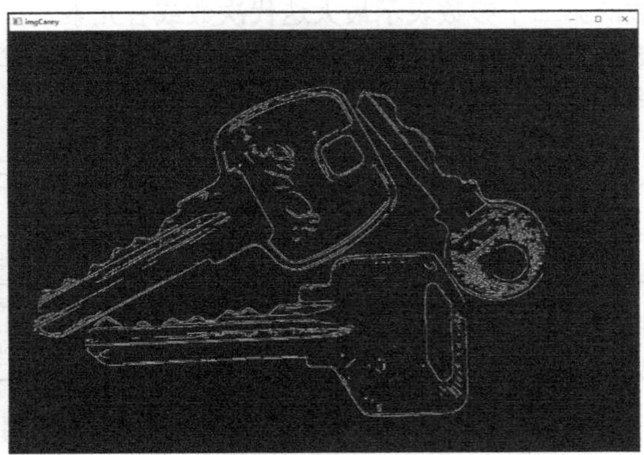

图 8-15　myPyrMeanShiftFiltering.cpp 程序中原图及 Canny 边缘

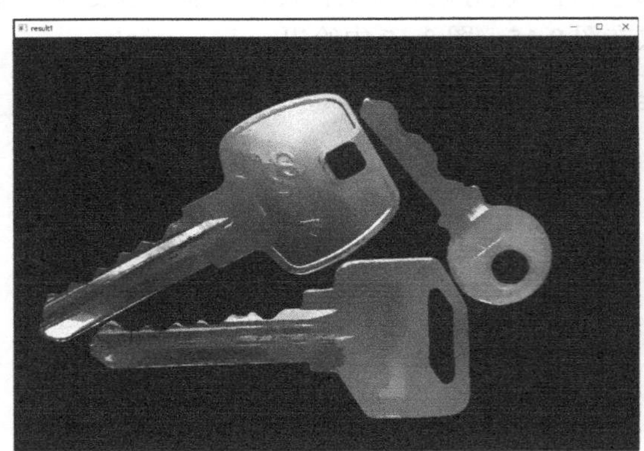
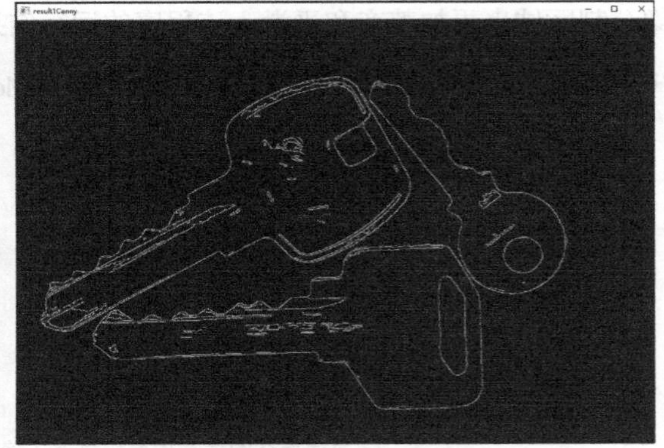

图 8-16　myPyrMeanShiftFiltering.cpp 程序中处理一次图像及 Canny 边缘

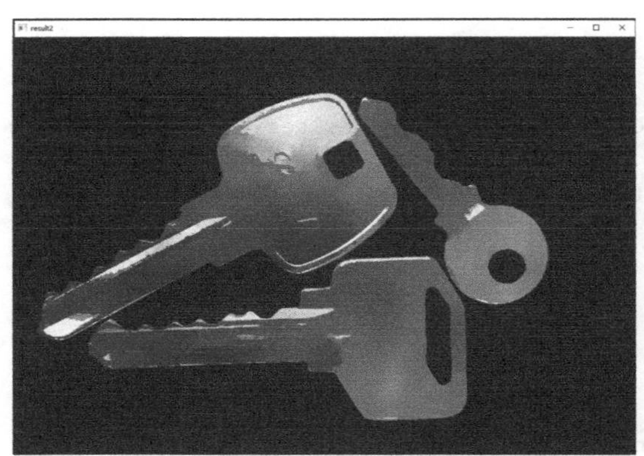
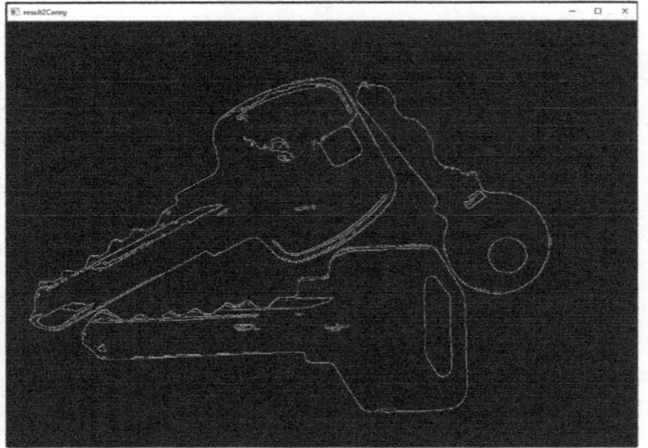

图 8-17　myPyrMeanShiftFiltering.cpp 程序中处理两次图像及 Canny 边缘

8.4 图像修复

在实际应用或者工程中，图像常常会受到噪声的干扰，例如拍照时镜头上存在灰尘或者飞行的小动物，这些干扰会导致拍摄到的图像出现部分内容被遮挡的情况。对于较为久远的图像，可能只有实体图像而没有数字存储形式的底板，因此相片在保存和运输过程中可能产生划痕，导致图像中信息的损坏和丢失。

图像修复技术就是利用图像中损坏区域边缘的像素，即根据像素值的大小以及像素间的结构关系，估计出损坏区域可能的像素排列，从而去除图像中受“污染”的区域。图像修复不但可以去除图像中的划痕，而且可以去除图像中的水印、日期等。

OpenCV 4 提供了能够对含有较少“污染”或者水印的图像进行修复的 inpaint()函数，该函数的原型在代码清单 8-26 中给出。

代码清单 8-26 inpaint()函数清单

```
void cv::inpaint(InputArray  src,
                 InputArray  inpaintMask,
                 OutputArray  dst,
                 double  inpaintRadius,
                 int  flags
                 )
```

- src：输入待修复图像。当图像为单通道时，数据类型可以是 CV_8U、CV_16U 或者 CV_32F；当图像为三通道时，数据类型必须是 CV_8U。
- inpaintMask：修复掩码，为 CV_8U 数据类型的单通道图像，与待修复图像具有相同的尺寸。
- dst：修复后输出图像，与输入图像具有相同的大小和数据类型。
- inpaintRadius：算法考虑的每个像素点的圆形邻域半径。
- flags：修复图像方法标志，可以选择的标志及其含义在表 8-7 中给出。

该函数利用图像修复算法对图像中指定的区域进行修复，函数无法判定哪些区域需要修复，因此在使用过程中需要明确指出需要修复的区域。该函数的第一个参数是需要修复的图像，该函数可以对灰度图像和彩色图像进行修复。在修复灰度图像时，图像的数据类型可以为 CV_8U、CV_16U 或者 CV_32F；在修复彩色图像时，图像的数据类型只能为 CV_8U。该函数的第二个参数是修复掩码，即指定图像中需要修复的区域，该参数输入量是一个与待修复图像具有相同尺寸的数据类型为 CV_8U 的单通道图像，图像中非零像素表示需要修复的区域。该函数的第三个参数是修复后的输出图像，与输入图像具有相同的大小和数据类型。该函数的第四个参数表示修复算法考虑的每个像素点的圆形邻域半径。该函数的最后一个参数表示修复图像方法标志，可以选择的标志及其含义在表 8-7 中给出。

虽然该函数可以对图像“污染”区域进行修复，但是需要借助“污染”边缘区域的像素信息，离边缘区域越远的像素估计的准确度越低，因此，如果“污染”区域较大，修复的效果就会降低。

表 8-7 inpaint()函数修复图像方法可选择标志

标志参数	简记	含义
INPAINT_NS	0	基于 Navier-Stokes 算法修复图像
INPAINT_TELEA	1	基于 Alexandru Telea 算法修复图像

为了了解该函数的使用方法以及图像修复的效果，在代码清单 8-27 中给出了图像修复的示例程序。在该程序中，分别对“污染”较轻和较严重的两幅图像进行修复，首先计算每幅图像需要修复的掩码图像，之后利用 inpaint()函数对图像进行修复，程序输出结果如图 8-18 和图 8-19 所示。通过结果可以看出，在“污染”区域较细并且较为稀疏的情况下，图像修复效果较好，当“污染”区域较为密集时，修复效果较差。

代码清单 8-27 myInpaint.cpp 图像修复

```
#include <opencv2\opencv.hpp>
```

```
#include <iostream>

using namespace cv;
using namespace std;

int main()
{
    Mat img1 = imread("inpaint1.png");
    Mat img2 = imread("inpaint2.png");
    if (img1.empty()||img2.empty())
    {
       cout << "请确认图像文件名称是否正确" << endl;
       return -1;
    }
    imshow("img1", img1);
    imshow("img2", img2);

    //转换为灰度图
    Mat img1Gray, img2Gray;
    cvtColor(img1, img1Gray, COLOR_RGB2GRAY, 0);
    cvtColor(img2, img2Gray, COLOR_RGB2GRAY, 0);

    //通过阈值处理生成Mask掩码
    Mat img1Mask, img2Mask;
    threshold(img1Gray, img1Mask, 245, 255, THRESH_BINARY);
    threshold(img2Gray, img2Mask, 245, 255, THRESH_BINARY);

    //对Mask掩码膨胀处理，增加Mask掩码面积
    Mat Kernel = getStructuringElement(MORPH_RECT, Size(3, 3));
    dilate(img1Mask, img1Mask, Kernel);
    dilate(img2Mask, img2Mask, Kernel);

    //图像修复
    Mat img1Inpaint, img2Inpaint;
    inpaint(img1, img1Mask, img1Inpaint, 5, INPAINT_NS);
    inpaint(img2, img2Mask, img2Inpaint, 5, INPAINT_NS);

    //显示处理结果
    imshow("img1Mask", img1Mask);
    imshow("img1修复后", img1Inpaint);
    imshow("img2Mask", img2Mask);
    imshow("img2修复后", img2Inpaint);
    waitKey();
    return 0;
}
```

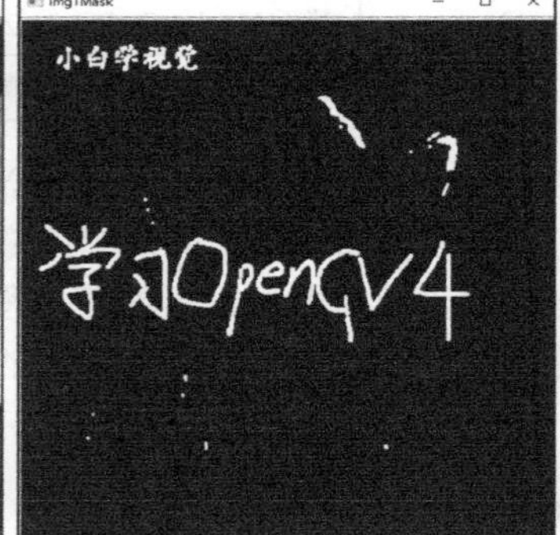

图 8-18　“污染”条纹较细、较稀疏时的修复结果

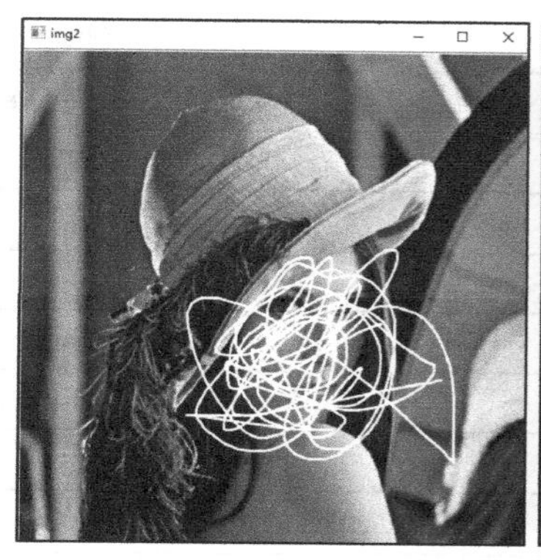

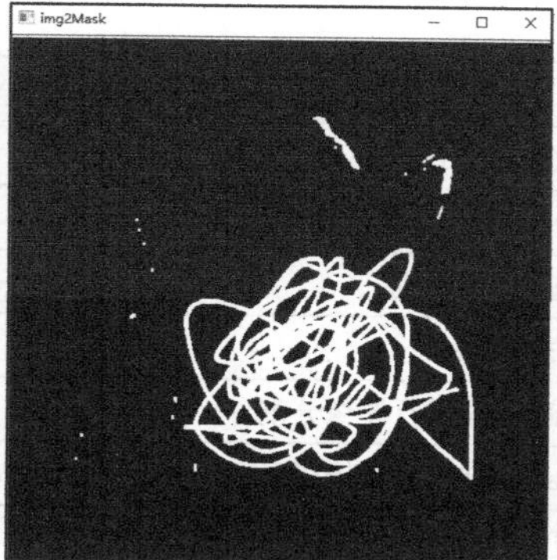

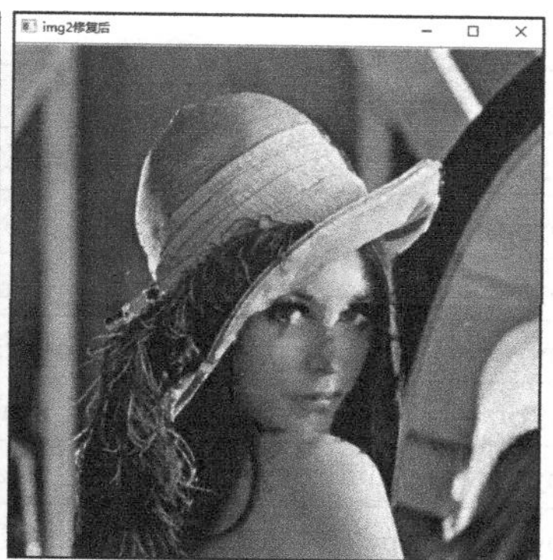

图 8-19 “污染”条纹较稠密时的修复结果

8.5 本章小结

本章首先介绍了图像分析与修复，包括图像的离散傅里叶变换、离散余弦变换、积分图像。然后，介绍了漫水填充法、分水岭法、Grabcut 法和 Mean-Shift 法等图像分割算法，用于将图像不同区域分割。针对图像在保存和传输过程可能出现的“污染”，本章中还介绍了如何修复图像（还原图像信息）。

本章主要函数清单

函数名称	函数说明	代码清单
dft()	傅里叶变换	8-1
idft()	傅里叶逆变换	8-2
getOptimalDFTSize()	计算矩阵傅里叶变换的最优尺寸	8-3
copyMakeBorder()	扩充图像尺寸	8-4
magnitude()	计算二维向量的幅值	8-5
mulSpectrums()	复数矩阵乘法运算	8-7
dct()	离散余弦变换	8-9
idct()	离散余弦变换的逆变换	8-10
integral()	计算积分图像	8-12
floodFill()	漫水填充法	8-16
watershed()	分水岭法	8-19
grabCut()	Grabcut 法	8-21
pyrMeanShiftFiltering()	Mean-Shift 法	8-23
TermCriteria()	迭代算法终止条件	8-24
inpaint()	图像修复	8-26

本章示例程序清单

示例程序名称	程序说明	代码清单
mydft.cpp	离散傅里叶变换	8-6
myMulSpectrums.cpp	通过傅里叶变换进行卷积	8-8

续表

示例程序名称	程序说明	代码清单
myDct.cpp	图像离散余弦变换	8-11
myIntegral.cpp	计算积分图像	8-15
myFloodfill.cpp	漫水填充法分割图像	8-18
myWatershed.cpp	分水岭法分割图像	8-20
myGrabCut.cpp	利用 Grabcut 法进行图像分割	8-22
myPyrMeanShiftFiltering.cpp	利用 Mean-Shift 法分割图像	8-25
myInpaint.cpp	图像修复	8-27

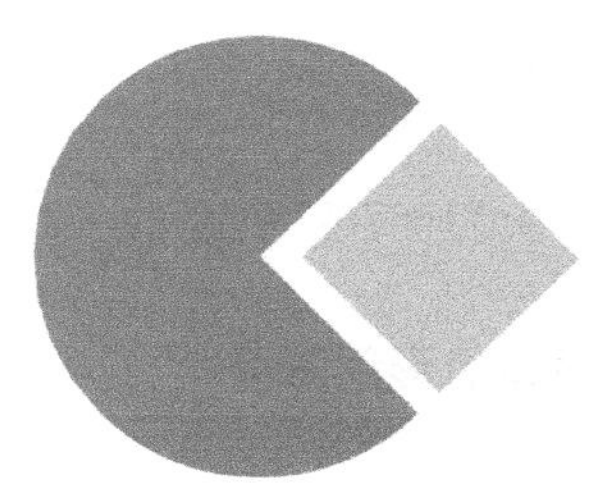

第 9 章　特征点检测与匹配

在图像处理中有时不需要使用物体所有的像素点，例如二维码定位、计算二维码尺寸时只需要使用二维码的 4 个顶点，因此有时我们需要从图像中提取能够表示图像特性或者局部特性的像素点，这些像素点称为角点或者特征点，使用特征点可以极大地减少数据量，提高计算速度。特征点广泛应用在图像处理的各个领域，例如基于特征点的图像匹配、基于特征点的定位与三维重建。本章将介绍角点和特征的相关概念、OpenCV 4 中提取角点和特征点的方法，以及对特征点的匹配。

9.1 角点检测

角点是图像中某些属性较为突出的像素点，例如像素值最大或者最小的点、线段的顶点、孤立的边缘点等，图 9-1 中圆圈包围的线段的拐点就是一些常见的角点。常用的角点有以下几种。

- 灰度梯度的最大值对应的像素点。
- 两条直线或者曲线的交点。
- 一阶梯度的导数最大值和梯度方向变化率最大的像素点。
- 一阶导数值最大，但是二阶导数值为 0 的像素点。

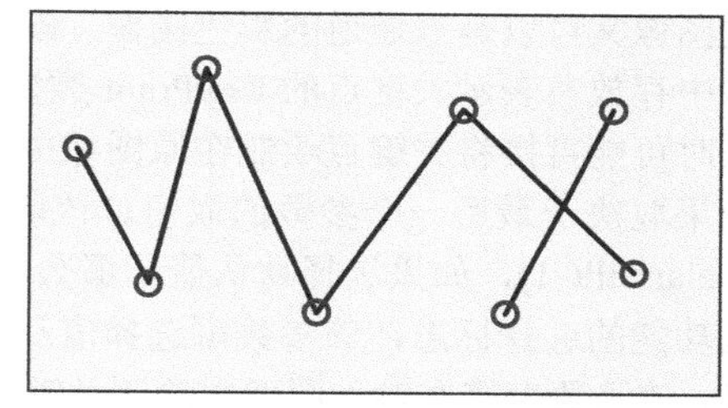

图 9-1　角点示意图

9.1.1　显示关键点

在介绍角点相关概念之前，首先了解如何在图像中绘制关键点。关键点是对图像中含有特殊信息的像素点的一种称呼，主要含有像素点的位置、角度等信息。有时我们可以通过计算得到或者已经知道图像中某些像素点是特殊点，需要将该像素点明显地标记出来。通过前面的学习，我们了解到可以以该像素点为圆心利用 circle()函数绘制一个空心圆来明显地标记出像素点的位置。但是有时我们可能得到非常多的像素点，例如一幅图像中可能提取出成百上千甚至上万个特征点，如果标记每个像素点都调用一次 circle()，那么在程序的实现上会相当复杂，即使使用 for 循环结构也会提高程序的运行成本。因此，为了简化绘制特征点的实现过程，OpenCV 4 提供了 drawKeypoints()函数用于一次性绘制所有的关键点，该函数的原型在代码清单 9-1 中给出。

注：特征点也是图像中含有特殊信息的像素点，不仅包含像素点的位置和角度等，而且包含描述像素点唯一性的描述子。因此，通常可以理解为特征点是关键点和描述子的组合。

代码清单 9-1　drawKeypoints()函数原型

```
void cv::drawKeypoints(InputArray  image,
```

```
                         const std::vector<KeyPoint> &  keypoints,
                         InputOutputArray  outImage,
                         const Scalar &  color = Scalar::all(-1),
                         DrawMatchesFlags  flags = DrawMatchesFlags::DEFAULT
                         )
```

- image：绘制关键点的原图像，图像可以是单通道的灰度图像和三通道的彩色图像。
- keypoints：来自原图像中的关键点向量。
- outImage：绘制关键点后的输出图像。
- color：关键点的颜色。
- flags：绘制功能选择标志，可选择参数及其含义在表 9-1 中给出。

表 9-1　drawKeypoints()函数绘制功能选择标志可选参数及其含义

标志参数	简记	含义
DEFAULT	0	创建输出图像矩阵，将绘制结果存放在输出图像中，并且绘制圆形表示关键点的位置，不表示关键点的大小和方向
DRAW_OVER_OUTIMG	1	不创建输出图像矩阵，直接在原始图像中绘制关键点
NOT_DRAW_SINGLE_POINTS	2	不绘制单个关键点
DRAW_RICH_KEYPOINTS	4	在关键点位置绘制圆形，圆形体现关键点的大小和方向

该函数可以一次性在图像中绘制所有的关键点，以关键点为圆心绘制空心圆，以突出显示关键点在图像中的位置。该函数的第一个参数是需要绘制关键点的原图像，该图像既可以是单通道的灰度图像又可以是三通道的彩色图像。该函数的第二个参数是来自原图像中的关键点向量，vector 向量中存放着表示关键点的 KeyPoint 类型的数据。该函数的第三个参数是绘制关键点后的输出图像，有时可能直接将关键点绘制在原图像中而不创建单独的输出图像，是否利用该参数数据绘制关键点结果取决于最后一个参数的取值。该函数的第四个参数是绘制关键点空心圆的颜色，具有默认值 Scalar::all(-1)，如果选择默认值，那么表示用随机颜色绘制空心圆。该函数的最后一个参数表示绘制功能的选择标志，该参数可选择值及含义在表 9-1 中给出，当 flags== DRAW_OVER_OUTIMG 时，该函数直接在输入图像中绘制关键点，但是第三个表示输出图像的参数仍然需要输入，只是不会对该图像进行更改，需要说明的是，由于该参数可取值范围在 DrawMatchesFlags 类中，因此使用的时候需要在表 9-1 里的标志前面加上类名前缀。

> **注意**　绘制关键点图像的尺寸与关键点坐标数值没有约束关系，例如绘制关键点的图像尺寸为 400 × 600，允许在关键点向量中存在坐标为(500, 700)的关键点，但是该点无法绘制在图像中。

drawKeypoints()函数的第二个参数中涉及表示关键点的 KeyPoint 类型，该类型是 OpenCV 4 专门用于表示特征点的数据类型，不但含有关键点的坐标，而且含有关键点的角度、分类号等。KeyPoint 类详细的属性在代码清单 9-2 中给出。

代码清单 9-2　KeyPoint 类

```
class KeyPoint{
    float  angle        //关键点的角度
    int  class_id       //关键点的分类号
    int  octave         //特征点来源（“金字塔”）
    Point2f  pt         //关键点坐标
    float  response     //最强关键点的响应，可用于进一步分类和二次采样
```

```
    float  size       //关键点邻域的直径
}
```

KeyPoint 数据类型的使用与 Point 数据类型相似，定义了该种类型的变量后可以直接访问并赋值代码清单 9-2 中给出的每一个属性，例如用“KeyPoint keyPoint”进行定义，通过“keyPoint.angle=1”对特征点的角度进行赋值。在利用 drawKeypoints()函数绘制关键点时，关键点类型变量的其他属性可以默认，但是坐标属性必须具有数据。

为了了解 drawKeypoints()函数的使用方法，以及 KeyPoint 数据类型的定义和赋值，在代码清单 9-3 中给出了绘制关键点的示例程序。在该程序中，首先利用函数随机生成关键点，并创建 KeyPoint 类用于保存关键点的坐标，之后利用 drawKeypoints()函数绘制关键点。在该程序中，分别在灰度图像和彩色图像中绘制相同的关键点，运行结果如图 9-2 所示。

代码清单 9-3　myDrawKeypoints.cpp 绘制关键点

```
#include <opencv2\opencv.hpp>
#include <iostream>

using namespace cv;
using namespace std;

int main()
{
    Mat img = imread("lena.png", IMREAD_COLOR);
    //判断加载图像是否存在
    if (!img.data)
    {
        cout << "请确认图像文件名称是否正确" << endl;
        return -1;
    }


    Mat imgGray;
    cvtColor(img, imgGray, COLOR_BGR2GRAY);
    //生成关键点
    vector<KeyPoint> keypoints;
    RNG rng(10086);
    for (int i = 0; i < 100; i++)
    {
        float pty = rng.uniform(0, img.rows - 1);
        float ptx = rng.uniform(0, img.cols - 1);
        KeyPoint keypoint;  //对 KeyPoint 类进行赋值
        keypoint.pt.x = ptx;
        keypoint.pt.y = pty;
        keypoints.push_back(keypoint);  //保存到关键点向量中
    }

    //绘制关键点
    drawKeypoints(img, keypoints, img, Scalar(0, 0, 0));
    drawKeypoints(imgGray, keypoints, imgGray, Scalar(255, 255, 255));

    //显示图像绘制结果
    imshow("img", img);
    imshow("imgGray", imgGray);
    waitKey(0);
    return 0;
}
```

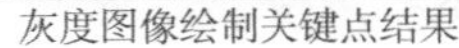

灰度图像绘制关键点结果　　　彩色图像绘制关键点结果

图 9-2　myDrawKeypoints.cpp 中关键点绘制结果

9.1.2　Harris 角点检测

Harris 角点是最经典的角点之一，其从像素值变化的角度对角点进行定义，像素值的局部最大峰值即为 Harris 角点。Harris 角点的检测过程如图 9-3 所示，首先以某一个像素为中心构建一个矩形滑动窗口，滑动窗口覆盖的图像像素值通过线性叠加得到滑动窗口所有像素值的衡量系数，该系数与滑动窗口范围内的像素值成正比，当滑动窗口范围内像素值整体变大时，该衡量系数也变大。在图像中以每一个像素为中心向各个方向移动滑动窗口，当滑动窗口无论向哪个方向移动像素值衡量系数都缩小时，滑动窗口中心点对应的像素点即为 Harris 角点。

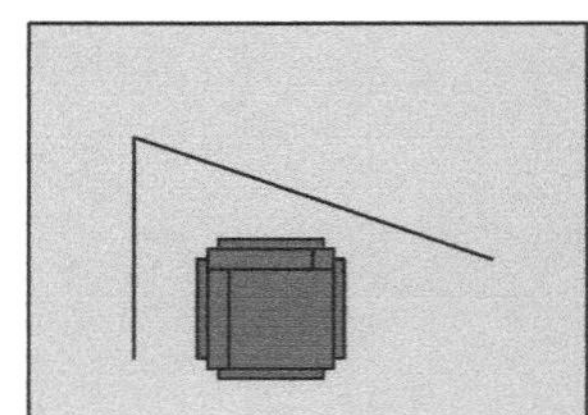
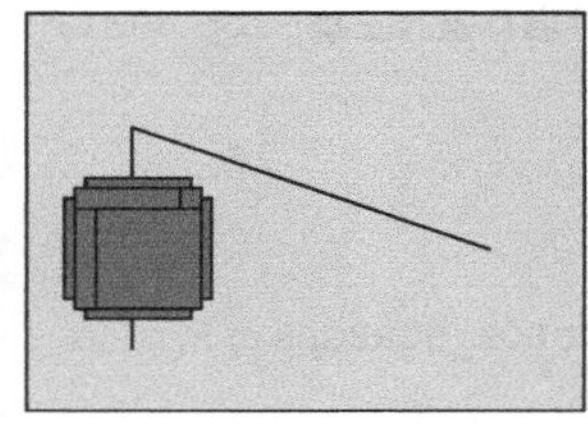
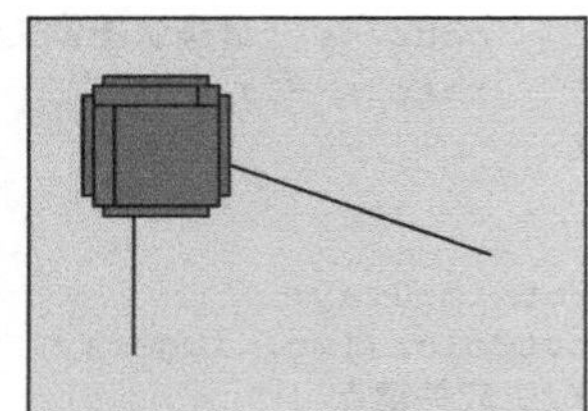

图 9-3　Harris 角点检测过程与可能存在的情况示意图

Harris 角点主要用于检测图像中线段的端点或者两条线段的交点。图 9-3 给出了 Harris 角点检测过程中的 3 种典型情况：第一种是在像素值光滑的区域移动滑动窗口，无论向哪个方向移动，像素值衡量系数都不变，因此在平滑区域不会存在 Harris 角点；第二种是在图像边缘区域移动滑动窗口，该情况下沿着垂直边缘方向移动窗口时像素值衡量系数变化剧烈，但是平行于边缘方向移动窗口时像素值衡量系数不变，因此边缘处也不会存在 Harris 角点；第三种是在两条线的交点处，此时，无论向哪个方向移动滑动窗口，像素值衡量系数都会变小，因此两条线段的交点是 Harris 角点。在交点处能够得到最大的像素值衡量系数的前提是滑动窗口内中心位置权重系数较大，周围权重系数较小，因此滑动窗口常采用类似高斯滤波器形式的权重或者较小尺寸的滑动窗口，例如 2×2 的窗口。

Harris 角点检测原理可以用式（9-1）表示。

$$E(u,v)=\sum_{x,y}w(x,y)[I(x+u,y+v)-I(x,y)]^2 \tag{9-1}$$

其中 $w(x,y)$ 表示滑动窗口权重函数，可以是常数也可以是高斯函数。$E(u,v)$表示滑动窗口向各个方向移动时像素值衡量系数的变化。对式（9-1）进行泰勒展开并整理可以得到式（9-2）。

$$E(u,v) \approx \begin{bmatrix} u & v \end{bmatrix} \boldsymbol{M} \begin{bmatrix} u \\ v \end{bmatrix} \tag{9-2}$$

其中 $\boldsymbol{M}$ 是计算 Harris 角点的梯度协方差矩阵，其形式如式（9-3）所示。

$$\boldsymbol{M} = \sum_{x,y} w(x,y) \begin{bmatrix} I_x I_x & I_x I_y \\ I_x I_y & I_y I_y \end{bmatrix} \tag{9-3}$$

其中 I_x 和 I_y 分别表示 X 方向和 Y 方向的梯度。由于 $E(x,y)$ 取值与 $\boldsymbol{M}$ 相关，进一步对其进行简化，定义 Harris 角点评价系数 R 如式（9-4）所示。

$$R = \det(\boldsymbol{M}) - k(\mathrm{tr}(\boldsymbol{M}))^2 \tag{9-4}$$

其中 k 为常值权重系数，$\det(\boldsymbol{M}) = \lambda_1\lambda_2$，$\mathrm{tr}(\boldsymbol{M}) = \lambda_1 + \lambda_2$，$\lambda_1$ 和 λ_2 是梯度协方差矩阵 $\boldsymbol{M}$ 的特征向量，将特征向量代入式（9-4）中得：

$$R = \lambda_1\lambda_2 - k(\lambda_1 + \lambda_2)^2 \tag{9-5}$$

式（9-5）将计算像素值衡量系数变化率变为计算梯度协方差矩阵的特征向量。当 R 较大时，说明两个特征向量较相似或者接近，则该点为角点；当 $R < 0$ 时，说明两个特征向量相差较大，则该点位于直线上；当 $|R|$ 较小时，说明两个特征值较小，则该点位于平面。

OpenCV 4 中提供了 cornerHarris()函数用于计算角点 Harris 评价系数 R，该函数的原型在代码清单 9-4 中给出。

代码清单 9-4　cornerHarris()函数原型

```
void cv::cornerHarris(InputArray  src,
                      OutputArray  dst,
                      int  blockSize,
                      int  ksize,
                      double  k,
                      int  borderType = BORDER_DEFAULT
                      )
```

- src：待检测 Harris 角点的输入图像，图像必须是 CV_8U 或者 CV_32F 的单通道灰度图像。
- dst：存放 Harris 评价系数 R 的矩阵，数据类型为 CV_32F 的单通道图像，与输入图像具有相同的尺寸。
- blockSize：邻域大小。
- ksize：Sobel 算子的半径，用于得到梯度信息。
- k：计算 Harris 评价系数 R 的权重系数。
- borderType：像素外推算法标志，可选择参数在前文已经给出。

该函数能够计算出图像中每个像素点的 Harris 评价系数，通过对该系数大小的比较，确定该点是否为 Harris 角点。该函数的第一个参数是待检测 Harris 角点的输入图像，图像必须是 CV_8U 或者 CV_32F 的单通道灰度图像。该函数的第二个参数是存放 Harris 评价系数 R 的矩阵，由于 R 可能存在负值并且有小数，因此该图像矩阵的数据类型为 CV_32F，同时与输入图像具有相同的尺寸和通道数目。该函数的第三个参数是邻域的大小，通常取 2。该函数的第四个参数是计算提取信息的 Sobel 算子的半径，该参数需要是奇数，多使用 3 或者 5。该函数的第五个参数是式（9-4）中的权重系数 k，一般取值为 0.02～0.04。最后一个参数是像素外推算法标志，该标志已经在前面多次见过，这里不再进行介绍。

该函数计算得到的结果是 Harris 评价系数，但是由于其取值范围较广并且有正有负，常需要通过 normalize()函数将其归一化到指定区域内后，再通过阈值比较判断像素点是否为 Harris 角点。在实际项目中判断阈值往往需要根据实际情况和工程经验人为给出。阈值较大，提取的 Harris 角点较少；阈值较小，提取的 Harris 角点较多。

为了了解该函数的使用方法，在代码清单 9-5 中给出了利用 cornerHarris()函数检测图像 Harris 角点的示例程序。在该程序中，首先计算每个像素点的 Harris 评价系数，之后利用 normalize()函数将所有结果归一化到 0～255，然后利用 convertScaleAbs()将归一化结果变成数据类型为 CV_8U 的图像，以便比较每个像素的数值大小，接下来通过与阈值比较得到 Harris 角点，并将所有 Harris 角点的坐标存入 KeyPoint 类型的变量中，最后绘制 Harris 角点。该程序运行结果在图 9-4 中给出，通过结果可以看出，Harris 角点主要集中在头发区域，因为区域线段的相交点较多，通过归一化系数图像也可以看出，在头发区域存在众多较亮的白点。

代码清单 9-5 myCornerHarris.cpp 检测 Harris 角点

```
#include <opencv2/opencv.hpp>
#include<iostream>

using namespace cv;
using namespace std;


int main()
{
    Mat img = imread("lena.png", IMREAD_COLOR);
    if (!img.data)
    {
        cout << "请确认图像文件名称是否正确" << endl;
        return -1;
    }

    //转成灰度图像
    Mat gray;
    cvtColor(img, gray, COLOR_BGR2GRAY);

    //计算 Harris 评价系数
    Mat harris;
    int blockSize = 2;  //邻域半径
    int apertureSize = 3;  //
    cornerHarris(gray, harris, blockSize, apertureSize, 0.04);

    //归一化以便进行数值比较和结果显示
    Mat harrisn;
    normalize(harris, harrisn, 0, 255, NORM_MINMAX);
    //将图像的数据类型变成 CV_8U
    convertScaleAbs(harrisn, harrisn);

    //寻找 Harris 角点
    vector<KeyPoint> keyPoints;
    for (int row = 0; row < harrisn.rows; row++)
    {
        for (int col = 0; col < harrisn.cols; col++)
        {
            int R = harrisn.at<uchar>(row, col);
            if (R > 125)
             {
                //将角点存入 KeyPoint 中
                KeyPoint keyPoint;
                keyPoint.pt.y = row;
```

```
                    keyPoint.pt.x = col;
                    keyPoints.push_back(keyPoint);
                }
            }
        }

        //绘制角点与显示结果
        drawKeypoints(img, keyPoints, img);
        imshow("系数矩阵", harrisn);
        imshow("Harris 角点", img);
        waitKey(0);
        return 0;
}
```

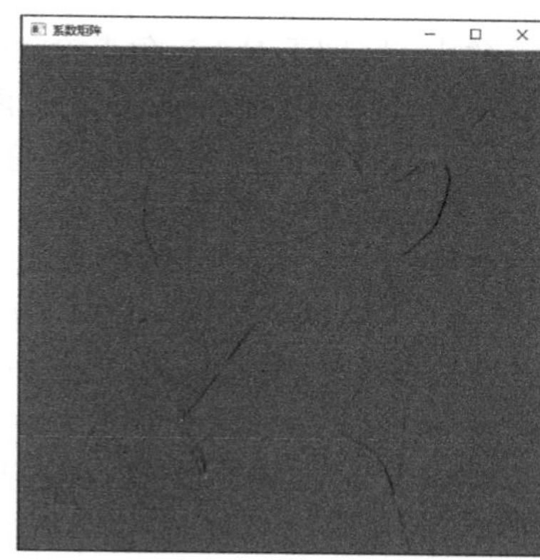

归一化后的系数图像

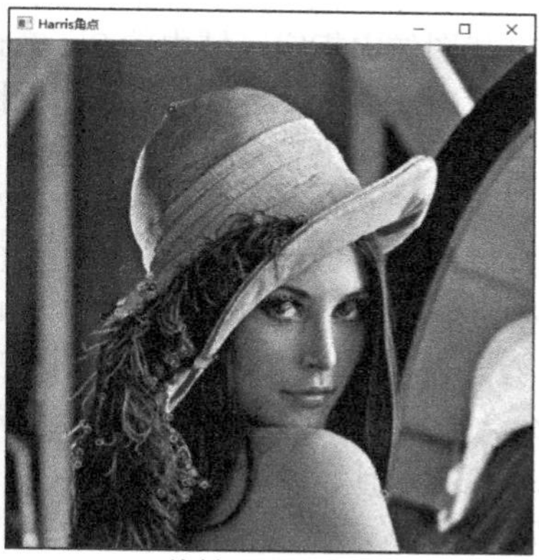

绘制Harris角点图像

图 9-4 myCornerHarris.cpp 运行结果

9.1.3 Shi-Tomas 角点检测

梯度协方差矩阵的两个特征向量与 Harris 角点的判定相关，但是由于 Harris 角点评价系数是两个特征向量的组合，因此通过 Harris 角点评价系数的大小不能完全地概括两个特征向量之间的大小关系，因此 Shi 和 Tomas 对 Harris 角点的判定指标进行调整，将特征向量的最小值作为角点评价系数，具体形式如式（9-6）所示。

$$R = \min(\lambda_1, \lambda_2) \tag{9-6}$$

当 R 大于某一阈值时，则将该点认定为角点，这种角点称为 Shi-Tomas 角点，该角点本质上就是对 Harris 角点的一种变形。OpenCV 4 提供了能够直接检测 Shi-Tomas 角点的 goodFeaturesToTrack() 函数，该函数的原型在代码清单 9-6 中给出。

代码清单 9-6 goodFeaturesToTrack()函数原型

```
void cv::goodFeaturesToTrack(InputArray  image,
                             OutputArray  corners,
                             int  maxCorners,
                             double  qualityLevel,
                             double  minDistance,
                             InputArray  mask = noArray(),
                             int  blockSize = 3,
                             bool  useHarrisDetector = false,
                             double  k = 0.04
                             )
```

- image：需要检测角点的输入图像，必须是 CV_8U 或者 CV_32F 的单通道灰度图像。

- corners：检测到的角点输出量。
- maxCorners：要寻找的角点数目。
- qualityLevel：角点阈值与最佳角点之间的关系，又称为质量等级，如果参数为 0.01，那么表示角点阈值是最佳角点的 0.01 倍。
- minDistance：两个角点之间的最小欧氏距离。
- mask：掩码矩阵，表示检测角点的区域，如果该参数不为空，那么必须是与输入图像具有相同的尺寸且数据类型为 CV_8U 的单通道图像。
- blockSize：计算梯度协方差矩阵的尺寸。
- useHarrisDetector：是否使用 Harris 角点检测。
- k：Harris 角点检测过程中的常值权重系数。

该函数能够寻找图像中指定区域内的 Shi-Tomas 角点，区别于 Harris 角点检测函数，该函数的阈值与最佳角点相对应，避免了绝对阈值在不同图像中效果不理想的现象，另外，函数可以直接输出角点坐标，不需要根据输出结果再次判断是否为角点。该函数的第一个参数是待检测 Shi-Tomas 角点的输入图像，该图像必须是 CV_8U 或者 CV_32F 的单通道图像。该函数的第二个参数是检测到的角点，可以存放在数据类型为 vector<Point2f>的向量或者 Mat 类矩阵中，那么如果存放在 Mat 类矩阵中，那么生成的是数据类型为 CV_32F 的单列矩阵，矩阵的行数是检测到的特征点数目。该函数的第三个参数是寻找角点数目的最大值，如果满足阈值条件的像素点有 200 个，但是需要寻找 100 个角点，那么会根据这 200 个像素点的特征向量大小选出 100 个像素点作为角点。该函数的第四个参数是角点阈值与最佳角点之间的关系，如果最佳角点为 1 500，当该参数设置为 0.01 时，那么 15 就是 Shi-Tomas 角点检测的阈值。该函数的第五个参数是两个角点之间的最小欧氏距离，通过该参数可以避免角点过于集中。该函数的第六个函数是检测角点的掩码矩阵，该参数可以设置图像中检测角点的范围，如果需要从整幅图像检测角点，那么该参数可以使用默认值 noArray()。该函数的第七个参数是计算梯度协方差矩阵的尺寸，默认值为 3。该函数的最后两个参数为是否使用 Harris 角点检测的相关参数，其中第八个参数表示是否进行 Harris 角点检测的标志，默认值为 false，最后一个参数是使用 Harris 角点检测时的常值权重系数，默认值为 0.04。

为了了解该函数的使用方法，在代码清单 9-7 中给出了利用 goodFeaturesToTrack()函数检测 Shi-Tomas 角点的示例程序。在该程序中，除检测 Shi-Tomas 角点之外，还进行了 circle()函数绘制角点和 drawKeypoints()函数绘制角点的对比，前者绘制圆形时可以自由调整大小并且单独给每一个圆形指定颜色，后者绘制的圆形大小固定，不易于辨识，但是实现方式简单，不需要反复调用函数，可以说这两个函数在只有关键点坐标时各有优缺点。该程序的输出结果在图 9-5 中给出，通过结果可以看出，Shi-Tomas 角点的分布趋势与 Harris 角点相似。

代码清单 9-7　myGoodFeaturesToTrack.cpp 检测 Shi-Tomas 角点

```
#include <opencv2/opencv.hpp>
#include<iostream>

using namespace cv;
using namespace std;

int main()
{
    Mat img = imread("lena.png");
    if (!img.data)
    {
        cout << "请确认图像文件名称是否正确" << endl;
        return -1;
```

```
    }
    //深拷贝用于第二种方法绘制角点
    Mat img2;
    img.copyTo(img2);
    Mat gray;
    cvtColor(img, gray, COLOR_BGR2GRAY);
    // Detector parameters

    //提取角点
    int maxCorners = 100;  //检测角点数目
    double quality_level = 0.01;  //质量等级，或者是指阈值与最佳角点的比例关系
    double minDistance = 0.04;  //两个角点之间的最小欧氏距离
    vector<Point2f> corners;
    goodFeaturesToTrack(gray, corners, maxCorners, quality_level, minDistance, Mat(),
                        3, false);

    //绘制角点
    vector<KeyPoint> keyPoints;  //存放角点的 KeyPoint 类，在后期绘制角点时使用
    RNG rng(10086);
    for (int i = 0; i < corners.size(); i++)
    {
        //第一种方式绘制角点，用 circle()函数绘制角点
        int b = rng.uniform(0, 256);
        int g = rng.uniform(0, 256);
        int r = rng.uniform(0, 256);
        circle(img, corners[i], 5, Scalar(b, g, r), 2, 8, 0);

        //将角点存放在 KeyPoint 类中
        KeyPoint keyPoint;
        keyPoint.pt = corners[i];
        keyPoints.push_back(keyPoint);
    }

    //第二种方式绘制角点，用 drawKeypoints()函数
    drawKeypoints(img2, keyPoints, img2);
    //输出绘制角点的结果
    imshow("用 circle()函数绘制角点结果", img);
    imshow("通过绘制关键点函数绘制角点结果", img2);
    waitKey(0);
    return 0;
}
```

circle()函数绘制角点结果

drawKeypoints()函数绘制角点结果

图 9-5 myGoodFeaturesToTrack.cpp 程序运行结果

9.1.4　亚像素级别角点检测

无论是 Harris 角点检测还是 Shi-Tomas 角点检测，OpenCV 4 提供的相关函数都只能得到像素级别的角点，即角点的坐标是整数，但是有时在实际的项目或者任务中需要更高精度的亚像素级别的角点坐标，这时通过 cornerHarris()函数和 goodFeaturesToTrack()函数检测出的角点坐标显然不能满足要求，因此需要对像素级别的角点坐标给予进一步的优化。

亚像素坐标的计算原理是寻找一点，其指向邻域范围内每一个像素点的向量与该像素点的梯度向量的乘积之和最小，图 9-6 给出了计算亚像素坐标的原理示意图。图 9-6 中的 q 是像素级别的角点，p_0 和 p_1 是角点邻域内的像素点，红色（颜色较浅的，见彩图）箭头表示梯度方向。p_0 点位于较为平滑区域，因此其梯度为 0；p_1 点位于边缘处，其梯度垂直于边缘线，我们用 $\boldsymbol{dp}_1$ 表示 p_1 点的梯度向量；角点 q 到邻域内像素点的向量用 $\boldsymbol{qp}_i$ 表示，其中 i 为邻域内像素点的序号。角点指向邻域范围内每一个像素点的向量与该像素点的梯度向量的乘积之和可以用式（9-7）计算。

$$\Delta = \sum_{i}^{n} \boldsymbol{qp}_i \cdot \boldsymbol{dp}_i \tag{9-7}$$

当式（9-7）等于 0 时，对应的 q 坐标就是角点的位置，但是严格等于 0 不能精确成立，因此算法就变成了不断寻找亚像素坐标的 $\hat{q}$，使得式（9-7）的值最小，相应的 $\hat{q}$ 就是估计出的亚像素级别的角点。

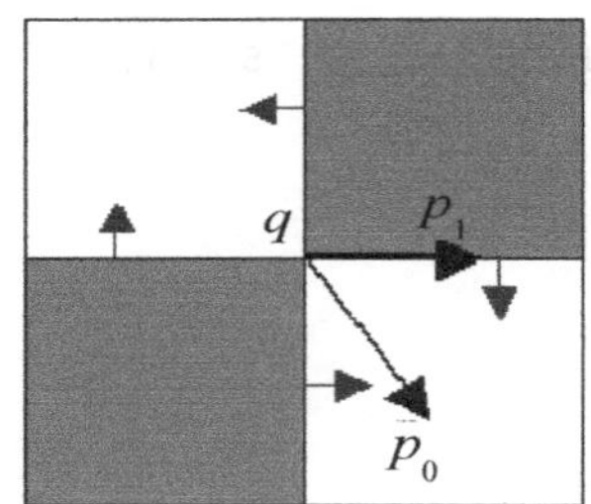

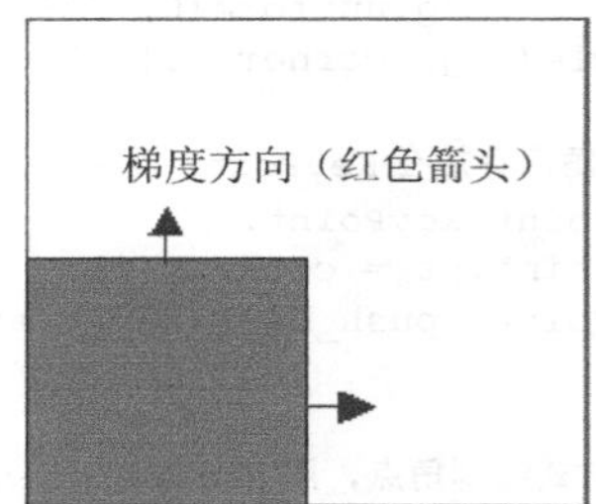

图 9-6　亚像素角点坐标计算原理示意图（见彩图）

OpenCV 4 提供了根据像素级别角点坐标和图像计算亚像素级别角点坐标的 cornerSubPix()函数，该函数的原型在代码清单 9-8 中给出。

代码清单 9-8　cornerSubPix()函数原型

```
void cv::cornerSubPix(InputArray  image,
                      InputOutputArray  corners,
                      Size  winSize,
                      Size  zeroZone,
                      TermCriteria  criteria
                      )
```

- image：输入图像，必须是数据类型为 CV_8U 或者 CV_32F 的单通道灰度图像。
- corners：角点坐标，既是输入的角点坐标，又是精细后的角点坐标。
- winSize：搜索窗口尺寸的一半，必须是整数。实际的搜索窗口尺寸比该参数的 2 倍大 1。
- zeroZone：搜索区域中间“死区”大小的一半，即不提取像素点的区域，(−1,−1)表示没有“死区”。
- criteria：终止角点优化迭代的条件。

该函数能够根据角点位置的初始坐标，通过不断迭代得到优化后的亚像素级别的角点坐标。该函数常与 cornerHarris()函数和 goodFeaturesToTrack()函数结合使用。该函数的第一个参数是输入图像，算法要求该图像必须是 CV_8U 或者 CV_32F 类型的单通道灰度图像。该函数的第二个参数是角点的坐标，该参数既作为输入参数又作为输出参数，作为输入参数时是角点的初始坐标，作为输出参数时是角点经过不断迭代后精细的亚像素级别的坐标。该函数的第三个、第四个参数是优化坐标时邻域的大小和范围，前者表示搜索窗口尺寸的一半，实际的搜索窗口尺寸比该参数的 2 倍大 1，例如参数为 N 时，实际的搜索窗口尺寸是 $(2N+1)\times(2N+1)$；后者是搜索区域中间“死区”大小的一半，即不提取像素点的区域，(−1,−1)表示没有“死区”。该函数的最后一个参数是终止迭代算法的条件，该类参数我们在前面已经有过介绍，这里不再赘述。

为了了解该函数的使用方法，在代码清单 9-9 中给出了计算 Shi-Tomas 角点亚像素级别坐标的示例程序，程序输出了优化前和优化后的坐标，部分结果在图 9-7 中给出。

代码清单 9-9　myCornerSubPix.cpp 计算亚像素级别角点坐标

```
#include <opencv2/opencv.hpp>
#include <iostream>
#include <string>

using namespace cv;
using namespace std;

int main()
{
    system("color F0");  //改变 DOS 界面颜色
    Mat img = imread("lena.png",IMREAD_COLOR);
    if (!img.data)
    {
        cout << "请确认图像文件名称是否正确" << endl;
        return -1;
    }
    //彩色图像转成灰度图像
    Mat gray;
    cvtColor(img, gray, COLOR_BGR2GRAY);

    //提取角点
    int maxCorners = 100;  //检测角点数目
    double quality_level = 0.01;  //质量等级，或者是指阈值与最佳角点的比例关系
    double minDistance = 0.04;  //两个角点之间的最小欧氏距离
    vector<Point2f> corners;
    goodFeaturesToTrack(gray, corners, maxCorners, quality_level, minDistance, Mat(),
                        3, false);

    //计算亚像素级别角点坐标
    vector<Point2f> cornersSub = corners;  //角点备份，防止被函数修改
    Size winSize = Size(5, 5);
    Size zeroZone = Size(-1, -1);
    TermCriteria criteria = TermCriteria(TermCriteria::EPS + TermCriteria::COUNT,
                                         40, 0.001);
    cornerSubPix(gray, cornersSub , winSize, zeroZone, criteria);

    //输出初始坐标和精细坐标
    for (size_t i = 0; i < corners.size(); i++)
    {
        string str = to_string(i);
        str = "第" + str + "个角点初始坐标: ";
        cout << str << corners[i] << "  精细后坐标: " << cornersSub[i] << endl;
```

```
    }
    return 0;
}
```

```
C:\Windows\system32\cmd.exe
第0个角点初始坐标：[180, 433]   精细后坐标：[180, 433]
第1个角点初始坐标：[157, 377]   精细后坐标：[156.301, 378.91]
第2个角点初始坐标：[176, 454]   精细后坐标：[176.993, 454.793]
第3个角点初始坐标：[180, 435]   精细后坐标：[180, 435]
第4个角点初始坐标：[113, 269]   精细后坐标：[113, 269]
第5个角点初始坐标：[176, 439]   精细后坐标：[176, 439]
第6个角点初始坐标：[110, 268]   精细后坐标：[108.744, 269.414]
第7个角点初始坐标：[141, 245]   精细后坐标：[142.764, 245.565]
第8个角点初始坐标：[70, 415]   精细后坐标：[70, 415]
第9个角点初始坐标：[174, 311]   精细后坐标：[175.923, 312.123]
```

图 9-7 myCornerSubPix.cpp 程序部分输出结果

9.2 特征点检测

特征点与角点在宏观定义上相同，都是能够表现图像中局部特征的像素点，但是特征点区别于角点的是其具有能够唯一描述像素点特征的描述子，例如该点左侧像素比右侧像素的像素值大、该点是局部最低点等。通常特征点由关键点和描述子组成，例如 SIFT 特征点、ORB 特征点等都需要先计算关键点坐标，之后再计算描述子。本节将介绍 SIFT 特征点、SURF 特征点和 ORB 特征点的原理和计算方法。

9.2.1 关键点

关键点 KeyPoint 类中含有的属性已经在前文介绍，可以用来存放关键点的坐标、方向等相关数据。我们在前面使用该数据类型的时候都是定义一个该类型的变量，之后对类中的属性进行赋值，这种方式容易理解和操作，但是在程序中需要多行代码才能够实现，因此 KeyPoint 类中也定义了重载函数，能够直接将 KeyPoint 类中所有的属性进行赋值。

OpenCV 4 提供了 KeyPoint 类的两种重载函数，两者的区别主要在于一种是以 Point2f 的坐标形式赋值关键点的坐标，另一种是以独立的 x 坐标和 y 坐标形式赋值关键点的坐标。这里我们只在代码清单 9-10 中给出一种重载函数原型。

代码清单 9-10 KeyPoint()函数原型

```
cv::KeyPoint::KeyPoint(Point2f  _pt,
                       float  _size,
                       float  _angle = -1,
                       float  _response = 0,
                       int  _octave = 0,
                       int  _class_id = -1
                       )
```

- _pt：关键点的像素坐标，数据类型为 Point2f，可以是含有小数的坐标。
- _size：关键点直径。
- _angle：关键点方向。
- _response：关键点强度。
- _octave：检测到关键点的“金字塔”阶层。
- _class_id：对象 ID。

该函数可以将关键点所有的信息一次性地赋值到 KeyPoint 类的变量中，当然，我们也可以在不了解太多信息的情况下调用该函数进行初始化和赋值，因为该函数对多个参数定义了默认参数。

该函数的第一个参数是关键点的坐标，该参数是关键点最重要的信息之一，因此必须明确给出，不可以默认。另外，该参数的数据类型是 Point2f，允许像素坐标含有小数。该函数的第二个参数是关键点的直径，该参数不允许默认。其余参数都具有默认值。另一种重载函数原型将本函数中的第一个参数拆分成两个参数，分别是 float 类型的 x 坐标和 y 坐标，其余参数与本函数的相同，按顺序依次向后排列。

由于特征点种类众多，而每一类特征点都涉及关键点和描述子的计算，因此，为了实现方便、减少函数数量，OpenCV 4 搭建了 Features2D 虚类，类中定义了检测特征点时需要的关键点检测函数、描述子计算函数、描述子类数据类型及读写操作等函数，只要其他某个特征点类继承了 Features2D 类，就可以通过其中的函数计算关键点和描述子。事实上，OpenCV 4 中所有的特征点类都继承了 Features2D 类。在 Features2D 类中定义了能够直接计算关键点的 detect()函数，该函数的原型在代码清单 9-11 中给出。

代码清单 9-11　detect()函数原型

```
virtual void cv::Feature2D::detect(InputArray  image,
                                   std::vector<KeyPoint> &  keypoints,
                                   InputArray  mask = noArray()
                                   )
```

- image：需要计算关键点的输入图像。
- keypoints：检测到的关键点。
- mask：计算关键点时的掩码矩阵。

该函数能够根据需要计算不同种特征点中的关键点。该函数的第一个参数是需要计算关键点的图像，图像的类型与继承 Features2D 类的特征点相关。该函数的第二个参数是检测到的关键点，存放在数据类型为 vector<KeyPoint>的向量里，此时关键点变量中不再仅有关键点的坐标，还有关键点方向、半径尺寸等，具体内容与特征点的种类相关。该函数的最后一个参数是计算关键点时的掩码图像，用于表示需要在哪些区域计算关键点，掩码矩阵需要与输入图像具有相同的尺寸并且数据类型为 CV_8U，需要计算关键点的区域在掩码矩阵中用非零元素表示。

该函数需要被其他类继承之后才能使用，即只有在特征点具体的类中才能使用，例如在 ORB 特征点的 ORB 类中，可以通过 ORB::detect()函数计算 ORB 特征点的关键点；在 SIFT 特征点的 SIFT 类中，可以通过 SIFT::detect()函数计算 SIFT 特征点的关键点。因此，关于本函数的使用方法，将在后续介绍具体特征点的时候进行介绍。

9.2.2　描述子

描述子是用来唯一描述关键点的一串数字，与每个人的个人信息类似，通过描述子可以区分两个不同的关键点，也可以在不同的图像中寻找同一个关键点。描述子的构建方式多种多样，例如统计关键点周围每个像素点的梯度、随机比较周围 128 对像素点像素值的大小组成描述向量等。Features2D 类中同样提供了用于计算每种特征点描述子的 compute()函数，该函数的原型在代码清单 9-12 中给出。

代码清单 9-12　compute()函数原型

```
virtual void cv::Feature2D::compute(InputArray  image,
                                    std::vector<KeyPoint> &  keypoints,
                                    OutputArray  descriptors
                                    )
```

- image：关键点对应的输入图像。

- keypoints：已经在输入图像中计算得到的关键点。
- descriptors：每个关键点对应的描述子。

在函数能够根据输入图像和指定图像中的关键点坐标计算得到每个关键点的描述子。在计算描述子的过程中，将会删除无法计算描述子的关键点，有时也会增加新的关键点。该函数的第一个参数是计算关键点的原始图像，一定要输入与关键点对应的图像，否则程序不会报错而是继续计算描述子，但是这样会造成数据的错乱。该函数的第二个参数是计算得到的关键点，存放在数据类型为 vector<KeyPoint>的向量中。该函数的最后一个参数是每个关键点的描述子，根据特征点种类不同，计算得到的描述子形式也不相同，具体内容将在具体的特征点中进行介绍。

首先，使用 detect()函数计算关键点，然后，使用 compute()函数计算描述子，这样做在计算特征点时会显得比较烦琐，因为往往在计算特征点时既需要关键点又需要描述子。为了简化提取特征点的流程，Features2D 类中提供了直接计算关键点和描述子的 detectAndCompute()函数，该函数的原型在代码清单 9-13 中给出。

代码清单 9-13　detectAndCompute()函数原型

```
virtual void cv::Feature2D::detectAndCompute(InputArray  image,
                                             InputArray  mask,
                                             std::vector< KeyPoint > &  keypoints,
                                             OutputArray  descriptors,
                                             bool  useProvidedKeypoints = false
                                             )
```

- image：需要提取特征点的输入图像。
- mask：计算关键点时的掩码图像。
- keypoints：计算得到的关键点。
- descriptors：每个关键点对应的描述子。
- useProvidedKeypoints：是否使用已有关键点的标识符。

该函数将计算关键点和描述子两个功能集成在一起，可以根据输入图像直接计算出关键点和关键点对应的描述子。该函数的第一个参数是需要提取特征点的输入图像，第二个参数是计算关键点时的掩码图像，该矩阵的尺寸需要与输入图像相同并且数据类型为 CV_8U，掩码图像中非零像素表示需要计算关键点的区域。该函数的第三个参数表示已知的关键点或者计算得到的关键点的坐标，具体该参数表示何种含义由该函数的第五个参数决定。该函数的第四个参数是计算得到的每个关键点对应的描述子。该函数的第五个参数表示是否直接利用第三个参数输入的关键点计算描述子，默认值为 false。当第五个参数选择 true 时，该函数与 compute()函数的本质功能相同；当第五个参数选择 false 时，该函数既要计算关键点又要计算描述子。

compute()函数、detectAndCompute()函数与 detect()函数类似，都需要在特征点的类中才能使用，例如，在 ORB 特征点的 ORB 类中，可以通过 ORB::compute() 函数计算 ORB 特征点的描述子；在 SIFT 特征点的 SIFT 类中，可以通过 SIFT::compute() 函数计算 SIFT 特征点的描述子。关于这两个函数的使用方法，将在后续介绍具体特征点的时候进行介绍。

9.2.3　SIFT 特征点检测

SIFT 特征点由 David Lowe 在 1999 年首次提出，并在 2004 年进行完善。SIFT 特征点是图像处理领域中最著名的特征点之一，许多人对其进行改进，衍生出一系列特征点。SIFT 特征点之所以备受欢迎，是因为其在光照、噪声、视角、缩放和旋转等干扰下仍然具有良好的稳定性。

计算 SIFT 特征点首先需要构建多尺度高斯“金字塔”。为实现空间尺度不变性，SIFT 特征点模仿了实际生活中物体近大远小、近清晰远模糊的特点，构建了高斯“金字塔”，将图片按照组

（Octave）和层（Interval）进行划分，具体形式如图 9-8 所示。

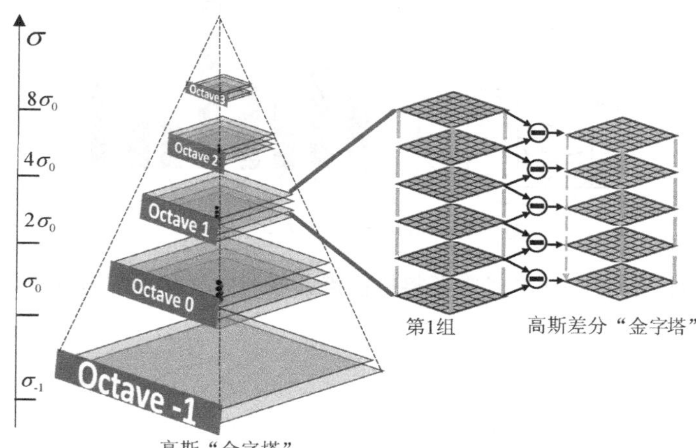

图 9-8 SIFT 特征点中构建的高斯“金字塔”

不同组内的图片大小不同，小尺寸图片由大尺寸图片下采样得到。同一组内的图片大小相同，但在下采样时使用不同标准差的高斯卷积核，“金字塔”层数越高，标准差越大，这里也称为高斯尺度。在高斯“金字塔”构建好后，对同一组内的相邻图片进行相减操作，构建高斯差分“金字塔”。

关键点是由高斯差分空间的局部极值点组成的，关键点的初步检测是通过同一组内各高斯差分空间相邻两层图像之间比较完成的。如图 9-9 所示，中间的检测点与和它同尺度的 8 个相邻点以及上下相邻尺度对应的 9×2 个点进行比较。总共有 26 个点用于比较，可以确保在尺度空间和二维图像空间都检测到极值点。

通过上述过程找到的像素点是离散的，通过在关键点附近进行泰勒展开实现亚像素级别的定位，之后对关键点进行筛选，剔除噪声和边缘效应，然后将剩余的关键点作为 SIFT 特征点。

SIFT 特征点的方向需要根据周围像素梯度来确定。首先将在高斯差分空间检测到的特征点位置映射到高斯“金字塔”的图像中，然后根据特征点所在图片的高斯尺度大小（即特征点所在高斯“金字塔”的组数）确定邻域半径，并对邻域内的梯度信息进行统计。同时对各点梯度幅值进行高斯加权，使特征点附近的梯度幅值具有较大的权重，远离特征点的梯度幅值具有较小的权重，之后选择加权后的梯度幅值最大的方向作为特征点的主方向。具体形式如图 9-10 所示。

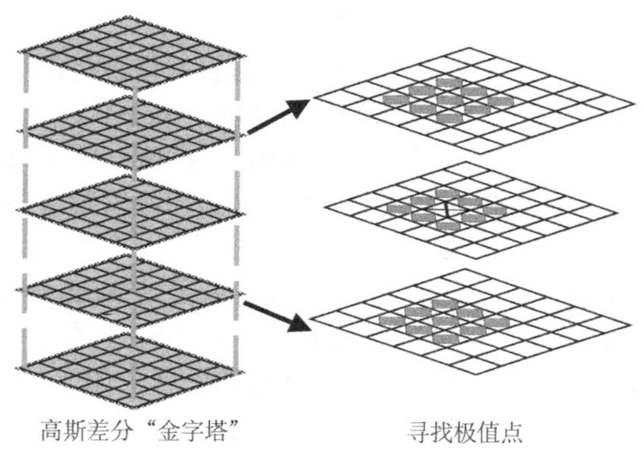

图 9-9 在高斯差分“金字塔”内寻找极值点

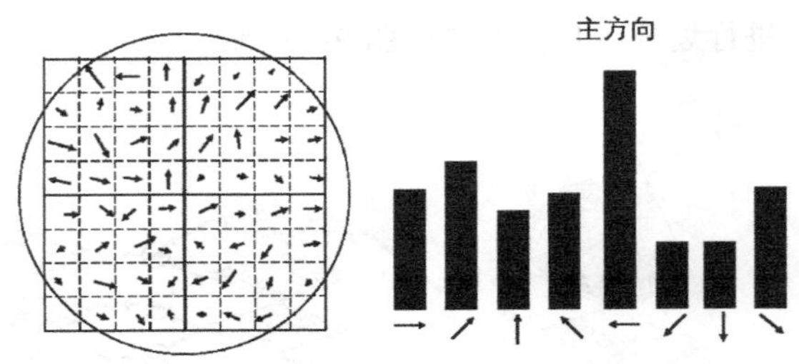

图 9-10　SIFT 特征点主方向的确定

为实现旋转不变性，计算描述子时需要将特征点邻域图像旋转到主方向上，其示意图如图 9-11 所示。

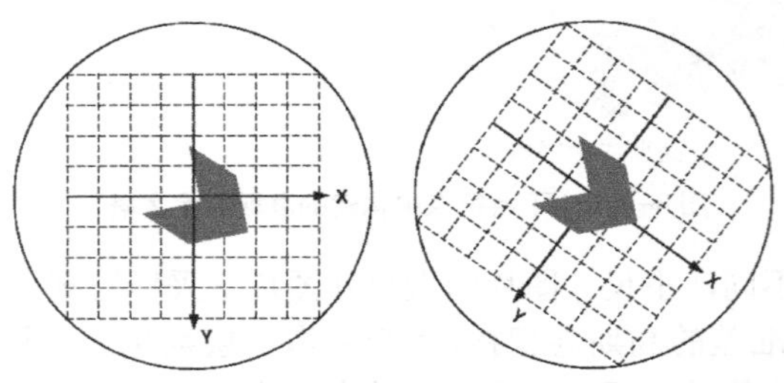

图 9-11　将图像坐标轴旋转到与特征点方向一致

在旋转后的图像中以特征点为中心取 16×16 的邻域作为采样窗口，将采样点（即像素点）与特征点的相对梯度方向通过高斯加权后归入包含 8 个 bin 的方向直方图，最后获得 4×4×8 的 128 维特征描述子，其示意图在图 9-12 中给出。

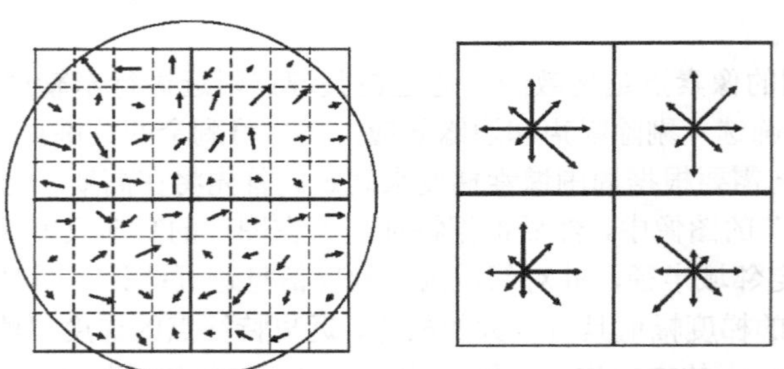

图 9-12　SIFT 特征点描述子计算示意图

SIFT 特征点算法比较复杂，由于本书篇幅有限，因此只能进行简单介绍，感兴趣的读者可以自行查阅相关资料。虽然 SIFT 特征点算法比较复杂，但是 OpenCV 4 提供了直接检测图像 SIFT 特征点的 SIFT 类及其相关函数，该类封装在 opencv_contrib 扩展模块的 xfeatures2d 部分。我们在上文已经介绍了如何安装 opencv_contrib 扩展模块，如果读者已经安装了该模块，就可以使用与 SIFT 特征点相关的函数，否则需要安装 opencv_contrib 扩展模块后才能使用。

SIFT 类继承了前文介绍的 Features2D 类，因此可以通过 Features2D 类中的 detect()函数与 compute()函数计算关键点和描述子，但是在此之前需要定义 SIFT 类变量，用于表明从 Features2D 类中继承的函数是计算 SIFT 特征点，而不是计算其他特征点。SIFT 类在 xfeatures2d 头文件和命名空间中，因此在使用时需要在程序中通过“#include <xfeatures2d.hpp>”包含头文件，并通过“using namespace xfeatures2d”声明命名空间。SIFT 类中提供了 create()函数用于创建 SIFT 类变量，该函数的原型在代码清单 9-14 中给出。

代码清单 9-14 SIFT::create()函数原型

```
static Ptr<SIFT> cv::xfeatures2d::SIFT::create(int  nfeatures = 0,
                                               int  nOctaveLayers = 3,
                                               double  contrastThreshold = 0.04,
                                               double  edgeThreshold = 10,
                                               double  sigma = 1.6
                                               )
```

- nfeatures：计算 SIFT 特征点数目。
- nOctaveLayers："金字塔"中每组的层数。
- contrastThreshold：过滤较差特征点的阈值，该参数值越大，返回的特征点越少。
- edgeThreshold：过滤边缘效应的阈值，该参数值越大，返回的特征点越多。
- sigma："金字塔"第 0 层图像高斯滤波的系数，即图 9-8 中的σ_0。

该函数可以创建一个 SIFT 类的变量，之后利用类里的方法计算图像中的 SIFT 特征点。该函数的第一个参数是输出的特征点数目，默认参数值为 0，表示输出所有满足条件的特征点，当参数值不为 0 时，会对所有特征点按照响应强度进行排序，之后输出排名靠前的特征点。该函数的第二个参数是高斯"金字塔"中每组内图像的层数，参数默认值为 3。层数与图像尺寸相关，当图像尺寸较大时，可以适当提高参数数值。该函数的第三个参数是过滤掉较差特征点的阈值，如果特征点的响应度小于该系数，将被去除，该参数数值越大，返回的特征点越少，参数默认值为 0.04。该函数的第四个参数为过滤边缘效应的阈值，参数默认值为 10。需要注意的是，该参数越大，输出的特征点越多，因为参数越大能够过滤掉的特征点就越少，那么剩余的特征点就会变多。该函数的最后一个参数是"金字塔"第 0 层图像高斯滤波的系数，即图 9-8 中的σ_0，参数默认值为 1.6。

> **注意**
>
> SIFT 特征点被申请了专利，只能用于研究和学习，不能用于商业用途，读者在后续完成图像处理相关项目时，需要格外注意 SIFT 特征点的使用。
>
> 为了避免不必要的争端，本书中只介绍 SIFT 相关知识点和 OpenCV 4 中的相关函数，不提供计算 SIFT 特征点的示例程序，读者可以参考后续 SURF 特征点和 ORB 特征点的相关示例程序自行实现。

9.2.4 SURF 特征点检测

虽然 SIFT 特征点具有较高的准确性和稳定性，但是计算速度较慢，无法应用在实时的系统中，通常是离线处理图像。针对这种情况， Herbert Bay、Andreas Ess 和 Tinne Tuytelaars 于 2006 年在论文《SURF: Speeded Up Robust Features》中提出了一种对 SIFT 特征点加速的 SURF 特征点。

SIFT 特征点通过高斯差分构建高斯差分空间作为尺度空间，但是 SURF 特征点直接用方框滤波器去逼近高斯差分空间，图 9-13 为这种逼近的示意图。这种逼近的优点是可以借助积分图像轻松地计算出方框滤波器的卷积。另外，SURF 在构建"金字塔"的尺寸上也与 SIFT 特征点不同，SIFT 下一组图像的尺寸是上一组的一半，同一组内图像尺寸相同，但是所使用的高斯模糊系数逐渐增大；而在 SURF 特征点中，不同组间图像的尺寸都是相同的，但不同组使用的方框滤波器的尺寸逐渐增大，同一组内不同层间使用相同尺寸的滤波器，但是滤波器的模糊系数逐渐增大。

针对关键点方向，SURF 特征点通过在大小为 6 的圆形邻域内对水平和垂直方向上使用小波响应，并结合高斯权重将结果绘制在图 9-14 所示的空间中。之后计算角度为 60°的滑动窗口内所有响应的总和，将不同滑动窗口内响应最大的方向作为主导方向。

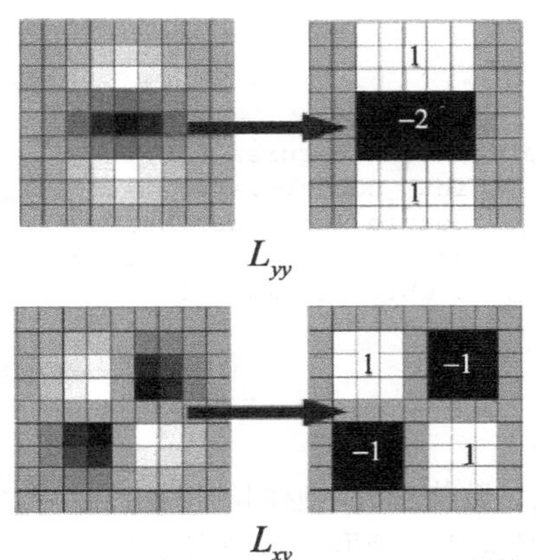

图 9-13　SURF 特征点空间逼近示意图

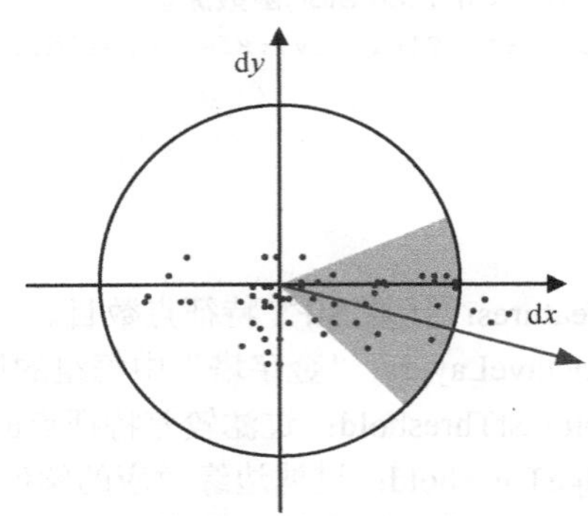

图 9-14　SURF 特征点方向空间

在关键点描述子计算上，SURF 特征点在关键点周围计算选取 20×20 的邻域，并将其分成 4×4 的子区域，对每个子区域 25 个像素计算水平和垂直方向的小波特征，给出一个包含水平方向值、垂直方向值、水平方向绝对值和垂直方向绝对值的 4 维描述子。所有子区域的描述子共同组成一个 64 维的描述子作为 SURF 关键点的描述子。为了更具特色，SURF 特征点描述子也可以提高到 128 维，将水平方向和垂直方向向量细分成大于零和小于零，从而将 64 维加倍到 128 维。

OpenCV 4 提供了直接检测图像 SURF 特征点的 SURF 类及其相关函数，该类同样被封装在 opencv_contrib 扩展模块的 xfeatures2d 部分。SURF 类继承了前文介绍的 Features2D 类，因此可以通过 Features2D 类中的 detect()函数与 compute()函数计算关键点和描述子，但是在此之前需要定义 SURF 类变量，用于表明从 Features2D 类中继承的函数是计算 SURF 特征点及 SURF 特征点数目、描述子的维数等。SURF 类在 xfeatures2d 命名空间中，因此在使用时需要在程序中通过“#include <xfeatures2d.hpp>”包含头文件，并通过“using namespace xfeatures2d”声明命名空间。SURF 类中提供了 create()函数用于创建 SURF 类变量，该函数的原型在代码清单 9-15 中给出。

代码清单 9-15　SURF::create()函数原型

```
static Ptr<SURF> cv::xfeatures2d::SURF::create(double  hessianThreshold = 100,
                                               int  nOctaves = 4,
                                               int  nOctaveLayers = 3,
                                               bool  extended = false,
                                               bool  upright = false
                                               )
```

- hessianThreshold：SURF 关键点检测的阈值。
- nOctaves：检测关键点时构建“金字塔”的组数。
- nOctaveLayers：检测关键点时构建“金字塔”中每组的层数。
- extended：是否使用扩展描述子的标志，即选择 128 维还是 64 维描述子。
- upright：是否计算关键点方向的标志。

该函数可以创建一个 SURF 类的变量，之后利用类里的方法计算图像中的 SURF 特征点。该函数的第一个参数是检测是否为 SURF 关键点的阈值，该函数越大，检测的关键点数目越少，参数默认值为 100。该函数的第二个、第三个参数是与构建“金字塔”相关的参数，前者是构建“金字塔”的组数，参数默认值是 4，后者是“金字塔”每组中的层数，参数默认值是 3。该函数的第四个参数是描述子维数的标志，当参数为 true 时，描述子为 128 维，当参数为 false 时，描述子为 64 维，该参数默认值为 false。该函数的最后一个参数为关键点是否具有方向的标志，因为有些场合可能不需要使用关键点角度，因此不计算关键点角度可以加快计算速度，当该参数为 true 时，不计算关键点方向，当该参数为 false 时，计算关键点方向，该参数默认值为 false。

为了了解该函数的使用方法，在代码清单 9-16 中给出计算图像 SURF 特征点的示例程序。在该程序中，计算了关键点的角度，并且计算每个关键点 128 维描述子。为了了解 drawKeypoints() 函数绘制关键点的方向和方向向量大小的使用方法，程序中分别绘制了含有方向和不含有方向的 SURF 特征点，结果在图 9-15 中给出。

代码清单 9-16　mySURF.cpp 计算 SURF 特征点

```
#include <opencv2\opencv.hpp>
#include <xfeatures2d.hpp>  //SURF 特征点头文件
#include <iostream>
#include <vector>

using namespace std;
using namespace cv;
using namespace xfeatures2d;  //SURF 特征点命名空间

int main()
{
    Mat img = imread("lena.png");
    if (!img.data)
    {
        cout << "请确认图像文件名称是否正确" << endl;
        return -1;
    }

    //创建 SURF 特征点类变量
    Ptr<SURF> surf = SURF::create(500,  //关键点阈值
                                  4,    //4 组“金字塔”
                                  3,    //每组“金字塔”有 3 层
                                  true,    //使用 128 维描述子
                                  false);  //计算关键点方向

    //计算 SURF 关键点
    vector<KeyPoint> Keypoints;
    surf->detect(img, Keypoints);  //确定关键点

    //计算 SURF 描述子
    Mat descriptions;
    surf->compute(img, Keypoints, descriptions);  //计算描述子

    //绘制特征点
    Mat imgAngel;
    img.copyTo(imgAngel);
    //绘制不含角度和大小的结果
    drawKeypoints(img, Keypoints, img,Scalar(255,255,255));
    //绘制含有角度和大小的结果
    drawKeypoints(img, Keypoints, imgAngel, Scalar(255, 255, 255),
                  DrawMatchesFlags::DRAW_RICH_KEYPOINTS);

    //显示结果
    imshow("不含角度和大小的结果", img);
    imshow("含有角度和大小的结果", imgAngel);
    waitKey(0);
```

```
        return 0;
}
```

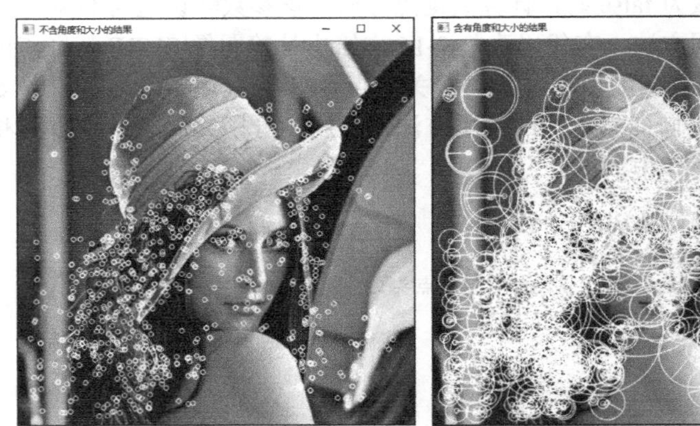

图 9-15　mySURF.cpp 程序中 SURF 特征点计算结果

9.2.5　ORB 特征点检测

即使 SURF 特征点已经对 SIFT 进行改进，提高了计算速度，但是应用在没有 GPU 的环境中时仍然很难保证算法的实行性。ORB 特征点以计算速度快著称，计算速度可以达到 SURF 特征点的 10 倍、SIFT 特征点的 100 倍，因此近些年在计算机视觉领域受到广泛关注。

ORB 特征点由 FAST 角点与 BRIEF 描述子组成，首先通过 FAST 角点确定图像中与周围像素存在明显差异的像素点作为关键点，之后计算每个关键点的 BRIEF 描述子，从而唯一确定 ORB 特征点。

FAST 角点通过比较图像像素灰度值变化确定关键点，其核心思想：如果在某个灰度值较小的区域中存在一个灰度值明显较大的像素点，那么该像素点在这个区域中具有明显的特征，可以作为特征点。该算法比较某区域中心像素灰度值与周围像素灰度值的关系，如果周围像素灰度值与中心像素灰度值相比存在明显差异，那么可以判定其为 FAST 角点。图 9-16 为一个 FAST 角点，计算过程如下。

第一步：选择某个像素点作为中心点 p，其像素值为 I_p。

第二步：设置判定 FAST 角点的像素阈值，例如 $T_p = 20\% \times I_p$。

第三步：比较中心点 p 的像素值与半径为 3 的圆周上所有像素的像素值，如果存在连续 N 个像素的像素值大于 $(I_p + T_p)$ 或者小于 $(I_p - T_p)$，那么中心点 p 为 FAST 角点。N 一般选择 12，称为 FAST-12 角点。

第四步：遍历图像中每个像素点，重复上述步骤，计算图像中的 FAST 角点。

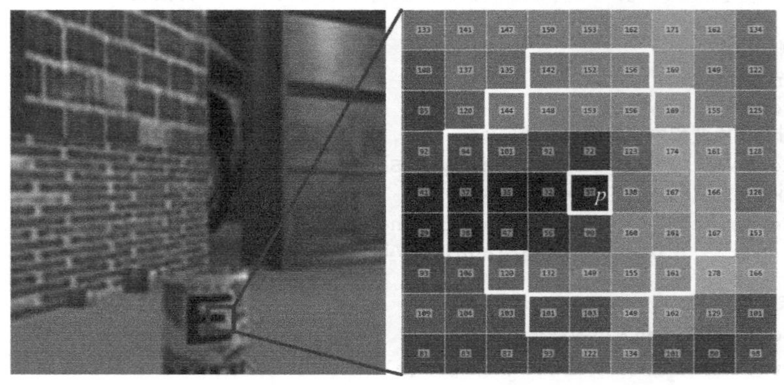

图 9-16　FAST 角点与周围像素的灰度值

FAST 角点不具有尺度不变性和旋转不变性，ORB 特征点在 FAST 角点的基础上增加了尺度和旋转不变性。通过构建图像“金字塔”并在每一层分别提取 FAST 角点，在多层图像中能检测到的 FAST 角点具有尺度不变性，因此 ORB 特征点只保留具有尺度不变性的 FAST 角点。针对旋转不变性，ORB 特征点提出由 FAST 角点指向周围矩形区域质心的向量作为 ORB 特征点的方向向量，由方向向量可以得到特征点的方向，从而解决旋转不变性问题。计算方向向量的具体步骤如下。

第一步，以 FAST 角点为中心选择矩形区域，计算矩形区域的图像矩。关于如何计算图像矩，在前面已经介绍过，这里再次给出计算公式（见式（9-8））：

$$m_{pq} = \sum_{x,y \in B} x^p y^q I(x,y),\ \ p,q = \{0,1\} \tag{9-8}$$

第二步，利用式（9-9）计算矩形区域的质心：

$$C = \left(\frac{m_{10}}{m_{00}}, \frac{m_{01}}{m_{00}} \right) \tag{9-9}$$

第三步，连接 FAST 角点与质心得到方向向量，通过式（9-10）计算该方向向量的方向：

$$\theta = \arctan\left(\frac{m_{01}}{m_{10}} \right) \tag{9-10}$$

由于 FAST 角点容易集中出现，在某个 FAST 角点附近极易出现大量的 FAST 角点，因此需要采用非极大值抑制算法将一定范围内角点响应值最大的 FAST 角点保留，其他点去除。

BRIEF 描述子用于描述特征点周围像素灰度值的变化趋势，如果两个特征点具有相同的描述子，那么认为两个特征点是同一个特征点。BRIEF 描述子会按照一定分布规律随机比较特征点周围两个像素点 p 和 q 的灰度值大小，用 1 表示 p 的灰度值大于 q 的灰度值，用 0 表示 p 的灰度值小于 q 的灰度值。通过在特征点周围随机比较 128 对像素点的灰度值得到由 128 个 0 或 1 组成的 BRIEF 描述子，实现对特征点周围灰度值分布特性的描述。虽然 BRIEF 描述子不具有旋转不变性，但是可以结合关键点的方向计算 BRIEF 描述子，从而将描述子与特征点的方向联系在一起，增加旋转不变性。

OpenCV 4 提供了直接检测图像 ORB 特征点的 ORB 类及其相关函数，该类继承了前文介绍的 Features2D 类，因此可以通过 Features2D 类中的 detect()函数与 compute()函数计算关键点和描述子，但是，在此之前，需要定义 ORB 类变量，用于表明从 Features2D 类中继承的函数是计算 ORB 特征点及 ORB 特征点数目等。ORB 类中提供了 create()函数用于创建 ORB 类变量，该函数的原型在代码清单 9-17 中给出。

代码清单 9-17　ORB::create()函数原型

```
static Ptr<ORB> cv::ORB::create(int  nfeatures = 500,
                                float  scaleFactor = 1.2f,
                                int  nlevels = 8,
                                int  edgeThreshold = 31,
                                int  firstLevel = 0,
                                int  WTA_K = 2,
                                ORB::ScoreType  scoreType = ORB::HARRIS_SCORE,
                                int  patchSize = 31,
                                int  fastThreshold = 20
                                )
```

- nfeatures：检测 ORB 特征点的数目。
- scaleFactor：“金字塔”尺寸缩小的比例，如果为 2，那么表示“金字塔”的下层图像尺寸是上层图像的 2 倍。

- nlevels：“金字塔”层数。
- edgeThreshold：边缘阈值。
- firstLevel：将原图像放入“金字塔”中的等级，例如放入第 0 层。
- WTA_K：生成每位描述子时需要用的像素点数目。
- scoreType：检测关键点时关键点评价方法。
- patchSize：生成描述子时关键点周围邻域的尺寸。
- fastThreshold：计算 FAST 角点时像素值差值的阈值。

该函数可以创建一个 ORB 类的变量，之后利用类里的方法计算图像中的 ORB 特征点。该函数的第一个参数是需要检测的特征点数目，需要根据实际情况设置，一般情况下与图像尺寸相关，图像尺寸越大，可以提取的特征点数越多，默认值为 500。该函数的第二个参数是“金字塔”不同层之间尺寸的缩放比例系数，如果比例系数较大，会显著降低特征点评价系数，如果比例系数较小，意味着需要在“金字塔”中构建更多的图像层，影响特征点计算速度，该参数的默认值为 1.2f。该函数的第三个参数表示“金字塔”的层数系数，实际的最小“金字塔”层数由式（9-11）计算。

$$n = \frac{\text{input\_image\_linear\_size}}{\text{pow}\left(\text{scaleFactor, nlevels - firstLevel}\right)} \tag{9-11}$$

式（9-11）中的变量均为函数中输入的参数，该参数的默认值为 8。该函数的第四个参数是检测边缘阈值，其数值大小应与第八个参数 patchSize 大致相同，该参数的默认值为 31。该函数的第五个参数是将图像放入到“金字塔”中的层数，默认参数值为 0。该函数的第六个参数是计算每一位描述子时需要的像素点位数，如果参数值为 2，那么使用 BRIEF 描述子，占用 1 位，后期比较汉明距离时使用 NORM_HANMING；如果参数值为 3，那么需要比较 3 个随机点的像素值，使用特殊形式的描述子，占用 2 位，后期比较汉明距离时使用 NORM_HAMMING2；同理，该参数值也可以为 4，描述子占用 2 位。该参数的默认值为 2。该函数的第七个参数是检测关键点时关键点评价方法，可以选择的参数值为 HARRIS_SCORE 和 FAST_SCORE，默认值为 HARRIS_SCORE。由于该参数在 ORB 类内部，因此使用时需要加上类名前缀，如 ORB::HARRIS_SCORE。该函数的最后一个参数是计算 FAST 角点时像素值之间差值的阈值占中心像素值的百分比，该参数默认值为 20，表示阈值 $T_p = 20\% \times I_p$。

为了了解该函数的使用方法，在代码清单 9-18 中给出了计算图像 ORB 特征点的示例程序，该程序的运行结果在图 9-17 中给出。需要重点注意检测 ORB 特征点程序与检测 SURF 特征点程序的不同之处，两者除在定义类的时候不同以外，其他的流程都相同，这也说明 OpenCV 4 为了能够降低使用者的学习成本，将检测不同特征点的函数使用方式设计成一样，这样只要会使用一种特征点，就会使用另一种特征点，而无论是否了解另一种特征点的原理。

代码清单 9-18　myORB.cpp 计算 ORB 特征点

```
#include <opencv2\opencv.hpp>
#include <iostream>
#include <vector>

using namespace std;
using namespace cv;

int main()
{
    Mat img = imread("lena.png");
    if (!img.data)
    {
```

```
        cout << "请确认图像文件名称是否正确" << endl;
        return -1;
    }

    //创建 ORB 特征点类变量
    Ptr<ORB> orb = ORB::create(500,   //特征点数目
                               1.2f,  //“金字塔”层级之间的缩放比例
                                  8,  //“金字塔”图像层数系数
                                 31,  //边缘阈值
                                  0,  //原图在“金字塔”中的层数
                                  2,  //生成描述子时需要用的像素点数目
                  ORB::HARRIS_SCORE,  //使用 Harris 方法评价特征点
                                 31,  //生成描述子时关键点周围邻域的尺寸
                                 20   //计算 FAST 角点时像素值差值的阈值
                                  );

    //计算 ORB 关键点
    vector<KeyPoint> Keypoints;
    orb->detect(img, Keypoints);  //确定关键点

    //计算 ORB 描述子
    Mat descriptions;
    orb->compute(img, Keypoints, descriptions);  //计算描述子

    //绘制特征点
    Mat imgAngel;
    img.copyTo(imgAngel);
    //绘制不含角度和大小的结果
    drawKeypoints(img, Keypoints, img,Scalar(255,255,255));
    //绘制含有角度和大小的结果
    drawKeypoints(img, Keypoints, imgAngel, Scalar(255, 255, 255),
                  DrawMatchesFlags::DRAW_RICH_KEYPOINTS);

    //显示结果
    imshow("不含角度和大小的结果", img);
    imshow("含有角度和大小的结果", imgAngel);
    waitKey(0);
    return 0;
}
```

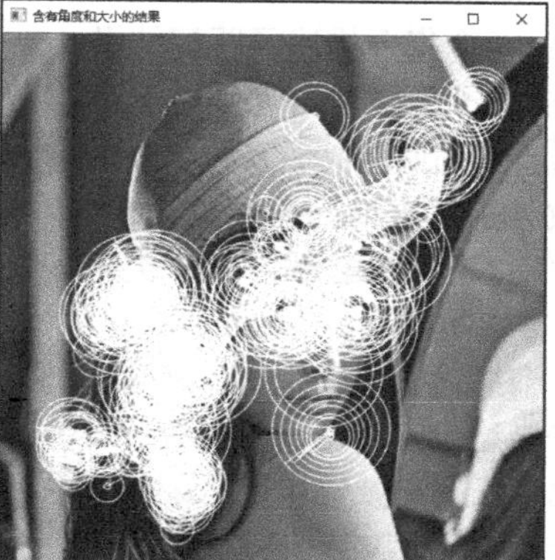

图 9-17　myORB.cpp 程序中检测 ORB 特征点结果

9.3 特征点匹配

特征点匹配就是在不同的图像中寻找同一个物体的同一个特征点。因为每个特征点都具有标志着唯一身份和特点的描述子，因此特征点匹配其实就是在两个图像中寻找具有相似描述子的两个特征点。根据描述子特点的不同，寻找两个相似描述子的方法也不尽相同，总体上可以总结为两类：第一类是计算两个描述子之间的欧氏距离，这种匹配方式的特征点有 SIFT 特征点、SURF 特征点等；第二类是计算两个描述子之间的汉明距离，这种匹配方式的特征点有 ORB 特征点、BRISK 特征点等。

特征点匹配是图像处理领域寻找不同图像间信息关联的重要方法。由于相机移动导致成像视场发生改变，因此同一个物体会出现在图像中不同的位置，通过特征点匹配可以快速定位物体在新图像中的位置，为后续对图像的进一步处理提供数据支持。特征点匹配由于数据量小、匹配精确而被广泛应用在三维重建、视觉定位、运动估计、图像配准等领域。本节将介绍 OpenCV 4 中提供的特征点匹配方法以及相关函数。

9.3.1 DescriptorMatcher 类介绍

与计算特征点相似，OpenCV 4 提供了特征点匹配的虚类，类中定义了不同方式实现特征点匹配的函数，不同的匹配方法继承这个虚类，从而简化和统一不同匹配方法的使用。特征点匹配实现函数定义在 DescriptorMatcher 类中，类中根据不同需求定义了 match()、radiusMatch()和 knnMatch()这 3 个函数实现特征点匹配。

用于匹配的特征点描述子集合分别称为查询描述子集合和训练描述子集合，match()函数是在训练描述子集合中寻找与查询描述子集合中每个描述子最佳匹配的一个描述子，为了便于记忆，我们可以称其为“被查询的描述子集合”，该函数的原型在代码清单 9-19 中给出。

代码清单 9-19　DescriptorMatcher::match()函数原型

```
void cv::DescriptorMatcher::match(InputArray  queryDescriptors,
                                  InputArray  trainDescriptors,
                                  std::vector<DMatch> &  matches,
                                  InputArray  mask = noArray()
                                  )
```

- queryDescriptors：查询描述子集合。
- trainDescriptors：训练描述子集合。
- matches：两个集合描述子匹配结果。
- mask：描述子匹配时的掩码矩阵，用于指定匹配哪些描述子。

该函数根据输入的两个特征点描述子集合，计算出两个特征点集合里一一对应的描述子。该函数的前两个参数分别是查询描述子集合和训练描述子集合，因为前文计算关键点描述子时存放在 Mat 类矩阵中，所以两个参数都为 Mat 类矩阵。该函数的第三个参数是描述子匹配结果，数据类型是存放 DMatch 类型的向量。DMatch 类型是 OpenCV 4 中用于存放特征点描述子匹配关系的类型，类型中存放着两个描述子的索引、距离等。该函数的最后一个参数是匹配描述子时的掩码矩阵，用于指定匹配哪些描述子，默认参数值为 noArray()，表示所有的描述子都将进行匹配。由于掩码矩阵的存在，因此第三个参数输出的匹配结果数目可能小于查询描述子集合中描述子的数目。

接下来将介绍 OpenCV 4 中用于保存描述子匹配信息的 DMatch 类型，该类型的属性在代码清单 9-20 中给出。

代码清单 9-20 DMatch 类

```
class cv:: DMatch{
  float  distance   //两个描述子之间的距离
  int  imgIdx       //训练描述子来自的图像索引
  int  queryIdx     //查询描述子集合中的索引
  int  trainIdx     //训练描述子集合中的索引
}
```

该类用于记录两个描述子之间的距离以及在自己集合中的索引，例如查询集中的第三个描述子与训练集中第五个描述子是最佳匹配，并且两个描述子之间的距离为 1，那么针对这对匹配成功的描述子，DMatch 类中的 distance 属性为 1、queryIdx 属性为 3、trainIdx 属性为 5。

有时我们可能不仅仅需要一个最佳匹配，而是需要每一个描述子有多个可能与之匹配的描述子，这样可以在后续的处理中再次判断最优匹配结果，提高匹配精度。为了满足这样的需求，DescriptorMatcher 类中提供了 knnMatch()函数用于实现一对多的描述子匹配，该函数的原型在代码清单 9-21 中给出。

代码清单 9-21 DescriptorMatcher::knnMatch()函数原型

```
void cv::DescriptorMatcher::knnMatch(InputArray  queryDescriptors,
                                     InputArray  trainDescriptors,
                                     std::vector<std::vector<DMatch>> &  matches,
                                     int  k,
                                     InputArray  mask = noArray(),
                                     bool  compactResult = false
                                     )
```

- queryDescriptors：查询描述子集合。
- trainDescriptors：训练描述子集合。
- matches：描述子匹配结果。
- k：每个查询描述子在训练描述子集合中寻找的最优匹配结果的数目。
- mask：描述子匹配时的掩码矩阵，用于指定匹配哪些描述子。
- compactResult：输出匹配结果数目是否与查询描述子数目相同的选择标志。

该函数可以在训练描述子集合中寻找 *k* 个与查询描述子最佳匹配的描述子。该函数的前两个参数分别是查询描述子集合和训练描述子集合，因为前文计算关键点描述子时存放在 Mat 类矩阵中，因此两个参数都为 Mat 类矩阵。该函数的第三个参数是描述子匹配结果，该结果是一个 vector<vector <DMatch>>类型变量，即 matches[*i*]中存放的是 *k* 个或者更少的与查询描述子匹配的训练描述子。该函数的第四个参数是每个查询描述子在训练描述子集合中寻找的最优匹配结果的数目，实际匹配过程可能无法找到 *k* 个最佳匹配结果，此时最佳匹配的数目会小于 *k*。该函数的第五个参数是匹配描述子时的掩码矩阵，用于指定匹配哪些描述子，默认参数值为 noArray()，表示所有的描述子都将进行匹配。该函数的最后一个参数是输出匹配结果数目是否与查询描述子数目相同的选择标志。当该参数为 false 时，输出的匹配向量与查询描述子集合具有相同的大小；当该参数为 true，输出的匹配向量不包含被屏蔽的查询描述符的匹配项。

对于一对多的匹配模式，除指定匹配数目以外，还有匹配所有满足条件的描述子，即将与查询描述子距离小于阈值的所有训练描述子都作为匹配点输出。为了满足这样的需求，DescriptorMatcher 类中提供了 radiusMatch ()函数，该函数的原型在代码清单 9-22 中给出。

代码清单 9-22 DescriptorMatcher::radiusMatch()函数原型

```
void cv::DescriptorMatcher::radiusMatch(InputArray  queryDescriptors,
                                        InputArray  trainDescriptors,
                                        std::vector<std::vector<DMatch>> &  matches,
```

```
                                        float  maxDistance,
                                        InputArray  mask = noArray(),
                                        bool  compactResult = false
                                        )
```

- queryDescriptors：查询描述子集合。
- trainDescriptors：训练描述子集合。
- matches：描述子匹配结果。
- maxDistance：两个描述子之间满足匹配条件的距离阈值。
- mask：描述子匹配时的掩码矩阵，用于指定匹配哪些描述子。
- compactResult：输出匹配结果数目是否与查询描述子数目相同的选择标志。

该函数能够在训练描述子集中寻找与查询描述子之间距离小于阈值的描述子。该函数与knnMatch()函数类似，都拥有 6 个参数，并且除第四个参数以外，其他参数及其含义相同，这里不再赘述。该函数的第四个参数是两个描述子之间满足匹配条件的距离阈值，当两个描述子之间的距离小于这个参数时，就会将两个描述子作为匹配结果，这个距离不是坐标之间的距离，而是描述子之间的欧氏距离、汉明距离等。

上面介绍的 3 种描述子匹配函数与 Features2D 类中的 detect()函数一样，只有当DescriptorMatcher 类被其他类继承之后才能使用，即只有在特征点匹配的类中才能使用，例如在暴力匹配的 BFMatcher 类中，可以通过 BFMatcher:: match()匹配两张图像中的特征点。关于匹配函数的使用方法，将在后续介绍具体特征点匹配方法的时候介绍。

9.3.2　暴力匹配

暴力匹配就是计算训练描述子集合中每个描述子与查询描述子之间的距离，之后将所有距离排序，选择距离最小或者距离满足阈值要求的描述子作为匹配结果。

OpenCV 4 提供了 BFMatcher 类用于实现暴力匹配，该类中提供同名函数用于初始化，该函数的原型在代码清单 9-23 中给出。

代码清单 9-23　BFMatcher()函数原型

```
cv::BFMatcher::BFMatcher(int  normType = NORM_L2,
                         bool  crossCheck = false
                         )
```

- normType：计算两个描述子之间距离的类型标志，可以选择的参数值为 NORM_L1、NORM_L2、NORM_HAMMING 和 NORM_HAMMING2。
- crossCheck：是否进行交叉检测的标志。

该函数可以定义一个 BFMatcher 类的变量，通过调用 BFMatcher 类中的函数实现多种方式的描述子匹配。该函数的第一个参数是计算两个描述子之间距离的类型标志。当需要匹配的是 SIFT 特征点和 SURF 特征点描述子时，需要使用 NORM_L1 和 NORM_L2 两个参数；当需要匹配的是 ORB 特征点描述子时，需要使用 NORM_HAMMING（ORB::create()函数中的 WTA_K 参数值为 2）和 NORM_HAMMING2（ORB::create()函数中的 WTA_K 参数值为 3 或者 4）。该参数的默认值为 NORM_L2。该函数的第二个参数为是否进行交叉检测的标志，该参数的默认值为 false。

暴力匹配会对每个查询描述子寻找一个最佳的描述子，但是有时这种约束条件也会造成较多错误匹配，例如某个特征点只在查询描述子图像中出现，这种情况在另一幅图像中不会存在匹配的特征点，但是根据暴力匹配原理，这个特征点也会在另一幅图像中寻找到与之匹配的特征点，造成错误的匹配。在这种情况下，两个误匹配特征点的描述子之间距离比较大，因此需要根据两个描述子之间的距离对匹配结果进行再次筛选，从而留下匹配正确的特征点对。通常采用的方法是寻找匹配点对之间最小距离或者最大距离，根据最大距离或者最小距离设置一个筛选阈值，当两个特征点描述子之间的距离小于这个阈值时，认为是正确匹配，否则将其认为错误匹配并删除。

由于特征匹配结果存放在 vector 向量中，不便于直观查看，因此与暴力匹配相关的示例程序将在 9.3.3 节中给出。

9.3.3 显示特征点匹配结果

为了能够直观地观察特征点匹配的结果，OpenCV 4 提供了 drawMatches()函数用于显示两幅图像中特征点匹配结果，该函数的原型在代码清单 9-24 中给出。

代码清单 9-24 drawMatches()函数原型

```
void cv::drawMatches(InputArray  img1,
                     const std::vector<KeyPoint> &  keypoints1,
                     InputArray  img2,
                     const std::vector<KeyPoint> &  keypoints2,
                     const std::vector<DMatch> &  matches1to2,
                     InputOutputArray  outImg,
                     const Scalar &  matchColor = Scalar::all(-1),
                     const Scalar &  singlePointColor = Scalar::all(-1),
                     const std::vector<char> &  matchesMask = std::vector<char>(),
                     DrawMatchesFlags  flags = DrawMatchesFlags::DEFAULT
                     )
```

- img1：第一幅图像。
- keypoints1：第一幅图像中的关键点。
- img2：第二幅图像。
- keypoints2：第二幅图像中的关键点。
- matches1to2：第一幅图像中关键点与第二幅图像中关键点的匹配关系。
- outImg：显示匹配结果的输出图像。
- matchColor：连接线和关键点的颜色。
- singlePointColor：没有匹配点的关键点的颜色。
- matchesMask：匹配掩码矩阵。
- flags：绘制功能选择标志，可选择标志及其含义在表 9-1 中给出。

该函数可以将两幅图像中匹配成功的特征点通过直线连接，将没有匹配成功的特征点用圆圈显示。由于在图像中显示特征点时只能显示特征点的位置，因此只需要关键点的位置和匹配关系即可，不需要特征点的描述子。函数前两个参数是第一幅图像和第一幅图像中的关键点，需要注意的是，这个图像是描述子匹配时查询描述子集合对应的图像。该函数的第三个、第四个参数是第二幅图像及图像中的特征点，需要注意的是，这个图像是描述子匹配时训练描述子集合对应的图像。两幅图像可以具有不同的尺寸，但是需要具有相同的通道数。该函数的第六个参数是显示匹配结果的输出图像，两幅输入图像左右排布，图像上端对齐，如果一个图像高度小于另一个图像，那么用黑色像素填充。该函数的第七个参数是匹配成功的特征点颜色和两个特征点之间连线的颜色，参数默认值为 Scalar::all(−1)，表示随机颜色。该函数的第八个参数是没有被匹配的特征点的颜色，参数默认值也为 Scalar::all(−1)，表示随机颜色。该函数的第九个参数是显示匹配特征点的掩码矩阵，用于表示显示哪些特征点对，参数默认值为 vector<char>()，表示显示所有的特征点对和没有匹配成功的特征点。该函数的最后一个参数是绘制功能选择标志，可以选择的标志在表 9-1 中给出，前文已经对其含义进行过介绍，这里不再重复介绍。

代码清单 9-25 中给出了对两幅图像中的 ORB 特征点进行匹配和优化的示例程序。在该程序中，首先计算两幅图像的 ORB 特征点，之后用暴力匹配方法对所有的特征点进行匹配，并统计匹配结果的最大汉明距离和最小汉明距离，然后将最小汉明距离的 2 倍和 20 作为优化匹配的阈值筛选特征点对，最后分别显示暴力匹配结果和优化后的匹配结果。该程序的运行结果在图 9-18 和图 9-19 中给出，可以看出暴力匹配的结果具有较多误匹配特征点，经过优化后的特征点匹配正确率明显提高。如果进一步缩小优化阈值，匹配正确率会不断提高，但是匹配的特征点数目会不断减少。

代码清单 9-25　myOrbMatch.cpp ORB 特征点暴力匹配

```
#include <opencv2\opencv.hpp>
#include <iostream>
#include <vector>

using namespace std;
using namespace cv;

void orb_features(Mat &gray, vector<KeyPoint> &keypionts, Mat &descriptions)
{
    Ptr<ORB> orb = ORB::create(1000, 1.2f);
    orb->detect(gray, keypionts);
    orb->compute(gray, keypionts, descriptions);
}

int main()
{
    Mat img1, img2;
    img1 = imread("box.png");
    img2 = imread("box_in_scene.png");
    if (img1.empty()||img2.empty())
    {
        cout << "请确认图像文件名称是否正确" << endl;
        return -1;
    }

    //提取 ORB 特征点
    vector<KeyPoint> Keypoints1, Keypoints2;
    Mat descriptions1, descriptions2;

    //计算特征点
    orb_features(img1, Keypoints1, descriptions1);
    orb_features(img2, Keypoints2, descriptions2);

    //特征点匹配
    vector<DMatch> matches;  //定义存放匹配结果的变量
    BFMatcher matcher(NORM_HAMMING);  //定义特征点匹配的类，使用汉明距离
    matcher.match(descriptions1, descriptions2, matches);  //进行特征点匹配
    cout << "matches=" << matches.size() << endl;  //匹配成功特征点数目

    //通过汉明距离筛选匹配结果
    double min_dist = 10000, max_dist = 0;
    for (int i = 0; i < matches.size(); i++)
    {
        double dist = matches[i].distance;
        if (dist < min_dist) min_dist = dist;
        if (dist > max_dist) max_dist = dist;
    }

```

```
    //输出所有匹配结果中最大汉明距离和最小汉明距离
    cout << "min_dist=" << min_dist << endl;
    cout << "max_dist=" << max_dist << endl;

    //将汉明距离较大的匹配点对删除
    vector<DMatch>  good_matches;
    for (int i = 0; i < matches.size(); i++)
    {
        if (matches[i].distance <= max(2 * min_dist, 20.0))
        {
            good_matches.push_back(matches[i]);
        }
    }
    cout << "good_min=" << good_matches.size() << endl;  //剩余特征点数目

    //绘制匹配结果
    Mat outimg, outimg1;
    drawMatches(img1, Keypoints1, img2, Keypoints2, matches, outimg);
    drawMatches(img1, Keypoints1, img2, Keypoints2, good_matches, outimg1);
    imshow("未筛选结果", outimg);
    imshow("最小汉明距离筛选", outimg1);

    waitKey(0);
    return 0;
}
```

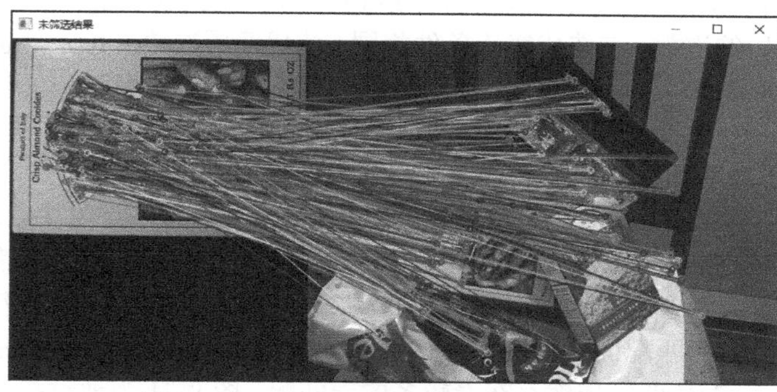

图 9-18　myOrbMatch.cpp 程序中暴力匹配结果

图 9-19　myOrbMatch.cpp 程序中对暴力匹配优化后的结果

9.3.4　FLANN 匹配

虽然暴力匹配的原理简单，但是算法的复杂度高，当遇到特征点数目较大的情况时，会严重影响程序运行时间，因此 OpenCV 4 提供了快速最近邻搜索库（Fast Library for Approximate Nearest

Neighbors，FLANN）用于实现特征点的高效匹配。快速最近邻算法匹配特征点相关函数被集成在 FlannBasedMatcher 类中，该类同样继承了 DescriptorMatcher 类，因此可以使用 DescriptorMatcher 类中相关函数实现特征点匹配。FlannBasedMatcher 类重载函数原型在代码清单 9-26 中给出。

代码清单 9-26　FlannBasedMatcher()函数原型

```
cv::FlannBasedMatcher::FlannBasedMatcher(
const Ptr<flann::IndexParams> &  indexParams = makePtr<flann::KDTreeIndexParams>(),
const Ptr<flann::SearchParams> &  searchParams = makePtr<flann::SearchParams>()
)
```

- indexParams：匹配时需要使用的搜索算法标志，可以选择的标志及其含义在表 9-2 中给出。
- searchParams：递归遍历的次数，遍历次数越多越准确，但是需要的时间越长。

表 9-2　FLANN 算法搜索匹配点方法标志

标志参数	含义
makePtr<flann::KDTreeIndexParams>()	采用随机 k-d 树寻找匹配点
makePtr<flann:: KMeansIndexParams>()	采用 k-means 树寻找匹配点
makePtr<flann:: HierarchicalClusteringIndexParams>()	采用层次聚类树寻找匹配点

该函数能够初始化 FlannBasedMatcher 类变量，以便用于后续的特征点匹配任务。该函数具有两个参数，两个参数都具有默认值，第一个参数是匹配时需要使用的搜索算法标志，可以选择的标志及其含义在表 9-2 中给出，默认值为采用随机 k-d 树寻找匹配点，一般情况下使用默认值即可。第二个参数是递归遍历的次数，与迭代终止条件相同，迭代遍历次数终止条件也是通过函数进行定义，该参数用 flann::SearchParams()函数实现，该函数具有 3 个含有默认值的参数，分别是遍历次数（int 类型）、误差（float 类型）和是否排序（bool 类型），一般情况下使用默认参数即可。

FLANN 匹配与暴力匹配方式相似，两者都需要根据特征点对描述子之间的距离进行排序和筛选。但是需要注意将 BFMatcher 类改成 FlannBasedMatcher 类。另外需要注意的是，使用 FLANN 方法进行匹配时描述子需要是 CV_32F 类型，因此 ORB 特征点的描述子变量需要进行类型转换后才可以实现特征点匹配。为了更好地理解两种匹配方式的相似之处，在代码清单 9-27 中给出了利用 FLANN 算法实现特征点匹配的示例程序，该程序的输出结果在图 9-20 和图 9-21 中给出。通过结果我们可以看到，FLANN 匹配依然存在着较多的误匹配。图 9-21 为通过描述子之间距离筛选匹配点对的结果，结果中只含有一个特征点对，这说明选取的距离阈值过小，同时也侧面反映了距离阈值筛选法的不稳定性。阈值的选取完全凭借工程经验，合适的阈值可能得到理想的结果，不合适的阈值往往会得到较差的结果。

代码清单 9-27　myOrbMatchFlann.cpp 用 FLANN 方法匹配特征点

```
#include <opencv2\opencv.hpp>
#include <iostream>
#include <vector>

using namespace std;
using namespace cv;
using namespace xfeatures2d;

void orb_features(Mat &gray, vector<KeyPoint> &keypionts, Mat &descriptions)
{
    Ptr<ORB> orb = ORB::create(1000, 1.2f);
    orb->detect(gray, keypionts);
    orb->compute(gray, keypionts, descriptions);
}
```

```

int main()
{
    Mat img1, img2;
    img1 = imread("box.png");
    img2 = imread("box_in_scene.png");

    if (!(img1.data && img2.dataend))
    {
        cout << "读取图像错误，请确认图像文件是否正确" << endl;
        return -1;
    }

    //提取 ORB 特征点
    vector<KeyPoint> Keypoints1, Keypoints2;
    Mat descriptions1, descriptions2;

    //计算 ORB 特征点
    orb_features(img1, Keypoints1, descriptions1);
    orb_features(img2, Keypoints2, descriptions2);

    //判断描述子数据类型，如果数据类型不符，那么需要进行类型转换。主要针对 ORB 特征点
    if ((descriptions1.type() != CV_32F) && (descriptions2.type() != CV_32F))
    {
        descriptions1.convertTo(descriptions1, CV_32F);
        descriptions2.convertTo(descriptions2, CV_32F);
    }

    //特征点匹配
    vector<DMatch> matches;  //定义存放匹配结果的变量
    FlannBasedMatcher matcher;  //使用默认值即可
    matcher.match(descriptions1, descriptions2, matches);
    cout << "matches=" << matches.size() << endl;  //匹配成功特征点数目


    //寻找距离最大值和最小值，如果是 ORB 特征点，那么 min_dist 取值需要大一些
    double max_dist = 0; double min_dist = 100;
    for (int i = 0; i < descriptions1.rows; i++)
    {
        double dist = matches[i].distance;
        if (dist < min_dist) min_dist = dist;
        if (dist > max_dist) max_dist = dist;
    }
    cout << " Max dist :" << max_dist << endl;
    cout << " Min dist :" << min_dist << endl;

    //将最大值距离的 0.4 倍作为最优匹配结果进行筛选
    std::vector< DMatch > good_matches;
    for (int i = 0; i < descriptions1.rows; i++)
    {
        if (matches[i].distance < 0.40 * max_dist)
        {
            good_matches.push_back(matches[i]);
        }
    }
    cout << "good_matches=" << good_matches.size() << endl;  //匹配成功特征点数目

    //绘制匹配结果
    Mat outimg, outimg1;
    drawMatches(img1, Keypoints1, img2, Keypoints2, matches, outimg);
```

```
    drawMatches(img1, Keypoints1, img2, Keypoints2, good_matches, outimg1);
    imshow("未筛选结果", outimg);
    imshow("筛选结果", outimg1);

    waitKey(0);
    return 0;
}
```

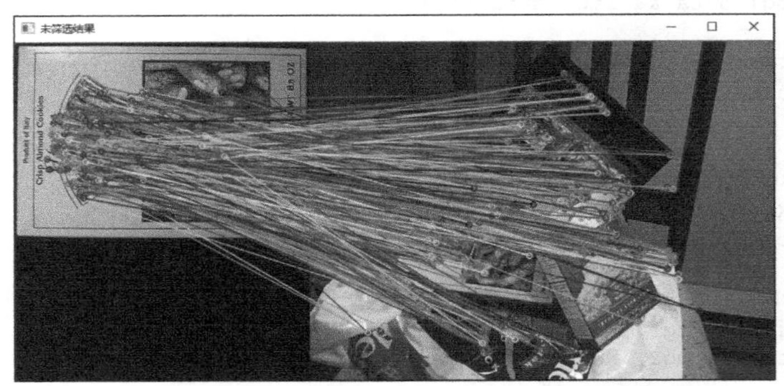

图 9-20　myOrbMatchFlann.cpp 程序中 FLANN 匹配的结果

图 9-21　myOrbMatchFlann.cpp 程序中对 FLANN 匹配结果的优化

9.3.5　RANSAC 优化特征点匹配

通过前面的讲述我们知道，即使使用描述子距离作为约束优化匹配的特征点，也会有部分误匹配的情况。虽然提高阈值约束条件能去掉误匹配点，但同时正确匹配的特征点也会随之减少，代码清单 9-25 和代码清单 9-27 分别体现了这两种问题。在实际情况中，我们也不可能反复调整阈值以获得更好的匹配结果。

为了更好地提高特征点匹配精度，我们可以采用 RANSAC 算法。RANSAC 算法是随机抽样一致算法（RANdom SAmple Consensus）的英文简写，该算法假设所有数据符合一定的规律，通过随机抽样的方式获取这个规律，并且通过重复获取规律寻找使得较多数据符合的规律。RANSAC 算法之所以能应用在特征点匹配中，是因为两种图像的变换为单应矩阵所对应的变换规律。单应变换可以由 4 个对应点得到单应矩阵，而图像中所有对应点都应符合这个单应矩阵变换规律，因此可以使用 RANSAC 算法进行特征点匹配的优化。利用 RANSAC 算法优化特征点匹配可以概括为以下 3 个步骤。

第一步：在匹配结果中随机选取 4 对特征点，计算单应矩阵。

第二步：将第一帧图像中的特征点根据单应矩阵求取在第二帧图像中的重投影坐标，比较重投影坐标与已匹配的特征点坐标之间的距离，如果小于一定的阈值，那么认为是正确匹配点对，否则视为错误匹配，并记录正确匹配点对的数量。

第三步：重复第一步和第二步，比较多次循环后统计的正确匹配点对的数量，将正确匹配点对数量最多的情况作为最终结果，剔除错误匹配，输出正确匹配对，从而实现特征点匹配的筛选。

OpenCV 4 提供了利用 RANSAC 算法计算单应矩阵并去掉错误匹配的 findHomography()函数，该函数的原型在代码清单 9-28 中给出。

代码清单 9-28 findHomography()函数原型

```
Mat cv::findHomography(InputArray  srcPoints,
                       InputArray  dstPoints,
                       int  method = 0,
                       double  ransacReprojThreshold = 3,
                       OutputArray  mask = noArray(),
                       const int  maxIters = 2000,
                       const double  confidence = 0.995
                       )
```

- srcPoints：原始图像中特征点的坐标。
- dstPoints：目标图像中特征点的坐标。
- method：计算单应矩阵方法的标志，可以选择的方法在表 9-3 中给出。
- ransacReprojThreshold：重投影的最大误差。
- mask：掩码矩阵，使用 RANSAC 算法时表示满足单应矩阵的特征点。
- maxIters：RANSAC 算法迭代的最大次数。
- confidence：置信区间，取值范围为 0～1。

该函数主要用于计算两幅图像间的单应矩阵，但是利用 RANSAC 算法计算单应矩阵的同时可以计算满足单应矩阵的特征点对，因此可以用来优化特征点匹配。该函数的前两个参数分别是两幅图像中特征点的坐标，坐标存放在 CV_32FC2 的矩阵或者 vector<Point2f>向量中。该函数的第三个参数是计算单应矩阵的算法标志。该函数的第四个参数是重投影的最大误差，该参数只在第三个参数选择 RANSAC 和 RHO 时有用，参数默认值为 3。该函数的第五个参数是掩码矩阵，在使用 RANSAC 算法时输出结果表示是否满足单应矩阵重投影误差的特征点，用非零元素表示满足重投影误差。该函数的第六个参数是 RANSAC 算法迭代的最大次数，参数默认值为 3 000。该函数的最后一个参数是算法置信区间，取值范围在 0～1 之间，默认参数值为 0.995。

表 9-3 findHomography()函数计算单应矩阵的方法标志

方法标志	含义
0	使用最小二乘方法计算单应矩阵
RANSAC	使用 RANSAC 方法计算单应矩阵
LMEDS	使用最小中值方法计算单应矩阵
RHO	使用 PROSAC 方法计算单应矩阵

通过该函数优化匹配的特征点，需要判断输出的掩码矩阵中每一个元素是否为 0，如果不为 0，那么表示该点是成功匹配的特征点，进而在 vector<DMatch>里寻找与之匹配的特征点，将匹配结果放在新的存放 DMatch 类型的向量中。为了了解 RANSAC 算法优化特征点匹配的实现过程，在代码清单 9-29 中给出了利用 RANSAC 算法优化 ORB 特征点匹配的示例程序。在该程序中，首先用最小汉明距离对所有特征点匹配结果进行初步筛选，之后将所有通过初步筛选的特征点对用 findHomography()函数进行筛选，该函数的第三个参数需要选择 RANSAC，然后将所有正确匹配结果保存起来，最后绘制优化后的特征点匹配结果，匹配结果如图 9-22 所示。通过结果可以看出，RANSAC 算法成功地去除了错误匹配的特征点。

代码清单 9-29　myOrbMatchRANSAC.cpp RANSAC 算法优化特征点匹配结果

```
#include <iostream>
#include <opencv2\opencv.hpp>
#include <vector>
using namespace std;
using namespace cv;

void match_min(vector<DMatch> matches, vector<DMatch> & good_matches)
{
    double min_dist = 10000, max_dist = 0;
    for (int i = 0; i < matches.size(); i++)
    {
        double dist = matches[i].distance;
        if (dist < min_dist) min_dist = dist;
        if (dist > max_dist) max_dist = dist;
    }
    cout << "min_dist=" << min_dist << endl;
    cout << "max_dist=" << max_dist << endl;

    for (int i = 0; i < matches.size(); i++)
        if (matches[i].distance <= max(2 * min_dist, 20.0))
            good_matches.push_back(matches[i]);
}

//RANSAC 算法实现
void ransac(vector<DMatch> matches, vector<KeyPoint> queryKeyPoint,
            vector<KeyPoint> trainKeyPoint, vector<DMatch> &matches_ransac)
{
    //定义保存匹配点对坐标
    vector<Point2f> srcPoints(matches.size()), dstPoints(matches.size());
    //保存从关键点中提取到的匹配点对的坐标
    for (int i = 0; i<matches.size(); i++)
    {
        srcPoints[i] = queryKeyPoint[matches[i].queryIdx].pt;
        dstPoints[i] = trainKeyPoint[matches[i].trainIdx].pt;
    }

    //匹配点对进行 RANSAC 过滤
    vector<int> inliersMask(srcPoints.size());
    //Mat homography;
    //homography = findHomography(srcPoints, dstPoints, RANSAC, 5, inliersMask);
    findHomography(srcPoints, dstPoints, RANSAC, 5, inliersMask);
    //手动保留 RANSAC 过滤后的匹配点对
    for (int i = 0; i<inliersMask.size(); i++)
        if (inliersMask[i])
            matches_ransac.push_back(matches[i]);
}

void orb_features(Mat &gray, vector<KeyPoint> &keypionts, Mat &descriptions)
{
    Ptr<ORB> orb = ORB::create(1000, 1.2f);
    orb->detect(gray, keypionts);
    orb->compute(gray, keypionts, descriptions);
}

int main()
{
    Mat img1 = imread("box.png");  //读取图像，根据图片所在位置填写路径即可
    Mat img2 = imread("box_in_scene.png");
```

```
    if (!(img1.data && img2.data))
    {
        cout << "读取图像错误，请确认图像文件是否正确" << endl;
        return -1;
    }

    //提取 ORB 特征点
    vector<KeyPoint> Keypoints1, Keypoints2;
    Mat descriptions1, descriptions2;

    //基于区域分割的 ORB 特征点提取
    orb_features(img1, Keypoints1, descriptions1);
    orb_features(img2, Keypoints2, descriptions2);

    //特征点匹配
    vector<DMatch> matches, good_min,good_ransac;
    BFMatcher matcher(NORM_HAMMING);
    matcher.match(descriptions1, descriptions2, matches);
    cout << "matches=" << matches.size() << endl;

    //最小汉明距离
    match_min(matches, good_min);
    cout << "good_min=" << good_min.size() << endl;

    //用 RANSAC 算法筛选匹配结果
    ransac(good_min, Keypoints1, Keypoints2, good_ransac);
    cout << "good_matches.size=" << good_ransac.size() << endl;

    //绘制匹配结果
    Mat outimg, outimg1, outimg2;
    drawMatches(img1, Keypoints1, img2, Keypoints2, matches, outimg);
    drawMatches(img1, Keypoints1, img2, Keypoints2, good_min, outimg1);
    drawMatches(img1, Keypoints1, img2, Keypoints2, good_ransac, outimg2);
    imshow("未筛选结果", outimg);
    imshow("最小汉明距离筛选", outimg1);
    imshow("RANSAC 筛选", outimg2);
    waitKey(0);  //等待键盘输入
    return 0;  //程序结束
}
```

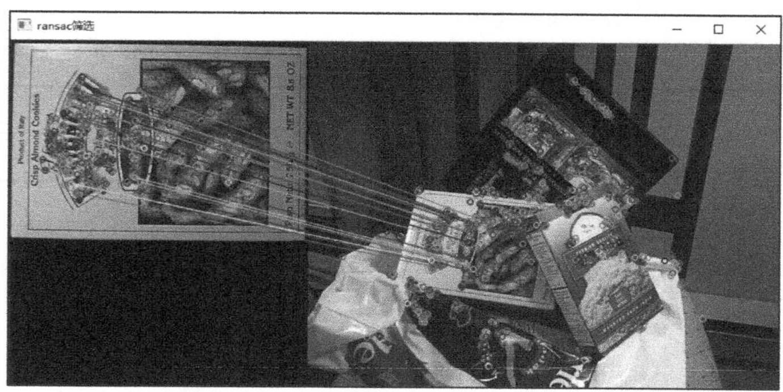

图 9-22 myOrbMatchRANSAC.cpp 程序中经过 RANSAC 算法优化后 ORB 特征点匹配结果

9.4 本章小结

本章介绍了特征点的检测与匹配，包括 Harris、Shi-Tomas 角点检测，对检测出的角点坐标进行亚像素级别的优化，并且在图像中绘制角点。特征点是具有特殊性的像素点，广泛应用在图像处理的各个领域，本章中重点介绍了 SIFT、SURF 和 ORB 特征点的检测与匹配，同时为了能得到较为准确的匹配结果，在最后部分介绍了对特征点匹配结果进行优化的 RANSAC 算法。

本章主要函数清单

函数名称	函数说明	代码清单
drawKeypoints()	绘制特征点	9-1
cornerHarris()	计算角点 Harris 评价系数	9-4
goodFeaturesToTrack()	检测 Shi-Tomas 角点	9-6
cornerSubPix()	计算亚像素级别角点	9-8
Feature2D::detect()	特征点检测	9-11
Feature2D::compute()	特征点描述子计算	9-12
Feature2D::detectAndCompute()	同时计算特征点关键点和描述子	9-13
drawMatches()	绘制特征点匹配结果	9-24
FlannBasedMatcher()	FLANN 算法描述子匹配	9-26
findHomography()	计算单应性矩阵	9-28

本章示例程序清单

示例程序名称	程序说明	代码清单
myDrawKeypoints.cpp	绘制关键点	9-3
myCornerHarris.cpp	检测 Harris 角点	9-5
myGoodFeaturesToTrack.cpp	检测 Shi-Tomas 角点	9-7
myCornerSubPix.cpp	计算亚像素级别角点坐标	9-9
mySURF.cpp	计算 SURF 特征点	9-16
myORB.cpp	计算 ORB 特征点	9-18
myOrbMatch.cpp	ORB 特征点暴力匹配	9-25
myOrbMatchFlann.cpp	用 FLANN 方法匹配特征点	9-27
myOrbMatchRANSAC.cpp	RANSAC 算法优化特征点匹配结果	9-29

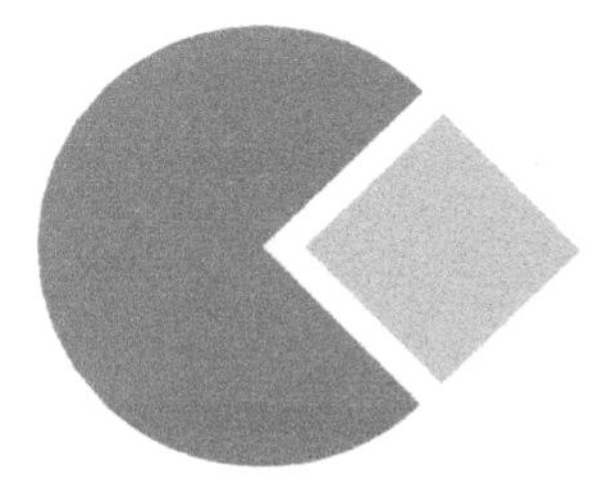

第 10 章　立体视觉

对图像的处理及从图像中提取信息最终目的都是为了得到环境信息，而图像采集是从环境信息到图像信息的映射，因此图像采集是视觉系统中首要环节。图像采集原理更是根据图像中信息推测环境信息的重要依据。本章中将介绍单目相机的成像模型、模型参数的确定，以及双目相机的成像模型和模型参数的确定。

10.1 单目视觉

单目视觉是指通过单一的相机成像对环境进行观测和测量的视觉系统。在单目视觉系统中，最重要的参数之一是相机的内参系数，它反映了环境信息到图像信息之间的映射关系。一个精确的内参系数是通过单目相机对观景进行观测和测量的首要保证。相机内参系数与相机感光片位置、镜头位置等有关系。虽然在制作相机时可以生产指定标准的元器件并按照指定的尺寸装配摄像头，通过这些标准可以计算出摄像头的内参，但不幸的是，由于工艺水平有限，元器件尺寸与标准值存在误差，同时装配位置也会与期望值也有偏差，使得真实的内参系数与理论值具有一定的偏差。另外，由于震动的原因，在摄像头使用过程中，镜头可能产生位移或者松动，使得内参系数再次发生改变。因此，测量摄像头的内参系数是使用摄像头之前首先要进行的步骤，确定摄像头内参系数的过程称作摄像头标定或者相机标定，本节中将详细介绍单目相机的成像模型，以及相机标定和对内参系数的使用。

10.1.1 单目相机模型

在介绍单目相机模型前，首先需要介绍相机成像系统中与图像相关的图像坐标系和像素坐标系，了解这两个坐标系的定义和相互关系对于理解单目相机模型具有重要的作用。像素坐标系与图像坐标系的关系如图 10-1 所示。

像素坐标系是用来描述一幅图像在计算机存储中不同像素相对位置关系的参考系。像素坐标系建立在图像上，坐标原点 O_p 位于图像的左上方，O_pu 轴和 O_pv 轴分别平行于图像坐标系的 O_ix 轴和 O_iy 轴，并且具有相同的方向。

图像坐标系是用物理长度来描述一幅图像不同点相对位置关系的参考系。与图像的像素坐标系一样，该坐标系的选取同样位于相机感光片上，以光轴在感光片的投影点作为坐标原点 O_i，一般为图像的几何中心，O_ix 轴平行于图像边缘，水平向右为正方向，O_iy 轴垂直于 O_ix 轴，向下为正方向。

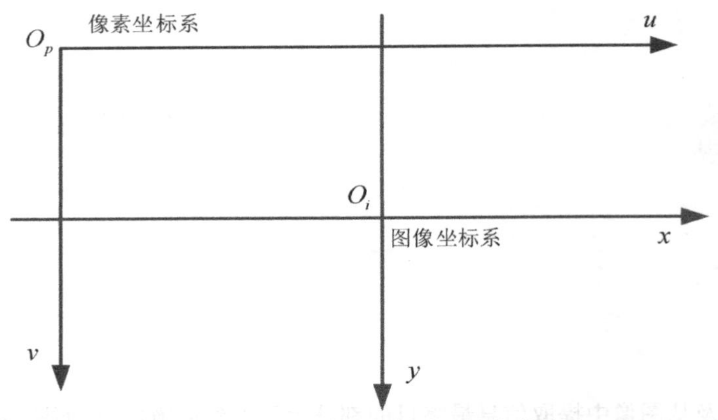

图 10-1 图像坐标系和像素坐标系之间的关系

像素坐标系与图像坐标系的单位不一致，但是能够通过对同一幅图像的描述构建联系。两者之间的关系正是将相机拍摄的图像信息转换成计算机处理的数字信息的变换关系，因此两者的变换关系十分重要。根据图 10-1 表示的像素坐标系与图像坐标系的关系，假设在图像中存在一个点 p，其在像素坐标系下表示为 $p(u,v)$，在图像坐标系下表示为 $p(x,y)$，两种表示形式存在如式（10-1）所示的关系。

$$\begin{cases} u = \dfrac{x}{\mathrm{d}x} + u_0 \\ v = \dfrac{y}{\mathrm{d}y} + v_0 \end{cases} \tag{10-1}$$

其中 u_0 和 v_0 是相机镜头光轴在像素坐标系中投影位置的坐标，一般为图像像素尺寸的 1/2，dx 和 dy 分别表示一个像素的物理宽度和高度。为了后续计算方便，式（10-1）可以用齐次坐标表示为式（10-2）的形式。

$$\begin{bmatrix} u \\ v \\ 1 \end{bmatrix} = \begin{bmatrix} 1/\mathrm{d}x & 0 & u_0 \\ 0 & 1/\mathrm{d}y & v_0 \\ 0 & 0 & 1 \end{bmatrix} \begin{bmatrix} x \\ y \\ 1 \end{bmatrix} \tag{10-2}$$

除上述两个坐标系之外，相机坐标系也是成像模型中重要的坐标系。相机坐标系是用来描述相机观测环境与相机之间相对位姿关系的参考系。其原点 O_c 选取在相机镜头的光心处，O_cZ_c 轴平行于相机镜头光轴，由感光片指向镜头方向为正方向，O_cX_c 轴平行于成像平面且向右，O_cY_c 轴垂直于 $O_cX_cZ_c$ 平面且向下。

单目相机模型多采用针孔模型进行近似，通过小孔成像原理描述了空间中一个点 P 如何投影到图像坐标系中，形成图像中对应点 P'。针孔模型原理如图 10-2 所示。

在图 10-2 中，点 $P_c(x_c, y_c, z_c)$ 是在相机坐标系中的一个三维点，点 $P'(x', y')$ 是三维点在图像坐标系中的投影，两个坐标系原点之间的距离 O_iO_c 为相机的焦距 f，根据相似变换关系，可以得到式（10-3）。

$$\begin{cases} -x' = f\dfrac{x_c}{z_c} \\ -y' = f\dfrac{y_c}{z_c} \end{cases} \tag{10-3}$$

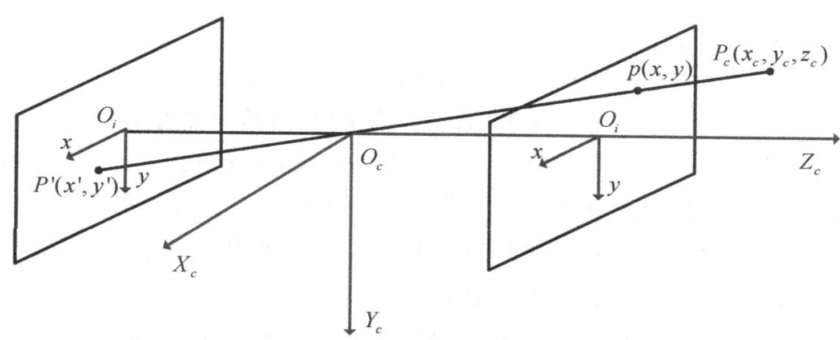

图 10-2 相机针孔模型

这种相似变换关系使得相机坐标系中的坐标与图像坐标系中的坐标存在一个负号的关系。为了将式（10-3）中的负号去掉，将成像平面变换到相机坐标系与三维空间点中间，如图 10-2 中的虚线成像平面所示，此时图像中的点 $p(x,y)$ 与三维空间中点 $P_c(x_c,y_c,z_c)$ 的变换关系如式（10-4）所示。

$$\begin{cases} x = f\dfrac{x_c}{z_c} \\ y = f\dfrac{y_c}{z_c} \end{cases} \tag{10-4}$$

用齐次坐标的形式表示点 $p(x,y)$ 与点 $P_c(x_c,y_c,z_c)$ 的变换关系如式（10-5）所示。

$$z_c\begin{bmatrix} x \\ y \\ 1 \end{bmatrix} = \begin{bmatrix} f & 0 & 0 \\ 0 & f & 0 \\ 0 & 0 & 1 \end{bmatrix}\begin{bmatrix} x_c \\ y_c \\ z_c \end{bmatrix} \tag{10-5}$$

式（10-5）给出的是空间中三维点到图像平面二维点的映射关系，但是，在计算机中，每一个像素的位置都是像素坐标系中坐标值，因此将图像坐标系与像素坐标系之间的变换关系式（10-2）代入式（10-5），整理的结果如式（10-6）所示。

$$z_c\begin{bmatrix} u \\ v \\ 1 \end{bmatrix} = \begin{bmatrix} f_x & 0 & u_0 \\ 0 & f_y & v_0 \\ 0 & 0 & 1 \end{bmatrix}\begin{bmatrix} x_c \\ y_c \\ z_c \end{bmatrix} = \boldsymbol{K}\begin{bmatrix} x_c \\ y_c \\ z_c \end{bmatrix} \tag{10-6}$$

其中矩阵 $\boldsymbol{K}$ 便是相机的内参矩阵，并且 $f_x = f/\mathrm{d}x$ 、 $f_y = f/\mathrm{d}y$ 。通过式（10-6）可知相机的内参矩阵只与相机的内部参数相关，因此称为内参矩阵。通过内参矩阵可以将相机坐标系下任意的三维坐标映射到像素坐标系中，构建空间点与像素点之间的映射关系。

在内参矩阵的推导过程中，我们用到了图像处理中常用的齐次坐标。引入齐次坐标的目的主要是便于矩阵的计算和公式的书写。简单来说，如果一个坐标要转化成齐次坐标的形式，只需要添加一个维度并将该维度的参数设置为 1；如果某一个齐次坐标转换成非齐次坐标，需要将最后一个维度去掉，并将其他维度的坐标除以最后一个维度的数值。

OpenCV 4 中提供了齐次坐标和非齐次坐标之间的相互转换函数，分别实现由非齐次坐标转换成齐次坐标和由齐次坐标转换成非齐次坐标。在代码清单 10-1 中，给出了由非齐次坐标转换成齐次坐标的 convertPointsToHomogeneous()函数的原型。

代码清单 10-1 convertPointsToHomogeneous()函数原型

```
void cv::convertPointsToHomogeneous(InputArray  src,
                                    OutputArray  dst
                                    )
```

- src：非齐次坐标。非齐次坐标可以是任意的维数。
- dst：齐次坐标。齐次坐标的维数比非齐次坐标的维数大 1。

该函数用于将非齐次坐标转换成齐次坐标，其中的两个参数分别是输入的非齐次坐标和转换后的齐次坐标。如果非齐次坐标为二维，那么可以存放在 vector<Point2f>或者 Mat 类型的变量中，同样输出的齐次坐标可以存放在 vector<Point3f>或者 Mat 类型的变量中；如果非齐次坐标为三维，那么可以存放在 vector<Point3f>或者 Mat 类型的变量中，但是输出的齐次坐标只能存放在 Mat 类型的变量中，坐标的维数对应 Mat 类矩阵的通道数。

在代码清单 10-2 中，给出了由齐次坐标转换成非齐次坐标的 convertPointsFromHomogeneous()函数的原型。

代码清单 10-2　convertPointsFromHomogeneous()函数原型

```
void cv::convertPointsFromHomogeneous(InputArray  src,
                                      OutputArray  dst
                                      )
```

- src：齐次坐标。齐次坐标可以是任意的维数。
- dst：非齐次坐标。非齐次坐标的维数比齐次坐标的维数小 1。

该函数与 convertPointsToHomogeneous()函数功能正好相反，是将齐次坐标转换成非齐次坐标。两个函数的函数名具有很多的相似之处，可以通过函数的含义对两个函数名称加以区分和记忆。如果由非齐次坐标变成齐次坐标，那么是“去”，对应于英文的“To”；如果非齐次坐标是由齐次坐标变换来的，那么是“来”，对应于英文的“From”。该函数坐标存放的数据类型正好与 convertPointsToHomogeneous()函数的相反，如果齐次坐标维数大于 4，那么只能存放在 Mat 类型的变量中，坐标维数对应于 Mat 类矩阵的通道数，输出的非齐次坐标可以存放在 vector<Point3f>或者 Mat 类型的变量中；如果齐次坐标为三维，那么可以存放在 vector<Point3f>或者 Mat 类型的变量中，同时输出的非齐次坐标可以存放在 vector<Point2f>或者 Mat 类型的变量中。

为了了解两个函数的使用方法，在代码清单 10-3 中给出了齐次坐标和非齐次坐标之间相互转换的示例程序。在该程序中，分别将三维坐标作为齐次坐标和非齐次坐标进行变换，程序的输出结果在图 10-3 中给出。

代码清单 10-3　myHomogeneous.cpp 齐次坐标与非齐次坐标相互转换

```
#include <opencv2\opencv.hpp>
#include <iostream>
#include <vector>

using namespace std;
using namespace cv;

int main()
{
    system("color F0");  //调整 DOS 界面颜色

    //设置两个三维坐标
    vector<Point3f> points3;
    points3.push_back(Point3f(3, 6,1.5));
    points3.push_back(Point3f(23, 32, 1));

    //非齐次坐标转换齐次坐标
    Mat points4;
    convertPointsToHomogeneous(points3, points4);

```

```
    //齐次坐标转换非齐次坐标
    vector<Point2f> points2;
    convertPointsFromHomogeneous(points3, points2);

    cout << "***********齐次坐标转非齐次坐标*************" << endl;
    for (int i = 0; i < points3.size(); i++)
    {
        cout << "齐次坐标：" << points3[i];
        cout<< "    非齐次坐标：" << points2[i] << endl;
    }

    cout << "***********非齐次坐标转齐次坐标*************" << endl;
    for (int i = 0; i < points3.size(); i++)
    {
        cout << "非齐次坐标：" << points3[i];
        cout << "    齐次坐标：" << points4.at<Vec4f>(i, 0) << endl;
    }

    waitKey(0);
    return 0;
}
```

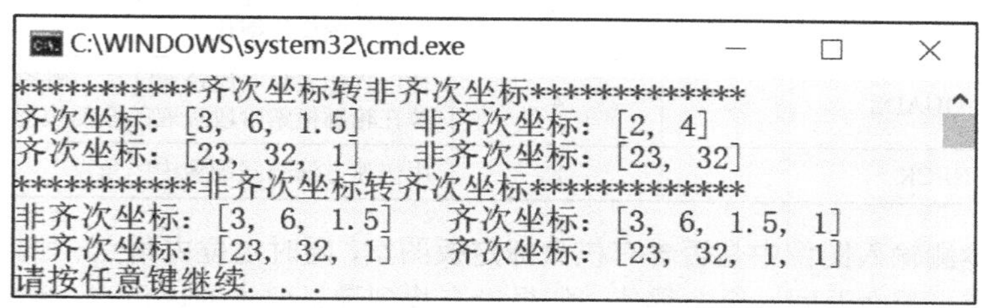

图 10-3 myHomogeneous.cpp 程序运行结果

10.1.2 标定板角点提取

通过式（10-6）可知，当知道多组空间点坐标和图像像素坐标时，就可以计算得到相机的内参。关于如何由式（10-6）推导出相机内参，过程较为复杂，并且对于理解 OpenCV 4 中相关函数没有过多帮助，这里不进行详细介绍，感兴趣的读者可以学习张正友标定法的相关推导和证明，现在只需要知道得到多组空间点坐标和图像像素坐标就可以解算出相机的内参。

根据角点的特征可以知道，在黑白相间的区域内角点最为明显，因此在实际计算角点时采用的是黑白相间的棋盘方格纸，棋盘方格纸（又称方格低）中黑白方格交点处就是内参标定时需要的角点。有时也可以用排列整齐的黑色实心圆来代替黑白方格，此时计算内参需要的角点就是黑色圆形的圆心。由于在实际标定过程中，这两种特殊形状的图案会打印在一个较为平整的平板上，因此我们将其统一称为标定板。图 10-4 给出了这两种标定图案。

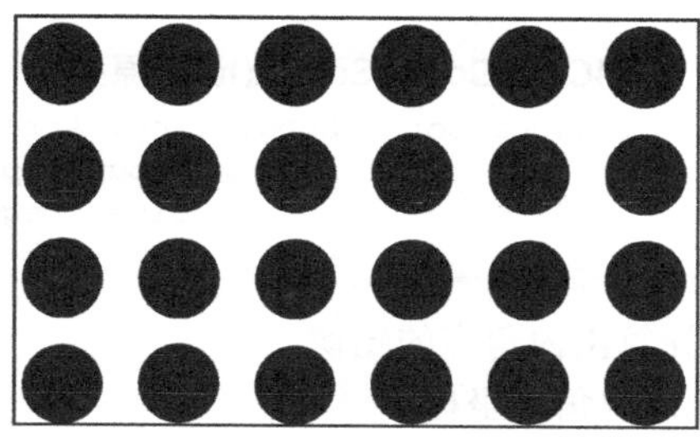

图 10-4 相机标定常用的方格纸和圆形纸

OpenCV 4 提供了从黑白棋盘标定板中提取内角点的 findChessboardCorners()函数，该函数的原型在代码清单 10-4 中给出。

代码清单 10-4　findChessboardCorners()函数原型

```
bool cv::findChessboardCorners(InputArray  image,
                               Size  patternSize,
                               OutputArray  corners,
                     int  flags = CALIB_CB_ADAPTIVE_THRESH+CALIB_CB_NORMALIZE_IMAGE
                     )
```

- image：含有棋盘标定板的图像，图像必须是 CV_8U 类型的灰度图像或者彩色图像。
- patternSize：图像中棋盘内角点行数和列数。
- corners：检测到的内角点坐标。
- flags：检测内角点方式的标志，见表 10-1。

表 10-1　findChessboardCorners()函数检测角点方式的标志

标志	简记	含义
CALIB_CB_ADAPTIVE_THRESH	1	使用自适应阈值将图像转为二值图像
CALIB_CB_NORMALIZE_IMAGE	2	在应用固定阈值或者自适应阈值之前，使用 equalizeHist()函数将图像均衡化
CALIB_CB_FILTER_QUADS	4	使用其他条件（如轮廓区域、周长、方形形状）来过滤掉在轮廓检索阶段提取的假四边形
CALIB_CB_FAST_CHECK	8	用快速方法查找图像中的角点

该函数用于检测输入图像中是否含有棋盘标定板图案，同时定位内角点。如果该函数能够找到满足要求的内角点，那么返回一个非零值；如果没有找到满足要求的内角点，那么返回 0。满足要求是指已知标定板有 5×6 个内角点，如果检测出内角点是 5×6，那么就是满足条件，否则为不满足条件。所谓的内角点就是棋盘格黑白正方形互相接触的点，如果某个棋盘具有 8×8 个正方形，那么它就具有 7×7 个内角点。该函数的第一个参数是含有棋盘标定板的图像，图像可以是彩色图或者灰度图，但是需要数据类型为 CV_8U。该函数的第二个参数是棋盘每行和每列的内角点的数目，建议使用行数和列数不相等的棋盘格，这样在算法中容易识别棋盘格的行和列，进而判断棋盘格方向。该函数的第三个参数是内角点的坐标，可以存放在 vector<Point2f>类型的变量中，坐标按照棋盘格中的顺序逐行从左到右排列。该函数的最后一个参数是计算内角点方式的标志，见表 10-1。表 10-1 中的标志可以结合使用，不同标志之间用“+”连接。该参数具有默认值。

findChessboardCorners()函数检测到的内角点坐标只是近似值，为了更精确地确定内角点坐标，可以使用我们前面介绍过的计算亚像素角点坐标的 cornerSubPix()函数。此外，OpenCV 4 也有专用于提高标定板内角点坐标精度的 find4QuadCornerSubpix()函数，该函数的原型在代码清单 10-5 中给出。

代码清单 10-5　find4QuadCornerSubpix()函数原型

```
bool cv::find4QuadCornerSubpix(InputArray  img,
                               InputOutputArray  corners,
                               Size  region_size
                               )
```

- img：计算出内角点的图像。
- corners：内角点坐标。
- region_size：优化坐标时考虑的邻域范围。

该函数用于优化棋盘格内角点的坐标。该函数的第一个参数是计算出内角点的图像，将计算内角点时的图像直接作为该参数输入即可。该函数的第二个参数是内角点的坐标，输入时是待优化的内角点坐标，输出时是优化后的内角点坐标，可以直接将 findChessboardCorners()函数检测出的内角点变量作为该参数输入。该函数的最后一个参数是优化坐标时考虑的邻域范围，一般选择 Size(3,3)或者 Size(5,5)。

对于圆形的标定板，OpenCV 4 也提供了 findCirclesGrid()函数用于检测每个圆心的坐标，该函数的原型在代码清单 10-6 中给出。

代码清单 10-6 findCirclesGrid()函数原型

```
bool cv::findCirclesGrid(InputArray  image,
                         Size  patternSize,
                         OutputArray  centers,
                         int  flags = CALIB_CB_SYMMETRIC_GRID,
             const Ptr<FeatureDetector> &  blobDetector = SimpleBlobDetector::create()
             )
```

- image：输入含有圆形网格的图像，图像必须是 CV_8U 类型的灰度图像或者彩色图像。
- patternSize：图像中每行和每列圆形的数目。
- centers：输出的圆形中心坐标。
- flags：检测圆心的操作标志，可以选择的标志及其含义在表 10-2 中给出。
- blobDetector：在浅色背景中寻找黑色圆形斑点的特征探测器。

表 10-2 findCirclesGrid()函数检测圆心方式的标志

标志	简记	含义
CALIB_CB_SYMMETRIC_GRID	1	使用圆的对称模式
CALIB_CB_ASYMMETRIC_GRID	2	使用不对称的圆形图案
CALIB_CB_CLUSTERING	4	使用特殊算法进行网格检测，它对透视扭曲更加稳健，但对背景杂乱更加敏感

该函数用于搜索图像中是否含有圆形标定板，如果没有，那么返回 0；如果存在圆形标定板，那么计算每个圆形的中心坐标，如果圆形中心满足要求，返回 1，否则返回 0。该函数的第一个参数是含有圆形标定板的图像，图像可以是彩色图或者灰度图，但是需要数据类型为 CV_8U。该函数的第二个参数是每行和每列圆形的数目，建议使用行数和列数不相等的棋盘格，这样在算法中容易识别标定板的行和列。该函数的第三个参数是圆形中心点的坐标，可以存放在 vector<Point2f>类型的变量中，坐标按照圆形标定板中的顺序逐行从左到右排列。该函数的第四个参数是检测圆心的操作标志，可以选择的标志及其含义在表 10-2 中给出。该函数的最后一个参数是在浅色背景中寻找黑色圆形斑点的特征探测器，具有默认值，我们使用默认值即可。

与前文提取角点和特征点相同，计算标定板中角点的坐标后，希望能够在图像中标记出角点的位置。为了满足这个需求，OpenCV 4 提供了 drawChessboardCorners()函数用于在原图像中绘制出角点位置，该函数的原型在代码清单 10-7 中给出。

代码清单 10-7 drawChessboardCorners()函数原型

```
void cv::drawChessboardCorners(InputOutputArray  image,
                               Size  patternSize,
                               InputArray  corners,
                               bool  patternWasFound
                               )
```

- image：需要绘制角点的目标图像，必须是 CU_8U 类型的彩色图像。
- patternSize：标定板每行和每列角点的数目。
- corners：检测到的角点坐标数组。
- patternWasFound：绘制角点样式的标志，用于显示是否找到完整的标定板。

该函数会在图像中绘制出检测到的标定板角点。该函数的第一个参数为需要绘制角点的目标图像，必须是 CU_8U 类型的彩色图像。该函数的第二个参数是检测角点时标定板每行和每列角点的数目。该函数的第三个参数是检测到的角点坐标数组，该参数可以是非优化坐标也可以是优化后的坐标。该函数的最后一个参数是绘制角点样式的标志，当该参数为 false 时，只绘制角点的位置，当参数为 true 时，不但绘制所有的角点，而且需要判断是否检测到完整的标定板，如果没有检测出完整的标定板，那么会用红色圆圈将角点标记出；如果检测出完整的标定板，就会用不同颜色将角点按从左到右的顺序连接起来，并且每行角点具有相同的颜色，不同行之间具有不同的颜色。

为了详细了解从检测标定板角点到显示角点的全部流程，在代码清单 10-8 中给出了计算标定板角点和显示的示例程序。在该程序中，分别对棋盘网格标定板和圆形网格标定板计算角点，并优化角点位置，最后在原图像中绘制出计算得到的所有角点，程序运行结果在图 10-5 中给出。

代码清单 10-8　myChessboard.cpp 标定板角点提取

```
#include <opencv2\opencv.hpp>
#include <iostream>
#include <vector>

using namespace std;
using namespace cv;

int main()
{
    Mat img1 = imread("left01.jpg");
    Mat img2 = imread("circle.png");
    if (!(img1.data && img2.data))
    {
        cout << "读取图像错误，请确认图像文件是否正确" << endl;
        return -1;
    }
    Mat gray1, gray2;
    cvtColor(img1, gray1, COLOR_BGR2GRAY);
    cvtColor(img2, gray2, COLOR_BGR2GRAY);

    //定义数目
    Size board_size1 = Size(9, 6);    //方格标定板内角点数目（行，列）
    Size board_size2 = Size(7, 7);    //圆形标定板圆心数目（行，列）

    //检测角点
    vector<Point2f> img1_points, img2_points;
    findChessboardCorners(gray1, board_size1, img1_points);  //计算方格标定板角点
    findCirclesGrid(gray2, board_size2, img2_points);  //计算圆形标定板角点

    //细化角点坐标
    find4QuadCornerSubpix(gray1, img1_points, Size(5, 5));  //细化方格标定板角点坐标
    find4QuadCornerSubpix(gray2, img2_points, Size(5, 5));  //细化圆形标定板角点坐标

```

```
    //绘制角点检测结果
    drawChessboardCorners(img1, board_size1, img1_points, true);
    drawChessboardCorners(img2, board_size2, img2_points, true);

    //显示结果
    imshow("方形标定板角点检测结果", img1);
    imshow("圆形标定板角点检测结果", img2);
    waitKey(0);
    return 0;
}
```

方格标定板提取角点结果

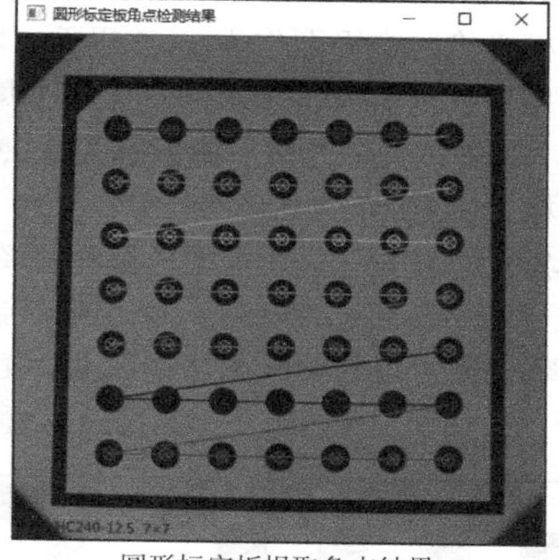

圆形标定板提取角点结果

图 10-5 myChessboard.cpp 程序角点检测结果

10.1.3 单目相机标定

在获取棋盘格内角点在图像中的坐标之后，再获取棋盘格内角点在环境中的三维坐标即可计算出相机的内参矩阵。但是，式（10-6）中的三维坐标是在相机坐标系中的坐标，由于相机坐标系中的坐标不方便直接测量，因此需要测量棋盘格内角点在世界坐标系中的坐标，之后通过世界坐标系和相机坐标系之间的变换关系可以求得棋盘格内角点在相机坐标系中的坐标，进而计算内参矩阵。世界坐标系和相机坐标系之间的关系在图 10-6 中给出，两者可以通过旋转和平移互相得到，数学表示形式在式（10-7）中给出。

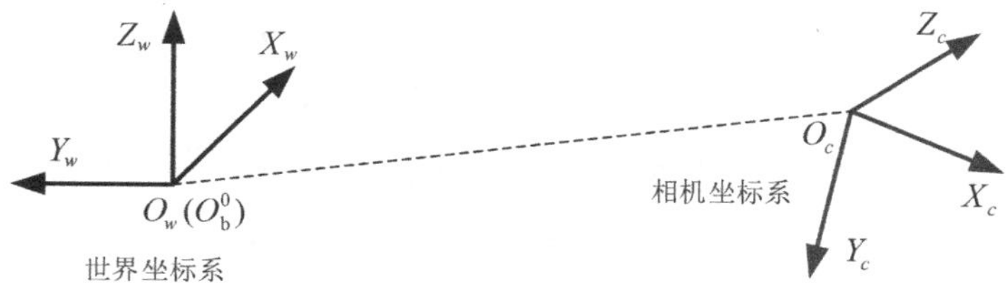

图 10-6 世界坐标系和相机坐标系之间的关系

$$\begin{bmatrix} x_c \\ y_c \\ z_c \end{bmatrix} = \boldsymbol{R}_{3\times3} \begin{bmatrix} x_b \\ y_b \\ z_b \end{bmatrix} + \boldsymbol{t}_{3\times1} \tag{10-7}$$

其中 $\boldsymbol{R}_{3\times3}$ 为旋转矩阵，$\boldsymbol{t}_{3\times1}$ 为平移矩阵。将式（10-7）代入式（10-6）中化简成齐次坐标形式如式（10-8）所示。

$$z_w\begin{bmatrix}u\\v\\1\end{bmatrix}=\boldsymbol{K}\begin{bmatrix}\boldsymbol{R} & \boldsymbol{t}\end{bmatrix}\begin{bmatrix}x_w\\y_w\\z_w\\1\end{bmatrix} \tag{10-8}$$

其中 $\boldsymbol{K}$ 为相机内参矩阵，$[\boldsymbol{R}\quad \boldsymbol{t}]$是外参矩阵，表示相机坐标系与世界坐标系之间的变换关系。通过式（10-8）可知相机标定不但能够得到相机的内参矩阵，而且能够同时得到外参矩阵。

由于世界坐标系是人为任意指定的，因此在实际操作过程中可以选择较为简单的坐标系作为世界坐标系。考虑到棋盘网格标定板是一个平面，每个方格的尺寸相同，因此以第一个内角点作为坐标原点，棋盘格所在平面作为 $z=0$ 平面，将内角点的行和列作为 x 轴和 y 轴。这样建立坐标系的好处是可以根据棋盘网格的尺寸直接给出每个内角点的世界坐标系的三维坐标。例如，棋盘格宽度为 10cm，那么第一个内角点的坐标为(0,0,0)，同一行第二个内角点坐标为(10,0,0)，同一列第二个内角点坐标为(0,10,0)。

在标定计算过程中，还需要考虑相机畸变的问题。由于针孔模型是相机的近似模型，以及相机镜头安放可能不与感光片平行，因此图像会产生畸变，即世界坐标实际对应的像素坐标偏离理论位置。相机畸变分为径向畸变和切向畸变。在多数相机中，畸变主要是由于径向畸变引起的。图 10-7 为无畸变、负径向畸变和正径向畸变的示意图。

图 10-7　相机畸变示意图（由左至右依次为无畸变、负径向畸变和正径向畸变）

相机的径向畸变可以用式（10-9）进行描述，其中 k_1、k_2 和 k_3 分别是径向畸变的一阶、二阶和三阶系数。

$$\begin{cases}x_{\text{corrected}}=x(1+k_1r^2+k_2r^4+k_3r^6)\\y_{\text{corrected}}=y(1+k_1r^2+k_2r^4+k_3r^6)\end{cases} \tag{10-9}$$

相机的切向畸变可以用式（10-9）进行描述，其中 p_1 和 p_2 分别是切向畸变的一阶和二阶系数。

$$\begin{cases}x_{\text{corrected}}=x+2p_1xy+p_2(r^2+2x^2)\\y_{\text{corrected}}=y+2p_2xy+p_1(r^2+2y^2)\end{cases} \tag{10-10}$$

将两种畸变结合，可以用式（10-11）表示相机畸变。

$$\begin{cases}x_{\text{corrected}}=x(1+k_1r^2+k_2r^4+k_3r^6)+2p_1xy+p_2(r^2+2x^2)\\y_{\text{corrected}}=y(1+k_1r^2+k_2r^4+k_3r^6)+2p_2xy+p_1(r^2+2y^2)\end{cases} \tag{10-11}$$

相机标定主要是计算相机内参矩阵和相机畸变的 5 个系数。OpenCV 4 提供了根据棋盘格内角点的空间三维坐标和图像二维坐标计算相机内参矩阵和畸变系数矩阵的 calibrateCamera()函数，该函数的原型在代码清单 10-9 中给出。

代码清单 10-9 calibrateCamera()函数原型

```
double cv::calibrateCamera(InputArrayOfArrays  objectPoints,
                           InputArrayOfArrays  imagePoints,
                           Size  imageSize,
                           InputOutputArray  cameraMatrix,
                           InputOutputArray  distCoeffs,
                           OutputArrayOfArrays  rvecs,
                           OutputArrayOfArrays  tvecs,
                           int  flags = 0,
TermCriteria  criteria = TermCriteria(TermCriteria::COUNT+TermCriteria::EPS, 30,
                                                                  DBL_EPSILON)
                           )
```

- objectPoints：棋盘格内角点的三维坐标。
- imagePoints：棋盘格内角点在图像中的二维坐标。
- imageSize：图像的像素尺寸大小。
- cameraMatrix：相机的内参矩阵。
- distCoeffs：相机的畸变系数矩阵。
- rvecs：相机坐标系与世界坐标系之间的旋转向量。
- tvecs：相机坐标系与世界坐标系之间的平移向量。
- flags：选择标定算法的标志，该参数的常用取值及含义在表 10-3 中给出。
- criteria：迭代终止条件。

表 10-3 calibrateCamera()函数常用选择标定算法的标志

标志	简记	含义
CALIB_USE_INTRINSIC_GUESS	0x00001	在使用该参数时，需要有内参矩阵的初值，否则将图像中心设置为初值，并利用最小二乘的方式计算焦距
CALIB_FIX_PRINCIPAL_POINT	0x00004	在进行优化时，固定光轴在图像中的投影点
CALIB_FIX_ASPECT_RATIO	0x00002	将 f_x/f_y 作为定值，将 f_y 作为自由参数进行计算
CALIB_ZERO_TANGENT_DIST	0x00008	忽略切向畸变，将切向畸变系数置为 0
CALIB_FIX_K1,...,CALIB_FIX_K6		最后一位可以改为 1～6，表示对应的径向畸变系数不变
CALIB_RATIONAL_MODEL	0x04000	用六阶径向畸变修正公式，否则用三阶

该函数能够计算每幅图像的内参矩阵和外参矩阵，并将重投影误差以 double 类型作为函数返回值。该函数的第一个参数是每幅图像中棋盘格内角点在世界坐标系中的三维世界坐标，每幅图像内角点的三维世界坐标存放在 vector<Point3f>类型的变量中，多幅图像内角点的三维世界坐标存放在 vector<vector<Point3f>>类型的变量中。该函数的第二个参数是棋盘格内角点在像素坐标系中的二维像素坐标，每幅图像内角点的二维像素坐标存放在 vector<Point2f>类型的变量中，多幅图像内角点的二维像素坐标存放在数据类型为 vector<vector<Point2f>>的变量中。该函数的第三个参数是图像的像素尺寸，在计算相机内参矩阵和畸变系数时需要用到。由于每幅图像具有相同尺寸，因此本参数只需要输入 Size 类型的变量。该函数的第四个参数是每幅图像相机的内参矩阵，由于图像是同一个相机拍摄，因此只需要输入一个 Mat 类型的变量。内参矩阵是一个类型为 CV_32FC1 的 3×3 矩阵。该函数的第五个参数是相机的畸变系数矩阵，与内参矩阵相同，该参数只需要输入一个 Mat 类矩阵变量，矩阵的数据类型为 CV_32FC1。该函数的第六个、第七个参数是每幅图像相机坐标系和世界坐标系之间的旋转向量和平移向量，多幅图像的旋转向量和平移向量存放在 vector<Mat>类型的变量中。该函数的第八个参数是选择标定算法的标志，该参数常用取值及含义

在表 10-3 中给出，多个参数可以结合一起使用。该函数的最后一个参数是迭代算法终止的条件，该变量类型在前面已经介绍过，这里不再介绍。

calibrateCamera()函数的使用方法见代码清单 10-10。在该程序中，使用了同一个相机拍摄的 4 幅图像，图像文件名称存放在 calibdata.txt 文件中，文件中每一行为一张图片，读取 TXT 文件便可以得到需要使用的标定图像名称。这样做的好处是读者可以自由地更改标定时使用的图像。计算得到的相机内参矩阵和畸变系数在图 10-8 中给出。

代码清单 10-10　myCalibrateCamera.cpp 计算相机内参矩阵和畸变系数

```
#include <opencv2\opencv.hpp>
#include <iostream>
#include <fstream>
#include <vector>

using namespace std;
using namespace cv;

int main()
{
    //读取所有图像
    vector<Mat> imgs;
    string imageName;
    ifstream fin("calibdata.txt");
    while (getline(fin,imageName))
    {
        Mat img = imread(imageName);
        imgs.push_back(img);
    }

    Size board_size = Size(9, 6);  //方格标定板内角点数目（行，列）
    vector<vector<Point2f>> imgsPoints;
    for (int i = 0; i < imgs.size(); i++)
    {
        Mat img1 = imgs[i];
        Mat gray1;
        cvtColor(img1, gray1, COLOR_BGR2GRAY);
        vector<Point2f> img1_points;
        findChessboardCorners(gray1, board_size, img1_points); //计算方格标定板角点
        find4QuadCornerSubpix(gray1, img1_points, Size(5, 5)); //细化方格标定板角点坐标
         imgsPoints.push_back(img1_points);
    }

    //生成棋盘格每个内角点的空间三维坐标
    Size squareSize = Size(10, 10);  //棋盘格每个方格的真实尺寸
    vector<vector<Point3f>> objectPoints;
    for (int i = 0; i < imgsPoints.size(); i++)
    {
         vector<Point3f> tempPointSet;
         for (int j = 0; j < board_size.height; j++)
         {
             for (int k = 0; k < board_size.width; k++)
             {
                  Point3f realPoint;
                  // 假设标定板为世界坐标系的 z 平面，即 z=0
                  realPoint.x = j*squareSize.width;
                  realPoint.y = k*squareSize.height;
                  realPoint.z = 0;
                  tempPointSet.push_back(realPoint);
             }
```

```
        }
        objectPoints.push_back(tempPointSet);
    }

    /* 初始化每幅图像中的角点数量，假定每幅图像中都可以看到完整的标定板 */
    vector<int> point_number;
    for (int i = 0; i<imgsPoints.size(); i++)
    {
        point_number.push_back(board_size.width*board_size.height);
    }

    //图像尺寸
    Size imageSize;
    imageSize.width = imgs[0].cols;
    imageSize.height = imgs[0].rows;

    Mat cameraMatrix = Mat(3, 3, CV_32FC1, Scalar::all(0));  //相机内参矩阵
   //相机的 5 个畸变系数： k1,k2,p1,p2,k3
    Mat distCoeffs = Mat(1, 5, CV_32FC1, Scalar::all(0));
    vector<Mat> rvecs;  //每幅图像的旋转向量
    vector<Mat> tvecs;  //每幅图像的平移向量
    calibrateCamera(objectPoints, imgsPoints, imageSize, cameraMatrix, distCoeffs,
                                                                  rvecs, tvecs, 0);
    cout << "相机的内参矩阵=" << endl << cameraMatrix << endl;
    cout << "相机畸变系数" << distCoeffs << endl;
    waitKey(0);
    return 0;
}
```

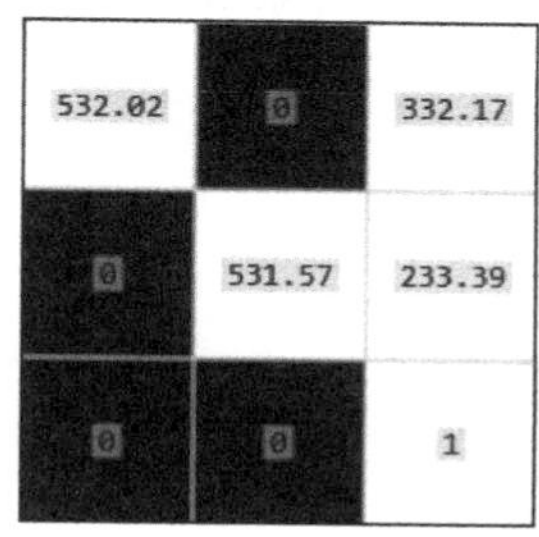

图 10-8 myCalibrateCamera.cpp 程序计算相机内参矩阵和畸变系数

10.1.4 单目相机校正

在得到相机的畸变系数矩阵后，可以根据畸变模型将图像中的畸变去掉，生成理论上不含畸变的图像。OpenCV 4 提供了两种校正图像畸变的方法：第一种是使用 initUndistortRectifyMap()函数计算出校正图像需要的映射矩阵，之后利用 remap()函数去掉原始图像中的畸变；第二种是根据内参矩阵和畸变系数矩阵直接通过 undistort()函数对原始图像进行校正。

首先介绍第一种校正方法的两个相关函数，其中 initUndistortRectifyMap()函数的原型在代码清单 10-11 中给出。

代码清单 10-11 initUndistortRectifyMap()函数原型

```
void cv::initUndistortRectifyMap(InputArray  cameraMatrix,
                                 InputArray  distCoeffs,
                                 InputArray  R,
                                 InputArray  newCameraMatrix,
                                 Size  size,
```

```
                                       int  m1type,
                                       OutputArray  map1,
                                       OutputArray  map2
                                       )
```

- cameraMatrix：计算得到的相机内参矩阵。
- distCoeffs：计算得到的相机畸变系数矩阵。
- R：第一幅、第二幅图像对应的相机位置之间的旋转矩阵。
- newCameraMatrix：校正后的相机内参矩阵。
- size：图像的尺寸。
- m1type：第一个输出映射矩阵变量的数据类型，可选类型为 CV_32FC1、CV_32FC2 和 CV_16SC2。
- map1：第一个输出 x 坐标校正映射矩阵。
- map2：第二个输出 y 坐标校正映射矩阵。

该函数根据相机内参矩阵、畸变系数矩阵和图像尺寸计算得到 x 坐标和 y 坐标的校正映射矩阵。该函数的前两个参数分别是由标定函数计算得到的相机内参矩阵和畸变系数矩阵。该函数的第三个参数是第一幅、第二幅图像对应的相机位置之间的 3×3 旋转矩阵，该参数不是必需参数，可以赋值给该参数一个单位矩阵。该函数的第四个参数是校正后的相机内参矩阵，可以输入与第一个参数相同的内参矩阵。该函数的第五个参数是内参矩阵对应的相机拍摄到的无失真图像的尺寸。该函数的第六个参数是第一个输出映射矩阵变量的数据类型，可选类型为 CV_32FC1、CV_32FC2 和 CV_16SC2。该函数的最后两个参数分别是输出的 x 坐标校正映射矩阵和 y 坐标校正映射矩阵，其中 x 坐标校正映射矩阵是第一个输出映射矩阵。

remap()函数可以根据 x 坐标校正映射矩阵、y 坐标校正映射矩阵对原始图像进行校正，去掉图像中的畸变，该函数的原型在代码清单 10-12 中给出。

代码清单 10-12　remap()函数原型

```
void cv::remap(InputArray  src,
               OutputArray  dst,
               InputArray  map1,
               InputArray  map2,
               int  interpolation,
               int  borderMode = BORDER_CONSTANT,
               const Scalar &  borderValue = Scalar()
               )
```

- src：含有畸变的原图像。
- dst：去畸变后的图像，图像与第三个参数 map1 具有相同的尺寸，与原图像具有相同的数据类型。
- map1：x 坐标校正映射矩阵，其数据类型可以为 CV_16SC2、CV_32FC1 或者 CV_32FC2。
- map2：y 坐标校正映射矩阵，其数据类型可以为 CV_16UC1 或者 CV_32FC1。
- interpolation：插值类型标志，在前面已经接触过，但是不支持 INTER_AREA 类型。
- borderMode：像素外推方法标志。
- borderValue：用常值外推法时使用的常值像素。

该函数是图像通用的映射变换，可以根据 x 坐标校正映射矩阵和 y 坐标校正映射矩阵对原图像进行变换，应用去畸变映射矩阵进行变换时便是对图像的去畸变校正。该函数的前两个参数分别是含有畸变的输入图像和去畸变校正后的输出图像，输出图像的尺寸与第三个参数的尺寸相同，与输入图像具有相同的数据类型。该函数的第三个参数是 x 坐标校正映射矩阵，其数据类型可以为

CV_16SC2、CV_32FC1 或者 CV_32FC2，可以将 initUndistortRectifyMap()函数计算得到的 x 坐标校正映射矩阵赋值给该参数。该函数的第四个参数是 y 坐标校正映射矩阵，其数据类型可以为 CV_16UC1 或者 CV_32FC1，同样可以将来自 initUndistortRectifyMap()函数的计算结果赋值给该参数，也使用空矩阵表示对 y 轴没有映射变换。该函数的第五个参数是映射变换时的插值类型标志，该标志可以选择的类型已经在前文图像放缩中给出，但是不支持 INTER_AREA 类型。该函数的最后两个参数分别是映射时像素外推方法标志和用常值外推法时使用的常值像素。

如果只是为了校正图像中的畸变，那么使用上述两个函数较为复杂，因此，OpenCV 4 提供了 undistort()函数用于直接对图像进行校正，该函数的原型在代码清单 10-13 中给出。

代码清单 10-13 undistort()函数原型

```
void cv::undistort(InputArray  src,
                   OutputArray  dst,
                   InputArray  cameraMatrix,
                   InputArray  distCoeffs,
                   InputArray  newCameraMatrix = noArray()
                   )
```

- src：含有畸变的输入图像。
- dst：去畸变后的输出图像，与输入图像具有相同的尺寸和数据类型。
- cameraMatrix：相机内参矩阵。
- distCoeffs：相机的畸变系数矩阵，根据近似模型不同，参数数量可以为 4、5、8、12 或者 14。如果是空矩阵，那么表示没有畸变。
- newCameraMatrix：畸变图像的相机内参矩阵，一般情况下与第三个参数相同或者使用默认值。

该函数可以校正图像中的径向畸变和切向畸变，是带有单位矩阵 $\boldsymbol{R}$ 的 initUndistortRectifyMap()函数和使用双线性差值方法的 remap()函数的结合。如果输出图像中没有对应的像素，那么用 0 像素填充。该函数的前两个参数分别是含有畸变的输入图像和去畸变校正后的输出图像，两个图像具有相同的尺寸和数据类型。该函数的第三个、第四个参数分别是相机的内参矩阵和畸变系数矩阵，可以将标定函数的输出赋值给这两个参数。该函数的最后一个参数是畸变图像的相机内参矩阵，一般情况下与第三个参数相同或者使用默认值。

为了了解校正图像相关函数的使用方法，在代码清单 10-14 中给出了结合相机内参矩阵和畸变系数矩阵校正图像的示例程序。在该程序中，相机的内参矩阵和畸变系数矩阵是代码清单 10-10 中计算的结果，之后分别使用本小节介绍的两种去畸变校正方法对原图像进行校正。该程序的部分输出结果在图 10-9 和图 10-10 中给出。通过结果可以发现，校正后的图像中标定板的边缘由原来的曲线变成了直线，更加符合针孔成像模型，说明校正成功，也说明了内参矩阵与畸变系数计算的正确性。

代码清单 10-14 myUndistortion.cpp 图像去畸变

```
#include <opencv2\opencv.hpp>
#include <iostream>
#include <fstream>
#include <vector>

using namespace std;
using namespace cv;

//使用 initUndistortRectifyMap()函数和 remap()函数校正图像
void initUndistAndRemap(vector<Mat> imgs,   //所有原图像向量
                        Mat cameraMatrix,   //计算得到的相机内参
```

```
                          Mat distCoeffs,     //计算得到的相机畸变系数
                          Size imageSize,     //图像的尺寸
                          vector<Mat> &undistImgs)  //校正后的输出图像
{
    //计算坐标校正映射矩阵
    Mat R = Mat::eye(3, 3, CV_32F);
    Mat mapx = Mat(imageSize, CV_32FC1);
    Mat mapy = Mat(imageSize, CV_32FC1);
    initUndistortRectifyMap(cameraMatrix, distCoeffs, R,
                              cameraMatrix, imageSize, CV_32FC1, mapx, mapy);

    //校正图像
    for (int i = 0; i < imgs.size(); i++)
    {
        Mat undistImg;
        remap(imgs[i], undistImg, mapx, mapy, INTER_LINEAR);
        undistImgs.push_back(undistImg);
    }
}

//使用undistort()函数直接计算校正图像
void undist(vector<Mat> imgs,       //所有原图像向量
            Mat cameraMatrix,       //计算得到的相机内参
            Mat distCoeffs,         //计算得到的相机畸变系数
            vector<Mat> &undistImgs)   //校正后的输出图像
{
    for (int i = 0; i < imgs.size(); i++)
    {
        Mat undistImg;
        undistort(imgs[i], undistImg, cameraMatrix, distCoeffs);
        undistImgs.push_back(undistImg);
    }
}

int main()
{
    //读取所有图像
    vector<Mat> imgs;
    string imageName;
    ifstream fin("calibdata.txt");
    while (getline(fin,imageName))
    {
        Mat img = imread(imageName);
        imgs.push_back(img);
    }

    //输入前文计算得到的内参矩阵
    Mat cameraMatrix = (Mat_<float>(3, 3) << 532.016297, 0, 332.172519,
                                              0, 531.565159, 233.388075,
                                              0, 0, 1);
    //输入前文计算得到的内参矩阵
    Mat distCoeffs = (Mat_<float>(1, 5) << -0.285188, 0.080097, 0.001274,
                                             -0.002415, 0.106579);
    vector<Mat> undistImgs;
    Size imageSize;
    imageSize.width = imgs[0].cols;
    imageSize.height = imgs[0].rows;

```

```
    //使用 initUndistortRectifyMap()函数和 remap()函数校正图像
    initUndistAndRemap(imgs,cameraMatrix,distCoeffs,imageSize,undistImgs);

    //如果用 undistort()函数直接计算校正图像，可以使用下一行被注释掉的代码
    //undist(imgs, cameraMatrix, distCoeffs, undistImgs);

    //显示校正前后的图像
    for (int i = 0; i < imgs.size(); i++)
    {
        string windowNumber = to_string(i);
        imshow("未校正图像"+ windowNumber, imgs[i]);
        imshow("校正后图像"+ windowNumber, undistImgs[i]);
    }

    waitKey(0);
    return 0;
}
```

图 10-9 myUndistortion.cpp 程序中校正前后图像对比结果 1

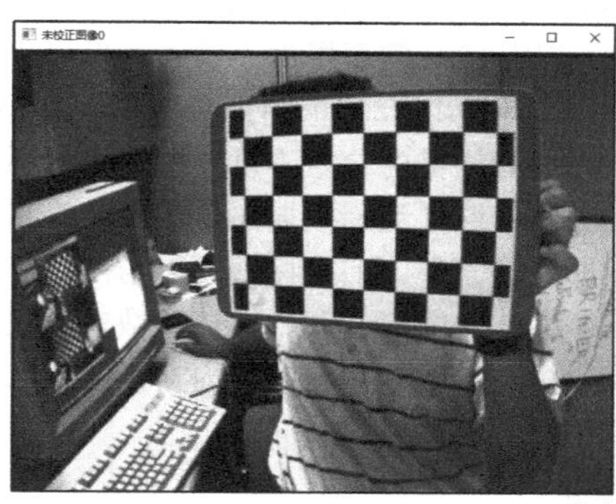

图 10-10 myUndistortion.cpp 程序中校正前后图像对比结果 2

10.1.5 单目投影

单目投影是指根据相机的成像模型计算空间中三维坐标点在图像二维平面中坐标的过程。OpenCV 4 中提供了 projectPoints()函数用于计算世界坐标系中的三维点投影到像素坐标系中的二维坐标，该函数的原型在代码清单 10-15 中给出。

代码清单 10-15 projectPoints()函数原型

```
void cv::projectPoints(InputArray  objectPoints,
                       InputArray  rvec,
                       InputArray  tvec,
```

```
                        InputArray  cameraMatrix,
                        InputArray  distCoeffs,
                        OutputArray  imagePoints,
                        OutputArray  jacobian = noArray(),
                        double  aspectRatio = 0
                        )
```

- objectPoints：世界坐标系中三维点的三维坐标。
- rvec：世界坐标系变换到相机坐标系的旋转向量。
- tvec：世界坐标系变换到相机坐标系的平移向量。
- cameraMatrix：相机的内参矩阵。
- distCoeffs：相机的畸变系数矩阵。
- imagePoints：三维坐标点在像素坐标系中估计的坐标。
- jacobian：可选输出的雅可比矩阵。
- aspectRatio：是否固定"宽高比"参数标志，如果参数不为 0，那么将 f_x/f_y 作为定值。

该函数在给定相机内部和外部参数的情况下计算世界坐标系中三维点到图像平面的投影。该函数的第一个参数是世界坐标系中的三维点，可以存放在 $N\times3$ 或者 $3\times N$ 单通道矩阵、$N\times1$ 或者 $1\times N$ 三通道矩阵，以及 vector<Point3f>向量中，其中 N 是三维点的数目。该函数的第二个、第三个参数分别是世界坐标系变换到相机坐标系的旋转向量和平移向量，是一个 3×1 的单通道矩阵，这两个参数可以在标定时得到或者根据一定条件计算得到。该函数的第四个、第五个参数分别是相机的内参矩阵和畸变系数矩阵，这两个参数同样可以在标定时得到。该函数的第六个参数是世界坐标系中的三维点在图像像素平面的投影坐标，可以存放在 $N\times2$ 或者 $2\times N$ 单通道矩阵、$N\times1$ 或者 $1\times N$ 二通道矩阵，以及 vector<Point2f>向量中，其中 N 是三维点投影点的数目。该函数的第七个参数是可选输出的雅可比矩阵，参数默认值为 noArray()，如果不需要输出雅可比矩阵，那么可以使用默认值。该函数的第八个参数为是否固定"宽高比"参数标志，如果参数不为 0，那么将 f_x/f_y 作为定值，默认值为 0。一般情况下，最后两个参数不需要设置，直接使用参数默认值即可。

为了了解三维点向像素平面投影的原理和函数的使用方法，需要提供三维点在世界坐标系中的坐标、世界坐标系变换到相机坐标系的旋转向量和平移向量，以及相机的内参矩阵。为了验证投影算法，我们选择代码清单 10-10 标定程序中的第一幅图像，相机内参矩阵以及世界坐标系变换到相机坐标系的旋转向量和平移向量都使用标定时得到的结果，这样选择数据的好处是三维点的坐标可以直接使用标定时使用的内角点的三维坐标，同时投影到像素平面的坐标点可以与图像中检测到的内角点坐标进行比较，评估投影效果。在代码清单 10-16 中，给出了利用上述参数验证投影过程的示例程序，程序中投影误差为所有计算得到的投影点坐标与图像中检测到的内角点坐标之间距离差值的平均值，该程序的投影误差为 0.407 301。

代码清单 10-16　myProjectPoints.cpp 三维点投影到二维点

```
#include <opencv2\opencv.hpp>
#include <iostream>
#include <vector>

using namespace std;
using namespace cv;

int main()
{
    /**********本程序中用到的图像是代码清单 10-10 中相机标定时的第一幅图像**********/
    /***************各项参数都是标定时得到的*****************/

```

```
    //输入前文计算得到的内参矩阵和畸变系数矩阵
    Mat cameraMatrix = (Mat_<float>(3, 3) << 532.016297, 0, 332.172519,
                                             0, 531.565159, 233.388075,
                                             0, 0, 1);
    Mat distCoeffs = (Mat_<float>(1, 5) << -0.285188, 0.080097, 0.001274,
                                           -0.002415, 0.106579);
    //代码清单 10-10 中计算的第一幅图像相机坐标系与世界坐标系之间的关系
    Mat rvec = (Mat_<float>(1, 3) <<-1.977853, -2.002220, 0.130029);
    Mat tvec = (Mat_<float>(1, 3) << -26.88155,-42.79936, 159.19703);

    //生成第一幅图像中内角点的三维世界坐标
    Size boardSize = Size(9, 6);
    Size squareSize = Size(10, 10);  //棋盘格每个方格的真实尺寸
    vector<Point3f> PointSets;
    for (int j = 0; j < boardSize.height; j++)
    {
        for (int k = 0; k < boardSize.width; k++)
        {
            Point3f realPoint;
            // 假设标定板为世界坐标系的 z 平面，即 z=0
            realPoint.x = j*squareSize.width;
            realPoint.y = k*squareSize.height;
            realPoint.z = 0;
            PointSets.push_back(realPoint);
        }
    }

    //根据三维坐标和相机与世界坐标系之间的关系估计内角点像素坐标
    vector<Point2f> imagePoints;
    projectPoints(PointSets, rvec, tvec, cameraMatrix, distCoeffs, imagePoints);


    /***********计算图像中内角点的真实坐标误差******************/
    Mat img = imread("left01.jpg");
    Mat gray;
    cvtColor(img, gray, COLOR_BGR2GRAY);
    vector<Point2f> imgPoints;
    findChessboardCorners(gray, boardSize, imgPoints);  //计算方格标定板角点
    find4QuadCornerSubpix(gray, imgPoints, Size(5, 5));  //细化方格标定板角点坐标

    //计算投影的估计值和检测的真实值之间误差的平均值
    float e = 0;
    for (int i = 0; i < imagePoints.size(); i++)
    {
        float eX = pow(imagePoints[i].x - imgPoints[i].x, 2);
        float eY = pow(imagePoints[i].y - imgPoints[i].y, 2);
        e = e + sqrt(eX + eY);
    }
    e = e / imagePoints.size();
    cout << "估计坐标与真实坐标之间的误差" << e << endl;
    waitKey(0);
    return 0;
}
```

10.1.6 单目位姿估计

根据相机成像模型，如果已知相机的内参矩阵、世界坐标系中若干空间点的三维坐标和空间点在图像中投影的二维坐标，那么可以计算出世界坐标系到相机坐标系的旋转向量和平移向量，如

图 10-11 所示，当知道点 c_i 在世界坐标系下的三维坐标和这些点在图像中对应点的二维坐标时，结合相机的内参矩阵和畸变系数，就可以计算出世界坐标系变换到相机坐标系的旋转向量和平移向量。

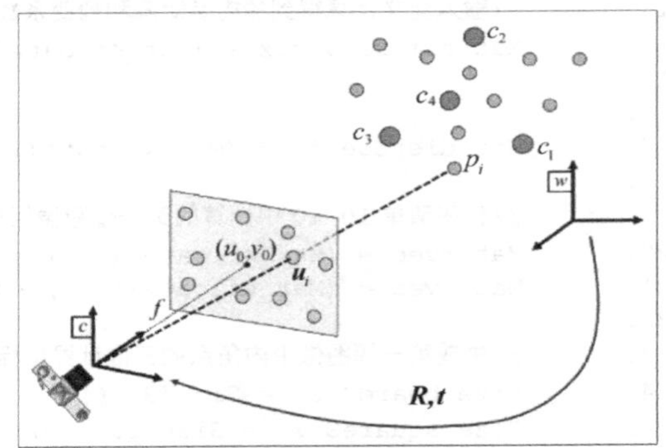

图 10-11　单目相机位姿估计示意图

在这种情况下，可以估计相机在世界坐标系中的位姿。如果将世界坐标系看成前一时刻的相机坐标系姿态，c_i 在世界坐标系下的三维坐标看成 c_i 在前一时刻相机坐标系中的坐标，就可以估计出前一时刻到当前时刻相机的运动变化，进而得到视觉里程计信息。不过需要注意的是，由于单目相机没有深度信息，因此，如果 c_i 的三维坐标是真实物理尺度的三维坐标，那么估计出的平移向量就是真实的物理尺度，否则就是放缩后的平移向量。

从理论上来说，只要知道世界坐标系中 3 个点的三维坐标和对应图像中的坐标，根据相机内参矩阵和畸变系数就可以解算世界坐标系与相机坐标系之间的转换关系。这种利用 3 个空间点和图像点的解算方法称为 P3P 方法。当然，如果点数大于 3，那么可以得到更加精确的旋转向量和平移向量。当点数大于 3 时，计算旋转向量和平移向量的方法称为 PnP 方法。两种方法在 OpenCV 4 中都有相应的函数，P3P 方法对应的是 solveP3P()函数，PnP 方法对应的是 solvePnP()函数。由于 solvePnP()函数包含了 solveP3P()函数的功能，因此这里只介绍 solvePnP()函数的使用方法。solvePnP()函数的原型在代码清单 10-17 中给出。

代码清单 10-17　solvePnP()函数原型

```
bool cv::solvePnP(InputArray  objectPoints,
                  InputArray  imagePoints,
                  InputArray  cameraMatrix,
                  InputArray  distCoeffs,
                  OutputArray  rvec,
                  OutputArray  tvec,
                  bool  useExtrinsicGuess = false,
                  int  flags = SOLVEPNP_ITERATIVE
                  )
```

- objectPoints：世界坐标系中三维点的三维坐标。
- imagePoints：三维点在图像中对应的像素点的二维坐标。
- cameraMatrix：相机的内参矩阵。
- distCoeffs：相机的畸变系数矩阵。
- rvec：世界坐标系变换到相机坐标系的旋转向量。
- tvec：世界坐标系变换到相机坐标系的平移向量。
- useExtrinsicGuess：是否使用旋转向量初值和平移向量初值的标志。
- flags：选择解算 PnP 问题方法的标志，见表 10-4。

表 10-4　solvePnP()函数选择解算 PnP 问题方法的标志

标志	简记	含义
SOLVEPNP_ITERATIVE	0	基于 Levenberg-Marquardt 迭代方法计算旋转向量和平移向量
SOLVEPNP_EPNP	1	使用扩展 PnP 方法计算旋转向量和平移向量
SOLVEPNP_P3P	2	使用 P3P 方法计算旋转向量和平移向量，只需要 4 个点对

续表

标志	简记	含义
SOLVEPNP_DLS	3	使用最小二乘方法计算旋转向量和平移向量
SOLVEPNP_UPNP	4	计算旋转向量、平移向量的同时会重新估计焦距和内参矩阵等
SOLVEPNP_AP3P	5	使用 3 点透视法计算旋转向量和平移向量，只需要 4 个点对

该函数可以根据世界坐标系中三维点坐标和图像中对应像素点的坐标计算世界坐标系变换到相机坐标系的旋转向量和平移向量。该函数的前两个参数分别是三维点的三维坐标和图像中对应像素点的二维坐标，三维点坐标可以存放在 $N\times 3$ 或者 $3\times N$ 单通道矩阵、$N\times 1$ 或者 $1\times N$ 三通道矩阵，以及 vector<Point3f>向量中；像素点坐标可以存放在 $N\times 2$ 或者 $2\times N$ 单通道矩阵、$N\times 1$ 或者 $1\times N$ 二通道矩阵，以及 vector<Point2f>向量中，其中 N 是三维点的数目。该函数的第三个、第四个参数分别是相机的内参矩阵和畸变系数矩阵，可以由标定过程得到。该函数的第五个、第六个参数分别是世界坐标系变换到相机坐标系的旋转向量和平移向量。该函数的第七个参数为是否使用旋转向量初值和平移向量初值的标志，该参数使用在第八个参数选择 SOLVEPNP_ITERATIVE 的情况下，参数默认值为 false，表示不使用初始值。该函数的第八个参数是选择解算 PnP 问题方法的标志，见表 10-4。

solvePnP()函数会使用所有的数据解算两个坐标系之间的旋转向量和平移向量，如果个别数据存在较大误差，那么会影响最终的计算结果。为了解决部分数据具有较大误差的问题，可以通过 RANSAC 算法避免部分含有较大误差数据的影响。OpenCV 4 中提供了 PnP 算法与 RANSAC 算法结合的 solvePnPRansac()函数，该函数的原型在代码清单 10-18 中给出。

代码清单 10-18 solvePnPRansac()函数原型

```
bool cv::solvePnPRansac(InputArray  objectPoints,
                        InputArray  imagePoints,
                        InputArray  cameraMatrix,
                        InputArray  distCoeffs,
                        OutputArray  rvec,
                        OutputArray  tvec,
                        bool  useExtrinsicGuess = false,
                        int  iterationsCount = 100,
                        float  reprojectionError = 8.0,
                        double  confidence = 0.99,
                        OutputArray  inliers = noArray(),
                        int  flags = SOLVEPNP_ITERATIVE
                        )
```

- objectPoints：世界坐标系中三维点的三维坐标。
- imagePoints：三维点在图像中对应的像素点的二维坐标。
- cameraMatrix：相机的内参矩阵。
- distCoeffs：相机的畸变系数矩阵。
- rvec：世界坐标系变换到相机坐标系的旋转向量。
- tvec：世界坐标系变换到相机坐标系的平移向量。
- useExtrinsicGuess：是否使用旋转向量初值和平移向量初值的标志。
- iterationsCount：迭代的次数。
- reprojectionError：RANSAC 算法计算的重投影误差的最小值，当某个点的重投影误差小于该阈值时，则将其视为内点。
- confidence：置信度概率。

- inliers：内点的三维坐标和二维坐标。
- flags：选择解算 PnP 问题方法的标志，见表 10-4。

该函数将 RANSAC 算法与 PnP 算法相结合得到两个坐标系之间的变换关系。该函数的前 7 个参数的含义与 solvePnP()函数的前 7 个参数含义相同，这里不再重复介绍。该函数的第八个参数是 RANSAC 算法迭代的次数，参数默认值为 100。该函数的第九个参数是 RANSAC 算法计算的重投影误差的最小值，当某个点的重投影误差小于该阈值时，则将其视为内点。重投影误差就是单目投影中图像中角点的估计坐标与检测坐标之间的差值，如果差值大于该参数，则该点视为外点，是不符合旋转和平移规律的点。该参数的默认值为 8.0。该函数的第十个参数是算法的置信度概率，数值越大表示算法结果越可信，参数默认值为 0.99。该函数的第十一个参数是输出的符合 RANSAC 算法的内点三维坐标和二维坐标。如果不需要输出该参数，那么可以使用参数的默认值 noArray()。该函数的最后一个参数是选择解算 PnP 问题方法的标志，见表 10-4。

solvePnP()函数和 solvePnPRansac()函数得到的旋转向量都是向量形式，在理论推导时，我们更喜欢用旋转矩阵表示旋转向量，如式（10-7）所示。旋转向量到旋转矩阵可以利用罗德里格斯公式实现，对于任意一个旋转向量 $\boldsymbol{a}$ 都可以写成单位向量与模长乘积的形式，如式（10-12）所示。

$$\boldsymbol{a} = \theta \boldsymbol{n} \tag{10-12}$$

其中 θ 是旋转向量 $\boldsymbol{a}$ 的模长，$\boldsymbol{n} = \begin{bmatrix} n_x & n_y & n_z \end{bmatrix}^{\mathrm{T}}$ 是旋转向量的单位向量。旋转矩阵可以用式（10-13）计算得到。

$$\boldsymbol{R} = \cos\theta \boldsymbol{I} + (1-\cos\theta)\boldsymbol{n}\boldsymbol{n}^{\mathrm{T}} + \sin\theta \begin{bmatrix} 0 & -n_z & n_y \\ n_z & 0 & -n_x \\ -n_y & n_x & 0 \end{bmatrix} \tag{10-13}$$

旋转矩阵变换到旋转向量可以由式（10-14）计算得到。

$$\begin{gathered} \theta = \arccos\left(\frac{\mathrm{tr}(\boldsymbol{R})-1}{2}\right) \\ \sin(\theta)\begin{bmatrix} 0 & -n_z & n_y \\ n_z & 0 & -n_x \\ -n_y & n_x & 0 \end{bmatrix} = \frac{\boldsymbol{R}-\boldsymbol{R}^{\mathrm{T}}}{2} \end{gathered} \tag{10-14}$$

其中 $\mathrm{tr}(\boldsymbol{R})$表示矩阵的迹。

OpenCV 4 提供了旋转向量和旋转矩阵之间相互转换的 Rodrigues()函数，该函数的原型在代码清单 10-19 中给出。

代码清单 10-19　Rodrigues()函数原型

```
void cv::Rodrigues(InputArray  src,
                   OutputArray  dst,
                   OutputArray  jacobian = noArray()
                   )
```

- src：输入的旋转向量或者旋转矩阵。
- dst：输出的旋转矩阵或者旋转向量，与输入的类型正好相反。
- jacobian：可选输出的雅可比矩阵，它是输出量相对于输入量的偏导数矩阵。

该函数利用式（10-13）和式（10-14）实现旋转向量与旋转矩阵的互相转换。该函数的前两个参数分别是输入参数和输出参数，一个为旋转矩阵，另一个为旋转向量，例如输入参数是旋转矩阵，那么输出参数就是旋转向量，反之，当输入参数是旋转向量时，输出参数就是旋转矩阵。该函数的第三个参数是可选输出的雅可比矩阵，它是输出量相对于输入量的偏导数矩阵，尺寸可以是 9×3 或者 3×9。如果不需要输出雅可比矩阵，那么可以使用默认参数值 noArray()。

为了了解计算两个坐标系之间变换关系相关函数的使用方法，在代码清单 10-20 中给出了计算标定图像中第一幅图像的世界坐标系变换到相机坐标系的旋转矩阵和旋转向量的示例程序。在该程序中，分别使用 solvePnP()函数计算粗略变换关系和使用 solvePnPRansac()函数计算优化后的变换关系，并将旋转向量通过 Rodrigues()函数转换成旋转矩阵。前面两个函数计算的变换关系在图 10-12 中给出，其中左侧是 solvePnP()函数的计算结果，右侧是 solvePnPRansac()函数的计算结果。

代码清单 10-20 myPnpAndRansac.cpp 计算世界坐标系与相机坐标系之间的变换关系

```
#include <opencv2\opencv.hpp>
#include <iostream>
#include <vector>

using namespace std;
using namespace cv;

int main()
{
    //读取所有图像
    Mat img = imread("left01.jpg");
    Mat gray;
    cvtColor(img, gray, COLOR_BGR2GRAY);
    vector<Point2f> imgPoints;
    Size boardSize = Size(9, 6);
    findChessboardCorners(gray, boardSize, imgPoints);   //计算方格标定板角点
    find4QuadCornerSubpix(gray, imgPoints, Size(5, 5));  //细化方格标定板角点坐标

    //生成棋盘格每个内角点的空间三维坐标
    Size squareSize = Size(10, 10);  //棋盘格每个方格的真实尺寸
    vector<Point3f> PointSets;
    for (int j = 0; j < boardSize.height; j++)
    {
        for (int k = 0; k < boardSize.width; k++)
        {
            Point3f realPoint;
            // 假设标定板为世界坐标系的 z 平面，即 z=0
            realPoint.x = j*squareSize.width;
            realPoint.y = k*squareSize.height;
            realPoint.z = 0;
            PointSets.push_back(realPoint);
        }
    }

    //输入前文计算得到的内参矩阵和畸变系数矩阵
    Mat cameraMatrix = (Mat_<float>(3, 3) << 532.016297, 0, 332.172519,
                                             0, 531.565159, 233.388075,
                                             0, 0, 1);
    Mat distCoeffs = (Mat_<float>(1, 5) << -0.285188, 0.080097, 0.001274,
                                           -0.002415, 0.106579);

    //用 PnP 算法计算旋转向量和平移向量
    Mat rvec, tvec;
    solvePnP(PointSets, imgPoints, cameraMatrix, distCoeffs, rvec, tvec);
    cout << "世界坐标系变换到相机坐标系的旋转向量: " << rvec << endl;
    //旋转向量转换成旋转矩阵
    Mat R;
```

```
    Rodrigues(rvec, R);
    cout << "旋转向量转换成旋转矩阵: " << endl << R << endl;

    //用 PnP+RANSAC 算法计算旋转向量和平移向量
    Mat rvecRansac, tvecRansac;
    solvePnPRansac(PointSets,imgPoints,cameraMatrix,distCoeffs, rvecRansac,
                   tvecRansac);
    Mat RRansac;
    Rodrigues(rvecRansac, RRansac);
    cout << "旋转向量转换成旋转矩阵: " << endl << RRansac << endl;
    waitKey(0);
    return 0;
}
```

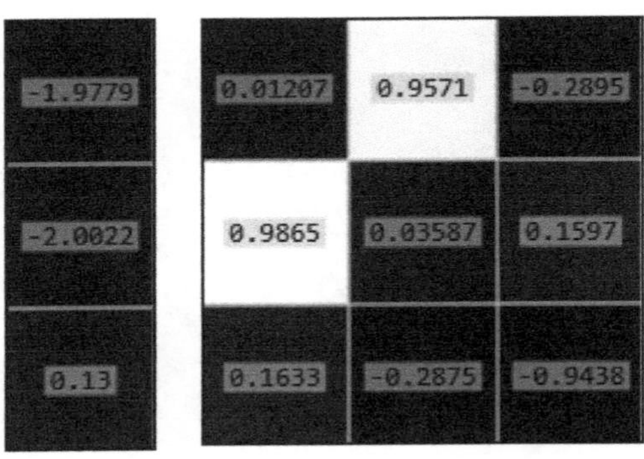

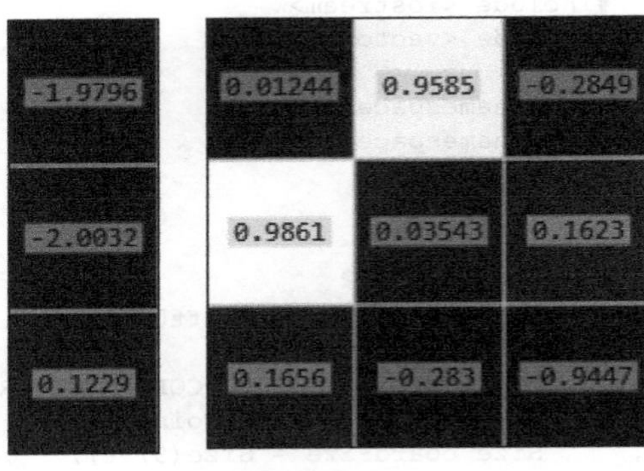

图 10-12　myPnpAndRansac.cpp 程序中计算的旋转向量和等价旋转矩阵（左：solvePnP，右：solvePnPRansac）

10.2 双目视觉

根据单目相机模型和式（10-8）可知，单目相机无法获得空间点在相机坐标系中的坐标，因为单目相机缺少了空间点的深度信息，因此只能得到空间点在相机坐标系中所在的直线。如果需要获得某一点的深度信息，那么可以增加能够测量深度信息的传感器，或者再增加一个相机组成双目立体视觉，根据同一空间点在两个相机图像中的坐标计算得到空间点的深度信息。本节将介绍双目视觉的立体成像原理、双目相机的标定及双目图像的校正。

10.2.1　双目相机模型

双目相机立体成像原理如图 10-13 所示。

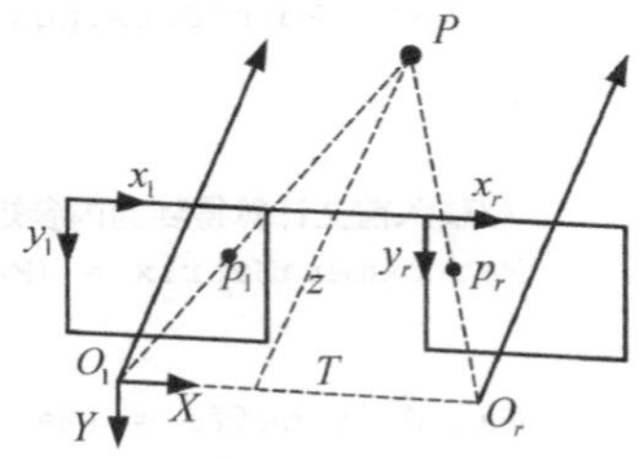

图 10-13　双目相机立体成像原理

假设组成双目视觉的两个相机具有相同的焦距 f，两个相机拍摄得到的图像位于同一个平面且 x 轴共线，同时两个相机的相机坐标系 z 轴平行，T 表示两个相机坐标系坐标原点的距离。空间中 P 点能够同时被两个相机捕获，在两个图像中对应点的坐标分别是 p_l 和 p_r，那么根据相似三角形原理，P 点在左侧相机的相机坐标系中的深度 z 满足式（10-15）中的条件。

$$\frac{T-(x_l-x_r)}{z-f}=\frac{T}{z} \tag{10-15}$$

将式（10-15）化简，可推导出深度 z 的解析式如式（10-16）所示。

$$z=\frac{fT}{x_1-x_r} \tag{10-16}$$

根据式（10-16）可知，在一个双目相机系统中，某个像素点的深度只与该点在两个图像中的像素坐标的差值有关，这个差值称为“视差”。视差是通过对两幅图像中的信息进行处理后获得的，与相机采集到的图像有关，而式（10-16）中的分子与双目视觉系统的内部参数相关，f可以通过单独对每一个相机进行标定得到，T与双目系统两个相机摆放位置相关，因此需要对双目视觉系统进行标定，以确定两个相机坐标系原点之间的距离。

图 10-13 给出的双目系统是理想状态的双目系统，但是现实的情况下很难实现两个相机的 z 轴完全平行，并且两幅图像在同一平面且 x 轴共线也很难保证。在多数情况下，两个相机的位置关系如图 10-14 所示，两个相机坐标系之间不但存在着平移，而且存在着旋转，即使是按照理想状态安放的两个相机，也会由于安放误差而使得两个相机坐标系之间存在旋转。当然，当我们知道两个相机坐标系之间的旋转关系时，可以由图 10-14 所示的状态变成图 10-13，进而计算像素点的三维坐标。因此，对于双目系统的标定，不但需要确定两个相机的内参矩阵和畸变系数矩阵，而且需要知道两个相机之间的旋转量和平移量。

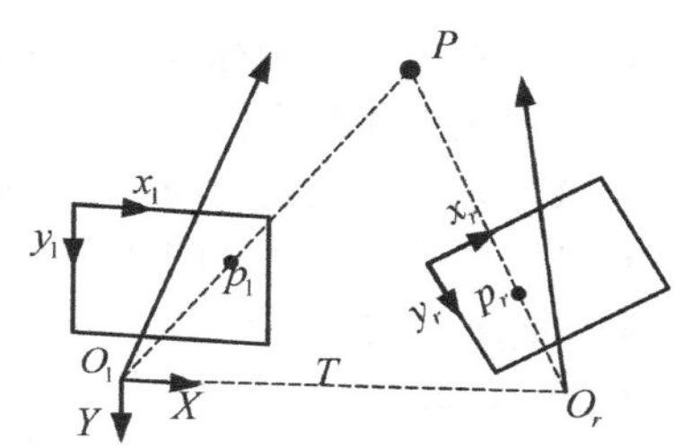

图 10-14 实际双目系统成像关系示意图

对于双目系统来说，相机标定主要分为变换矩阵标定和图像校正两个部分，大致分为 3 个步骤：第一，确定两个相机各自的内参矩阵和畸变系数矩阵；第二，计算两个相机之间的旋转量和平移量；第三，对两个相机的图像进行校正，并根据旋转量和平移量将双目系统的成像模型变换成图 10-13 所示的模型。

10.2.2 双目相机标定

双目相机的标定流程与单目相机相似，都是通过相机在不同位置拍摄同一个棋盘格，根据棋盘格内角点在图像中的坐标和世界坐标系中的坐标，计算得到需要标定的参数，不同之处在于，双目相机需要的是两个相机拍摄的图像，并且两个相机需要同一时间拍摄图像。

在双目相机的标定之前，首先需要对两个相机单目进行标定，这部分内容我们在前文已经介绍。然后，利用 OpenCV 4 提供的双目相机标定函数 stereoCalibrate()进行标定，计算两个相机之间的旋转量和平移量。stereoCalibrate()函数的原型在代码清单 10-21 中给出。

代码清单 10-21 stereoCalibrate()函数原型

```
double cv::stereoCalibrate(InputArrayOfArrays  objectPoints,
                           InputArrayOfArrays  imagePoints1,
                           InputArrayOfArrays  imagePoints2,
                           InputOutputArray  cameraMatrix1,
                           InputOutputArray  distCoeffs1,
                           InputOutputArray  cameraMatrix2,
                           InputOutputArray  distCoeffs2,
                           Size  imageSize,
                           InputOutputArray  R,
                           InputOutputArray  T,
                           OutputArray  E,
                           OutputArray  F,
                           int  flags = CALIB_FIX_INTRINSIC,
TermCriteria  criteria = TermCriteria(TermCriteria::COUNT+TermCriteria::EPS, 30,1e-6)
)
```

- objectPoints：棋盘格内角点的三维坐标。
- imagePoints1：棋盘格内角点在第一个相机拍摄图像中的像素坐标。
- imagePoints2：棋盘格内角点在第二个相机拍摄图像中的像素坐标。
- cameraMatrix1：第一个相机的内参矩阵。
- distCoeffs1：第一个相机的畸变系数矩阵。
- cameraMatrix2：第二个相机的内参矩阵。
- distCoeffs2：第二个相机的畸变系数矩阵。
- imageSize：图像的尺寸。
- R：两个相机坐标系之间的旋转矩阵。
- T：两个相机坐标系之间的平移向量。
- E：两个相机之间的本征矩阵。
- F：两个相机之间的基本矩阵。
- flags：选择双目相机标定算法的标志，见表 10-3，不同标志之间可以互相组合使用。
- criteria：迭代算法的终止条件。

该函数主要用于标定双目视觉系统，计算系统中两个相机之间的旋转矩阵和平移向量。该函数的第一个参数是每幅图像中棋盘格内角点在世界坐标系中的三维世界坐标，每幅图像内角点的三维世界坐标存放在 vector<Point3f>类型的变量中，多幅图像内角点的三维世界坐标存放在 vector<vector <Point3f>>类型的变量中。该函数的第二个、第三个参数分别是棋盘格内角点在第一个相机图像和第二个相机图像中的二维像素坐标，每幅图像内角点的二维像素坐标存放在 vector <Point2f>类型的变量中，多幅图像内角点的二维像素坐标存放在数据类型为 vector<vector <Point2f>>的变量中。该函数的第四个、第五个参数分别是第一个相机的内参矩阵和畸变系数矩阵，第六个、第七个参数分别是第二个相机的内参矩阵和畸变系数矩阵，这 4 个参数的具体数值可以通过单独对单个相机标定得到。该函数的第八个参数是图像的像素尺寸，由于每幅图像具有相同尺寸，因此本参数只需要输入 Size 类型的变量。该函数的第九个到第十二个变量分别是标定得到的两个相机坐标系之间的旋转矩阵、平移向量、本征矩阵和基本矩阵。本征矩阵包含旋转矩阵和平移向量，基本矩阵在本征矩阵基础上还包含两个相机的内参矩阵。该函数的第十三个参数是选择双目相机标定算法的标志，不同标志之间可以互相组合使用。该函数的最后一个参数是迭代算法的终止条件，该参数的使用方式已经在前文介绍，这里不再赘述。

为了了解双目相机标定的流程，以及双目标定函数的使用方法，在代码清单 10-22 中给出了标定双目相机间的旋转矩阵和平移向量的示例程序。在该程序中，需要使用到两个相机的内参矩阵和畸变系数矩阵，可以利用代码清单 10-10 中的程序计算两个相机的内参矩阵和畸变系数矩阵。两个相机拍摄的图像分别以 left0*x*.jpg 和 right0*x*.jpg 命名，程序中我们使用了每个相机拍摄的 4 幅图像，分别存放在 stereoCalibDataL.txt 和 stereoCalibDataR.txt 文件中。上述 TXT 文件中的每一行为一个图像的名称。在读取图像后，检测图像中棋盘格内角点的坐标，并以棋盘格所在平面为 Z 平面建立世界坐标系。假设棋盘格每个方格的真实尺寸为 10cm。最后利用 stereoCalibrate()函数进行双目标定。标定结果中两个相机坐标系之间的旋转矩阵和平移向量在图 10-15 中给出。

代码清单 10-22　myStereoCalibrate.cpp 双目相机标定

```
#include <opencv2\opencv.hpp>
#include <iostream>
#include <fstream>
#include <vector>

using namespace std;
```

```
using namespace cv;

//检测棋盘格内角点在图像中坐标的函数
void getImgsPoints(vector<Mat> imgs, vector<vector<Point2f>> &Points, Size boardSize)
{
        for (int i = 0; i < imgs.size(); i++)
        {
            Mat img1 = imgs[i];
            Mat gray1;
            cvtColor(img1, gray1, COLOR_BGR2GRAY);
            vector<Point2f> img1_points;
            findChessboardCorners(gray1, boardSize, img1_points);  //计算方格标定板角点
            find4QuadCornerSubpix(gray1, img1_points, Size(5, 5)); //细化方格标定板角点坐标
            Points.push_back(img1_points);
        }
}

int main()
{
        //读取所有图像
        vector<Mat> imgLs;
        vector<Mat> imgRs;
        string imgLName;
        string imgRName;
        ifstream finL("steroCalibDataL.txt");
        ifstream finR("steroCalibDataR.txt");
        while (getline(finL, imgLName) && getline(finR, imgRName))
        {
             Mat imgL = imread(imgLName);
             Mat imgR = imread(imgRName);
             if (!imgL.data && !imgR.data)
             {
                 cout << "请确认是否输入正确的图像文件" << endl;
                 return -1;
             }
             imgLs.push_back(imgL);
             imgRs.push_back(imgR);
        }

        //提取棋盘格内角点在两个相机图像中的坐标
        Size board_size = Size(9, 6);  //方格标定板内角点数目(行，列)
        vector<vector<Point2f>> imgLsPoints;
        vector<vector<Point2f>> imgRsPoints;
        getImgsPoints(imgLs, imgLsPoints, board_size);  //调用子函数
        getImgsPoints(imgRs, imgRsPoints, board_size);  //调用子函数

        //生成棋盘格每个内角点的空间三维坐标
        Size squareSize = Size(10, 10);  //棋盘格每个方格的真实尺寸
        vector<vector<Point3f>> objectPoints;
        for (int i = 0; i < imgLsPoints.size(); i++)
        {
             vector<Point3f> tempPointSet;
             for (int j = 0; j < board_size.height; j++)
             {
                 for (int k = 0; k < board_size.width; k++)
                 {
                      Point3f realPoint;
                      // 假设标定板为世界坐标系的 z 平面，即 z=0
                      realPoint.x = j*squareSize.width;
```

```
                    realPoint.y = k*squareSize.height;
                    realPoint.z = 0;
                    tempPointSet.push_back(realPoint);
                }
            }
            objectPoints.push_back(tempPointSet);
        }

        //图像尺寸
        Size imageSize;
        imageSize.width = imgLs[0].cols;
        imageSize.height = imgLs[0].rows;

        Mat Matrix1, dist1, Matrix2, dist2, rvecs, tvecs;
        calibrateCamera(objectPoints, imgLsPoints, imageSize, Matrix1, dist1, rvecs,
                        tvecs, 0);
        calibrateCamera(objectPoints, imgRsPoints, imageSize, Matrix2, dist2, rvecs,
                        tvecs, 0);

        //进行标定
        Mat R, T, E, F;  //旋转矩阵、平移向量、本征矩阵、基本矩阵
        stereoCalibrate(objectPoints, imgLsPoints, imgRsPoints, Matrix1, dist1, Matrix2,
                        dist2, imageSize, R, T, E, F, CALIB_USE_INTRINSIC_GUESS);

        cout << "两个相机坐标系的旋转矩阵: " << endl << R << endl;
        cout << "两个相机坐标系的平移向量: " << endl << T << endl;
        waitKey(0);
        return 0;
}
```

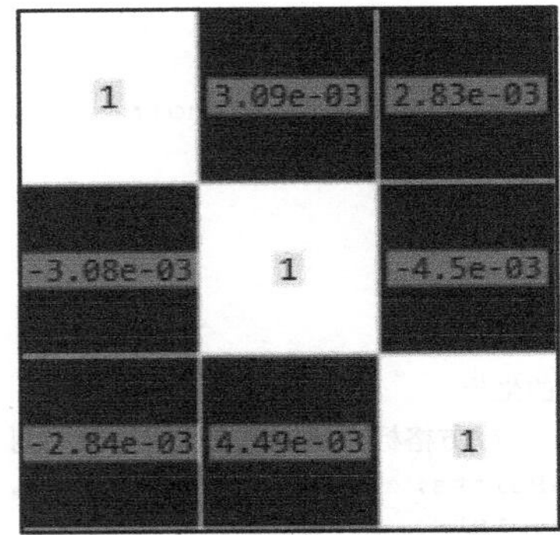

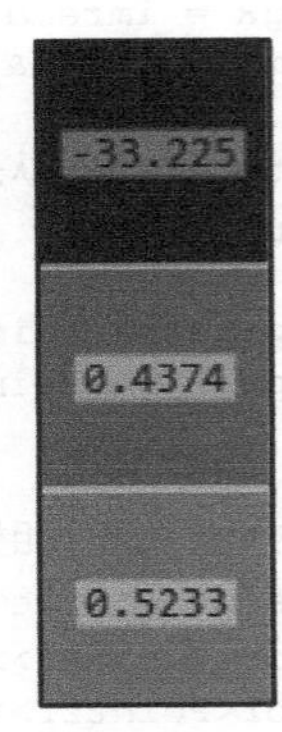

图 10-15　myStereoCalibrate.cpp 程序中双目相机标定结果的旋转矩阵和平移向量

10.2.3　双目相机校正

双目相机标定可以得到两个相机坐标系之间的变换关系，根据变换关系可以将两个相机的成像平面变换到同一个平面，同时图像的 x 轴共线，这样变换的好处是空间中的坐标点在两个图像上的投影点具有相同的高度，即 y 坐标相同。

OpenCV 4 提供了根据双目相机标定结果对图像进行校正的 stereoRectify()函数，该函数的原型在代码清单 10-23 中给出。

代码清单 10-23　stereoRectify()函数原型

```
void cv::stereoRectify(InputArray  cameraMatrix1,
                       InputArray  distCoeffs1,
                       InputArray  cameraMatrix2,
```

```
                              InputArray  distCoeffs2,
                              Size  imageSize,
                              InputArray  R,
                              InputArray  T,
                              OutputArray  R1,
                              OutputArray  R2,
                              OutputArray  P1,
                              OutputArray  P2,
                              OutputArray  Q,
                              int  flags = CALIB_ZERO_DISPARITY,
                              double  alpha = -1,
                              Size  newImageSize = Size(),
                              Rect *  validPixROI1 = 0,
                              Rect *  validPixROI2 = 0
                              )
```

- cameraMatrix1：第一个相机的内参矩阵。
- distCoeffs1：第一个相机的畸变系数矩阵。
- cameraMatrix2：第二个相机的内参矩阵。
- distCoeffs2：第二个相机的畸变系数矩阵。
- imageSize：图像的尺寸。
- R：两个相机坐标系之间的旋转矩阵。
- T：两个相机坐标系之间的平移向量。
- R1：把第一个相机校正前点的坐标转换到校正后点的坐标所需的旋转矩阵。
- R2：把第二个相机校正前点的坐标转换到校正后点的坐标所需的旋转矩阵。
- P1：第一个相机校正后坐标系的投影矩阵。
- P2：第二个相机校正后坐标系的投影矩阵。
- Q：深度差异映射矩阵。
- flags：校正图像时图像中心位置是否固定的标志，可选择标志为 0 和 CALIB_ZERO_DISPARITY，前者表示校正时会移动图像以最大化有用图像区域，后者表示相机光点中心固定。
- alpha：缩放参数，取值范围为 0～1。该参数为默认值时，表示不进行拉伸。
- newImageSize：校正后图像的大小，默认与原图像分辨率相同。
- validPixROI1：第一幅图像输出矩形，输出矩形区域内所有像素都有效，如果参数值为 0，表示矩形区域覆盖整个图像。
- validPixROI2：第二幅图像输出矩形，输出矩形区域内所有像素都有效，如果参数值为 0，表示矩形区域覆盖整个图像。

该函数能够计算出每个相机的旋转矩阵，使得两个相机的图像平面在同一个平面。该函数的前两个参数分别是第一个相机的内参矩阵和畸变系数矩阵，第三个、第四个参数分别是第二个相机的内参矩阵和畸变系数矩阵。该函数的第五个参数是图像的尺寸，这里要求双目相机拍摄的图像具有相同的尺寸，因此只需要输入一个相机拍摄图像的尺寸。该函数的第六个、第七个参数分别是 stereoCalibrate()函数计算得到的两个相机之间的旋转矩阵和平移向量。该函数的第八个、第九个参数分别是两个相机校正前点的坐标转换到校正后点的坐标所需的旋转矩阵。该函数的第十个、第十一个参数分别是两个相机校正后坐标系的映射矩阵。该函数的第十二个参数是深度差异映射矩阵，主要用于相机立体测距中，与图像校正无关。该函数的第十三个参数是校正图像时图像中心位置是否固定的标志。该函数的第十四个参数是校正图像的缩放参数，当参数为 0 时，表示对图像进行放缩和平移以使图像中有效像素最大程度被显示，当参数为 1 时，表示显示校正后的全部图像，参数可以取值范围是 0～1，得到的图像效果也是这两种情况的综合，参数为默认值时，表示不进行放缩。该函数的第十五个参数是校正后图像的尺寸，默认表示校正后图像与原图像尺寸相同。该函数的最后两个参数分别表示两个相机图像输出矩形，输出矩形区域内所有像素都有效，如果参数值为 0，那么表示矩形区域覆盖整个图像。

双目相机图像校正在双目相机标定的基础上进行，需要用到双目相机标定的结果，为了能够直观地观察到双目图像校正的效果，需要在代码清单 10-22 所示程序的基础上进一步处理。代码清单 10-24 中给出了图像校正部分的相关程序 myStereoRectify.cpp，该程序中与代码清单 10-22 中相同部分被省略。该程序利用 stereoRectify()函数根据标定结果得到两个相机校正的旋转矩阵，之后利用 initUndistortRectifyMap()和 remap()函数对图像进行校正变换。为了验证校正后同一空间点在两幅图像中具有相同的 y 坐标，我们将校正后两幅图像拼接成一幅图像，并在图像中绘制一条水平横线，增加直观对比性。校正后的图像在图 10-16 中给出。

代码清单 10-24 myStereoRectify.cpp 双目视觉图像校正部分程序

```
#include <opencv2\opencv.hpp>
#include <iostream>
#include <fstream>
#include <vector>

using namespace std;
using namespace cv;

int main()
{
    ......
    //计算校正变换矩阵
    Mat R1, R2, P1, P2,Q;
    stereoRectify(Matrix1, dist1, Matrix2, dist2, imageSize, R, T, R1,R2, P1,P2,Q,0);

    //计算校正映射矩阵
    Mat map11, map12, map21, map22;
    initUndistortRectifyMap(Matrix1, dist1, R1, P1, imageSize,CV_16SC2,map11, map12);
    initUndistortRectifyMap(Matrix2, dist2, R2, P2, imageSize,CV_16SC2,map21, map22);

    for (int i = 0; i < imgLs.size(); i++)
    {
         //进行校正映射
         Mat img1r, img2r;
         remap(imgLs[i], img1r, map11, map12, INTER_LINEAR);
         remap(imgRs[i], img2r, map21, map22, INTER_LINEAR);

         //拼接图像
         Mat result;
         hconcat(img1r, img2r, result);

         //绘制直线，用于比较同一个内角点 y 轴是否一致
         line(result, Point(-1, imgLsPoints[i][0].y),
                   Point(result.cols, imgLsPoints[i][0].y), Scalar(0, 0, 255), 2);
         imshow("校正后结果", result);
         waitKey(0);
    }
    return 0;
}
```

图 10-16 myStereoRectify.cpp 程序中双目相机图像校正结果

10.3 本章小结

本章介绍了相机的使用，包括单目相机和双目相机的成像模型，以及如何通过标定获得相机的内参矩阵和畸变系数。由于相机制造精度的限制或者特殊需求，因此相机拍摄的图像含有畸变，但是可以根据畸变系数消除图像中的畸变，还原图像信息。相机成像模型是环境三维信息与图像二维信息间的纽带，因此本章介绍内容多应用在视觉测量、定位和导航等领域。

本章主要函数清单

函数名称	函数说明	代码清单
convertPointsToHomogeneous()	非齐次坐标向齐次坐标转换	10-1
convertPointsFromHomogeneous()	齐次坐标向非齐次坐标转换	10-2
findChessboardCorners()	棋盘格内角点检测	10-4
find4QuadCornerSubpix()	内角点位置优化	10-5
findCirclesGrid()	圆形网格的圆心检测	10-6
drawChessboardCorners()	绘制棋盘格的内角点或者圆形网格的圆心	10-7
undistort()	图像去畸变校正	10-13
projectPoints()	单目相机空间点向图像投影	10-15
solvePnP()	计算位姿关系	10-17
Rodrigues()	旋转向量与旋转矩阵相互转换	10-19
stereoCalibrate()	双目相机标定	10-21
stereoRectify()	双目相机畸变校正	10-23

本章示例程序清单

示例程序名称	程序说明	代码清单
myHomogeneous.cpp	齐次坐标与非齐次坐标相互转换	10-3
myChessboard.cpp	标定板角点提取	10-8
myCalibrateCamera.cpp	计算相机内参矩阵和畸变系数	10-10
myUndistortion.cpp	图像去畸变	10-14
myProjectPoints.cpp	三维点投影到二维点	10-16
myPnpAndRansac.cpp	计算世界坐标系与相机坐标系之间的变换关系	10-20
myStereoCalibrate.cpp	双目相机标定	10-22
myStereoRectify.cpp	双目视觉图像校正部分程序	10-24

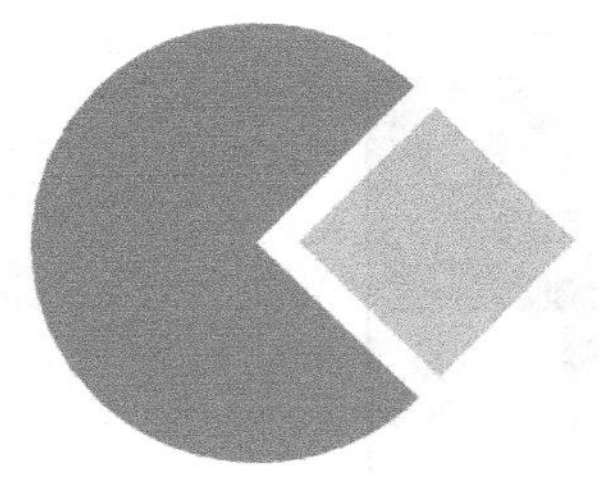

第 11 章　视频分析

视频是大量具有时序关系图像的集合，对视频的处理方式与对图像的处理方式相同，另外可以结合时序关系挖掘更深层信息，例如判断拍摄视频时相机是否移动、识别场景中是否存在物体移动、恢复场景中物体的三维信息等。本章中将重点介绍如何检测视频中移动的物体，并对移动物体进行跟踪，主要的方法有差值法、均值迁移法和光流法。

11.1 差值法检测移动物体

随着计算机视觉技术的发展，摄像头广泛应用于各个领域，现在走在大街上几乎随处可见摄像头的踪影。这种摄像头拍摄的视频具有一些明显的特征：摄像头不动，视频中背景环境不变。背景环境不变的特点可以很容易得到视频中哪些区域与原始状态不同，只需要计算当前图像与背景图像之间的差值，进而判断哪些物体是非背景环境。通过计算当前图像与背景图像之间的差值，可以得到哪些区域是背景中不存在的，计算所有帧图像与背景图像差值，结合时序信息，就可以得到视频中移动物体的运动状态。有时也可以通过计算相邻帧的差值得到移动的物体。

计算两幅图像之间的差值就是计算对应像素值的差值，为了减少复杂性和增加结果的可对比性，通常将彩色图像转换成灰度图像后再计算差值。这种直接计算像素值差值的方式容易受到光照、噪声等干扰的影响，因为有些像素值发生改变并不是由移动的物体引起，因此在计算差值后需要进一步处理，以减少噪声的影响，例如二值化、开闭运算等。

计算两幅图像的差值可以直接将两个图像相减，由于图像数据类型通常为 CV_8U 或者 CV_32F，CV_8U 类型没有负数，因此需要明确两幅图像相减的关系，否则有些区域相减之后会出现大面积 0 值的情况。有时，两幅图像中像素值存在差值的区域都需要被关注，此时相减为负数的像素也需要保留。OpenCV 4 提供了 absdiff()函数，用于计算两个图像差值的绝对值，该函数的原型在代码清单 11-1 中给出。

代码清单 11-1　absdiff()函数原型

```
void cv::absdiff(InputArray  src1,
                 InputArray  src2,
                 OutputArray  dst
                 )
```

- src1：第一个数组或者 Mat 类矩阵。
- src2：第二个数组或者 Mat 类矩阵，需要与第一个参数具有相同的尺寸和数据类型。
- dst：两个数据差值的绝对值，与输入数据具有相同的尺寸和数据类型。

该函数可以计算两个数组或者 Mat 矩阵差值的绝对值。该函数的前两个参数是需要计算差值绝对值的两个数组或者 Mat 类矩阵，两者需要具有相同的数据类型和尺寸，当输入的数据是多通道矩阵时，每个通道独立计算差值的绝对值。该函数的最后一个参数是计算得到的差值绝对值，与输入数据具有相同的尺寸和数据类型。

为了了解差值法检测移动物体的实现方法、检测效果，以及相关函数的使用，在代码清单 11-2 中给出了通过差值法检测视频中移动物体的示例程序。视频中有人骑一辆自行车在镜头前穿过，由于视频一开始没有出现自行车，因此以第一帧图像作为背景，其他帧图像依次与第一帧图像计算差值，检测移动物体。同时，程序中也通过相邻两帧图像的差值检测移动物体，由于物体中可能存在相同的像素值区域，因此在物体移动时可能出现物体中心区域没有检测出移动的情况，而在物体的周围会检测出移动。在该程序中，为了减少噪声的干扰，首先对两帧图像进行高斯滤波，以减少噪声的影响，之后对两帧图像的差值进行二值化，去掉像素差值较小的区域，最后进行开运算，去除噪声产生的较小的连通域，最终得到移动物体当前时刻在图像中的位置。该程序的两种检测结果分别在图 11-1 和图 11-2 中给出。

代码清单 11-2 myAbsdiff.cpp 基于差值法检测移动物体

```
#include <opencv2/opencv.hpp>
#include<iostream>

using namespace cv;
using namespace std;

int main()
{
    //加载视频文件，并判断是否加载成功
    VideoCapture capture("bike.avi");
    if (!capture.isOpened()) {
        cout<<"请确认视频文件是否正确"<<endl;
        return -1;
    }

    //输出视频相关信息
    int fps = capture.get(CAP_PROP_FPS);
    int width = capture.get(CAP_PROP_FRAME_WIDTH);
    int height = capture.get(CAP_PROP_FRAME_HEIGHT);
    int num_of_frames = capture.get(CAP_PROP_FRAME_COUNT);
    cout << "视频宽度：" << width << " 视频高度：" << height
         << " 视频帧率：" << fps << " 视频总帧数" << num_of_frames << endl;

    //读取视频中第一帧图像作为前一帧图像，并进行灰度化
    Mat preFrame, preGray;
    capture.read(preFrame);
    cvtColor(preFrame, preGray, COLOR_BGR2GRAY);
    //对图像进行高斯滤波，以减少噪声干扰
    GaussianBlur(preGray, preGray, Size(0, 0), 15);

    Mat binary;
    Mat frame, gray;
    //形态学操作的矩形模板
    Mat k = getStructuringElement(MORPH_RECT, Size(7, 7), Point(-1, -1));

    while (true)
    {
        //视频中所有图像处理完后退出循环
        if (!capture.read(frame))
        {
            break;
```

```
            }

            //对当前帧进行灰度化
            cvtColor(frame, gray, COLOR_BGR2GRAY);
            GaussianBlur(gray, gray, Size(0, 0), 15);

            //计算当前帧与前一帧的差值的绝对值
            absdiff(gray, preGray, binary);

            //对计算结果二值化并进行开运算，以减少噪声的干扰
            threshold(binary, binary, 10, 255, THRESH_BINARY | THRESH_OTSU);
            morphologyEx(binary, binary, MORPH_OPEN, k);

            //显示处理结果
            imshow("input", frame);
            imshow("result", binary);

            //将当前帧变成前一帧，准备下一个循环，如果注释掉下一行代码，那么程序表示固定背景的差值法
            //gray.copyTo(preGray);

            //5 毫秒延时判断是否退出程序，按 Esc 键退出
            char c = waitKey(5);
            if (c == 27)
            {
                break;
            }
        }

        waitKey(0);
        return 0;
}
```

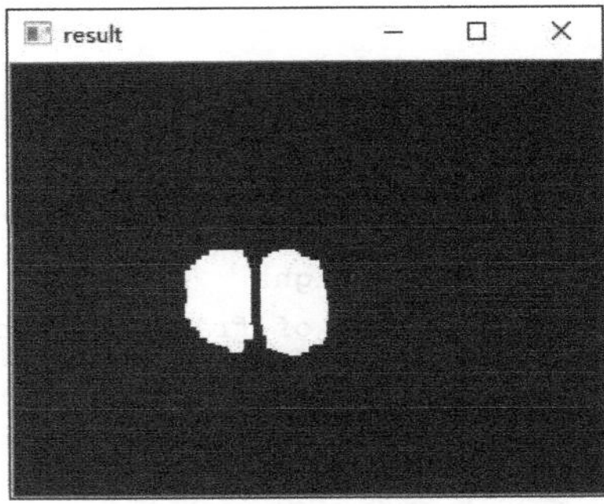

图 11-1 myAbsdiff.cpp 程序中相邻帧差值检测运动物体结果

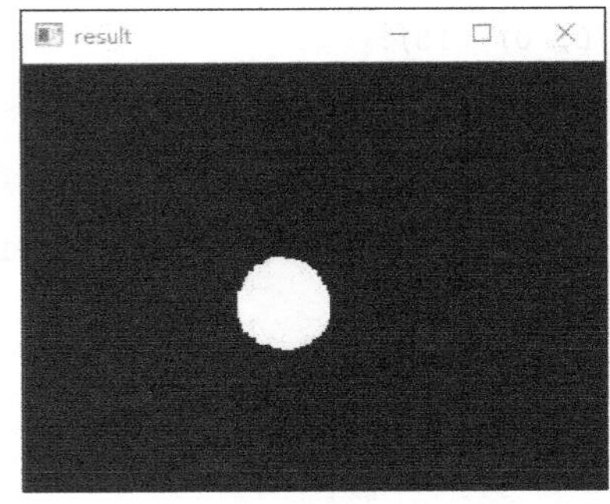

图 11-2 myAbsdiff.cpp 程序中固定背景检测运动物体结果

11.2 均值迁移法目标跟踪

根据差值法检测移动的物体需要视频中只有物体移动，一旦物体移动时背景也发生移动，那么差值法将无法检测到正确的移动物体，因为图像中每个像素的像素值都发生了改变。并且，有时我们不但需要检测到移动的物体，而且需要能够跟踪这个物体，无论这个物体是静止还是移动的，都可以直观地表示其在图像中的位置，进而分析其运动轨迹、运动状态等。

均值迁移法能够实现目标跟踪，其原理是首先计算给定区域内的均值，如果均值不符合最优值条件，那么将区域向靠近最优条件的方向移动，经过不断地迭代来找到目标区域。图 11-3 为通过均值迁移法寻找点密集度最大区域的示意图，图中首先随机给出一个圆形区域，计算圆形区域内点的密集度，并计算圆内多个扇形区域的点密集度，比较整体点密集度和扇形区域点密集度的大小，如果某个扇形区域的点密集度大于整体的点密集度，那么将圆心向这个扇形方向移动，移动距离与点密集度的差值相关。这样每次都是向点密集度较大的区域移动，通过多次移动最终选择到点密集度最大的区域。

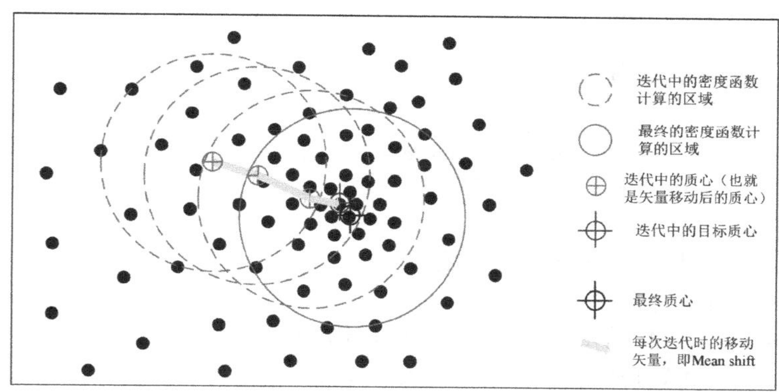

图 11-3　均值迁移法示意图

均值迁移法又可以称为爬山算法。与寻找点密集度最大区域相同，如果将点密集度看成是一座山的高度，那么在山坡上随机选择一个圆形区域，计算圆形区域内整体的平均高度，并计算每个扇形区域的平均高度，这样每次移动都是向着山峰移动，直到圆形区域的圆心位于山峰。

11.2.1 均值迁移法实现的目标跟踪

根据均值迁移法我们知道，在使用该算法时，需要首先选择一个搜索区域，结合我们前面介绍的直方图反向投影原理，利用均值迁移算法实现目标跟踪需要知道目标区域的直方图的反向投影，之后在图像中根据目标区域的初始位置不断地迭代计算均值，直到在直方图的反向投影图像中搜索区域的均值达到最大。因此，基于均值迁移的目标跟踪主要分为以下 4 个步骤。

第一步：选择需要跟踪的目标区域。选择目标区域时一般是人为选取，也可以根据目标的特性通过算法自动给出。

第二步：计算目标区域的直方图和直方图的反向投影，作为均值迁移的搜索图像。

第三步：在图像中给出目标的初始区域，计算区域的均值。

第四步：比较区域均值是否满足阈值要求。如果没有满足阈值要求，那么将区域向接近目标的方向移动，并重复第三步和第四步；如果满足阈值要求，那么停止算法，输出目标区域。

OpenCV 4 提供了实现第三步和第四步的 meanShift()函数，该函数的原型在代码清单 11-3 中给出。

代码清单 11-3 meanShift()函数原型

```
int cv::meanShift(InputArray  probImage,
                  Rect &  window,
                  TermCriteria  criteria
                  )
```

- probImage：目标区域的直方图的反向投影。
- window：初始搜索窗口和搜索结束时的窗口。
- criteria：停止迭代算法的条件。

该函数根据目标区域的直方图的反向投影结果和区域的初始位置，搜索目标区域在新图像中的位置。该函数的第一个参数是目标区域的直方图反向投影结果。该函数的第二个参数是在直方图反向投影图像中搜索的初始窗口和搜索结果窗口。在处理视频数据时，由于临近的两帧图像间物体移动距离较小，因此初始搜索窗口常为选取目标区域时的窗口。该函数的最后一个参数是终止迭代算法条件的标志，该参数已经多次见过，这里不再赘述。

使用均值迁移法需要指定跟踪的目标区域，可以根据物体特性计算得到，或者人为主观选取某个目标。OpenCV 4 提供了通过鼠标选取目标区域的 selectROI()函数，该函数的原型在代码清单 11-4 中给出。

代码清单 11-4 selectROI()函数原型

```
Rect cv::selectROI(const String &  windowName,
                   InputArray  img,
                   bool  showCrosshair = true,
                   bool  fromCenter = false
                   )
```

- windowName：显示图像的窗口的名称。
- img：选择 ROI 区域的图像。
- showCrosshair：是否显示选择矩形中心的十字准线的标志。
- fromCenter：ROI 矩形区域中心位置标志。当该参数值为 true 时，鼠标当前坐标为 ROI 矩形的中心；当该参数值为 false 时，鼠标当前坐标为 ROI 矩形区域的左上角。

该函数利用鼠标在图像中选择目标区域，通过按下左键后拖曳选择区域，并以 Rect 类型返回目标区域在图像中的位置，而不是目标区域的图像，如果需要目标区域的图像，可以通过 Mat(image, Rect)的方式获得。该函数的第一个参数是显示图像的窗口的名称，该函数可以直接调用 imshow()函数，将选择目标区域的图像在窗口中显示，这个参数可以理解为 imshow()函数中的图像窗口名称。该函数的第二个参数是需要选择目标区域的图像，该图像会显示在第一个参数创建的图像窗口中。该函数的第三个参数是选择目标区域时是否在矩形中心显示十字准线的标志，当参数为 true 时表示显示十字准线，当参数为 false 时，表示不显示十字准线，参数默认值为 true。该函数的最后一个参数表示选择目标区域中心位置与鼠标当前位置关系的标志。当该参数值为 true 时，按下鼠标左键时的坐标为目标矩形区域的中心；当该参数值为 false 时，按下鼠标左键时的坐标为目标矩形区域的左上角；该参数的默认值为 false。

注意	selectROI()函数选择目标区域后需要通过空格键或者回车键进行确认，否则会一直停留在选择目标区域的界面。如果选择错误，那么直接在图像中重新选择即可，或者通过 C 键取消选择，但是通过 C 键取消选择会返回一个空的矩形区域，需要谨慎使用。

通过均值迁移法跟踪目标其实就是在目标区域周围寻找与目标最为相似的区域，由于该方法单纯地根据直方图的反向投影寻找目标区域，因此比较容易出现跟踪丢失的情况，并且一旦目标丢失，将无法再次跟踪到目标，除非目标主动移动到搜索区域内。例如，在通过矩形框跟踪行人时，当被跟踪人被遮挡或者与其他人擦肩而过时，极易出现跟踪丢失和跟踪另一个人的情况。另外，目标跟踪的效果与选取的目标区域有较大关系。

为了了解均值迁移法跟踪目标的实现方法、相关函数的使用，以及跟踪效果，在代码清单 11-5 中给出了利用 meanShift()函数跟踪行人的示例程序。在该程序中，首先加载视频，然后读取第一帧图像，并在第一帧图像中选择需要跟踪的目标，之后判断是否计算目标区域的直方图和直方图的反向投影，在计算完成后，利用 meanShift()函数在视频的每一帧图像中搜索目标区域，进而实现目标跟踪。在程序中，同时输出了目标区域的直方图。如果不需要查看直方图，那么可以注释掉该部分的代码以加快程序的运行速度。图 11-4 给出了选择跟踪目标和目标区域直方图的结果，图 11-5 为目标移动后的跟踪结果，当目标在原地几乎没有移动时，跟踪框也几乎没有任何移动，表示该方法不但可以跟踪动态目标，而且可以跟踪静止目标。

代码清单 11-5 myMeanShift.cpp 利用均值迁移法跟踪目标

```
#include <opencv2/opencv.hpp>"
#include <iostream>

using namespace cv;
using namespace std;

int main(int argc, const char** argv)
{
    //打开视频文件，并判断是否成功打开
    VideoCapture cap("vtest.avi");
    if (!cap.isOpened())
    {
        cout << "请确认输入的视频文件名是否正确" << endl;
        return -1;
    }

    //是否已经计算目标区域直方图标志，0 表示没有计算，1 表示已经计算
    int trackObject = 0;

    //计算直方图和反向直方图相关参数
    int hsize = 16;
    float hranges[] = { 0,180 };
    const float* phranges = hranges;

    //选择目标区域
    Mat frame, hsv, hue, hist, histimg = Mat::zeros(200, 320, CV_8UC3), backproj;
    cap.read(frame);
    Rect selection = selectROI("选择目标跟踪区域", frame, true, false);

    while (true)
    {
        //判断是否已经读取全部图像
        if (!cap.read(frame))
        {
            break;
        }
        //将图像转化成 HSV 颜色空间
        cvtColor(frame, hsv, COLOR_BGR2HSV);
```

```
        //定义计算直方图和反向直方图相关数据和图像
        int ch[] = { 0, 0 };
        hue.create(hsv.size(), hsv.depth());
        mixChannels(&hsv, 1, &hue, 1, ch, 1);

        //是否已经完成跟踪目标直方图的计算
        if (trackObject <= 0)
        {
            //目标区域的 HSV 颜色空间
            Mat roi(hue, selection);
            //计算直方图和直方图归一化
            calcHist(&roi, 1, 0, roi, hist, 1, &hsize, &phranges);
            normalize(hist, hist, 0, 255, NORM_MINMAX);

            //将标志设置为 1，不再计算目标区域的直方图
            trackObject = 1;

            //显示目标区域的直方图，可以将该部分注释掉，不影响跟踪效果
            histimg = Scalar::all(0);
            int binW = histimg.cols / hsize;
            Mat buf(1, hsize, CV_8UC3);
            for (int i = 0; i < hsize; i++)
                buf.at<Vec3b>(i) = Vec3b(saturate_cast<uchar>(i*180./hsize),255,255);
            cvtColor(buf, buf, COLOR_HSV2BGR);

            for (int i = 0; i < hsize; i++)
            {
                int val = saturate_cast<int>(hist.at<float>(i)*histimg.rows / 255);
                rectangle(histimg, Point(i*binW, histimg.rows),
                    Point((i + 1)*binW, histimg.rows - val),
                    Scalar(buf.at<Vec3b>(i)), -1, 8);
            }
        }

        // 计算目标区域的反向直方图
        calcBackProject(&hue, 1, 0, hist, backproj, &phranges);

        //均值迁移法跟踪目标
        meanShift(backproj, selection, TermCriteria(TermCriteria::EPS |
                  TermCriteria::COUNT, 10, 1));
        //在图像中绘制寻找到的跟踪窗口
        rectangle(frame, selection, Scalar(0, 0, 255), 3, LINE_AA);

        //显示结果
        imshow("CamShift Demo", frame);  //显示跟踪结果
        imshow("Histogram", histimg);    //显示目标区域直方图

        //按 Esc 键退出程序
        char c = (char)waitKey(50);
        if (c == 27)
            break;
    }

    return 0;
}
```

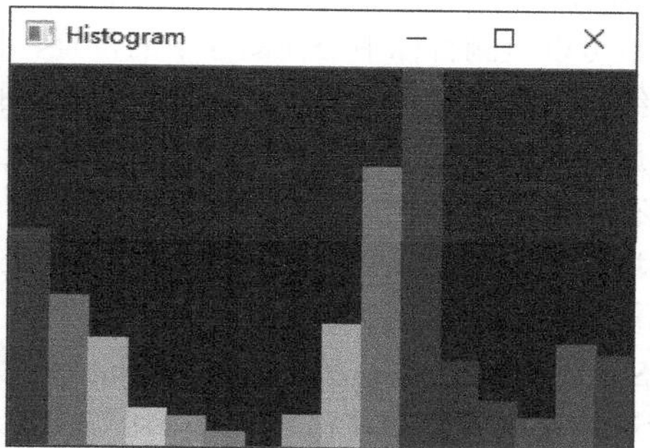

图 11-4 myMeanShift.cpp 程序中选择需要跟踪的目标区域与直方图

图 11-5 myMeanShift.cpp 程序中目标跟踪结果

> **提示** 该方法在跟踪颜色与场景颜色具有明显差异的目标时效果较为明显。

11.2.2 自适应均值迁移法实现的目标跟踪

通过均值迁移法可以实现目标跟踪，但是该方法存在一个很大的缺点，即无法根据目标的状态更改目标区域的大小。例如，物体离相机镜头较近时在图像中成像较大，而当物体离相机镜头较远时，在图像中成像较小，但是利用均值迁移法对目标进行跟踪时，无论物体远近，目标区域都是初始确定的尺寸，导致当物体较远时，图像中跟踪结果的目标区域内含有较多其他物体，不利于后续的处理。

自适应均值迁移法对均值迁移法进行了改进，使得可以根据跟踪对象的大小自动调整搜索窗口的大小。除此之外，改进的均值迁移法不但能返回跟踪目标的位置，而且能够返回角度信息。在 OpenCV 4 中，提供了 CamShift()函数用于实现自适应均值迁移法，该函数的原型在代码清单 11-6 中给出。

代码清单 11-6 CamShift()函数原型

```
RotatedRect cv::CamShift(InputArray  probImage,
                         Rect &  window,
                         TermCriteria  criteria
                         )
```

- probImage：目标区域的直方图的反向投影。
- window：初始搜索窗口和搜索结束时的窗口。

- criteria：终止迭代算法条件的标志。

该函数可以检测目标中心在图像中的位置、目标大小和方向，并返回 RotatedRect 类型的带有旋转的矩形结构，返回值可以利用 ellipse()函数在图像中绘制椭圆形。该函数的第一个参数是目标区域的直方图反向投影结果。该函数的第二个参数是在直方图反向投影图像中搜索的初始窗口和搜索结果窗口，在处理视频数据时，由于临近的两帧图像间物体移动距离较小，因此初始搜索窗口常为选取目标区域时的窗口。该函数的最后一个参数是终止迭代算法条件的标志，该参数已经多次见过，这里不再赘述。

CamShift()函数的使用方法与 meanShift()函数类似，都需要得到目标区域的直方图反向投影，在反向投影结果中搜索最优区域。两个函数的不同之处在于函数返回值的类型和结果不同。为了比较两者跟踪结果的差异，在代码清单 11-7 中给出了使用两个函数进行目标跟踪的示例程序。首先通过鼠标选择需要跟踪的物体，之后随着物体的运动，两种方法会得到不同的跟踪结果。图 11-6 是程序中选择的跟踪目标和目标区域的直方图，图 11-7～图 11-9 是两种跟踪方法在跟踪过程中的跟踪结果，通过结果可以看出，自适应均值迁移法可以根据目标的大小自动地调整目标区域的尺寸，使得跟踪结果更加精确，同时也便于后续处理。

代码清单 11-7　myCamShift.cpp 自适应均值迁移法和均值迁移法实现的目标跟踪的结果对比

```
#include <opencv2/opencv.hpp>"
#include <iostream>

using namespace cv;
using namespace std;

int main(int argc, const char** argv)
{
    VideoCapture cap("mulballs.mp4");
    if (!cap.isOpened())
    {
        cout << "请确认输入的视频文件名是否正确" << endl;
        return -1;
    }

    //是否已经计算目标区域直方图标志，0 表示没有计算，1 表示已经计算
    int trackObject = 0;

    //计算直方图和反向直方图的相关参数
    int hsize = 16;
    float hranges[] = { 0,180 };
    const float* phranges = hranges;

    //选择目标区域
    Mat frame, hsv, hue, hist, histImg = Mat::zeros(200, 320, CV_8UC3), backproj;
    cap.read(frame);
    Rect selection = selectROI("选择目标跟踪区域", frame, true, false);
    Rect selection_Cam = selection;
    while (true)
    {
        //判断是否已经读取全部图像
        if (!cap.read(frame))
        {
            break;
        }
        //将图像转化成 HSV 颜色空间
        cvtColor(frame, hsv, COLOR_BGR2HSV);

```

```
        //定义计算直方图和反向直方图的相关数据和图像
        int ch[] = { 0, 0 };
        hue.create(hsv.size(), hsv.depth());
        mixChannels(&hsv, 1, &hue, 1, ch, 1);

        //是否已经完成跟踪目标直方图的计算
        if (trackObject <= 0)
        {
            //目标区域的 HSV 颜色空间
            Mat roi(hue, selection);
            //计算直方图和直方图归一化
            calcHist(&roi, 1, 0, roi, hist, 1, &hsize, &phranges);
            normalize(hist, hist, 0, 255, NORM_MINMAX);

            //将标志设置为 1，不再计算目标区域的直方图
            trackObject = 1; // Don't set up again, unless user selects new ROI

            //显示目标区域的直方图，可以将该部分注释掉，不影响跟踪效果
            int binW = histImg.cols / hsize;
            Mat b(1, hsize, CV_8UC3);
            for (int i = 0; i < hsize; i++)
                b.at<Vec3b>(i) = Vec3b(saturate_cast<uchar>(i*180./ hsize),255, 255);
            cvtColor(b, b, COLOR_HSV2BGR);
            for (int i = 0; i < hsize; i++)
            {
                int val = saturate_cast<int>(hist.at<float>(i)*histImg.rows / 255);
                rectangle(histImg, Point(i*binW, histImg.rows),Point((i + 1)*binW,
                           histImg.rows - val), Scalar(b.at<Vec3b>(i)), -1, 8);
            }
        }

        // 计算目标区域的反向直方图
        calcBackProject(&hue, 1, 0, hist, backproj, &phranges);

        Mat frame_Cam;
        frame.copyTo(frame_Cam);

        //均值迁移法跟踪目标
        meanShift(backproj, selection, TermCriteria(TermCriteria::EPS |
                                                   TermCriteria::COUNT, 10, 1));
        //在图像中绘制寻找到的跟踪窗口
        rectangle(frame, selection, Scalar(0, 0, 255), 3, LINE_AA);

        //自适应均值迁移法跟踪目标
        RotatedRect trackBox = CamShift(backproj, selection_Cam,
            TermCriteria(TermCriteria::EPS | TermCriteria::COUNT, 10, 1));
        //绘制椭圆窗口
        ellipse(frame_Cam, trackBox, Scalar(0, 0, 255), 3, LINE_AA);

        //显示结果
        imshow("meanShift 跟踪结果", frame);  //显示跟踪结果
        imshow("CamShift 跟踪结果", frame_Cam);  //显示跟踪结果
        imshow("Histogram", histImg);  //显示目标区域直方图

        //按 Esc 键退出程序
        char c = (char)waitKey(50);
        if (c == 27)
            break;
```

```
    }
    return 0;
}
```

图 11-6　myCamShift.cpp 程序中选择的目标区域和目标区域的直方图

图 11-7　myCamShift.cpp 程序中选择目标区域后两种方法生成的搜索窗口

图 11-8　myCamShift.cpp 程序中当物体远离相机时两种方法得到的搜索窗口

图 11-9　myCamShift.cpp 程序中当物体再次靠近相机时两种方法得到的搜索窗口

11.3 光流法目标跟踪

光流是空间运动物体在成像图像平面上投影的每个像素移动的瞬时速度，在较短的时间间隔内可以等同于像素点的位移。在忽略光照变化影响的前提下，光流的产生主要是由于场景中目标的移动、相机的移动或者两者的共同运动。光流表示了图像的变化，由于它包含了目标运动的信息，因此可被观察者用来确定目标的运动情况，进而实现目标跟踪。

光流法是利用图像序列中像素的变化寻找前一帧图像和当前帧图像间的对应关系，进而得到两帧图像间物体运动状态的一种方法。光流法具有两个很强的前提假设：第一，同一个物体在图像中对应的像素亮度不变，由于光流法是根据像素亮度寻找两帧图像中目标的运动关系，因此，如果像素亮度发生改变，那么将无法在两帧图像中实现同一个物体或者像素点的匹配；第二，要求两帧图像必须具有较小的运动，光流法只在原像素点附近搜索对应的像素点，因此两帧图像中像素位置不能有较大距离的移动。光流法的两个前提假设也限制了光流法的应用范围，亮度不变的假设使得光流法必须应用在亮度不变或者变化极为缓慢的场景中，而且，如果图像中物体具有较大的反光性，那么也会影响光流法跟踪的效果。较小运动的假设使得光流法主要应用在视频数据的目标跟踪，当视频的帧率过小或者物体移动过快时，也会影响光流法的跟踪效果。

图 11-10 是光流法示意图，图中 3 幅图像是随着时间推移相邻的 3 帧图像，两帧图像拍摄的时间间隔为 dt。图像里的方框表示图像中的像素，该像素的灰度值用 $I(x,y,t)$ 表示，由第一帧图像到第二帧图像该像素移动了 $(\mathrm{d}x,\mathrm{d}y)$ 。由于像素的灰度值不变，因此像素移动前后具有如式（11-1）所示的关系。

$$I(x,y,t)=I(x+\mathrm{d}x,y+\mathrm{d}y,t+\mathrm{d}t) \tag{11-1}$$

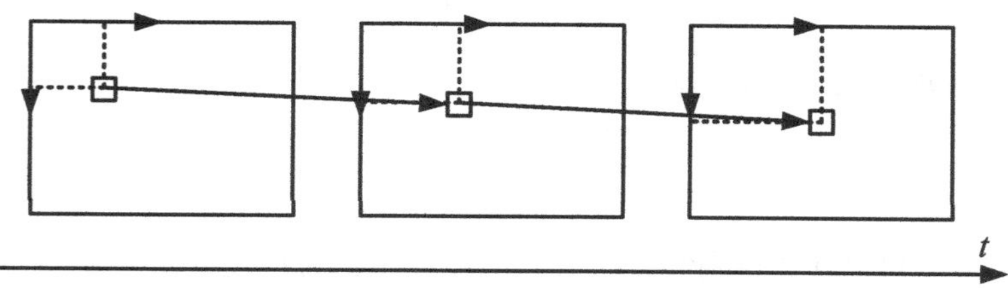

图 11-10 光流法示意图

对式（11-1）进行泰勒展开，得到如式（11-2）所示的结果。

$$I(x,y,t)=I(x,y,t)+\frac{\partial I}{\partial x}\mathrm{d}x+\frac{\partial I}{\partial y}\mathrm{d}y+\frac{\partial I}{\partial t}\mathrm{d}t \tag{11-2}$$

对式（11-2）进行进一步化简，对等式两端同时除以 dt，结果如式（11-3）所示。

$$\frac{\partial I}{\partial x}\frac{\mathrm{d}x}{\mathrm{d}t}+\frac{\partial I}{\partial y}\frac{\mathrm{d}y}{\mathrm{d}t}=-\frac{\partial I}{\partial t} \tag{11-3}$$

其中 $\frac{\mathrm{d}x}{\mathrm{d}t}$ 和 $\frac{\mathrm{d}y}{\mathrm{d}t}$ 分别表示像素在 X 方向和 Y 方向的移动速度，用矩阵形式表示式（11-3）得式（11-4）。

$$\begin{bmatrix} I_x & I_y \end{bmatrix}\begin{bmatrix} u \\ v \end{bmatrix}=-I_t \tag{11-4}$$

其中 $I_x = \frac{\partial I}{\partial x}$、$I_y = \frac{\partial I}{\partial y}$、$I_t = \frac{\partial I}{\partial t}$，这些量都可以根据图像信息计算得到，进而得到像素点在 X 方向和 Y 方向的移动速度，两个方向的移动速度用 $u = \frac{\mathrm{d}x}{\mathrm{d}t}$ 和 $v = \frac{\mathrm{d}y}{\mathrm{d}t}$ 表示。

由于式（11-4）具有两个未知数，无法直接求解两个方向的移动速度，因此可以结合邻域内的所有像素信息得到邻域整体的 X 方向和 Y 方向的移动速度，但是采用这种方式需要假设邻域内所有像素具有相同的运动状态。假设一个大小为 $w \times w$ 邻域，其中的每一个像素的运动状态可以用式（11-5）表示。

$$\begin{bmatrix} I_{xk} & I_{yk} \end{bmatrix} \begin{bmatrix} u \\ v \end{bmatrix} = -I_{tk} \tag{11-5}$$

将每一个像素运动状态联立，得：

$$\boldsymbol{A} \begin{bmatrix} u \\ v \end{bmatrix} = -\boldsymbol{b} \tag{11-6}$$

其中：

$$\boldsymbol{A} = \begin{bmatrix} I_{x1} & I_{y1} \\ \vdots & \vdots \\ I_{xk} & I_{yk} \end{bmatrix} \tag{11-7}$$

$$\boldsymbol{b} = \begin{bmatrix} I_{t1} \\ \vdots \\ I_{tk} \end{bmatrix} \tag{11-8}$$

利用最小二乘原理对式（11-6）求解得：

$$\begin{bmatrix} u \\ v \end{bmatrix}^* = -(\boldsymbol{A}^{\mathrm{T}} \boldsymbol{A})^{-1} \boldsymbol{A}^{\mathrm{T}} \boldsymbol{b} \tag{11-9}$$

通过式（11-9）就可以计算得到邻域的 X 方向速度和 Y 方向速度。

光流法要求像素移动较小距离，但是有时得到的连续图像中像素的移动距离较大，此时需要采用图像“金字塔”来解决大尺度移动的问题。通过构建图像“金字塔”，可以缩小图像的尺寸，进而解决物体移动较快的问题。例如，在一幅 200×200 的图像中，某个像素的移动速度为[4　4]，当将尺寸缩小为 100×100 时，移动速度就缩小为[2　2]，当尺寸缩小为 50×50 时，移动速度就缩小为[1　1]，从而减小物体的移动速度。

根据计算光流速度的像素点数目，光流法可以分为稠密光流法和稀疏光流法。稠密光流法是指计算光流时图像中所有像素均要使用，稀疏光流法是指计算光流时只使用部分像素点，例如 Harris 角点。OpenCV 4 中集成了稠密光流法和稀疏光流法实现的相关函数，本节中将主要介绍 Farneback 多项式扩展的稠密光流法和 LK 稀疏光流法。

11.3.1　Farneback 多项式扩展算法

稠密光流法计算图像中所有像素的运动速度，OpenCV 4 中提供了 calcOpticalFlowFarneback() 函数用于实现 Farneback 多项式扩展算法，该函数的原型在代码清单 11-8 中给出。

代码清单 11-8 calcOpticalFlowFarneback()函数原型

```
void cv::calcOpticalFlowFarneback(InputArray  prev,
                                  InputArray  next,
                                  InputOutputArray  flow,
                                  double  pyr_scale,
                                  int  levels,
                                  int  winsize,
                                  int  iterations,
                                  int  poly_n,
                                  double  poly_sigma,
                                  int  flags
                                  )
```

- prev：前一帧图像，必须是 CV_8UC1 类型。
- next：当前帧图像，与前一帧图像具有相同的尺寸和数据类型。
- flow：输出的光流图像，与前一帧图像具有相同的尺寸，数据类型为 CV_32F，双通道图像。
- pyr_scale：图像“金字塔”两层之间尺寸的比例，数值必须小于 1。
- levels：构建图像“金字塔”的层数，为 1 表示不构建图像“金字塔”。
- winsize：均值窗口的尺寸。
- iterations：算法在每个“金字塔”图层中迭代的次数。
- poly_n：在每个像素中找到多项式展开的像素邻域的大小。
- poly_sigma：高斯标准差。
- flags：计算方法标志。当该参数值为 OPTFLOW_USE_INITIAL_FLOW 时，表示使用输入流作为初始流的近似值；当该参数值为 OPTFLOW_FARNEBACK_GAUSSIAN 时，表示使用高斯滤波器代替方框滤波器进行光流估计。

该函数根据视频中连续的两帧图像计算出图像中光流的运动速度。该函数的前两个参数分别是前一帧图像和当前帧图像，两帧图像的尺寸相同，并且数据类型为 CV_8UC1。该函数的第三个参数是输出的光流图像，与前一帧图像具有相同的尺寸，数据类型为 CV_32FC2，两个通道中分别保存着像素在 X 方向和 Y 方向的光流速度。该函数的第四个参数是图像“金字塔”两层之间尺寸缩放的比例，参数值需要小于 1。例如，当参数为 0.5 时，新构建的图像要比原始图像尺寸缩小一半。该函数的第五个参数是构建图像“金字塔”的层数，参数值为 1 表示不构建图像“金字塔”，只使用原始图像计算光流。该函数的第六个参数是均值窗口的尺寸，较大的均值窗口对噪声具有较好的鲁棒性，为快速运动提供更好的检测机会，但是会产生更模糊的光流运动场。该函数的第七个参数是算法在每个金字塔图层中迭代的次数。该函数的第八个参数是在每个像素中找到多项式展开的像素邻域的大小，该参数较大时意味着图像将用更光滑的表面近似，从而使算法更加稳健，但是会模糊光流运动场，该参数一般取值为 5 或者 7。该函数的第九个参数是高斯标准差，用于平滑导数，用作多项式展开的基础，通常取值范围为 1～1.5。当第八个参数为 5 时，高斯标准差可以取 1.1；当第八个参数为 7 时，高斯标准差可以取 1.5。该函数的最后一个参数是计算方法标志，当参数值为 OPTFLOW_USE_INITIAL_FLOW 时，表示使用输入流作为初始流的近似值，当参数值为 OPTFLOW_FARNEBACK_GAUSSIAN 时，表示使用高斯滤波器代替方框滤波器进行光流估计，高斯滤波器比方框滤波器更加准确，但是会使算法的运算速度降低。

calcOpticalFlowFarneback()函数得到图像每个像素在 X 方向和 Y 方向的运动速度，为了更加直观地表示每个像素点的运动速度，通常使用两个速度方向的矢量合成作为最终结果，因此需要计算二维向量的方向和模长。OpenCV 4 提供了计算二维向量方向和模长的 cartToPolar()函数，该函数的原型在代码清单 11-9 中给出。

代码清单 11-9 cartToPolar()函数原型

```
void cv::cartToPolar(InputArray  x,
                     InputArray  y,
                     OutputArray  magnitude,
                     OutputArray  angle,
                     bool  angleInDegrees = false
                     )
```

- x：二维向量的 x 坐标数组，必须是单精度或者双精度的浮点数组。
- y：二维向量的 y 坐标数组，必须是单精度或者双精度的浮点数组。
- magnitude：二维向量模长的输出数组，数组的尺寸和数据类型与二维向量的 x 坐标数组相同。
- angle：二维向量方向的输出数组，单位可以是弧度或者角度。
- angleInDegrees：角度单位选择标志，当参数值为 false 时，单位为弧度，当参数值为 true 时，单位为角度，该参数默认值为 false。

> **注意** 由于稠密光流法计算图像中每个像素的运动速度，因此相机的移动会导致图像中每个像素点的移动，进而使得无法对图像中的目标进行跟踪，于是稠密光流法常用于相机固定的视频数据的目标跟踪。

为了了解稠密光流法跟踪的效果，以及 calcOpticalFlowFarneback()函数的使用方法，在代码清单 11-10 中给出了通过 calcOpticalFlowFarneback()函数跟踪视频中移动物体的示例程序。在该程序中，首先计算整幅图像中所有像素的运动速度，得到输出的光流图像，之后为了计算光流速度的方向和模长，将光流图像的 x 转方向速度通道和 y 转方向速度通道中的数据分别读取出来，通过 cartToPolar()函数计算光流速度的模长和方向。为了能够更直观地展现跟踪结果，将速度的模长定义为亮度值，将速度的方向定义为色彩值，进而生成 HSV 颜色空间的图像，并将 HSV 颜色空间的图像转换到 RGB 颜色空间用于显示最终结果。该程序运行的部分结果在图 11-11 和图 11-12 中给出，图像中非黑色区域表示视频中有移动的物体区域，该区域的颜色表示移动物体的移动速度。

代码清单 11-10 myCalcOpticalFlowFarneback.cpp 稠密光流法跟踪

```
#include <opencv2/opencv.hpp>
#include <iostream>

using namespace cv;
using namespace std;

int main(int argc, char** argv)
{
    VideoCapture capture("vtest.avi");
    Mat prevFrame, prevGray;
    if (!capture.read(prevFrame))
    {
        cout << "请确认视频文件名称是否正确" << endl;
        return -1;
    }

    //将彩色图像转换成灰度图像
    cvtColor(prevFrame, prevGray, COLOR_BGR2GRAY);

    while (true)
    {
        Mat nextFrame, nextGray;
```

```
        //所有图像处理完成后退出程序
        if (!capture.read(nextFrame))
        {
            break;
        }
        imshow("视频图像", nextFrame);

        //计算稠密光流
        cvtColor(nextFrame, nextGray, COLOR_BGR2GRAY);
        Mat_<Point2f> flow;  //两个方向的运动速度
        calcOpticalFlowFarneback(prevGray, nextGray, flow, 0.5, 3, 15, 3, 5, 1.2, 0);

        Mat xV = Mat::zeros(prevFrame.size(), CV_32FC1);  //x轴方向移动速度
        Mat yV = Mat::zeros(prevFrame.size(), CV_32FC1);  //y轴方向移动速度
        //提取两个方向的速度
        for (int row = 0; row < flow.rows; row++)
        {
            for (int col = 0; col < flow.cols; col++)
            {
                const Point2f& flow_xy = flow.at<Point2f>(row, col);
                xV.at<float>(row, col) = flow_xy.x;
                yV.at<float>(row, col) = flow_xy.y;
            }
        }

        //计算向量角度和幅值
        Mat magnitude, angle;
        cartToPolar(xV, yV, magnitude, angle);

        //将角度单位转换成角度制
        angle = angle * 180.0 / CV_PI / 2.0;

        //把幅值归一化到0~255，便于显示结果
        normalize(magnitude, magnitude, 0, 255, NORM_MINMAX);

        //计算角度和幅值的绝对值
        convertScaleAbs(magnitude, magnitude);
        convertScaleAbs(angle, angle);

        //将运动的幅值和角度生成HSV颜色空间的图像
        Mat HSV = Mat::zeros(prevFrame.size(), prevFrame.type());
        vector<Mat> result;
        split(HSV, result);
        result[0] = angle;  //决定结果图像颜色
        result[1] = Scalar(255);
        result[2] = magnitude;  //决定结果图像形态
        //将3个多通道图像合并成三通道图像
        merge(result, HSV);

        //将HSV颜色空间图像转换到RGB颜色空间中
        Mat rgbImg;
        cvtColor(HSV, rgbImg, COLOR_HSV2BGR);

        //显示检测结果
        imshow("运动检测结果", rgbImg);
        int ch = waitKey(5);
        if (ch == 27)
```

```
            {
                break;
            }
        }
        waitKey(0);
        return 0;
}
```

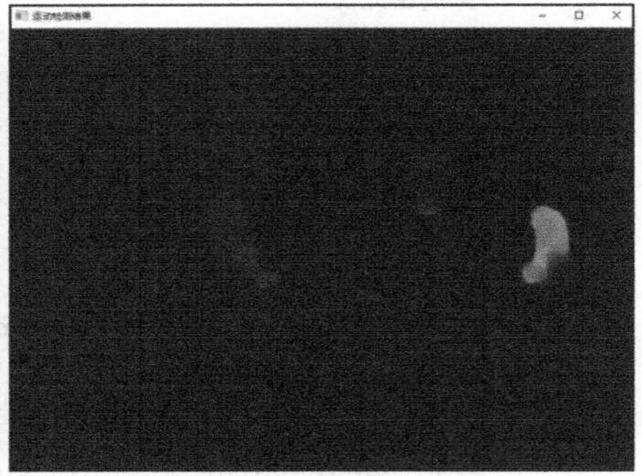

图 11-11　myCalcOpticalFlowFarneback.cpp 程序中初始时刻跟踪结果

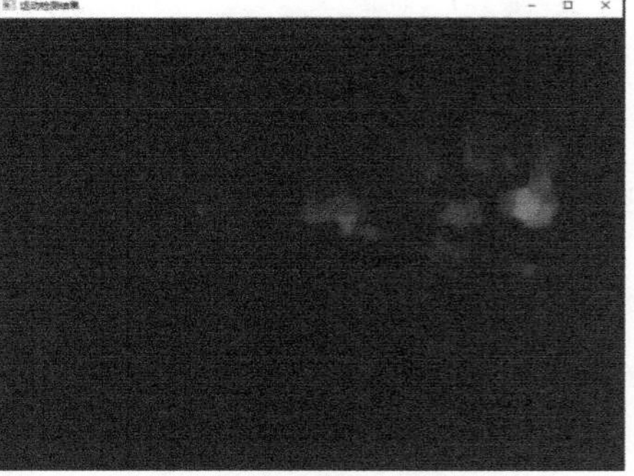

图 11-12　myCalcOpticalFlowFarneback.cpp 程序中视频中间时刻跟踪结果

11.3.2　基于 LK 稀疏光流法的跟踪

虽然稠密光流法考虑了图像中所有的像素信息，但是由于图像的数据量巨大，导致程序的处理速度极为缓慢，很难实现实时跟踪。有时我们只关注图像中部分信息，而对于绝大多数像素信息并不关注，因此可以只计算关注的像素区域的光流特性，这样可以极大地缩小数据量，提高程序的运行效率。

OpenCV 4 中给出了利用 LK 稀疏光流法实现关键点跟踪的 calcOpticalFlowPyrLK()函数，该函数的原型在代码清单 11-11 中给出。

代码清单 11-11　calcOpticalFlowPyrLK()函数原型

```
void cv::calcOpticalFlowPyrLK(InputArray  prevImg,
                              InputArray  nextImg,
                              InputArray  prevPts,
                              InputOutputArray  nextPts,
                              OutputArray  status,
                              OutputArray  err,
                              Size  winSize = Size(21, 21),
                              int  maxLevel = 3,
```

```
TermCriteria  criteria = TermCriteria(TermCriteria::COUNT+TermCriteria::EPS,30,0.01),
                          int  flags = 0,
                          double  minEigThreshold = 1e-4
)
```

- prevImg：前一帧图像，必须是 8 位图像。
- nextImg：当前帧图像，需要与前一帧图像具有相同的尺寸和数据类型。
- prevPts：前一帧图像的稀疏光流点坐标，必须是单精度浮点数。
- nextPts：当前帧中与前一帧图像稀疏光流点匹配成功的稀疏光流点坐标，同样必须是单精度浮点数。
- status：输出状态向量，如果在两帧图像中寻找到相对应的稀疏光流点，那么向量值为 1，否则向量值为 0。
- err：输出误差向量，向量每个元素都设置为对应点的误差，度量误差的标准可以在 flags 参数中设置。
- winSize：每层“金字塔”中搜索窗口的大小，默认值为 Size(21, 21)。
- maxLevel：构建图像“金字塔”层数，参数值为从 0 开始的整数。
- criteria：迭代搜索的终止条件。
- flags：寻找匹配光流点的操作标志。当参数值为 OPTFLOW_USE_INITIAL_FLOW 时，表示使用初始估计；当参数值为 OPTFLOW_LK_GET_MIN_EIGENVALS 时，表示使用最小特征值作为误差测量标准。
- minEigThreshold：响应的最小特征值，当特征值小于该值时，不进行任何处理，视为光流点丢失。

该函数通过迭代方式实现 LK 稀疏光流法的跟踪。该函数的前两个参数分别是前一帧图像和当前帧图像，该函数要求这两个图像必须是 8 位图像，并且两帧图像需要具有相同的尺寸。该函数的第三个、第四个参数分别是前一帧图像中稀疏光流点的坐标和与之匹配的当前帧图像中稀疏光流点的坐标，坐标必须是单精度的浮点数。该函数的第五个参数是前一帧图像中每个光流点是否在当前帧中寻找到对应点的状态向量，如果寻找到匹配的光流点，那么向量值为 1，否则向量值为 0。该函数的第六个参数为输出误差向量，向量每个元素都设置为对应点的误差，度量误差的标准可以在第十个参数 flags 中设置。该函数的第七个参数是在每层“金字塔”中搜索窗口的大小，默认值为 Size(21, 21)。该函数的第八个参数是构建的图像“金字塔”层数。如果该参数值为 0，那么表示不使用图像“金字塔”，只在原图像中寻找匹配光流点，如果该参数值为 1，那么表示构建含有两层图像的“金字塔”，依此类推，但是图像“金字塔”层数不能超过 maxLevel。该参数默认值为 3。该函数的第九个参数是迭代搜索的终止条件，该参数在前文已经反复接触过，这里不再赘述。该函数的第十个参数是寻找匹配光流点的操作标志，当参数值为 OPTFLOW_USE_INITIAL_FLOW 时，表示使用初始估计，第四个参数和第三个参数具有相同的尺寸；当参数值为 OPTFLOW_ LK_GET_MIN_EIGENVALS 时，表示使用最小特征值作为误差测量标准。该函数的最后一个参数是响应的最小特征值，当特征值小于该值时，不进行任何处理，视为光流点丢失，该参数默认值为 1e-4。

calcOpticalFlowPyrLK()函数需要人为输入图像中稀疏光流点的坐标，通常情况下可以检测图像中的特征点或者角点，将特征点或者角点的坐标作为初始稀疏光流点的坐标输入。之后在跟踪过程中不断根据匹配结果更新光流点数目和坐标。例如，在第一帧图像中通过角点检测出 100 个角点，利用 calcOpticalFlowPyrLK()函数在第二帧图像中检测到与之对应的 80 个角点，之后在第三帧图像中检测与这 80 个角点对应的角点，依此类推。这种方式最大的问题就是随着图像帧数的增加，角点数目越来越少，因此需要时刻统计跟踪的角点数目，当角点数目小于一定阈值时，需要再次检测角点，以增加角点数目。如果图像中有不运动的物体，那么每幅图像中都能检测到这些物体上的角点，从而使得角点数目一直高于阈值，然而这些固定的特征点不是我们需要的，因此需要判断角点在两帧图像中是否移动，删除不移动的角点，进而跟踪移动的物体。

为了了解利用 LK 稀疏光流法实现目标跟踪的步骤，在代码清单 11-12 中给出了 calcOpticalFlowPyrLK()函数实现目标跟踪的示例程序。在该程序中，对第一帧图像检测角点并作为初始的稀疏光流点，之后逐帧跟踪图像中的光流点，并且删除两帧图像中位置没有变化的光流点，不断检测跟踪成功的光流点数目，当低于阈值时，再次检测角点并作为初始光流点。在绘制匹配成功的光流点时，如果光流点满足阈值条件，那么绘制当前帧光流点与初始光流点坐标之间的连线，表示物体移动的方向。该程序跟踪结果如图 11-13 和图 11-14 所示，其中图 11-13 表示连续具有较大位移时的跟踪结果，图 11-14 表示具有较小位移时的跟踪结果。由于该程序中设置了当位移变化较小时不跟踪，因此图 11-14 中右侧两个球并没有跟踪光流点。

代码清单 11-12　myCalcOpticalFlowPyrLK.cpp 稀疏光流法跟踪

```
#include <opencv2/opencv.hpp>
#include <iostream>

using namespace cv;
using namespace std;

void draw_lines(Mat &image, vector<Point2f> pt1, vector<Point2f> pt2);
vector<Scalar> color_lut;  //颜色查找表

int main()
{
    VideoCapture capture("mulballs.mp4");
    Mat prevframe, prevImg;
    if (!capture.read(prevframe))
    {
        cout << "请确认输入视频文件是否正确" << endl;
        return -1;
    }
    cvtColor(prevframe, prevImg, COLOR_BGR2GRAY);

    //角点检测相关参数设置
    vector<Point2f> Points;
    double qualityLevel = 0.01;
    int minDistance = 10;
    int blockSize = 3;
    bool useHarrisDetector = false;
    double k = 0.04;
    int Corners = 5000;
    //角点检测
    goodFeaturesToTrack(prevImg, Points, Corners, qualityLevel, minDistance, Mat(),
                                    blockSize, useHarrisDetector, k);

    //稀疏光流法检测相关参数设置
    vector<Point2f> prevPts;  //前一帧图像角点坐标
    vector<Point2f> nextPts;  //当前帧图像角点坐标
    vector<uchar> status;     //角点是否跟踪成功的状态向量
    vector<float> err;
    TermCriteria criteria = TermCriteria(TermCriteria::COUNT
                                + TermCriteria::EPS, 30, 0.01);
    double derivlambda = 0.5;
```

```
    int flags = 0;

    //初始状态的角点
    vector<Point2f> initPoints;
    initPoints.insert(initPoints.end(), Points.begin(), Points.end());

    //前一帧图像中的角点坐标
    prevPts.insert(prevPts.end(), Points.begin(), Points.end());

    while (true)
    {
        Mat nextframe, nextImg;
        if (!capture.read(nextframe))
        {
            break;
        }
        imshow("nextframe", nextframe);

        //光流跟踪
        cvtColor(nextframe, nextImg, COLOR_BGR2GRAY);
        calcOpticalFlowPyrLK(prevImg, nextImg, prevPts, nextPts, status, err,
                             Size(31, 31), 3, criteria, derivlambda, flags);

        //判断角点是否移动，如果不移动，就删除
        size_t i, k;
        for (i = k = 0; i < nextPts.size(); i++)
        {
            // 距离与状态测量
            double dist = abs(prevPts[i].x - nextPts[i].x) + abs(prevPts[i].y -
                                                                  nextPts[i].y);
            if (status[i] && dist > 2)
            {
                prevPts[k] = prevPts[i];
                initPoints[k] = initPoints[i];
                nextPts[k++] = nextPts[i];
                circle(nextframe, nextPts[i], 3, Scalar(0, 255, 0), -1, 8);
            }
        }

        //更新移动角点数目
        nextPts.resize(k);
        prevPts.resize(k);
        initPoints.resize(k);

        // 绘制跟踪轨迹
        draw_lines(nextframe, initPoints, nextPts);
        imshow("result", nextframe);

        char c = waitKey(50);
        if (c == 27)
        {
            break;
        }

        //更新角点坐标和前一帧图像
        std::swap(nextPts, prevPts);
        nextImg.copyTo(prevImg);

        //如果角点数目少于 30，那么重新检测角点
```

```
        if (initPoints.size() < 30)
        {
            goodFeaturesToTrack(prevImg, Points, Corners, qualityLevel,
                           minDistance, Mat(), blockSize, useHarrisDetector, k);
            initPoints.insert(initPoints.end(), Points.begin(), Points.end());
            prevPts.insert(prevPts.end(), Points.begin(), Points.end());
            printf("total feature points : %d\n", prevPts.size());
        }

    }
    return 0;
}

void draw_lines(Mat &image, vector<Point2f> pt1, vector<Point2f> pt2)
{
    RNG rng(5000);
    if (color_lut.size() < pt1.size())
    {
      for (size_t t = 0; t < pt1.size(); t++)
      {
          color_lut.push_back(Scalar(rng.uniform(0, 255), rng.uniform(0, 255),
                                     rng.uniform(0, 255)));
      }
    }
    for (size_t t = 0; t < pt1.size(); t++) {
      line(image, pt1[t], pt2[t], color_lut[t], 2, 8, 0);
    }
}
```

图 11-13　myCalcOpticalFlowPyrLK.cpp 程序中连续较大位移跟踪结果

图 11-14　myCalcOpticalFlowPyrLK.cpp 程序中较小位移跟踪结果

11.4 本章小结

本章介绍了如何处理视频文件，包括对视频中移动物体或者目标物体的跟踪，主要有基于差值法的移动物体检测、基于均值迁移法的目标跟踪和基于光流法的目标跟踪。

本章主要函数清单

函数名称	函数说明	代码清单
absdiff()	计算两个图像差值的绝对值	11-1
meanShift()	均值迁移法的目标跟踪	11-3
selectROI()	通过鼠标在图像中选择感兴趣区域	11-4
CamShift()	自适应均值迁移法目标跟踪	11-6
calcOpticalFlowFarneback()	Faeneback 多项式扩展算法光流跟踪	11-8
cartToPolar()	计算二维向量的模长与方向	11-9
calcOpticalFlowPyrLK()	LK 稀疏光流法跟踪	11-11

本章示例程序清单

示例程序名称	程序说明	代码清单
myAbsdiff.cpp	基于差值法检测移动物体	11-2
myMeanShift.cpp	利用均值迁移法跟踪目标	11-5
myCamShift.cpp	自适应均值迁移法和均值迁移法实现的目标跟踪的结果对比	11-7
myCalcOpticalFlowFarneback.cpp	稠密光流法跟踪	11-10
myCalcOpticalFlowPyrLK.cpp	稀疏光流法跟踪	11-12

提高篇

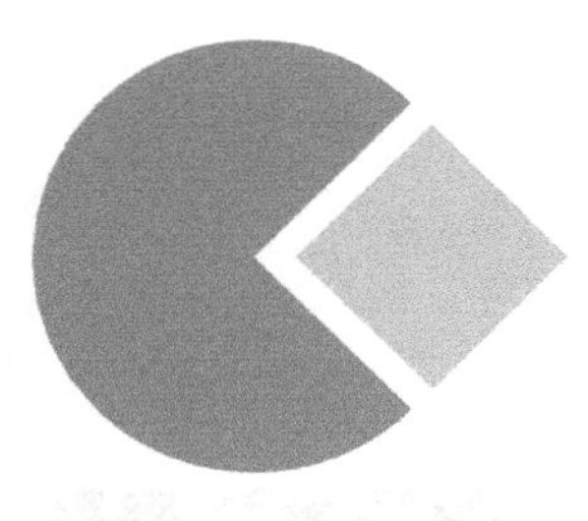

第 12 章　OpenCV 与机器学习

在人工智能的发展过程中，深度学习与图像处理相结合弥补了传统图像处理在分类、识别等领域的不足，从而带来了众多使人们惊叹的应用示例。人脸识别、一键换脸、风格迁移等应用受到了广大用户的喜爱。OpenCV 在早期的版本中已经与机器学习相结合，这些年随着机器学习相关理论和技术的发展，OpenCV 中与机器学习相关的函数和功能包日渐完善。本章将介绍 OpenCV 4 中传统机器学习领域的相关函数与使用方法，包括 K 均值、K 近邻、决策树、随机森林、支持向量机等，同时结合相关应用，介绍 OpenCV 4 中与深度学习相关的内容。

12.1 OpenCV 与传统机器学习

OpenCV 4 中有两个关于机器学习的模块，分别是 Machine Learning（ml）模块和 Deep Neural Networks（dnn）模块。根据这两个模块的名称，我们可以知道前者主要集成了传统机器学习的相关函数，后者集成了深度神经网络相关的函数。

本节将主要介绍 OpenCV 4 中传统机器学习相关函数及其使用方法。ml 模块集成了大量传统机器学习的算法，用户可以对其中的算法进行标准化的使用和访问，但是仍然存在一些机器学习算法没有集成在 ml 模块中，例如 K 均值算法，因为这些算法在 ml 模块没有设计之前就已经存在，不过相信随着 OpenCV 后续版本的更新，这些遗留在 ml 模块之外的算法会陆续被收录进去。

无论是传统机器学习还是深度神经网络，都具有复杂的原理，如果详细介绍每种算法的原理，将是一项繁重的任务，而且也偏离了介绍如何使用 OpenCV 4 的初衷，因此本书中关于算法的相关内容仅进行简要的说明，把重点放在相关函数的介绍上，同时给出每个函数如何使用的示例程序。

12.1.1 K 均值

K 均值（Kmeans）是最简单的聚类方法之一，是一种无监督学习。K 均值聚类的原理是通过指定种类数目对数据进行聚类，例如根据颜色将围棋棋盘上的棋子分成两类。K 均值聚类算法主要分为以下 4 个步骤。

第一步：指定将数据聚类成 k 类，并随机生成 k 个中心点。

第二步：遍历所有数据，根据数据与中心的位置关系将每个数据归类到不同的中心。

第三步：计算每个聚类的平均值，并将均值作为新的中心点。

第四步：重复第二步和第三步，直到每个聚类中心点的坐标收敛，输出聚类结果。

OpenCV 4 中提供了 kmeans()函数用于实现数据的 K 均值聚类算法，该函数的原型在代码清单 12-1 中给出。

代码清单 12-1　kmeans()函数原型

```
double cv::kmeans(InputArray  data,
```

```
                    int  K,
                    InputOutputArray  bestLabels,
                    TermCriteria  criteria,
                    int  attempts,
                    int  flags,
                    OutputArray  centers = noArray()
                    )
```

- data：需要聚类的输入数据，数据必须为行排列，即每一行是一个单独的数据。
- K：将数据聚类的种类数目。
- bestLabels：存储每个数据聚类结果索引的矩阵或向量。
- criteria：迭代算法终止条件。
- attempts：表示采样不同初始化标签尝试的次数。
- flags：每类中心初始化方法标志，可选标志及其含义在表 12-1 中给出。
- centers：最终聚类后的每个类的中心位置坐标。

表 12-1　　kmeans()函数中心初始化方法标志

标志	简记	含义
KMEANS_RANDOM_CENTERS	0	在每次尝试中随机初始中心
KMEANS_USE_INITIAL_LABELS	1	第一次尝试时使用用户提供的标签，并不从初始中心计算它们，在后续的尝试中使用随机或者半随机的方式初始中心
KMEANS_PP_CENTERS	2	使用 Arthur 和 Vassilvitskii 提出的 kmeans++方法初始中心

该函数实现对输入数据的聚类，并将聚类结果存放在与数据同尺寸的索引矩阵中。该函数的第一个参数是需要聚类的数据，该数据必须为行排列，即每一行是一个单独的数据，例如，对于二维点集数据，可以存放在 Mat(N, 2, CV_32F)、Mat(N, 1, CV_32FC2)、Mat(1, N, CV_32FC2)或者 vector<cv::Point2f>类型的变量中。该函数的第二个参数为需要将数据聚类的种类数目，该参数值必须为正整数。该函数的第三个参数是存储每个数据聚类结果索引的矩阵或向量，该结果与输入数据具有相同的尺寸。该函数的第四个参数是迭代算法的终止条件，该参数已经多次见过，这里不再赘述。该函数的第五个参数表示采样不同初始化标签尝试的次数。该函数的第六个参数是每类中心初始化方法标志，可选标志及其含义在表 12-1 中给出。该函数的最后一个参数是最终聚类结果中每个类的中心位置坐标，如果不需要获取该结果，那么可以使用该参数的默认值 noArray()。

为了了解 kmeans()函数的使用方法，在代码清单 12-2 中给出了对图像中像素点坐标进行分类的示例程序。在该程序中，首先在 3 个区域内随机生成数量不等的点，并将这些点在图像中的坐标作为需要聚类的数据输入给 kmeans()函数，用不同的颜色表示不同的分类结果，并以每一类的中心作为圆心绘制圆形，直观地表示出数据的分类结果。该程序分类结果和每一类的中心坐标在图 12-1 中给出。

代码清单 12-2　myKMeanPoints.cpp 利用 K 均值分类点集

```
#include <opencv2/opencv.hpp>
#include <iostream>

using namespace cv;
using namespace std;


int main()
```

```
{
    //生成一个 500×500 的图像用于显示特征点和分类结果
    Mat img(500, 500, CV_8UC3,Scalar(255,255,255));
    RNG rng(10000);

    //设置 3 种颜色
    Scalar colorLut[3] =
    {
        Scalar(0, 0, 255),
        Scalar(0, 255, 0),
        Scalar(255, 0, 0),
    };

    //设置 3 个点集，并且每个点集中点的数目随机
    int number = 3;
    int Points1 = rng.uniform(20, 200);
    int Points2 = rng.uniform(20, 200);
    int Points3 = rng.uniform(20, 200);
    int Points_num = Points1 + Points2 + Points3;
    Mat Points(Points_num, 1, CV_32FC2);

    int i = 0;
    for (; i < Points1; i++)
    {
         Point2f pts;
         pts.x = rng.uniform(100, 200);
         pts.y = rng.uniform(100, 200);
         Points.at<Point2f>(i, 0) = pts;
    }

    for (; i < Points1+ Points2; i++)
    {
         Point2f pts;
         pts.x = rng.uniform(300, 400);
         pts.y = rng.uniform(100, 300);
         Points.at<Point2f>(i, 0) = pts;
    }

    for (; i < Points1+ Points2+ Points3; i++)
    {
         Point2f pts;
         pts.x = rng.uniform(100, 200);
         pts.y = rng.uniform(390, 490);
         Points.at<Point2f>(i, 0) = pts;
    }

    // 使用 K 均值
    Mat labels;  //每个点所属的种类
    Mat centers;  //每类点的中心位置坐标
    kmeans(Points, number, labels, TermCriteria(TermCriteria::EPS +
                      TermCriteria::COUNT, 10, 0.1), 3, KMEANS_PP_CENTERS, centers);

    // 根据分类为每个点设置不同的颜色
    img = Scalar::all(255);
    for (int i = 0; i < Points_num; i++)
    {
         int index = labels.at<int>(i);
         Point point = Points.at<Point2f>(i);
         circle(img, point, 2, colorLut[index], -1, 4);
    }

```

```
    // 以每个聚类的中心为圆心来绘制圆
    for (int i = 0; i < centers.rows; i++)
    {
        int x = centers.at<float>(i, 0);
        int y = centers.at<float>(i, 1);
        cout << "第" << i + 1 << "类的中心坐标: x=" << x << "  y=" << y << endl;
        circle(img, Point(x, y), 50, colorLut[i], 1, LINE_AA);
    }

    imshow("K 近邻点集分类结果", img);
    waitKey(0);
    return 0;
}
```

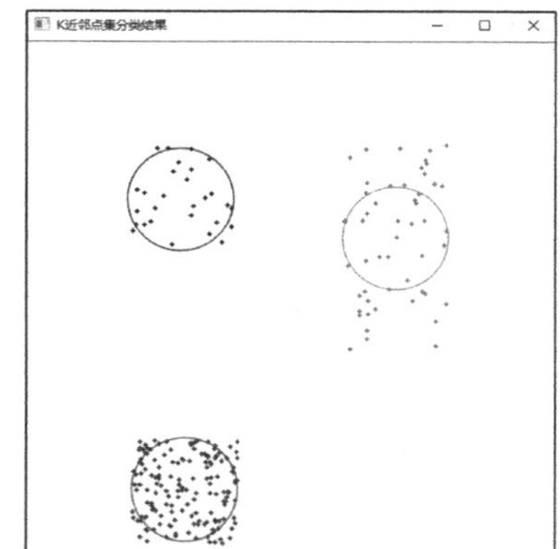

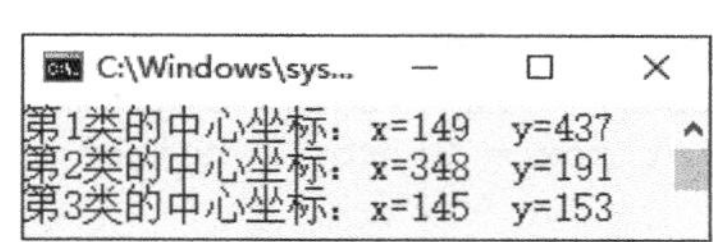

图 12-1 myKMeanPoints.cpp 程序中对数据点聚类结果和每个类的中心坐标

根据 K 均值聚类可以实现基于像素值的图像分割，与坐标点聚类相似，图像分割时的聚类数据是每个像素的像素值。在代码清单 12-3 中，给出了利用 kmeans()函数进行图像分割的示例程序。在该程序中，首先将每个像素的像素值整理成符合 kmeans()函数处理的行数据形式，之后根据需求选择聚类种类数目。在聚类完成后，将不同类中的像素表示成不同的颜色，最后在图像窗口中显示。在该程序中，分别将原图像分割成 3 类和 5 类，图 12-2 为图像分割的结果。通过结果可以看出，在利用 K 均值进行图像分割时，合适的聚类种类数目是一项重要的数据参数。

代码清单 12-3 myKMeanImage.cpp K 均值图像分割

```
#include <opencv2/opencv.hpp>
#include <iostream>

using namespace cv;
using namespace std;

int main()
{
    Mat img = imread("people.jpg");
    if (!img.data)
    {
        printf("请确认图像文件是否输入正确");
        return -1;
    }

    Vec3b colorLut[6] = {
        Vec3b(0, 0, 255),
        Vec3b(0, 255, 0),
        Vec3b(255, 0, 0),
```

```
            Vec3b(0, 255, 255),
            Vec3b(255, 0, 255),
            Vec3b(255, 255, 0),
        };

        //图像的尺寸，用于计算图像中像素点的数目
        int width = img.cols;
        int height = img.rows;

        // 初始化定义
        int sampleCount = width*height;


        //将图像矩阵数据转换成每行一个数据的形式
        Mat sample_data = img.reshape(3, sampleCount);
        Mat data;
        sample_data.convertTo(data, CV_32F);

        //kmeans()函数将像素值进行分类
        int number = 3;  //分割后的颜色种类
        Mat labels;
        TermCriteria criteria=TermCriteria(TermCriteria::EPS+TermCriteria::COUNT,10 0.1);
        kmeans(data, number, labels, criteria, number, KMEANS_PP_CENTERS);

        // 显示图像分割结果
        Mat result = Mat::zeros(img.size(), img.type());
        for (int row = 0; row < height; row++)
        {
            for (int col = 0; col < width; col++)
            {
                int index = row*width + col;
                int label = labels.at<int>(index, 0);
                result.at<Vec3b>(row, col) = colorLut[label];
            }
        }

        imshow("原图", img);
        imshow("分割后图像", result);
        waitKey(0);
        return 0;
}
```

图 12-2　myKMeanImage.cpp 程序中图像颜色分割的结果

12.1.2 K 近邻

K 近邻算法主要用于对目标的分类，其主要思想与人类对事物的判别方式有些相似。当我们需要对一个目标进行分类时，常将该目标与已知种类的物体进行比较，例如判断一个球是足球还是篮球，会将需要分类的球分别与足球和篮球进行对比，如果该球与足球更为相似，就认为这个球是足球。K 近邻算法就是将需要分类的数据与已知种类的数据进行比较，找到最为相似的 N 个数据，如果这 N 个数据中 A 种类的数据较多，那么这个需要分类的数据就认为属于 A 类，具体形式如图 12-3 所示。在图 12-3 中，需要判断中心区域的黑色圆是属于三角形一类还是正方形一类。与黑色圆距离最近的 3 个图案中有两个三角形和一个正方形，如果根据这 3 个图案判断黑色圆的分类，那么黑色圆则会被认为是三角形；与黑色圆距离最近的 5 个图案中有两个三角形和三个正方形，如果根据这 5 个图案判断黑色圆的分类，那么黑色圆则会被认为是正方形。

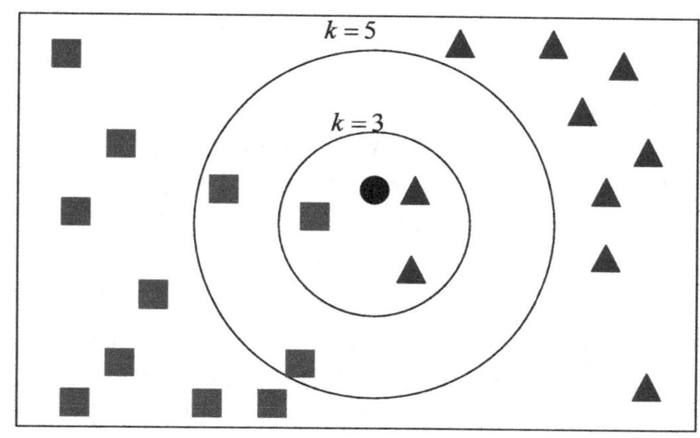

图 12-3 K 近邻算法原理示意

K 近邻算法原理比较简单，常用在每个种类具有大量数据的情况中，根据已知数据分类情况，对新数据进行分类判断，例如对手写数字、手写字母等的识别。当我们得到大量 0～9 的手写数字图片和图片中数字的确切分类时，便可以使用 K 近邻方法实现对手写数字的识别。

传统机器学习方法在 OpenCV 4 中的实现方式与不同特征点实现方式相同，都是定义一个由所有方法都需要的基础函数集成的类，每种方法的具体实现都需要继承该类。这种方式使得每一种机器学习算法在实现时都具有相同的形式，极大地加快了使用者对每种算法使用的了解和掌握。OpenCV 4 提供了 KNearest 类用于实现 K 近邻算法，而 KNearest 类继承了 StatModel 类。为了方便后续机器学习算法的介绍，首先介绍 StatModel 类，之后再对 KNearest 类具体的使用方式进行介绍。

StatModel 类是统计学习模块，该类中继承了对数据进行训练和预测的 train()函数和 predict()函数。当某些算法继承该类时，便可以使用这两个函数对数据进行训练和预测。我们首先介绍训练函数 train()，该函数的原型在代码清单 12-4 中给出。

代码清单 12-4 StatModel::train()函数原型

```
virtual bool cv::ml::StatModel::train(const Ptr<TrainData> &  trainData,
                                      int  flags = 0
                                      )
```

- trainData：训练时使用的数据，数据为 Ptr<TrainData>类型。
- flags：构建模型方法标志，例如 UPDATE_MODEL 表示使用新数据对模型进行更新。

该函数利用数据对模型进行训练，返回一个 bool 类型数据用于表示是否成功完成模型的训练。

该函数的第一个参数是训练时使用的数据，数据为 Ptr<TrainData>类型，这个数据类型是机器学习模型训练的专用类型，将在下文详细介绍。该函数的第二个参数是构建模型方法标志，具体取值与机器学习方法相关，有些方法可以使用新数据对原始模型进行更新，就可以使用 UPDATE_MODEL 参数。flags 参数的默认值为 0，一般情况下使用参数默认值即可。

接下来介绍 TrainData 数据类型，该数据类型是一个类，集成在 ml 模块中，在使用该类时，需要通过 create()函数进行初始化，该初始化函数的原型在代码清单 12-5 中给出。

代码清单 12-5 TrainData::create()函数原型

```
static Ptr<TrainData> cv::ml::TrainData::create(InputArray  samples,
                                                int  layout,
                                                InputArray  responses,
                                                InputArray  varIdx = noArray(),
                                                InputArray  sampleIdx = noArray(),
                                                InputArray  sampleWeights=noArray(),
                                                InputArray  varType = noArray()
                                                )
```

- samples：样本数据矩阵，数据类型必须是 CV_32F。
- layout：样本数据排列方式的标志，ROW_SAMPLE（简记为 0）表示每个样本数据为行排列，COL_SAMPLE（简记为 1）表示每个样本数据为列排列。
- responses：标签矩阵，如果标签是标量，那么将它们存储为单行或者单列的矩阵，矩阵的数据类型为 CV_32F 或 CV_32S。
- varIdx：用于指定哪些变量用于训练的向量，数据类型为 CV_32S。
- sampleIdx：用于指定哪些样本用于训练的向量，数据类型为 CV_32S。
- sampleWeights：每个样本数据权重向量，数据类型必须是 CV_32F。
- varType：声明变量类型的标志，VAR_ORDERED 表示有序变量，VAR_CATEGORICAL 表示分类变量。

该函数能够创建一个用于模型训练的数据类型，并且返回一个 Ptr<TrainData>类型的数据，可以直接用于 StatModel::train()函数进行模型的训练。该函数的第一个参数为用来训练的样本数据矩阵，数据类型必须是 CV_32F。该函数的第二个参数是样本数据排列方式的标志，当参数值为 ROW_SAMPLE（简记为 0）时，每个样本数据为行排列；当参数值为 COL_SAMPLE（简记为 1）时，表示每个样本数据为列排列。该函数的第三个参数是样本数据的标签矩阵，如果标签是标量，那么将它们存储为单行或者单列的矩阵，矩阵的数据类型为 CV_32F 或 CV_32S。该函数的最后 4 个参数是选择用于训练模型数据的向量或者标志，一般情况下不需要使用这 4 个参数，直接将这 4 个参数默认即可。

在模型训练完成后，需要根据模型对新数据进行预测，StatModel 类中提供了 predict()函数用于实现对新数据的预测，该函数的原型在代码清单 12-6 中给出。

代码清单 12-6 StatModel::predict()函数原型

```
virtual float cv::ml::StatModel::predict(InputArray  samples,
                                         OutputArray  results = noArray(),
                                         int  flags = 0
                                         )
```

- samples：输入数据矩阵，矩阵数据类型必须是 CV_32。
- results：对输入数据预测结果的输出矩阵。
- flags：模型方法标志，取决于具体模型。

该函数根据训练结果实现对新数据的预测。该函数的第一个参数是需要预测的输入数据矩阵，矩阵的数据类型必须是 CV_32。该函数的第二个参数是对数据预测结果的输出矩阵。该函数的第三个参数与 TrainData:: train()函数最后一个参数含义相同，都是模型方法标志，取决于具体模型。

接下来将重点介绍在 OpenCV 4 中实现 K 近邻算法的 KNearest 类，该类继承了 Statmodel 类，因此可以使用 Statmodel 类中的 train()函数训练模型，使用 predict()函数预测新数据。但是，在使用之前，需要定义一个 Ptr<KNearest>的变量，使用 KNearest::create()函数对变量进行初始化。在 KNearest 类中，可以通过 setDefaultK()函数设置最近邻的数目，该函数的参数值为整数；同时通过 setIsClassifier()函数设置是否为分类模型，该函数的参数值为 bool 类型。

为了了解 OpenCV 4 中 K 近邻的使用方式，在代码清单 12-7 中给出了利用 5 000 个手写数字数据对 K 近邻模型进行训练的示例程序。在 OpenCV 4 的图像数据中，提供了一幅含有 5000 个手写数字的 2 000×1 000 图像，每一个手写数字的尺寸都是 20×20。因此，在示例程序中，首先将图像中手写数字数据进行提取，因此创建了一个 5 000×400 的矩阵，矩阵中每一行保存一幅手写数字图像。同时创建一个 5 000×1 的矩阵，用于保存每幅手写数字图像内数字的具体数值标签。根据图像像素位置关系，依次将手写数字图像和标签由原图像中提取出来。之后将数据和标签构建 Ptr<TrainData>类型的变量用于训练模型。然后创建 K 近邻类，并设置 K 近邻距离和是否为分类训练，接着用 StatModel 类中的 train()函数训练模型，最后将训练完成的模型用 save()函数保存成 yml 文件，用于后续的处理。运行代码清单 12-7 中的示例程序会生成如图 12-4 所示的 3 个文件，分别是保存模型的 yml 文件、手写图像数据文件和对应图像的标签文件，生成后两个文件是因为后续的方法会继续使用这些数据，保存成图像格式方便后续程序的使用。

代码清单 12-7 myKNearestTrain.cpp 训练 K 近邻模型

```
#include <opencv2/opencv.hpp>
#include <iostream>

using namespace cv;
using namespace cv::ml;
using namespace std;

int main()
{
    Mat img = imread("digits.png");
    Mat gray;
    cvtColor(img, gray, COLOR_BGR2GRAY);

    // 分割为 5 000 个 cells
    Mat images = Mat::zeros(5000, 400, CV_8UC1);
    Mat labels = Mat::zeros(5000, 1, CV_8UC1);

    int index = 0;
    Rect numberImg;
    numberImg.x = 0;
    numberImg.height = 1;
    numberImg.width = 400;
    for (int row = 0; row < 50; row++)
    {
        //从图像中分割出 20×20 的图像作为独立数字图像
        int label = row / 5;
        int datay = row * 20;
        for (int col = 0; col < 100; col++)
        {
            int datax = col * 20;
            Mat number = Mat::zeros(Size(20, 20), CV_8UC1);
```

```
            for (int x = 0; x < 20; x++)
            {
                for (int y = 0; y < 20; y++)
            {
                    number.at<uchar>(x, y) = gray.at<uchar>(x + datay, y + datax);
                }
            }
            //将二维图像数据转成行数据
            Mat row = number.reshape(1, 1);
            cout << "提取第" << index + 1 << "个数据" << endl;
            numberImg.y = index;
            //添加到总数据中
            row.copyTo(images(numberImg));
            //记录每个图像对应的数字标签
            labels.at<uchar>(index, 0) = label;
            index++;
        }
    }
    imwrite("所有数据按行排列结果.png", images);
    imwrite("标签.png", labels);

    //加载训练数据集
    images.convertTo(images, CV_32FC1);
    labels.convertTo(labels, CV_32SC1);
    Ptr<ml::TrainData> tdata = ml::TrainData::create(images, ml::ROW_SAMPLE, labels);

    //创建 K 近邻类
    Ptr<KNearest> knn = KNearest::create();
    knn->setDefaultK(5);  //每个类别拿出 5 个数据
    knn->setIsClassifier(true);  //进行分类

    //训练数据
    knn->train(tdata);
    //保存训练结果
    knn->save("knn_model.yml");

    //输出运行结果提示
    cout << "已使用 K 近邻完成数据训练和保存" << endl;

    waitKey(0);
    return true;
}
```

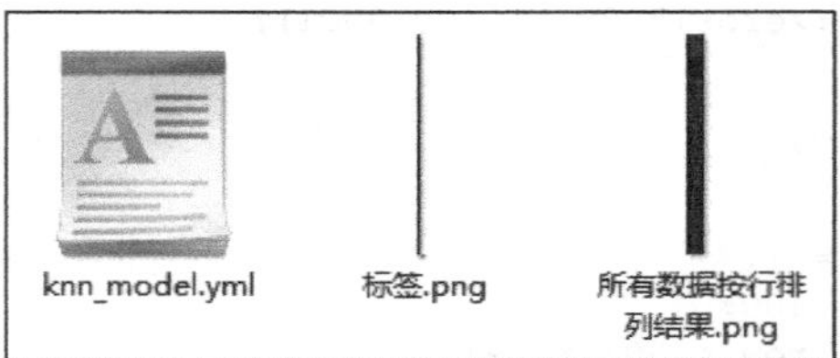

图 12-4　myKNearestTrain.cpp 程序运行后生成的 3 个文件

在训练模型后，可以使用已经完成的训练对新数据进行预测和判断。在基础算法 Algorithm 类中定义了加载模型的 load()函数，该函数的原型在代码清单 12-8 中给出。

代码清单 12-8　Algorithm::load()函数原型

```
static Ptr<_Tp> cv::Algorithm::load(const String &  filename,
```

```
                                const String &  objname = String()
                                )
```

- filename：要读取文件的名称。
- objname：可选择的要读取节点名称。

该函数可以读取事先已经训练完成的数据模型。该函数的第一个参数是需要读取文件的名称。该函数的第二个参数是可选择的要读取节点名称，如果需要读取所有的节点，那么该参数可以使用默认值 String()。该函数的返回值是 Ptr<_Tp>类型的变量，可以在括号中添加具体的变量类型表示读取模型种类，例如 Ptr<KNearest>表示加载的文件是 K 近邻模型。

加载模型后可以利用 StatModel::predict()函数对新数据进行预测，但是在 K 近邻的 KNearest 类中同样提供了对新数据进行预测的 findNearest()函数，该函数的原型在代码清单 12-9 中给出。

代码清单 12-9　KNearest::findNearest()函数原型

```
virtual float cv::ml::KNearest::findNearest(InputArray  samples,
                                            int  k,
                                            OutputArray  results,
                                            OutputArray  neighborResponses=noArray(),
                                            OutputArray  dist = noArray()
                                            )
```

- samples：待根据 K 近邻算法预测的数据，数据需要行排列且数据类型为 CV_32F。
- k：最近 K 近邻的样本数目。
- results：每个新数据的预测结果，数据类型为 CV_32F。
- neighborResponses：可以选择输出的每个数据最近邻的 k 个样本。
- dist：可以选择输出的与 k 个最近邻样本的距离。

该函数可以根据已经得到的 K 近邻模型对新数据进行预测。该函数的第一个参数是待预测的新数据，数据存储格式与训练模型时相同，都是矩阵中每一行为一个数据，并且矩阵的数据类型为 CV_32F。该函数的第二个参数是预测新数据时需要参考的最近邻样本数目，因为至少需要由一个以上的样本做出决策，所以该参数数值需要大于 1。该函数的第三个参数是每个新数据的预测结果，数据类型为 CV_32F。该函数的最后两个参数分别是 k 个最近邻样本，以及预测数据与这 k 个样本之间的距离，这两个参数都是可选择输出的参数，如果不需要这两个参数，那么可以使用默认值表示不输出这两个数据。

为了了解 K 近邻训练模型的加载方式，以及根据已知模型如何判断新数据的种类，在代码清单 12-10 中给出了对模型加载、模型准确性的计算，以及数据预测的示例程序。在该程序中，首先加载手写图像数据和标签数据，直接读取代码清单 12-7 示例程序中生成的两个图像即可，之后读取代码清单 12-7 示例程序训练完成的模型文件。将所有的手写图像数据利用已完成的训练模型进行预测，将预测结果与标签中的真实结果进行比较，计算模型预测的准确性。代码清单 12-10 中还对任意手写数字图像中的数字进行预测，由于训练的模型使用的是 20×20 的图像数据，因此将需要预测的图像的尺寸缩小为 20×20，之后利用 findNearest()函数对图像进行预测。该程序的运行结果在图 12-5 中给出，通过结果可以知道，该模型的准确性为 0.964，对两个手写数字图像都能够准确地识别图像中的数字，模型准确性较高。

代码清单 12-10　myKNearestTest.cpp 利用 K 近邻模型预测图像中的内容

```
#include <opencv2/opencv.hpp>
#include <iostream>

using namespace cv;
using namespace cv::ml;
```

```
using namespace std;

int main()
{
    system("color F0");
    // 加载 KNN 分类器
    Mat data = imread("所有数据按行排列结果.png", IMREAD_ANYDEPTH);
    Mat labels = imread("标签.png", IMREAD_ANYDEPTH);
    data.convertTo(data, CV_32FC1);
    labels.convertTo(labels, CV_32SC1);
    Ptr<KNearest> knn = Algorithm::load<KNearest>("knn_model.yml");

    //查看分类结果
    Mat result;
    knn->findNearest(data, 5, result);

    //统计分类结果与真实结果相同的数目
    int count = 0;
    for (int row = 0; row < result.rows; row++)
    {

        int predict = result.at<float>(row, 0);
        if (labels.at<int>(row, 0) == predict)
        {
            count = count + 1;
        }
    }
    float rate = 1.0*count / result.rows;
    cout << "分类的正确性: " <<rate<< endl;

    //测试在新图像中是否能够识别数字
    Mat testImg1 = imread("handWrite01.png", IMREAD_GRAYSCALE);
    Mat testImg2 = imread("handWrite02.png", IMREAD_GRAYSCALE);
    imshow("testImg1", testImg1);
    imshow("testImg2", testImg2);

    //缩小到 20×20 的尺寸
    resize(testImg1, testImg1, Size(20, 20));
    resize(testImg2, testImg2, Size(20, 20));
    Mat testdata = Mat::zeros(2, 400, CV_8UC1);
    Rect rect;
    rect.x = 0;
    rect.y = 0;
    rect.height = 1;
    rect.width = 400;
    Mat oneDate = testImg1.reshape(1, 1);
    Mat twoData = testImg2.reshape(1, 1);
    oneDate.copyTo(testdata(rect));
    rect.y = 1;
    twoData.copyTo(testdata(rect));
    //数据类型转换
    testdata.convertTo(testdata, CV_32F);

    //进行预测识别
    Mat result2;
    knn->findNearest(testdata, 5, result2);

    //查看预测的结果
    for (int i = 0; i< result2.rows; i++)
```

```
    {
        int predict = result2.at<float>(i, 0);
        cout << "第" << i + 1 << "图像预测结果: " << predict
            << "  真实结果: " << i + 1 << endl;
    }
    waitKey(0);
    return 0;
}
```

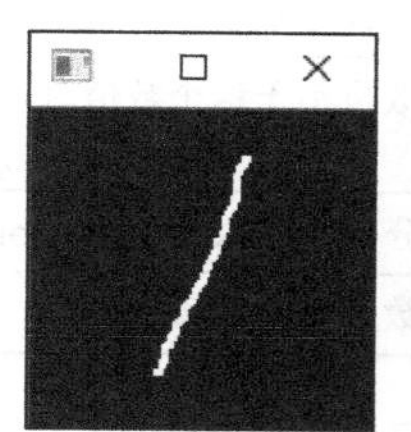
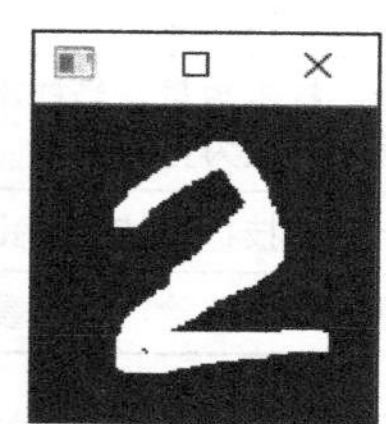
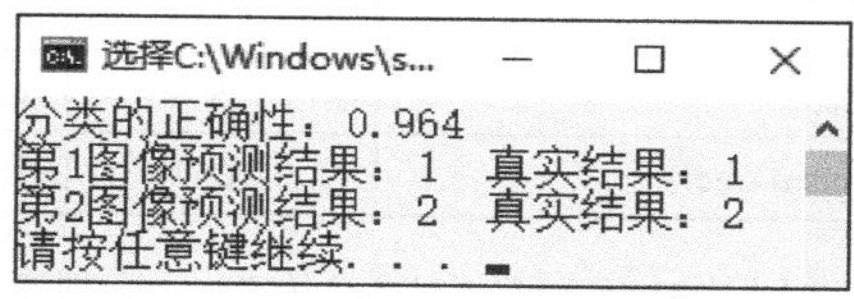

图 12-5 myKNearestTest 程序中对模型准确性以及对新数据的预测结果

12.1.3 决策树

决策树也是对数据进行分类的一种监督学习算法,其主要思想是通过构建一种树状结构对数据进行分类，树状结构的每个分支表示一个测试输出，每个叶节点表示一个类别。图 12-6 给出了决策树的示意图，图中需要对 1～4 的 4 个数字进行分类。根据不同的特征对所有数据进行分类，例如第一次根据大于平均数和小于平均数可以分成两类，之后再根据奇偶数进行分类。如果数据量较大，那么可以根据其他特征继续分类，而且每个种类再进行细分时可能会被细分成多个子类，但是，当数据过少时，不会继续进行细分。通过构建图 12-6 所示的决策树，可以对新数据的分类提供依据，不断地在决策树中寻找节点，最终得到对新数据的预测。

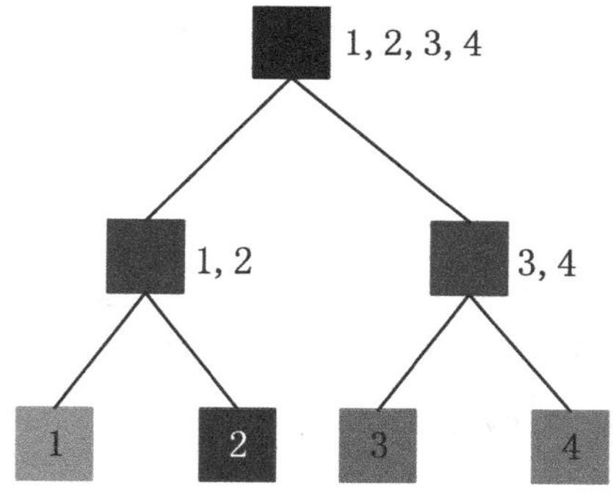

图 12-6 决策树示意图

决策树算法在 OpenCV 4 中被集成为 ml 模块中的 DTrees 类，该类同样继承了 StatModel 类，因此，在 OpenCV 4 中，决策树算法的使用方式与 K 近邻算法类似，首先都需要定义该算法类型的变量，并进行初始化。OpenCV 4 中初始化决策树类型变量的 create()函数在代码清单 12-11 中给出。

代码清单 12-11 DTrees::create()函数

```
static Ptr<DTrees> cv::ml::DTrees::create()
```

该函数创建一个 Ptr<DTrees>类型的变量，初始化函数没有任何的参数，其使用方法也与 K 近邻算法相似，两者只是在智能指针模板变量处不同。DTrees 类中有众多决策树构建时的约束参数，每个参数的含义以及设置参数方式在表 12-2 中给出，部分参数并不是算法执行时必须要明确给出的，这些参数可以默认，但是，如果默认，那么可能会对结果的准确率有所影响。

表 12-2　　　DTrees 类中决策树构建时的参数

设置参数方式	是否必需	含义及使用方式
setMaxDepth()	是	树的最大深度，输入参数为正整数
setCVFolds()	是	交叉验证次数，一般使用 0 作为输入参数
setUseSurrogates()	否	是否建立替代分裂点，输入参数为 bool 类型数
setMinSampleCount()	否	节点最小样本数量，当样本数量小于这个数值时，不再进行细分，输入参数为正整数
setUse1SERule()	否	是否严格剪枝，剪枝即停止分支，输入参数为 bool 类型数
setTruncatePrunedTree()	否	分支是否完全移除，输入参数为 bool 类型数

利用决策树构建手写数字图像模型、预测手写数字图像中数字的方法和步骤，与 K 近邻算法相似，首先需要将样本数据转换成行数据，并且转换数据类型，然后创建 Ptr<DTrees>类型的变量和用于训练的 Ptr<TrainData>类型数据，最后使用 StatModel 类中的 trian()函数进行训练，使用 StatModel 类中的 predict()函数对新数据进行预测。为了详细比较决策树算法与 K 近邻算法，在代码清单 12-12 中给出了对手写数字图像模型进行训练和预测的示例程序。程序中使用的数据集与 K 近邻算法中使用的数据集相同，使用决策树算法建模的准确性和对手写数字的预测结果在图 12-7 中给出。

代码清单 12-12　myDTrees.cpp 决策树法识别手写数字

```
#include <opencv2/opencv.hpp>
#include <iostream>

using namespace cv;
using namespace cv::ml;
using namespace std;

int main()
{
    system("color F0");
    //加载测试数据
    Mat data = imread("所有数据按行排列结果.png", IMREAD_ANYDEPTH);
    Mat labels = imread("标签.png", IMREAD_ANYDEPTH);
    data.convertTo(data, CV_32FC1);
    labels.convertTo(labels, CV_32SC1);

    //创建决策树
    Ptr<DTrees> DTmodel = DTrees::create();
    //参数设置
    DTmodel->setMaxDepth(8);  //树的最大深度
    DTmodel->setCVFolds(0);  //交叉验证次数

    //下面 4 个参数可以默认，但是默认会降低一定的精度
    //RTmodel->setUseSurrogates(false);  //是否建立替代分裂点
    //RTmodel->setMinSampleCount(2);  //节点最小样本数量
    //RTmodel->setUse1SERule(false);  //是否严格剪枝
    //RTmodel->setTruncatePrunedTree(false);  //分支是否完全移除

    Ptr<TrainData> trainData = TrainData::create(data, ml::ROW_SAMPLE, labels);
    DTmodel->train(trainData);
```

```
    DTmodel->save("DTrees_model.yml");

    //利用原数据进行测试
    Mat result;
    DTmodel->predict(data, result);
    int count = 0;
    for (int row = 0; row < result.rows; row++)
    {
        int predict = result.at<float>(row, 0);
        if (labels.at<int>(row, 0) == predict)
        {
            count = count + 1;
        }
    }
    float rate = 1.0*count / result.rows;
    cout << "分类的正确性: " << rate << endl;

    Mat testImg1 = imread("handWrite01.png", IMREAD_GRAYSCALE);
    Mat testImg2 = imread("handWrite02.png", IMREAD_GRAYSCALE);
    imshow("testImg1", testImg1);
    imshow("testImg2", testImg2);

    //缩小到 20×20 的尺寸
    resize(testImg1, testImg1, Size(20, 20));
    resize(testImg2, testImg2, Size(20, 20));

    //将测试数据按要求存储
    Mat testdata = Mat::zeros(2, 400, CV_8UC1);
    Rect rect;
    rect.x = 0;
    rect.y = 0;
    rect.height = 1;
    rect.width = 400;
    Mat oneDate = testImg1.reshape(1, 1);
    Mat twoData = testImg2.reshape(1, 1);
    oneDate.copyTo(testdata(rect));
    rect.y = 1;
    twoData.copyTo(testdata(rect));
    //数据类型转换
    testdata.convertTo(testdata, CV_32F);

    //进行预测识别
    Mat result2;
    DTmodel->predict(testdata, result2);

    //查看预测的结果
    for (int i = 0; i< result2.rows; i++)
    {
        int predict = result2.at<float>(i, 0);
        cout << "第" << i + 1 << "图像预测结果: " << predict
            << "  真实结果: " << i + 1 << endl;
    }

    waitKey(0);
    return true;
}
```

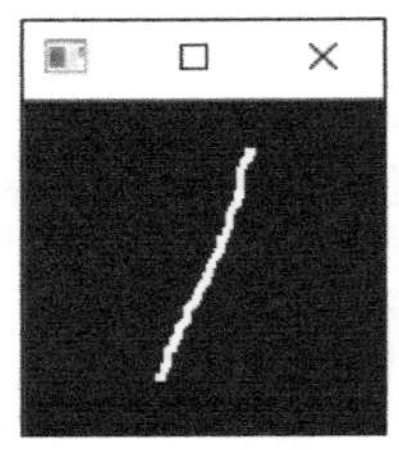
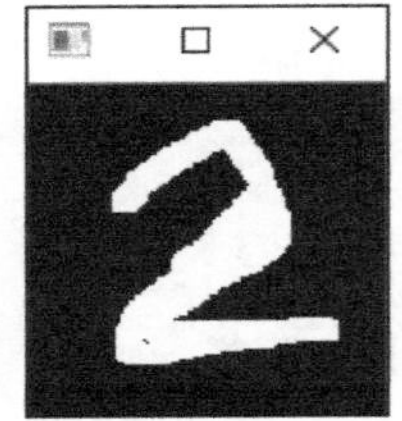
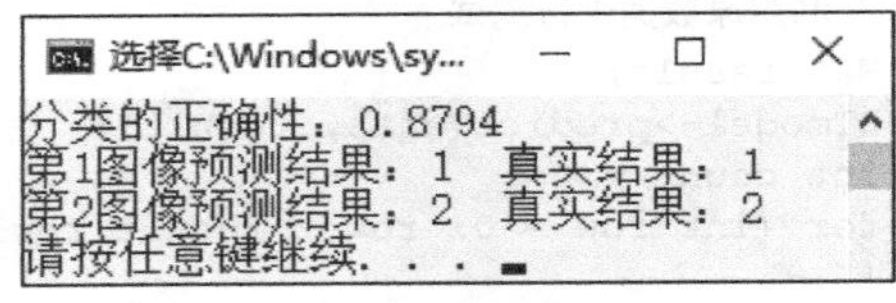

图 12-7　myDTrees.cpp 程序训练模型的准确性和手写数字的预测结果

12.1.4　随机森林

决策树算法在使用时只构建一棵树，这样容易出现过拟合的现象，可以通过构建多个决策树的方式避免过拟合现象的产生。当构建多个决策树的时候，就构成了一个随机森林，随机森林是对决策树算法的改进和优化。由于随机森林中存在着多棵树，因此对新数据的分类由不同决策树的结果“投票”而产生。

在 OpenCV 4 中，RTrees 类是随机森林算法。由于随机森林是对决策树的改进，两者具有较多的相似之处，因此 RTrees 类继承了决策树的 DTrees 类。随机森林算法和决策树算法类名相似，在使用过程中也极为相似，除具体算法约束参数设置不同以外，其他基本相同，只是将程序代码中的“Dtrees”改成“RTrees”。随机森林约束参数除具有表 12-2 中的参数以外，也具有其他约束参数，具体在表 12-3 中补充给出。在随机森林中，所有的约束参数都可以使用默认值，这样可以加快算法的运行速度。

表 12-3　　RTrees 类中决策树构建时需要的参数

设置参数方式	是否必需	含义及使用方式
setRegressionAccuracy()	否	回归算法精度，输入参数为 float 类型数
setPriors()	否	数据类型，输入值常为 Mat()
setCalculateVarImportance()	否	是否需要计算 Var，输入参数为 bool 类型数
setActiveVarCount()	否	设置 Var 的数目，输出参数为正整数

代码清单 12-13 中给出了 RTrees 类的初始化函数 create()。

代码清单 12-13　RTrees::create()函数

```
static Ptr<RTrees> cv::ml::RTrees::create()
```

随机森林算法与决策树算法极其相似，只要掌握了其中一个算法的使用方式，另一个算法自然也很容易掌握。在代码清单 12-14 中给出了利用随机森林算法对手写数字图像训练模型和识别手写数字的示例程序。建议读者对比代码清单 12-12 和代码清单 12-14 两个示例程序的相同和不同之处，体会两种算法的异同。使用随机森林算法的模型准确性和预测结果在图 12-8 中给出。

代码清单 12-14　myRTrees.cpp 随机森林算法识别手写数字

```
#include <opencv2/opencv.hpp>
#include <iostream>

using namespace cv;
using namespace cv::ml;
using namespace std;

int main()
{
```

```
    system("color F0");
    //加载测试数据
    Mat data = imread("所有数据按行排列结果.png", IMREAD_ANYDEPTH);
    Mat labels = imread("标签.png", IMREAD_ANYDEPTH);
    data.convertTo(data, CV_32FC1);
    labels.convertTo(labels, CV_32SC1);

    //构建随机森林 RTrees 类型变量
    Ptr<RTrees> RTmodel = RTrees::create();
    //设置迭代停止条件
    RTmodel->setTermCriteria(TermCriteria(TermCriteria::MAX_ITER +
                                          TermCriteria::EPS, 100, 0.01));

    //下列参数可以默认，以加快运行速度，但是会影响准确性
    //RTmodel->setMaxDepth(10);  //最大深度
    //RTmodel->setMinSampleCount(10);      //设置最小样本数
    //RTmodel->setRegressionAccuracy(0);  //回归算法精度
    //RTmodel->setUseSurrogates(false);   //是否使用代理
    //RTmodel->setMaxCategories(15);      //最大类别数
    //RTmodel->setPriors(Mat());          //数据类型
    //RTmodel->setCalculateVarImportance(true);  //是否需要计算 Var
    //RTmodel->setActiveVarCount(4);  //设置 Var 的数目

    Ptr<TrainData> trainData = TrainData::create(data, ROW_SAMPLE, labels);
    RTmodel->train(trainData);
    RTmodel->save("RTrees_model.yml");

    //利用原数据进行测试
    Mat result;
    RTmodel->predict(data, result);
    int count = 0;
    for (int row = 0; row < result.rows; row++)
    {
        int predict = result.at<float>(row, 0);
        if (labels.at<int>(row, 0) == predict)
        {
            count = count + 1;
        }
    }
    float rate = 1.0*count / result.rows;
    cout << "分类的正确性: " << rate << endl;

    Mat testImg1 = imread("handWrite01.png", IMREAD_GRAYSCALE);
    Mat testImg2 = imread("handWrite02.png", IMREAD_GRAYSCALE);
    imshow("testImg1", testImg1);
    imshow("testImg2", testImg2);

    //缩小到 20×20 的尺寸
    resize(testImg1, testImg1, Size(20, 20));
    resize(testImg2, testImg2, Size(20, 20));

    //将测试数据按要求存储
    Mat testdata = Mat::zeros(2, 400, CV_8UC1);
    Rect rect;
    rect.x = 0;
    rect.y = 0;
    rect.height = 1;
```

```
    rect.width = 400;
    Mat oneDate = testImg1.reshape(1, 1);
    Mat twoData = testImg2.reshape(1, 1);
    oneDate.copyTo(testdata(rect));
    rect.y = 1;
    twoData.copyTo(testdata(rect));
    //数据类型转换
    testdata.convertTo(testdata, CV_32F);

    //进行预测识别
    Mat result2;
    RTmodel->predict(testdata, result2);

    //查看预测的结果
    for (int i = 0; i< result2.rows; i++)
    {
        int predict = result2.at<float>(i, 0);
        cout << "第" << i + 1 << "图像预测结果: " << predict
            << "  真实结果: " << i + 1 << endl;
    }

    waitKey(0);
    return true;
}
```

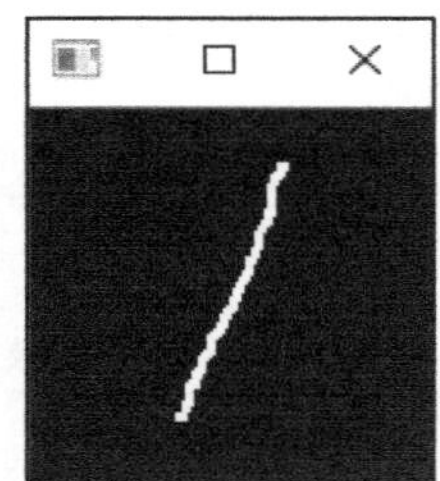

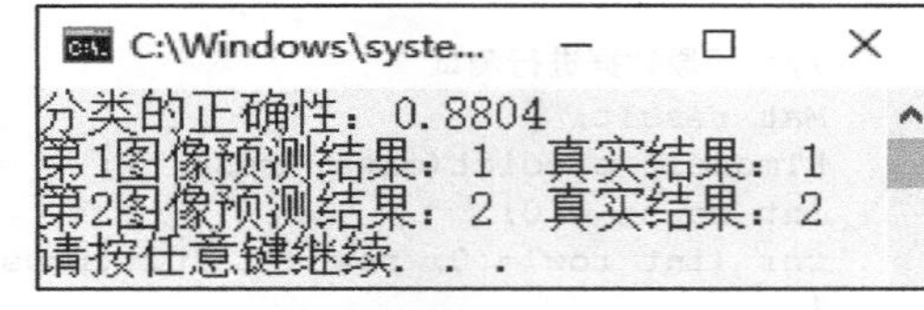

图 12-8　myRTrees.cpp 程序中随机森林模型的准确性和预测结果

12.1.5　支持向量机

支持向量机（SVM）也是一个分类器，可以将不同类的样本通过超平面分割在不同的区域内。图 12-9 中给出了支持向量机对二维数据分割的示意图，在样本空间中存在着两种数据，需要寻找一条直线将两类样本分割开。图 12-9 的左侧图像表示不断地改变直线以寻找最优的直线，右侧图像表示在支持向量机定义下最优的分割方案。

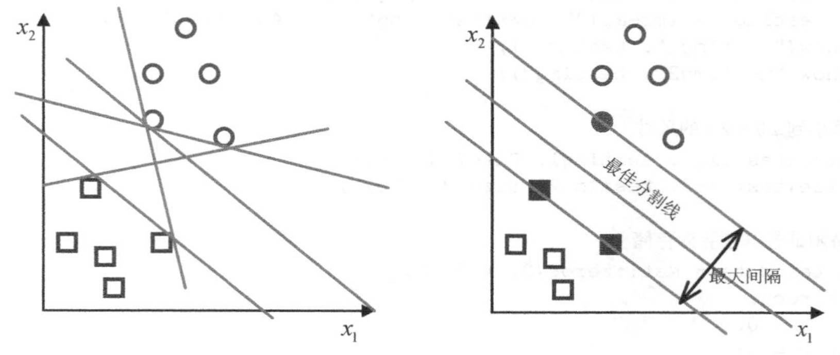

图 12-9　支持向量机对二维数据分割示意图

在使用直线分割样本数据时，如果直线距离样本太近，会使得直线容易受到噪声的影响，具有较差的泛化性。因此，寻找最佳分割直线就是寻找一条距离所有点距离最远的直线。通过图 12-9 右侧图像可知，当经过两类样本边缘处数据的两条直线距离最远时，这两条直线的中心线便是最佳分割线。在支持向量机中，这两条直线之间的距离称为间隔。关于最优分割线的推导与理论证明，本书不做详细介绍，感兴趣的读者可以阅读相关学习资料。

在 OpenCV 4 中，支持向量机算法的 SVM 类也集成在 ml 模块中，同时与前文介绍的算法相同，也继承了 StatModel 类，因此 SVM 类的使用方法与 K 近邻、决策树及随机森林等算法相似。首先需要使用 create()函数定义 Ptr<SVM>类型的变量，该函数的原型在代码清单 12-15 中给出。

代码清单 12-15 SVM::create()函数

```
static Ptr<SVM> cv::ml::SVM::create()
```

与决策树、随机森林算法相似，在 SVM 类中存在约束参数函数，影响着支持向量机算法的效果，主要参数函数的含义在表 12-4～表 12-6 给出。

表 12-4 SVM 方法中主要约束参数的函数

设置参数方式	是否必需	含义及使用方式
setKernel()	否	核函数模型，具体可选参数及含义在表 12-5 中给出
setType()	否	SVM 的类型，具体可选参数及含义在表 12-6 中给出
setTermCriteria()	否	停止迭代的条件，参数为 TermCriteria 类型
setGamma()	否	设置算法中的γ变量，默认值为 1。使用在 POLY、RBF、SIGMOID 或者 CHI2 核函数中
setC()	否	设置算法中的 c 变量，默认值为 0。使用在 C_SVC、EPS_SVR 或者 NU_SVR 类型中
setP()	否	设置算法中的ε变量，默认值为 0。使用在 EPS_SVR 类型中
setNu	否	设置算法中的ν变量，默认值为 0。使用在 NU_SVC、ONE_CLASS 或者 NU_SVR 类型中
setDegree	否	设置核函数中的度数，默认值为 0，使用在 POLY 核函数中

表 12-5 SVM 类中核函数模型可选参数

可选参数	简记	含义
LINEAR	0	线形核函数，没有进行映射，在原特征空间中进行回归运算，运算速度快
POLY	1	多项式核函数
RBF	2	径向基函数
SIGMOID	3	sigmoid 核函数
CHI2	4	指数 Chi2 核函数
INTER	5	直方图交叉核函数

表 12-6 SVM 类型的可选参数

可选参数方式	简记	含义
C_SVC	100	C-支持向量分类
NU_SVC	101	ν-支持向量分类
ONE_CLASS	102	分布估计，所有训练数据都来自同一个类，构建一个边界将某类与特征空间的其余部分分开
EPS_SVR	103	ε-支持向量回归
NU_SVR	104	ν-支持向量回归

支持向量机算法在 OpenCV 4 中的实现方式与 K 近邻、决策树等算法类似。由于支持向量机对高维数据处理速度较慢，因此在代码清单 12-16 中给出了对二维像素点进行分类的示例程序。在该程序中，首先读取保存在 point.yml 文件中的样本像素点和像素点分类标签，为了增加两类像素点的对比性，在白色背景的图像中用不同的颜色将两类像素点绘制成实心圆。之后使用支持向量机寻找两类像素点的分割线，由于像素点分布为非线性，因此使用 INTER 内核模型。为了直观地给出支持向量机的分类结果，将图像中所有像素点都利用支持向量机模型进行分类，并用对应的颜色信息表示分类结果。该程序运行结果在图 12-10 中给出，为了让显示效果更为明显，每隔一个像素点绘制一次分类结果的颜色信息。

代码清单 12-16　mySVM.cpp 用支持向量机法进行数据分类

```
#include <opencv2/opencv.hpp>
#include <iostream>

using namespace std;
using namespace cv;
using namespace cv::ml;

int main()
{
    //训练数据
    Mat samples, labls;
    FileStorage fread("point.yml", FileStorage::READ);
    fread["data"] >> samples;
    fread["labls"] >> labls;
    fread.release();

    //不同种类坐标点拥有不同的颜色
    vector<Vec3b> colors;
    colors.push_back(Vec3b(0, 255, 0));
    colors.push_back(Vec3b(0, 0, 255));

    //创建空白图像用于显示坐标点
    Mat img(480, 640, CV_8UC3, Scalar(255, 255, 255));
    Mat img2;
    img.copyTo(img2);

    //在空白图像中绘制坐标点
    for (int i = 0; i < samples.rows; i++)
    {
        Point2f point;
        point.x = samples.at<float>(i, 0);
        point.y = samples.at<float>(i, 1);
        Scalar color = colors[labls.at<int>(i, 0)];
        circle(img, point, 3, color, -1);
        circle(img2, point, 3, color, -1);
    }
    imshow("两类像素点图像", img);

    //建立模型
    Ptr<SVM> model = SVM::create();

    //参数设置
    model->setKernel(SVM::INTER);  //内核的模型
```

```
    model->setType(SVM::C_SVC);  //SVM 的类型
    model->setTermCriteria(TermCriteria(TermCriteria::MAX_ITER +
                                        TermCriteria::EPS, 100, 0.01));
    //model->setGamma(5.383);
    //model->setC(0.01);
    //model->setDegree(3);

    //训练模型
    model->train(TrainData::create(samples, ROW_SAMPLE, labls));

    //用模型对图像中的全部像素点进行分类
    Mat imagePoint(1, 2, CV_32FC1);
    for (int y = 0; y < img2.rows; y = y + 2)
    {
        for (int x = 0; x < img2.cols; x = x + 2)
        {
            imagePoint.at<float>(0) = (float)x;
            imagePoint.at<float>(1) = (float)y;
            int color = (int)model->predict(imagePoint);
            img2.at<Vec3b>(y, x) = colors[color];
        }
    }

    imshow("图像所有像素点分类结果", img2);
    waitKey();
    return 0;
}
```

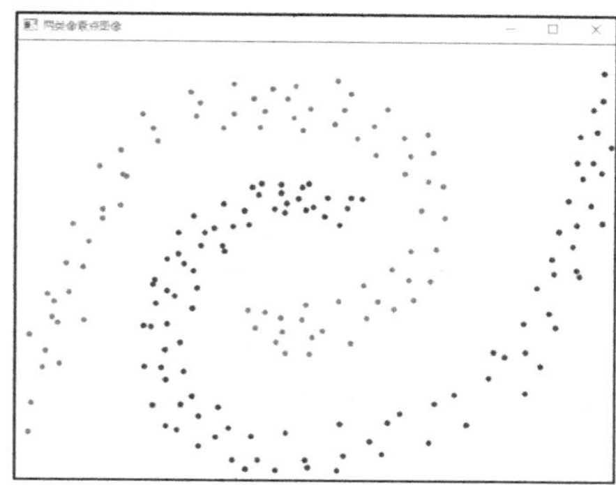

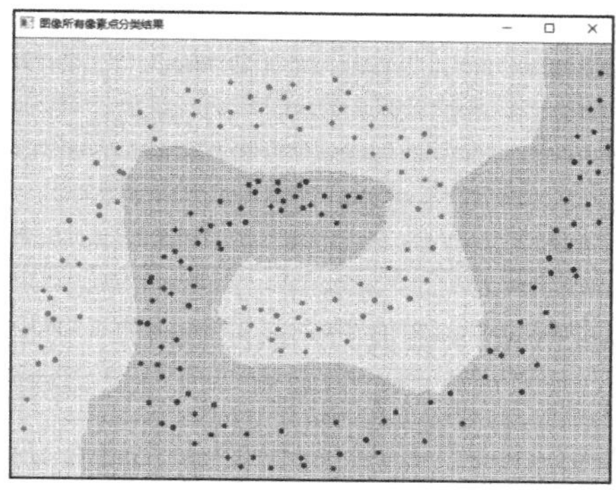

图 12-10　mySVM.cpp 程序中使用 SVM 对数据点分类结果

12.2 OpenCV 与深度神经网络应用实例

随着深度神经网络的发展，OpenCV 中已经有独立的模块专门用于实现各种深度学习的相关算法。本节在介绍如何使用 OpenCV 4 中的相关函数实现深度学习算法的基础上，展示示例程序和处理效果，目的是增加读者对深度学习在图像处理中的应用的了解，提高读者对图像处理的兴趣。

12.2.1 加载深度学习模型

深度学习中比较重要的部分是对模型的训练，模型训练完成后即可使用模型对新数据进行处理，例如识别图像中的物体、对图像中的人脸进行识别等。由于训练模型既耗费时间又容易失败，因此在实际使用过程中可以直接加载已有的模型，没必要每次都重新训练模型。OpenCV 4 中提供了 dnn::readNet()函数用于加载已经训练完成的模型，该函数的原型在代码清单 12-17 中给出。

代码清单 12-17　dnn::readNet()函数原型

```
Net cv::dnn::readNet(const String &  model,
                     const String &  config = "",
                     const String &  framework = ""
                     )
```

- model：模型文件名称。
- config：配置文件名称。
- framework：框架种类。

该函数可以加载已经完成训练的深度学习网络模型，返回一个 Net 类型的变量。该函数的第一个参数是模型文件的名称，文件以二进制形式保存着网络模型中的权重系数。不同框架的模型具有不同的扩展名，该函数能够加载的框架种类和模型文件格式在表 12-7 中给出。该函数的第二个参数是网络模型的配置文件，不同框架的模型具有不同的文件格式，具体内容也在表 12-7 中给出。该参数默认值表示不需要读取配置文件。该函数的最后一个参数是框架的种类，该函数可以根据文件的格式判断框架的种类，但是也可以通过第三个参数直接给出框架的种类。该参数默认值为空，表示根据文件格式判断框架种类。

表 12-7　深度学习框架与模型和配置文件格式

框架种类	模型文件格式	配置文件格式
Caffe	*.caffemodel	*.prototxt
TensorFlow	*.pb	*.pbtxt
Torch	*.t7 | *.net	--
Darknet	*.weights	*.cfg
DLDT	*.bin	*.xml

dnn::readNet()函数返回的 Net 类型是一个神经网络模型的类，OpenCV 4 在 Net 类中提供了多个函数用于处理神经网络的模型，例如得到网络的层数、每层网络的权重、通过网络预测结果等，表 12-8 中列出了常用函数及其说明。

表 12-8　Net 类中的常用函数及其说明

函数名称	说明
empty()	判断模型是否为空，不需要输入参数，模型为空，返回 true，否则返回 false
getLayerNames()	得到每层网络的名称，不需要输入参数，返回值为 vector<String>类型变量
getLayerId()	得到某层网络的 ID，输入参数为网络的名称，返回值为 int 类型变量
getLayer()	得到指向指定 ID 或名称的网络层的指针，输入参数为网络层 ID，返回值为 Ptr<Layer>类型变量
forward()	执行前向传输，输入参数为需要输出的网络层的名称，返回值为 Mat 类型数据
setInput()	设置网络新的输入数据，具体参数在代码清单 12-18 中给出

代码清单 12-18　setInput()函数原型

```
void cv::dnn::Net::setInput(InputArray  blob,
                            const String &  name = "",
                            double  scalefactor = 1.0,
                            const Scalar &  mean = Scalar()
                            )
```

- blob：新的输入数据，数据类型为 CV_32F 或 CV_8U。
- name：输入网络层的名称。
- scalefactor：可选的标准化比例。
- mean：可选的减数数值。

该函数可以重新设置网络的输入值。该函数的第一个参数为新的输入数据，数据类型必须是 CV_32F 或 CV_8U。该函数的第二个参数是输入网络层的名称，该参数可以使用默认值。该函数的第三个参数是可选的标准化比例，默认值为 1。该函数的第四个参数是可选的减数数值，默认值为 Scalar()，表示默认该参数。

加载模型后可以通过 Net 类中的相关函数获取模型中的信息，代码清单 12-19 中给出了利用 dnn::readNet()函数加载已有模型，并获取模型中网络信息的示例程序。程序中加载的模型是谷歌提供的 caffe 框架的 googlenet 模型，模型文件名为 bvlc_googlenet.caffemodel，配置文件名为 bvlc_googlenet.prototxt。这两个文件在本书配套资源的 data 文件夹中。该程序输出了每层网络的 ID、名称及类型，结果在图 12-11 中给出。

代码清单 12-19　myReadNet.cpp 加载神经网络模型

```
#include <opencv2/opencv.hpp>
#include <iostream>

using namespace cv;
using namespace cv::dnn;
using namespace std;

int main()
{
    system("color F0");
    string model = "bvlc_googlenet.caffemodel";
    string config = "bvlc_googlenet.prototxt";

    //加载模型
    Net net = dnn::readNet(model, config);
    if (net.empty())
    {
        cout << "请确认是否输入空的模型文件" << endl;
        return -1;
    }

    // 获取各层信息
    vector<String> layerNames = net.getLayerNames();
    for (int i = 0; i < layerNames.size(); i++)
    {
        //读取每层网络的 ID
        int ID = net.getLayerId(layerNames[i]);
        //读取每层网络的信息
        Ptr<Layer> layer = net.getLayer(ID);
        //输出网络信息
```

```
        cout << "网络层数：" << ID << "  网络层名称：" << layerNames[i] << endl
            << "网络层类型：" << layer->type.c_str() << endl;
    }
    return 0;
}
```

```
C:\Windows\system32\cmd.exe
Attempting to upgrade input file specified using deprecated V1LayerPara
meter: bvlc_googlenet.caffemodel
Successfully upgraded file specified using deprecated V1LayerParameter
网络层数：1  网络层名称：conv1/7x7_s2
网络层类型：Convolution
网络层数：2  网络层名称：conv1/relu_7x7
网络层类型：ReLU
网络层数：3  网络层名称：pool1/3x3_s2
网络层类型：Pooling
网络层数：4  网络层名称：pool1/norm1
网络层类型：LRN
网络层数：5  网络层名称：conv2/3x3_reduce
网络层类型：Convolution
网络层数：6  网络层名称：conv2/relu_3x3_reduce
```

图 12-11　myReadNet.cpp 程序输出结果

12.2.2　图像识别

深度学习在图像识别分支中取得了重要的成果，部分图像识别模型对某些物体的识别可以达到非常高的识别率。本小节将介绍如何利用已有的深度学习模型实现对图像中物体的识别。由于训练一个泛化能力较强的模型需要大量的数据、时间，以及较高配置的设备，因此，在一般情况下，我们直接使用已经训练完成的模型即可。本小节中我们将使用谷歌训练完成的图像物体识别的模型，该模型由 TensorFlow 搭建，模型文件名称为 tensorflow_inception_graph.pb。该模型识别图像后会给出一系列表示识别结果的数字和概率，识别结果的数字是在分类表中寻找具体分类物体的索引，分类表名为 imagenet_comp_graph_label_strings.txt。这两个文件可以在本书配套资源的 data 文件夹中找到。通过 readNet()函数加载模型，之后将需要识别的图像输入网络中，然后在所有识别结果中寻找概率最大的结果，最后在分类表中找到结果对应的种类。

当我们在使用任何一个深度学习网络模型时，需要了解该模型输入数据的尺寸。一般来说，训练深度学习网络时所有的数据需要具有相同的尺寸，而且深度学习网络模型训练完成后只能处理与训练数据相同尺寸的数据。本小节中使用的网络模型输入图像的尺寸为 224×224，我们需要将所有图像的尺寸都转换成 224×224。OpenCV 4 在 dnn 模块中提供了 blobFromImages()函数专门用于转换需要输入深度学习网络中的图像的尺寸，该函数的原型在代码清单 12-20 中给出。

代码清单 12-20　dnn::blobFromImages()函数原型

```
Mat cv::dnn::blobFromImages(InputArrayOfArrays  images,
                            double  scalefactor = 1.0,
                            Size  size = Size(),
                            const Scalar &  mean = Scalar(),
                            bool  swapRB = false,
                            bool  crop = false,
                            int ddepth = CV_32F
                            )
```

- images：输入图像，图像可以是单通道、三通道或者四通道。
- scalefactor：图像像素的缩放系数。

- size：输出图像的尺寸。
- mean：像素值去均值化的数值。
- swapRB：是否交换三通道图像的第一个通道和最后一个通道的标志。
- crop：调整尺寸后是否对图像进行剪切的标志。
- ddepth：输出图像的数据类型，可选参数值为 CV_32F 或 CV_8U。

该函数能够将任意尺寸和数据类型的图像转换成指定尺寸和数据类型。该函数的第一个参数是原始图像，图像可以是单通道、三通道或者四通道。该函数的第二个参数是图像像素的缩放系数，是一个 double 类型的数据，参数默认值是为 1.0，表示不进行任何缩放。该函数的第三个参数是输出图像的尺寸，一般为模型输入需要的尺寸。该函数的第四个参数是像素值去均值化的数值，去均值化的目的是减少光照变化对图像中内容的影响，参数默认值为空，可以不输入任何参数。该函数的第五个参数为是否交换三通道图像的第一个通道和最后一个通道的标志，由于 RGB 颜色空间图像在 OpenCV 中有两种颜色通道顺序，因此该参数可以实现 RGB 通道顺序和 BGR 通道顺序间的转换，参数默认是为 false，表示不进行交换。该函数的第六个参数是图像调整尺寸时是否剪切的标志，当该参数值为 true 时，调整图像的尺寸使得图像的行（或者列）等于需要输出的尺寸，而图像的列（或者行）大于需要输出的尺寸，之后从图像的中心剪切出需要的尺寸作为结果输出；当该参数为 false 时，直接调整图像的行和列满足尺寸要求，不保证图像原始的横纵比。该参数的默认值为 false。该函数的最后一个参数是输出图像的数据类型，可选参数值为 CV_32F 或 CV_8U，参数默认值为 CV_32F。

为了了解利用已有模型对图像进行识别的步骤和方法，在代码清单 12-21 中给出了利用谷歌已有的利用 TensorFlow 搭建的图像识别模型对图像中物体进行识别的示例程序。该程序首先利用 readNet()函数加载模型文件 tensorflow_inception_graph.pb，同时读取保存有识别结果列表的 imagenet_comp_ graph_label_strings.txt 文件，之后利用 blobFromImages()函数将需要识别图像的尺寸调整为 224×224，然后将图像数据通过 setInput()函数输入给网络模型，并利用 forward()完成神经网络前向计算，得到预测结果。在预测结果中，选取概率最大的一项作为最终结果，使用概率最大的一项的索引在识别结果列表中寻找对应的物体种类。最后将图像中物体种类和可能是该物体的概率等相关信息在图像中输出。整个程序的运行结果在图 12-12 中给出，通过结果可以知道，该模型预测图像中有一架飞机的概率是 97.3004%，预测结果与真实结果相同。

代码清单 12-21　myImagePattern.cpp 图像识别

```
#include <opencv2/opencv.hpp>
#include <iostream>
#include <fstream>

using namespace cv;
using namespace cv::dnn;
using namespace std;

int main()
{
    Mat img = imread("airplane.jpg");
    if (img.empty())
    {
         printf("请确认图像文件名称是否正确");
         return -1;
    }

    //读取分类种类名称
```

```
    String typeListFile = "imagenet_comp_graph_label_strings.txt";
    vector<String> typeList;
    ifstream file(typeListFile);
    if (!file.is_open())
    {
        printf("请确认分类种类名称是否正确");
        return -1;
    }

    std::string type;
    while (!file.eof())
    {
        //读取名称
        getline(file, type);
        if (type.length())
            typeList.push_back(type);
    }
    file.close();

    // 加载网络
    String tf_pb_file = "tensorflow_inception_graph.pb";
    Net net = readNet(tf_pb_file);
    if (net.empty())
    {
        printf("请确认模型文件是否为空文件");
        return -1;
    }

    //对输入图像数据进行处理
    Mat blob = blobFromImage(img, 1.0f, Size(224, 224), Scalar(), true, false);

    //进行图像种类预测
    Mat prob;
    net.setInput(blob, "input");
    prob = net.forward("softmax2");

    //得到最可能分类并输出
    Mat probMat = prob.reshape(1, 1);
    Point classNumber;
    double classProb;  //最大可能性
    minMaxLoc(probMat, NULL, &classProb, NULL, &classNumber);

    string typeName = typeList.at(classNumber.x).c_str();
    cout << "图像中物体可能为: " << typeName << "  可能性为: " << classProb;

    //检测内容
    string str = typeName + " possibility:" + to_string(classProb);
    putText(img, str, Point(50, 50), FONT_HERSHEY_SIMPLEX, 1.0, Scalar(0,0,255),2,8);

    imshow("图像判断结果", img);
    waitKey(0);
    return 0;
}
```

图 12-12 myImagePattern.cpp 程序中图像识别结果

12.2.3 风格迁移

为了加深对深度学习模块使用方式的理解，本小节将介绍如何利用 dnn 模块实现图像风格迁移。图像风格迁移是指将原图像生成指定风格的图像。目前已经有多种 Torch 框架的风格迁移模型，本书使用其中的 the_wave.t7、mosaic.t7、feathers.t7、candy.t7 和 udnie.t7 模型，这些模型文件可以在本书配套资源的 data 文件夹中找到。

代码清单 12-22 中提供了利用上述 5 种模型实现图像风格迁移的示例程序。由于该模型输入图像的尺寸为 256×256，因此需要利用 blobFromImage()函数调整图像尺寸。在调整尺寸前，需要计算原图像每个通道的像素均值，之后将像素均值用于 blobFromImage()函数去均值化和对网络模型输出结果像素值的补偿。由于该网络模型的输出值为 CV_32F 类型的图像，因此在最后生成图像时需要对像素值进行归一化。将像素值归一化到 0～1，以便显示图像。风格迁移的结果在图 12-13 中给出。

> **提示** 在阅读代码清单 12-22 中的程序的同时建议与代码清单 12-21 中的程序进行对比，通过分析两者之间的共同代码和不同代码，加深对 dnn 模块和深度学习模型使用方式的理解。

代码清单 12-22 myNeuralStyle.cpp 风格迁移

```
#include <opencv2/opencv.hpp>
#include <iostream>

using namespace cv;
using namespace cv::dnn;
using namespace std;

int main()
{
    Mat image = imread("lena.png");
    String models[5]={"the_wave.t7","mosaic.t7","feathers.t7","candy.t7","udnie.t7"};
    for (int i = 0; i < size(models); i++)
    {
        Net net = readNet(models[i]);
        imshow("原始图像", image);
        //计算图像每个通道的均值
        Scalar imgaeMean = mean(image);
        //调整图像尺寸和格式
```

```
        Mat blobImage = blobFromImage(image,1.0,Size(256,256),imgaeMean,false,false);

        //计算网络对原图像处理结果
        net.setInput(blobImage);
        Mat output = net.forward();

        //输出结果的尺寸和通道数
        int outputChannels = output.size[1];
        int outputRows = output.size[2];
        int outputCols = output.size[3];

        //将输出结果存放到图像中
        Mat result = Mat::zeros(Size(outputCols, outputRows), CV_32FC3);
        float* data = output.ptr<float>();
        for (int channel = 0; channel < outputChannels; channel++)
        {
            for (int row = 0; row < outputRows; row++)
            {
                for (int col = 0; col < outputCols; col++)
                {
                    result.at<Vec3f>(row, col)[channel] = *data++;
                }
            }
        }

        //对迁移结果进行进一步操作处理
        //恢复图像减掉的均值
        result = result + imgaeMean;
        //对图像进行归一化，以便于图像显示
        result = result / 255.0;
        //调整图像尺寸，使得与原图像尺寸相同
        resize(result, result, image.size());
        //显示结果
        imshow("第"+to_string(i)+"种风格迁移结果", result);
    }

    waitKey(0);
    return 0;
}
```

图 12-13　myNeuralStyle.cpp 程序中原图像与风格迁移结果图像

12.2.4 性别检测

一般来说，每个模型主要完成一件事情，例如识别动作、行人检测等都是只完成一项任务，如果需要识别行人的动作，就需要将两个模型联合在一起使用。本小节将介绍如何通过多个模型实现图像中人物的性别检测。我们将使用人脸检测模型和性别检测模型，由于性别检测模型的输入量是人脸，而一张图像中可能含有多张人脸，或者人脸只占据一小部分，因此需要利用人脸检测模型先对图像进行人脸检测，之后将检测结果作为输入传递给性别检测模型，最终实现图像中人物的性别检测。

对于人脸检测模型，我们使用 OpenCV 提供的 TensorFlow 框架模型。该模型的模型文件和配置文件可以在本书配套资源的 data 文件夹中找到，模型文件命名为 opencv_face_detector_uint8.pb，配置文件命名为 opencv_face_detector.pbtxt。该模型需要输入尺寸为 300×300 的图像，预测结果是一个包含人脸区域和概率的矩阵，矩阵中每一行为一个人脸检测的信息，第三列为区域内含有人脸的概率，后 4 列分别是人脸矩形区域左上角和右下角像素点坐标在图中的位置，用百分比表示。需要选择合适的概率阈值寻找输出结果中真正含有人脸的区域。

对于性别检测模型，我们使用 caffe 框架的性别预测模型。该模型的模型文件和配置文件可以在本书配套资源的 data 文件夹中找到，模型文件命名为 gender_net.caffemodel，配置文件命名为 gender_deploy.prototxt。该模型需要输入尺寸为 227×227 的图像，由于输入图像需要包含人脸信息，因此首先需要将人脸检测模型得到的人脸区域提取出来，之后将其调整为尺寸符合要求的图像。该模型输出结果是一个 2×1 的矩阵，两个元素分别表示人脸是男性和女性的概率，选择概率较大的结果作为最终的检测结果。

代码清单 12-23 中给出了对图像中人物性别进行检测的示例程序，程序中根据人脸检测模型的特性实现人脸检测和人脸区域图像的提取。为了保证输入给性别检测模型中的数据有较多信息，在人脸区域的四周各扩展出 25 个像素（行与列），但是由于扩展区域可能使得区域的坐标超过原始图像的像素坐标，因此需要检测扩展后是否出现越界的情况。由于人脸检测模型可以检测到图像中的多个网络，因此需要对每个超过阈值的检测结果区域进行性别检测。

读者可以自行运行 12-23 中的代码，查看人类和性别检测结果，通过结果可以发现，性别检测存在着部分识别错误的情况。这里面我们需要重点说明的是，深度学习在进行图像识别时，其识别准确性与模型和数据有着重要的关系。如果输入的数据不理想，同样无法得到正确的结果。读者可以将代码清单 12-23 中第 42 行代码中的 25 修改为 20、15 等其他的数据，以查看对性别检测的结果。

代码清单 12-23 myGenderDetect.cpp 性别检测

```
1.  #include <opencv2/opencv.hpp>
2.  #include <opencv2/dnn.hpp>
3.  #include <iostream>
4.
5.  using namespace cv;
6.  using namespace cv::dnn;
7.  using namespace std;
8.
9.  int main()
10.  {
11.     Mat img = imread("faces.jpg");
12.     if (img.empty())
13.     {
14.         cout << "请确定是否输入正确的图像文件" << endl;
15.         return -1;
16.     }
```

```

    //读取人脸检测模型
    String model_bin = "ch12_face_age/opencv_face_detector_uint8.pb";
    String config_text = "ch12_face_age/opencv_face_detector.pbtxt";
    Net faceNet = readNet(model_bin, config_text);

    //读取性别检测模型
    String genderProto = "ch12_face_age/gender_deploy.prototxt";
    String genderModel = "ch12_face_age/gender_net.caffemodel";
    String genderList[] = { "Male", "Female" };
    Net genderNet = readNet(genderModel, genderProto);
    if(faceNet.empty()&&genderNet.empty())
    {
        cout << "请确定是否输入正确的模型文件" << endl;
        return -1;
    }

    //对整幅图像进行人脸检测
    Mat blobImage = blobFromImage(img, 1.0, Size(300, 300), Scalar(), false, false);
    faceNet.setInput(blobImage, "data");
    Mat detect = faceNet.forward("detection_out");
    //人脸概率、人脸矩形区域的位置
    Mat detectionMat(detect.size[2], detect.size[3], CV_32F, detect.ptr<float>());

    //对每个人脸区域进行性别检测
    int exBoundray = 25;  //每个人脸区域 4 个方向扩充的尺寸
    float confidenceThreshold = 0.5;  //判定为人脸的概率阈值，阈值越大，准确性越高
    for (int i = 0; i < detectionMat.rows; i++)
    {
        float confidence = detectionMat.at<float>(i, 2);  //检测为人脸的概率
        //只检测概率大于阈值区域的性别
        if (confidence > confidenceThreshold)
        {
            //模型检测人脸区域大小
            int topLx = detectionMat.at<float>(i, 3) * img.cols;
            int topLy = detectionMat.at<float>(i, 4) * img.rows;
            int bottomRx = detectionMat.at<float>(i, 5) * img.cols;
            int bottomRy = detectionMat.at<float>(i, 6) * img.rows;
            Rect faceRect(topLx, topLy, bottomRx - topLx, bottomRy - topLy);

            //将模型检测出的区域尺寸进行扩充，要注意防止尺寸在图像真实尺寸之外
            Rect faceTextRect;
            faceTextRect.x = max(0, faceRect.x - exBoundray);
            faceTextRect.y = max(0, faceRect.y - exBoundray);
            faceTextRect.width = min(faceRect.width + exBoundray, img.cols - 1);
            faceTextRect.height = min(faceRect.height + exBoundray, img.rows - 1);
            Mat face = img(faceTextRect);  //扩充后的人脸图像

            //调整面部图像尺寸
            Mat faceblob = blobFromImage(face, 1.0, Size(227, 227), Scalar(), false,
                                                                           false);
            //将调整后的面部图像输入性别检测模型
            genderNet.setInput(faceblob);
            //计算检测结果
            Mat genderPreds = genderNet.forward();  //两个性别的可能性

            //性别检测结果
```

```
            float male, female;
            male = genderPreds.at<float>(0, 0);
            female = genderPreds.at<float>(0, 1);
            int classID = male > female ? 0 : 1;
            String gender = genderList[classID];

            //在原图像中绘制面部轮廓和输出性别
            rectangle(img, faceRect, Scalar(0, 0, 255), 2, 8, 0);
            putText(img, gender.c_str(), faceRect.tl(), FONT_HERSHEY_SIMPLEX, 0.8,
                                                Scalar(0, 0, 255), 2, 8);
        }
    }
    imshow("性别检测结果", img);
    waitKey(0);
    return 0;
}
```

12.3 本章小结

本章主要介绍了传统机器学习与深度神经网络在 OpenCV 4 中的实现，包括传统机器学习的 K 均值、K 近邻、决策树、随机森林和支持向量机等算法，以及如何应用已有的深度神经网络模型实现图像处理。本章内容侧重于应用层面，读者需要重点体会 ml 模块和 dnn 模块的函数接口和使用方式，然后推广到本章没有提及的算法和深度学习模型，达到举一反三的效果。

本章主要函数清单

函数名称	函数说明	代码清单
kmeans()	K 均值聚类	12-1
StatModel::train()	模型训练	12-4
TrainData::create()	创建训练数据结构	12-5
StatModel::predict()	利用模型对新数据进行预测	12-6
Algorithm::load()	加载模型	12-8
KNearest::findNearest()	K 近邻模型对新数据进行预测	12-9
DTrees::create()	初始化决策树类型变量	12-11
RTrees::create()	RTrees 类的初始化	12-13
SVM::create()	定义 PtrCSV 类型的变量	12-15
dnn::readNet()	加载已有深度神经网络模型	12-17
dnn::Net::setInput()	向深度神经网络中输入新的数据	12-18
dnn::blobFromImages()	转换输入到深度神经网络模型中的图像尺寸	12-20

本章示例程序清单

示例程序名称	程序说明	代码清单
myKMeanPoints.cpp	利用 K 均值聚类点集	12-2
myKMeanImage.cpp	K 均值图像分割	12-3
myKNearestTrain.cpp	训练 K 近邻模型	12-7

续表

示例程序名称	程序说明	代码清单
myKNearestTest.cpp	利用 K 近邻模型预测图像中的内容	12-10
myDTrees.cpp	决策树法识别手写数字	12-12
myRTrees.cpp	随机森林算法识别手写数字	12-14
mySVM.cpp	用支持向量机法进行数据分类	12-16
myReadNet.cpp	加载深度神经网络模型	12-19
myImagePattern.cpp	图像识别	12-21
myNeuralStyle.cpp	快速风格迁移	12-22
myGenderDetect.cpp	性别检测	12-23